高职高专“十二五”规划教材

火法冶金——备料与焙烧技术

主　编　陈利生　余宇楠
副主编　刘自力　张少广

北　京
冶金工业出版社
2019

内 容 提 要

本书围绕冶金生产过程备料与焙烧的主要生产环节，分别介绍了备料与焙烧基础知识，原料破碎、磨制、干燥，造球与球团，配料，焙烧，硫化锌精矿流态化焙烧，硫化铅精矿烧结焙烧，锡精矿炼前处理，氧化铝原矿浆制备等内容。

本书可作为高职高专院校冶金技术及相关专业的教学用书，也可作为备料工与焙烧工职业技能鉴定培训与考核的参考用书。

图书在版编目(CIP)数据

火法冶金：备料与焙烧技术/陈利生，余宇楠主编．—北京：冶金工业出版社，2011.4(2019.8 重印)

高职高专“十二五”规划教材

ISBN 978-7-5024-5482-1

Ⅰ.①火… Ⅱ.①陈… ②余… Ⅲ.①火法冶金—高等职业教育—教材 Ⅳ.①TF111.1

中国版本图书馆 CIP 数据核字(2011)第 055390 号

出 版 人 谭学余

地　　址 北京市东城区嵩祝院北巷 39 号 邮编 100009 电话 (010)64027926

网　　址 www.cnmip.com.cn 电子信箱 yjcbs@cnmip.com.cn

责任编辑 高 娜 王 优 美术编辑 李 新 版式设计 葛新霞

责任校对 石 静 责任印制 牛晓波

ISBN 978-7-5024-5482-1

冶金工业出版社出版发行；各地新华书店经销；北京虎彩文化传播有限公司印刷

2011 年 4 月第 1 版，2019 年 8 月第 3 次印刷

787mm×1092mm 1/16；9 印张；212 千字；130 页

18.00 元

冶金工业出版社 投稿电话 (010)64027932 投稿信箱 tougao@cnmip.com.cn

冶金工业出版社营销中心 电话 (010)64044283 传真 (010)64027893

冶金工业出版社天猫旗舰店 yjgycbs.tmall.com

(本书如有印装质量问题，本社营销中心负责退换)

序

昆明冶金高等专科学校冶金技术专业是国家示范性高职院校建设项目，中央财政重点建设专业。在示范建设工作中，我们围绕专业课程体系的建设目标，根据火法冶金、湿法冶金技术领域和各类冶炼工职业岗位(群)的任职要求，参照国家职业标准，对原有课程体系和教学内容进行了大力改革。以突出职业能力和工学结合特色为核心，与企业共同开发出了紧密结合生产实际的工学结合特色教材。我们希望这些教材的出版发行，对探索我国冶金高等职业教育改革的成功之路，对冶金高技能人才的培养，起到积极的推动作用。

高等职业教育的改革之路任重道远，我们希望能够得到读者的大力支持和帮助。请把您的宝贵意见及时反馈给我们，我们将不胜感激！

昆明冶金高等专科学校

前　言

本书是按照昆明冶金高等专科学校“三双”(双领域、双平台、双证书)冶金高技能人才培养模式要求,结合备料与焙烧工艺最新进展和高职冶金教育特点,力求体现工作过程系统化的课程开发理念,参照行业职业技能标准和职业技能鉴定规范,根据企业的生产实际和岗位群的技能要求编写的。

本书以培养具有较高专业素质和较强职业技能,适应企业生产及管理一线需要的“下得去,留得住,用得上,上手快”冶金高技能人才为目标,贯彻理论与实际相结合的原则,力求体现职业教育针对性强、理论知识实践性强、培养应用型人才的特点。

本书由昆明冶金高等专科学校陈利生、余宇楠任主编,昆明冶金高等专科学校刘自力、云南马关云铜锌业有限公司张少广任副主编,参编人员还有昆明冶金高等专科学校杨志鸿、陈福亮、杨朝聪。具体编写分工为:第1、2、4~6章由陈利生、余宇楠、杨志鸿共同编写,第3、7~9章由张少广、刘自力、陈福亮、杨朝聪共同编写。

由于编者水平所限,书中不妥之处,敬请广大读者批评指正。

编　者

2010年12月

目 录

1 备料与焙烧基础知识

1.1 备料的定义、作用

1.1.1 备料的定义

有色金属冶金的广泛含义,包括有色金属矿物的勘探、开采、选别、冶炼和有色金属及其合金、化合物的加工等过程。有色金属冶炼是指从含有有色金属的物料(如金属矿石、精矿或冶炼过程的伴生物)中提取纯金属或制取金属化合物乃至生产合金的过程,习惯上常将冶炼称为冶金。

冶金生产是连续生产过程,上一生产工序的产品进入下一工序即成为原料,为达到下一工序的要求(成分、数量、形态),往往需要进行原料处理。所以从广义上讲,物料准备贯穿于整个冶金生产的全过程。

备料即原料制备,简单地讲,就是将冶金过程所需原料进行一定的预处理,使之符合冶金过程的要求。

传统意义上冶金过程中的备料过程是指将矿石(或精矿、冶炼过程的伴生物)进行一定预处理,如原料破碎、细化、调浆、焙烧、烧结、干燥等,是冶金过程的第一道工序,是后续熔炼或浸出过程的准备作业,也可称之为狭义备料。本书将按照狭义备料来展开讨论。

1.1.2 焙烧

焙烧是一种较为特殊的备料方式,是指在一定的气氛中将矿石(或精矿、冶炼过程的伴生物)加热到一定温度,使之发生物理化学变化,所产物料能适应下一冶炼过程的要求。焙烧一般是熔炼或浸出过程的准备作业。

根据焙烧过程中主要物理化学变化的不同,可将焙烧分为煅烧、氧化焙烧、硫酸化焙烧,还原焙烧、氯化焙烧等。按照焙烧后产物的物理形态的不同,其又可分为粉末焙烧与烧结焙烧,前者产物呈粉末状,称为焙砂;后者为块状产物,称为烧结块。

1.1.3 备料的作用

通过备料与焙烧,可使原料满足以下一些要求:以烟气形式脱除部分挥发成分(如硫等);将矿石、精矿中不利于后续冶炼过程的成分降低到规定含量以下;使物料的物理形态达到熔炼或浸出过程的要求(如结块或形成焙砂);为符合配料要求,加入相应的熔剂或溶剂,从而满足熔炼或浸出的要求。

备料与焙烧过程的质量,对熔炼、浸出过程产物的数量、质量和产出率均有影响。

1.2 冶金过程常见原料的种类、特点及备料方法的分类

1.2.1 冶金过程常见原料的种类、特点

冶金过程中广义的原料,包括任何含主体金属成分的物料和其他含有价成分的物料,如

金属矿石、精矿或冶炼过程中间产物(粗金属、铜锍、冶炼渣、阳极泥等)、纯金属、金属化合物乃至合金。

狭义的原料主要是矿石、精矿。

对比广义原料和狭义原料可知,狭义原料主要产自采选环节,其有价成分的含量和物相组成相对固定,主要是以硫化矿和氧化矿为主;而广义原料的来源比较复杂,可以产自冶金生产过程的各个环节,同时物相组成也较为复杂,有化合物、粗金属、合金等。

1.2.2　备料方法的分类

备料的方法主要有物理法、化学法、物理化学法、选冶联合法等。

(1) 物理法。物理法是指利用一定机械设备来改变物料的物理状态,具体单元过程包括破碎、磨碎、筛分、干燥等。

(2) 化学法。化学法是指在一定设备中,利用一定的化学方法来改变物料的化学性质,如氧化焙烧。

(3) 物理化学法。在处理过程中,为使物料的物理状态或规格(如粒度、晶型)以及化学性质(化学成分)发生改变以适应后续操作要求,使用物理、化学联合法,即物理化学法,如煅烧。

(4) 选冶联合法。冶金过程中所涉及的选冶联合法是指将选矿方法与冶金方法有机结合,通常是利用选矿方法将待处理物料进行选别作业之后富集,再利用冶金方法将富集好的物料中的有价金属提取出来。例如,某铜冶炼厂采用选冶联合法处理铜阳极泥,先通过选矿的方法将其中的铅除去,富集贵金属,再利用冶金方法将贵金属提取出来。

1.3　备料工艺流程实例

1.3.1　硫化锌精矿焙烧工艺流程

硫化锌精矿焙烧作为焙烧工艺的一个典型代表,包含了配料、干燥、破碎、焙烧、磨矿、分级等许多工序。某厂硫化锌精矿焙烧工艺流程见图 1-1。

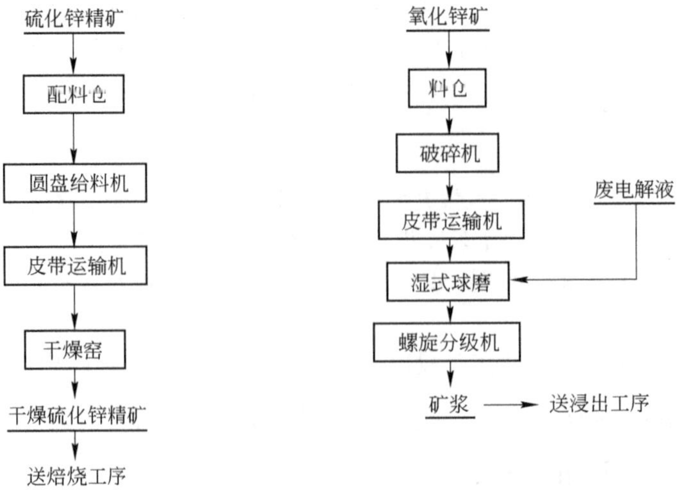

图 1-1　某厂硫化锌精矿焙烧工艺流程

1.3.2 氧化铝原矿浆制备工艺流程

氧化铝原矿浆制备作为备料工艺的另一个典型代表,包含了配矿、配料、破碎、筛分、磨矿、分级等许多工序。氧化铝原矿浆制备工艺流程见图1-2。

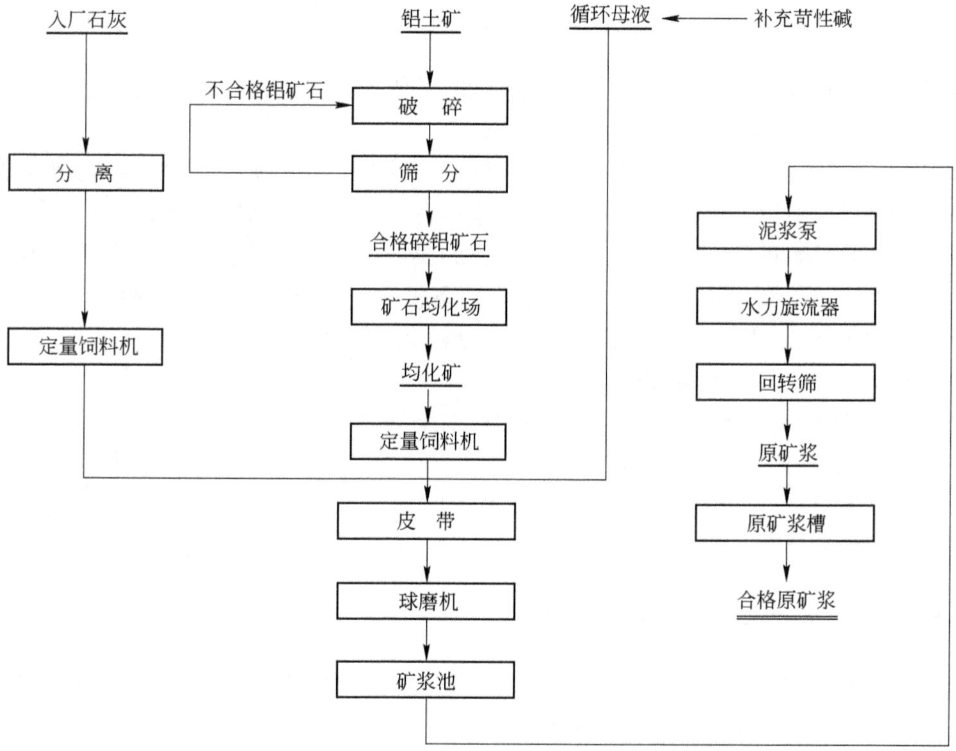

图1-2 氧化铝原矿浆制备工艺流程

复习思考题

1-1 备料的定义、作用是什么?

1-2 焙烧的定义、作用是什么,焙烧如何分类?

1-3 冶金过程常见原料有哪些种类,特点是什么?

2 原料破碎、磨制、干燥

为满足后续的熔炼或浸出过程的工艺要求，通常需要将原料（主要是矿石）进行破碎（碎矿）、磨制、干燥处理。

破碎、磨制的主要目的是：使有用矿物（磁铁矿、黄铜矿、方铅矿、闪锌矿等）与紧密连生脉石矿物（黏土矿物、石英、方解石等）分开，达到单体解离的目的。例如在锌浸出过程中，矿石的粒度对浸出率的影响较大，一般来说，矿石粒度细有利于浸出，但粒度过细则对矿浆液固分离不利。因此，在矿石浸出前根据各工序的要求，将各种固体物料进行不同程度的破碎和研磨。

干燥将热能传给湿物料，使湿物料中的水分汽化，水汽由周围的气流带走，可达到使干物料便于运输、加工处理、储藏和使用的目的。

破碎与磨矿中的段是按所处理的矿料的粒度来划分的。

2.1 原料破碎

2.1.1 破碎原理

2.1.1.1 破碎的定义、目的、设备

破碎是用外力克服固体物料各质点间的内聚力，使物料块破坏以减小其颗粒粒度的过程。通俗地讲，破碎是将矿石由大块破碎至小块的过程。

破碎的基本目的是使矿石、原料或燃料达到一定的粒度要求，具体如下：

（1）供给棒磨、球磨、自磨等合理的给矿粒度，或为自磨、砾磨提供合格的磨碎介质。

（2）使粗粒嵌布矿物初步单体解离，以便用粗粒级的选别方法进行选矿，如重介质选、洗矿等。

（3）使高品位矿石的粒度达到一定要求，以便直接进行冶炼等。

破碎通过破碎设备——破碎机来实现（可将最大粒度为 1000 mm 的矿块破碎至 10～20 mm）。现有破碎设备不可能一次将采出的巨大矿块破碎成可以进入磨矿的细粒，所以分段破碎是必须的，可分为粗碎、中碎、细碎三段破碎。根据矿块大小，常采用三段破碎或两段破碎将矿块破碎至所需粒度。

每段破碎后物料的粒度不是均一的，尺寸有大有小，可配合使用筛子，将筛上产品返回上一破碎段进行再破碎，而筛下产品则进入下一破碎段，防止造成矿石过粉碎。

2.1.1.2 破碎设备的施力情况

破碎设备的施力情况主要有以下五种（见图 2-1）：

（1）压碎（反映抗压强度）；

（2）劈开（反映抗拉强度）；

（3）折断（反映抗弯强度）；

（4）磨剥（反映抗剪强度）；
（5）冲击（反映抗冲击强度）。

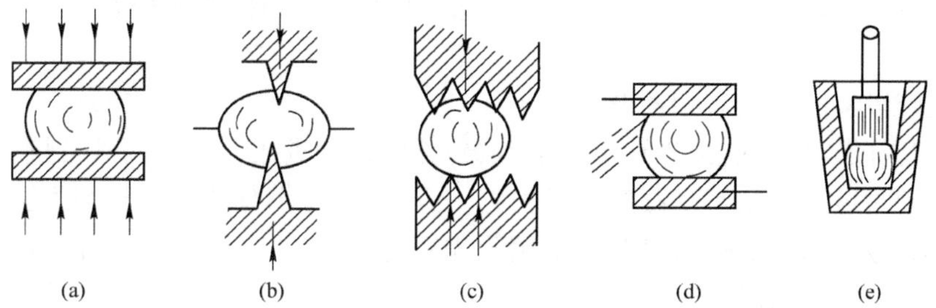

图 2-1 破碎设备的施力情况
（a）压碎；（b）劈开；（c）折断；（d）磨剥；（e）冲击

2.1.1.3 破碎段及其基本形式

（1）破碎段。破碎段是破碎流程的最基本单元。破碎段数根据破碎机和筛子的组合不同，便会有不同的碎矿流程。破碎段由筛分作业及筛上产物所进入的破碎作业所组成。个别的破碎段可以不包括筛分作业或同时包括两种筛分作业。破碎段数通常为 2~3 段。

（2）破碎段的基本形式（见图 2-2）。破碎段的基本形式有：
1）单一破碎作业的破碎段，见图 2-2（a）；
2）带预先筛分作业的破碎段，见图 2-2（b）；
3）带有检查筛分作业的破碎段，见图 2-2（c）；

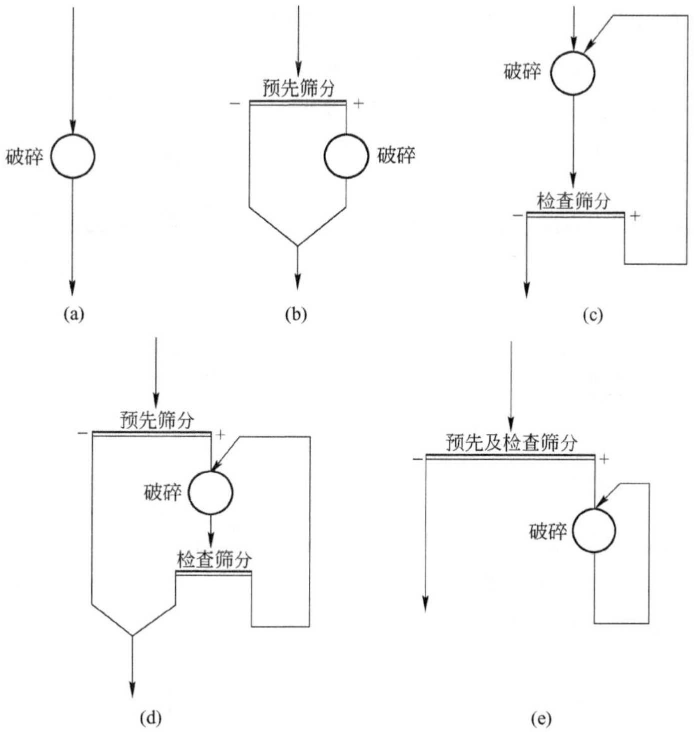

图 2-2 破碎段的基本形式

4）带有预先筛分和检查筛分作业的破碎段，预先筛分和检查筛分在不同的筛子上进行，见图 2-2(d)；

5）带有预先筛分和检查筛分作业的破碎段，预先筛分和检查筛分在同一筛子上进行，见图 2-2(e)。

因此，破碎段实际上只有四种形式。

在矿石进入破碎段之前预先筛出合格粒级，可以减少进入破碎机的矿石量，提高破碎机的生产能力，同时可以防止富矿石产生过粉碎。因此，预先筛分的应用与否主要由矿石中细粒级的含量来决定。细粒级含量越高，采用预先筛分越有利。但由于采用预先筛分要增加厂房高度，应根据实际情况确定。

因为各种破碎机的破碎产物中存在一部分大于排矿口宽度的粗粒级，所以应该采用检查筛分，使不合格的粒级返回破碎机，利于充分发挥破碎机的生产能力。检查筛分可与预先筛分合并，构成预先及检查筛分闭路循环。

预先筛分在各破碎段均是必要的，而检查筛分一般只在最末一个破碎段采用。

2.1.2　破碎工艺流程

常见的破碎流程有：两段破碎流程、三段破碎流程、带洗矿作业的破碎流程。

从矿山开采的矿石一般呈不规则形状。根据目前破碎设备的生产性能，使矿石一次破碎成符合磨矿粒度要求的细颗粒很困难，所以，破碎一般采用分段破碎，分成粗碎、中碎、细碎三段破碎过程才能达到矿石入磨的粒度要求。粗碎在矿山进行，中碎和细碎则在选厂内进行。

(1) 粗碎，将直径为 500~1500 mm 的矿石破碎到 125~400 mm。

(2) 中碎，将直径为 125~400 mm 的矿石破碎到 25~100 mm。

(3) 细碎，将直径为 25~100 mm 的矿石破碎到 5~25 mm。

三段开路破碎流程、三段一闭路破碎流程分别见图 2-3(a)、图 2-3(b)。

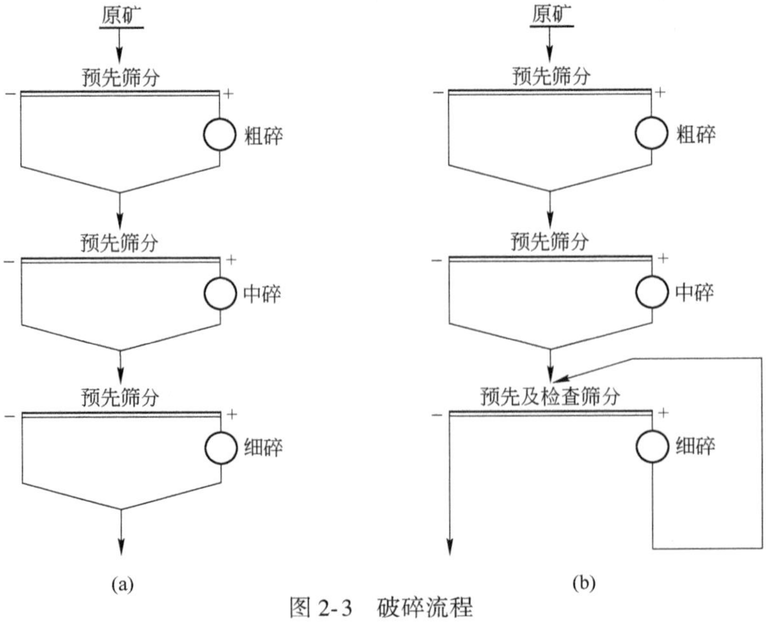

图 2-3　破碎流程

(a) 三段开路破碎流程；(b) 三段一闭路破碎流程

2.1.3 破碎设备

破碎设备很多,常见的有颚式破碎机、圆锥破碎机、旋回破碎机、辊式破碎机和冲击式破碎机等。破碎设备也可用于磨矿。

粗碎常采用颚式破碎机、旋回破碎机和圆锥破碎机,中碎一般是采用标准型圆锥破碎机,细碎则多采用短头型圆锥破碎机。

破碎设备示意图见图2-4。

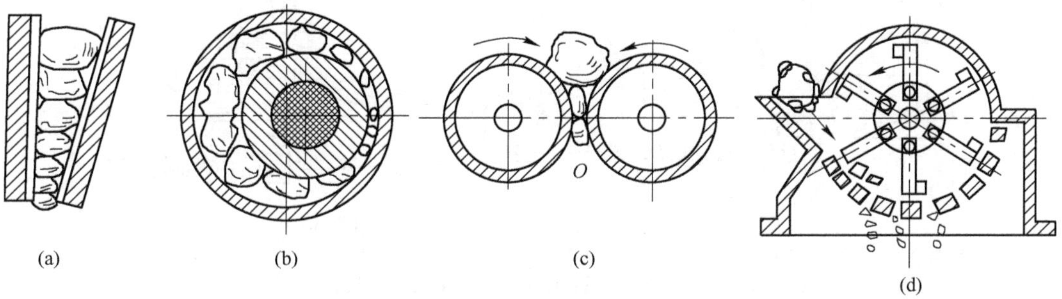

图2-4 破碎设备示意图

(a) 颚式破碎机; (b) 圆锥破碎机和旋回破碎机; (c) 辊式破碎机; (d) 冲击式破碎机

2.1.3.1 粗碎设备

A 颚式破碎机

颚式破碎机出现于1858年,俗称"老虎口",是历史悠久的破碎机之一,至今仍是破碎硬物料最有效的设备。

颚式破碎机结构简单、工作可靠、制造容易、维修方便,至今仍在冶金矿山、建筑材料、化工和铁路等领域获得广泛应用。

颚式破碎机按可动颚板的运动特性,可分为简摆式(双肘板简单摆动式)和复摆式(单肘板复杂摆动式)两种类型,具体结构分别见图2-5、图2-6。

(1) 颚式破碎机操作规程。

1) 检查各部件有无异常情况及拉杆弹簧动颚板侧壁内是否有物料夹死,清除影响设备运转的障碍物,检查颚板楔铁、方头螺栓、拉杆、皮带松紧及衬板状态是否正常。

2) 开机后,待设备运转正常后方能入料进行破碎。

3) 运行中要勤检查电动机、轴承座温度以及部分螺栓松紧现象,排除矿口的活动和固定颚板的磨损情况,控制最大锻带料粒度,发现问题应及时处理。

4) 经常检查挡板的磨损情况,及时拣出料中的杂物,防止各类杂物落到运转中的飞轮、皮带上,按工艺要求调整出料口的排矿粒度。

5) 停机时,首先把破碎机给料平台上的矿石破碎完,待料全部破碎完后再停破碎机,以防排矿口堵塞。

(2) 颚式破碎机安全操作规程。

1) 开机前认真检查设备的转动润滑部位,确保润滑点及注油标满油;严格检查转动三

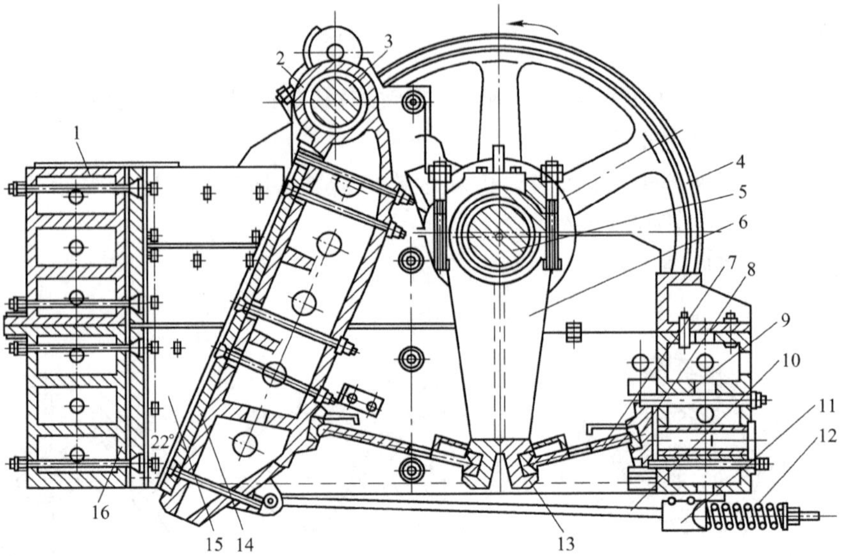

图 2-5　PEJ 1200×1500 简单摆动式颚式破碎机

1—机架；2—动颚板；3—动颚悬挂轴；4—飞轮；5—偏心轴；6—连杆；7—肘板；8—挡板；9—后壁；10—拉杆；11—凸缘；12—弹簧；13—凹槽；14,16—衬板；15—侧壁衬板

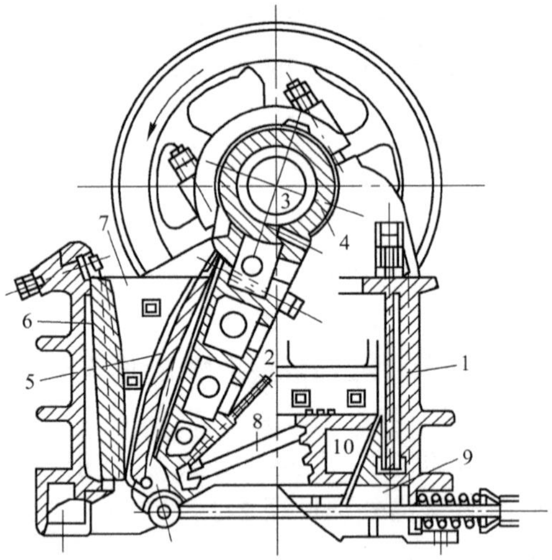

图 2-6　复杂摆动式颚式破碎机

1—机架；2—动颚板；3—偏心轴；4—滚珠轴承；5,6—衬板；7—侧壁衬板；8—肘板；9,10—楔铁

角皮带是否有断裂现象、电动机和破碎机的地脚螺栓是否紧固，发现问题应及时处理，当确认设备安全可靠后方可开机生产。

2）在破碎料仓给料作业时，脚要站稳，铲或棒不准直插到破碎机内。

3）停机前先停料，待余料全部破碎完后再停机。

4）严禁在设备运转时调整衬板间隙、加油或清理设备卫生。

5）在检修设备、调整衬板间隙、加油、更换皮带及清理设备卫生时，必须切断电源并挂上“严禁合闸”等警示牌，必须由专人监护看守。

B　旋回破碎机

(1) 工作原理。在旋回破碎机中，矿石在破碎腔内受挤压作用而破碎、受弯曲作用而折断。动锥和定锥组成破碎腔,即工作机构。动锥以悬挂顶点为轴线成圆锥面旋转,沿周边靠近或离开定锥。动锥靠近定锥时,处于锥体之间的矿石被破碎;动锥离开定锥时,被破碎的矿石靠自重作用经排矿口排出。

(2) 主要部件(以中心排矿式旋回碎矿机为例)。旋回破碎机的主要部件有:破碎腔(定锥和动锥),主轴(用于悬挂动锥),大、小齿轮(伞齿轮),传动系统(电动机、减速机、传动轴),调整装置,保险装置,润滑系统。中心排矿式900/150型旋回破碎机的结构见图2-7。

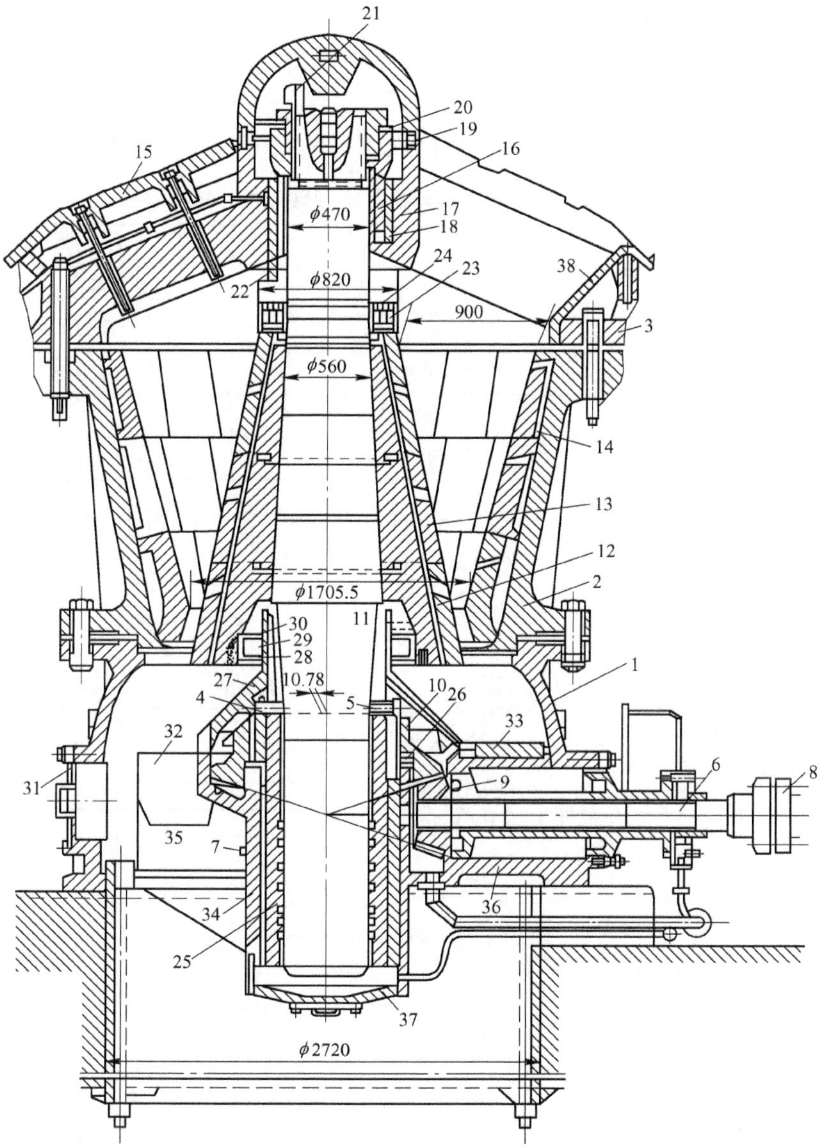

图2-7 中心排矿式900/150型旋回破碎机的结构

1—下部机架;2—中部机架;3—横梁;4—偏心轴套;5—挡油环;6—传动轴;7—抓手;8—联轴节;9—小伞齿轮;10—大伞齿轮;11—主轴;12—动锥体;13—衬板;14—定锥衬板;15,32,33—护板;16—衬套;17—锥形衬套;18—支承环;19—锥形压套;20—开缝锥形螺帽;21—楔形键;22—顶丝;23—压紧螺帽;24—锁紧板;25—钢衬套;26—止推环;27—中心套筒盖;28~30—防尘密封装置;31—检修孔;34—中心套筒;35—肋;36—传动轴套筒;37—盖;38—横梁护板

(3) 分类。

1) 按使用范围,旋回破碎机可分为粗碎(旋回型)、中碎、细碎(菌型)。

2) 按规格型号,旋回破碎机可分为 PX(P 表示破碎机,X 表示旋回)型和 PY(P 表示破碎机,Y 表示圆锥)型,后者又分为 B(标准)型、Z(中间)型和 D(短头)型。

2.1.3.2 中碎设备

中碎一般是采用标准型圆锥破碎机。

(1) 工作原理。总体上来讲,中碎、细碎圆锥破碎机的工作原理与旋回破碎机类似,两者的主要区别在于结构有所不同。

(2) 结构。中碎、细碎圆锥破碎机与旋回破碎机的结构差异见表 2-1。

表 2-1　中碎、细碎圆锥破碎机与旋回破碎机的结构差异

结　构	旋回破碎机	中碎、细碎圆锥破碎机
破碎腔	动锥正立,定锥倒立	动锥、定锥均为缓倾斜的正立圆锥,有平行破碎带
动锥支承方式	悬挂在横梁上	支承在球面轴承上
防尘装置	干式防尘	水封防尘
排矿口调整	上下移动动锥	上下调节定锥

(3) 分类。根据破碎平行带(见图 2-8)的长短,圆锥破碎机可分为标准型(平行带最短)、中间型(平行带居中)、短头型(平行带最长)。

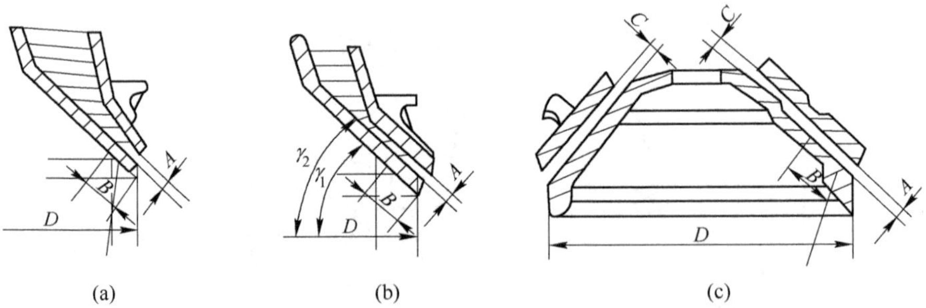

图 2-8　圆锥破碎机平行带

(a) 标准型平行带;(b) 中间型平行带;(c) 短头型平行带

A—闭口边调整尺寸;*B*—平行带长度;*C*—闭口边最大给料尺寸;

D—圆锥直径;γ_1—动锥的锥面倾斜角;γ_2—定锥的锥面倾斜角

2.1.3.3 细碎设备

细碎则多采用短头型圆锥破碎机。其平行带较长,给矿口和排矿口均比较小,可以获得较细产品粒度。一般均将平行带较长的短头型圆锥破碎机作为细碎,放在中碎之后。

2.1.4 破碎操作

下面以颚式破碎机为例介绍破碎操作的实践内容。

A 启动前准备工作

启动前准备工作如下：

(1) 认真检查破碎机的主要零部件是否完好、紧固螺栓等连接件是否松动、皮带轮外罩是否完整、传动件是否相碰或有障碍物等。

(2) 检查辅助设备，如给矿机、皮带运输机、电器设备和信号设备是否完好。

(3) 检查破碎腔中有无物料。若破碎腔中有大块矿石或杂物，必须清理干净，以保证破碎机在空载下启动。

(4) 有的破碎机电动机启动能力小于破碎机的需要，可用吊车将飞轮转过一定角度，使连杆处于最有利于启动的位置，即偏心在偏心轴回转中心线的最上部。

(5) 对于大、中型颚式破碎机，在启动前应检查润滑油箱的油量，必要时应补充润滑油；然后启动油泵，向破碎机各轴承润滑部供油，等回油管有回油（通常需要 5～10 min）以及油压表指针在正常工作压力数值处以后，才能启动破碎机。在冬季，若厂房内无取暖设备，则应先合上油预热器开关，使油预热到 15～20℃后再启动油泵。

(6) 在偏心轴承等润滑部位通有冷却水装置的颚式破碎机，应预先开启循环冷却水阀门。

(7) 做好上述准备工作后，发出要开车的信号，取得下一工序同意后方能开车。

B 启动和操作中注意事项

启动和操作中应注意以下几点：

(1) 破碎机启动后，要经过一段时间才能达到正常回转速度。启动电动机时应注意控制台上的电流表，通常经 30～40 s 的启动高峰电流后就降到正常工作电流值。在正常运转过程中也要注意电流表的指示值，不允许较长时间超过额定电流值，否则容易发生烧毁电动机的事故。

(2) 破碎机正常运转后，方可开动给矿设备向破碎机给矿。给矿时应根据矿块的大小和破碎机的工作情况，及时调整给矿量，保证给矿均匀，避免过载。通常，破碎腔中的物料高度不应超过破碎腔高度的 2/3。

(3) 破碎机在运转中，要经常注意大矿块卡住给矿口的现象。如卡住，要用铁钩翻动使其排除；如矿石太多或堵塞破碎腔，应停止给矿，待矿块破碎完后再开给矿机。绝对禁止从破碎机的破碎腔用手取出矿块或整理矿石。如有大矿块需要取出时，应停车后用专门的器具取出。

(4) 要严防电铲的铲牙、履带板、钻头、钢球等金属块进入破碎机，这些非破碎物会使破碎机损坏。如有非破碎物进入破碎机又被通过时，应立即通知运输岗位的操作人员，防止其进入下道工序造成事故。

(5) 当电器设备自动跳闸后，若原因不明，严禁强行连续启动。

(6) 破碎机在运转中，应经常检查各润滑点的润滑是否良好，并应注意轴承的温度，特别是偏心轴承的温度不允许超过 60℃。应经常检查润滑油的油温，可采用手摸轴承的办法检查温度升高的情况。如油温超出允许范围或机器有不正常的声音，应立即停车检查，找出原因并采取相应的消除措施。

C 停车注意事项

停车时应注意以下几点：

(1) 必须按生产流程顺序停车，即先停给矿机，待破碎腔中全部物料破碎完毕后再停破碎机和皮带运输机。应当注意，当破碎腔中还有物料时不得关闭破碎机电动机，以免造成再次启动困难。

(2) 必须在破碎机停稳后方准停止油泵供油。在冬季,应放掉轴承的循环冷却水,以避免轴承被冻裂。

(3) 停机后,应检查机器各部分并做好清理卫生工作。

D　检查和维护事项

检查和维护事项具体如下:

(1) 检查轴承发热情况,温度不得超过60℃(滚动轴承的温度不得超过70℃)。这是因为用于浇注轴瓦的轴承合金在100℃以下才能正常工作,超过60℃时应立即停车检查,排除故障。检查方法是,若轴承上有温度计,则可直接读取温度值;若没有温度计,可用手估测,即将手背放在瓦壳上直至发烫放不住,大约不超过5 s,这时其温度就超过了60℃。

(2) 检查润滑系统工作是否正常。听油泵工作声音,观察油压表压力,检查油箱的油量和漏油等情况。

(3) 检查回油是否含有金属细末等污物,若有则应立即停车,打开轴承等润滑部位检查。

(4) 检查螺栓、飞轮键等连接件是否松动和破碎衬板、传动部件的磨损情况。若排矿口由于衬板磨损而增大时,应及时调整排矿口的大小,使破碎产品符合所要求的粒度。排矿口大小的调整,应按破碎机产品说明书上所规定的范围进行。

(5) 定期清理润滑油过滤器,清理后要等完全晾干才能使用。

(6) 定期更换油箱内的润滑油。

2.1.5　破碎技术经济指标

2.1.5.1　破碎比

(1) 定义。破碎比是指破碎前物料粒度与破碎后产物粒度的比值或物料粒度减小的倍数,用 i 表示,$i>1$。

(2) 计算方法。

1) 最大破碎比,即最大块粒度相比:

$$i_{最大}=\frac{D_{最大}}{d_{最大}} \tag{2-1}$$

式中　$D_{最大}$——破碎前物料最大粒度;

$d_{最大}$——破碎后产物最大粒度。

2) 公称破碎比,即破碎机给矿口、排矿口尺寸之比:

$$i_{公称}=\frac{0.85B}{S} \tag{2-2}$$

式中　$0.85B$——给矿口有效宽度;

S——排矿口宽度。

3) 平均破碎比,即平均粒度之比:

$$i_{平均}=\frac{D_{平均}}{d_{平均}} \tag{2-3}$$

式中　$D_{平均}$——破碎前物料平均粒度;

$d_{平均}$——破碎后产物平均粒度。

4) 分段破碎比与总破碎比。从最大块到适应选别要求的颗粒,粒度破碎比可达上万倍,一次破碎不能完成任务,需经过碎矿和磨矿配合完成相应的作业。碎矿根据粒度情况可分为一～三段,设粗碎段破碎比 i_1、中碎段破碎比 i_2、细碎段破碎比 i_3。磨矿根据选别粒度要求可以是一段或两段,设粗磨段破碎比 i_4、细磨段破碎比 i_5。总破碎比 $i_{总}$,即为各分段破碎比的乘积:

$$i_{总}=i_1 \cdot i_2 \cdot i_3 \cdot i_4 \cdot i_5=\frac{D_{最大}}{d_n} \tag{2-4}$$

式中 d_n——第 n 段(最后一段)破碎后产物的平均粒度。

2.1.5.2 破碎处理量

破碎处理量用单位时间处理矿量的大小来表示,单位为 t/h,从数量上评价破碎过程。

颚式、旋回及圆锥破碎机的开路破碎处理量计算如下:

$$Q=K_1K_2K_3K_4q_s \tag{2-5}$$

式中 Q——设计条件下的破碎机处理量,t/h;

K_1——矿石硬度修正系数,$K_1=1-0.05(f-14)$(f 为矿石普氏密度系数);

K_2——矿石密度修正系数,$K_2=\frac{\rho_s}{1.6}\approx\frac{\rho}{2.7}$($\rho_s$ 为矿石松装密度,ρ 为矿石密度,单位均为 t/m^3);

K_3——给矿粒度修正系数,$K_3=1+(0.8-d_{max}/b)$(d_{max} 为给矿最大粒度,b 为给矿口宽度,单位均为 mm);

K_4——水分修正系数;

q_s——标准条件下(中硬矿石,松散密度为 1.6t/m^3)的开路破碎处理量,t/h, $q_s=q_0b_p$(q_0 为单位排矿口宽度的处理量,单位为 t/(mm · h);b_p 为破碎机排矿口宽度,单位为 mm)。

颚式破碎机、旋回破碎机及圆锥破碎机的闭路破碎处理量计算如下:

$$Q_b=K_cK_1K_2K_3K_4q_s \tag{2-6}$$

式中 Q_b——闭路破碎时的破碎机处理量,t/h;

K_c——闭路破碎时的平均给矿粒度变细系数,$K_c=1.3\sim1.4$。

2.1.5.3 破碎效率

破碎效率是评价破碎机和破碎流程工艺性能的数量指标。它可以指导确定破碎工艺参数、选择最佳工作制度、改进破碎机的结构参数及设计以及决定新技术的采用。一般以破碎能耗来评价破碎机和破碎流程的工作效率,通常以破碎机每消耗 1kW · h 能量所破碎的产品的吨数表示。破碎效率计算如下:

$$\varphi=Q/E \tag{2-7}$$

式中 φ——破碎效率,t/(kW · h);

Q——破碎机处理量,t/h;

E——破碎机每小时消耗的能量,kW。

2.1.5.4　破碎技术效率

破碎技术效率用破碎后新生成的细粒级含量与破碎前大于细粒级含量的百分比表示，单位为%，从新生细粒级的数量来评价破碎过程。破碎技术效率计算如下：

$$\varphi_T = \omega_2 / \omega_1 \tag{2-8}$$

式中　φ_T——破碎技术效率；

ω_1——破碎前大于细粒级含量；

ω_2——破碎后新生成的细粒级含量。

2.1.5.5　岩矿机械强度、可碎性和可磨性

A　岩矿机械强度

岩矿机械强度指矿石破碎时对于外力的抵抗阻力。静载下测定的矿石的抗压强度、抗拉强度、抗弯强度、抗剪强度等，常用来表示岩矿的抗破碎阻力——机械强度。通常用普氏系数f(由俄罗斯学者 M. M. 普罗托季亚科诺夫提出)表示矿石的坚固程度，也称为坚固性系数，其数值为岩石单轴抗压强度($\sigma_{压}$)的 1%，即：

$$f = \frac{\sigma_{压}}{100} \tag{2-9}$$

f=0.3~20，f越大，矿石越硬，越难磨；粒度越小，承载的抗压强度越大，矿石越难磨细。

B　可碎性和可磨性

可碎性和可磨性反映矿石被破碎的难易程度，它取决于矿石的机械强度。同一破碎机械在同一条件下，处理坚硬矿石与处理软矿石相比较，前一种情况的生产率比较低，功率消耗指数也较大。结合碎矿和磨矿工艺提出的矿石的可碎性系数和可磨性系数，既反映了矿石的坚固程度，也能用来定量地衡量破碎设备的工艺指标。

(1) 可碎性系数为：

$$k_{碎} = \frac{碎矿机指定矿石生产率}{中硬矿石生产率} \tag{2-10}$$

(2) 可磨性系数为：

$$k_{磨} = \frac{磨矿机指定矿石生产率}{中硬矿石生产率} \tag{2-11}$$

中硬矿石一般指石英等中等硬度的矿石，f=8~10，其可碎性系数和可磨性系数都等于1。

(1) 若 $k_{碎}$、$k_{磨}>1$，则矿石较软，好碎、好磨；

(2) 若 $k_{碎}$、$k_{磨}<1$，则矿石较硬，难碎、难磨。

2.2　磨制

磨矿是采用磨矿设备使矿石中紧密连生的有用矿物和脉石充分解离，一般要求磨矿后粒度小于 0.074mm 的产品比例达 80%。

碎矿和磨矿是不可分的两个阶段，碎矿为磨矿准备给矿，经过磨矿才能使矿石充分解离，因此破碎和磨矿的目的是一致的。

磨矿使矿物单体解离，但磨矿过程也会造成矿石过粉碎，即矿物粒度太细，接近胶体粒度的微粒对选矿十分不利；同时，磨矿粒度过粗，矿石中的有用矿物和脉石矿物还没有解离，

也会影响到选矿厂技术经济指标。

碎矿和磨矿可以分阶段完成(取决于给矿粒度)。为保证高破碎比,将适合处理各种粒度的破碎机和磨矿机以及筛子和分级设备依次串联,构成破碎和磨矿流程,如图 2-9 所示。

由图 2-9 可知,磨矿需要与分级设备配合使用,及时分离出细粒级产品,降低过粉碎的危害。

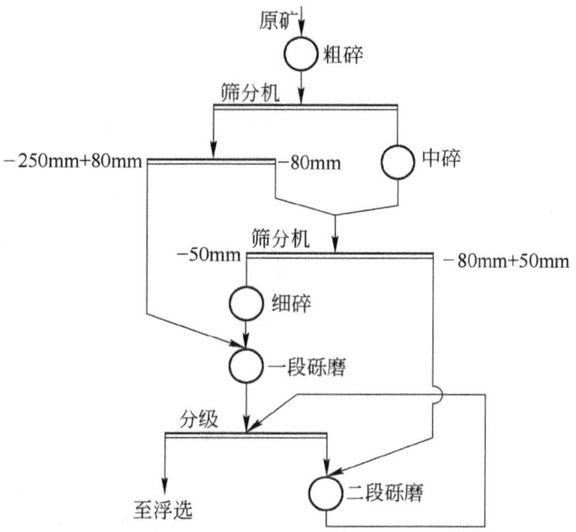

图 2-9 碎矿和磨矿分阶段流程示意图

2.2.1 磨制原理

磨矿机通常和分级机结合,组成磨矿分级机组进行工作。磨矿机将被处理物料磨碎,分级机则将磨碎产物分为合格产物和不合格产物。不合格产物返回磨矿机再磨,以改善磨矿过程。分级机作业及分级返砂所进入的磨矿作业则组成一个磨矿段。分级作业可以是预先分级、检查分级、控制分级,也可同时包括两种分级作业。两段磨矿时,若第一段使用棒磨也可以不带分级作业。

2.2.2 磨制工艺流程

2.2.2.1 磨制流程的选择

(1) 若磨矿粒度小于 0.074mm 者占 70%~80%或者粗磨后需进行选别,可采用两段一闭路磨矿流程;

(2) 若磨矿粒度小于 0.074mm 者占 80%~85%,可采用两段全闭路磨矿流程;

(3) 如果要求最终磨矿产品粒度极细,需达到较高的解离度,可采用多段磨矿流程;

(4) 小型选矿厂常采用简单的一段磨矿流程,以简化操作和管理,降低基建投资和生产成本。

2.2.2.2 磨制段数的确定

影响磨制段数的主要因素有:矿石的可磨性和矿物的嵌布特性、磨矿机的给料粒度、磨碎产物的要求粒度、选矿厂的生产规模、分别处理矿砂和矿泥的必要性以及进行阶段选别的必要性等。

磨矿粒度为 0.2~0.3mm(粒度小于 0.074mm 者占 60%~70%)时,一般采用一段磨矿流程。在小型选矿厂中,磨矿粒度小于 0.074mm 者占 80%时,也可采用一段磨矿流程。

对于中型和大型选矿厂,磨矿粒度小于 0.15mm(粒度小于 0.074mm 者占 80%)时,宜采用两段磨矿。

2.2.2.3 磨制流程实例

图 2-10 中介绍了局部闭路磨矿流程和两段全闭路磨矿流程。

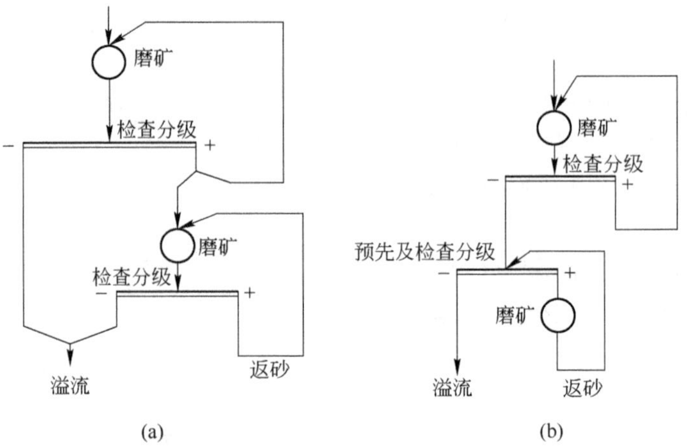

图 2-10　磨矿流程实例

(a) 局部闭路磨矿流程；(b) 两段全闭路磨矿流程

(1) 局部闭路磨矿流程的特点如下：

1) 优点。各磨矿段的负荷调整比较简单，各段均可得到任何数量的循环负荷；可得到比两段闭路磨矿流程产物更粗的最终产物；可减少贵重金属磨矿在循环中的聚集。

2) 缺点。返砂从第一段运输到第二段，需要用坡度大的溜槽或采用运输机械；第二段磨矿的检查分级，在处理产生少量次生矿泥的矿石时，会造成分级机工作困难。

(2) 两段全闭路磨矿流程的特点如下：

1) 优点。能达到的磨矿细度比其他流程均高，可以实现细磨，磨矿细度能达到小于 0.074mm 的粒级占 80%～85%。设备配置比第一段开路流程简单，可用较小坡度的溜槽来输送溢流。两段的磨矿机可以安装在同一水平上。

2) 缺点。两段之间的负荷调节困难；不能得到大于 0.2mm 的最终产物；全部矿石需两次通过溢流堰，所需的总分级面大，设备投资较高。

2.2.3　磨制设备

2.2.3.1　*磨矿机工作原理*

现以筒形磨矿机为例说明磨矿机工作原理（见图 2-11）。筒回转时，在摩擦力的作用下，磨矿介质（装入量为整个筒体容积的 40%～50%）被筒体的内壁带动，提升到某一高度后落下或滚下。磨矿原料从圆筒一端的空心轴颈不断给入，这些物料受到磨矿介质的打击、研磨和压碎，磨碎后的产物经圆筒另一端的空心轴颈不断排出。

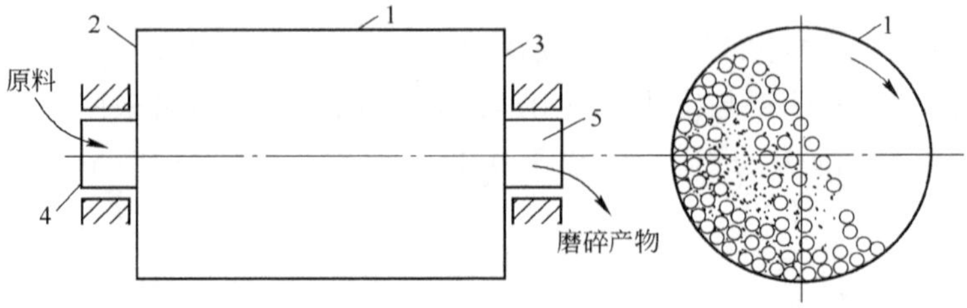

图 2-11　磨矿机工作原理示意图

1—圆筒壁；2,3—端壁；4—入料口；5—出料口

2.2.3.2　磨矿机分类

(1) 按磨矿介质不同,磨矿机可分为四种:

1) 球磨机,以大小不同的钢球为磨矿介质。

2) 棒磨机,以钢棒为磨矿介质(溢流型棒磨机示意图见图 2-12)。

3) 砾磨机,以河滩上的鹅卵石为磨矿介质。

4) 自磨机,矿块既是被磨对象又是磨矿介质。

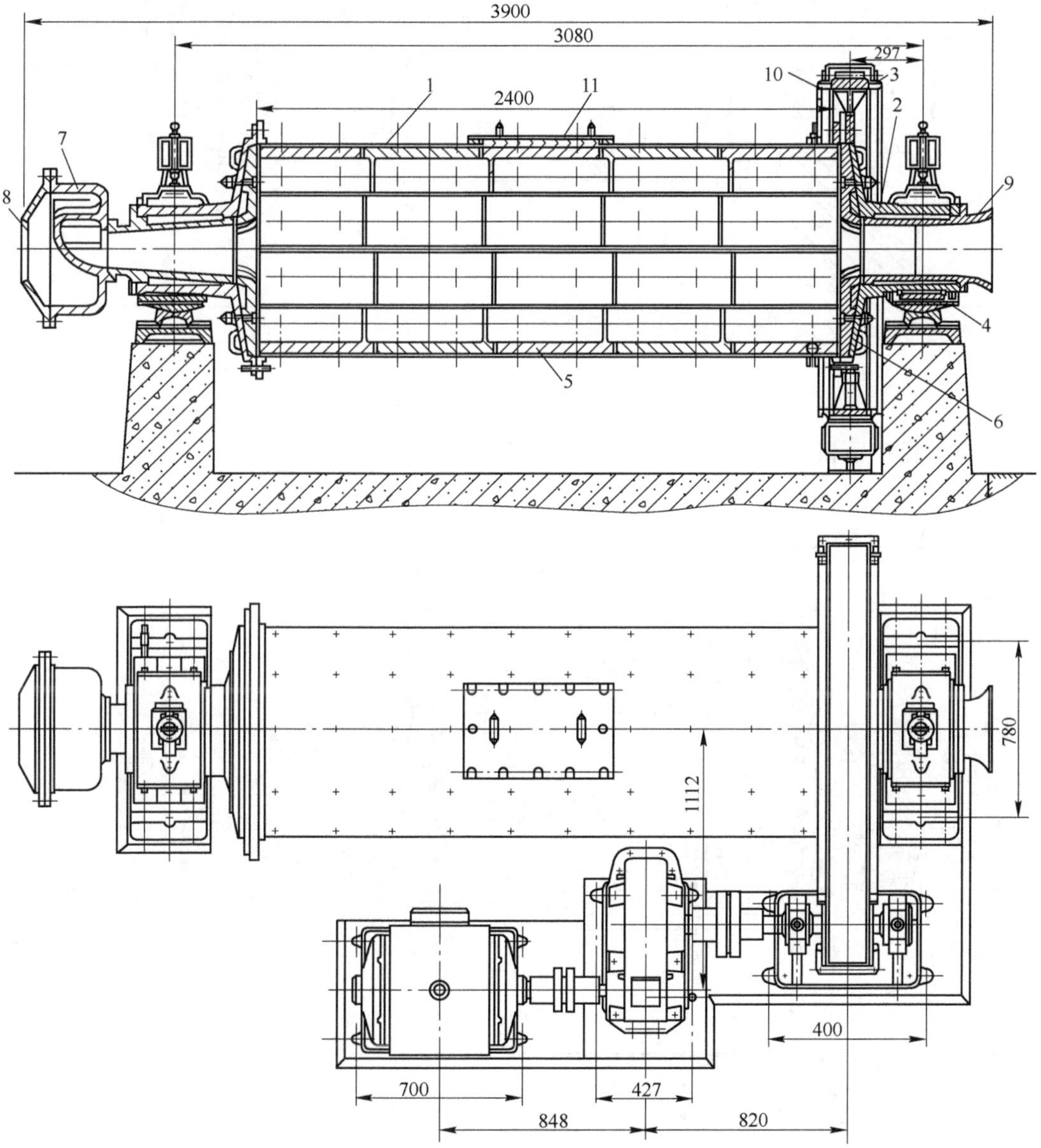

图 2-12　溢流型棒磨机示意图

1—筒体；2—端盖；3—传动齿轮；4—主轴承；5—筒体衬板；6—端盖衬板；
7—给矿器；8—给矿口；9—排矿口；10—法兰盘；11—检修孔

(2) 按排矿方式不同,磨矿机可分为:

1) 溢流排矿磨机(见图 2-13)。

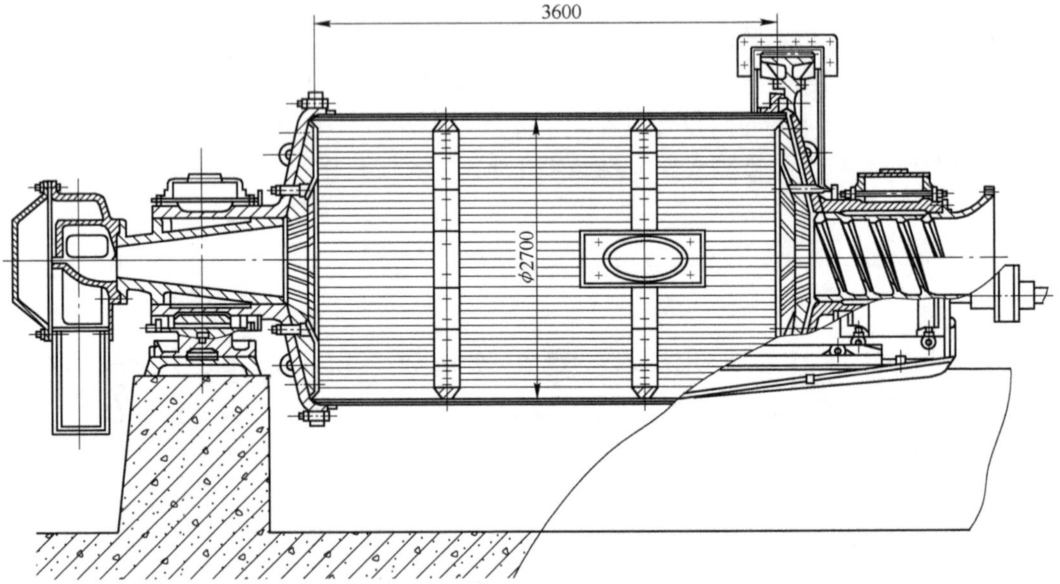

图 2-13　溢流型球磨机示意图

2)格子排矿磨机(见图 2-14)。

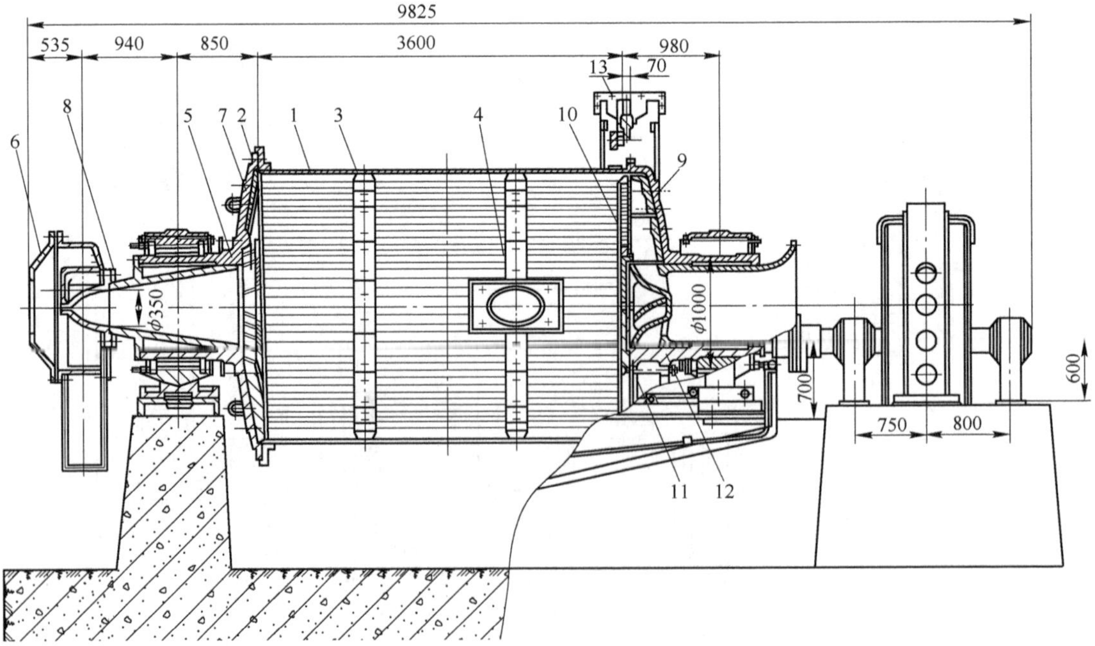

图 2-14　格子型球磨机示意图

1—筒体;2—法兰盖;3—螺钉;4—人孔盖;5—中空轴颈端盖;6—联合给矿器;
7—端衬板;8—轴承内套;9—中空轴颈;10—格子衬板;11—中心衬板;
12—轴承内套;13—大齿轮

3)筒体周边排矿磨机。

(3)按筒体长度(L)与直径(D)之比不同,磨矿机可分为:

1)短筒形磨矿机($L/D \leqslant 1$);

2)长筒形磨矿机($L/D \geqslant 1 \sim 1.5$,甚至可达 2~3);

3)管磨机($L/D \geqslant 3 \sim 5$)。

2.2.3.3 分级机

分级可以用干法或湿法,干法分级用空气或烟道气作介质,称为风力分级。湿法分级用水作介质,称为湿式分级,锌湿法冶金主要采用湿法分级。

湿式分级机主要的类型有水力分级机、螺旋分级机、水力旋流器和细筛等,最常用的分级机是螺旋分级机。

螺旋分级机比其他分级机优越,因为它构造简单、工作平稳可靠、操作方便、返砂含水率低、易于与磨机自流联结,因此常被采用。它的缺点是下端轴承易磨损、占地面积较大等。

螺旋分级机的原理是:从槽子侧边进料口给入水槽的矿浆,在向槽子下端溢流堰流动的过程中,矿粒开始沉降分级,细颗粒因沉降速度小而呈悬浮状态,由水流带经溢流堰排出,成为溢流;而粗颗粒沉降速度大,沉到槽底后被旋转的螺旋叶片运至槽子上端,成为返砂,送回磨矿机再磨。螺旋分级机示意图见图 2-15。

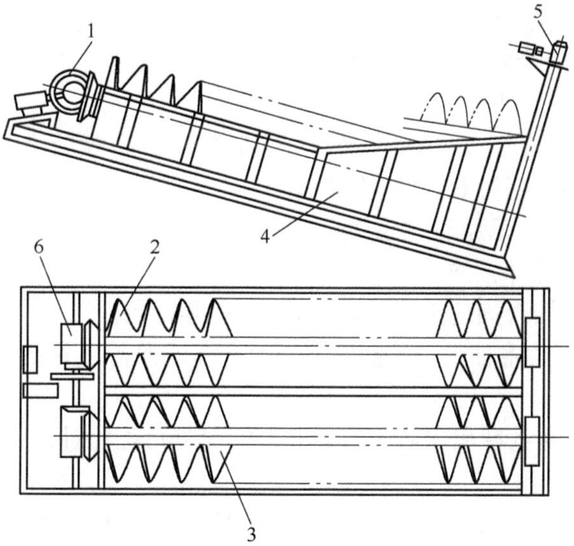

图 2-15 螺旋分级机示意图

1—传动装置;2,3—左、右螺旋;4—分级槽;5—升降机构;6—上部支承

2.2.4 磨制操作

2.2.4.1 安装

磨矿机安装在重量为其自重 2~3 倍的钢筋混凝土基础上,基础与本土接触。

为保证水平和同心度,需要进行二次浇灌。

安装顺序为:主轴承→筒体及端盖→传动部分→二次浇灌。

2.2.4.2　操作及维护

应注意开车、停车顺序。

(1)开车顺序为:油泵→磨矿机→分级机→给矿。

(2)停车顺序与开车顺序刚好相反。停车时,磨矿机内的矿石应尽可能排空。

运转时,主要应注意轴承温度、减速机温度以及筒体是否漏浆。

2.2.4.3　检修

(1)小修,每月末进行;

(2)中修,半年或一年进行一次;

(3)大修,视设备工作情况而定。

应注意主要磨损件的磨损周期,需要提前计划采购相应的备品、备件。

2.2.4.4　球磨机操作规程

球磨机操作规程如下:

(1)开机前应检查设备各部件是否有异常、地脚螺栓和衬板螺栓是否松动、转动部位有无障碍物,确认无误后方能开机。

(2)开机前应适当地给入被磨物料,以免损伤衬板和发热。先开加油泵,再开磨矿机。

(3)工作中必须注意如下事项:

1)大、小齿轮和减速机不应有缺油、磨牙、卡齿、转动不定等现象。

2)主轴承的温度不应超过600℃(油温)。

3)磨矿机工作应平稳、无强烈的摇动。

4)电动机的电流应无异常波动。

5)各连接紧固件和结合面应无松动和漏油、漏粉等现象。

(4)磨矿机各润滑点(主轴承、减速机、传动齿等)应保持良好的润滑密封,并定期补加或更换润滑油。

(5)磨矿介质(球)的重量和规格应根据原料情况进行配比补加,不能随意加入,但也不应超过规定范围。

(6) 工作结束后停止给料,待其排空后方可停机。按下主电动机停车按钮,使球磨机停止运行。待筒体完全停止转动后,停主轴承供油系统,并清扫设备。

2.2.4.5　球磨机安全操作规程

球磨机安全操作规程如下:

(1)开机前严格按设备操作维护规程认真检查,发现问题应及时处理,确保设备符合生产要求。

(2)严禁靠、扶在球磨机上,不得将铲、棒等杂物靠放在球磨机上。

(3)球磨机启动时,球磨机周围严禁站人。

(4)停机时,先停止进料,待物料磨送完后方可停机。

(5)球磨机开机前先开油泵,严禁无油开球磨机。

(6)需检修球磨机时,必须停机、切断电源,并挂上“严禁合闸”等警示牌,必要时由专人进行监护。

2.2.5 磨制故障判断及处理

2.2.5.1 跑磨

跑磨故障是指料浆未被磨到合格粒度就从磨矿机出来,进入下一工序。

此故障发生原因如下:

(1)给矿量过多,超出磨矿机磨矿的能力;

(2)返砂比过大。

该故障处理方法如下:

(1)稳定给矿量;

(2)降低返砂比。

2.2.5.2 堵磨

堵磨是指球磨机发生设备或工艺故障时,料浆不能从磨机正常出料。

堵磨故障发生原因如下:

(1)液量少,磨矿机内浆液的液固比小,不能将料带出;

(2)下料量过多;

(3)出料端筛板被堵塞。

该故障处理方法如下:

(1)停止下料,增大液量;

(2)停止下料,用高压水冲掉料;

(3)清理筛板。

2.2.5.3 过粉碎

矿石被过度粉碎使得微细颗粒增多,该故障主要是在磨矿环节产生。

过粉碎产生的原因如下:

(1)磨矿粒度超过最佳粒度;

(2)所用设备与矿石性质不适应,易将其泥化;

(3)操作条件不好;

(4)碎矿与磨矿工艺流程不合理。

过粉碎的危害有:

(1)浪费能源,增加能耗;

(2)影响选矿回收率和精矿品位;

(3)精矿、尾矿处理困难;

(4)增加矿石处理成本。

过粉碎的预防措施如下：

(1)从开始破碎时就应防止过粉碎，遵循“不做不必要的破碎”原则，尤其在处理脆性矿石(如钨、锡)的选矿厂，更应重视此问题；

(2)在选矿厂设计时就应重视流程和设备的选择；

(3)在选矿厂生产过程中将磨矿细度控制在最佳范围内。

2.2.6　磨制技术经济指标

2.2.6.1　数量指标

(1)处理量 Q。处理量是指磨矿机在一定的给矿粒度及产品粒度下每小时处理的矿量，单位为 t/(台·h)，也称为磨矿机的台时处理量。

(2)单位容积处理量 q_V。单位容积处理量是指磨矿机在一定的给矿粒度及产品粒度下每小时每立方米处理的矿量，单位为 t/(m^3·h)。又称为磨矿机单位容积处理量。

(3)磨矿机-0.074mm 利用系数 $q_{-0.074\text{mm}}$。磨矿机-0.074mm 利用系数是指每小时每立方米磨矿机容积新生成的小于 0.074mm 产品的数量，用来评价磨矿机工作效果，单位为 t/(m^3·h)。

2.2.6.2　质量指标

(1)磨矿效率 E。磨矿效率是指每消耗 1kW·h 电能所能处理的原矿量(或粒度小于 0.074mm 产品的量)，单位为 t/(kW·h)，表示磨矿能量使用效率的高低。

(2)磨矿技术效率 $E_{技}$。磨矿技术效率是与产品粒度相关的效率，未发生磨矿或磨矿过度时，磨矿技术效率均为零。磨矿技术效率能够从技术上评价磨矿过程的好坏，$E_{技}$ 越高说明磨矿技术指标越好。

2.2.6.3　钢耗指标

钢耗指标是指每磨细 1t 矿石所消耗的钢量，单位为 kg/t。在磨矿中，磨矿费用约有 40%消耗在钢球上，其中绝大部分为钢球消耗，故将钢球单耗列为考核选厂工作业绩的重要指标之一。

2.3　筛分

碎矿粒度通过筛分机来保证。筛分的目的如下：

(1)预先筛分，预先筛去送往碎矿机的矿石中比排矿口小的矿块，减轻碎矿机的负荷。

(2)检查筛分，筛除碎矿机产品中比排矿口大的矿块，保证筛下产物都符合规定粒度。

(3)准备筛分，为选别作业准备矿料，把筛得较均匀的各级别矿料送去分选。

(4)最终筛分：把碎矿厂的成品按用户要求筛成各粒级，作为出厂产品。

破碎后物料通过筛子筛分为筛上和筛下两种产物，筛上产物返回上一破碎段，筛下产物则进入下一破碎段或磨矿阶段。

2.3.1 筛分原理

2.3.1.1 基本概念

(1)筛分,是指将颗粒大小不同的物料,通过单层或多层筛子而分成若干个不同级别的过程。

(2)难筛粒,定义式如下:

$$\frac{3}{4}b \leqslant d \leqslant b \tag{2-12}$$

式中 d——矿石粒度;

b——筛孔尺寸。

(3)易筛粒,定义式如下:

$$d < \frac{3}{4}b \tag{2-13}$$

(4)阻碍粒,定义式如下:

$$d = (1 \sim 1.5)b \tag{2-14}$$

(5)筛分概率,是指矿粒通过筛孔的可能性,又称筛分频率。筛分概率 $P(0 \leqslant P \leqslant 1)$ 计算如下:

$$P = \frac{m}{n} \tag{2-15}$$

式中 m——过筛数;

n——总数。

1)对于正方形筛孔,球形颗粒的筛分概率为:

$$P = \frac{(L - d_{球})^2}{L^2} = \left(1 - \frac{d_{球}}{L}\right)^2 \tag{2-16}$$

式中 L——筛孔边长;

$d_{球}$——球形颗粒直径。

2)若考虑筛丝直径,则筛分概率为:

$$P = \frac{(L - d_{球})^2}{(L + a)^2} = \frac{L^2}{(L + a)^2}\left(1 - \frac{d_{球}}{L}\right)^2 \tag{2-17}$$

式中 a——筛丝直径。

2.3.1.2 粒度组成和粒度分析

A 基本概念

(1)粒度。粒度是矿石块度大小或尺寸大小的量度,用 d 表示。粗粒度可到 mm 级,细粒度可到 μm 级。

(2)粒级。将松散矿料借用筛分和水力分级等方法,按粒度不同分为若干级别,该级别称为粒级。

(3)粒度组成。采用称量法称出各级别质量并计算出其质量百分比(产率),得到的各粒级矿料的质量分布称为粒度组成。

$$产率=\frac{某粒级质量}{物料总质量} \tag{2-18}$$

(4)粒级分析。确定粒级组成的实验称为粒度分析，可以看出各粒级在矿料中的分配情况。

B 粒度表示法

(1)采用单个矿块平均直径表示粒度，用于测定特粗和特细(显微镜观察)粒度。单个矿块平均直径计算如下：

$$d=\frac{a+b+c}{3} \tag{2-19}$$

式中 a——单个矿块的长度；

b——单个矿块的宽度；

c——单个矿块的高度。

(2)粒级表示法，即用正方形筛孔尺寸作为该级别的粒度。设 b 为筛孔尺寸，$d=b$，筛分为多个粒级，则粒级表示法为：

	$+b_1$	$-b_1+b_2$	$-b_2+b_3$	$-b_3$
或	$+d_1$	$-d_1+d_2$	$-d_2+d_3$	$-d_3$
例如：	+25	−25+10	−10+5	−5mm

上例表示粒级 1 大于 25 mm，粒级 2 小于 25 mm 且大于 10 mm，粒级 3 小于 10 mm 且大于 5 mm，粒级 4 小于 5 mm。

C 平均粒度和偏差系数

(1) 平均粒度。

1)加权算术平均粒度，计算如下：

$$D=\frac{r_1d_1+r_2d_2+\cdots+r_nd_n}{r_1+r_2+\cdots+r_n}=\frac{\sum r_id_i}{100} \tag{2-20}$$

式中 d_i——平均粒度为 d_i 的粒级；

r_i——平均粒度为 d_i 的粒级占物料总量的质量分数。

2)加权几何平均粒度，计算如下：

$$D=(d_1^{r_1}d_2^{r_2}\cdots d_n^{r_n})^{\frac{1}{\sum r_i}} \tag{2-21}$$

取对数得：

$$\lg D=\frac{\sum r_i \lg d_i}{\sum r_i}=\frac{\sum r_i \lg d_i}{100} \tag{2-22}$$

3)调和平均粒度，计算如下：

$$D=\frac{\sum r_i}{\sum \frac{r_i}{d_i}}=\frac{100}{\sum \frac{r_i}{d_i}} \tag{2-23}$$

一般来说，加权算术平均粒度 > 加权几何平均粒度 > 调和平均粒度，通常采用加权算术平均粒度。

(2)偏差系数，计算如下：

$$K_{偏}=\frac{\sigma}{D} \tag{2-24}$$

其中，标准差 σ 计算如下：

$$\sigma=\sqrt{\frac{\sum(d_i-D)^2 r_i}{\sum r_i}} \tag{2-25}$$

偏差系数 $K_{偏}$用来说明物料的均匀程度。$K_{偏}<40\%$，表示均匀；$K_{偏}=40\%\sim60\%$，表示中等均匀；$K_{偏}>60\%$，表示不均匀。

D　筛分分析

筛分分析是指利用筛孔大小不同的一套筛子进行粒度分级，该法适用于粒度小于100mm、大于0.043mm的物料。筛分分析的目的在于，求得物料中各粒级的质量百分数，从而确定物料的粒度组成。

筛分分析的优点是设备简单、易于操作，缺点是受颗粒形状的影响很大。

E　筛分终点

若1min内所得到的筛下物料量小于筛上物料量的1%，则认为到达筛分终点。

2.3.1.3　筛分方法

(1)干法筛分，是将样品倒入套好的标准筛的最上层筛面，盖好上盖，放到振动机上筛分10~15min，然后取下每层筛子并称量各粒级质量。

(2)干湿联合筛分，是在试样含水、含泥较多，黏结严重时采用的筛分方法。

2.3.2　筛分工艺流程

筛分工艺流程一般包括预先筛分、检查筛分、准备筛分、最终筛分等几个环节。

与破碎结合的筛分作业流程，详见本书2.1.2节。

2.3.3　筛分设备

根据筛分设备的结构和运动特点，其可以分为下列几种类型：

(1)固定筛，包括固定格筛、固定条筛和悬臂条筛。

(2)筒形筛，包括圆筒筛、圆锥筛和角锥筛等。

(3)振动筛，包括机械振动筛和电力振动筛两种。

(4)弧形筛和细筛，是用于磨矿回路中作为细粒分级的筛分设备。除弧形筛外，我国目前采用的细筛有GPS型高频振动细筛、德瑞克筛、直线振动细筛、旋流细筛以及湿法立式圆筒筛等。

2.3.3.1　筛

(1)非标准筛，是指原矿或矿样产品用手筛完成。手筛用来筛分粗粒物料，筛孔一般为150mm、100mm、80mm、50mm、25mm、10mm等。

(2)标准筛，筛孔宽度和筛孔直径按标准制作，一般由专门机器加工。

(3)标准套筛，多个标准筛子从大到小排列组合在一起。

(4)筛比，即两个相邻筛子的尺寸之比(如 b_1/b_2、b_2/b_3、b_3/b_4)。

2.3.3.2　标准筛种类

A　泰勒标准筛

泰勒标准筛被普遍采用，其将筛网 1in(25.4mm)长度上所占有的筛孔数目作为各个筛子号码的名称。

目是指 1in 长度中的筛孔数目。泰勒标准筛的基筛是 200 目的筛子，筛孔尺寸为 0.074mm。

泰勒标准筛的两个序列如下：

(1)基本序列，其筛比为：

$$\sqrt{2}=1.414$$

(2)附加序列，其筛比为：

$$\sqrt[4]{2}=1.189$$

对于基筛来说，比 200 目(0.074mm)粗一级的筛子的筛孔为：

$$0.074\times\sqrt{2}=0.104\,\text{mm}$$

比 200 目细一级的筛子的筛孔尺寸为：

$$0.074/\sqrt{2}=0.037\,\text{mm}$$

附加序列在要求得到更窄级别的产品时使用。

B　德国标准筛

德国标准筛中的目是指 1cm 长的筛网上的筛孔数，或指 1cm^2 面积上的筛孔数。

其特点是：筛号与筛孔尺寸的乘积约为 6，规定筛丝直径等于筛孔尺寸的 2/3，各层筛子的筛网有效面积为 36%。

C　国际标准筛

国际标准筛的基本筛比是：

$$\sqrt[10]{10}=1.259$$

对于更精密的筛析，还可插入附加筛比：

$$(\sqrt[40]{10})^{6}=1.41$$

$$(\sqrt[40]{10})^{12}=1.99$$

2.3.3.3　筛分设备的分类、原理及应用范围

(1)格筛，包括固定棒条筛、滚轴筛、人工焊接条筛等，不需要动力，主要用于粗碎。滚轴筛主要用在焦化厂和炼铁厂筛分焦炭。

(2)摇动筛，水平或倾斜摇动。其在非金属矿山、建筑材料和选煤行业广泛应用，而在金属选矿厂则应用较少。

(3)筒形筛，水平或倾斜安装，沿中心轴线旋转。筒形筛一般用在建筑工业筛分和清洗碎石、砂子，在有的选矿厂也用于洗矿。

(4)直线振动筛，是由振动器产生的定向振动拖动水平安装的筛筐。筛筐的运动轨迹为定向直线振动，以保证物料在筛面上产生强烈的抖动。它用于煤的脱水、脱介、脱泥，也可用于磁铁矿的冲洗、脱泥和分级等。

（5）圆形振动筛，是由不平衡振动器的回转质量产生的激磁振力，使筛体产生强烈的振动作用，筛子运动轨迹为圆或近似于圆。由于它的筛分效率比较高，目前在金属选矿厂广为应用。

（6）共振筛，又称弹性连杆式振动筛，是用连杆上装有弹簧的曲柄连杆机构驱动，使筛子在接近共振状态下工作，也可归入直线振动筛一类。共振筛主要用于煤炭工业和选矿厂的筛分、脱水和脱泥作业。目前，我国的选煤厂已经广泛应用共振筛，此外部分选矿厂也开始使用。

2.3.3.4　振动筛的分类、优点、实例

A　振动筛的分类

根据运动轨迹不同，振动筛可分为两大类：

（1）圆运动振动筛，包括单轴惯性振动筛、自定中心振动筛和重型振动筛等。

（2）直线振动筛，包括双轴惯性振动筛、共振筛等。

B　振动筛的优点

振动筛的主要优点如下：

（1）低振幅、高频次，消除了物料的堵塞现象，使筛子有较高的筛分效率和生产能力。

（2）动力消耗小，结构简单，维修、检修比较方便。

（3）因为筛分效率和生产率高，所以所需的筛网面积比其他筛子小，可以节省厂房的面积和高度。

（4）应用范围广，可作为中碎、细碎前的预先和检查筛分。

C　振动筛的实例

下面以惯性振动筛（其结构见图 2-16）为例，详细介绍振动筛的构造、原理、性能和用途。

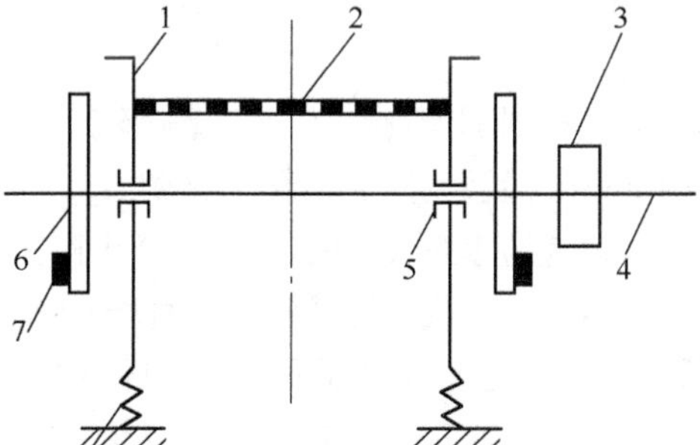

图 2-16　惯性振动筛的结构示意图

1—筛箱；2—筛网；3—皮带轮；4—主轴；5—轴承；6—偏心轮；7—重块；8—板簧

（1）原理。偏心块的回转运动产生周期性的离心惯性力（称为激振力），激振力传给筛箱，使筛子振动并维持振动不减弱。筛上物料受激振力作用被向前抛起，前进一段距离后再落回筛面，进而完成松散、分层和透筛的整个筛分过程。筛箱的运动轨迹为椭圆或近似于圆。

(2)性能及用途。惯性振动筛振幅小、频次高,适用于筛分中细粒物料。SZ 型惯性振动筛可用于选煤厂、焦化厂和选矿厂,进行煤、焦炭、矿石的筛分。惯性振动筛给料需均匀,粒度不应大于 100 mm;转速应大于共振转速 5~10 倍,避免共振。

2.3.4　筛分操作

下面以比较常用的振动筛为例介绍筛分的操作。在筛子启动前,应检查各连接部件有无松动、电气元件有无失效、振动器的主轴是否灵活、轴承润滑情况是否良好。筛子启动顺序是:先启动除尘装置,然后启动筛子,待运转正常后才允许向筛面均匀地给矿。停车的顺序与此相反。

(1)筛分操作规程如下:

1)首先启动除尘装置,保证其正常运行。

2)振动筛在开机前,应检查筛子周围是否有妨碍筛机运动的障碍物。

3)应在没有负荷的情况下开机,待筛机运转平稳后才能给料。停机前,应先停止给料,待筛面上物料全部排除后才能停机。

4)在工作过程中,应经常观察筛机运动是否平稳。若发现运动不正常或有物体撞击声,必须及时停机检查,找出原因并排除故障。

5)应经常监测轴承温度,如发现轴承温度过高,必须立即停机检查。

6)支承筛箱的螺旋弹簧内一般容易积聚矿粉,影响弹簧正常工作,应经常用压缩空气进行清理。

(2)检修与维护应注意以下事项:

1)经常检查筛机上各连接螺栓的紧固情况,若发现松动应及时拧紧。

2)筛网因与物料直接接触而易磨损,故应经常检查筛网是否张紧、有无破损,如有破损应及时更换。

3)振动器若采用润滑脂润滑,应每月加注一次润滑油。加油量不应超过整个轴承空间的 2/3,否则会引起轴承温度过高。

4)振动器使用六个月后应检查油质情况,发现润滑脂变干或有硬块时,应立即清洗并更换新脂。要求轴承每年清洗一次,发现损坏应及时更换。

5)筛箱侧板和横梁如出现裂缝应及时焊补,焊补时应严格按焊接工艺进行。

6)为提高筛网的寿命,可在筛网金属丝上敷一层耐磨橡胶,或采用特制的橡胶筛面。近年来还采用新材料制作筛网,如用尼龙制作的筛网可以使用 3~6 个月。

7)筛机的轴承一般 8~12 个月更换一次,传动皮带 2~3 个月更换一次,弹簧寿命不低于 3~6 个月,筛框的寿命在 2 年以上。

2.3.5　筛分故障判断及处理

(1)振动筛无法启动或者振幅过小。应首先考虑电气上有无障碍,检查电动机有无损坏、线路中的元件有无损坏、当时当地的电压是否不足。若这三方面均无问题,再从机械上查,检查筛面上的物料是否堆积太多,若是即应清除;检查激振器上联轴节螺栓有无脱落、润滑脂是否变稠结块,若是可清洗、检修激振器,再适当调整偏心轴加重块或者副偏心块的位置。

(2)筛面上物料流动异常。其原因一是筛箱刚度不足,存在临界频率,说明连接螺栓已振松甚至达到全面振松的程度,应立即紧固;二是筛箱的横向水平没找准,应从支承脚弹簧的支承座或弹簧本身找毛病,应改换弹簧、改垫或改支承座尺寸;三是筛面网破损,只要更换筛网即可。如果一直处于筛箱刚度不足、横向水平没找准的状态,会造成横梁断裂,即使仍在运转也会使物料流动异常。另外,还有可能是由于操作不当,如给料极不平衡也是原因之一。

(3)筛分质量不佳。该问题的常见原因是操作不当,网孔堵塞、入筛物料中的细粒增加和水分增加,会使筛上料层过厚、给料不均等。机器上的原因可能是筛网的两边拉得不紧;如果是轴偏心振动的筛子,皮带拖动中无力、皮带过松也会造成筛分质量不佳。等机械问题处理完毕,可以进行一段时间的逆向旋转,以提高筛分质量。

(4)正常工作时,振动筛旋转变慢,轴承发热。出现这种情况说明平时的保养没跟上,轴承缺润滑脂。如果是新加油脂。则是由于油脂的质量存在问题或加得太满,劣质油会使轴承阻塞迷宫密封装置,所以润滑脂的质量相当重要。

(5)噪声过大。其原因可能是轴承损坏、螺栓松动、横梁断裂和弹簧损坏,除螺栓可拧紧外,其他三种状况均需更换零件。

(6)侧板裂纹,横梁断裂,结构件损坏。此种情况不会突然出现,其原因是在临界频率下的工作时间太长,可能是由于大量紧固侧板的高强度螺栓松弛,或由于弹簧严重变形而使左右高低相差极多;也有可能是由于偏心块的每块重量误差过大,引起结构件损坏、墙板裂纹甚至横梁断裂。这些除了更换已损坏的零件、拧紧螺栓之外,在修补墙板裂纹时还必须在两头先打两个6mm的小孔,以防裂纹延伸。切记在补加强板时,应在加强板上打几个出气孔。

2.3.6 筛分技术经济指标

2.3.6.1 处理能力

处理能力 Q 是数量指标,是指筛分设备在单位时间内单位面积处理物料的数量,单位为 $t/(m^2 \cdot h)$,计算如下:

$$Q = 3600bvh\gamma \tag{2-26}$$

式中 Q——处理能力,$t/(m^2 \cdot h)$;

b——筛机宽度,m;

v——物料运行速度,m/s;

h——物料平均厚度,m;

γ——物料堆密度,t/m^3。

2.3.6.2 筛分效率

(1)筛分效率 E,为质量指标,单位为%。筛分效率的物理意义如下:

$$E = \frac{C}{Q\alpha} \times 100\% \tag{2-27}$$

式中　C——筛分产品质量；

Q——物料总质量；

α——入筛原料中小于筛孔的级别的含量,%。

筛分效率的测定见图 2-17。

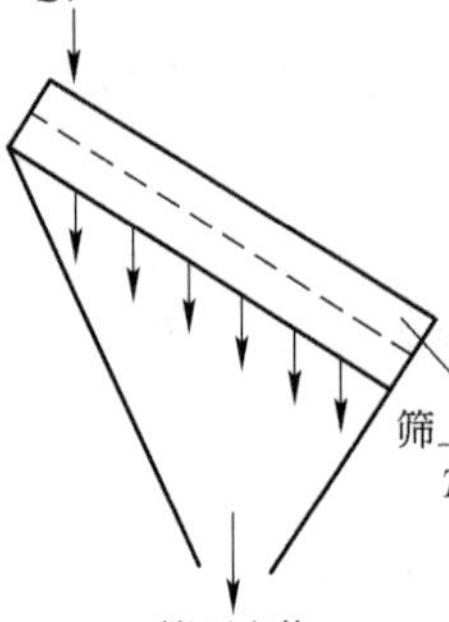

图 2-17　筛分效率的测定（T 表示筛分产物质量）

（2）筛分效率，计算如下：

$$E=\frac{\beta(\alpha-\theta)}{\alpha(\beta-\theta)}\times100\% \tag{2-28}$$

式中　α——给矿中小于某个粒级的含量,%；

β——筛下产物中小于某个粒级的含量,%；

θ——筛上产物中小于某个粒级的含量,%。

注：α、β、θ 相当于选矿中原矿、精矿、尾矿的品位概念。

（3）筛分质效率（R. T. Hancock，即汉·科克公式），又称筛分总效率，计算如下：

$$E_{质}=\frac{100(\beta-\alpha)(\alpha-\theta)}{\alpha(100-\alpha)(\beta-\theta)}\times100\% \tag{2-29}$$

式中，α、β、θ 的意义同前。

［例 2-1］　设 $\alpha=60\%$、$\beta=95\%$、$\theta=20\%$，求筛分效率和筛分质效率。

解：将 α、β、θ 数据分别带入筛分效率公式和筛分质效率公式，可以得到：

$$E=84.4\%$$

$$E_{质}=77.8\%$$

2.4　干燥

冶金过程中，浸出或熔炼工序使用的精矿、矿石等原料往往含水分较多，直接进行冶炼会造成一系列的故障，因此需要提前将多余的水分或溶剂脱除。例如硫化锌焙烧过程中，浮选所得的水分多（大于 8%）的精矿，如直接运往焙烧，会使精矿结团而失去透气性，造成块料表面焙烧而内部未焙烧，使焙烧质量恶化；会黏结输送、储存设备，造成储矿槽堵塞；在焙烧过程中由于这些水分的存在，还会降低炉子的生产率。

2.4.1 干燥原理

2.4.1.1 干燥原理概述及目的

干燥的原理是:使物料表面湿分不断汽化,内部的湿分方可继续向表面移动。

干燥是一个缓慢的汽化脱水过程,即在一定的升温条件下,水分自物料的内部向外扩散并从表面汽化脱去的过程。

含水物料的干燥由两个环节组成,即物料表面水分汽化和物料内部水分向外扩散。当物料表面水分的蒸汽压力大于周围干燥介质中的蒸汽分压时,物料表面水分开始汽化。显然,蒸发面积大、干燥介质温度高、气流速度快,则表面汽化作用加快。

物料内部的水分迁移服从导湿定律,包括导湿和热导湿现象。导湿现象是由于物料表面的汽化作用使内部与表面之间产生湿度差,水分由较湿的内部向较干的表面迁移而引起的。热导湿现象是导湿现象的逆过程,是由于物料导热性不良使内部和表面之间产生温度差,促使热端(表面)水分向冷端(内部)迁移而引起的。显然,热导湿现象的存在减缓了物料的干燥过程。

经过一段时间的加热后,物料的内、外温度趋于平衡,此时物料的干燥主要受导湿现象的支配,内部水分不断向表面迁移,表面水分不断汽化,直到表面蒸汽压力与介质中的蒸汽分压相等为止,至此干燥过程结束。

干燥的目的是为了去除物料中的湿分,使物料便于运输、加工处理、储藏和使用。例如,聚氯乙烯的含水率必须低于0.2%,否则在其制品中将有气泡生成;抗菌素的含水率太高则会影响其使用期限等。干燥在其他产业部门中也得到普遍的应用,如造纸、纺织、制革、木材加工和食品工业中,干燥都是必不可少的操作。

2.4.1.2 去湿及其方法

在化学工业中,有些固体原料、半成品和成品中含有水分或其他溶剂(统称为湿分)需要除去,简称去湿。

去湿方法有以下三种:

(1)机械去湿法,即通过过滤、压榨、抽吸和离心分离等方法除去湿分。机械去湿法应用于溶剂无需完全除尽的情况。

(2)物理化学去湿法,用吸湿性物料(如石灰、无水氯化钙等)吸收水分。因这种方法费用高、操作麻烦,故只适用于小批量固体物料的去湿或用于除去气体中的水分。

(3)热能去湿法,借助热能使溶剂从物料中汽化,并排除所生成的蒸汽以除去湿分。

用加热的方法使水分或其他溶剂汽化,借此来除去固体物料中湿分的操作,称为固体的干燥。

机械去湿法消耗能量较少,但是只能除去物料中的一部分水分。在化工生产中,为了使去湿的操作经济而有效,往往先用机械去湿法除去物料中的大部分水分,然后再进行干燥,所以干燥操作往往紧跟在结晶、过滤、离心分离等操作过程之后进行,最后可得到合格的产品。

2.4.1.3　干燥过程的分类

按操作压力的不同，干燥过程可分为常压干燥和真空干燥。真空干燥温度较低，适合于热敏性高、易氧化或要求产品含水率极低的物料干燥。

按操作的方式不同，干燥过程可分为连续式和间歇式。连续式的优点是生产能力大、热效率高，其劳动条件比间歇式好，又能得到较均匀的产品。间歇式的优点是基建费用较低、操作控制方便，能适应多品种物料，但干燥时间较长、生产能力较差。

按热能传给湿物料的方式不同，干燥过程又可分为传导干燥、对流干燥、辐射干燥和介电加热干燥，还可将其中两种或三种方式组合进行联合干燥，简述如下：

(1)传热干燥，又称为间接加热干燥。载热体通常为加热蒸汽，将热能以传导的方式通过金属壁传给湿物料，使湿物料中的水分汽化，水汽由周围的气流带走。传导中的热能利用程度较高，但是，与金属壁面接触的物料在干燥时易发生过热变质。

(2)对流干燥，又称为直接加热干燥。载热体(干燥介质)将热能以对流的方式传给与其直接接触的湿物料，以供给湿物料中水分汽化所需的热量并将水蒸气带走。干燥介质通常为热空气，因热空气的温度易调节，所以物料不易被过热。但热空气离开干燥器时将相当大的一部分热量带走，故其热能利用程度比传导干燥差。

(3)辐射干燥，热以电磁波的形式由辐射器发射至湿物料的表面，被其吸收后再转变为热能，将水分加热汽化而达到干燥的目的。辐射源可分为电能和热能两种。采用电能的辐射器，例如专供发射红外线、远红外线或微波的装置，将电磁波照射在被干燥物料上，使之加热进行干燥。

(4)介电加热干燥，是将要干燥的物料置于高频电场内，由于高频电场的交变作用使物料加热而达到干燥的目的。

在一般采用传导和对流加热方式的干燥过程中，由于热能均是从物料表面传至内部，物料表面温度高于内部温度，而水分则由内部扩散至表面；在干燥过程中，物料表面水分先汽化从而形成绝热层，增加内部水分扩散至表面的阻力，所以物料干燥时间较长。而介电加热干燥则相反，湿物料在高频电场内很快就被均匀加热，由于水分的介电常数比固体物料要大得多，在干燥过程中物料的内部水分比表面多，因此物料内部吸收的电能或热能也较多，则物料内部温度比表面高，由于温度梯度与水浓度梯度的方向相同，故增大了物料内部水分的扩散速率，从而使扩散时间缩短，所得到的干燥产品也均匀而洁净；但这种方法费用较大，所以其在工业上的普遍推广受到一定限制。

在上述四种干燥过程中，目前在工业上应用最普遍的是对流干燥。通常使用的干燥介质是空气，被除去的湿分是水分。下面将以对流干燥为主要讨论内容，且仅限于以热空气为干燥介质、除去的湿分为水的情况。

2.4.1.4　干燥过程进行的条件

如上所述，在对流干燥过程中，干燥介质(即热气流)将热能传至物料表面，再由表面传至物料的内部，这是一个传热过程；水分从物料内部以液态或气态扩散透过物料层而到达表面，然后水汽通过物料表面的气膜而扩散至热气流的主体，这是一个传质过程。可见，物料的干燥过程属于传热和传质相结合的过程。

为了使干燥过程能够进行,必须使被干燥物料表面所产生的水汽(或其他蒸汽)的压力大于干燥介质中水汽(或其他蒸汽)的分压,压差越大,干燥过程进行得越快。所以,干燥介质必须及时将汽化的水汽带走,以保持一定的汽化水的推动力。图 2-18 表明了在对流干燥过程中,热空气和被干燥物料表面的传热和传质情况。

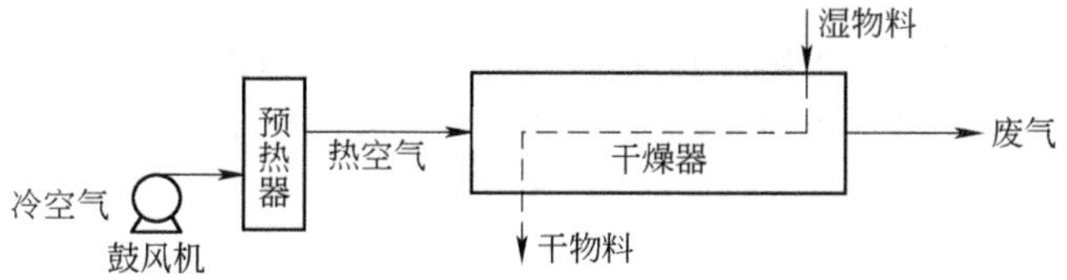

图 2-18　对流干燥过程示意图

2.4.1.5　湿空气的性质和焓湿 h-X 图

A　湿空气的性质

湿空气很接近于理想气体,可以将湿空气当作理想气体处理,下面简单介绍湿空气的基本性质。

(1)空气的绝对湿度。1 m^3 湿空气中所含水蒸气的质量称为空气的绝对湿度,单位为 kg/m^3。水蒸气的压强随着其密度的增大而增加,所以,空气的绝对湿度的大小也可以通过水蒸气的压强来表示。水蒸气在空气中的分压以 p_w 表示。当空气被水蒸气饱和时,空气的绝对湿度称为饱和绝对湿度,其对应的饱和水蒸气分压以 p_s 表示。空气的饱和绝对湿度随温度的升高而增大。

(2)空气的相对湿度。空气的相对湿度是空气的绝对湿度与同温度下饱和绝对湿度之比,用 φ 表示,即:

$$\varphi = \frac{p_w}{p_s} \times 100\% \tag{2-30}$$

式中　φ——空气的相对湿度,%;

p_w——水蒸气分压,Pa;

p_s——饱和水蒸气分压,Pa。

空气的相对湿度表示空气被水蒸气饱和的程度。干空气,$\varphi=0$;饱和湿空气,$\varphi=100\%$;一般湿空气,$0<\varphi<100\%$。相对湿度反映了空气作为干燥介质时所具有的干燥能力。在干燥过程中,空气的相对湿度越低,则吸收水蒸气的能力越强,干燥速度越快;反之,空气的相对湿度越高,干燥速度就越慢,当空气被水蒸气饱和时则不能进行干燥。

(3)空气的湿含量。空气的湿含量是指在湿空气中,1 kg 干空气所含水蒸气的质量,以 X 表示,单位为 kg/kg,即:

$$X = m_w / m_a \tag{2-31}$$

式中　m_w——水蒸气质量,kg;

m_a——干空气质量,kg。

根据气体状态方程式,不难导出湿含量与相对湿度两者之间的关系为:

$$X=0.622\frac{p_w}{P-p_w}=0.622\frac{\varphi p_s}{P-\varphi p_s} \qquad (2\text{-}32)$$

式中　P——大气压力,Pa。

由式(2-32)不难看出,在大气压力一定的情况下,湿含量 X 仅与温度 t 和相对湿度 φ 有关。

(4)空气的比焓。空气的比焓是指湿空气中 1kg 干空气及其所带水蒸气的焓之和,以 h 表示,单位为 kJ/kg。当湿空气的温度为 t,计算比焓的起始温度为0℃时,1kg 干空气的比焓 h_a 为:

$$h_a=c_at \qquad (2\text{-}33)$$

式中　c_a——干空气的平均比热容,可近似取为 1.00kJ/(kg · ℃)。

1kg 水蒸气的比焓 h_w 为:

$$h_w=2492+c_wt \qquad (2\text{-}34)$$

式中　2492——水蒸气在0℃时的潜热,kJ/kg;

c_w——水蒸气的平均比热容,近似可取为 1.93kJ/(kg · ℃)。

因为湿含量为 X 的空气中,1kg 干空气含有 X kg 水蒸气,所以湿含量为 X 的湿空气的比焓为:

$$h=h_a+Xh_w=(1+1.93X)t+2492X \qquad (2\text{-}35)$$

由式(2-30)可见,湿空气的比焓,随温度 t 和湿含量 X 的升高而增大。式中右侧第一项为湿空气的显热,第二项为水蒸气的潜热。在干燥过程中可利用的只是显热部分。

(5)干球温度。干球温度是指用一般温度计(如水银温度计等)测出的空气温度,以 t 表示,单位为℃。干球温度为湿空气的实际温度。

(6)湿球温度。湿球温度是指用湿球温度计(即将温度计的温包用浸没在水里的纱布包起来)测出的空气温度,以 t_w 表示。

(7)绝热饱和温度。当大量的水与有限的空气接触时,在绝热的情况下,水向空气中汽化所需的潜热和升温所需的显热完全来自空气降低温度所放出的显热,空气温度将逐渐降低,与此同时空气将逐渐被水汽所饱和。此空气达到饱和而温度不再下降时的温度,称为空气的绝热饱和温度,以 t_s 表示。绝热饱和温度与湿球温度是两个不同的概念,但在空气—水汽系统中其数值相近,可以认为,湿球温度近似地等于绝热饱和温度。

(8)露点温度。如果保持湿空气的湿含量不变,使其一直冷却到湿空气达到饱和状态($\varphi=100\%$),开始凝结成露水时的温度称为露点温度,以 t_{dp} 表示。

在未饱和的湿空气中,$t>t_w>t_{dp}$;在饱和湿空气中,则三个温度相等。

从上述讨论可知,表征湿空气性质的主要参数有比焓 h、湿含量 X、干球温度 t、相对湿度 φ 四个。只要已知其中任意两个独立的物理量,其他参数便可通过计算求得。

B　焓湿图

焓湿图是为了计算简便,在既定的大气压力下,将湿空气各主要参数(比焓 h、湿含量 X、干球温度 t、相对湿度 φ 以及水蒸气分压 p_w)之间的关系绘制成专门的关系图。图中,以比焓 h 为纵坐标,以湿含量 X 为横坐标,故简称为 h-X 图(见图 2-19)。图 2-19 中的全部数据均以湿空气中含有 1kg 干空气作为基准,其总压力为 98066.5Pa。图中共有五组曲线,即等

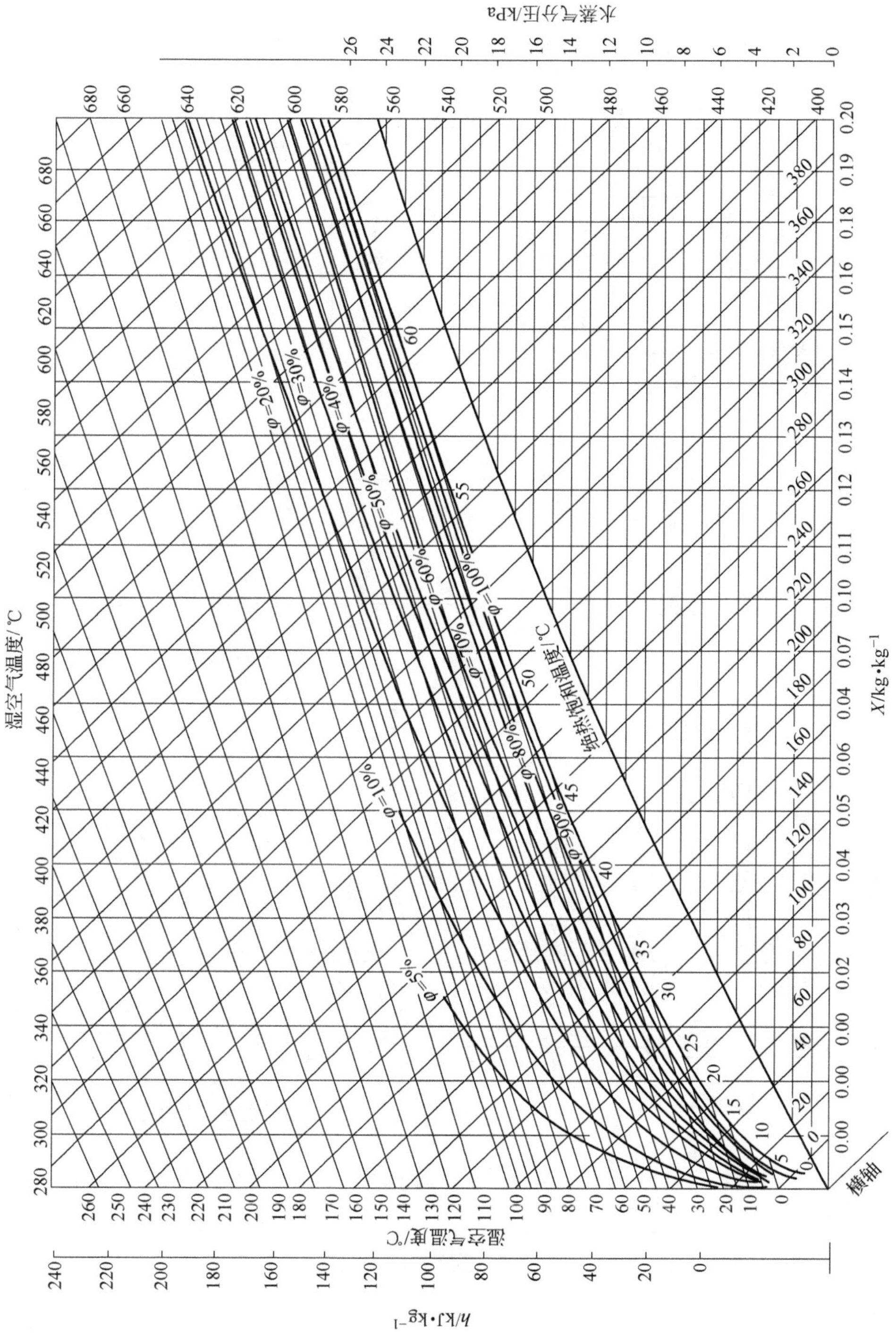
水蒸气分压/kPa
湿空气温度/℃
绝热饱和温度/℃
φ=5%
φ=10%
φ=20%
φ=30%
φ=40%
φ=50%
φ=60%
φ=70%
φ=80%
φ=90%
φ=100%
湿空气温度/℃
h/kJ·kg⁻¹
X/kg·kg⁻¹
横轴

图 2-19 h-X 图

比焓线、等湿含量线、等干球温度线、等相对湿度线、等水蒸气分压线。

2.4.2　干燥工艺流程

某厂锌浸出渣回转窑干燥工艺流程图，见图2-20。

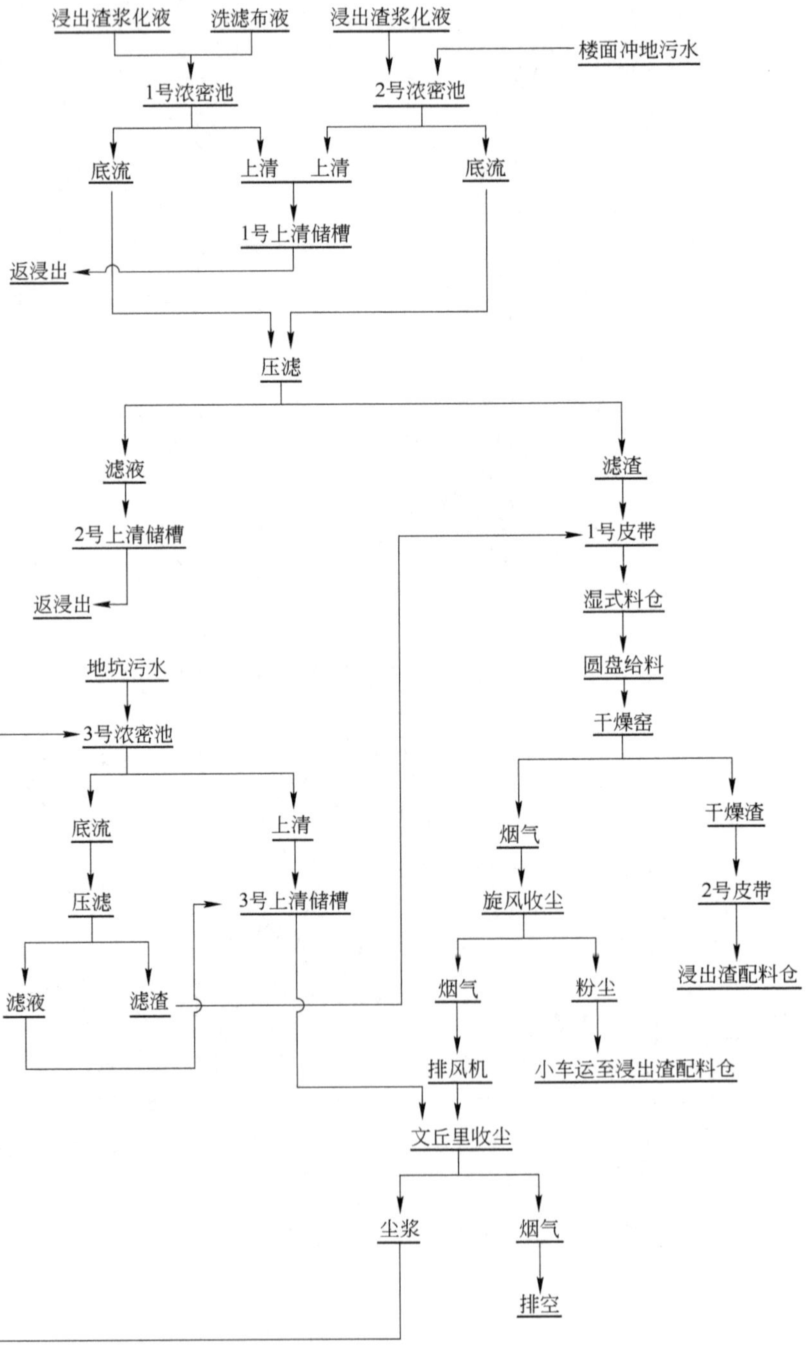

图2-20　某厂锌浸出渣回转窑干燥工艺流程图

干燥工艺流程一般包括以下几个工序：

(1)过滤，即含水物料进行液固分离，得到滤液和滤渣；

(2)滤液处理，即滤液进行进一步的液固分离，其固相产物送滤渣干燥工序一并处理；

(3)滤渣处理，即滤渣的干燥及干燥产物的气固分离(收尘)。

2.4.3 干燥设备

在干燥过程中不产生化学反应，物料为散状固体，产生大量水蒸气。干燥设备种类很多，除了回转窑及流态化干燥炉外，还有多膛炉、气流干燥器、喷雾干燥器、旋转干燥器、盘式干燥器及链板式振动干燥器等。

(1)回转窑。回转窑是对散状物料或浆状物料进行干燥、焙烧和煅烧的热工设备，它的主要部分是水平的、由钢板铆接或焊接的圆筒，内衬为黏土砖、高铝砖，炉体支承于若干对托轮上。为使物料移动，炉子具有2%~6%的倾斜度，并以一定的速度连续不断地旋转。一般情况下，回转窑按逆流原理工作，原料由较高的一端加入，与热气相反，朝窑头(为燃烧端)运动。回转窑用重油、粉煤或发生炉煤气加热，喷嘴燃烧器装于窑头。燃烧后气体自窑尾经各种收尘设备，再由抽风机送入电收尘室，然后排入烟囱。

(2)流态化干燥炉。流态化干燥炉是利用流态化技术的热工设备，习惯上称为沸腾炉。流态化干燥炉工作的基本原理是利用流态化技术，使参与反应或热、质传递的气体和固体充分接触，实现它们之间最快的传质、传热和动量传递速度，获得最大的设备生产能力。它具有气-固之间热、质交换速度快，层内温度均匀，产品质量好，流态化层与冷却(或加热)器壁之间的传热系数大，生产率高，操作简单，便于实现生产连续化和自动化等一系列优点。

(3)多膛炉。多膛炉由多层炉膛、中央转轴及耙齿等部分组成。炉料从上部加入第一层后即被耙齿耙动，逐层下降，而热气则从底层逐层上升，从而构成逆流运动。为延长物料停留时间，奇数层的炉料由中央耙向边缘，然后从下料孔落到偶数层炉膛，再耙向中央，由分布在转轴周围的下料孔落到奇数层炉膛，如此往复直到炉料完成焙烧干燥，最后由最下层炉膛排出炉外。

2.4.4 干燥操作

2.4.4.1 回转窑干燥操作

干燥用回转窑与焙烧、烧结用回转窑不同，前者工作温度较低，故一般采用单独的火箱供热，并且热气与物料成顺流运动。

含水物料的脱水及干燥窑，长径比较小(5%~15%)，且高温带的温度也较低，一般为500~900℃。

回转窑的主要操作有：烘窑、开窑、计划停窑、正常生产(窑内温度判断、窑内温度控制)。

下面以某厂锌浸出渣干燥为实例，对干燥窑工艺操作条件、干燥各岗位操作规程及主要设备进行介绍。

A 干燥窑工艺操作条件

干燥窑工艺操作条件具体如下：

压滤温度，65~75℃；

滤渣含水率，不大于30%；

滤液固体含量(取样抽干开裂),不大于 50 g/L;

窑温,窑头 500~700℃,窑尾 120~200℃;

窑尾负压,30~60 Pa;

煤气耗量(标态),350 m^3/h;

干燥渣含水率,15%~18%;

窑尾烟气出口含尘浓度,35~70 g/m^3;

旋风收尘出口负压,1000~1200 Pa;

文丘里洗涤除尘器进口压力,不小于 1400 Pa;

文丘里洗涤后烟气含尘量:微。

B　干燥各岗位操作规程

(1)进料岗位操作规程具体如下:

1)检查本岗位设备是否正常,润滑系统内润滑剂是否足够,润滑剂品种是否符合要求,温度、压力、仪表是否正常。

2)与司窑岗位、压滤岗位保持联系,协同做好下列工作:均匀进料;确保窑内干燥温度和干燥效果,出口烟气温度为 120~200℃;控制好窑内负压,使湿式收尘系统顺利排出烟气。

3)接到开车指令后,按下列顺序启动设备:司窑工开启干燥窑并运行正常后,启动湿式圆盘给料机→启动皮带运输机→通知浓密机底流岗位开启排风机→通知过滤岗位卸渣。所有设备都必须空车启动,避免带负荷启动。

4)经常注意进料状况和烟气出口温度,避免浸出渣堵塞进料管及出口温度波动偏离控制范围。

5)接到停车指令时,按下列顺序停车:皮带运输机上料已卸空后,停皮带运输机→中间料仓内浸出渣卸空后,停湿式圆盘给料机→通知司窑岗位→司窑岗位停煤气后,通知底流岗位停排风机。

(2)司窑岗位操作规程具体如下:

1)干燥窑点火前,一定要检查煤气管路及其附属设施是否完好,确认正常后再联系送气,并按照《煤气使用安全操作规程》的要求送气、点火。

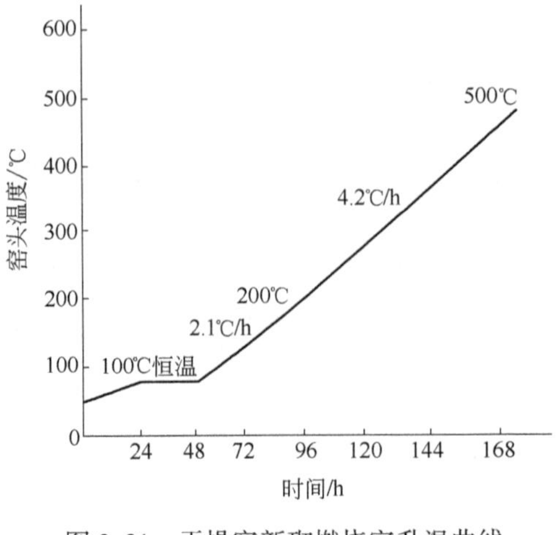

图 2-21　干燥窑新砌燃烧室升温曲线

2)新砌燃烧室必须先用木柴点火,逐步升温,再点燃煤气,按升温曲线烤窑 7 天。短期停窑可直接用煤气燃烧缓慢升温,烤炉 4~8 h,当窑头温度达到 450℃、窑尾温度达到 120℃时,开始小量进料;继续升温至窑头达 500~700℃,进入正常干燥作业。干燥窑新砌燃烧室升温曲线见图 2-21。

3)开窑进行干燥作业前,应先检查窑体传动部位有无异常,并了解圆盘上部储料情况和料的含水率,检查煤气压力表,确认各部分正常后方可开窑。

4)开窑前先开排风机,点燃火把放进燃烧室,再逐渐开启煤气阀门。严禁先送煤气后点火。如送煤气时不着火或煤气燃着后又熄灭,应立即关闭煤气阀门,查明原因再重新按以上程序点火。点火成功后再调整鼓风量和煤气量。

5)经常观察窑内情况及进料情况,根据渣含水情况随时调整煤气量、鼓风量、排风量及窑头、窑尾温度。

6)运行中经常观察窑温变化,正常运转中窑温控制在:窑头500~700℃、窑尾120~200℃,随时掌握渣性质变化并予以调整。

7)烤窑时,为保证整个窑体受热均匀,逐渐提高温度,窑头温度应控制在300~350℃之间,且不能停止运转。

8)停窑时,先通知进料岗位,将1号皮带上料仓内料全部进完,待窑内浸出渣全部排空后,按《煤气使用安全操作规程》停煤气,待窑尾温度降到80℃以下时方可停风机、停窑。

(3)收尘岗位操作规程具体如下:

1)接受烟气前,先通知浓缩岗位开动给水泵,向文丘里收尘器供水,待文丘里收尘器污水中间槽水位足够时,启动污水泵,循环正常后再开排风机。

2)文丘里收尘器应保持连续供水,不得随意停止,以免烟尘堵塞出水孔。

3)经常检查除尘器进出口水是否正常,发现进出口水不畅时必须及时清理和疏通。

4)水泵运行期间,经常检查水泵及电动机运行情况,发现问题及时处理。

C 主要设备

干燥岗位主要设备见表2-2。

表2-2 干燥岗位主要设备

序号	设备名称	规格型号	数量
1	干燥窑 干燥窑传动电机		1条 1台
2	1号、2号浓密机 3号浓密机		2台 1台
3	1号、2号皮带 3号皮带	1000m×6(4.5+1.5)m 650m×6(4.5+1.5)m	2条 1条
4	板框		5台
5	文丘里收尘器		1套
6	排风机 电动机		1台 1台

2.4.4.2 流态化干燥炉干燥操作

流态化干燥炉的结构见图2-22。

流态化干燥炉的主要操作有:烘炉、开炉、计划停炉、正常生产。沸腾炉的操作,是根据仪表的指示来维持所规定的技术条件,因此操作简单,关键在于做到"三稳定":(1)稳定鼓风量。风量的大小是根据炉子的生产能力决定的,一般无变化。(2)稳定加料量。在固定风量的条件下,沸腾层的温度主要由加料量的均匀性决定。若料量不均匀,会引起温度的波动。(3)稳定温度。炉顶温度在正常情况下与沸腾层温度相近,炉顶温度过高,说明精矿含水率过低或粒度太细,会造成烟尘率上升。

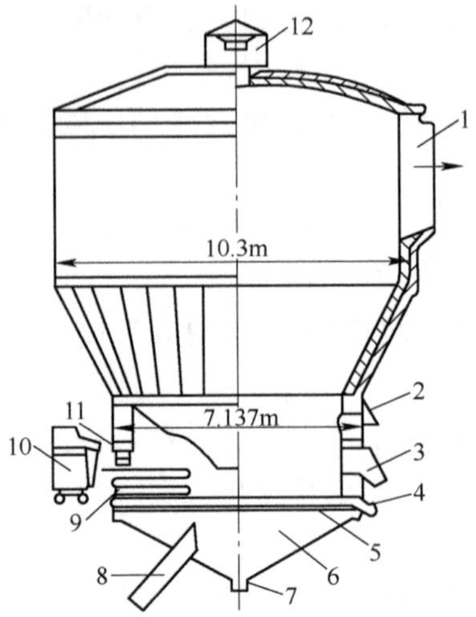

图 2-22 流态化干燥炉的结构

1—排气道;2—烧油嘴;3—焙砂溢流口;4—底卸料口;5—空气分布板;6—风箱;7—风箱排放口;8—进风管;9—冷却管;10—高速皮带;11—加料孔;12—安全罩

2.4.5 干燥故障判断及处理

2.4.5.1 回转窑(使用重油为燃料)故障判断及处理

A 火焰反扑

故障发生原因如下:

(1)烧成温度低,燃料供应不足,当所需热量大于供应的热量时造成连续反扑;

(2)下料不均,燃烧不好,前、后风配合不当,火焰不稳造成反扑;

(3)排风机抽力不足或自动停车造成反扑;

(4)窑灰管道堵塞捅开后,窑灰量过大直冲而下造成反扑。

故障处理方法如下:

(1)如果窑内发浑不亮,火焰从看火孔往外冒,可适当减少前风,开大排风;

(2)如果燃料燃烧不好,窑内温度过低,可适量减少油量;

(3)如果连续大反扑,在减少前风、减少油量、开大排风无效时,可减少或停止下料,同时关小排风、减少油量、窑打慢转、烘窑提温;

(4)如果跑黑料,应进行隔离,禁止吸入大仓,以免影响产品质量。

B 冒黑烟

故障发生原因如下:

(1)油量过多,燃料燃烧不完全;

(2)油温低,蒸气压力小,雾化不良,风量不足。

故障处理方法如下:

(1)如果窑内温度低,应及时减料,关小排风,窑打慢转并提温;

(2)如果窑内温度不低,可减少油量,加大前风,适当提高油温或调节油气比。

C 窑前下料口堵塞

故障发生原因如下:

(1)窑内温度过高,物料过烧,结成大块;
(2)窑内耐火砖脱落或碎裂;
(3)下料管损坏。

故障处理方法如下:
(1)停止下料,减少燃料,调整前、后风,窑打慢转,间断翻窑;
(2)用风管或铁棍捅下料口,如短期捅不开,可按短期停窑处理。

紧急停窑操作如下:如果故障在短时间内能处理好,就采用烘窑保温的操作;如果短时间内处理不好,则如上述步骤停窑。

2.4.5.2 流态化干燥炉故障判断及处理

A 系统停电

若系统停电,应立即通知硫酸系统以及相关岗位,及时向班长汇报并服从班长的统一安排,力争不死炉、不烧坏炉内埋管及锅炉。加料岗位应立即关闭抛料口处的闸板,锅炉司炉应确保汽包水位。来电后,先确认锅炉水位正常后,按先启动排风机、后启动鼓风机的顺序启动两台风机(应注意,不能带负荷启动),视炉内情况对炉内适量鼓风,视炉内沸腾情况及温度情况决定是否抛料。在无法改善沸腾状态时,则做停炉处理。停电时,一定要及时向调度室及相关部门汇报,以便信息及时反馈与传递。

B 鼓风机停电

若鼓风机停电,应立即停止加料,通知硫酸系统停止接收烟气,调节好炉顶负压,关注炉膛情况;及时与调度室联系,以便尽快恢复送电。

C 排风机停电

若排风机停电,应立即缩风至微沸腾状况,并对加料系统进行同步控制。来电后,先空负荷启动排风机,然后带负荷运行,最后将鼓风量恢复正常。排风机停电时,可以考虑做停风保炉处理。排风机岗位则按有关设备维护规程进行操作,同时及时与相关岗位与部门联系。

D 停风保炉操作

当焙烧系统或上、下工序发生故障,需沸腾炉做短暂停炉处理(目前为9h以下)时,可使用停风保护操作。具体操作为:

(1) 接到停风保炉指令后,立即与硫酸及精矿制备岗位联系有关事宜,共同确定具体时间。

(2) 按规定的时间停料,待有一定的温降后停风。问题处理好后,向炉内鼓风、投料。

注:在停风保炉期间,应掌握好温度情况以及注意观察炉膛的状况。开炉时,应注意控制好风量、料量以及炉顶负压。

复习思考题

2-1 简述破碎的定义、目的及设备的特点。
2-2 矿石可碎性的影响因素主要有哪些?
2-3 简述磨制的原理、工艺流程及设备的特点。
2-4 简述干燥的原理、工艺流程及设备的特点。

3 造球与球团

球团是一种提炼球团矿的生产工艺,球团与烧结是冶金行业中粉矿造块、提炼矿石的两种常用工艺。球团就是把细磨精矿粉或其他含有价金属粉料添加少量添加剂混合后,在加水润湿的条件下通过造球机滚动成球,再经过干燥焙烧,固结成为具有一定强度和冶金性能的球形含有价金属原料。

由于天然富矿日趋减少,大量贫矿被采用;矿石经细磨、选矿后得到的精矿粉,品位易于提高;但过细的精矿粉用于烧结生产会影响透气性,降低产量和质量;细磨精矿粉易于造球,粒度越细,成球率越高,球团矿强度也越高。综合上述原因,球团生产工艺在进入21世纪后得到了全面发展与推广。如今,球团工艺的发展已从单一处理精矿粉扩展到处理多种含有价金属原料,生产规模和操作也向大型化、机械化、自动化方向发展,技术经济指标显著提高,球团产品也已用于冶金生产过程(熔池熔炼、鼓风炉熔炼等)。

在当今冶金行业精矿粉大量使用的情况下,球团生产工艺与传统烧结工艺相比较具有如下特点:

(1) 适合处理细磨精矿。随着地球资源的不断开采,富矿短缺,必须不断扩大贫矿资源的利用,而选矿技术的进步可经济地选出高品位细磨精矿,其粒度从-200目(小于0.074mm)进一步减小到-325目(小于0.044mm)。这种过细精矿不利于烧结,透气性不好,影响烧结矿产量和质量的提高;而用球团方法处理却很适宜,因为过细精矿易于成球,粒度越细,成球性越好,球团强度越高。

(2) 成品矿的形状更有利于冶金生产。烧结矿是形状不规则的多孔质块矿,而球团矿是形状规则的10~25mm的球,球团矿与烧结矿相比较粒度均匀、微气孔多、还原性好、强度高,且易于储存,有利于强化冶炼生产。

(3) 原料适应性强及产品品种多。适于球团法处理的原料已从精矿扩展到各种粉尘、冶炼渣等。从产品来看,球团生产工艺不仅能制造氧化球团,还可以生产还原球团、金属化球团等,适用于各种有色金属的回收,有利于开展综合利用。

(4) 球团造块过程不需添加燃料。烧结矿是靠液相固结的,为了保证烧结矿的强度,要求产生一定数量的液相,因此混合料中必须有燃料为烧结过程提供热源。而球团矿主要是依靠矿粉颗粒的高温再结晶固结的,不需要产生液相,热量由焙烧炉内的燃料燃烧提供,混合料中不加燃料。

(5) 造球质量高。烧结料的混合与造块是在混合机内同时进行的,成块不完全,混合料中仍然含有相当数量未成球的小颗粒。而球团矿生产工艺中必须采用专门的造球工序和设备(造球盘等),将全部混合料造成10~25mm的球,小于10mm的小球要筛出重新造球。

因此,球团生产工艺已经成为一种重要的粉矿造块工艺。

3.1 造球与球团原理

3.1.1 造球与球团的基本概念

3.1.1.1 造球的基本概念

造球又称成球(制粒),是将物料与液体一同加入圆筒式、圆盘式、振动式或搅拌式造球机内制成球团。以圆筒式造球机和圆盘式造球机最为常用,造球液体以低黏度液体(通常是水)最为常用。

造球过程可分为三个阶段,即形成母球、母球长大和长大后的母球(又称生球)进一步密实。这三个阶段主要靠加水润湿和滚动的方法在造球机内实现。

造球的目的如下:

(1) 将配好的各种物料以及后来加入的返矿进行混匀,得到质量比较均一的烧结料;

(2) 在混合过程中加入烧结料所必需的水分,使烧结料被水润湿;

(3) 进行烧结料的造球,提高烧结料的透气性。

总之,通过混合可得到化学成分均匀、粒度适宜、透气性良好的烧结料。为了达到上述目的,将原料进行两次混合,一次混合主要是将烧结料混匀,并起到预热烧结料的作用;二次混合主要是对已润湿混匀的烧结料进行造球并补加水分。我国烧结厂一般都采用两次混合工艺。

3.1.1.2 球团的基本概念

球团是细磨精矿或其他含有价金属粉料造块的又一方法。

球团矿靠滚动成形。被水润湿的矿粉在滚动过程中靠毛细引力、分子引力、摩擦力等作用形成一定粒度的生球,并使生球具有一定强度。生球的粒度、水分、机械强度和热稳定性等会影响下一步焙烧作业,并关系到球团矿成品的产量和质量。

球团法是将细磨精矿制成能满足冶炼要求的块状物料的一个加工过程。球团过程为:将准备好的原料(细磨精矿或其他细磨粉状物料,添加剂或黏结剂等)按一定的比例经过配料、混匀,在造球机上经滚动而制成一定尺寸的生球,然后采用干燥和焙烧或其他方法使其发生一系列的物理化学变化而硬化固结。采用球团法得到的产品称为球团矿。

3.1.2 生球成球过程

矿粉成球过程首先是矿粉成核,然后是生球长大,接着是生球进一步密实。这些过程在生产中发生于同一造球机中。

(1) 矿粉成核。矿粉颗粒被水润湿到一定程度,依靠毛细水的作用,使多个颗粒连接起来成为松散的集合体。在机械外力作用下,此颗粒集合体内部的颗粒重新排列,进一步密集,形成比较坚实稳定、粒度较均匀的小球,称为母球,这是成核期生球成球的第一步。母球形成表示颗粒聚合在力学上的一个稳定形状,但它内部包含固体、液体和气体三个相。母球的稳定性取决于矿粉的粒度、粒度组成以及颗粒的形状和亲水性。

(2) 生球长大。母球在滚动过程中彼此碰撞,使内部颗粒间的毛细管收缩,其中毛细水由蜂窝状变为饱和状，一部分水被挤到母球表面。此时，母球以三种机理长大：1）聚合机理。母球水分较高，而且塑性较好，它们相互结合在一起，使母球迅速长大（见图 3-1（a））；2）成层机理。表面含水较多的母球在滚动中不断黏结新加入的物料颗粒，使母球长大（见图 3-1（b））；3）磨剥转移机理。在生球滚动过程中，有少数由于强度不够或含水率低而形成碎片，黏附于另一球上（见图 3-1（c））。生球长大过程中，这三种机理都存在，以何种机理为主取决于原料的性质及造球的工艺条件。

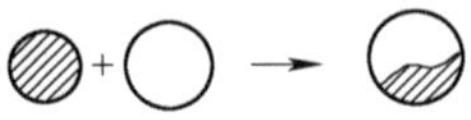

(a)

(b)

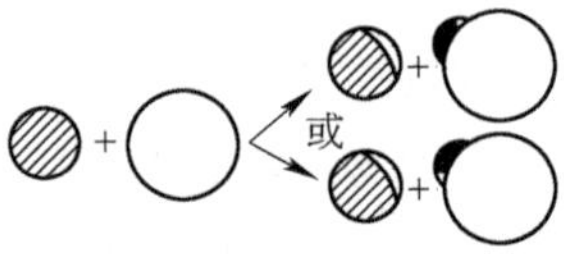

(c)

图 3-1　生球长大机理

（a）聚合机理；（b）成层机理；（c）磨剥转移机理

（3）生球进一步密实。当母球长大到要求的尺寸时停止加水润湿，生球在造球机内继续滚动。由于机械外力的作用，物料颗粒相互靠近，毛细管直径缩小。颗粒间的毛细引力、分子作用力以及摩擦阻力综合作用，使生球具有很高的机械强度。

3.1.3　影响成球的因素

原料的自然性质、粒度及粒度组成、水分、黏结剂、造球工艺等因素都影响成球作业，进一步影响生球的质量。

3.1.3.1　原料自然性质的影响

颗粒表面的亲水性及颗粒的形状对成球作业影响最大。颗粒表面亲水性越高，薄膜水及毛细水含量越高，成球就越好。

表 3-1 列出各种铁矿粉及黏结剂的成球性。物料的成球性可用成球指数 K 来表示。

$$K=\frac{W_f}{W_m-W_f} \tag{3-1}$$

式中　W_f——生球的最大分子水含量，%；

W_m——生球的最大毛细水含量，%。

$K=0.20\sim0.35$ 的物料属于弱成球性，$K=0.35\sim0.60$ 的物料属于中等成球性，$K=0.60\sim0.80$ 的物料属于良好成球性，$K>0.80$ 的物料属于优等成球性。

从表 3-1 可知，褐铁矿成球性最优，磁铁矿成球性属于中等。

表 3-1 各种铁矿粉及黏结剂的成球性

物料名称	粒度/mm	W_f/%	W_m/%	K
磁铁矿	0~0.15	5.3	18.6	0.4
赤铁矿	0~0.15	7.4	16.5	0.81
褐铁矿	0~0.16	21.3	36.8	1.37
石灰石	0~0.25	15.3	36.1	0.74
消石灰	0~0.25	30.1	66.7	0.82
膨润土	0~0.25	45.1	91.8	0.97

3.1.3.2 原料粒度及粒度组成的影响

原料的粒度小,比表面积大,成球性好。原料具有合适的粒度组成,可使颗粒排列紧密,毛细管平均直径小,颗粒之间结合力大。各种原料都有其合适的粒度,磁铁矿粉粒度上限应不大于0.2mm,其中小于0.074mm的粉粒应多于70%,比表面积要求达到0.2 m^2/g,若达不到应当再磨。若粒度过细,水在颗粒之间的迁移速度下降,成球速度降低,同时磨矿成本上升。

3.1.3.3 原料水分的影响

水分在造球过程中的作用如下:

(1) 吸附水(强结合水)。造球物料不仅粒度极细、比表面积大,而且颗粒表面带有电荷,因此在静电引力作用下,具有偶极结构的水分子被吸附在固体颗粒的表面,形成吸附水层。吸附水层的厚度在0.002~0.008μm之间。由于吸附水和矿粒之间是靠分子吸引力结合的,因此其被牢牢吸附在颗粒表面,不能自由转移,只有在烘干时才能变为蒸汽。因此,仅有吸附水,物料尚不能成球。

(2) 薄膜水(弱结合水)。物料进一步被湿润,则在吸附水的外围形成薄膜水。它是由形成吸附水以后剩余未被平衡的分子力所吸引的分子水层。薄膜水距离颗粒表面较远,所受的吸引力较小,因此水分子具有一定的活动性。当两个矿粉颗粒靠近时,薄膜水可以从水层较厚的颗粒表面向水层较薄的颗粒表面迁移。如图3-2所示,具有不同厚度薄膜水的A、B两个矿粒相接触时,接触点M处的水分子离A近些,因此被拉向A。吸附水和薄膜水合起来组成分子结合水,或称为水化膜。分子结合水由于受静电力和分子力的作用,水分子排列紧密,具有很大黏滞性,使相邻的矿粉颗粒不容易发生相对移动;并且当矿粉颗粒相距很近时,可以形成公共的水化膜(如图3-1中阴影部分$edfb$所示),使颗粒彼此黏结,这就是细磨物料成球后具有一定机械强度的原因。物料达到最大分子结合水以后,在外力作用下表现出可塑性,这时成球过程才能开始。

(3)毛细水。当物料润湿到超过最大分子结合水量时,水分开始充填在物料颗粒之间的空隙中,形成毛细水。毛细水是靠水的表面张力形成的,在矿粉颗粒的空隙中形成弯曲的液面,产生毛细压力。在毛细压力和外力的作用下,水滴周围的矿粉颗粒被拉向水滴的中心,形成小球。因此,物料的亲水性越强,颗粒越细,排列越紧密,毛细力的作用越大,成球速度也越快。各类铁矿石及黏结剂的最大毛细水含量也列在表3-1中。成球过程中毛细水起主导作用，只有当物料润湿到形成毛细水时，成球过程才有较快的发展。

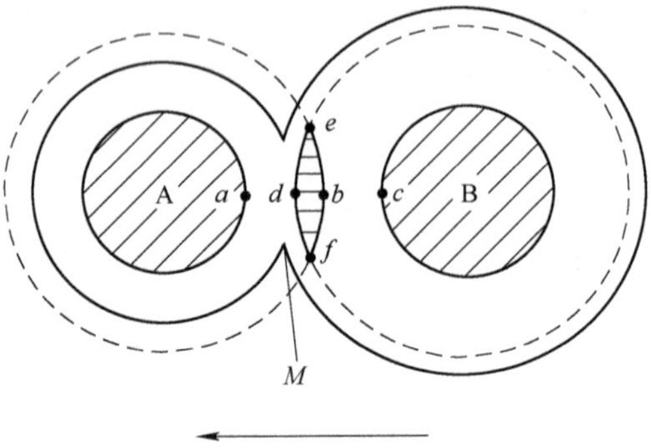

图 3-2　薄膜水移动示意图

（4）重力水。当矿粉完全被水饱和时，还存在重力水。它是在重力和压力差的作用下能移动的自由水。由于重力总是向下的，因此重力水总是向下运动。由于重力水对矿粒有浮力作用，故对成球不利。所以，只有当水分处于毛细水含量范围以内时，才对矿粉成球有实际意义。

重力水和毛细水合称为自由水。而吸附水、薄膜水、毛细水和重力水的总和称为全水量。

对不同原料有不同的适宜成球含水率，一般要求达 8%～10%，此时生球的成球率高，强度也高。水分过低，成球速度慢，生产率降低，而且由于洒水不匀，生球脆弱；水分过高，生球粒度不均匀且相互黏结，形成大球。如果入厂原料含水率高，必须在造球前进行烘干。在正常生产条件下，维持原料含水率略低于生球的适宜成球含水率，为造球作业补加水分留有余地。

3.1.3.4　黏结剂的影响

为了改善物料的成球性，在矿粉中配加黏结剂。常用的有膨润土、消石灰及有机黏结剂。膨润土能改善矿粉的成球性，提高生球的强度和爆裂温度。在生球原料中配加 0.6%～1.0%的膨润土便有明显作用。消石灰有很强的亲水性和天然黏结力，能改善物料的成球性。消石灰密度小，配加量不宜过多，否则影响成球速度。有机黏结剂的黏结力比膨润土强，且不含杂质，它是一种很有前途的球团黏结剂。

3.1.3.5　造球工艺的影响

为保证生球的粒度及强度合乎要求，又使造球机达到最大生产率，造球作业的加水和加料方式、造球机的工艺参数和造球时间均为重要因素。

（1）加水和加料方式。大部分水应呈滴状加在“成核区”的物料流上，此时在水滴周围，由于毛细引力的作用和机械力的作用，散料很快成为母球。另外，少量水则以喷雾状加在“生球长大区”的母球表面上，促使母球迅速长大。在“生球密实区”禁止加水，以防止生球强度的降低和生球的粘连。原料应分别加在成核区及生球长大区。

（2）圆盘造球机的工艺参数。圆盘造球机的盘面倾角一定时，其盘面周边要有适当的线速度，一般为1.0～2.0m/s。线速度过小，物料上升不到圆盘直径的顶点，影响球盘的利用率及造球机的产量，同时生球所得到的动能低，达不到必要的密实程度；若线速度过大，造成盘心空料，各粒级不能分开，不易形成母球。造球机盘面的倾角（α）一般在45°～50°之间，当线速度一定时，造球机盘面的倾角就有定值（α'）。若$\alpha<\alpha'$，会造成盘心空料，使母球的滚动成形条件变坏；若$\alpha>\alpha'$，盘内物料带不到成核区，造成圆盘有效工作面积缩小。圆盘的充填率一般在10%～20%内变动，单位给料量一定时，充填率大，成球时间长，生球粒度大，机械强度好；但充填率过大，则生产率下降。刮板位置要适当，应保持适当的底料厚度以免物料在盘底黏结过多。刮板还起疏导料流作用，使成核区及生球长大区分开，以便控制生球的成长。

（3）造球时间。造球时间根据成品球团的粒度、原料成球的难易程度以及原料颗粒的粗细而定。延长造球时间对生球的抗压强度及落下强度都有利，但产量下降。

3.1.4　生球质量要求及检验方法

生球的质量好坏决定了焙烧工序能否顺利进行及成品球团矿的质量好坏。生球应具有适宜而均匀的粒度、足够的抗压及落下强度和良好的抗热冲击性。

（1）生球的粒度。生球的粒度直接决定成品球团矿的粒度。为改善球团矿在高炉内的还原过程，球团矿的粒度都较过去小，多数为9～15mm。生球粒度变小有利于提高造球机的生产能力，降低干燥温度，延长干燥炉箅的寿命，使粒度更加均匀。

（2）生球的抗压强度。生球的抗压强度用来衡量生球承受运输过程及料层内各种压力负荷的能力。通常采用10～20个直径相等（一般为11.8～13.2mm）的生球，在压下速度不大于10mm/min的压力机上进行检验。测定各生球压裂时的压力值，取其平均值及标准偏差作为生球的抗压强度及偏差范围。使用带式焙烧机及链箅机-回转窑生产球团时，要求单个生球抗压强度在10N以上，竖炉则要求在20N以上。

（3）生球的落下强度。生球的落下强度用来衡量生球在运输过程中落下时抗冲击的能力。通常采用一定数量直径相等的生球，自50cm高处进行落下检验。测定各生球出现明显裂纹或破裂的落下次数，取其平均值及标准偏差作为生球的落下强度及偏差范围。当生球在生产过程中运转次数少于3次时，落下强度至少应为3次，竖炉生产要求落下强度大于5次。

（4）生球的爆裂温度。生球在干燥时受到快速加热，水分剧烈蒸发而产生内应力，导致生球爆裂或剥落，影响生球质量。生球的爆裂温度表示了它的热稳定性。通常，生球爆裂温度是在指定温度的热气流条件下进行测定。每次取一定数量直径相等的生球，放在金属篮中，热风以一定速度通过生球，测定其发生爆裂的温度，以10%生球出现爆裂时的温度作为生球的爆裂温度。该温度要求一般不低于300℃，对于用竖炉生产球团矿的情况，该温度应在700℃以上。为了提高爆裂温度，通常配加膨润土。

3.2　造球与球团工艺流程

球团法生产的主要工序包括固体燃料、精矿粉、添加剂（石灰石、消石灰、膨润土等）的原料准备，配料，混合，造球，干燥和焙烧，冷却，成品和返矿处理等，如图3-3所示。

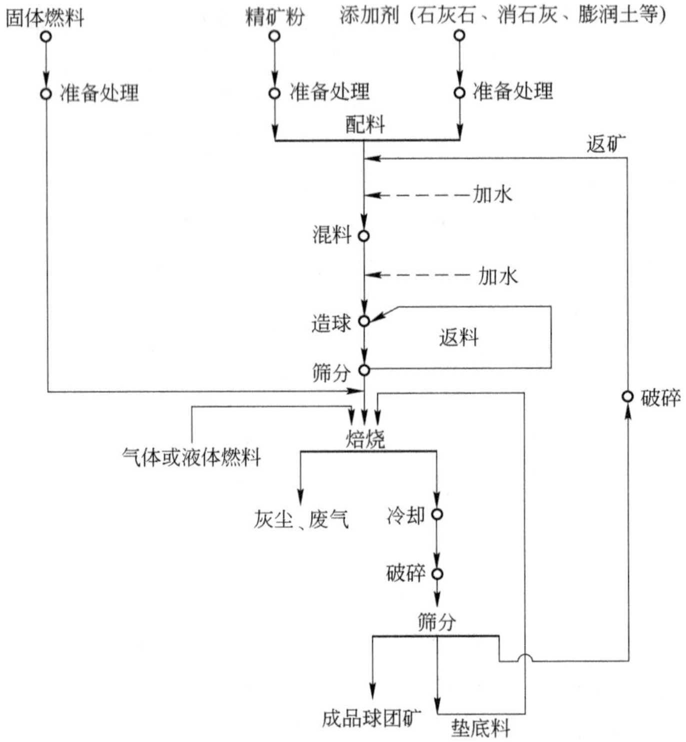

图 3-3　球团法生产的工艺流程

在整个焙烧过程中进行着一系列物理化学变化，如水分蒸发、碳酸盐分解、氧化和去硫反应、粉矿固结、气体与固体间的传热等。通过高温焙烧可使生球固结，并具有足够的机械强度，同时还可除去部分有害元素。

经过上述准备处理的原料，在配料皮带上进行配料；将配料后的混合料与经过磨碎的返矿一起装入圆筒混合机内，加水混合。混合好的料再加到造球圆盘上造球，造球时还要加适量的水。生球焙烧前要进行筛分，筛出的粉末返回造球盘上重新造球。用固体燃料焙烧时，生球加到焙烧机以前，其表面滚敷一层固体燃料。这样制成的生球用给料机加到焙烧设备上进行焙烧。焙烧好的球团要进行冷却。

3.3　造球与球团设备

3.3.1　圆筒制粒机

圆筒制粒机是一个直径为 1.2～2.8 m、长 2～12 m 的钢板圆筒，有的内衬耐磨橡胶，有的则在筒内纵向装有等距离的角钢或直径为 20～30 mm 的圆钢。筒内设有与纵向平行的多孔管状喷雾器，以供炉料最后一次润湿。圆筒的轴向与水平方向呈一定的角度（一般为 6°），安装在两对相距一定间隔的托轮上，由电动机通过减速装置而转动。圆筒制粒机的结构见图 3-4。

混合好的炉料经进料溜子从上端进入，制粒后的炉料则从下端送至烧结机进行烧结焙烧。

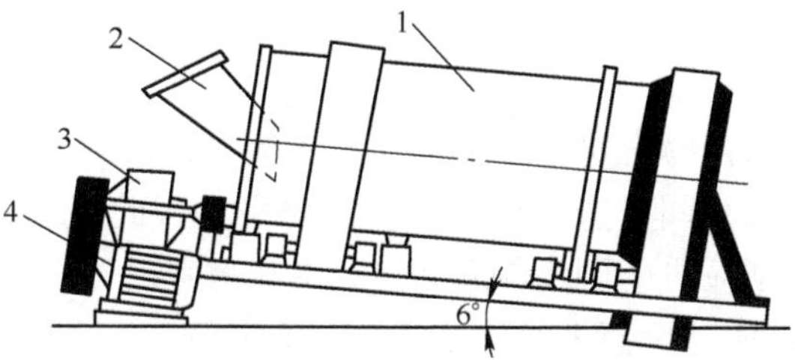

图 3-4 圆筒制粒机的结构

1—圆筒;2—进料溜子;3—减速机;4—电动机

炉料在圆筒中混合制粒的优劣取决于炉料的停留时间,一般要求不少于 1.5 min。在给料速度一定的条件下,圆筒的长度和转速是关键。为了提高混合制粒效果,增加圆筒的长度和采用调速电动机是非常适宜的。圆筒制粒成球示意图见图 3-5。对已投产的老厂而言,采用增加圆筒长度的办法将受到厂房和设备等条件的限制;如果采用降低转速的办法,则混合制成的炉料产量又满足不了生产的要求,故圆筒制粒机具有制粒效率不高、球粒粒度难以调节等缺点。

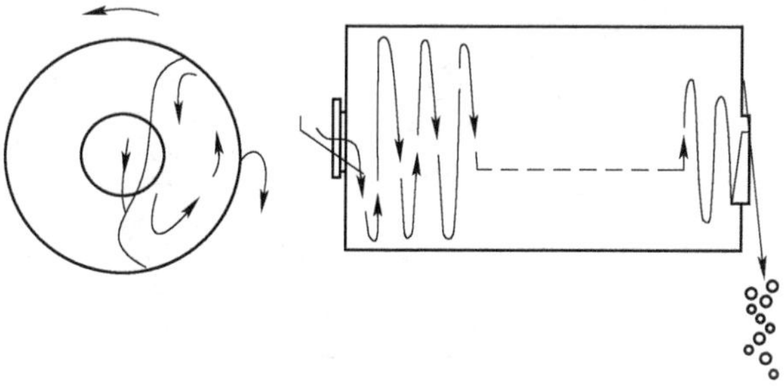

图 3-5 圆筒制粒成球示意图

3.3.2 圆盘制粒机

3.3.2.1 圆盘制粒机的结构

圆盘制粒机是由机座和载于机座上的倾斜圆盘构成,盘上设有喷水装置和刮料板。圆盘制粒机不但制粒效率高,而且球粒粒级易于调节。圆盘制粒机的结构见图 3-6。

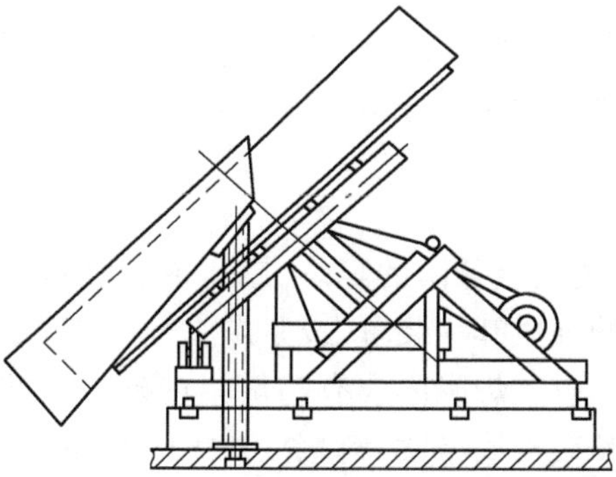

图 3-6 圆盘制粒机的结构

3.3.2.2　影响制粒效果的因素

(1) 倾角。物料在没有倾角(即水平位置)的圆盘内转动造球作用很小,而倾角太大则物料在盘内的停留时间很短,同样造不出所希望的球来。因此,正确地选择圆盘倾角是非常必要的。实践证明,圆盘制粒机的圆盘倾角以45°左右为宜。

(2) 转速。圆盘制粒成球示意图见图3-7。当圆盘不断转动时,物料颗粒依靠摩擦力的作用经2、3、4点沿圆形轨迹被带到5点的位置,然后受重力作用(颗粒本身有重量)离开圆形轨迹5点,而呈抛物线从5点滚回至1点。因此,自脱离5点到滚回1点的运动路线越长,成球直径越大,所以大圆盘制粒效果比小圆盘好。当圆盘倾角和直径一定时,圆盘转速过大,则物料颗粒的离心力大过各料粒从5点滚回到1点的重力,料粒就无法从脱离处5点滚回到1点,而沿着6、7、8、1点的圆形轨迹运动,起不到造球的作用;反之,圆盘转速过小,则产生的摩擦阻力也小,物料无法由圆盘1点被带到脱离处5点,而在前面2、3、4点处就滚下来了,由于从脱离点到滚回点的路程太短,制球作用小。根据生产实践,圆盘制粒机转速采用10.7r/min的制粒效果较好。

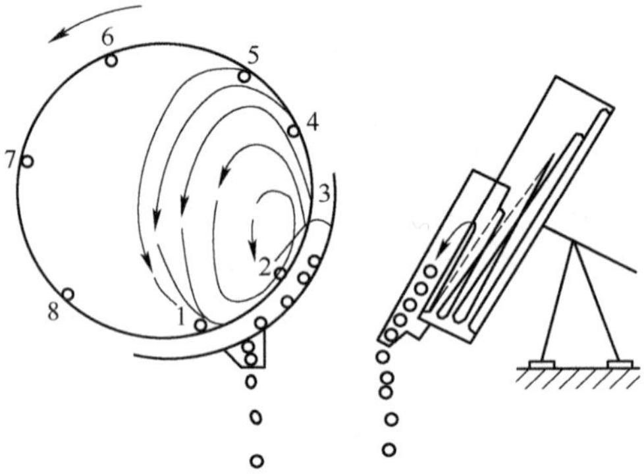

图3-7　圆盘制粒成球示意图

(3) 周边高度。当给料量、直径、倾角、转速都一定时,若圆盘制粒机的周边高,则物料在盘内滚动的时间长,获得的球虽大,但制团的能力下降;若周边矮,则物料滚动的时间短,制出的球小,生产率上升。一般周边高度以300~500mm为宜。

(4) 含水量。若前述的条件均确定,物料过干则摩擦系数小,所产生的阻力不足以把料粒带至脱离处5点,而在圆盘2、3点内做慢速滚动,故圆盘的有效制粒面积缩小;若物料过湿而阻力增大,它不仅能从1点上升到5点,而且大部分物料黏结并跟随圆盘旋转,也起不到滚动造球的作用。工厂实践表明,以含水5%~7%为宜。

3.3.3　球团竖炉

球团竖炉是一种用于焙烧冶金球团的竖炉,属于冶金设备的技术领域。它包括由炉墙组成的炉膛、设于炉膛下部的锁风卸料装置、设于炉膛上部的球团料进口和设于炉膛中部的破碎辊。炉墙下部设有供风喷口,炉膛内设有与炉膛内外相通的燃料管道。燃料管道在炉膛内的部分设有燃料喷嘴,其结构简单,燃料直接在炉内燃烧,使炉宽方向温度均匀、热效率高、焙烧带供热足、球团产量高且质量均匀。

球团竖炉的结构示意图及竖炉内气体流动示意图,分别见图 3-8、图 3-9。

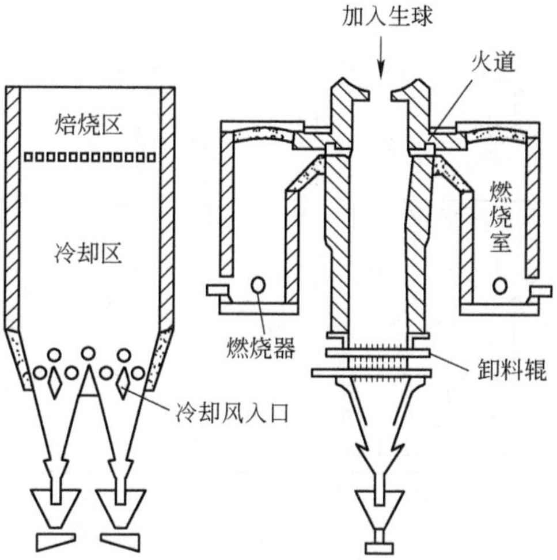

图 3-8 球团竖炉的结构示意图

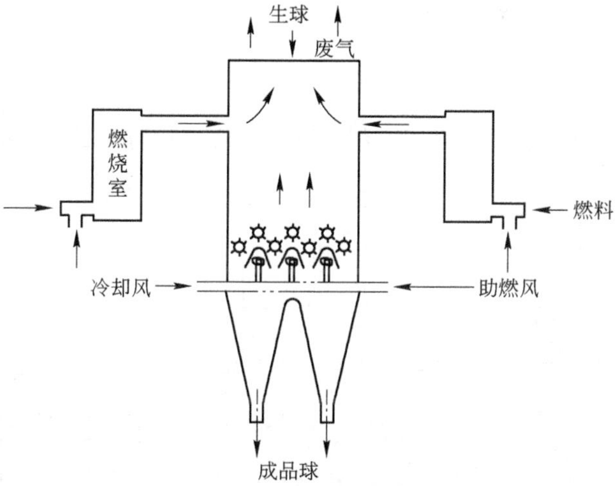

图 3-9 球团竖炉内气体流动示意图

3.3.4 带式焙烧机

带式焙烧机焙烧球团的抽风系统非常复杂。采用不同燃料的带式焙烧机,其抽风系统各不相同;采用同一种燃料的带式焙烧机,也有各种不同的抽风系统。图 3-10 所示是比较典型的采用气体或液体燃料的带式焙烧机抽风系统。冷却段采用鼓风冷却,冷却风通过球层后,一方面使 800~900℃ 的热球冷却到 150℃;另一方面,冷空气被加热到 750~800℃。被加热的空气一部分作为预热和焙烧段燃料燃烧的一次空气和二次空气,一部分直接供均热段使用,另一部分供鼓风干燥段使用。

焙烧和均热段的热废气引至干燥段后半部,用于抽风干燥。由于采用了这种热废气的回流系统,带式焙烧机的热量利用率很高。但抽风系统需要许多耐高温(500~600℃)风机,同时,台车箅条受高温废气的冲击作用,需要用耐热合金钢制作,增加了焙烧机的成本。

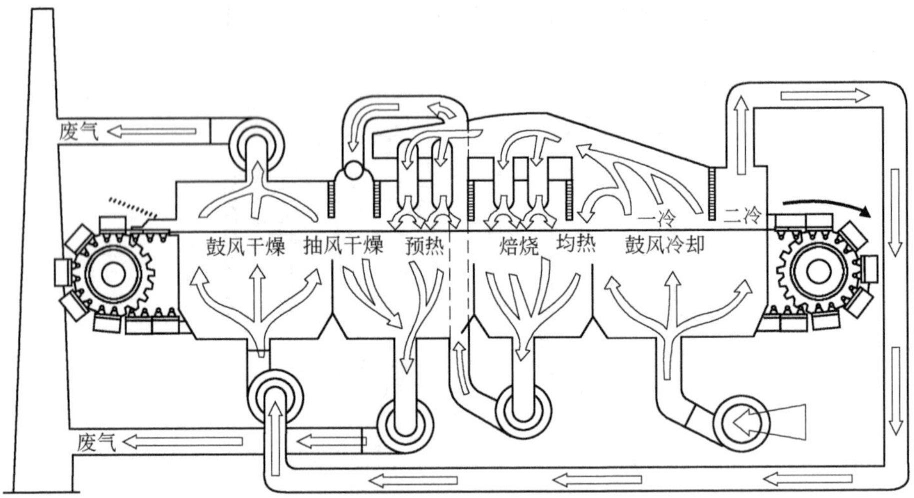

图 3-10　DL 型带式焙烧机抽风系统

全部使用气体或液体燃料的带式焙烧机，由于焙烧温度和气氛容易控制，适用于各种不同原料（赤铁矿、磁铁矿或混合矿球团）的焙烧。

3.3.5　链箅机-回转窑

链箅机-回转窑由链箅机、回转窑和冷却机联合组成，链箅机-回转窑示意图见图 3-11。

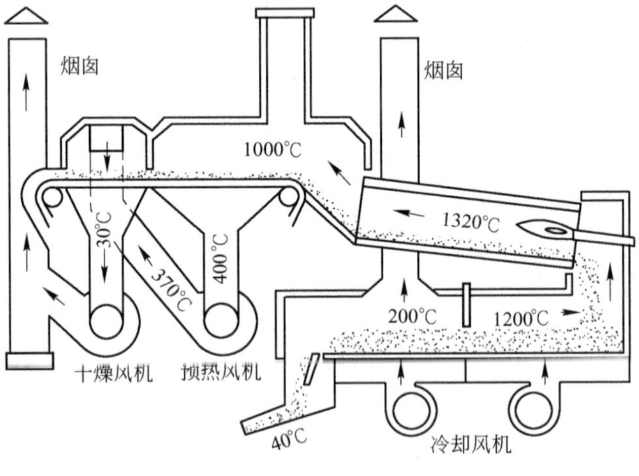

图 3-11　链箅机-回转窑示意图

链箅机安装在衬有耐火砖的室内，分为干燥室和预热室两部分，箅条下面有风箱，生球经多辊布料器布在链箅机上，球层厚度为 130～200mm，随同箅条向前移动。在干燥室，生球被从预热室抽过来的 250～450℃废气干燥，然后进入预热室，被从回转窑出来的 1000～1100℃氧化性废气加热，发生部分氧化和再结晶，具有一定的强度，再进入回转窑焙烧。

回转窑为一长圆筒，用钢板焊成，内有 225～230mm 的耐火砖衬，倾角为 5°，生产时球团充满率为 7%左右。随着窑体的旋转，球团在窑内滚动并向排料端移动。烧嘴在排料端，可使用气体或液体燃料，也可以用固体燃料。燃烧废气与球团成逆向运动，由进料端排入预热室。窑内温度可达到1300~1350℃，由于回转窑内的球团是在滚动状态下焙烧的，所以受热均匀，焙烧效果良好。

从回转窑排出的热球团矿卸入冷却机进行冷却后，温度降到150℃以下。被加热的空气送入窑内作为燃料燃烧的二次空气；或送入链箅机干燥段，用来干燥生球，可以回收70%~80%的热量。

链箅机-回转窑焙烧球团的优点是：产量高；热量利用率高，总能耗低；干燥、预热和焙烧可分别进行控制，温度和气氛容易调节；生球在窑内受热均匀，在高温区停留时间较长，所以球团矿质量好、强度高；不需要高级耐热合金钢；生产能力大，耗电量低；可以处理各种不同原料的生球。但其存在的问题是操作不当容易结圈，影响设备作业率；另外，基建费用较高。

3.4 造球与球团操作

造球与球团生产的主要操作过程有原料准备、配料、混合、造球、干燥和焙烧、冷却、成品和返矿处理等，下面简要介绍具体操作过程的要求。

3.4.1 原料准备

球团矿生产的原料主要是精矿粉和若干添加剂；如果用固体燃料焙烧，则还有煤粉或焦粉。这些原料进厂后都要经过准备处理，包括：

（1）所有原料的混匀；

（2）将添加物磨碎到足够细的粒度；

（3）将精矿粉（或富矿粉）磨碎到小于0.074mm的部分多于70%，粒度上限不超过0.2mm；

（4）将固体燃料破碎到小于0.5mm；

（5）精矿粉中的水分过多时，要进行干燥处理；

（6）经过筛分，粒度过大的还要重新进行破碎、磨碎处理。

3.4.2 配料

将不同成分的矿石按一定比例搭配混合，从而保证混合矿石成分相对稳定的过程称为配料。配料的方法有圆盘配料和堆式配料。圆盘配料的特点是占地小、调整比例灵活，但质量难以保证；堆式配料的特点是成分稳定、操作人员少，但需要庞大的堆料场地。

3.4.3 炉料混合与润湿

为保证配料后的炉料在烧结前达到最佳湿度，并使其化学成分、粒度和水分均匀一致，必须对炉料进行良好的混合与润湿。

所谓最佳湿度，是指炉料润湿到最大毛细水含量时的湿度。当炉料达到最佳湿度时其结团作用最大，此时的炉料容积最大、堆密度最小。

返粉的粒度组成是直接影响烧结炉料粒度及透气性的重要因素。以铅鼓风炉烧结为例，一般粒度组成控制为：3~9mm者占60%以上，小于3mm者不超过30%，大于9mm者的比例应在10%以下。

炉料一般采用两次或三次混合，并且多半是混合与润湿同时进行。在最后一次混合过程中具有制粒作用，从而防止了各组分因密度和粒度不同而发生的偏析现象，这样就使炉料各组分分配均匀，并大大地改善了炉料的透气性。

生产上广泛采用的混合设备为鼠笼混合机和圆盘混合机，有的也采用反螺旋的圆筒混合机。

3.4.4　混合料的成球

混合料成球常在圆筒制粒机和圆盘制粒机中进行，目的在于提高炉料的透气性，不论是圆筒还是圆盘制粒机，除将物料滚动成球外，还具有一定的混合作用。

实践证明，与不制粒相比，制粒后烧结焙烧的生产率和烧结块质量都获得很大提高，所以铅厂的炉料一般先通过制粒后再进行烧结焙烧。

所有不同性质、不同粒度、具有适当润湿程度的物料，都能制成球。球的强度又由下列因素决定：

(1) 物料的表面性质。一般炉料粒度越小，则制成的球强度越大。

(2) 炉料的化学及矿物成分。多种粒级和多种物料制粒，得到的强度最大。

(3) 物料湿度。水分过多或过少都影响制粒强度。根据铅烧结炉料组成的特性，以含水率为5%~6%为宜，如果物料在制粒过程中不加水而加造纸废液或其他黏合剂，则可提高制粒强度。

(4) 制粒条件。如给料速度、制粒机转速等，都直接影响制粒的强度。

3.4.5　生球焙烧

球团矿焙烧过程中的温度变化如图3-12所示。由此可见，整个焙烧过程可分为生球的干燥、焙烧固结和冷却三个阶段（其中，焙烧固结阶段又可分为加热、焙烧和均热三部分）。在这三个阶段中发生着一系列的物理化学变化，包括水分的蒸发和分解、碳酸盐的分解、燃料的燃烧、氧化和去硫、粉料的固结及气相间的传热等。上述三个阶段在带式焙烧机上是依次沿台车前进的方向水平分布的，在竖炉上是从上到下垂直分布的，在链箅机-回转窑上则分别在三个不同的设备中进行。

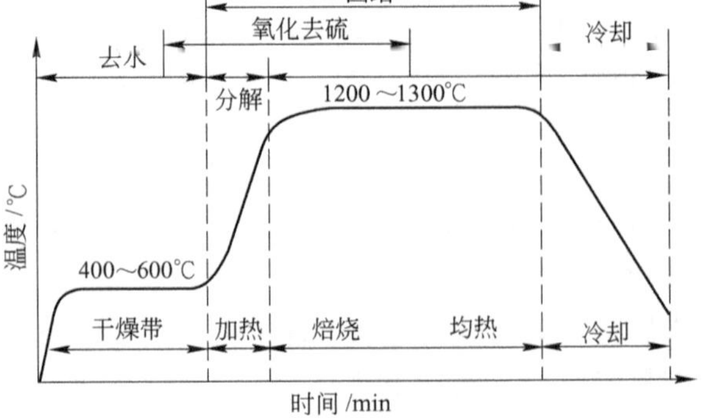

图3-12　球团矿焙烧过程中的温度变化

目前主要的几种球团焙烧方法有：竖炉焙烧球团、带式焙烧机焙烧球团、链箅机-回转窑焙烧球团。竖炉焙烧法采用得最早，但由于这种方法本身固有的缺点而使其发展缓慢。目前采用最多的是带式焙烧机法,60%以上的球团矿是用带式焙烧机法焙烧的。链箅机-回转窑法出现较晚,但由于它具有一系列的优点,所以发展较快,今后很可能成为主要的球团矿焙烧法。以竖炉焙烧球团为例,焙烧后被冷却下来的球团矿中会有一部分粘连的大块,需要通过下部的辊式破碎机破碎后排出炉外,然后经过破碎、筛分获得成品球团矿,筛下产物则成为垫底料返回重新焙烧。

3.4.6 焙烧球团的冷却、筛分

焙烧好的球团要进行冷却,从图 3-12 可以看出,冷却是整个焙烧球团生产过程的最后一个环节。为将球团矿温度从 1200~1300℃降到运输带能承受的温度(100℃左右)并回收其热量,烧成的球团应进行冷却,冷却介质为空气。冷却后的球团矿经筛分分成成品球团矿(大于 10mm)、垫底料(5~10mm)和返矿(小于 5mm),垫底料直接加到焙烧机上,返矿经过磨碎(至小于 0.5mm)后再参加混料和造球。

复习思考题

3-1 造球与球团的基本概念是什么?

3-2 球团生产工艺与传统烧结工艺相比较具有哪些特点?

3-3 造球过程可分为哪三个阶段?

3-4 生球成球过程及其影响因素有哪些?

3-5 生球质量要求及检验方法有哪些?

3-6 球团法生产的主要工序包括哪些?

3-7 造球与球团设备有哪些类型?

4 配　　料

4.1 配料基本原理

4.1.1 配料基本概念

配料是指通过冶金计算将各种精矿和物料按一定比例混合在一起,制成满足冶金生产工艺要求且成本最低的原料。来自不同矿山或选厂的矿石及精矿,其化学成分与物理性质差异较大。为了稳定冶炼过程的技术操作条件,必须将各种精矿按比例混合使用,使精矿的物理化学性质在一段时间内保持稳定,这对于冶炼作业取得良好的技术经济指标具有重要意义。

4.1.2 配料的目的

虽然不同的冶炼过程对配料的要求有所差异,但其根本目的都是保证出库原料的配料质量、品位稳定且成本最低。冶炼过程中除了要求精矿成分稳定外,还需根据冶金计算配入一定数量的熔剂及其他返料(如返渣、烟尘等)。虽然不同的冶炼过程对配料要求有所差异,但其目的与任务是一致的。

4.1.3 配料的主要步骤

配料的主要步骤包括以下几个:

(1) 配矿。将成分有差异的几种矿石或精矿根据需要按比例混合均匀,使进入冶金生产流程中的主体金属成分及杂质含量符合生产要求。

(2) 配辅料。根据冶金计算,将冶金过程所需的各种辅料,如熔剂、燃料及其他返料(返渣、烟尘等)配入矿石或精矿。

(3) 混合。将配好的矿石或精矿与辅料混合。

(4) 配料计算。根据冶金工艺生产的要求(如熔炼渣型、浸出渣化学成分)及物料平衡、热平衡、金属平衡原则,计算出合理的配矿、配辅料的比例。

(5) 制备。将配好的矿石或精矿与辅料制成(烧结、湿磨等)满足冶金生产工艺要求且成本最低的原料。

由于本书已另设章节(第5~9章)专门对制备加以介绍,本章主要讨论前四个步骤。

4.1.4 配料的方法

常用的配料方法有人工配料、干式(机械)配料、湿式(机械)配料。现代有色金属冶炼厂中,除规模小的厂仍采用人工配料外,一般都采用不同程度的机械化、自动化配料方法。

干式配料有仓式配料及堆式配料两种。仓式配料(也称皮带配料或圆盘配料)易于调整配料成分,不受物料粒度的限制,目前被我国工厂广泛采用。堆式配料多用于各种精矿的配合,将各种精矿按比例分层铺成料堆,一个料堆可供数日使用,成分比较稳定。但由于堆式配料不能配入粒度相差较大的物料(如粗粒级的熔剂、返粉等),因此采用堆式配料时常常要有仓式配料作辅助。

湿式配料多用于需要将磨细的熔剂配入精矿的冶炼作业,或用于沸腾炉使用湿式进料的冶炼厂。

4.1.5 配料设备

仓式配料常用的设备有:配料仓、仓壁振动器、给料设备(圆盘给料机、振动给料机、胶带给料机和螺旋给料机)、称量设备(皮带秤、配料秤、称量料斗)以及胶带运输机。

堆式配料常用的设备有:移动式卸料车、胶带运输机、圆盘给料机、振动给料机、皮带秤、配料胶带、配矿吊车、推土机、储罐以及先进的堆取料机。

湿式配料常用的设备有:破碎设备(颚式破碎机、圆锥破碎机)、筛分设备(机械振动筛)、磨矿设备(球磨机、棒磨机)以及分级设备(螺旋分级机)。

4.1.6 冶金厂配料特点

4.1.6.1 炼铜厂配料特点

湿法炼铜厂的配料一般仅限于几种精矿的配合,主要控制硫和铜的品位以利于焙烧及浸出等作业条件稳定。

火法炼铜流程较多,配料要求不尽相同,如焙烧矿-反射炉熔炼及闪速熔炼,要求将熔剂磨细配入精矿,与精矿一起干燥或焙烧,而其他熔炼法则只需将颗粒状熔剂按比例加入炉内。火法炼铜各冶炼流程的配料特点如表4-1所示。

表4-1 火法炼铜各冶炼流程的配料特点

配料特点	熔炼方法				
	焙烧矿-反射炉熔炼	生精矿-反射炉熔炼	电炉熔炼	密闭鼓风炉熔炼	闪速炉熔炼
配料种类	精矿、熔剂、烟尘	精矿、熔剂、烟尘	精矿、烟尘	精矿、烟尘、熔剂、返渣、焦炭(后三种在炉前配入)	精矿、熔剂、烟尘
熔剂粒度/mm	<0.5	<8		40~60	0.15~0.425
入炉物料水分/%	沸腾炉干式加料约6,湿式加料25~30	约6	直接入炉一般小于1.5~2.5,个别达5~6;制粒前5~6	混捏前约8,混捏后约14	

火法炼铜各流程的共同点是要求炉渣成分稳定,因此要求熔剂配比准确,但由于熔池较大、造渣反应时间较长,故允许瞬时配比略有波动,因此除采用连续配料外,也可以采用间断配料。

4.1.6.2 炼铅厂配料特点

炼铅厂的配料特点是配料中有大量烧结返粉，与精矿粒度差别较大，因此我国多采用仓式配料。采用堆式配料时，不能使返粉配比保持均匀，故必须用配料仓进行返粉配料。

在处理氧化矿的工厂中采用堆式配料时，焦粉也需用配料仓配料。

由于铅烧结的烧结质量与混合料的粒级配比密切相关，故要求瞬时配比波动不宜过大，一般采用连续配料。

4.1.6.3 炼锌厂配料特点

炼锌厂的配料，一般仅将各种精矿根据冶炼作业条件稳定的要求，配成均一的混合精矿。对于个别矿种，为便于回收其中的有价金属，使其有利于富集，往往不需配料而进行单独处理。

4.2 配矿

4.2.1 配矿基本概念

简言之，配矿就是把成分有差异的几部分矿石或精矿根据需要按比例混合均匀，使进入冶金生产过程中的混合矿石或精矿的主金属及杂质含量等指标符合生产要求，同时使高、低品位矿石或精矿搭配使用，扩大资源利用范围。

4.2.2 配矿对冶金生产过程的影响

配矿是配料工作的第一步，它是调整进入生产流程矿石或精矿中主体金属含量和杂质含量的过程。配矿工作的好坏直接关系到后续的辅料配加工作以及熔炼或浸出工艺能否顺利完成，必须对其给予足够的重视，精心操作。

4.2.3 配矿的方法

根据所用设备的不同，配矿方法可分为吊车配矿、推土机配矿、储罐配矿以及先进的堆取料机配矿等。

目前大型冶金工厂大都采用将吊车、推土机和皮带输送机的功能结合在一起的堆取料机配矿方法。

4.2.4 配矿的操作

以氧化铝的配矿为例，配矿工作是在破碎后的铝矿石被送到碎矿堆场分别堆放后开始进行的，根据各小区碎矿的成分，按照生产上对铝矿石铝硅比和成分的要求，将参与配矿的各小区矿石按比例均匀地堆放在几个大区里，每个大区的存矿量应满足 10 天左右的需用量，以保证有配好的矿区、正在使用的矿区以及正在配料的矿区，不至于造成配矿过程混乱的局面。

4.2.5 配矿计算

配矿计算的目的在于，根据冶金工艺过程对主金属成分和杂质含量的要求，在保证矿石或精矿成分稳定和高低搭配综合利用的前提下，合理确定不同种类及成分矿石或精矿的配比。配矿计算实例详见本书 9.2.2.2 节。

4.3　配料分类及计算实例

冶炼过程中除了要求精矿成分稳定外，还需根据冶金计算配入一定数量的辅料——熔剂、燃料及其他返料（如返渣、烟尘等）。

4.3.1　仓式配料

4.3.1.1　仓式配料操作

仓式配料示意图如图 4-1 所示，即将各种物料分别装入配料仓中，通过给料、称量设备按比例配合在一起。因此，仓式配料的准确度取决于物料从配料仓排出的顺利程度以及控制料量的精确度。

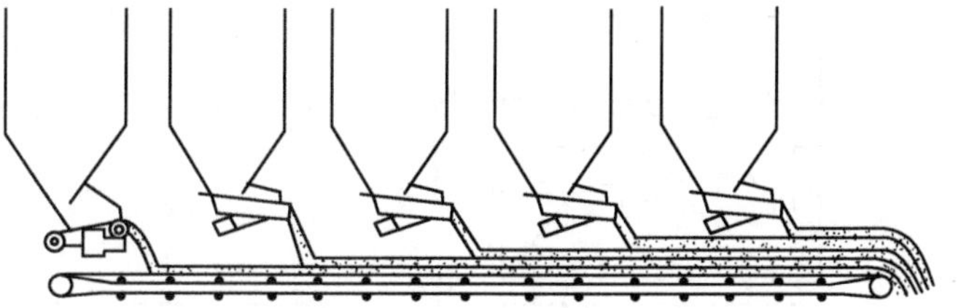

图 4-1　仓式配料示意图

根据给料机和计量器工作的连续性或间断性，配料分为连续配料及间断配料。

连续配料使物料按给料先后次序分层铺在配料胶带上，利用这一特点，可将不宜与胶带直接接触的物料（如高温、易黏结等）的给料次序安排在后面，使其铺在其他料层上。连续配料的工作条件稳定，生产率高。

间断配料是将各种物料间断、交替地给在配料胶带上。这种配料方法可以选用各种可靠的计量设备，保证配料的准确度。

4.3.1.2　仓式配料设备

A　配料仓

配料仓的设计除满足一定储量要求外，其结构设计还应保证物料顺利下降。

（1）容量。对于黏性大的物料，配料仓容量不宜过大，防止物料黏结、不易下落。矿仓容量不能满足必要的储量时，可采用几个矿仓。矿仓上口截面过大时，为提高矿仓有效利用率，应采用多点进料（见图 4-2）。

（2）仓口设计。对黏性大的物料使用抓斗起重机上矿时，由于物料落下具有冲击力，仓内的物料易被压实，不利于下料。因此，仓口需要安装固定格筛，以减轻物料对矿仓的冲击力。为防止物料在格筛上堆积，有的工厂成功地使用格筛振动器，振动器电动机与抓斗小车联锁，当抓斗行至矿仓上口时振动器即启动，可改善下料性能。格筛由扁钢制成，格孔为 150~200 mm 的方形。

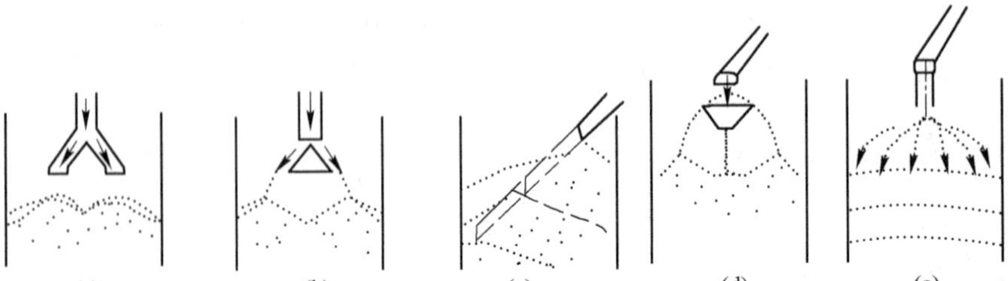

图 4-2　多点进料示意图

(3) 仓体。一般来说,圆锥体矿仓有利于排料,但选择仓体形状时应满足给料机对矿仓出口形状的要求。采用振动给料机、胶带给料机或螺旋给料机等设备的配料仓,多采用方锥体矿仓。采用圆盘给料机时,可用圆锥体或由方变圆的锥体矿仓。

采用胶带给料机时,矿仓出料口宜向加料方向扩散,两边的扩散角一般各为 3°左右(如图 4-3 所示);同时,使给料机下斜 3%,以减少启动的转动力矩。

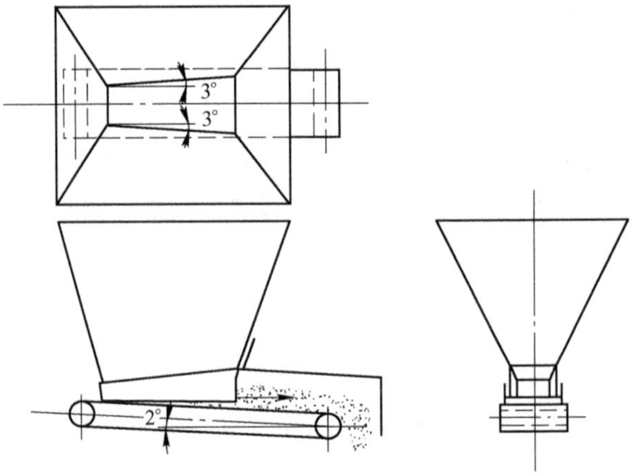

图 4-3　胶带给料机矿仓出料口示意图

采用振动给料机时,矿仓出料口的形状如图 4-4 所示。图中,P 为出料口围板斜角,S 为其扩大角。出料口后部垂直挡板高度 C 应不小于料槽深度 H;对于颗粒大小不一的物料,出料口宽度 T 不应小于物料最大颗粒直径的 2.5 倍,一般物料颗粒大小相近时可取 5 倍;H 应不小于物料最大颗粒直径的两倍,其近似高度可根据料层厚度 d 确定,一般为 $1.5d$。

料层厚度 d 可按式(4-1)计算:

$$d=\frac{\text{给料机能力}(m^3/min)}{\text{料宽}(m)\times\text{料流速率}(m/min)} \tag{4-1}$$

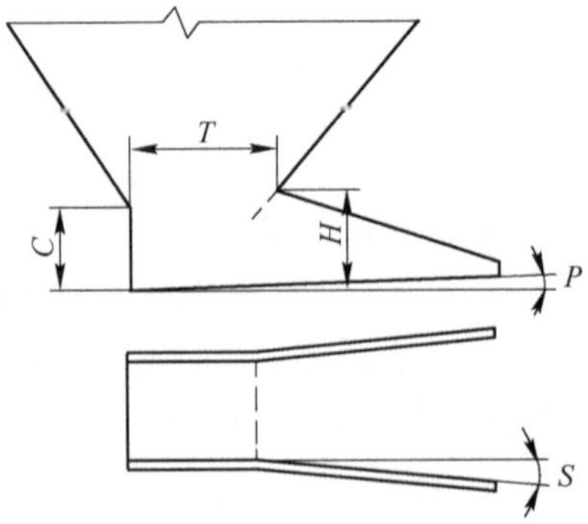

图 4-4　振动给料机矿仓出料口示意图

料流速率变化范围为 6~18m/min,料流宽度一般为料层厚度的 1.5 倍,通常 $T=2H$。出料口围板斜角 P 约为 5°,其扩大角 S 约为 7°。

对较难下料的料种,一般采用钢板矿仓,个别工厂的矿仓内衬塑料板以利于下料。

安装仓壁振动器的矿仓,为取得更好的下料效果,矿仓下部用钢板单独制作,悬挂在固定仓下面,固定部分与活动部分留有振动间隙。

仓壁倾角一般为60°~75°;对于精矿等较难下料的料种,多采用75°。

B　仓壁振动器

为使物料顺利下料,配料仓外壁常装设仓壁振动器。振动器有电磁振动器及偏心轮振动器两种。偏心轮振动器又有电力驱动及压缩空气驱动两种。

电磁振动器由于没有旋转部件,使用寿命较长,但产生的振动力仅限于垂直仓壁表面;而偏心轮振动器则有轻微摇动作用。

安装振动器时,一般每个矿仓装一台。当较大的矿仓需要采用两台或两台以上时,应将振动器分别安装在不同侧的仓壁上,并采取不同安装高度。采用一台振动器的安装位置,见图4-5。

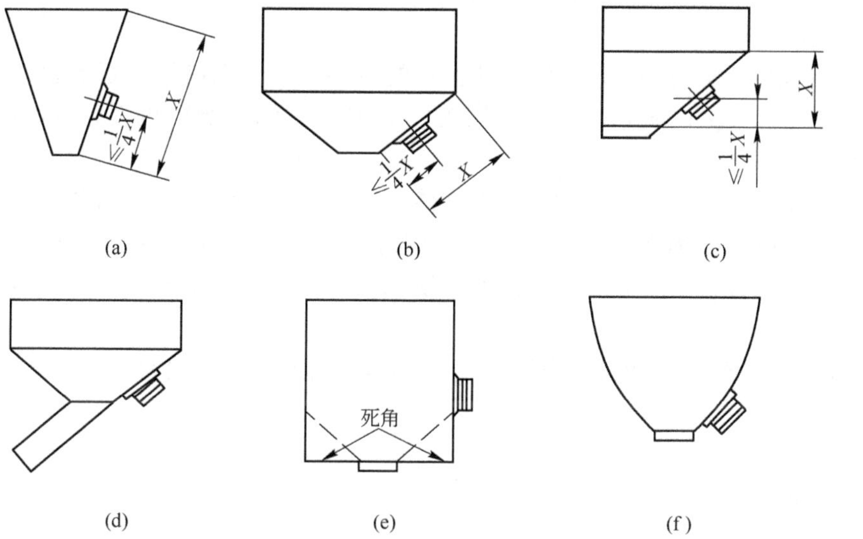

图4-5　振动器安装位置示意图(X表示料仓锥体高度)

仓壁振动器也称仓壁振打器,安装位置一般位于料仓锥体高度1/4或低于1/4处。如安装两台以上,可在对称面的不同高度安装。对于木制或混凝土料仓,可在仓壁装振动板以传递振动力,活化物料。

C　给料设备

用于配料的给料设备,应根据物料特性(粒度、温度、湿度、黏度等)选用,不应强求各料种给料设备的统一;应特别注意给料的均匀性及可调性。各种给料机对物料粒度的适应性见表4-2。

表4-2　各种给料机对物料粒度的适应性

给料机形式	最大物料尺寸/mm					
	>300	<200	<50	<12	<0.15	<0.074
板式给料机	1	1	2	3	—	—

续表 4-2

给料机形式	最大物料尺寸/mm					
	>300	<200	<50	<12	<0. 15	<0. 074
胶带给料机	—	3	2	1	1	2
回转犁式给料机	—	3	1	1	—	—
圆盘给料机	—	—	—	2	1	2
螺旋给料机	—	—	3	2	1	1
机械振动给料机	1	1	2	3	—	—
电磁振动给料机	1	1	1	1	3	3

注:适应程度分为 1~3 级,1 级最好。

有色冶炼厂配料用的给料机通常有圆盘给料机、振动给料机、胶带给料机和螺旋给料机。各种给料机的能量消耗比较见图 4- 6。

a　圆盘给料机

圆盘给料机常用于精矿或粉状、粒状物料的给料。由于圆盘给料机能够承受较大的料柱压力,允许采用较大的矿仓出口,有利于矿仓下料。当圆盘给料机内装有螺旋时,还可用于黏性物料的给料。

由于矿仓出口大,圆盘给料机承受的料柱压力较大,圆盘盘面磨损较严重,用于多棱角物料的给料时磨损尤其严重。为减轻磨损,圆盘转数不宜大于 4 r/min。此外,盘面衬砌辉绿岩铸石板,可以显著提高盘面使用时间;但这种盘面仅适用于常温物料,不耐冷热激变。

圆盘给料机的套筒有螺旋式及圆筒式(见图 4-7),螺旋式套筒符合物料运动规律,有利

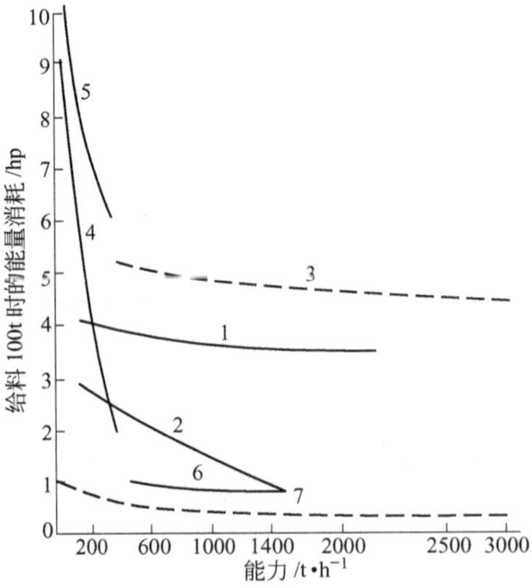

图 4- 6　各种给料机的能量消耗比较

(1 hp≈735. 499W)

1—板式给料机;2—胶带给料机;3—旋转式给料机;4—圆盘给料机;
5—螺旋给料机;6—机械振动给料机;7—电磁振动给料机;

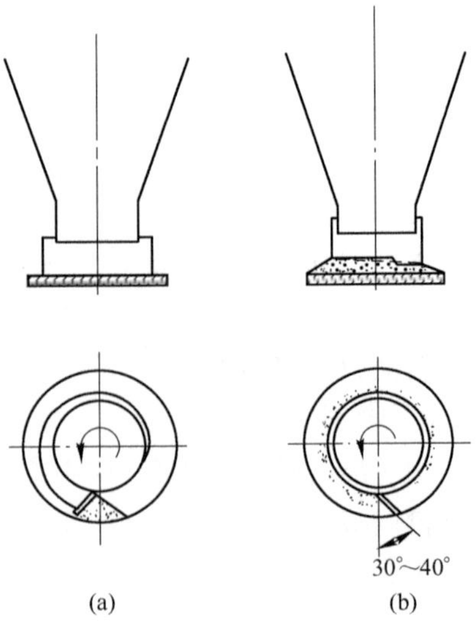

图 4-7　两种套筒形式示意图

(a) 螺旋式套筒;(b) 圆筒式套筒

于矿仓下料。圆盘卸料装置有刮刀卸料及闸板卸料。闸板卸料多用于粉状或颗粒不大的物料,用于粗颗粒物料时,物料摩擦阻力较大,会增加动力消耗。

b 振动给料机

振动给料机适用于黏性不大的粉状或粒状物料,如返粉、熔剂、烧渣、原煤、焦粉等。

电磁振动给料机可以通过改变外加电压来调节给料量,具有调节灵敏、操作方便、节省电能等优点;又由于给料机槽体可用钢板或合金钢板制造,旋转部件少,物料距电器部件较远,便于隔热,因此可以用于温度较高的物料或有磨损性、腐蚀性物料。

机械振动给料机由于振幅大、频率较低,适合于较粗的物料给料。

电磁振动给料机可根据需要呈水平或倾斜安装。向下倾斜安装时,物料滑动运动增强,给料机的能力增大(见图 4-8),倾斜角每增加 1°,给料量约增加 3%;但安装倾角不宜过大,倾角过大会增加料槽磨损。

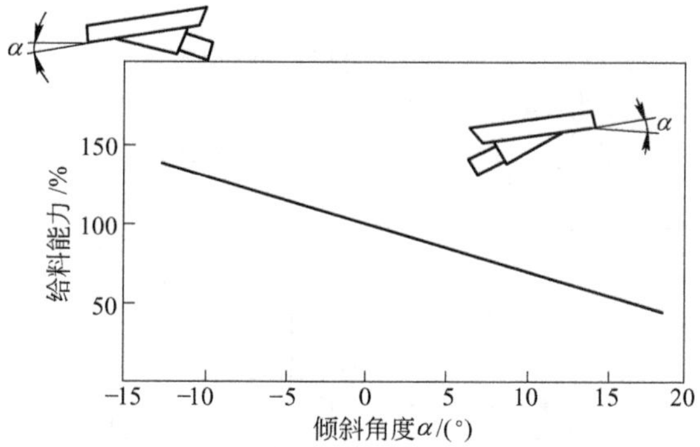

图 4-8 安装角度与生产能力的关系

c 胶带给料机

胶带给料机适用于较干的粉状物料和精矿,其结构简单,调节方便,工作可靠性大;但由于胶带材质所限,不宜用于多棱角或温度过高的物料。

由于胶带给料机的首、尾轮及传动装置需要一定空间,配置上占据高度较大,因此物料落差较大。

为使给料量稳定并减轻物料对胶带的磨损,胶带速度不宜过高,一般为 0.2~0.3m/s。

d 螺旋给料机

螺旋给料机是一种适用于粉状物料的给料设备,矿仓下料口处物料充满螺旋,密封性好。螺旋给料机可利用改变螺旋转数的方法调节给料量,在某些工厂用于离析过程中煤粉及食盐的配料。

为了适应物料的性质,螺旋给料机的螺旋形式有以下几种(见图 4-9):

(1) 普通螺旋,为单线螺旋,等距地焊在轴上。

(2) 双线螺旋,给料量比单线螺旋更为均衡,便于准确控制料量。

(3) 带式螺旋,用于黏性较强的物料。

(4) 双线带式螺旋,给料量均衡。

(5) 圆锥螺旋,给料量随着直径的增加而加大,有利于减小矿仓下料死角;圆锥反向安装时,物料随直径的减小而压缩,增加了给料的密封性。

(6) 变距螺旋,用于防止较长的螺旋给料机发生过载,可使下料口埋入物料以避免物料飞扬。

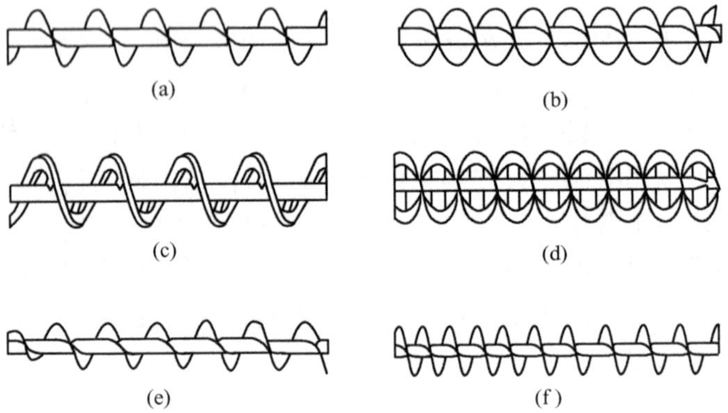

图 4-9　螺旋给料机的螺旋形式

(a) 普通螺旋;(b) 双线螺旋;(c) 带式螺旋;(d) 双线滞式螺旋;
(e) 圆锥螺旋;(f) 变距螺旋;

各种形式螺旋进料情况示意图见图 4-10。

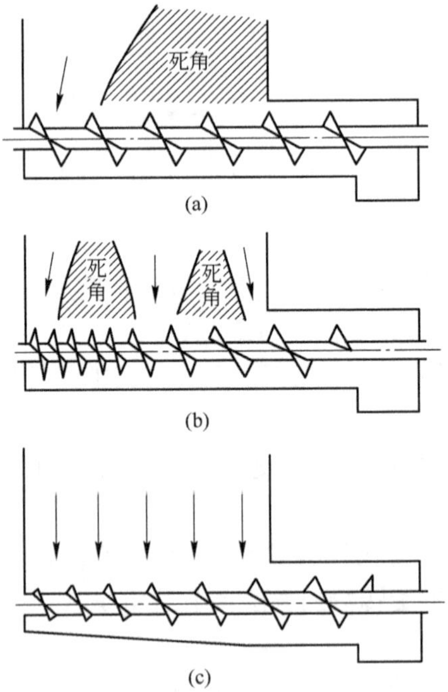

图 4-10　各种形式螺旋进料情况示意图

(a) 等径、等距螺旋;(b) 等径、螺距渐增螺旋;(c) 直径、螺距渐增螺旋

D　称量设备

a　皮带秤

皮带秤是配料中常用计量设备之一,可用于连续或间断配料,根据要求实施电气联锁和自控。

皮带秤所称料量的调节应在最大负荷到半负荷范围内变化,否则会影响计量精确度。

常用的皮带秤有滚轮式机械皮带秤、机电式皮带秤和电子皮带秤。

(1) 滚轮式机械皮带秤,要求在称量托辊两侧各有 7 m 的直线段,只适用配料室较宽敞、允许配料仓距配料胶带较远的配料,一般精确度为 1/100。

(2) 机电式皮带秤,要求水平安装,称量点必须与矿仓下料点相距五副托辊,以免下料对皮带的振动影响计量准确度,这种皮带秤的精度也可达到 1/100。

(3) 电子皮带秤,其计量精度目前稍低于其他两种,约为 1.5/100。电子皮带秤必须安装在水平段,称量点距主动轮应大于 3 m,距下料点相距三副托辊以上。当要求称料量在较大范围内变化时,可由制造厂特殊配备不同计量范围的传感器、速度变换器和刻度范围不同的指示盘。

除上述常用的三种皮带秤外,有的工厂正在探索将皮带秤兼作给料设备的尝试,即将给料与称量设备合一,这将使配料程序简化。

b　配料秤

配料秤是由给料、称量及排料设备组合起来的机组,其称量都是采用杠杆秤进行间断称量,因此整套配料秤是自动间断地工作,每次加料、称量及排料为一个周期,根据给定的称量值,配料秤不断循环地工作。

配料秤可以自控或连控,整个过程密封性好、计量正确,一般精度为 1/500~1/100;但其占据空间高度大,需将配料仓仓口高度提高,会增加建筑投资。

配料秤的种类较多,按排料方式大体分为两种,即电磁振动给料机排料和气动闸门排料。电磁振动给料机排料时,可使配料胶带上的料层分布比较均匀;而闸门排料则均匀性较差。

c　称量料斗

称量料斗是工厂根据需要,在杠杆秤或电磁压头上安装容量不等的料斗进行间断称量,料斗材质可根据物料性质选用耐温、防腐材料,适用于高温或腐蚀性物料的计量。料斗重量也可根据料批重量选用自重较轻的料斗,以提高称量精度。称量料斗与自动给料、排料机构联锁控制,可以实现自动化。

E　配料胶带运输机

配料胶带运输机的选择计算与一般胶带运输设备相同,但用于配料的胶带运输机在设计中应考虑以下几点:

(1) 应采用较低速度,便于人工检验配料重量,提高准确度,也可减少因胶带振动而产生的灰尘和掉料,一般运行速度约为 30 m/min;

(2) 应装设有效的胶带清扫器,以免黏结物影响配料准确度;

(3) 间断配料时,胶带宽度应按最大料量选择。

F　配置说明及参考图

仓式配料设备可与储矿仓共设在一个建筑物内,也可以单独建设。

仓式配料的矿仓可按单列(见图 4-11)或双列配置,单列配料便于操作和检修,对通风、采光也较有利,但建设费用和占地面积较多;双列配置则相反。

综合考虑上述两种配料方法的优缺点,出现了并排单列配置法。

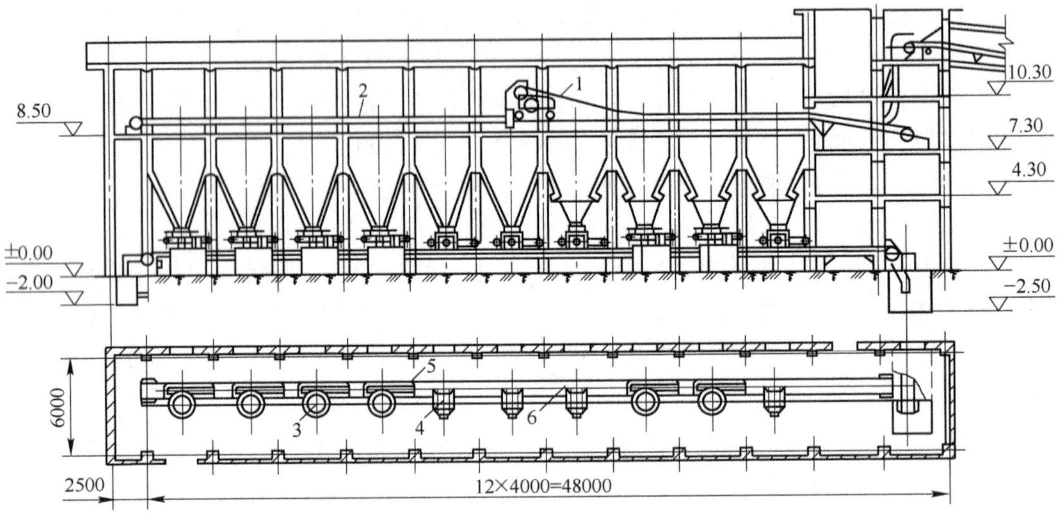

图 4-11　配料仓单列配置法

1—移动式卸料车；2—胶带运输机；3—圆盘给料机；4—振动给料机；5—皮带秤；6—配料胶带

采用胶带运输返粉时，由于密闭困难，皮带廊内劳动条件较差，配料中可考虑在较长的返粉皮带廊头部和中部设置换气平台。

4.3.2　堆式配料

堆式配料是将需要进行配料的各种精矿等粉状物料，通过移动式卸料车按比例均匀地分层铺成料堆，然后利用取料设备从配好的料堆一端取用，取得的混合料再通过配料仓补配一部分不宜在料堆上配合的物料（如返粉、焦粉、粗粒熔剂等），或进行成分调整后送往冶炼车间。

堆式配料一般设有三个料堆，过去也曾有采用四个料堆的，由于化验技术的发展，化验周期大大缩短，现代工厂已有只采用两个料堆即可满足生产的实例。采用三个料堆时，一个供给生产使用，一个进行化验或调整成分，另一个进行配料。

由于各厂处理量及管理制度的不同，料堆大小相差较大，一个料堆可供使用 3～15 天。

料堆高度一般为 5～6 m，一个料堆的料量可能有数百吨至数千吨，每一层料可有几十吨至数百吨。

堆式配料的特点是一次配料量大，使冶炼处理的物料成分在比较长的时间内保持稳定。但由于储量大，需要庞大的厂房，基建费用较多，占地面积大，影响了资金周转，一般用于规模较大的工厂或用于配料要求较高的生产流程。图 4-12、图 4-13 分别为配料仓双列配置参考图和配料仓并排单列配置参考图。

堆式配料一般采用配料机从料堆按顺序取料，这种设备可以沿料堆横断面均匀取料，使混合料的成分更为均匀；但采用配料机还必须设有平台车，以便将配料机从一个料堆转移到另一个料堆。有的工厂为了节约设备费用，采用铲斗汽车取料，实践证明，这种设备可满足一般冶炼工艺要求。图 4-14 所示为堆式配料仓配置实例。

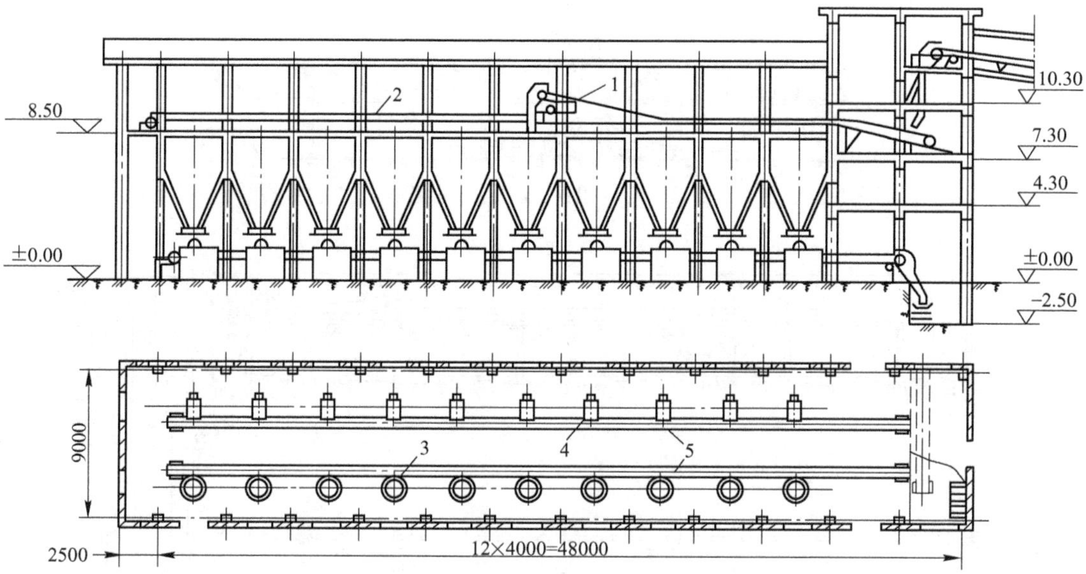

图 4-12 配料仓双列配置参考图

1—胶带运输机;2—移动式卸料车;3—圆盘给料机;4—振动给料机;5—配料胶带

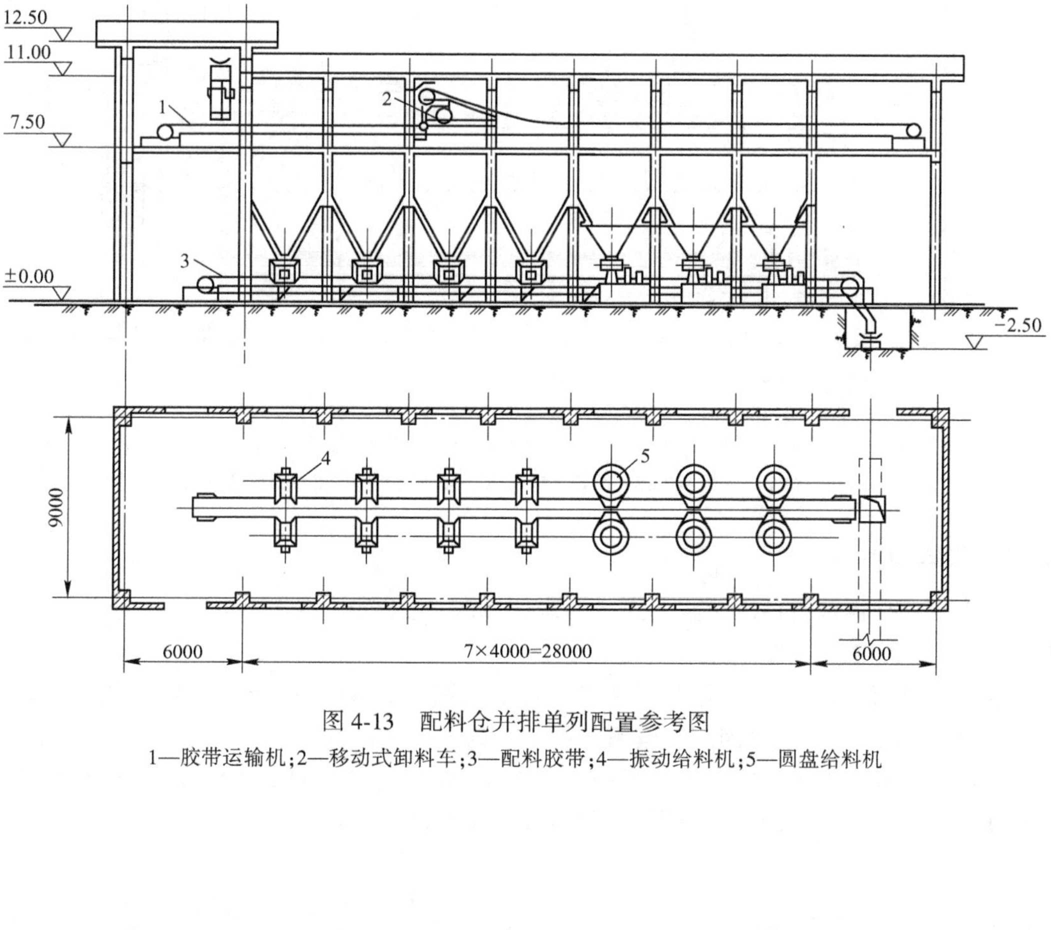

图 4-13 配料仓并排单列配置参考图

1—胶带运输机;2—移动式卸料车;3—配料胶带;4—振动给料机;5—圆盘给料机

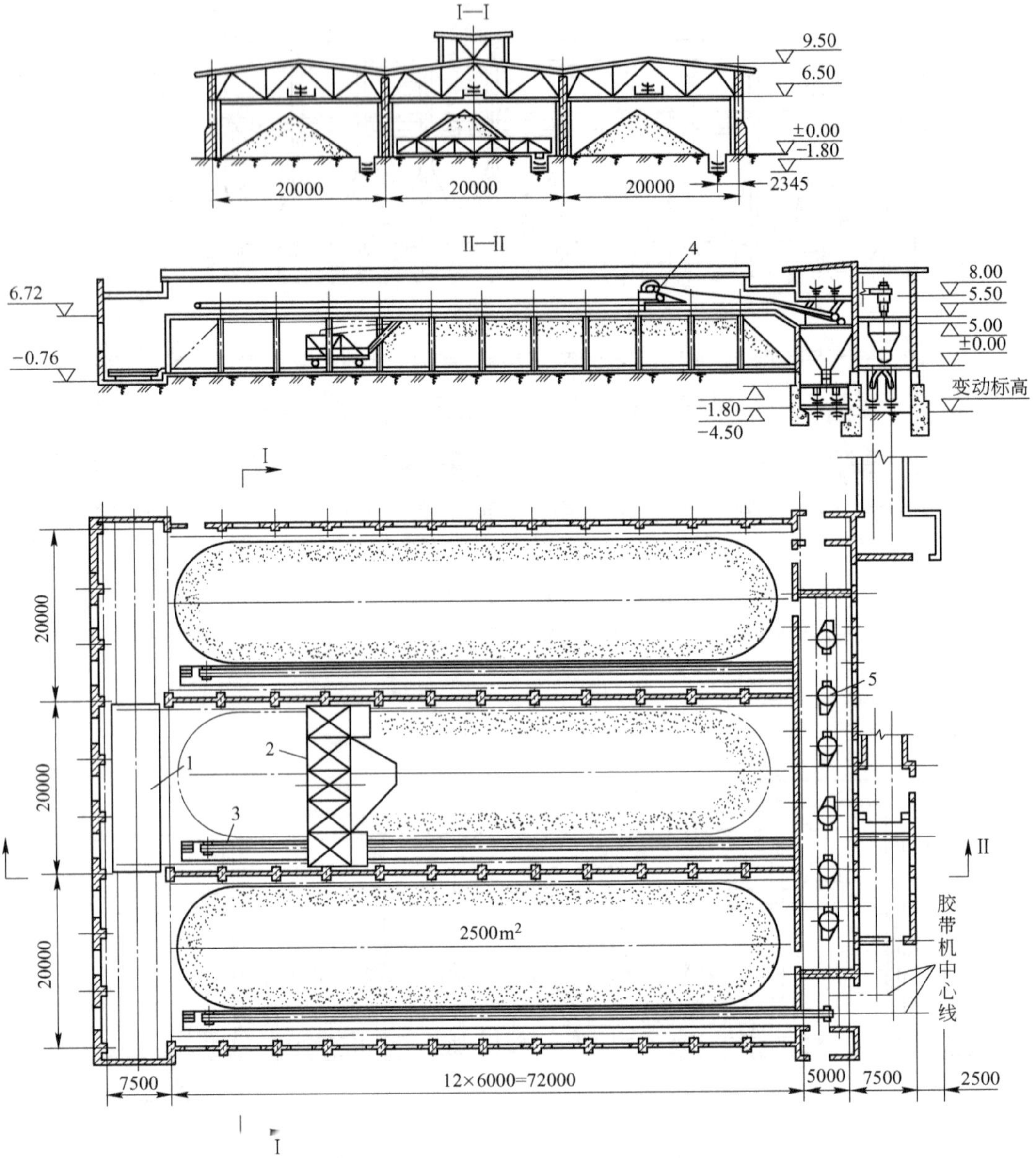

图 4-14　堆式配料仓配置实例

1—平台车；2—配料机；3—胶带运输机；4—移动式给料车；5—圆盘给料机

4.3.3　湿式配料

湿式配料是将各料种以矿浆形式按一定比例配合，根据冶炼作业的要求，混合矿浆可直接或干燥后送给下一工序。

湿式配料用于熔剂配料时，其意义在于可以采用湿式磨碎，改善了磨碎作业劳动条件。此外，颗粒极细的精矿也可因配入较粗的熔剂而改善其过滤性能。

这种配料方法多用于以矿浆加料的冶炼作业（如浆式加料的沸腾焙烧），或用于控制物料粒度较严的冶炼作业（如采用圆筒干燥或喷雾干燥的闪速熔炼）。

有的工厂既采用湿式配料又采用干式配料，如某采用焙烧矿-反射炉熔炼的炼铜厂，其配料流程如图 4-15 所示。该厂半氧化沸腾焙烧是采用干式进料，将全部熔剂磨碎后，以矿浆形式配入本企业选矿厂所产的精矿中，经过滤、干燥后，再用仓式配料与外来的精矿配合，然后送往沸腾焙烧。熔剂在焙烧过程中既可作为吸热剂，又可使本身得以预热。

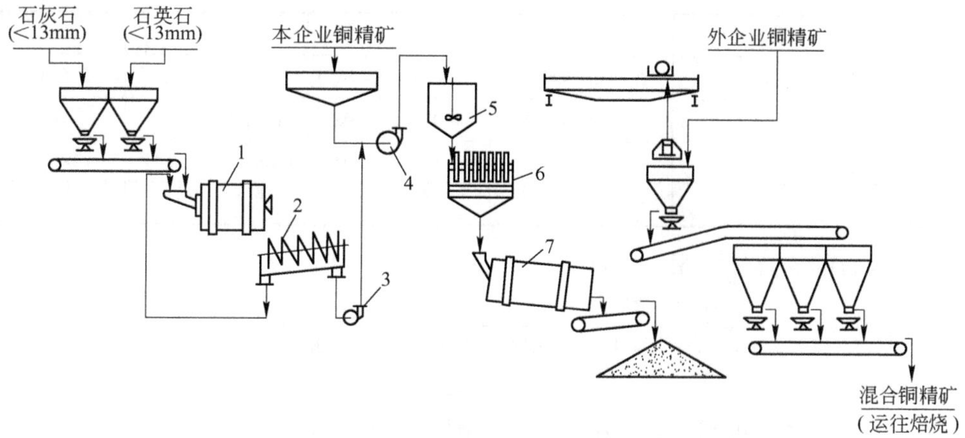

图 4-15 某炼铜厂的配料流程图

1—球磨机(ϕ1500 mm×1500 mm)；2—单级分级机(ϕ1000 mm)；3—砂泵(508 mm)；4—砂泵(1524 mm)；5—搅拌槽；6—过滤机；7—干燥窑

从图 4-15 可以看出，两种熔剂使用同一台球磨机磨碎，但由于硬度和密度不同，不能同时进行磨矿，操作中采用每隔 30～60 min 改变一次料种的方法，即交替地向精矿中配入石灰石或石英石。混合料经过搅拌、过滤、干燥等过程，最终混合精矿成分仍可保持稳定。该炼铜厂熔剂磨矿粒度要求不大于 0.23 mm，实际粒度分析为：

0.27～0.5 mm，占 40%；

0.15～0.27 mm，占 40%；

小于 0.15 mm，占 20%。

球磨机装球量为 2.5～2.8 t/台，球径比为 80∶60∶40＝40∶30∶20，其生产能力为 4～5t/(台·h)。

4.3.4 配料计算

4.3.4.1 熔剂配加计算

某厂铁矿石、石灰石、焦炭灰分组成见表 4-3，焦炭的使用量为铁矿石用量的 60%，产生的灰分量为焦炭量的 10%，欲使炉渣的碱度($w(CaO)/w(SiO_2+Al_2O_3)$)为 1.04，试求对于 200 t 铁矿石应配入多少石灰石(t)？

表 4-3 某厂铁矿石、石灰石、焦炭灰分组成 (%)

炉料种类	Fe_2O_3	SiO_2	Al_2O_3	CaO
铁矿石	75	18	3	4
石灰石	4	4	2	50
灰　分	10	50	20	20

(1) 焦炭的使用量=200×0.6=120t

产生的灰分量=120×0.1=12t

(2) 设应配入石灰石的量为 x(t),则炉料中各成分量的计算如表 4-4 所示。

表 4-4　炉料成分表　(t)

炉料种类	质　量	Fe_2O_3	SiO_2	Al_2O_3	CaO
铁矿石	200	200×0.75=150	200×0.18=36	200×0.03=6	200×0.04=8
石灰石	x	x×0.04=0.04x	x×0.04=0.04x	x×0.02=0.02x	x×0.5=0.5x
灰　分	12	12×0.10=1.2	12×0.50=6.0	12×0.20=2.4	12×0.20=2.4
合　计			42+0.04x	8.4+0.02x	10.4+0.5x

(3) 石灰石的需要量可用下式计算:

$$\frac{w(CaO)}{w(SiO_2+Al_2O_3)}=\frac{10.4+0.5x}{42+0.04x+8.4+0.02x}=1.04$$

得:

$$x=96\,t$$

经过熔剂配加计算可知,在 200t 矿石中应配入 96t 石灰石。

4.3.4.2　烧结配料原则及配料计算实例

烧结配料的一般原则是:

(1) 根据精矿的来源确定各种精矿的配比,保证工厂生产在一定时间内能稳定进行,不致经常变动操作制度。

(2) 仔细研究精矿的成分及当地熔剂来源,综合分析本厂及外厂的技术经济指标,选定适当的渣型,力求熔剂消耗最少。

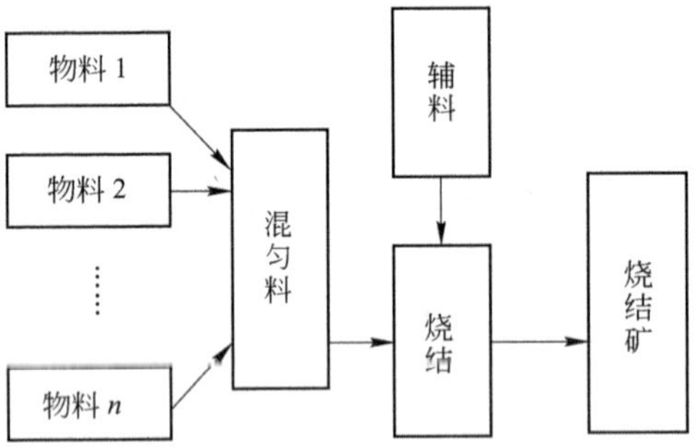

图 4-16　烧结流程图

(3) 配好炉料的化学成分应能满足焙烧与熔炼的要求,不仅能保证生产过程顺利进行,还要获得较好的技术经济指标。

确定配料比,应根据精矿和熔剂的化学成分进行冶金计算,这是一项复杂而又仔细的工作。烧结流程图见图 4-16。下面以铅精矿烧结为例说明一般采用代数法进行的冶金计算,该方法比较适合工厂岗位人员。

配料计算的程序是:

(1) 根据精矿及其他含铅二次物料(如锌浸出渣)的供应情况,确定各种原料的配用比例,然后根据这些原料的化学成分计算出混合原料的成分。

(2) 根据混合原料成分选择适合鼓风炉熔炼的渣型,然后根据渣型计算所需熔剂的数量。

(3) 根据加入熔剂后炉料的硫含量,计算所需返粉的数量;根据铅含量,利用计算检验是否还要配加鼓风炉水淬渣(返渣)。

某铅厂处理的混合精矿成分如表 4-5 所示。

表 4-5 某铅厂处理的混合精矿成分实例 (%)

Pb	Zn	Fe	Cu	S	O	SiO_2	CaO	其他
53.35	6.38	5.41	1.50	16.44	5.83	2.30	2.44	6.35

A 选择渣型及计算鼓风炉熔炼所需熔剂数量

可以认为，Fe、SiO_2与 CaO 全部造渣，而 Zn 有 80%进入鼓风炉渣中，并且假定渣中的 $w(FeO)+w(SiO_2)+w(CaO)+w(ZnO)=90\%$，则不加熔剂时，精矿中的各造渣成分如表 4-6 所示(以 100 kg 精矿为基准进行计算)。

表 4-6 精矿中的各造渣成分

组　分	FeO	SiO_2	CaO	ZnO	共　计
质量/kg	7	2.3	2.44	6.35	18.09
含量/%	34.8	11.4	12.2	31.6	90

从表 4-6 中自熔炉渣成分来看，它与工厂生产实际采用的炉渣相比较显然是不合理的。其中，ZnO 含量太高，而 SiO_2和 CaO 含量偏低，必须加入熔剂改变这种渣的成分。应该选择含锌、含铁较高的炉渣。假设选定的炉渣成分为：ZnO 15%、FeO 32%、CaO 16%、SiO_2 27%，根据氧化锌量计算出炉渣的数量为：

$$\frac{6.35}{0.15}=42.3\,\text{kg}$$

于是，42.3 kg 炉渣中应该含有：

$$m(SiO_2)=42.3\times27\%=11.7\,\text{kg}$$
$$m(CaO)=42.3\times16\%=6.7\,\text{kg}$$
$$m(FeO)=42.3\times32\%=13.4\,\text{kg}$$

上述三种成分的需要量减去精矿所带入的量，便是需要加入的熔剂中应当含有三种成分的数量，即加入的熔剂应该含有：

$$m(SiO_2)=11.7-2.36=9.4\,\text{kg}$$
$$m(CaO)=6.7-2.44=4.26\,\text{kg}$$
$$m(FeO)=13.4-7=6.4\,\text{kg}$$

设应该加入的石英砂、石灰石和铁质熔剂的数量(kg)分别为 x、y、z，已知所用熔剂中 SiO_2、CaO 和 FeO 的含量(%)，将所需熔剂数量(kg)及成分列于表 4-7 中。

表 4-7 所需熔剂数量及成分

熔剂种类	假设用量/kg	SiO_2		CaO		FeO	
		含量/%	质量/kg	含量/%	质量/kg	含量/%	质量/kg
石英砂	x	92.56	$0.9256x$	0.41	$0.0041x$	0.41	$0.0041x$
石灰石	y	0.84	$0.0084y$	54	$0.54y$	2.6	$0.026y$
铁质熔剂(烧渣)	z	20.0	$0.20z$	3	$0.03z$	61.76	$0.6176z$

$$0.9256x+0.0084y+0.20z=9.4\ \text{kg}$$
$$0.0041x+0.54y+0.03z=4.26\ \text{kg}$$
$$0.0041x+0.026y+0.6176z=6.4\ \text{kg}$$

解上列三个方程式得：

$$x=7.8\,kg$$

$$y=7.3\,kg$$

$$z=10\,kg$$

因此可知，所需熔剂中含石英砂 7.8kg、石灰石 7.3kg、铁质熔剂(烧渣)10kg。

B　计算烧结返粉数量

从上述计算可知，100kg 精矿需要加入 7.8kg 石英砂、7.3kg 石灰石和 10kg 烧渣，则补加返粉的炉料量为：

$$100+7.8+7.3+10=125.1\ kg$$

如果忽略烧渣带入的铅与硫的量，则这种炉料中铅与硫的含量为：

$$w(Pb)=\frac{53.35}{125.1}\times100\%=42.7\%$$

$$w(S)=\frac{16.44}{125.1}\times100\%=13.1\%$$

一般工厂烧结炉料硫含量应控制在 5%～7%之间，显然含硫 13.1%的炉料不符合要求，本计算取炉料含硫 6%。

经过烧结焙烧以后，假定所得烧结块硫含量为 2.5%，则根据硫平衡可计算返粉的加入量。设返粉加入量为 x(kg)，则：

$$125.1\times0.131+0.025x=(125.1+x)\times0.06$$

解方程得：

$$x=125\,kg$$

即 100kg 上述成分的精矿，在确定上述渣型及烧结焙烧前炉料硫含量和其后所得返粉的硫含量之后，需要这种残硫量的返粉为 125kg。

从上述计算可知，加入熔剂后的炉料铅含量为 42.7%，符合配料要求，如果含铅太高(如在 50%以上)，为了适应烧结焙烧与鼓风炉还原熔炼的要求，则可以加入鼓风炉水淬渣(含铅 1.5%～3.0%)来冲稀铅量。水淬渣的加入量可按铅的平衡进行计算。

复习思考题

4-1　配料(原料制备)的定义、作用是什么？

4-2　配料的主要步骤有哪些？

4-3　冶金过程常见配料方法及特点是什么？

4-4　简述配矿的概念、方法及操作，其对冶金生产的影响有哪些。

4-5　列表比较仓式配料、堆式配料、湿式配料的特点。

5 焙　　烧

5.1 焙烧原理

5.1.1 焙烧基本概念

焙烧是指在一定的气氛中，将矿石（或精矿、冶炼过程的伴生物）加热至低于它们熔点的温度，发生氧化、还原或其他物理化学变化的过程。它一般是熔炼或浸出过程的准备作业。

5.1.2 焙烧的目的

金属的硫化物、碳酸盐、氢氧化物和碱式碳酸盐，通常不适合于直接用作金属提取的原料。大多数金属的硫化物不能用最普通和容易得到的还原剂碳或氢来还原；同时，硫化物、碳酸盐、氢氧化物和碱式碳酸盐都不溶于水，不适合于用涉及浸出和沉淀的湿法冶金过程来进行处理。因此，更便捷的办法是把这些精矿转化成为容易用碳或氢还原的氧化物，或者是转化成为可溶于水或硫酸的硫酸盐。

焙烧的目的就是通过矿石（或精矿、冶炼过程的伴生物，如金属的硫化物、碳酸盐、氢氧化物和碱式碳酸盐）与焙烧气氛的化学反应来改变其化学组成等性质，满足后续冶金过程的要求，便于提取金属。

5.1.3 焙烧分类

根据焙烧过程控制气氛的不同，焙烧的类型可分为：

(1) 氧化焙烧，使矿物或精矿在一定组成的氧化性气氛中进行化学反应的一种过程。

(2) 还原焙烧，一般比较少用，因为这种反应通常要求有很低的 p_{O_2} 值，同时由于热力学因素需要有高的温度。

(3) 氯化焙烧，通常用于把极稳定的活性金属（例如钛、锆和铀）氧化物转化成为稳定性较低的氯化物或其他卤化物，这种卤化物比较容易用另一种能形成更稳定卤化物的元素来还原。

(4) 挥发焙烧，可除去挥发性杂质元素和氧化物，例如 Cd、As_2O_3、Sb_2O_3，ZnO，采用袋滤器就可从过程的烟雾中将它们回收。

(5) 磁化焙烧，把赤铁矿（Fe_2O_3）可控还原成为磁铁矿（Fe_3O_4），随后利用磁选就能将其与脉石分离。

按照焙烧后产物的物理形态不同，焙烧又可分为粉末焙烧与烧结焙烧，前者产物是粉末状，称为焙砂；后者为块状产物，称为烧结块。

由于篇幅所限,本章仅讨论有色冶金过程中最重要的焙烧反应——硫化物焙烧。

5.1.4　各种硫化物焙烧在冶金中的用途和特点

氧化焙烧产物多用于火法冶炼,而硫酸化焙烧产物多用于湿法浸出。

在以上各种焙烧过程中,所用氧化剂都是空气或富氧空气,因为任何此类型的焙烧过程都是固相与气相间的多相反应过程。另外,硫化物的焙烧是放热过程,因此,焙烧一般可以在不加外热或加很少外热的条件下自动进行,这一点与吸热的离解和煅烧过程是不同的。几乎所有金属硫化物的氧化焙烧反应和硫酸化焙烧反应的标准吉布斯自由能都是一个很大的负值,因此从热力学角度来看,金属硫化物的这些反应在工业焙烧条件下都能自动进行。如果不同金属硫化物处于同一焙烧体系中,那么它们氧化过程的先后次序为:吉布斯自由能负值大的反应优先进行。与上述两类应不同,在焙烧条件下,只有极少数金属硫化物的氧化还原焙烧反应能自动进行。

5.1.5　金属硫化物焙烧最终产物的分析判断方法

在一定条件下进行同一种金属硫化物的焙烧,最终究竟获得何种产物,可以从以下几个方面进行分析:

(1) 比较焙烧过程中可能发生的几种反应的吉布斯自由能,其中优先进行的是吉布斯自由能负值最大的反应。

(2) 金属硫化物焙烧的最终产物,除了取决于焙烧温度下反应的标准吉布斯自由能以外,还取决于焙烧过程的气相组成(见图5-1)和凝聚相的活度。

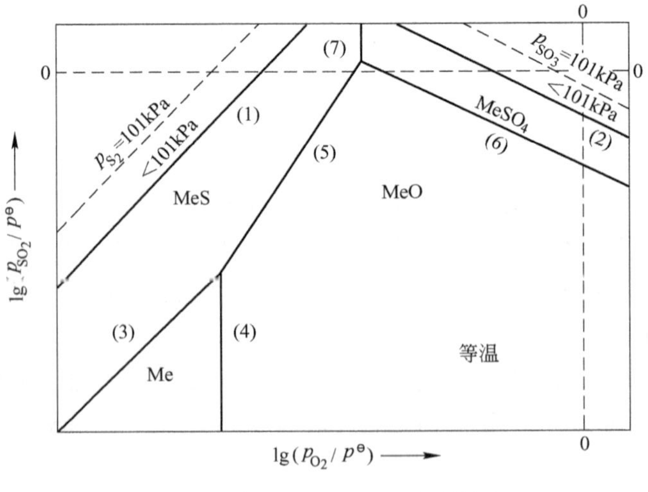

图5-1　恒温下Me-S-O系平衡图

(3) 比较在焙烧条件下存在的各种物质的稳定程度。例如,当体系中金属氧化物的离解压大于SO_2离解反应产生的氧的平衡压力时,焙烧产物就可能是纯金属;当硫酸盐的离解压大于气相中的平衡压力时,焙烧产物就很可能是金属氧化物。

(4) 实际焙烧过程中,在硫化物与硫酸盐之间也可能发生反应,例如:

$$FeS+3FeSO_4 = 4FeO+4SO_2$$

这是当金属硫化物和硫酸盐都是不稳定化合物时可能发生的反应。当金属氧化物也是不稳定化合物时,硫化物与硫酸盐反应的结果可能是直接得出金属,例如:

$$2PbS+2PbO \cdot PbSO_4 = 5Pb+3SO_2$$

(5) 在工业焙烧条件下,何种物质为最终产物除了取决于热力学条件外,动力学因素,例如焙烧时间、焙烧方式(固定床或沸腾床)、气流分布、物料透气性及物料之间接触情况等都起着很大的作用。

5.2 硫化物焙烧原理——Me-S-O 系平衡图在硫化物焙烧过程中的应用

5.2.1 硫化物焙烧过程 Me-S-O 系平衡图的类型

金属硫化物的焙烧过程可以认为是在三元系中进行的。在假设凝聚相活度为 1 的条件下,焙烧产物取决于实际焙烧温度和平衡气相组成。在 Me-S-O 三元系中,至少有两相(气相和凝聚相)平衡共存,体系最大自由度为 3。因此,研究本体系常采用的平衡图有两种,即恒温下 $\lg(p_{SO_2}/p^\ominus)$ 或 $\lg(p_{S_2}/p^\ominus)$ 与 $\lg(p_{O_2}/p^\ominus)$ 的关系图和恒定 SO_2 分压下 $\lg(p_{O_2}/p^\ominus)$ 与 $\frac{1}{T}$ 的关系图。

Me-S-O 系恒温下平衡图,可清楚地表明平衡气相组成对焙烧产物的影响,下面以几个典型反应为例说明这类平衡图(见图 5-1)的绘制方法。

5.2.2 $\lg(p_{SO_2}/p^\ominus)$-$\lg(p_{O_2}/p^\ominus)$ 关系图的绘制

5.2.2.1 $\lg(p_{SO_2}/p^\ominus)$-$\lg(p_{O_2}/p^\ominus)$ 关系图的绘制步骤

焙烧过程中 $\lg(p_{SO_2}/p^\ominus)$-$\lg(p_{O_2}/p^\ominus)$ 关系图的绘制步骤如下:

(1) 确定体系中可能存在的化合物;

(2) 确定化合物间可能存在的反应及反应标准吉布斯自由能与温度的关系式;

(3) 在假设凝聚相物质活度为 1 的条件下,计算出各反应中气相组成间的定量关系式;

(4) 根据已求出的各关系式,绘制 $\lg(p_{SO_2}/p^\ominus)$ 与 $\lg(p_{O_2}/p^\ominus)$ 在恒温条件下的关系图。

5.2.2.2 $MeSO_4$ 生成反应气相中各组分平衡分压之间的关系式

硫酸盐的生成反应可用图 5-1 中的直线(6)表示,该反应为:

$$MeO+SO_2+\frac{1}{2}O_2 = MeSO_4$$

其平衡常数为:

$$K^\ominus_{MeSO_4}=\frac{a_{MeSO_4}}{a_{MeO}\cdot(p_{SO_2}/p^\ominus)\cdot(p_{O_2}/p^\ominus)^{1/2}} \tag{5-1}$$

当 MeO 和 $MeSO_4$ 的活度都为 1 时,气相中 SO_2 与 O_2 平衡分压的关系为:

$$\lg p_{SO_2}=-\lg K^\ominus_{MeSO_4}-\frac{1}{2}\lg p_{O_2}+\frac{3}{2}\lg p^\ominus \tag{5-2}$$

在以 $\lg(p_{SO_2}/p^{\ominus})$ 为纵坐标、$\lg(p_{O_2}/p^{\ominus})$ 为横坐标的关系图中，根据式(5-2)可绘制出一条斜率为 $-\frac{1}{2}$ 的直线(6)(见图 5-1)。应该指出，直线的斜率与金属的种类和反应的复杂程度无关，它只取决于反应式中 SO_2 和 O_2 的系数比。例如反应：

$$Fe_2O_3+3SO_2+\frac{3}{2}O_2 \longrightarrow Fe_2(SO_4)_3$$

在标准状态下，可写出：

$$\lg p_{SO_2}=-\frac{1}{3}\lg K^{\ominus}_{Fe_2(SO_4)_3}-\frac{1}{2}\lg p_{O_2}+\frac{3}{2}\lg p^{\ominus} \tag{5-3}$$

因此，在 SO_2 和 O_2 系数比相等的同一类型反应中，不同金属对应的平衡线的斜率相等，即平衡线彼此平行，但截距一般是不同的。

5.2.2.3　MeO 生成反应气相中各组分平衡分压之间的关系式

金属氧化物的生成反应，可用图 5-1 中的直线(4)表示，其反应为：

$$Me+ O_2 \longrightarrow 2MeO$$

当 Me 与 MeO 的活度为 1 时，直线(4)的方程为：

$$\lg p_{O_2}=-\lg K^{\ominus}_{MeO}+\lg p^{\ominus} \tag{5-4}$$

因此，这是一条与 p_{SO_2} 无关的、平行于纵坐标的直线。

5.2.2.4　硫化物焙烧主要反应及其气相中各组分平衡分压之间的关系式

图 5-1 中其余各条平衡线，可用同样的方法分析并得出相应的关系式，其结果列于表 5-1 中。

表 5-1　Me-S-O 系中通常存在的反应及其相应关系式

直线编号	反应式	关系式	斜率
(1)	$S_2+2O_2 \longrightarrow 2SO_2$	$\lg p_{SO_2}=\lg p_{O_2}+\frac{1}{2}\lg K^{\ominus}_{(1)}+\frac{1}{2}\lg p_{S_2}-\frac{1}{2}\lg p^{\ominus}$	1
(2)	$SO_2+\frac{1}{2}O_2 \longrightarrow SO_3$	$\lg p_{SO_2}=-\frac{1}{2}\lg p_{O_2}-\frac{1}{2}\lg K^{\ominus}_{(2)}+\lg p_{SO_3}+\frac{1}{2}\lg p^{\ominus}$	$-\frac{1}{2}$
(3)	$Me+SO_2 \longrightarrow MeS+O_2$	$\lg p_{SO_2}=\lg p_{O_2}-\frac{1}{2}\lg K^{\ominus}_{(3)}$	1
(4)	$2Me+O_2 \longrightarrow 2MeO$	$\lg p_{O_2}=-\lg K^{\ominus}_{(4)}+\lg p^{\ominus}$	∞
(5)	$MeS+O_2 \longrightarrow MeO+SO_2$	$\lg p_{SO_2}=\frac{3}{2}\lg p_{O_2}+\lg K^{\ominus}_{(5)}+\frac{1}{2}\lg p^{\ominus}$	$\frac{3}{2}$
(6)	$MeO+SO_2+\frac{1}{2}O_2 \longrightarrow MeSO_4$	$\lg p_{SO_2}=-\frac{1}{2}\lg p_{O_2}-\frac{1}{2}\lg K^{\ominus}_{(6)}+\frac{3}{2}\lg p^{\ominus}$	$-\frac{1}{2}$
(7)	$MeS+2O_2 \longrightarrow MeSO_4$	$\lg p_{O_2}=-\lg K^{\ominus}_{(7)}+\frac{1}{2}\lg p^{\ominus}$	∞

当一种金属能生成几种硫化物和氧化物，以及有的金属还能生成几种很稳定的碱式硫酸盐时，根据反应方程式，用上述类似方法，也可以在平衡图中表示出各组成间的平衡关系，只是平衡图变得更加复杂了(见图 5-2 中的虚线部分)。

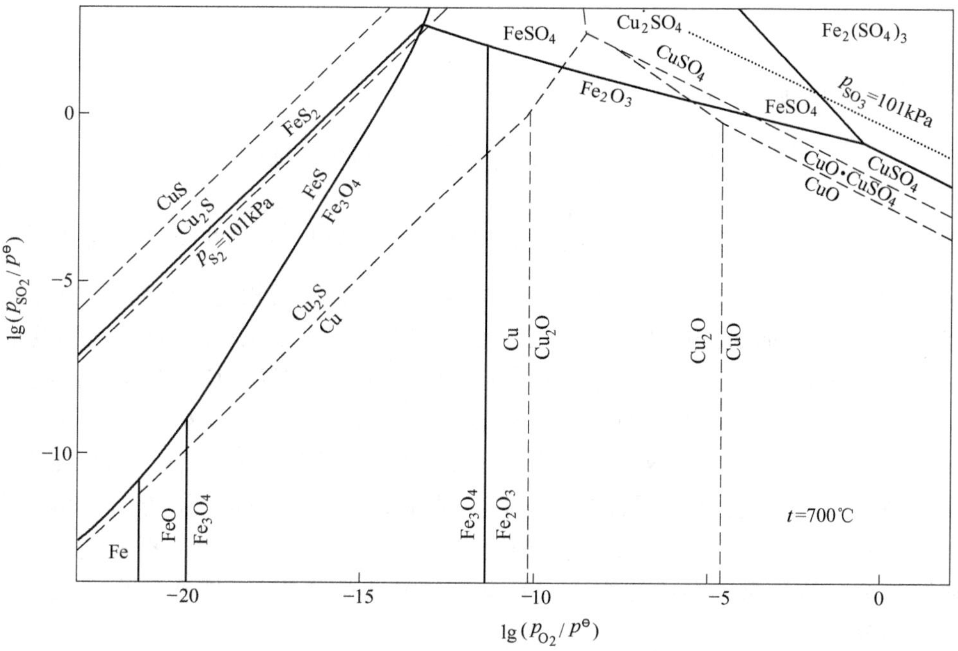

图 5-2　铁和铜硫化物焙烧过程叠印平衡图

5.2.3　$\lg(p_{SO_2}/p^{\ominus})$-$\lg(p_{O_2}/p^{\ominus})$ 关系图在焙烧过程中的分析应用

由图 5-2 可以看出：

（1）很明显，所有低价氧化物与高价氧化物之间的分界线，例如 Cu_2O 与 CuO 之间的分界线应互相平行，并垂直于横坐标。

（2）所有低价硫化物和高价硫化物的分界线应与图 5-1 中的直线（1）具有相同的斜率，即互相平行。例如，Cu 与 Cu_2S 之间、Cu_2S 与 CuS 之间的分界线相互平行。因为高价硫化物离解反应为：

$$4CuS \xlongequal{} 2Cu_2S+S_2$$

产生的硫蒸气（p_{S_2}）在含氧气氛中按如下反应被氧化：

$$S_2+2O_2 \xlongequal{} 2SO_2$$

气相组成间的关系式为：

$$\lg p_{SO_2}=\lg p_{O_2}+\frac{1}{2}\lg K^{\ominus}_{(1)}+\frac{1}{2}\lg p_{S_2}-\frac{1}{2}\lg p^{\ominus} \qquad (5\text{-}5)$$

在一定的硫蒸气压力 p_{S_2} 下，由式（5-5）可以得出一条斜率为 1 的直线。但是由于不同的金属硫化物具有不同的离解压，因此在图 5-1 和图 5-2 这类平衡图中，与各种硫化物离解平衡相对应的直线具有不同的截距。

（3）用同样的方法分析可以得出结论，所有金属氧化物与硫酸盐的分界线应与图 5-1 中的直线（2）具有相同的斜率$\left(为-\frac{1}{2}\right)$。因为 $MeSO_4$ 的离解反应为：

$$2MeO+2SO_2+O_2 \xlongequal{} 2MeSO_4$$

反应产生的 SO_2、O_2 在气相中与 SO_3 存在如下平衡：

$$SO_2+\frac{1}{2}O_2 \xlongequal{} SO_3$$

该平衡中各组元分压间的关系式为：

$$\lg p_{SO_2}=-\frac{1}{2}\lg p_{O_2}-\frac{1}{2}\lg K^{\ominus}_{(2)}+\lg p_{SO_3}+\frac{1}{2}\lg p^{\ominus} \tag{5-6}$$

在图 5-1 中，这是一组对应于给定 p_{SO_2} 及斜率为$-\frac{1}{2}$的直线（见图 5-1 中直线(2)）。

(4) 在图 5-1 或图 5-2 中，线与线之间的区域是某一种凝聚相与一定组成气相的平衡共存区，该区又称为这种凝聚相的稳定区。因此，当仅考虑热力学条件时，在一定温度下焙烧，只要保持气相组成在稳定区内变化，那么就可以获得与该稳定区对应的凝聚相产物。

有色金属硫化矿，一般为多种金属硫化物的混合矿。为了便于分析不同金属化合物稳定区间的相互关系，常常把两种或多种金属硫化物体系各自的 $\lg(p_{SO_2}/p^{\ominus})$-$\lg(p_{O_2}/p^{\ominus})$ 关系图绘制在一张图上，这种图称为叠印图。在叠印图上，不同金属的同类型平衡线一般不重合，而且同类型的不同金属化合物稳定区的位置和大小一般也不相同。这样就有可能通过控制焙烧气氛和温度使之生成具有不同性质的产物，以便在冶金过程中进行金属化合物的分离。

例如，黄铜矿焙烧过程，可以采用如图 5-2 所示的叠印图进行分析。图 5-2 中虚线表示 Cu-S-O 三元系、实线表示 Fe-S-O 三元系在 700℃下各相之间的平衡关系。由图 5-2 可见，焙烧过程中，在铁的硫化物已经氧化生成 Fe_3O_4 的气氛中，铜仍能呈 Cu_2S 形态存在。当维持 $\lg(p_{SO_2}/p^{\ominus})\approx-1.5$ 及逐步增大氧分压时，可使 Fe_3O_4 氧化为 Fe_2O_3，而铜则逐步被氧化生成 Cu_2O、CuO、CuO · $CuSO_4$ 及 $CuSO_4$。在 $\lg(p_{SO_2}/p^{\ominus})$ 和 $\lg(p_{O_2}/p^{\ominus})$ 皆约为−1.5 时，黄铜矿的焙烧产物为 CuO · $CuSO_4$、$CuSO_4$ 和 Fe_2O_3。这种铜和铁化合物的混合物可以通过浸出过程使其分离。

5.2.4 用 Me-S-O 系平衡图分析温度对焙烧产物的影响

5.2.4.1 用不同温度下的 $\lg(p_{SO_2}/p^{\ominus})$-$\lg(p_{O_2}/p^{\ominus})$ 关系图分析温度对焙烧产物的影响

若要分析讨论温度对硫化物焙烧产物的影响，可以利用两种关系图，其一是在不同温度下作出的一系列上述 $\lg(p_{SO_2}/p^{\ominus})$-$\lg(p_{O_2}/p^{\ominus})$ 关系图，使给定的物相组成点落在所求的凝聚相稳定区之中，以便选定适当的焙烧温度。

如图 5-3 所示，在三元系 Fe-S-O 中，若欲在工业焙烧气氛下。获得铁的氧化物（如图 5-3中黑方块所示），则需要在较高温度（如 800℃以上）下焙烧；若要得到铁的硫酸盐，则需要在较低温度（如 600℃以下）下焙烧。

5.2.4.2 用等 SO_2 分压下的 $\lg(p_{O_2}/p^{\ominus})$-$\frac{1}{T}$ 关系图分析温度对焙烧产物的影响

图 5-4 是另一种类型的关系图，它是在恒定 SO_2 分压下绘制的 $\lg(p_{O_2}/p^{\ominus})$-$\frac{1}{T}$ 关系图。图中直线上的数字分别与表 5-1 中各反应编号相对应，实线体系中 $p_{SO_2}=100\,kPa$，虚线体系中 $p_{SO_2}=10\,kPa$。

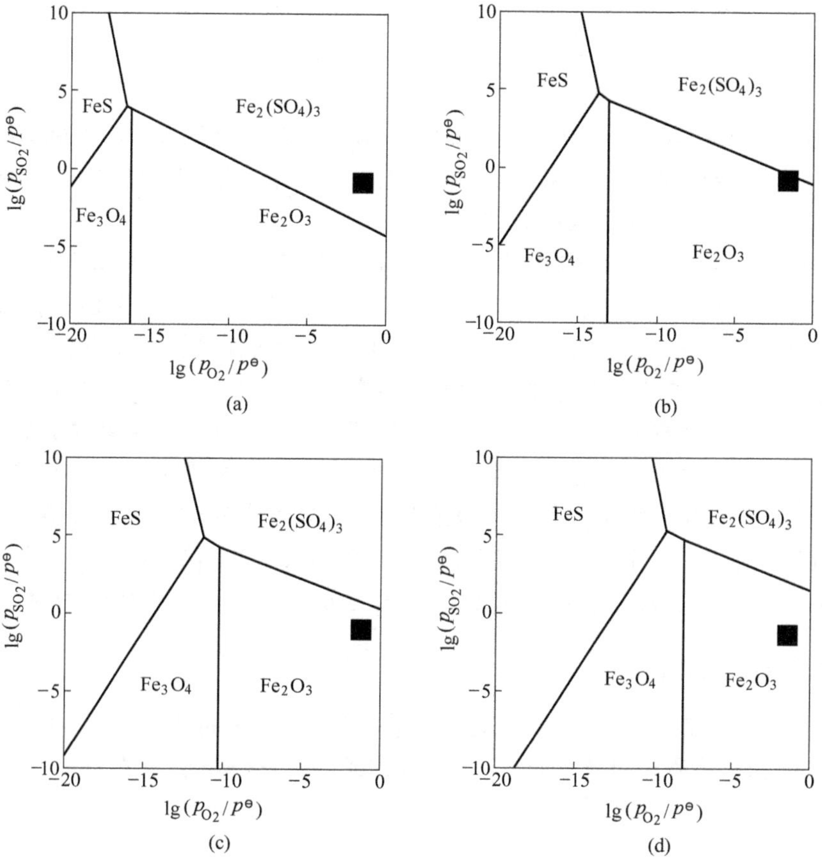

图 5-3 不同温度下 Fe-S-O 系平衡图

(a) 527℃；(b) 627℃；(c) 727℃；(d) 827℃

图 5-4 清楚表明，硫化物在低温下氧化生成硫酸盐，在高温下氧化生成金属；在图 5-4 中 a、b 两点对应的温度之间，硫化物与氧化物可以平衡共存；但在 a 点条件下，硫化物与氧化物将发生交互反应，直接生成金属，反应如下：

$$MeS + 2MeO = 3Me + SO_2$$

该反应是熔锍吹炼的基本反应，其发生的最低温度对不同金属是大不相同的，对于铜、铅和贵金属等，该反应可在 1000℃ 以下发生，也就是说，能在焙烧条件下发生；但对于镍、铁和锌等金属，交互反应只能在相当高的温度下才能进行，而这种高温常常是工业上难以实现的。

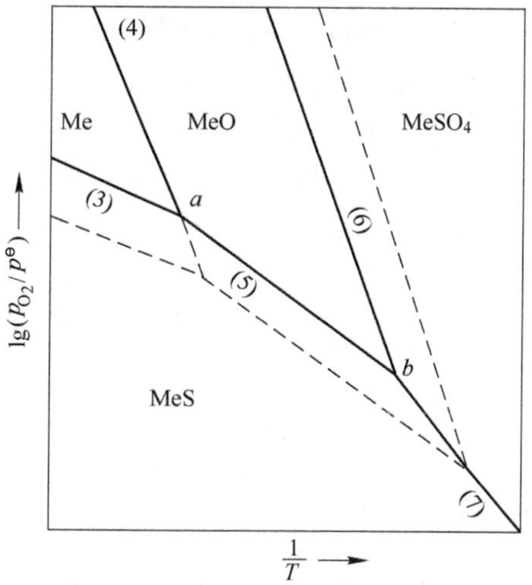

图 5-4 $\lg(p_{O_2}/p^\ominus)$-$\frac{1}{T}$关系图

由图 5-4 还可以看到，在同一个氧分压下，与金属和金属氧化物相比，硫酸盐的生成温度最低。由硫化物焙烧直接生成硫酸盐的反应为：

$$MeS + 2O_2 = MeSO_4$$

该反应可在图 5-4 中 b 点温度以下进行。而在 b 点所示的条件下，MeS、MeO 与 $MeSO_4$ 可以平衡共存，反应如下：

$$MeS+MeSO_4+O_2 = 2MeO+2SO_2$$

b 点对应的温度是 Me-S-O 系中 MeS 与 $MeSO_4$ 平衡共存的最高温度，也是 MeO 能稳定存在的最低温度。这个温度对不同金属是不同的，例如，对铅和锌，b 点对应的温度较高；对铜和镍次之；而对 Fe-S-O 系，b 点温度最低，约为 600℃。

图 5-4 还表明，当 p_{SO_2} 由 100kPa 降为 10kPa 时，硫酸盐稳定区缩小，而氧化物稳定区增大，这说明硫酸化焙烧要求气氛中含有较高的 SO_2 分压。以上讨论的平衡图，都是在焙烧体系中凝聚相活度为 1 的情况下绘制的，但在复杂硫化矿焙烧过程中，还有各种副反应发生。例如，不同的硫化物可能形成固溶体，产物与反应物之间以及产物之间也可能发生反应，前者如铜的硫化矿焙烧时有 FeS 与 Cu_2S 固溶体生成，后者如闪锌矿焙烧时有铁酸盐 ZnO · Fe_2O_3 生成。这些复杂相的生成，可能在一定程度上使以上列举的各种平衡图中化合物实际稳定区的形状和大小发生变化。因为一般情况下，固溶体或复杂化合物生成将使该化合物的活度显著减小，所以，以固溶体或化合物形态存在的反应物有较大的稳定性。例如，要想使 ZnO · Fe_2O_3 焙烧生成 $ZnSO_4$，则需要 SO_2 和 O_2 的分压比纯 ZnO 焙烧成 $ZnSO_4$ 时高。

5.3　硫化物氧化焙烧

将硫化物保持在熔点以下加热，使其发生氧化作用，氧化的结果是使矿物中的硫部分或全部去除，这样的作业称为氧化焙烧。例如，闪锌矿的氧化焙烧反应式为：

$$ZnS+\frac{3}{2}O_2 = ZnO+SO_2$$

经焙烧，可使锌的硫化物变为氧化物，硫呈二氧化硫烟气逸出。显然，氧化焙烧的反应通式可以写成：

$$MeS+\frac{3}{2}O_2 = MeO+SO_2$$

硫化物的氧化反应是高度放热过程，当硫化物受热至着火温度时，其热效应能使过程在不需要外加燃料的条件下自发地进行。

表 5-2 列出了硫化物氧化焙烧反应在不同温度下的 $\Delta_r G^\ominus$ 和 $\lg K_p$ 值。从表中的数据可以看出，表中所有硫化物被氧化成氧化物的反应，其吉布斯自由能变化都为负值，而且其绝对值都相当大，可见，这些反应都能进行到底。

表 5-2　硫化物氧化焙烧反应在不同温度下的 $\Delta_r G^\ominus$ 及 $\lg K_p$ 值

反　应	673K		773K		873K		973K	
	$\Delta_r G^\ominus$ /J · mol^{-1}	$\lg K_p$	$\Delta_r G^\ominus$ /J · mol^{-1}	$\lg K_p$	$\Delta_r G^\ominus$ /J · mol^{-1}	$\lg K_p$	$\Delta_r G^\ominus$ /J · mol^{-1}	$\lg K_p$
$Ag_2S+\frac{3}{2}O_2 = Ag_2O+SO_2$	—	—	-200832	13.50	-171628	10.25	-143930	7.55
$CaS+\frac{3}{2}O_2 = CaO+SO_2$	-531368	41.50	-535970	36.20	-540363	32.30	-546849	28.75
$CoS+\frac{3}{2}O_2 = CoO+SO_2$	-391915.3	30.50	-385765	26.00	-379196	22.70	-371497	19.55

续表 5-2

反 应	673K		773K		873K		973K	
	$\Delta_r G^\ominus$ /J·mol^{-1}	$\lg K_p$	$\Delta_r G^\ominus$ /J·mol^{-1}	$\lg K_p$	$\Delta_r G^\ominus$ /J·mol^{-1}	$\lg K_p$	$\Delta_r G^\ominus$ /J·mol^{-1}	$\lg K_p$
$Cu_2S+\frac{3}{2}O_2 = Cu_2O+SO_2$	-323674	25.10	-311582	20.90	-300244	17.95	-287985	15.10
$FeS+\frac{3}{2}O_2 = FeO+SO_2$	-373882	29.10	-364845	24.60	-355724	21.20	-366351	18.15
$FeS+\frac{5}{3}O_2 = \frac{1}{3}Fe_3O_4+SO_2$	-1359800	105.50	-1316705	88.70	-1282814	76.60	-1235117	64.80
$NiS+\frac{3}{2}O_2 = NiO+SO_2$	-361999	28.10	-338235	22.80	-307106	18.80	-29243	15.35
$ZnS+\frac{3}{2}O_2 = ZnO+SO_2$	—	—	-385313	26.02	-377731	22.60	-370117	19.90

实际上,只要有足够高的温度和足够量的氧气,这些金属硫化物在细磨状态下都能够变为氧化物。但是在焙烧过程中可能发生一些副反应,使所用焙烧温度和氧气的浓度都受到限制,以致不能使硫化物达到完全变为氧化物的目的。例如,含铁的锌精矿在大约 1173K 以下时不可能把其中的硫化锌全部变为氧化锌,因为这个温度可促使氧化锌与氧化铁形成不溶于稀硫酸的铁酸锌(副反应),这对于以湿法炼锌为目的的焙烧来说是不利的。如果锌精矿内含有硫化铜或硫化铁,则硫化铜或硫化铁对硫化锌的氧化起到催化作用,从而能够在 973~1073K 温度范围内达到硫化锌完全氧化的目的。

5.4 硫化物硫酸化焙烧

硫化物硫酸化焙烧时,氧化物和硫酸盐的生成可按下列反应进行:

$$MeS+\frac{3}{2}O_2 = MeO+SO_2 \quad ①$$

$$SO_2+\frac{1}{2}O_2 = SO_3 \quad ②$$

$$MeO+SO_3 = MeSO_4 \quad ③$$

由反应③的平衡常数,可计算一定温度下硫酸盐的离解压 $p_{SO_3}^{③}$ 为:

$$p_{SO_3}^{③}=\frac{p^\ominus}{K_{P,③}^\ominus} \quad (5\text{-}7)$$

在此,已假定凝聚相活度为 1(下同)。又由反应②的平衡常数 $K_{P,②}^\ominus$,可计算出气相中 SO_3 的平衡分压 $p_{SO_3}^{②}$:

$$p_{SO_3}^{②}=p_{SO_2}(K_{p,②}\cdot p_{O_2})^{\frac{1}{2}}(p^\ominus)^{-\frac{1}{2}} \quad (5\text{-}8)$$

当给定总压 P,例如 $P=p^\ominus$,并设气相中 SO_2 和 O_2 的分压符合反应②的化学计量关系,则体系中 SO_3、SO_2 及 O_2 的分压可通过下列方程联立解出:

$$P=p_{SO_3}+p_{SO_2}+p_{O_2}=p^\ominus \quad (5\text{-}9)$$

$$p_{SO_2}=2p_{O_2} \quad (5\text{-}10)$$

$$\lg K_{p,②}^\ominus=\lg\frac{p_{SO_3}^2\cdot p^\ominus}{p_{SO_2}^2\cdot p_{O_2}}=\frac{9876}{T}-9.335 \quad (5\text{-}11)$$

计算结果表明，在低温下，气氛中几乎全部为 SO_3，例如 500K 时，SO_3 占气相总体积的 99.94%；在高温下，例如 1100K 时，SO_2 和 O_2 的含量（体积分数）分别上升为 54.30% 和 27.15%，而 SO_3 含量却急剧下降为 18.55%。这个计算结果与低温下高价氧化物稳定、高温下低价氧化物稳定的规律是一致的。

一定温度下，当硫酸盐的离解压 $p^{③}_{SO_3}$ 大于气相中 SO_3 的平衡分压 $p^{②}_{SO_3}$，即 $p^{③}_{SO_3}>p^{②}_{SO_3}$ 时，则发生硫酸盐的离解或氧化物的生成反应，亦即进行氧化焙烧过程；而当 $p^{③}_{SO_3}<p^{②}_{SO_3}$ 时，体系中将生成硫酸盐，亦即进行硫酸化焙烧过程。

各种金属硫酸盐的稳定性不同，比较其稳定性大小的方法有两种：一种是按式（5-7）计算各种硫酸盐的离解压 $p^{③}_{SO_3}$，并将其与气相中 SO_3 平衡分压 $p^{②}_{SO_3}$ 比较；另一种是利用与硫酸盐稳定性有关的平衡图。这种常被应用的平衡图主要有以下两种：

（1）离解压 $p^{③}_{SO_3}$ 与温度 T 的关系图，或称 $\lg(p^{③}_{SO_3}/p^{\ominus})$-$\frac{1}{T}$ 关系图；

（2）硫酸盐生成反应的标准自由能 $\Delta_r G^{\ominus}$ 与温度 T 的关系图，或称 $\Delta_r G^{\ominus}$-T 关系图。

图 5-5 是部分重金属硫酸盐的 $\lg(p^{③}_{SO_3}/p^{\ominus})$-$\frac{1}{T}$ 关系图。图中还绘出了 SO_2 和 O_2 混合气相中，SO_3 平衡压力对数 $\lg(p^{②}_{SO_3}/p^{\ominus})$ 与 $\frac{1}{T}$ 的关系线（虚线）。在一定气氛下，控制适当温度，使焙烧作业处于两种金属硫酸盐离解平衡线之间，以使焙烧产物便于下一步分离。例如，在图中 A 点所示的条件下焙烧，$Fe_2(SO_4)_3$ 和 $Fe_2O_3 \cdot SO_3$ 将离解，而 Cu、Ni、Co 等的硫酸盐将生成。这样的焙烧产物通过湿法处理，可以达到有色金属 Cu、Ni、Co 与 Fe 分离的目的。当然，如果能严格控制温度和气氛的话，也可以使 Cu、Ni、Co 等金属逐一分离。

由图 5-5 还可以看出，在低温范围内和总压为 $p^{\ominus}$（100 kPa）下焙烧时，气相中仅含有少量的 SO_2 和 O_2。

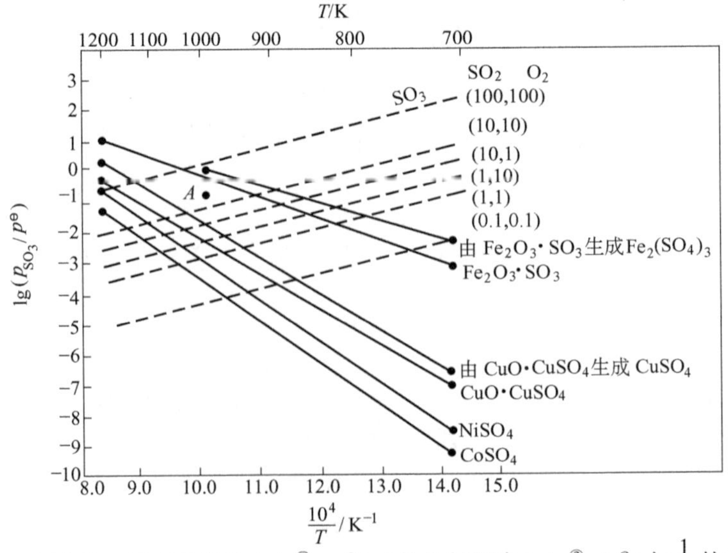

图 5-5　部分重金属硫酸盐的 $\lg(p^{③}_{SO_3}/p^{\ominus})$ 及焙烧气相中 $\lg(p^{②}_{SO_3}/p^{\ominus})$ 与 $\frac{1}{T}$ 的关系图

（图内括号里的数字表示各条线上 SO_2 和 O_2 的分压单位为 atm，1atm = 101.325 kPa）

图 5-6 所示是某些金属硫酸盐按如下反应生成的标准吉布斯自由能 $\Delta_r G^\ominus$ 与温度 t 的关系图。

$$2MeO+2SO_2+O_2 = 2MeSO_4$$

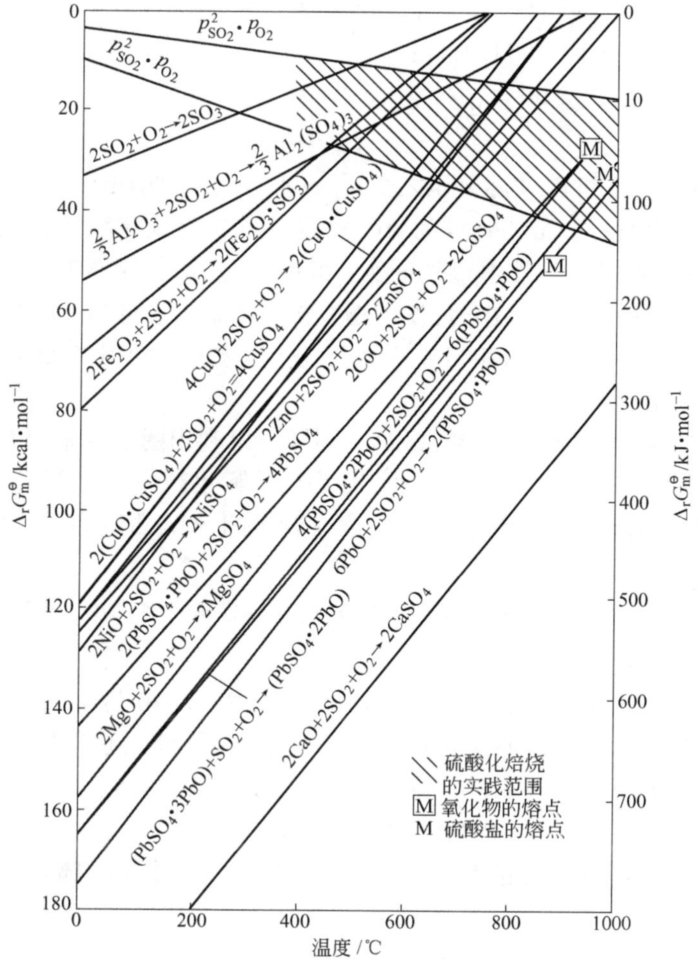

图 5-6 金属氧化物硫酸化反应标准吉布斯自由能与温度关系图

造成某些常见金属硫酸盐标准生成吉布斯自由能不相等的主要原因是,这些硫酸盐的标准生成热不同,而大多数硫酸盐的标准生成熵都很接近。由于这个事实,使得图 5-6 中很多金属硫酸盐的平衡线几乎彼此平行。由该图很容易得出具体条件下硫酸盐稳定存在的温度范围,并且很明显地看出,在相同温度下,生成吉布斯自由能负值较大的盐要比负值较小的盐更稳定。

【例 5-1】 利用图 5-6 求出在 700℃下,可使 Fe 与 Cu、Co、Ni 分离的气相中 $p_{SO_2}^2 \cdot p_{O_2}$ 的值为多少?

解:查图 5-6 得出反应:

$$2Fe_2O_3+2SO_2+O_2 = 2(Fe_2O_3 \cdot SO_3)$$

在 973K 下,$\Delta_r G_{973}^\ominus \approx -29300J$,所以:

$$\ln(p_{SO_2}^2 \cdot p_{O_2}) = -\frac{29300}{8.314 \times 973} = -3.62$$

由此可得：　$p_{SO_2}^2 \cdot p_{O_2} = 0.027$

又查图 5-6 得反应：

$$2(CuO \cdot CuSO_4) + 2SO_2 + O_2 = 4CuSO_4$$

在 973K 下，$\Delta_r G_{973}^\ominus \approx -104600J$，所以：

$$\ln[p_{SO_2}^2 \cdot p_{O_2} \cdot (p^\ominus)^{-3}] = -12.93$$

由此可得：　$p_{SO_2}^2 \cdot p_{O_2} = 2.4 \times 10^{-9}$

如果控制气相中 SO_2 和 O_2 实际分压之积 $p_{SO_2}^2 \cdot p_{O_2}$ 介于 $2.50 \times 10^9 \sim 2.81 \times 10^{13}$ 之间，则在 700℃下焙烧，预计可以得到 Cu、Co、Ni 的硫酸盐，而不会有碱式硫酸铁 $Fe_2O_3 \cdot SO_3$ 生成，这种结果曾在含铜黄铁矿焙烧过程中得到证实。此时，出炉炉气常含有 4%SO_2 和 5%O_2，即 $p_{SO_2}^2 \cdot p_{O_2} = 8 \times 10^{10}$。焙烧后用水浸出时，发现铜全部以 $CuSO_4$ 被浸出，而绝大部分铁呈氧化物存在，不被浸出。但有时发现有少量铁溶解，这是因为焙烧过程中局部生成的硫酸铁由于动力学原因未完全离解所致。

与上例相反，如果给定焙烧气相组成以后，同样可以利用图 5-6 求出合适的焙烧温度。低于 600K 时，硫酸化焙烧的反应速率很小，因此在实际生产中没有意义。而在 1200K 以上，为了得到硫酸盐，必须使实际焙烧气相中含有较多的 SO_2，否则离解压较高的硫酸盐将分解为 SO_2、O_2 和金属氧化物。

当用空气焙烧含有大量黄铁矿的物料时，炉气实际含有 10% SO_2 和 7% O_2，亦即 $p_{SO_2}^2 \cdot p_{O_2} = 7 \times 10^{11}$。由此得出一直线方程：

$$RT\ln[p_{SO_2}^2 \cdot p_{O_2} \cdot (p^\ominus)^{-3}] = 8.314 \times 2.303T\lg(7 \times 10^{-4}) = -60.41T \tag{5-12}$$

关于炉气中 O_2 和 SO_2 含量的最低值，由于动力学数据缺乏，还不能做出确切的结论，但一般认为其下限为 1%O_2 和 0.1% SO_2。由此可得到另一直线方程：

$$RT\ln(1 \times 10^{-8}) = -153.2T \tag{5-13}$$

将式(5-12)、式(5-13)表示的两条直线绘于图 5-6 中，图中阴影部分就是硫酸化焙烧实际可行的作业范围。

5.5　硫化物氧化还原焙烧

硫化物经氧化还原焙烧直接获得金属的过程，仅为少数几种金属所特有，这几种金属的共同点是，其氧化物的热稳定性比 SO_2 差很多。当纯金属在 SO_2 和 O_2 气氛中与金属的最低价硫化物接触时，硫化物分解产出的硫蒸气优先与气氛中的氧化合生成 SO_2，以致气氛中氧分压过低，不可能再生成离解压较大的金属氧化物。气氛中的氧分压由反应 $\frac{1}{2}S_2 + O_2 = SO_2$ 的平衡常数确定：

$$K = \frac{p_{SO_2}}{p_{S_2}^{\frac{1}{2}} \cdot p_{O_2} \cdot (p^\ominus)^{\frac{1}{2}}} \tag{5-14}$$

具有上述性质的金属有 Ag、Hg、铂族金属等。但是，为了能使其作为一种冶炼方法在工业上得到应用，还必须解决生成金属与脉石分离的问题。因此，在较低温度下能以气态纯金属产出的过程将是一种较理想的焙烧过程。这种能生成气态产物的焙烧过程又称为氧化挥发焙烧。

辰砂是一种较纯的硫化汞矿物,它可以作为应用氧化还原焙烧方法获得纯金属的典型例子,其化学反应为:

$$2Hg_{(l)} + S_2 = 2HgS_{(s)} \qquad \Delta_f G_m^{\ominus} = -246856+216.8T \tag{5-15}$$

辰砂在氧化性气氛中还可能发生如下反应:

$$2Hg_{(l)} + O_2 = 2HgO_{(s)} \qquad \Delta_f G_m^{\ominus} = -181946+216.8T \tag{5-16}$$

$$\frac{1}{2}S_2 + O_2 = SO_{2(g)} \qquad \Delta_f G_m^{\ominus} = -362334+71.97T \tag{5-17}$$

$$\frac{2}{3}HgS_{(s)} + O_2 = \frac{2}{3}HgO_{(s)} + \frac{2}{3}SO_{2(g)} \qquad \Delta_f G_m^{\ominus} = -219522+48.1T \tag{5-18}$$

$$HgS_{(s)} + O_2 = Hg_{(l)} + SO_{2(g)} \qquad \Delta_f G_m^{\ominus} = -238448-35.98T \tag{5-19}$$

$$HgS_{(s)} + O_2 = Hg_{(g)} + SO_{2(g)} \qquad \Delta_f G_m^{\ominus} = -176146-129.7T \tag{5-20}$$

根据式(5-15)~式(5-20)的数据,可绘制出 HgS 氧化还原焙烧有关反应的 $\Delta_f G_m^{\ominus}$-T 关系图,见图 5-7。

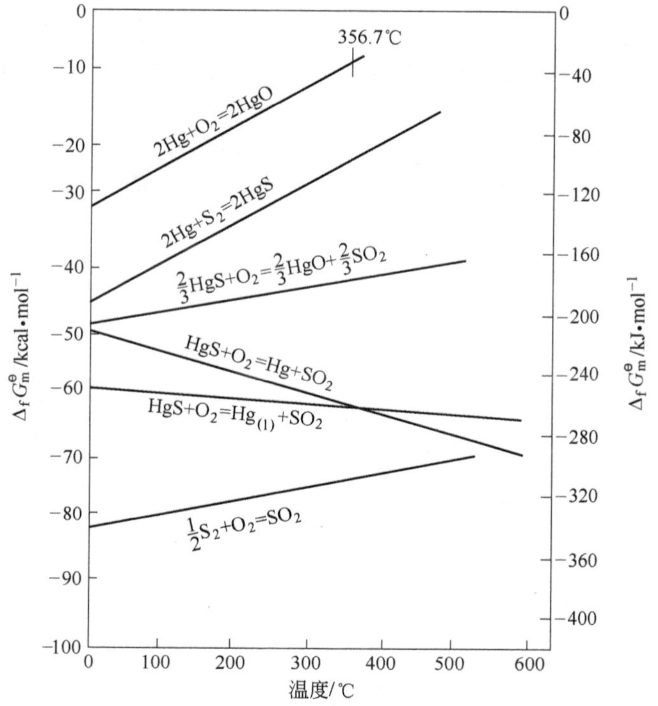

图 5-7 HgS 氧化还原焙烧有关反应的 $\Delta_f G_m^{\ominus}$-T 关系图

由图 5-7 可以看出,在标准状态下,HgO 远不如 SO_2 稳定。图中还表明,在高于 356.7℃温度下,焙烧 HgS 可能有 HgO、液态汞和气态汞三种产物。但其中以生成气态汞的标准吉布斯自由能负值最大,因此在标准状态下气态汞应该是焙烧的最终产物。反应(5-20)向右进行的趋势很大,这可由计算的平衡常数看出:在 700℃,反应(5-20)的 $\Delta_f G_m^{\ominus} = -302314$ J,所以实际上汞的硫化矿焙烧温度大都在 650~750℃之间,因此 HgS 的氧化挥发焙烧过程进行得非常完全。

汞的火法冶炼包括两个主要过程，即含汞硫化矿物的氧化挥发焙烧和在凝结器中汞蒸气冷凝为液态汞。

复习思考题

5-1 硫化物焙烧有哪几种类型，不同类型焙烧的目的是什么？

5-2 Me-S-O 系平衡图的绘制步骤有哪些，Me-S-O 系平衡图在硫化物焙烧过程中的作用是什么？

5-3 闪锌矿焙烧产物可能有三种，即 ZnO、$ZnO \cdot 2ZnSO_4$ 和 $ZnSO_4$。当在总压为 101325 Pa、温度为 830K、炉气成分为 10% SO_2 和 4% O_2 的条件下焙烧时，问将可得到何种焙烧产物？当炉气条件不变时，如果要得到另外两种产物，应该如何控制温度？已知：

$$SO_2+\frac{1}{2}O_2 = SO_{3(g)} \qquad \Delta_f G_m^\ominus=-94598+89T$$

$$\frac{3}{2}ZnO+SO_3 = \frac{1}{2}ZnO \cdot 2ZnSO_4 \qquad \Delta_f G_m^\ominus=-2272+167.05T$$

$$ZnO \cdot 2ZnSO_4+SO_3 = 3ZnSO_4 \qquad \Delta_f G_m^\ominus=-164348+129.2T$$

5-4 含钴和铜的硫化矿在 950 K 、101325 Pa 条件下进行焙烧，要生成能溶于水的硫酸钴和不溶于水的氧化铜，达到易于用水分离两者的目的，试确定这种选择硫酸化焙烧的炉气组成的控制范围。已知：

$$2CuO+2SO_2+O_2 = 2CuSO_4 \qquad \Delta_r G^\ominus=-119053\,J$$

$$2CoO+2SO_2+O_2 = 2CoSO_4 \qquad \Delta_r G^\ominus=-60482\,J$$

5-5 硫化镍（Ni_3S_2）在总压为 101325 Pa、温度为 1000 K、气相组成范围是 3%～10%O_2 和 3%～10%SO_2 的条件下进行焙烧，问所得焙烧产物应是什么？已知：

$$NiO+SO_3 = NiSO_4 \qquad \Delta_r G^\ominus=-248069+198.82T$$

6 硫化锌精矿流态化焙烧

火法炼锌和湿法炼锌的第一步冶金过程就是焙烧。其中,火法炼锌厂的焙烧是纯粹的氧化焙烧;湿法炼锌厂进行的也是氧化焙烧,但焙烧时要保留少量的硫酸盐,以补偿浸出和电解过程中损失的硫酸,同时希望尽可能少地生成铁酸锌。焙烧过程中还产出 SO_2 含量比较高的烟气,可以送往硫酸厂生产硫酸。

焙烧的主要作用如下:

(1) 进行氧化焙烧,把锌和硫从硫化锌精矿中提取出来,改变精矿的物相组成,使 S 以 SO_2 进入烟尘制酸,Zn 以 ZnO 留在焙砂中以便提取锌。某厂入炉精矿指标为:

$w(\mathrm{Zn})\geqslant 40\%$ $w(\mathrm{S})=28\%\sim 32\%$ $w(\mathrm{Fe})\leqslant 15\%$ $w(\mathrm{SiO_2})\leqslant 5\%$ $w(\mathrm{Pb})\leqslant 1.8\%$

$w(\mathrm{Ge})\leqslant 0.006\%$ $w(\mathrm{As})\leqslant 0.6\%$ $w(\mathrm{Sb})\leqslant 0.25\%$ $w(\mathrm{Ni})\leqslant 0.005\%$ $w(\mathrm{Co})\leqslant 0.015\%$

(2) 同时进行部分硫酸化焙烧,可使焙烧矿中形成少量 $ZnSO_4$ 以补偿电解与浸出时循环系统中酸的损失。经验证明,焙烧矿中 2.5%~4% S_{SO_4}(以硫酸盐形式存在的硫)完全可以满足这一要求。

(3) 使 As、Sb 氧化后挥发进入烟尘。

(4) 焙烧时尽可能少地生成铁酸锌(其不溶于稀硫酸,影响浸出率)。

(5) 得到高含量 SO_2 烟气以制酸。

(6) 得到细小粒子(200 目,即 0.074 mm)的焙烧矿以利于浸出。

处理块状硫化矿的焙烧最早是采用堆式焙烧,后改为竖炉焙烧,再后来处理粉状精矿又使用反射炉、多膛炉与悬浮焙烧炉焙烧。焙烧设备依次改进的目的是强化焙烧过程,提高硫化物放热的利用率,改善劳动条件。

硫化锌精矿的流态化焙烧乃是现代焙烧作业的新技术,也是强化焙烧过程的一种新方法。其实质是:使空气自下而上地吹过固体料层,吹风速度可使固体粒子相互分离并做不停地复杂运动,运动的粒子处于悬浮状态,如同水的沸腾翻动不已。由于粒子可以较长时间处于悬浮状态,这就构成了氧化各个矿粒最有利的条件,故使焙烧大大强化。

流态化焙烧和沸腾焙烧之间的关系是:沸腾焙烧是在物料建立起流态化状态下,也就是悬浮状态下进行焙烧。深究起来可以说,沸腾焙烧是流态化焙烧的一个特定阶段。流态化焙烧可以理解为使物料形成流态化之后进行焙烧。在冶金工厂中一般采用沸腾焙烧。因此可以说,流态化是手段,使焙烧反应进行得更快、更充分。

硫化锌精矿的焙烧可采用反射炉、多膛炉、复式炉(多膛炉与反射炉相结合)、飘悬焙烧炉和沸腾焙烧炉。其中,沸腾焙烧炉是当前生产中的主要焙烧设备。本章主要介绍硫化锌精矿的沸腾焙烧。

6.1 硫化锌精矿沸腾焙烧原理

流态化焙烧炉工作的基本原理是利用流态化技术,使参与反应或热、质传递的气体和固体充分接触,实现它们之间最快的传质、传热和动量传递速度,获得最大的设备生产能力。

6.1.1　流化床的形成

当流体的表观速度继续增大到一定值时,床层开始膨胀和变松,全部颗粒都悬浮在向上流动的流体中,形成强烈搅混流动。这种具有流体某些表观特征的流-固混合床,称为流化床。在气-固流化床中,形成颗粒的强烈翻滚,故又称为沸腾床。

6.1.2　流态化范围与操作速度

与流态化状态开始条件相对应的空截面(直线)流速,称为临界沸腾速度(v_c)。

与流化床开始破坏(固体颗粒被气流从流化床中吹走)对应的速度,称为带出速度(v_{out})。

从临界沸腾速度开始流态化到带出速度下流化床开始破坏这一速度范围,称为流态化范围。它是选择操作流态化速度的上、下极限。流态化范围越宽,流化床的操作越稳定。这一范围大小可以用带出速度 v_{out} 与临界沸腾速度 v_c 的比 v_{out}/v_c 来表征。理论和实践证明,颗粒越细则流态化范围越小,不规则的宽筛分物料的流态化范围比球形粒子的要小。

实际上,多数工业流化床内粒级分布较宽,所以合理的操作速度应是绝大部分颗粒正常流态化而又不大于某一指定粒级的带出速度。一般根据临界沸腾速度并利用流化指数的经验数据来确定操作气流速度。流化指数 $K= v_{out}/v_c$,代表流化强度。例如,锌精矿硫酸化焙烧的 $K=12\sim24$,锌精矿氧化焙烧的 $K=14\sim15$。

6.1.3　沸腾焙烧过程主要化学反应

沸腾炉是一种新型的燃烧设备,它基于冶金工业的气-固流态化技术。硫化锌精矿的焙烧过程是在高温下,借助于鼓入空气中的氧进行的。当温度升高到着火温度 650℃ 时,ZnS 开始发生化学反应,生成 ZnO 和 SO_2 烟气并放出大量热,足以满足正常的自热焙烧反应温度,可通过加入锌精矿的多少来控制焙烧温度。焙烧过程如下:

$$MeS+2O_2 = MeSO_4$$

$$MeS+\frac{3}{2}O_2 = MeO+SO_2$$

根据后一阶段冶炼方式的不同,硫化锌精矿的焙烧又可分为硫酸化焙烧(860~900℃)和氧化焙烧(1000~1100℃)。湿法炼锌一般采用硫酸化焙烧,要求尽可能完全地使金属硫化物氧化,得到含少量硫酸盐的氧化物焙砂,以减少浸出过程硫酸的消耗。

6.1.4　硫化锌精矿焙烧时各成分的行为

(1) 硫化锌。硫化锌以闪锌矿或铁闪锌矿(nZnS · mFeS)的形式存在于锌精矿中。焙烧时,硫化锌进行下列反应:

$$ZnS+2O_2 = ZnSO_4 \quad (1)$$

$$2ZnS+3O_2 = 2ZnO+2SO_2 \quad (2)$$

$$2SO_2+O_2 = 2SO_3 \quad (3)$$

$$ZnO+SO_3 = ZnSO_4 \quad (4)$$

调节焙烧温度和气相成分，就可以在焙砂中获得所需的氧化物或硫酸盐。

（2）二氧化硅。硫化锌精矿中往往含有2%～8%SiO_2，其多以石英矿物形态存在，在焙烧过程中易与金属氧化物生成硅酸盐，形成可溶性的硅，在浸出时溶解进入溶液而形成硅酸胶体，这对沉清和过滤不利。铅的存在能促使硅酸盐生成，硅酸铅具有易溶性，会妨碍焙烧进行。熔融状态的硅酸铅可以溶解其他金属氧化物或其硅酸盐，形成复杂的硅酸盐，所以对入炉精矿中的铅、硅含量应严格控制。

（3）硫化铅。铅在硫化锌精矿中以方铅矿形式存在。硫化铅在空气中焙烧时，铅可被氧化为$PbSO_4$和4PbO，反应如下：

$$PbS+2O_2 = PbSO_4$$

$$3PbSO_4+PbS = 4PbO+4SO_2$$

$$2SO_2+O_2 = 2SO_3$$

$$PbO+SO_3 = PbSO_4$$

硫化铅和氧化铅在高温时具有大的蒸气压，能够挥发进入烟尘，因此可采用高温焙烧来气化脱铅。铅的各种化合物熔点较低，容易使焙砂发生黏结，影响正常沸腾焙烧作业的进行。工业锌精矿中，铅含量控制在1.5%以下。鼓风炉炼锌时，在铅锌混合精矿的烧结焙烧过程中，这些低熔点化合物是烧结料中的主要黏结剂。

（4）铁的硫化物。锌精矿中主要的硫化铁矿有黄铁矿（FeS_2）、磁硫铁矿（Fe_nS_{n+1}）和复杂硫化铁矿，如铁闪锌矿（$nZnS \cdot mFeS$）、黄铜矿（$FeCuS_2$）、砷硫铁矿（FeAsS，即毒砂）等。焙烧结果是得到Fe_2O_3与Fe_3O_4。由于FeO在焙烧条件下继续被氧化以及硫酸铁很容易分解，故可以认为，焙烧产物中没有或极少有FeO与$FeSO_4$存在。当温度在600℃以上时，焙烧硫化锌精矿生成的ZnO与Fe_2O_3按以下反应形成铁酸锌：

$$ZnO+Fe_2O_3 = ZnO \cdot Fe_2O_3$$

在湿法浸出时，由于铁酸锌不溶于稀硫酸，其留在残渣中会造成锌的损失。因此，对于湿法炼锌厂来说，为了尽量提高焙烧产物中的可溶锌率，力求在焙烧中避免铁酸锌的生成。防止铁酸锌生成的方法如下：

1）加速焙烧作业，缩短反应时间，以减少在焙烧温度下ZnO与Fe_2O_3颗粒的接触时间；

2）增大炉料的粒度，以减小ZnO与Fe_2O_3颗粒的接触表面；

3）升高焙烧温度，并对焙砂进行快速冷却；

4）将锌焙砂进行还原沸腾焙烧（采用双室沸腾炉），用CO还原铁酸锌，使其中的Fe_2O_3被还原，破坏铁酸锌的结构而将ZnO析出，反应如下：

$$3(ZnO \cdot Fe_2O_3)+CO = 3ZnO+2Fe_3O_4+CO_2$$

（5）铜的硫化物。铜在锌精矿中存在的形式有辉铜矿（Cu_2S）、黄铜矿（$CuFeS_2$）、铜蓝（CuS）等，在高温下焙烧时生成Cu_2O、$Cu_2O \cdot Fe_2O_3$及CuO。

（6）硫化镉。镉在锌精矿中常以硫化镉的形式存在，在焙烧时被氧化生成CdO和$CdSO_4$。$CdSO_4$在高温下分解生成CdO，与CdS挥发进入烟尘，成为提镉原料。高温焙烧可以很好地使镉去除或富集在烟尘中。

（7）砷与锑的化合物。在锌精矿中存在的砷、锑化合物有砷硫铁矿（FeAsS）、硫化砷（As_2S_3）、辉锑矿（Sb_2S_3），在焙烧过程中生成As_2O_3、Sb_2O_3以及砷酸盐和锑酸盐。As_2S_3、Sb_2S_3、As_2O_3、Sb_2O_3容易挥发进入烟尘，砷酸盐和锑酸盐是稳定化合物，残留于焙砂中。

（8）Bi、Au、Ag、In、Ge、Ga 等的硫化物。Bi、In、Ge、Ga 等的硫化物在焙烧过程中生成氧化物，以氧化物的状态存在于焙烧产物中，Au 和 Ag 主要以金属状态存在于焙烧产物中。

6.2 沸腾焙烧工艺流程

某锌厂 50 m^2 沸腾炉系统焙烧矿生产的工艺流程图，见图 6-1。

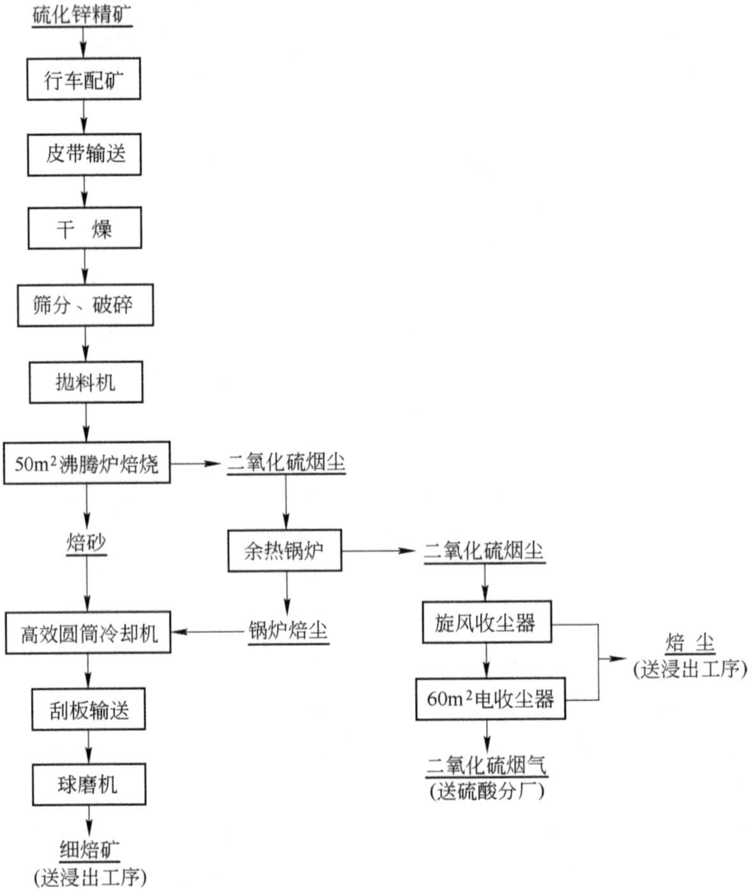

图 6-1 某锌厂 50 m^2 沸腾炉系统焙烧矿生产的工艺流程图

从图 6-1 中可以看出，锌精矿焙烧前经过配料、干燥、破碎、筛分，之后经过喂料设备（如抛料机）送入沸腾炉内形成流化床，进行流态化焙烧，其中硫化锌大部分转变成氧化锌，而硫几乎全部生成二氧化硫烟气，只有 2%～3%的硫呈硫酸盐状态用以补偿浸出、电积过程中硫酸的损失，确保系统中硫的平衡。

焙烧后得到的焙砂经冷却和磨细后，送浸出工序；烟气经余热利用和收尘后，含硫烟气送制酸，烟尘送浸出工序。

6.3 沸腾焙烧炉及其附属设备

目前采用的沸腾焙烧炉有带前室的直形炉、道尔型湿法加料直形炉和鲁奇扩大型炉三种类型，大多采用扩大型的鲁奇炉（Lurgi 炉，又称为 VM 炉），图 6-2 所示为鲁奇上部扩大型沸腾焙烧炉。

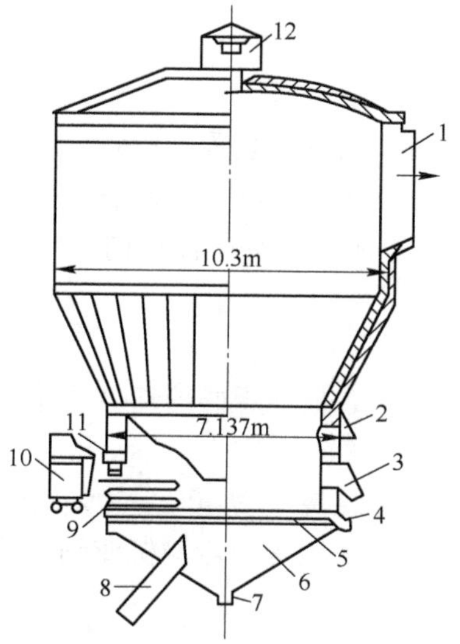

图 6-2　鲁奇上部扩大型沸腾焙烧炉

1—排气道；2—烧油嘴；3—焙砂溢流口；4—底卸料口；5—空气分布板；6—风箱；7—风箱排放口；8—进风管；9—冷却管；10—高速皮带；11—加料孔；12—安全罩

6.3.1　沸腾焙烧炉的结构

沸腾焙烧炉由炉床、炉身和进风箱构成。

(1) 炉床，在一块钢板上装有许多风帽，并在整个炉底板上填灌 250 mm 厚的耐火混凝土以保证隔热，不致在高温下变形。风帽的作用是让空气均匀地送入沸腾层。对圆形炉，风帽以同心圆排列为宜，并运用伞形风帽。其与菌形和锥形风帽相比，因其风眼在侧面，所以风眼不易堵塞，而且顶盖较厚，不易烧穿。风帽一般用铸铁制造。

(2) 炉身，由钢板焊接而成，其高度由沸腾层高度、炉膛空间高度、拱顶高度组成。它必须保证细小炉料在炉膛上部有充分的氧化时间，使其完成物化反应，有利于提高焙烧矿质量及降低烟尘率。炉身沸腾层处设有加料口、溢流口、工作门及冷却水套。上部设有排烟口，维持炉顶压力为零压或微负压。

(3) 进风箱，使气流进入分布板前各处压力分布均匀，起到预先分配的作用。

6.3.2　加料与排料系统

6.3.2.1　加料系统

当沸腾炉内风量及温度一定时，主要是通过控制加料量来维持炉内温度稳定在一定范围内。

(1) 干法加料，将锌精矿预先干燥、破碎、筛分，然后用圆盘加料机加入炉内，其是加料常用方法。

(2) 湿法加料，将精矿混以 25% 的水制成矿浆，经喷枪喷入炉内。其优点在于能利用矿浆的汽化热直接冷却沸腾层，控制温度较方便；但由于烟尘率相对增加（比干法加料多20%~30%），使收尘复杂化，且炉气中含有大量水蒸气，使制酸困难，因而不常用。

6.3.2.2 排料系统

焙砂经溢流口自动排出，无需任何机械装置。焙砂温度为900~1050℃。对火法冶炼而言，因焙砂不能直接输送及储存，必须将其进行冷却，采用沸腾冷却箱冷却；对湿法冶炼而言，焙砂可直接排入有 $ZnSO_4$ 或废电解液的冲矿流槽内，然后用泵送入浸出槽内。

6.3.3 炉气及收尘系统

炉气排出时温度为850~1050℃。最理想的冷却方式是利用余热锅炉，它可以产生大量蒸汽，降低生产成本。

沸腾焙烧的烟尘率很大，硫酸化焙烧时为40%~50%，氧化焙烧时为20%~25%，一般先采用旋风收尘再经电收尘，所得矿尘采用螺旋运输机或刮板运输机输送，更好的方法是采用高压风输送或真空输送。

6.4 沸腾焙烧炉的正常操作

下面以某厂50 m^2 沸腾焙烧炉为例介绍沸腾炉的正常操作。

6.4.1 沸腾焙烧炉的烘炉、开炉与停炉

6.4.1.1 烘炉

新炉或大修过的沸腾炉需要进行烘炉，烘干砌体中的水分后才能正常生产。某厂50 m^2 沸腾炉的烘炉升温曲线见图6-3。

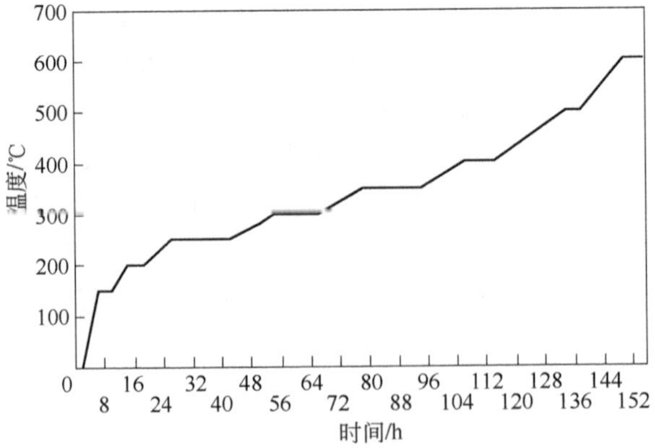

图6-3 某厂50 m^2 沸腾炉的烘炉升温曲线

烘炉的要求如下：

（1）保温时间：150℃、200℃保温4 h，250℃、300℃、350℃保温16 h，400℃保温8 h，500℃、600℃保温4 h。

（2）150℃之前升温速度不需控制；150~500℃之间升温速度不能过快，要求升温速率

不大于 5℃/h,保温时间要保证;500℃以上升温速率可适当加快,但不能大于 10℃/h。

(3) 250~300℃之间应开始排出结合水,出现大量蒸汽;如蒸汽排出不畅,可适当延长保温时间;如延长保温时间仍不排汽,则应开始缓慢升温以提高其蒸汽压力,直到开始排汽时进行保温。

(4) 烘炉至 600℃保温结束后,即可点火低负荷投运。

6.4.1.2 开炉

(1) 开炉前的准备工作如下:

1) 检查鼓风机、高温风机、上料系统、排料系统、烟气系统等运行是否正常。

2) 锅炉系统充分打压,确保各阀门、法兰不漏水,上水正常。

3) 检查升温油路、排风系统是否正常完好。

(2) 铺炉及冷沸腾试验操作如下:

1) 铺炉全部用优质干焙砂,用量为 50~60 t。如果有条件,可以用其他沸腾炉生产的热焙砂铺炉,可以缩短升温时间,节约升温用柴油。

2) 铺完炉后一定要进行冷沸腾试验,先开启高温风机,再开启鼓风机,鼓风量为 28000~30000 m^3/h, 时间为 10~15 min。高温风机转速根据炉内负压调整,保持炉内为微负压,冷沸腾试验完后停鼓风机,对炉床进行认真检查,确认炉床平坦后方可点火升温。

(3) 点火升温操作如下:

1) 点火升温前,先将油枪喷油嘴清理好,并检查油泵、油路和油压(油压达到 0.4~0.6 MPa) 以及助燃风是否正常。

2) 点油枪时先开启高温风机,确保炉内为微负压。

3) 升温过程按三个阶段进行。第一阶段,不鼓风升温,主要是调节好油压和助燃风,确保柴油燃烧充分,关注料层温度的变化,当料层表面温度达到 850℃时可以进行下一阶段的操作。第二阶段,间歇性鼓风翻动底料升温,每 4 h 进行一次大鼓风,风量为 24000~26000 m^3/h,时间为 3 min,并要求随时检查油枪燃烧情况、及时调整负压。第三阶段,连续鼓风升温,保持底料处于微沸腾状态,确保炉内底料均匀受热,温度持续上升,并且随着温度的上升逐步增加鼓风量,使炉内温度和沸腾状况接近正常生产状况。开始微沸腾时风量为 7000~9000 m^3/h,在底部温度达到 700℃时逐步增加鼓风量。

4) 准备投料前,先通知硫酸厂做好接收烟气的准备,得到确认后方可投料。

5) 在油枪升温过程中,在遇到沸腾炉底部温度较难升至 800~820℃,但又需要加快升温速度的情况下,可以在底部温度上升至 700~750℃时,适量加入 600~800 kg 煤粉进行加速升温。

6) 在升温过程中,如果油枪熄灭,一定要等炉内的油烟抽完后方可重新点火。

(4) 投料操作如下:

1) 当底部温度稳定在 800~820℃、鼓风量为 13000~17000 m^3/h 时,准备投料。

2) 投料时,要求投料、通烟气与撤油枪同时进行,由一人统一指挥,安排好人员同时操作,保证投料后生成的二氧化硫烟气及时进入硫酸系统。

3) 开始投料时,料量应控制为 8~10 t/h。

(5) 根据炉床压力及炉床风量逐步增风、增料至正常,操作如下:

1) 锌精矿刚加入时,炉温会有小幅度的下降,5~10 min 后会回升,随着温度的上升,逐步增加风量和料量直到正常为止。

2) 关闭助燃风机和油泵,转入正常操作。

6.4.1.3 停炉

停炉分计划停炉和临时停炉(俗称焖炉)。

(1) 按照生产计划停产检修即为计划停炉,其操作如下:

1) 停炉前,打开观察门观察炉内的沸腾状况。

2) 与余热锅炉、硫酸及精矿制备等有关岗位联系,确定有关停止投料及送烟气的有关事宜。计划性停炉时务必将炉前料仓的料加空。

3) 待 SO_2 含量降至放空标准时,及时对烟气阀门进行切换。

4) 停止鼓风后,对炉膛进行检查,发现异常情况应及时处理,并反馈给有关部门人员。

5) 待沸腾层温度降至 150℃时,通知锅炉停送除盐水。

(2) 临时停炉,其操作如下:

1) 确认操作风量为 25000~30000 m^3/h、温度在 900℃以上,如果不在该范围内,要逐步进行调整。

2) 接到焖炉指令后立即断料、关炉门,继续鼓风,当沸腾层各点温度上升到最高点后均下降 60~100℃时,立即将鼓风量关到零,关闭高温风机,通知硫酸系统关闭送烟气蝶阀,密闭系统进行保温。

3) 开炉恢复生产时,先通知硫酸系统打开送烟气蝶阀,先开启高温风机,再开启鼓风机,风量调到 20000 m^3/h 以上;密切关注炉床压力,炉床压力大于 10 kPa 以上时,立即逐步加料、加风直到风量和温度正常为止。

4) 如果炉床压力低于 10 kPa,要采用加大鼓风的方法来解决,直到压力上升、各点温度有所变化时方可投料。

5) 投料后,及时观察炉内温度升降情况,温度不升反降,说明加料量与风量不匹配,应及时缩风、调整料量以确保温度稳步上升直至正常。

6.4.2 沸腾焙烧炉的正常生产操作

沸腾焙烧炉的正常生产操作如下:

(1) 沸腾焙烧炉正常生产时可以控制鼓风量为 22000~30000 m^3/h、焙烧温度为 860~1000℃,具体范围根据各厂的要求进行控制。

(2) 正常操作要求做到鼓风量、温度、加料量稳定,正常情况下不得随意调整鼓风量,可通过调整高温风机调整炉内负压,通过调整加料量来稳定温度。

(3) 高温风机的调整以炉内负压为准,确保炉内保持微负压(-20~+20 Pa)。

(4) 注意观察炉床压力的变化,如果炉床压力上升较多要适当减少料量。

沸腾焙烧炉的操作是根据仪表的指示来维持所规定的技术条件的,因此操作简单,关键在于做到“三稳定”:

（1）稳定鼓风量。风量的大小是根据炉子的生产能力决定的，一般无变化。

（2）稳定加料量。在固定鼓风量的条件下，沸腾层的温度主要由加料量的均匀性决定。若加料量不均匀，会引起温度的波动。烟气中 SO_2 含量的变化，对焙烧质量及硫酸制备极为不利。

（3）稳定温度。炉顶温度在正常情况下与沸腾层温度相近，炉顶温度过高，说明精矿含水率过低或粒度太细，会造成烟尘率上升。

6.5　沸腾焙烧炉生产故障及处理

6.5.1　系统停电

系统停电时，应立即通知硫酸系统以及相关岗位，力争不死炉、不烧坏炉内埋管及锅炉。加料岗位应立即关闭抛料口处的闸板，锅炉司炉应确保汽包水位。来电后，先确认锅炉水位正常后，按先启动排风机、后启动鼓风机的顺序启动两台风机（应注意不能带负荷启动），视炉内情况对炉内适量鼓风，视炉内沸腾情况及温度情况决定是否抛料。如炉内沸腾状况良好、其中部温度高于650℃，则应及时加料，同时控制好鼓风量、加料量及炉顶负压，确保开炉成功，再逐步将鼓风量增至正常值。若发现沸腾状况良好，但温度低于650℃，则应按操作规程同时点起三支油枪，按开炉升温的程序处理。如发现炉膛有烧结现象，应及时、果断地做以下处理：班长应快速组织力量，对抛料口处、排料口处的炉膛部分用钎子戳、用压缩风吹，并适量调整鼓风量，尽最大努力抢救炉子；若实在没办法改善沸腾状态，则做停炉处理。停电时，一定要及时向调度室及相关部门汇报，以便信息及时反馈与传递。

6.5.2　鼓风机停电

鼓风机停电时，应立即停止加料，通知硫酸系统停止接收烟气，调节好炉顶负压，关注炉膛情况，及时向调度室联系，以便尽快恢复送电。如有备用电源，应立即启用。来电后，开大风检查流化床的运行情况，当发现流化层流态化不好、炉内出现局部结疤等情况时，应立即处理，经检查正常后方可按开炉程序开炉。

6.5.3　排风机停电

排风机停电时，应立即缩风至微沸腾状况，同时对加料系统进行同步控制。来电后，先空负荷启动排风机，然后带负荷运行，最后将鼓风量恢复正常。排风机停电时，可以考虑做停风保炉处理（立即断料、关炉门，继续鼓风，当沸腾层各点温度上升到最高点后均下降60～100℃时，立即将鼓风量关到零，关闭高温风机，通知硫酸系统关闭送烟气蝶阀，密闭系统进行保温）。排风机岗位则按有关设备维护规程进行操作，同时应及时与相关岗位与部门联系。若停风时间在16h以内，恢复鼓风仍可使料层流态化并继续生产。

6.6　硫化锌精矿流态化焙烧的主要技术参数的确定

6.6.1　炉床能力的选择

炉床能力是指单位炉床面积在单位时间内处理的干精矿量，是衡量冶金炉生产能力和生产强度的一个重要标志，也是衡量炉子的一个重要参数，一般以每平方米每天的处理量为单位,即 $t/(m^2 \cdot d)$,它标志着炉子处理精矿能力的大小。炉床能力的大小取决于沸腾层的线速度、鼓风量和沸腾层内温度。国内锌精矿沸腾焙烧炉的炉床能力一般为 $5 \sim 7t/(m^2 \cdot d)$。当今锌精矿酸化沸腾焙烧炉的炉床能力已经是一个成熟的参数,合理进行配料是稳定炉床能力的重要手段。

6.6.2　沸腾层高度的选择

沸腾层高度近似地等于气体分布板至溢流口下沿的高度。一般它是由炉内停留时间、沸腾层的稳定性和冷却盘管的安装条件等因素确定。沸腾层的高度适当与否,对稳定流态化焙烧过程和保证产品质量有重要意义。因此,沸腾层高度应满足下列条件:

(1) 要保证精矿在炉内停留足够时间,使焙烧反应进行充分,以便获得符合要求的产品。

(2) 使沸腾焙烧过程中有足够的热稳定性,当加料量稍许波动时,炉内温度应稳定在规定的范围内,使短时间停电、停风或停料仍能够顺利开炉,而不需要重新点火。

通常在确定沸腾层高度时,主要考虑流化床应该具有一定的热稳定性和沸腾均匀性,炉子在正常生产时沸腾层高度是有起伏的。锌精矿沸腾焙烧炉的沸腾层高度变化不大,通常确定为 0.9~1.2m,可以通过降低沸腾层高度的方法来提高床能力。

6.6.3　沸腾焙烧炉炉床面积的选择

鲁奇型沸腾焙烧炉炉床面积主要取决于炉床能力和精矿处理量。实际生产实践过程中,可通过工艺计算得知烟气量、炉膛有效高度、炉膛温度、炉膛面积、烟气停留时间、烟气停留时间等参数,从而可确定沸腾焙烧炉炉床面积。

计算沸腾焙烧炉炉床面积的方法有两种。

(1) 按炉床能力计算,公式如下:

$$F = \frac{A}{a} \tag{6-1}$$

式中　F——炉床面积,m^2;

A——每昼夜需要焙烧的干精矿量,t/d;

a——炉子单位生产率(炉床能力),$t/(m^2 \cdot d)$。

(2) 按风量平衡计算,公式如下:

$$F = \frac{\alpha V_0 A(1+\beta t)}{86400u} \tag{6-2}$$

式中　α——空气过剩系数;

V_0——焙烧每吨干精矿所需的理论空气量(标态),m^3/t;

A——每昼夜需要焙烧的干精矿量,t/d;

β——气体体积膨胀系数,$\beta = 1/273℃^{-1}$;

t——沸腾层平均温度,℃;

u——沸腾层直线速度,m/s。

6.6.4 空气分布板的选择

6.6.4.1 空气分布板的设计及孔眼率的计算

空气分布板一般是由风帽、箱形孔板及耐火泥衬垫构成的。空气分布板的设计应该考虑以下几点：

（1）使进入床层的气体分布均匀，创造良好的初始流态化条件；

（2）有一定的孔眼喷出速度，一般为 10~60 m/s，使物料颗粒，特别是使大颗粒受到激发而湍动；

（3）具有一定的阻力，以减少沸腾层各处料层阻力的波动；

（4）不漏料，不堵塞，耐摩擦，耐腐蚀，耐高温，不变形；

（5）结构简单，便于制造，安装和维修。

6.6.4.2 风帽

风帽的类型大致可分为直流型、侧流型、密孔型和填充型四种。侧流型广泛用于有色冶炼厂流态化焙烧炉。从风帽的侧孔喷出的气体紧贴分布板面进入床层，对床层搅动作用较好，孔眼不易被堵塞，不易漏料。

风帽的材质多为普通铸铁。在高温鼓风或高温焙烧时，应采用耐热铸铁。

风帽常采用同心圆排列、等边三角形排列和正方形排列。这三种排列方式分别适用于圆形炉、圆形炉和矩形炉。

6.6.5 沸腾焙烧炉的其他部件

6.6.5.1 风箱

沸腾焙烧炉的风箱处于炉子的下部，呈倒锥形，主要作用是使入炉的空气沿炉底均匀分布，要求有足够的容积。沸腾焙烧炉风箱容积的大小，可根据经验公式估算，并结合炉子结构及工艺配置等情况调整确定。

6.6.5.2 排料口

排料口处于沸腾焙烧炉的沸腾层上，其高度一般与沸腾层高度相等。根据沸腾焙烧炉操作情况可调整排料口高度，例如，可以采用降低排料口高度的方法来提高炉床能力。排料口应设置清理口，排料口孔洞高度由操作需要而定，一般为 300~800 mm。某厂沸腾焙烧炉采用的是外溢流排料，物料经排料口直接排出炉外，排料口孔洞高度为 770 mm，排料口宽度为 390 mm。

6.6.6 沸腾焙烧的产物

沸腾焙烧的产物主要是焙烧矿（包括焙砂及烟尘）和烟气。

6.6.6.1 焙烧矿

沸腾焙烧产物中，溢流焙砂和烟尘总称为焙烧矿，可全部作为湿法炼锌的物料。

某厂焙烧矿质量标准如下：

(1) 化学成分，$w(S)_{不}$(不溶硫，即金属硫化物中的硫)≤1.5%，$w(SiO_2)_{可}$(可溶性 SiO_2)≤3.8%，$w(SO_2)$≥6.5%；

(2) 烟气含尘量(标态)，应不大于 300mg/m^3；

(3) 物理规格，球磨后锌焙砂粒度小于 180μm(-80 目)的部分应占 100%，小于 75μm 以下(-200 目)的部分应占 80%。

6.6.6.2　烟气

烟气主要成分为 SO_2、O_2、N_2、H_2O、CO_2等。一般焙烧烟气中 SO_2含量为 8.5%~10%，烟气出口含尘量(标态)为 200~300g/m^3。

6.7　硫化锌精矿流态化焙烧的主要技术经济指标

(1) 炉床能力。炉床能力是指焙烧炉单位炉床面积每昼夜处理的干精矿量，一般为 5~7t/(m^2·d)，高温焙烧时为 6.5~8.0t/(m^2·d)。

(2) 脱硫率。精矿在焙烧过程中氧化脱除进入烟气中的硫量与精矿中硫量的百分比，称为脱硫率，一般为 86%~95%。

(3) 焙砂可溶锌率。焙烧矿中可溶于稀硫酸的锌量与总锌量的比值，称为可溶锌率，一般为 90%~95%。

(4) 锌的回收率。焙烧矿与烟尘中回收的锌量与总锌量的比值，称为锌的回收率，一般大于 99%。

(5) 焙砂产出率及烟尘率(占处理量)。焙砂产出率及烟尘率分别为 30%~55%和 40%~60%。

某厂硫化锌精矿流态化焙烧的主要技术经济指标如下：

(1) 炉床能力，不小于 5.5t/(m^2·d)；

(2) 脱硫率，86%~89%；

(3) 焙砂可溶锌率，不小于 90%；

(4) 烟尘可溶锌率，不小于 91%；

(5) 焙砂产出率，50%~60%；

(6) 烟尘率，40%~50%；

(7) 焙烧工序回收率，不小于 99.5%。

复习思考题

6-1　硫化锌精矿焙烧的作用是什么？

6-2　硫化锌精矿焙烧的原理是什么？

6-3　沸腾焙烧过程中，应采取什么措施减少铁酸锌的生成？

6-4　硫化锌精矿焙烧正常作业的步骤及要求是什么？

6-5　沸腾炉如何进行烘炉、开炉、停炉操作？

7 硫化铅精矿烧结焙烧

7.1 硫化铅精矿烧结焙烧的目的

采用鼓风炉还原熔炼的方法生产金属铅时，只有铅的氧化物极易被还原成铅，而铅的硫化物则不能被还原，$PbSO_4$也只能还原成 PbS。若烧结块中有多余的残硫，则熔炼时会产生大量的铅冰铜，降低铅的直收率。

当 PbS 精矿中 As、Sb 硫化物的含量高时，若不在烧结过程中挥发走一部分，则熔炼时将与其他金属（主要为铁）形成化合物及化合物的合金（黄渣），黄渣会溶解铅及贵金属。因此，将影响铅及贵金属的回收率。

PbS 精矿粒度极细，大部分小于0.074mm。这种细小的物料透气性极差，且熔炼时会大量被气流带走和生成炉结。

综上所述，为便于鼓风炉熔炼，必须在熔炼前进行铅精矿预备作业——烧结焙烧，其目的为：

（1）除去精矿中的硫，使硫化矿变为氧化矿。

（2）若 As、Sb 含量高时，则将其部分除去。

（3）将细料结成硬而多孔的烧结块。

当处理块状富氧化铅矿时，无需烧结焙烧，只要将矿石破碎到一定的粒度即可直接熔炼。若是碎料，则先烧结制团再进行熔炼。

7.1.1 烧结程度及脱硫率

7.1.1.1 概念

（1）烧结程度，即焙烧产物（焙砂）中的硫含量。

（2）脱硫率，即焙烧时硫化物氧化的程度，计算公式为：

$$脱硫率=烧去的硫量/精矿硫含量\times100\% \tag{7-1}$$

例如，炉料硫含量为6.5%，烧结后产出硫含量为2%的烧结块，所得烧结块质量为烧结料的90%，则：

$$烧结程度=2\%$$

$$脱硫率=(6.5\times100\%-2\times90\%)/6.5\times100\%=72\%$$

7.1.1.2 烧结程度的选定依据

烧结程度的选定对于烧结焙烧过程及还原熔炼过程具有十分重要的意义，通常它是根据精矿中的锌含量及铜含量决定的。

（1）当精矿锌含量高而铜含量低时，应进行死烧。因为 ZnS 在还原过程中会部分溶于铅冰铜、部分浮在渣中，使两者性质变化，影响分层，所以烧结程度应高些，即残留的硫含量应低些(1.5%~2.0%)。

(2) 当精矿铜含量高(大于1%时)而锌含量低时,则希望烧结块中残留有一定量的硫,使铜能较完全地以 Cu_2S 形态溶入铅冰铜。这样既可减少铜的损失,又可避免因 Cu_2O 转变为 Cu 溶入粗铅而导致鼓风炉操作困难,即残硫量应能保证获得含铜10%~15%的铅冰铜。此时,精矿中总铜量的80%~90%都进入其中。

(3) 当精矿中 Zn、Cu 含量都高时,可采用以下不同方法:

1) 先进行死烧,然后在熔炼时向鼓风炉内直接加入 FeS_2 作硫化剂。

2) 采取死烧,即在鼓风炉熔炼时用高钙、高焦提高熔炼温度,使粗铅对铜有更大的溶解力,并避免了铜随温度升高从粗铅中析出而形成炉结的危害,又可提高铜的回收率及节省费用。

3) 可在配料时适当搭配低锌、低铜的精矿,使两者(或其中一者)含量不超过限定值。

采用烧结机焙烧时,脱硫率一般为70%~80%,烧结块残硫含量一般在1.5%~2.5%之间。

7.1.2　烧结焙烧的工艺流程及设备发展

烧结焙烧的方法,古代采用堆烧法,19世纪至20世纪初采用反射炉,后来又采用烧结锅、烧结盘,发展到现在使用烧结机。

采用二次烧结的原因是,铅精矿硫含量通常为14%~24%,而烧结设备的脱硫率最高不超过80%,所以只经过一次烧结难以产出含硫1.5%~2.5%的烧结块。只有当精矿硫含量达5%~7%时才能符合要求,因此解决的方法是:

(1) 将高硫铅精矿进行配料,使其硫含量达5%~7%,可加入熔剂、水淬渣和大量返粉(即返料,为烧结块总量的60%~70%)。此法的优点是操作简单;缺点是本法采用一次烧结,烧结块质量不如二次烧结好,且有效烧结块的生产率低(因60%~70%都返回配料)。

(2) 采用二次烧结,先用熔剂、返粉、水淬渣配料,使硫含量降到10%~13%后进行预焙烧,得到半烧结块(含硫5%~8%),进行破碎筛分后再进行烧结焙烧。这种方法的优点是烧结块质量好、有效块率高,但设备操作复杂。

7.1.3　烧结块的质量要求

烧结块的化学成分应满足还原反应与造渣过程的要求,同时应具有一定的机械强度,使其在鼓风炉还原熔炼时不至于被一定高度的炉料层压碎;此外,烧结块应为多孔质结构并具有良好的透气性。

烧结块的质量主要以强度、孔隙率和残硫率三个指标来衡量。强度测定通常采用落下试验,使烧结块从1.5m的高处自由落到水泥地面或钢板上,反复三次,一般视其裂成少数几块而不全碎成粉为好;或将三次碎后物进行筛分,若小于10mm的质量不超过20%,则强度符合要求。孔隙率在工厂很少测定,质量好的烧结块孔隙率一般不小于60%,通常凭肉眼判断。残硫率则根据取样测定,一般要求在2%以下。

7.2　硫化铅精矿烧结焙烧的基本原理

7.2.1　硫化物进行氧化的难易程度

因 PbS 的烧结焙烧是高温氧化过程，所以有必要弄清其反应的难易程度。硫化物氧化反应通式为：

$$\frac{2}{3}MeS+O_2 = \frac{2}{3}MeO+\frac{2}{3}SO_2$$

反应的 $\Delta G^\ominus$ 与温度的关系如图 7-1 所示，一般而言，越是位于图下方的硫化物越易进行氧化(因 $\Delta G^\ominus$ 值越负)，且过程基本上不可逆。从图 7-1 中可见，FeS、ZnS 等易氧化，而 PbS、Cu_2S 等难氧化。

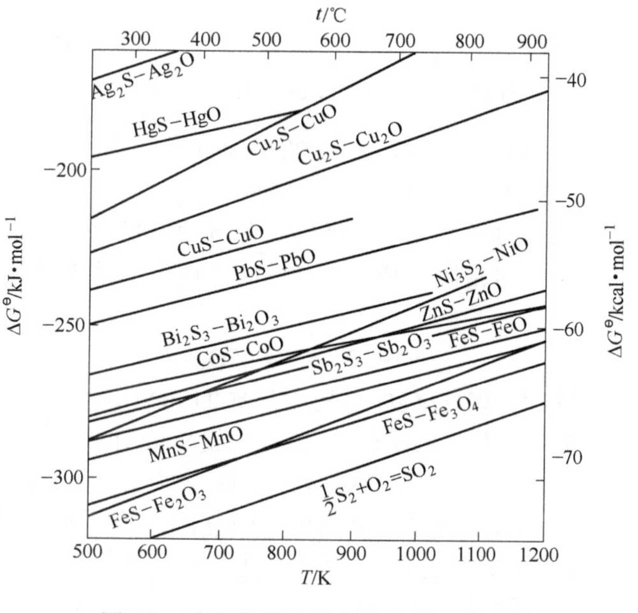

图 7-1　硫化物氧化反应的 $\Delta G^\ominus$-T 关系图

7.2.2　硫化物的着火温度

金属硫化物的氧化都属于放热反应，因此氧化焙烧无需补充燃料，称为自热焙烧。反应所需的温度称为着火温度，在着火温度下，硫化物氧化所放出的热足以将氧化过程自发地扩展到全部物料，并使反应连续进行而无需外加燃料。

硫化物的着火温度越高，则越难焙烧。硫化物及氧化物的热容及致密度越小，着火温度越低，反之则越高。硫化物的粒度小，表面积大，有利于气固反应，则着火温度低。

表 7-1 所示为硫化物着火温度与粒度的关系，由表 7-1 可知，在同一粒度下，ZnS 及 PbS 的着火温度较高，而 FeS_2 及 $CuFeS_2$ 的着火温度低，这说明前两者的稳定性大于后两者，即前两者难焙烧，且 PbS 比 ZnS 更难焙烧。

表 7-1　硫化物着火温度与粒度的关系

粒级编号	粒级的粒度/mm	着火温度/℃				
		黄铜矿	黄铁矿	磁硫铁矿	闪锌矿	方铅矿
1	+0.00~0.05	280	290	330	505	554
2	+0.05~0.075	335	345	419	605	679
3	+0.075~0.10	357	405	444	623	710
4	+0.10~0.15	364	422	460	637	720
5	+0.15~0.20	375	423	465	644	730
6	+0.20~0.30	380	424	471	646	730
7	+0.30~0.50	385	426	475	646	735
8	+0.50~1.00	395	426	480	646	740
9	+1.00~2.00	401	428	482	646	750
每粒级各取 0.2g 的混合物		360	394	448	620	700
棱长 7mm 的立方体		497	445	在 755℃时不着火	651	780

7.2.3　炉料各组分在烧结时的行为

（1）PbS。其烧结反应为：

$$2PbS+\frac{7}{2}O_2 = PbO+PbSO_4+SO_2$$

$$3PbSO_4+PbS = 4PbO+4SO_2$$

$$PbS+2PbO = 3Pb+SO_2$$

其中，铅的生成量随精矿铅含量的上升及二氧化硅含量的下降而增大。从上述反应可以看出，硫化铅在氧化气氛下加热时会形成 PbO 及 $PbSO_4$。两者的量由过程的温度和气相组成决定。由放热反应：

$$PbO+SO_3 = PbSO_4 \quad ①$$

可知炉气中 SO_3 含量增大，焙烧温度下降，则形成的 $PbSO_4$ 越来越多。炉气中的 SO_2 在有催化剂（Fe_2O_3、SiO_2 等）及 O_2 存在的条件下，会氧化成 SO_3，即：

$$2SO_2+O_2 = 2SO_3 \quad ②$$

当炉气中 SO_3 的分压大于 $PbSO_4$ 的平衡离解分压时，则反应①向右进行，即生成 $PbSO_4$；反之则生成 PbO。为防止 $PbSO_4$ 的生成，必须具备良好的排气设备，迅速将过程中的 SO_2 及 SO_3 排出，并在高温下进行焙烧，但温度的提高应以不过早烧结为原则。在实际生产中，熔剂的存在会促使 $PbSO_4$ 分解，所以焙烧矿中的 $PbSO_4$ 量很少，如：

$$PbSO_4+CaO = PbO+CaSO_4$$

$$2PbSO_4+SiO_2(Fe_2O_3) = 2PbO \cdot SiO_2(Fe_2O_3)+2SO_2+O_2$$

综上所述，烧结时 PbS 大部分生成 PbO 和 $PbSO_4$，少量生成 Pb，且游离的 PbO 极少；加入熔剂则生成低熔点的 $PbO \cdot SiO_2$ 和 $PbO \cdot Fe_2O_3$，它们是粉料的黏合剂。

（2）$PbCO_3$。因 $PbCO_3$ 在高温下易分解成 PbO，所以生成的 PbO 也形成 $PbO \cdot SiO_2(Fe_2O_3)$。

（3）铁的硫化物。其烧结反应为：

$$FeS_2(Fe_nS_{n+1}) = FeS+\frac{1}{2}S_2(t > 300℃)$$

$$FeS+\frac{3}{2}O_2 = FeO(Fe_2O_3、Fe_3O_4)+SO_2(t=700\sim800℃)$$

最终产物主要是 Fe_2O_3、Fe_3O_4 以及各种硅酸盐和铁酸盐。

（4）铜的硫化物。铜的硫化物有 $CuFeS_2$、Cu_2S 和 CuS，最终产品是游离和结合态的 Cu_2O。

（5）ZnS。因其结构致密，所以难焙烧，只有当 $t > 850℃$ 时才能生成 ZnO，最终产品是 ZnO 以及硅酸锌和铁酸锌。

（6）As 和 Sb 的硫化物。As 以 FeAsS 和 As_2S_3 的形态存在，烧结反应为：

$$FeAsS = As + FeS\text{（中性气氛）}$$

$$2As + \frac{3}{2}O_2 = As_2O_{3(g)}$$

$$2FeAsS + 5O_2 = As_2O_{3(g)} + Fe_2O_3 + 2SO_2\text{（氧化气氛）}$$

Sb 的行为与 As 相似，但挥发能力比 As 小。

（7）CdS。在高温氧化气氛中，最终产品是挥发进入烟尘的 CdO。

（8）Au 和 Ag。Au 以自然状态存在，焙烧后不起任何变化。Ag 以 Ag_2S 形态存在，焙烧后生成 Ag 和 Ag_2SO_4（稳定）。

（9）脉石成分。

1）石英，能与 CaO、FeO、PbO 结合成硅酸盐，因其熔点为 800～1000℃，所以可作为炉料黏合剂，SiO_2 还能起到脱除 S、As、Sb 的作用。

2）$CaCO_3$，因其在高温下分解成 CaO 是吸热反应，所以可作为过程的调热剂，可防止炉料过早烧结。

3）$MgCO_3$，分解成 MgO。

4）Al_2O_3，则无变化。

7.3 硫化铅精矿烧结焙烧的工艺流程

硫化铅精矿及硫化铅锌混合精矿的烧结焙烧工艺流程，随原料性质和对烧结块质量要求的不同，所采用的设备各有所异，现举例如下，图 7-2 所示为铅精矿与铅锌混合精矿烧结焙烧的一般工艺流程，图 7-3 所示为铅精矿与铅锌混合精矿烧结焙烧工艺流程实例。

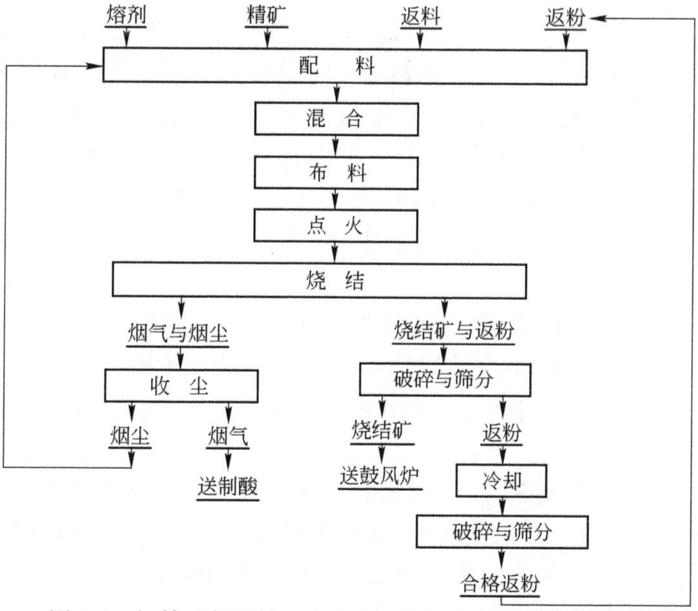

图 7-2 铅精矿与铅锌混合精矿烧结焙烧的一般工艺流程

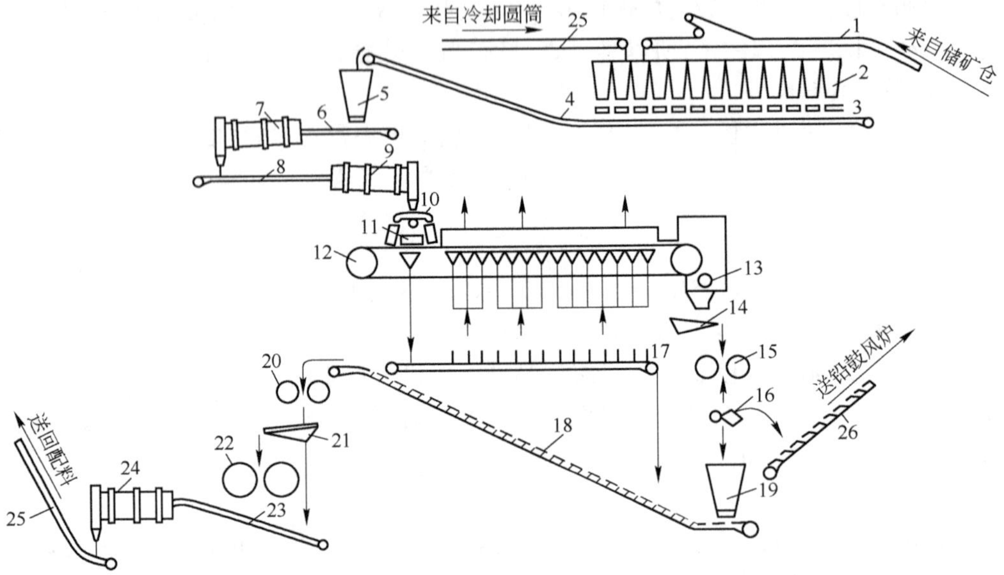

图 7-3　铅精矿与铅锌混合精矿烧结焙烧工艺流程实例

1—移动式皮带运输机；2—配料仓；3—圆盘给料机；4，6，8，17，23，25—皮带运输机；5，19—中间仓；7—混合圆筒；9—制粒圆筒；10—分料皮带运输机；11—点火炉；12—鼓风烧结机；13—单轴破碎机；14—振动给料机；15—齿辊破碎机；16—ROSS 辊筛；18—返粉链板运输机；20—波纹辊破碎机；21—振动筛；22—光辊破碎机；24—冷却圆筒；26—烧结块链板运输机

7.4　硫化铅精矿烧结焙烧带式烧结机及其布料设备

7.4.1　带式烧结机

烧结焙烧的主要设备是带式烧结机。带式烧结机又称直线型烧结机，由许多个紧密挤在一起的小车组成。小车用钢铸成，底部有炉箅，短边设有挡板（即为车帮），挡板的高矮决定料层的厚薄，而长边则彼此紧密相连，因此，由小车的有效宽度形成一个有炉箅的大而长的浅槽，它类似于一条做环形运动的运输带。现在使用的小车宽度波动范围较大，宽度为 1.0 m、1.5 m、2.0 m、2.5 m、3.0 m 不等。烧结机的有效长度即为所有风箱上面小车短边（即小车宽度）的总和，尺寸有 8 m、12 m、14 m、15 m、25 m、50 m。

机架的首端设有一对大齿轮（又称扣链轮），尾端则为一半圆形的固定钢轨或星轮。大齿轮由电动机通过减速装置而转动，其齿间距离恰好与小车轮间距吻合，故当大齿轮旋转时其恰好扣在沿下轨道移动来的小车上，并将它提升到上轨道，同时使前面的所有小车紧密地连接在一起，如图 7-4 所示。

小车沿上轨道运行到风箱时，底部两侧的钢制滑板就与风箱边缘的钢制滑板紧密接触而构成密封，其密封的类型有水封板密封、滑动密封、浮板密封、油封或气封、弹簧板密封等。这几种烧结小车与风箱之间的主要密封装置，均要定期用油注入上、下滑板之间的油槽中，以加强密封效果和减少摩擦阻力。

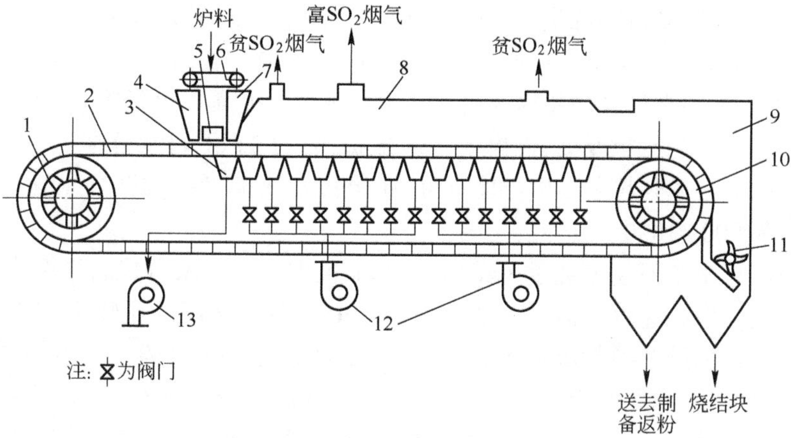

图 7-4 带式烧结机

1—头部星轮；2—烧结台车；3—风箱；4—点火层加料斗；5—点火炉；6—梭式布料机；7—主料层加料斗；8—烟罩；9—尾部烟罩；10—尾部星轮；11—单轴破碎机；12—鼓风机；13—抽风机

7.4.2 布料设备

经过混合制粒后的炉料，用机械均匀地铺在小车底部的炉箅上，其布料设备采用较多的有以下两种：

(1) 摇摆布料机，是由偏心轮、连杆所带动的做摇摆式运动的布料机，其缺点是不能保证炉料充分均匀地分布在小车上，见图 7-5。

(2) 梭式布料机，一般是在一部做往复运动的台车上安设一根运输皮带，已混合好的炉料先落在运输皮带上，然后借助台车的往复运动而将炉料均匀地布在小车上，采用这种方法布料较前者均匀，见图 7-6。

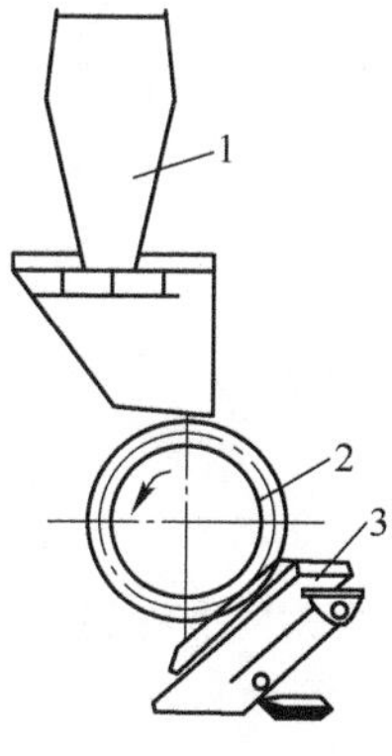

图 7-5 摇摆布料机

1—摇摆式给料机；2—旋转圆筒；3—刮料板

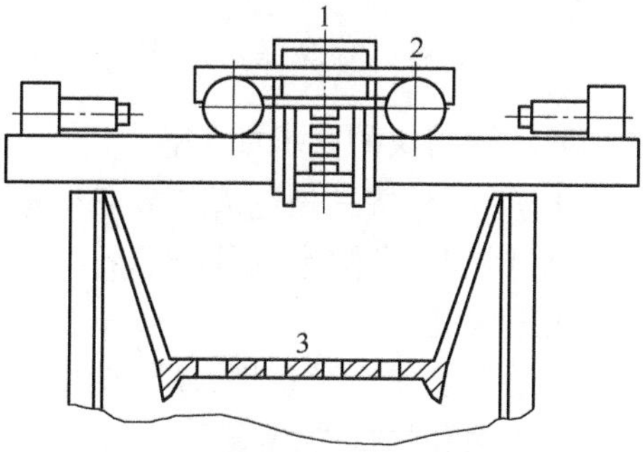

图 7-6 梭式布料机

1—运输皮带；2—台车；3—烧结小车

烧结料层的厚度，可通过上下移动点火炉前面的刮料板来调节。为了补救刮料板将小车炉箅上混合料压紧的缺陷，有的把平口刮料板改成耙齿形刮料板，用来耙松炉料以改善透气性。炉料的点火是采用悬吊在烧结机上方靠近头部的点火炉进行的，点火炉的外壳用钢板制成，内衬耐火砖，燃料可用焦炭、重油和煤气。由于煤气点火炉具有所占面积小、产生的火焰均匀、点火温度容易控制等优点,故在有煤气供应的情况下大多采用煤气点火。

点火温度的高低应根据以下原则确定:(1) 对于铅和二氧化硅含量较高的易熔炉料,点火温度应低;对于含钙含量高而铅含量低的炉料,则要求提高点火温度。(2) 炉料粒度小,着火容易,点火温度应低;粒度大,温度要相应地提高。(3) 炉料水分多,点火温度要高,否则点不着火。(4) 小车速度快,点火时间短,应提高点火温度。实践要求点火时间不少于18 s,点火温度为900~1000℃。

点燃火的炉料小车不断地通过风箱向前移动,而整个风箱又分成若干个小室,与和风机连接的总管串通。由高速空气流带入的氧同炉料中的各种金属硫化物进行强烈反应,并伴随产生熔化、造渣、黏结和冷却等作用,使炉料氧化并结块,同时产生大量的含有二氧化硫及占炉料质量0.8%~1.5%的烟尘炉气,经单管或多管旋涡除去粗尘后,送往收尘及制酸系统。小车连续往前移动,然后达到烧结机的尾部卸料端。卸料端的下面用条钢或钢轨制成间距为40~60 mm、倾斜角为35°~45°的条筛,条筛上部安装一台单轴破碎机,其上方设有与收尘装置相连的烟罩,以减少烧结物往下翻落破碎时产生的烟尘飞扬损失,改善现场劳动条件。

载有烧结物料的小车,借助烧结机尾部半圆形固定支架或星轮依次往下翻落,自动将烧结物料倾出,空载小车则沿风箱下部的倾斜轨道重返烧结机头部大齿轮处,如此周而复始。

7.5 烧结机的正常操作

7.5.1 炉料的准备

只有炉料的机械准备与化学准备合乎冶金过程的要求,才能使作业正常进行并获得合格的冶炼产品。因此,炉料的准备对冶金过程的正常进行具有决定性的意义。

炉料的准备包括各组分的破碎、配合、湿润、混合、制粒。炉料是由铅精矿、熔剂、返料、水淬渣及烟尘组成的,各组分的质量之比称为配料比,是根据各组分(主要是精矿和熔剂)的化学成分做冶金计算来确定的。

7.5.1.1 鼓风炉对烧结块的要求

鼓风炉对烧结块的要求如下:

(1) 化学成分,特别是造渣成分必须适宜;

(2) 机械强度、孔隙率、还原性高;

(3) 热强度高。

只有满足了上述三个条件,才能使熔炼正常进行。从以上要求还可看出,配料时应满足一定的化学要求和物理要求。

7.5.1.2 配料时需满足的化学要求

配料时需满足的化学要求如下:

(1) 对硫含量的要求。硫含量的确定直接影响热平衡与残硫量,硫含量高,则料层温度上升,使料过早烧结,脱硫效果变坏;硫含量低,则烧结过程热量不足,可补充焦炭作热剂。对于一次烧结,应含硫5%~7%;对于二次烧结,则预焙烧含硫10%~13%,终焙烧含硫

5%~9%。

(2) 对铅含量的要求。铅含量的高低会影响烧结块的质量,同时影响熔炼时铅的产出量及回收率。铅含量过高(大于50%),则引起过早烧结,影响内部脱硫,熔炼时冶金反应不彻底,渣中铅含量高;铅含量过低,则料结块不好,同时设备生产率低,熔炼时渣量大,则铅损失增加。铅含量一般控制在40%~45%之间,具体为:吸风烧结,38%~45%;鼓风烧结,小于55%。铅含量太高时,可加入水淬渣调整。

(3) 对熔剂量的要求。根据所选渣型经计算配给,目的是在熔炼时能除去杂质和脉石。要求熔剂的有效成分含量越高越好。用量力求少,选渣型时应特别注意ZnO量,要求渣中ZnO含量低于20%。一般是将熔剂在烧结时全部加入炉料中;若熔炼时才加入,则由于熔剂与烧结块中造渣成分接触不好,使造渣过程缓慢。

7.5.1.3 配料时需满足的物理要求

配料时要求炉料物理性质均匀,同时有良好的透气性,这样脱硫才快。影响炉料透气性的因素有以下几点:

(1) 炉料湿度。当湿度为最大毛细水含量时最好,此时结团作用最大,炉料容积最大而假密度最小,透气性最佳。一般湿度为5%~7%,若小于5%,则烧结速度下降,块不结实;若大于7%,则成为泥浆,透气性为零。

(2) 炉料粒度。炉料粒度太小,则透气性不好;粒度太大,则各种料间接触不好,容易偏聚而影响烧结效果。

(3) 炉料的混合。为保证炉料化学成分、粒度、水分的均匀一致,一般采用三段或四段混合,并与润湿同时进行。

7.5.1.4 配料方法

(1) 皮带配料法。将炉料各组分分别储入配料仓,每个配料仓下设圆盘给料机,炉料通过出口落在运输皮带上,我国大多采用此法。皮带配料法设备简单,操作机械化,且占地面积小;但难以控制各组分的正确配料量,因潮湿及个别大块料易阻塞给料口,会形成棚料。

(2) 堆式配料法。将不同组分的料分别放在长方形格子内,用抓斗按计算所需将其抓到一起,送到总皮带后再由圆盘给料机进行混合。

烧结配料原则及计算详见本书4.3.4节配料计算。

7.5.2 点火操作

点火操作是烧结焙烧的关键操作之一。点火主要是控制好点火温度和0号风箱负压。点火温度太高,炉料表面会结壳;温度太低,则点火层厚度不够。

点火温度控制在900~1000℃比较合适。0号风箱负压是点火层往下燃烧的动力,一般控制在800~1000 Pa。当点火料层通过点火炉以后,表面红层的厚度占整个点火料层厚度的2/3时,可认为点火效果最佳。

7.5.3 台车速度

台车速度(小车运行速度)主要取决于炉料成分、炉料粒度、鼓风量、料层厚度等因素。

在烧结时，台车速度必须与料层厚度相适应，以保证小车到达最后的鼓风箱时烧结过程已进行完毕。在生产过程中，一般很少将台车速度与料层厚度同时改变。实际烧结过程有两种操作法，即厚料层慢车速与薄料层快车速操作法。前者的目的是使点火时间延长，而且由于料层较厚，热的利用率较高，从而可提高烧结反应带的温度，使烧结焙烧效果好，有利于提高烟气中二氧化硫含量；后者是为了减少料层的阻力，使空气容易鼓入，有利于防止炉料过早结块，从而提高过程的脱硫率和改善烧结块质量。

在生产实践中，为了提高烧结机的利用率，台车速度应与垂直烧结速度相适应，避免烧结过早或欠烧，最简单的调节方法是根据烧穿点来调节台车速度。在给定的料层厚度情况下，若要保持烧结机上的烧穿点不变，即在保证完全脱硫的前提下，垂直烧结速度越快，车速也要越快。一般台车速度应控制在 1.2~1.5m/min 之间。

7.5.4　垂直烧结速度

垂直烧结速度，其值为主料层厚度(h)与烧结时间(t)之商($v_1=h/t$)。而烧结时间的值为从点火到烧穿点的有效长度(L)与小车运行速度(v)之商($t=L/v$)，故垂直烧结速度可用式(7-2)求出：

$$v_1 = hv/(L/1000) \tag{7-2}$$

式中　v_1——垂直烧结速度，mm/min；

h——主料层厚度，mm；

v——小车运行速度，mm/min；

L——从点火到烧穿点的有效长度，m。

生产实践中，通常是根据炉料的透气性来选择适当的料层厚度，再根据垂直烧结速度的大小来确定小车运行速度。

垂直烧结速度与炉料的物理性质和化学成分、点火温度、进风量以及气体成分等因素有关，其波动范围很大。反映料层垂直烧透了的位置即为烧穿点(也称为烧透点)，它与床层最高烧结温度相对应(一般烧穿点温度为 600~800℃，仅测出料面上空温度，并非实际的料层烧穿点温度)。烧穿点位置的确定，以烧结床层温度最高点为依据。

在生产实践中，垂直烧结速度一般为 10~30mm/min。

7.5.5　鼓风制度

烧结过程是强氧化过程，需要大量的空气和返回烟气参与反应。生产实践中，实际空气的消耗量大于理论量，要有一定过量的空气才能使料烧透。目前，标准的铅烧结的单位鼓风量(标态)约为 425m^3/t。

最适宜的鼓风强度取决于采用哪种烧结混合料，并且要能保证炉料充分脱硫、提高烟气二氧化硫含量和满足制酸烟气量要求。鼓风强度小时，透过料层的空气少，烧结速度减慢，同时由于料层的温度不能达到烧结温度，脱硫率也低。但是，鼓风强度的提高受额定的风压所限制，风量大则风压增加，风压过大容易造成料层穿孔而漏风，使烧结过程变坏；另外，风压过大，小车与风箱滑动轨道之间漏风量增大。所以，加大风量势必造成烟气量膨胀，从而降低烟气二氧化硫含量，不利于制酸。料层厚度为 330~360mm 时，一般控制风箱的风压为 4.0~5.5kPa。

7.5.6 床层温度

床层温度是指烧结机料层中的实际温度(也称料层温度)。床层温度在烧结机的不同位置及料层的不同高度均不相同。在烧结过程中,锌和铁的硫化物容易氧化,但硫化铅的氧化则需要较高的氧势,因此,控制较高的床层温度对提高烧结过程脱硫率和烧结块强度是很有必要的。

床层温度通常难以测定,一般通过床层阻力和烟气温度来判断。床层温度高,熔融液相层厚,床层阻力相应增加。

7.5.7 烧结机的供风排气

硫化精矿的烧结焙烧是强氧化过程,需要大量空气参与反应,所需理论空气量可通过冶金计算确定。根据气流透过料层的方式,烧结焙烧可分为吸风烧结焙烧与鼓风烧结焙烧。自 1955 年澳大利亚皮里港炼铅厂的鼓风烧结焙烧投产后,其他厂相继将原吸风烧结焙烧改为鼓风烧结焙烧,并逐步大型化。

在生产实践中,烧结机的鼓风压力为 3~6 kPa,鼓风强度为 $15 \sim 30 m^3/(m^2 \cdot min)$。

现代炼铅厂大都采用返烟烧结,即将烧结产出的 SO_2 含量低的烟气返回重用,以提高烟气中 SO_2 含量。

7.5.8 烧结块的冷却与破碎

从烧结机上倾倒下来的炽热烧结块不仅块度大,而且还有很高的温度。这种烧结块不但运输和储存困难,而且不能加到鼓风炉内去,否则会不利于还原,还会使鼓风炉熔炼造成"热顶"而恶化炉况。因此,热烧结块必须进行适当的破碎和冷却。我国目前的破碎方法通常是,在烧结机尾部下方配置一台单轴破碎机(俗称狼牙棒),借助小车翻倒下来的烧结块碰撞到它上面可达到破碎的目的。在破碎机下方 2 m 左右配置倾斜度约为 35°的钢条筛,筛条距离为 50~60 mm。筛上产品进入烧结块料仓,运往鼓风炉熔炼;筛下产品送到冷却圆筒,经喷水冷却后送破碎机进行多级破碎,筛分成合格返粉,再送回配料。

生产实践中,烧结块冷却最简单的方法是,在烧结小车翻倒处的料仓内喷水或在特备的喷水室内冷却。喷水冷却的主要缺点是由于烧结块急冷崩裂,降低了机械强度。目前,我国普遍采用喷水冷却法。

现在还可采用通风冷却法和烧结机本身冷却法。通风冷却法是将许多轻便的铁箱组成一环形运输带,运输带上装有烟罩并与低压通风机相连,当装有烧结块的铁箱运至烟罩下时即被吸入的冷空气冷却。烧结机本身冷却法是适当增加烧结机长度或适当降低烧结小车运行速度,使炉料烧结好后继续鼓风冷却一段时间,再从烧结机尾部翻倒至料仓;同时,烧结块在运输时也在进行自然冷却的过程。

返粉一般占烧结炉料的 60%~80%,因此返粉制备对烧结工艺具有重要意义。返粉粒度是影响炉料透气性的主要因素之一,它不仅关系到烧结过程的稳定,也直接影响烧结块质量和烟气二氧化硫含量。

7.6 烧结过程及其故障判断

7.6.1 烧结过程的判断

影响烧结过程的因素是多方面的,在生产实践中可以根据测量仪表指示、分析化验结果和观察烧结机尾部卸料端的现象来判断烧结过程的好坏。

若烧结块成块率高、粉料少或从尾部观察到烧结块垂直断面只有 1/3 红层，表明小车到达最末一个风箱时烧结过程恰好结束，进程控制良好。反之，如看到烧结块红层厚、烟尘大；或烧结块冷却过快，没什么红尘；或倒出的烧结块块度小、粉料多，则说明作业不正常。

烧穿点也是判断烧结过程正常与否的一个标志，观察安装在烟罩内的热电偶所测到的温度，若烧穿点稳定或波动不大，并且烧穿点温度较高（在 500℃以上），则表明烧结焙烧状况良好；若烧穿点温度过高或过低，烧穿点前移或后移严重，则说明烧结情况不正常。

风箱内的风压是判断作业是否正常、炉料制粒好坏、炉床布料是否均匀的依据。若风压高，可能是由于烧结混合料的细颗粒太多，也可能是由于混合料水分含量过高或过低。在生产中，每隔 2 h 取样分析一次返粉硫含量，并根据返粉硫含量指导配料。

7.6.2　故障判断

（1）结块好而焙烧不好，表现为烧结块块度大，但残硫含量高。造成原因是炉料中二氧化硅和铅含量高，形成大量的易熔相，结果使烧结块强度大、过早烧结而脱硫不好。

（2）焙烧好而结块差，表现为烧结块块度小、强度低，但残硫含量不高。原因是由于炉料中二氧化硅和铅含量低，因而缺少黏结相（硅酸铅）；或是由于点火温度太低，以致过程进行得比较缓慢，氧化反应产生的温度不够，使结块不好。

（3）焙烧和结块都不好，表现为烧结块不仅块度小、强度低，而且残硫含量高。其原因是配料不准确，粒度过细，床层阻力大；风量控制不合理；炉料水分控制不当，因水分过多而点不着火；料层厚度和车速配合不当。

（4）烧结机生产率低。其原因是配料成分控制不当；风机运转不正常，风压太低，风量不足，影响烧结焙烧过程进行的速度；漏风严重，使透过料层的空气量少；小车运行速度、料层厚度与焙烧速度不相适应。

（5）烧结烟气二氧化硫含量低。其原因是炉料配硫偏低；炉料过干或过湿；细粒物料太多，床层阻力升高；料层没辅到料，造成跑空车；烟罩控制负压过大，鼓风量太大。

（6）恶性烧结现象，表现为烟气二氧化硫含量低、烧穿点温度低、结块率低并夹有生料、烧结块残硫及返粉硫含量高。造成原因是发生配料事故，如主成分严重偏离控制值、点火效果不好、炉料水分过干或过湿、炉箅大面积堵塞、风量控制失调。

7.7　硫化铅烧结焙烧的技术经济指标

（1）生产率。烧结机烧结焙烧的生产率是烧结技术经济指标中最重要的项目之一。在工厂生产考核中有多项指标，都可综合衡量烧结机的生产率，如烧结机的炉床能力是指 1 m^2 烧结机有效面积每昼夜处理的炉料量，单位为 t/(m^2 · d)；

（2）烧结机利用系数。烧结机利用系数是指 1 m^2 烧结机有效面积每昼夜产出的烧结块量，单位为 t/(m^2 · d)。

（3）脱硫强度。脱硫强度是指 1 m^2 烧结机有效面积每昼夜的脱硫量，单位为 t/(m^2 · d)。

这些技术经济指标是相互关联的，凡是影响生产率的因素都会造成上述指标在不同程度上的变化，如焙烧方法、焙烧设备、炉料化学成分、炉料物理性能、焙烧程度及其他技术条件。

复习思考题

7-1 硫化铅精矿烧结焙烧的目的是什么？

7-2 烧结块的质量主要以哪三个指标来衡量？

7-3 写出焙烧过程中硫化铅所发生反应的方程式。

7-4 焙烧生产中，减少 $PbSO_4$生成的措施有哪些？

7-5 精矿和熔剂中的造渣组分是什么，它们分别有什么作用？

7-6 烧结前进行配料应满足哪些要求？

7-7 烧结正常生产包括哪些方面的内容？

7-8 哪些原因会造成烧结生产不正常？

7-9 烧结生产的技术经济指标主要有哪几个？

8 锡精矿炼前处理

锡精矿炼前处理的目的如下：

(1) 除去对冶炼有害的 S、As、Sb、Pb、Bi、Fe、W、Ta、Nb 等杂质；

(2) 同时综合回收各种有价金属；

(3) 在某些情况下提高精矿品位。

炼前处理的方法有精选、焙烧和浸出。根据所含杂质的种类不同，可采用一个作业流程或由多个作业组成的联合流程。但是根据国内某厂经验，对于单纯 Pb、Bi、Fe 含量高的精矿也可不经过炼前处理，因为其采用结晶分离法精炼，可去除 Pb、Bi；采用烟化挥发法处理高铁质炉渣和硬头等中间产品时，同样能得到任何牌号的精锡。

8.1 锡精矿的精选

8.1.1 选矿基础知识

选矿是冶炼前的准备工作，从矿山开采下来矿石以后，首先需要将铁、铜、铝、锰等金属元素含量高的矿石甄选出来，为下一步的冶炼作业做准备。选矿一般分为破碎、磨矿和选别三部分。其中，破碎又分为粗碎、中碎和细碎；选别依据方式不同，也可分为磁选、重选、浮选等。选矿生产工艺流程及主要工艺设备见图 8-1。

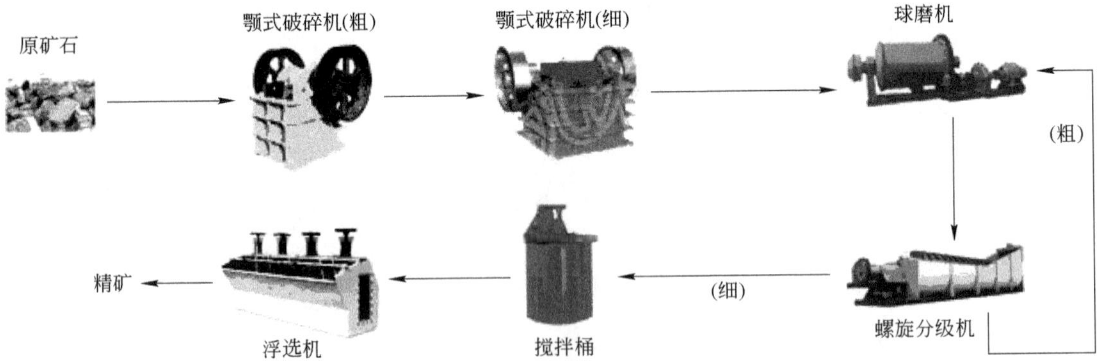

图 8-1 选矿生产工艺流程及主要工艺设备简图

8.1.2 精选的目的、优点、方法

精选的目的是：

(1) 用选矿的方法提高精矿的品位；

(2) 同时除去对冶炼有害的杂质，并加以综合利用。

精选的优点是，与其他炼前处理方法相比，其是成本低廉的作业。因其可以除去多种杂质，一般在焙烧、浸出作业之前进行。精选处理的原料是从小而分散的矿山采来的低品位锡精矿。冶炼厂应附设精选车间。

精选的方法有重选、浮选、磁选、静电选矿等。可根据精矿中矿物组成的不同，选择一种或多种选矿方法。

8.1.3 精选法举例

8.1.3.1 锡铁粗精矿的精选

（1）原料成分。残坡积砂矿经重选获得的一精矿成分（%）为：

Sn 8~10，Pb 0.6，Bi 0.02，S 3.3，As 0.99，Fe 42.5，SiO_2 7.14

（2）原料特点。主要金属矿物为锡石，铁含量高。这种铁呈褐铁矿、赤铁矿、磁铁矿形态，与锡石致密连生。脉石矿物主要是石英。

（3）精选方法。根据原料特点，可选择磁选-重选联合流程。此流程的特点是用湿式磁选提高重选指标，在重选中采用先选后磨、阶段选别、阶段磨矿（四段磨矿、五段选别）等措施，实行粗细分选、贫富分选。次精矿和中矿采用单独磨矿、单独选别、溢流集中处理等方法。

（4）产品。产品有锡精矿（Sn 45%~47%）、细泥精矿（Sn 25%~26%）和尾矿（Sn 0.7%~1.2%），回收率达92%~95%。

8.1.3.2 锡石-黑钨精矿的精选

（1）原料成分。原料成分（%）为：

Sn 44~50，WO_3 16~21，Fe 3~4，Pb 1.6~3.2，Bi 0.1~0.3，As 0.3~0.5，S 0.4~1

（2）原料特点。主要矿物为锡石与黑钨矿（WO_3），还含有方铅矿、砷黄铁矿等硫化物。

（3）精选方法。因黑钨矿是弱磁性矿物，而锡石及大多数硫化矿是非磁性的，因此首先采用磁选法；得到的非磁性物质因硫含量高，还需按粒级分别用台选和浮选法，产出合格锡精矿，同时得到硫化矿和白钨矿。

（4）产品。产品有锡精矿（Sn59%~67%）、黑钨精矿（$WO_3$40%~50%、Sn7.9%~22%）。

8.1.3.3 锡石-白钨精矿的精选

（1）原料成分。原料成分（%）为：

Sn 41~47，WO_3 2.5~5，Fe 1~1.5，Pb 0.05~0.3，Bi 0.06~0.2，As 0.3~0.75，S 0.2~0.6

（2）原料特点。除锡石和白钨外，矿物还含少量黄铁矿、砷黄铁矿和石英等。

（3）精选方法。因锡石和白钨的密度、磁导率相近，但导电性和浮选性有一定差别，故可用静电选矿或浮选法分离。

（4）产品。产品有锡精矿、白钨精矿、钨中矿和硫砷中矿。

8.1.3.4 锡石-钽铌钨粗精矿的精选

（1）原料成分。原料成分（%）为：

Sn 18,(TaNb)$_2$O 33.7, WO_3 4.5

(2) 原料特点。矿物组成为锡石、黑钨矿、钽铌铁矿、钛铌铁矿、磁铁矿等,还有黝锡矿、毒砂等硫化物。脉石主要为石英。

(3) 精选方法。采用重选—磁选—浮选流程。

(4) 产品。产品有锡精矿(Sn 57.3%)、钨钽铌精矿、磁铁矿、硫化物和尾矿(Sn 1.38%)。

8.1.3.5　锡石-硫化物精矿的精选

(1) 原料成分。原料成分(%)为:

Sn 50~60, Fe 4~16, S 1~5, As 2~10, Pb 0.1~0.3, Bi 0.03~0.3, WO_3 1~3

(2) 原料特点。硫化物以砷黄铁矿和黄铁矿形态存在。

(3) 精选方法。因硫化物的可浮性好,按粒度不同可采用台选和浮选的流程。

(4) 产品。产品有锡精矿、硫化物中矿。

8.1.3.6　锡石-高铅铋精矿的精选

(1) 原料成分。原料成分(%)为:

Sn 45~60, Fe 6~10, Pb 1~3, Bi 3~4.5, S 4~5, As 0.7~3, WO_3 3~10

(2) 原料特点。伴生矿物以方铅矿、辉铋矿为主。

(3) 精选方法。采用台选和浮选的流程。

(4) 产品。产品有锡精矿、硫化矿中矿。

8.2　锡精矿的焙烧

8.2.1　焙烧的目的、方法

焙烧的目的是,除去锡精矿中的 S、As、Sb。因为 S 在冶炼时使 Sn 呈 SnS 形态挥发,而 As 与 Sb 则进入粗 Sn 使精炼困难。

焙烧的方法有氧化焙烧和氧化还原焙烧。

当精矿中 $w(S)>0.3\%$、$w(As)>0.3\%$时,应焙烧。对于焙烧后硫和砷的极限含量,各厂很不一致,从万分之几到 0.45%不等。我国某厂的实践指出,当硫、砷含量分别小于 1%时,不经焙烧就可直接冶炼。

8.2.2　焙烧的化学过程

S、As、Sb 在精矿中存在的形态有:FeS_2、Fe_nS_{n+1}、FeAsS、$FeAs_2$、Sb_2S_3、PbS、$Pb_2Sb_2S_5$(脆硫铅锑矿)、ZnS、Cu_2FeSnS_4。

焙烧的化学过程及反应如下:

(1) 当在氧化气氛中加热精矿时,高价硫化物首先开始分解,如:

$$FeS_2 = FeS + \frac{1}{2}S_2$$

$$4FeAsS = 4FeS + As_4$$

在600℃时砷的蒸气压可达76.66kPa,而其他高价硫化物的分解在600~700℃时都能剧烈进行,因此热分解能部分除去S、As。此外,S、As、Sb也可直接挥发,As_2S_3、As_2S_2、Sb_2S_3相应的沸点分别是717℃、565℃和1080℃,其中Sb_2S_3挥发除去较少。

(2)氧化除S、As、Sb在焙烧中占主导地位,如:

$$2FeS_2+\frac{11}{2}O_2 = Fe_2O_3+4SO_2$$

$$2FeS+\frac{7}{2}O_2 = Fe_2O_3+2SO_2$$

$$4FeAs_2+9O_2 = 2Fe_2O_3+2As_4O_6$$

$$2Sb_2S_3+9O_2 = 2Sb_2O_3+6SO_2$$

由于精矿中硫含量较少,因此焙烧时常需从外部补充热量。从以上反应可知,S、As、Sb主要生成低价氧化物被除去,而这些低价氧化物在氧化气氛中还可能进一步氧化为SO_3、As_2O_5、Sb_2O_5和Sb_2O_4,从而生成不挥发的$MeSO_4$、nMeO · As_2O_5等,阻碍了S、As、Sb的脱除。防止措施有提高温度和降低炉气中的氧含量(氧势),但提高温度受到炉料熔化的限制,因此常采用降低氧势的方法,即在精矿中加入少量还原剂煤粉,使部分氧燃烧以减弱氧化性,同时使已生成的盐类还原,如:

$$2MeSO_4+2CO = 2MeO+2SO_2+2CO_2$$

$$n\text{MeO}\cdot As_2O_5+2CO = n\text{MeO}+2CO_2+\frac{1}{2}As_4O_6$$

以上反应便是氧化还原焙烧。

由此可得到如下结论:

1)锡精矿的焙烧只能在适当的氧化气氛中进行,而温度不宜太高,通常温度低于900℃。

2)对于S含量高而As、Sb含量少的精矿,宜采用氧化焙烧;对于As、Sb含量高的精矿,宜采用氧化还原焙烧。

(3)对某些锡精矿也有采用还原焙烧和氯化焙烧处理的。

1)还原焙烧的主要目的是,使铁的高价氧化物(Fe_2O_3)转变为易于磁选的低价氧化物(Fe_3O_4)和易于酸浸除铁的低价氧化物(FeO)。但应严格控制气氛,不使SnO_2还原成SnO和Sn。

2)氯化焙烧是加入氯化钠或其他氯化剂,使精矿中的Pb、Bi等氯化挥发除去。

3)还可加入苏打(Na_2CO_3)与精矿中的WO_3作用,进行烧结焙烧,接着用水浸出生成钨酸钠,此法可处理含锡难选钨中矿。

8.2.3 焙烧设备及生产实践

焙烧设备有沸腾焙烧炉、多膛炉、回转窑等。

8.2.3.1 沸腾焙烧炉焙烧

沸腾焙烧炉焙烧的优点有:生产能力大,结构简单,操作全部机械化;同时,整个系统密封,消除了As_2O_3和SO_2烟气的危害。

沸腾焙烧炉焙烧的过程是:精矿(含水率小于7%)与煤粉进行配料混合后,用圆盘给料机进料。在风量一定时，若加料量过小，炉温下降，除杂质效率低；若加料量过大，温度升高，物料易结块。焙烧矿经排料口排出，在经冷却圆筒冷却后送熔炼车间。烟气经水冷烟道进入沉降室，粗粒返回焙烧。从沉降室出来的烟气依次经过旋风收尘器和布袋过滤器，然后排空。布袋烟尘用蒸馏炉回收白砷（As_2O_3）后，再送去回收锡。

沸腾焙烧炉焙烧的技术条件为：沸腾层温度 800～850℃，沸腾层高度 750mm，加料量 13.1～15.7kg/min，空气直线速度 5m/s；技术经济指标为：炉床能力 15～18t/(m^2·d)，锡的直收率96%～99%。除杂质效率为：脱硫 84%～95.28%，脱砷 78%～85.5%，脱锑 50%～57%。

8.2.3.2　多膛炉焙烧

多膛炉分为人工搅拌的多膛炉和机械搅拌只能增大到一定限度的多膛炉两种，前者适用于小规模生产，后者适用于大规模生产。

国外某厂采用 6 层的焙烧炉，每层面积为 1.5m^2，每昼夜能处理 3～4t 精矿。当精矿硫和砷含量都不超过 3%时，脱硫率为 90%～95%，脱砷率为 90%～98%，焙烧过的精矿含硫 0.15%～0.30%、含砷 0.15%～0.35%，可获得较满意的焙烧效果。

焙烧的煤耗为 12%（不包括直接加入精矿中的煤）。焙烧过的精矿产出率与原精矿的成分有关，一般等于原精矿的 80%～90%。总焙烧时间为 8～10h，耙动精矿的时间约等于总焙烧时间的 2.5%，耙动越好对焙烧越有利。

各层温度是：第 1 层 500℃，第 2 层 520～560℃，第 3 层 560～590℃，第 4 层 600～650℃，第 5 层 680～700℃，第 6 层 710～800℃。

生产规模大时，应该采用机械耙动的多膛炉，它比人工耙动的多膛炉劳动强度小、劳动条件好、生产能力大，其形状为圆形，层数不等，有 6 层、7 层甚至可达 12 层。机械耙动的多膛炉的工作过程是：每层都有两个耙臂，耙臂装在中心大轴上，可以拆卸的耙齿装在耙臂上。马达带动大轴，大轴带动耙臂，这样耙齿就不断地翻动各层精矿，使之能充分地焙烧，并且耙齿在翻动精矿的过程中，还不断地将精矿从上层往下一层落砂孔逐一地耙下，而炉气则从落砂孔自下而上运动，这就对脱硫、脱砷起到良好的作用，因为精矿在从落砂孔落下时处于飘悬状态，和上升的炉气接触较好。落砂孔的面积大小直接影响着烟尘率和脱杂质效率，面积大，则气流速度小，气体带走的烟尘少，脱杂效率高；但由于受炉床机械强度的限制，落砂孔面积只能增大到一定限度。炉气带走的烟尘由收尘器捕集后，再用其他方法回收其中的锡。

焙烧过程应控制下列条件：还原剂的比例、精矿粒度、焙砂成分、炉内负压、各层温度的分布情况、鼓入轴内用于冷却的空气数量和压力及离轴的空气温度等。

加热用的燃料可用煤，也可用油。国外某厂采用的 7 层多膛焙烧炉采用煤加热，处理能力为 25t/d，焙烧产出率为原精矿质量的 90%～95%，各层温度随精矿硫含量的不同而不同，详见表 8-1。

表 8-1　多膛炉各层温度

炉膛层数	温度/℃	
	精矿硫含量小于 3%	精矿硫含量大于 3%
0	干　燥	干　燥
1	400～550	400～550

续表 8-1

炉膛层数	温度/℃	
	精矿硫含量小于 3%	精矿硫含量大于 3%
2	550~750	550~750
3	500~600	785~850
4	450~500	650~750
5	350~450	450~600
6	200~350	约 400
7	150~200	150~250

对于一级精矿(含锡 60%~70%,含硫小于 3%,含砷小于 1.5%),脱硫率为 85%,脱砷率为 70%左右;对于二级精矿(含锡 40%~55%,含硫 3%~6%,含砷 1.5%~2%),脱硫率为 85%~90%,脱砷率为 60%~70%。

8.2.3.3 回转窑焙烧

回转窑形状似管状,用回转窑焙烧锡精矿时,由于回转窑不停地转动,从而带动锡精矿不断地翻动,改善了锡精矿和炉气的接触条件,所以这种设备的除杂质效率高;并且由于精矿不需要人工翻动,所以劳动强度较人工搅拌的多膛炉小。

国外某厂对含砷 0.47%~0.82%、含硫 1.25%~1.74%的精矿用回转窑进行两段焙烧。首先是氧化焙烧,回转窑的直径为 1220mm,长为 10680mm,焙烧温度为 800℃左右。氧化焙烧的目的是除硫、砷、锑等杂质。

精矿经氧化焙烧后再进行第二次混合苏打(Na_2CO_3)焙烧。混合苏打焙烧的目的是使精矿中的三氧化钨变为可溶性的钨酸钠,作为制造白钨的原料;氧化焙烧的烟尘,若含砷高于 30%则作为生产白砷的原料,若含砷低于 30%则返回焙烧。

8.3 锡精矿的浸出

8.3.1 浸出的目的、浸出试剂

(1) 浸出的目的。精矿中的 Fe、Pb、Bi、Ag、Sb 等杂质,无论用精选还是焙烧都难以完全除去,当这些杂质含量高而使冶炼困难时,可采用浸出的方法除去。

(2) 浸出试剂。盐酸为常用试剂,也有用硫酸加氯化钠混合试剂的,但效果较差。浸出过程通常在焙烧之后进行。

8.3.2 浸出时精矿中各组分的变化

浓盐酸在高温(105℃)时能很好地溶解铁的氧化物和许多杂质,但与 SnO_2 不起作用。

(1) 铁的氧化物。反应如下:

$$Fe_2O_3+6HCl═══2FeCl_3+3H_2O$$

$$Fe_3O_4+8HCl═══2FeCl_3+FeCl_2+4H_2O$$

$$FeO+2HCl═══FeCl_2+H_2O$$

其中,Fe^{2+}的浸出迅速而完全,而且耗酸最少,所以锡精矿应先还原焙烧,使铁转变为二价。高价铁的溶解以褐铁矿较好,四氧化三铁次之,三氧化二铁较差。

(2) 铅和银的氧化物。两者在热浓盐酸中以络合物形式溶解,生成的 $PbCl_2$ 和 AgCl 仅微溶于冷水中,但其溶解度随盐酸浓度和温度的升高而升高,反应如下:

$$PbO \cdot SiO_2+2HCl+nH_2O = PbCl_2+SiO_2 \cdot (n+1)H_2O$$

$$Ag_2O+2HCl = 2AgCl+H_2O$$

(3) 砷和锑的氧化物。砷的低价氧化物(As_2O_3)易溶,但高价氧化物(As_2O_4和 As_2O_5)难溶。Fe^{2+}的存在,可使高价砷氧化物还原成 As_2O_3。锑的行为与砷相似,反应如下:

$$As_2O_3+6HCl = 2AsCl_3+3H_2O$$

$$Sb_2O_4+8HCl = SbCl_3+SbCl_5+4H_2O$$

$$FeO \cdot As_2O_5+2HCl+2H_2O = FeCl_2+2H_3AsO_4$$

$$FeO \cdot Sb_2O_5+12HCl = FeCl_2+2SbCl_5+6H_2O$$

(4) 铜和铋的氧化物。反应如下:

$$Bi_2O_3+6HCl = 2BiCl_3+3H_2O$$

$$CuO+2HCl = CuCl_2+H_2O$$

(5) 钨的氧化物。反应如下:

$$(FeMn)WO_4+2HCl = (FeMn)Cl_2+H_2WO_4$$

$$CaWO_4+2HCl = CaCl_2+H_2WO_4$$

综上可以得出结论:以上反应生成的氯化物均能溶解于浓的盐酸或氯化物的溶液中,而胶体物质硅酸和钨酸会造成过滤困难。

8.3.3　浸出设备及生产实践

浸出设备有球形浸出器、圆筒形浸出器、机械搅拌浸出桶。

(1) 球形浸出器。大规模浸出时采用球形浸出器,其构造如图 8-2 所示。由钢板制成球形外壳,内衬橡胶或耐酸砖,外涂耐酸油漆。浸出器靠中心轴支在基础上,有两个加料门,操作

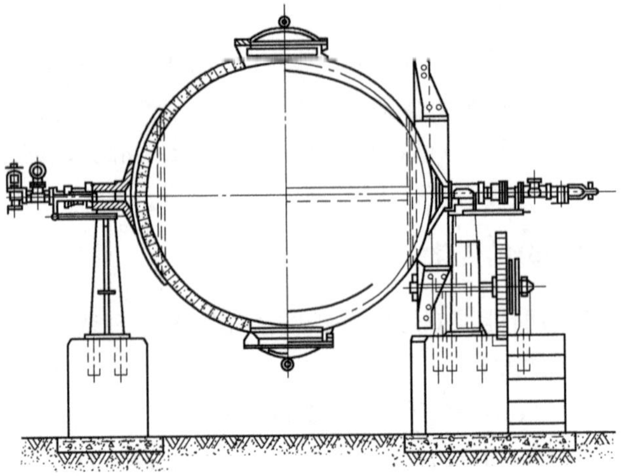

图 8-2　球形浸出器

时用密封盖盖紧，酸和蒸气经空心轴送入，浸出器的旋转对精矿浸出起搅拌作用，因浸出过程最好是在高温和加压下进行，因此采用了球形。浸出过程为：先装焙砂，再装加热到75℃的浓盐酸，其用量根据精矿中的铁含量计算。用蒸气将浸出器加热至105℃和303.975kPa，在转速为1r/min的条件下浸出4h，沉降1h。上清液送浓密机再沉降，回收细的锡泥。浸出渣用热水洗涤直到pH=5为止，从浸出器卸出后在回转窑中干燥。浸出液和洗液用铁屑置换法沉淀出银、铜、铅、铋以便回收。最后，$FeCl_2$溶液用Cl_2氧化成$FeCl_3$溶液，用作净化水的絮凝剂。

（2）圆筒形浸出器。圆筒钢板内衬橡胶和耐酸砖，内径为2.1m，长3.4m。所处理的原料有：

1）含铋大于0.01%的锡精矿；

2）高铁精矿；

3）含黑钨精矿，浸出的目的主要是除去锡石表面的铁氧化物，有利于磁选分离黑钨；

4）含白钨精矿，浸出的目的是分解白钨矿，用于制造人工白钨，提高精矿纯度。

（3）机械搅拌浸出桶。其规格为ϕ1.6m，容积为1.8m^3，被我国所采用。浸出条件为：温度高于95℃，蒸气直接加热，搅拌1.5~2h。

复习思考题

8-1 锡精矿炼前处理的方法有哪些，其目的分别是什么，并比较各自的优点。

8-2 锡精矿采用氧化焙烧或氧化还原焙烧应满足的条件是什么，焙烧设备有哪些？

8-3 锡精矿浸出时各组分的变化分别是什么，浸出产物的溶解度与哪些因素有关？

8-4 简述球形浸出器的浸出过程。

9 氧化铝原矿浆制备

原矿浆的制备是氧化铝生产中的第一道工序,也是最基础的一道工序。其主要任务在于使铝土矿破碎和均化,为溶出系统磨制出合格的原矿浆。其制备步骤主要有铝土矿的破碎、配矿、磨矿、料浆制备等。由于篇幅所限,本章主要介绍拜耳法原矿浆的制备。

9.1 原矿浆的制备工艺流程

(1) 拜耳法生产氧化铝的原料要求。铝土矿,$w(Al_2O_3)/w(SiO_2) \geqslant 8$,$w(Al_2O_3) \geqslant 65\%$;烧碱,$w(NaOH) \geqslant 30\%$,$w(Na_2CO_3) \leqslant 1.0\%$;石灰,$w(CaO) \geqslant 85\%$。

(2) 原矿浆的制备工艺流程。原矿浆是将铝矿石配入一定量的石灰和苛性碱液(循环母液和补充氢氧化钠),通过湿磨制成的高压溶出铝酸钠溶液所需的料浆。为生产出溶出系统所需合格的原矿浆,要求参与化学反应的物料之间有一定的配比和均匀的混合,还要有一定的粒度。能否制备出合格的原矿浆,直接影响到拜耳法中氧化铝的溶出率和矿石单耗。原矿浆的制备要经过铝矿石破碎、配矿、入磨配料、湿磨等几道工序才能完成。

9.2 铝矿石的破碎与配矿

9.2.1 破碎

从矿山开采的铝土矿一般块度为700mm左右,为了便于磨矿,通常把铝土矿破碎到块度小于20mm。一般粗碎用颚式破碎机等,中碎用标准型圆锥破碎机,细碎用短头型圆锥破碎机。短头型圆锥破碎机与回转筛构成闭路破碎,回转筛的筛板孔径为20mm。筛上大于20mm的物料返回短头型圆锥破碎机内继续破碎;筛下小于20mm的物料为合格料,送磨制工序。磨制过程通常采用湿式磨制,把破碎工序送来的块度小于20mm的碎铝土矿、少量的石灰、补充的苛性碱和循环母液一起加入球磨机内磨成矿浆。对一水硬铝石型铝土矿的磨制程度为0.147mm,筛上残留量不大于10%,其中0.095mm的筛上物料残留量不大于16%。磨制后的合格矿浆称为原矿浆,原矿浆送溶出工序。

9.2.2 配矿

配矿是配料工作的第一步,就是把成分有差异的几部分铝土矿,根据需要按比例混合均匀,使进入流程中的铝矿石的铝硅比和氧化铝、氧化铁含量符合生产要求。

9.2.2.1 配矿的方法

目前配矿的方法有抓斗吊车(门式或桥式)配矿、堆料机配矿和储罐配矿等。

(1) 吊车配矿。吊车配矿是指碎矿破碎后,用皮带输送机送到碎矿堆厂分别堆放。配矿过程实行“平面撒料、截面送料”的方法进行。平面撒料就是用吊车将不同品位的碎矿从堆放区的一端撒至另一端，全区撒匀，按层次倒满为止；截面送料是指从配好的区域一端截面开始送出，每一截面必须抓到槽底，全区送完为止。

（2）堆料机配矿。混合碎矿可以分两堆堆存，每堆存量9天，一堆使用，一堆配矿，用堆料机和桥式斗轮取料机分别自动堆取。多层平铺配矿，端面截取。

（3）储罐配矿。储罐配矿是用分成若干组、每组有若干台圆柱形的碎铝矿储罐代替碎矿堆场存矿，每个储罐底部装有可变速的饲料设备，从破碎工序运来的矿石分别进入各储罐。每一储罐有连续取样设施采取矿样。这样，可根据生产要求和已知罐内碎矿的成分，按比例同时将几个储罐的碎矿下放到皮带输送机上，达到配矿的目的。

9.2.2.2 配矿计算

氧化铝配矿计算是氧化铝生产过程中原矿浆制备的一个重要环节。其配矿计算过程主要是根据原矿浆制备对铝硅比的要求，合理确定不同成分铝土矿的配比。

设两种铝土矿的成分如下：

	$w(Al_2O_3)/\%$	$w(SiO_2)/\%$	$w(Fe_2O_3)/\%$	$w(Al_2O_3)/w(SiO_2)$
第一种	A_1	S_1	F_1	K_1
第二种	A_2	S_2	F_2	K_2

若要求混矿的 $w(Al_2O_3)/w(SiO_2)$ 为 K，则上述两种矿石的成分必须满足 $K_1<K<K_2$ 或 $K_1>K>K_2$，否则就达不到混矿要求。

设第一种矿石用 1 t 时需配入第二种矿石 x(t)，则可根据铝硅比定义求出 x 的值，即：

$$K=\frac{A_1+A_2x}{S_1+S_2x} \tag{9-1}$$

$$x=\frac{A_1-KS_1}{KS_2-A_2} \tag{9-2}$$

计算出 x 的值后，即可求出混矿的化学成分为：

$$w(Al_2O_3)=\frac{A_1+A_2x}{1+x}\times100\%$$

$$w(SiO_2)=\frac{S_1+S_2x}{1+x}\times100\%$$

$$w(Fe_2O_3)=\frac{F_1+F_2x}{1+x}\times100\%$$

9.3 拜耳法配料

拜耳法配料就是为满足高压溶出要求，达到技术规程所规定的氧化铝溶出率和溶出液苛性比值，合理确定原矿浆中铝土矿、石灰和循环母液的配料比例。拜耳法配料指标主要是配入的苛性碱量、石灰量和原矿浆液固比。

9.3.1 苛性碱量计算

苛性碱是通过所配循环母液量来加入的。单位矿石所需的循环母液量(m^3)称为配碱

量,即配入的苛性碱量,要考虑以下三个方面的需求:

(1) 溶出液要有一定的苛性比值;

(2) 能使氧化硅生成含水铝硅酸钠;

(3) 应考虑溶出过程中由于反苛化反应和机械损失的苛性氧化钠。

在实际生产中,配料时加入的碱是生产中返回的循环母液。循环母液中除苛性氧化钠外,还有氧化铝、碳酸钠和硫酸钠等成分。所以在循环母液中有一部分苛性氧化钠与母液本身的氧化铝结合,称为惰性碱,剩下的部分才是游离苛性氧化钠,只有它对配料才是有效的。因此,循环母液中有效苛性氧化钠可用式(9-3)来计算:

$$n=\rho(Na_2O)_k-\frac{\alpha_K\rho(Al_2O_3)}{1.645} \tag{9-3}$$

式中 n——循环母液中有效苛性氧化钠的质量浓度,g/L;

$\rho(Na_2O)_k$——循环母液中苛性氧化钠的质量浓度,g/L;

α_K——生产规定的溶出液苛性比值;

$\rho(Al_2O_3)$——循环母液中氧化铝的质量浓度,g/L;

1.645——氧化铝与氧化钠的相对分子质量的比值。

综上所述,处理1t铝土矿应配入的循环母液量可用式(9-4)来计算:

$$V=\frac{0.608AB\alpha_K+M(S_1+S_2)+1.41C+x}{\rho(Na_2O)_k-0.608\alpha_K\rho(Al_2O_3)} \tag{9-4}$$

式中 V——1t铝土矿应配入的循环母液量,m^3/t;

0.608——氧化钠与氧化铝的摩尔质量的比值;

A——1t铝土矿所带入的氧化铝质量,kg/t;

B——规定的氧化铝溶出率;

α_K——规定的溶出液苛性比值;

M——溶出赤泥成分中氧化钠和氧化硅的质量的比值,一般取0.4~0.5;

S_1,S_2——分别为铝土矿和石灰所带入的氧化硅的质量,kg/t;

1.41——Na_2O 和 CO_2 的摩尔质量的比值;

C——矿石和石灰带入的 CO_2 的质量,kg/t;

x——磨矿和溶出过程中苛性氧化钠的机械损失,kg/t;

$\rho(Na_2O)_k$——循环母液中苛性氧化钠的质量浓度,g/L;

$\rho(Al_2O_3)$——循环母液中氧化铝的质量浓度,g/L。

式(9-4)的分子部分是溶出1t铝土矿所需配入的苛性氧化钠数量(kg),其中,$0.608AB\alpha_K$ 项是从铝土矿进入溶出液中的氧化铝所需要的苛性氧化钠数量;$M(S_1+S_2)$ 项是铝土矿和石灰中的氧化硅生成硅渣所消耗的苛性氧化钠数量;$1.41C$ 项是矿石和石灰带入的 CO_2 在溶出过程中,二氧化碳和苛性氧化钠化合成碳酸钠所消耗的苛性氧化钠数量;x 项是机械损失的苛性氧化钠数量,该碱即是需要补充的苛性碱数量。而分母部分 $\rho(Na_2O)_k-0.608\alpha_K\rho(Al_2O_3)$ 是循环母液中有效苛性氧化钠的质量浓度。

9.3.2 石灰量计算

满足生成 $2CaO\cdot TiO_2$ 的单位矿石所需的石灰量(t或%)称为配入的石灰量。按其反应式要求，氧化钙与氧化钛的量之比为2.0。因此，1t铝土矿中配入的石灰量 W(t)为：

$$W=2.0\times\frac{56}{80}\times\frac{T}{C}=1.4\times\frac{T}{C} \tag{9-5}$$

式中　2.0——钛酸钙化合物中氧化钙与氧化钛的物质的量之比；

56，80——分别为CaO和TiO_2的摩尔质量，g/mol；

T——铝矿石中TiO_2的质量分数，%；

C——石灰石中CaO的质量分数，%。

在生产中是以饲料机的转速来控制铝矿石和石灰的添加量。

9.3.3　原矿浆液固比计算

原矿浆液固比(L/S)是指原矿浆中溶液质量与固体质量的比，其计算公式如下：

$$L/S=\frac{V\rho_L}{1000+W} \tag{9-6}$$

也可以表示为：

$$L/S=\frac{\rho_L(\rho_S-\rho_P)}{\rho_S(\rho_P-\rho_L)} \tag{9-7}$$

式中　L/S——原矿浆液固比；

V——1t铝土矿应配入的循环母液量，m^3/t；

ρ_L——循环母液的密度，kg/m^3；

1000——1t铝土矿的质量，kg；

W——1t铝土矿中需要配入的石灰量，kg；

ρ_S——矿石加石灰的固相密度，kg/m^3；

ρ_P——原矿浆的密度，kg/m^3。

生产中ρ_S和ρ_L是稳定的，通过测定出原矿浆的密度(ρ_P)，可以很方便地求出原矿浆的液固比。

当配碱量合理时，溶出率、苛性比值均等于或接近于技术规程所规定的指标；若配碱量过多，溶出率达标，苛性比值偏高；若配碱量不足，当溶出操作条件正常时，溶出率低于技术经济指标，而苛性比值不高。因此，在生产中可根据具体条件将上述计算公式简化，列成有效苛性氧化钠的质量浓度、铝土矿中氧化铝含量和原矿浆液固比的关系对照表，以便岗位操作者及时调整母液的加入量。

9.4　原矿浆的磨制及调节

9.4.1　原矿浆的磨制工艺流程

拜耳法原矿浆的磨制(简称磨矿)是按照配料的要求配入一定量的铝土矿、石灰和循环母液，在格子磨或管磨中进行细磨，制得合格的原矿浆。

在磨制工序，矿石要与石灰、循环母液一起进入磨机内进行混合湿磨以得到合格的原矿浆，因此，这道工序也是拜耳法氧化铝生产的配料工序。磨矿所用设备一般为球磨机。图9-1所示为原矿浆的磨制工艺流程。

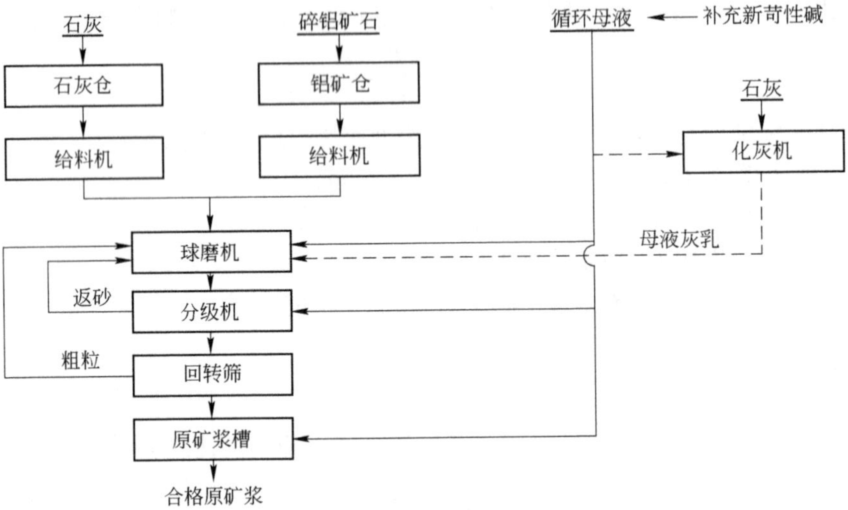

图 9-1　原矿浆的磨制工艺流程

9.4.2　影响磨机产能的因素

影响磨机产能的因素有以下几项：

(1) 矿石的可磨度。矿石的物理性质，如结晶特性、硬度、韧度等对球磨机生产率的影响程度用相对数量来表示，称为矿石的可磨度。一般晶体微小、结构致密、硬度大的矿石可磨度差，比较难磨；相反，晶体粗大、结构疏松、硬度小的矿石可磨度好，比较易磨。

(2) 给矿粒度和产品细度。当矿石的物理性质相同、要求的产品细度一样时，给矿粒度越小，球磨机的产能越高；当给矿粒度相同、产品细度要求不同时，细度要求越细，球磨机的产能就越低。

(3) 各种入磨物料的比例。在氧化铝生产中，拜耳法的入磨物料有铝土矿和石灰。当两种物料的比例稳定时，球磨机的产能高；反之，产能则低。物料中石灰比例增加时，也将会降低球磨机的产能。

(4) 球级配比。在其他条件不变时，球磨机的球级配比对其功率消耗和产能有较大影响。在生产上给矿粒度的大小和组成往往是不同的，同时球对矿石的冲击力和冲击次数又不一样，还要考虑到矿石在球磨机中的粒度越磨越细。所以，在球磨机的同一仓中装入多种规格的球，一般是最大和最小直径的球量少，中级直径的球量多。对多仓球磨机来说，在第一仓内进行第一阶段的磨碎，冲击作用应强些，因此球径应大些；而在最后一仓内，物料已经磨得较细了，因此应使用直径较小的圆柱形钢段，以加强磨剥作用。磨矿介质大小的选择，取决于球的密度、给矿粒度、矿石的可磨度和所要求的产品细度等因素。在生产上要求产品的细度是一定的，则在要求的密度和矿石可磨度相似的情况下，球大小的选择就视其入磨矿石粒度组成而定。通常采用的球直径 D(mm)的计算公式是：

$$D=28d^{\frac{1}{3}} \tag{9-8}$$

式中　d——给矿粒度直径，mm。

经实践证明，在给矿粒度较大时，按式(9-8)计算球径结果偏小，应予以适当修正。采用铸铁球时密度降低,球径应相应增大。

(5) 磨矿浓度。磨矿浓度是以磨出矿浆的液固比或固相百分含量来表示。当矿浆浓度大(矿浆液固比小)时,优点是流出的单位容积矿浆内所含的固相量多,排矿量大,同时球上黏附着一层矿浆,磨矿效果较好;缺点是矿浆相对密度大,球的有效相对密度及活动性能降低,相应地就减小了球的磨矿作用,同时矿浆的流动性也降低。当矿浆浓度小(矿浆液固比大)时,优点是球的有效相对密度及活动性能增加,磨矿作用也增大,球磨机中能显示出一定的分级作用;缺点是粗物料不易被排出,同时球上附着的矿浆很少,这就相应降低了磨矿效果。因此说,磨矿浓度过大或过小均不利,应根据生产实践来确定适宜的矿浆浓度。

9.4.3 磨机的操作实践、检查与维修

9.4.3.1 磨机的操作实践

A 磨机的启动

磨机在开车之前必须进行下列检查和准备工作:

(1) 对新安装或检修后未经试车的磨机,在启动之前必须转动 2~3 转,以检查磨机是否与其他机件碰撞;

(2) 检查磨机紧固螺栓、齿轮、联轴器、减速器或皮带轮等紧固、传动件的装配是否正常;

(3) 检查与磨机相关联的设备(如分级机、给矿机等)是否正常;

(4) 检查磨机各润滑部位(如主轴承、传动轴、减速机和齿轮等)的润滑装置是否可靠,油质、油量、油温等是否符合要求;

(5) 检查各种保护装置,如断油保护停车的水银接触器、油压断电器以及联锁装置和音响信号等是否完备、可靠。

做完上述各项检查和准备工作,确认不会有任何故障发生时再按以下程序启动:先开动润滑装置油泵,并检查油压和润滑情况。油压应保持在 0.05~0.15 MPa 范围内,保证进油、回油正常,无漏油现象。冷却水的压力稍低于油压(一般低 0.025~0.05 MPa),以免让水渗漏到油中。当润滑系统一切正常时再按规定发出开车信号,先开磨机,后开分级机和给矿机。

根据磨机停车时间长短和带料情况以及电动机的启动能力,可采用直接启动或盘车后启动。当磨机停车时间较长(一般在 4h 以上),启动电动机之前应先盘车 2~3 转,以检查磨矿介质是否黏结、转动是否自如。盘车时如果听不到介质滚动的声音,表明磨矿介质已黏结,必须继续盘车或采取其他措施直到介质运动自如为止。

启动磨机时应注意以下几点:

(1) 用频敏变阻器减压启动的磨机,启动过程不能超过规定的启动时间,启动时间一般是 15~20s。若按下启动按钮磨机开始转动,到规定时间磨机还达不到额定转速,则应立即停止启动,否则频敏变阻器会烧毁。停止启动后,应仔细检查机械和电器装置,找出启动不了的原因。第二次启动与第一次启动的时间间隔要在 15min 以上。如果频敏电阻器的温度比较高,可用风机强制冷却。

(2) 磨机连续启动不准超过两次,第三次启动必须经过全面检查后方可进行。

B　磨机的运转

磨机启动后一切正常，即可开始给矿。磨机在有载运转中，操作人员必须按以下要求正确地进行操作：

（1）磨机不能长时间不给矿空运转（一般不能超过15min），以免损伤衬板和增加钢球消耗；

（2）磨机的给矿量、排矿浓度应精心调整，介质的大小与配比也应调整合适，以提高产量和产品质量；

（3）经常检查各润滑部位的润滑情况，保证润滑正常，主轴承的回油温度不能超过60℃；

（4）定期检查磨机筒体内衬板的磨损情况，若发现衬板磨穿或破裂应及时更换，衬板螺栓松动或断裂应及时处理，以免损坏筒体和漏浆。

C　停车

a　正常停车

正常停车是指磨机在正常情况下有计划的停车。在接到停车指令后，先停止给矿，让磨机继续运转10～20min，将磨机筒体内的矿石全部处理完再停车，以避免磨机下次在过重的负荷下启动。对于闭路磨矿，在磨机停车之前必须先停分级机，以免返砂堵塞给矿器。对于螺旋分级机，停车以后应将下部提起来，防止分级机下一次在重负荷条件下启动，造成主轴或螺旋扭坏和电动机损坏的事故。

b　事故停车

因设备发生故障，又不能在运转的条件下排除，必须立即使磨机及其他设备停止运转，这种情况称为事故停车。

磨矿机组发生下列情况之一者，应立即事故停车：

（1）给矿机勺头掉落；

（2）给矿机与给矿槽相碰撞发生巨响；

（3）齿轮因打牙掉齿而发出周期性较大响声；

（4）电动机、减速器轴承急剧升温，温度高于80℃；

（5）地脚螺栓拉断，磨机发生振动；

（6）磨机衬板脱落，筒体内发出巨大响声；

（7）突然断油，但轴承还未过热；

（8）油箱有油，但循环量很小，一时又查不出毛病。

事故停车要立即停止给矿、停止分级机，并把所有的电器开关都打在停止位置。停止补加水，将螺旋分级机升起。若停车是由突然停电造成，要检查磁力启动器等是否已自动脱开，闸刀开关必须拉开，防止来电时自行启动。

事故停车后再启动时，一般都是在重负荷情况下启动，启动时对电动机、电器和设备都要特别注意。在启动时应做好以下几点：

（1）检查给矿机下边的给矿箱是否存有矿石，若存矿太多，应打开箱底排矿口将矿石排出，否则箱内有大量矿石存在，对给矿机的阻力太大，造成启动困难；

（2）启动前先盘车，使筒体内的矿石和介质充分活动起来，减少偏心；

（3）若磨机及电动机、电器正常而启动不起来，说明负荷过重，只好打开孔盖倒出一部分矿石或介质,等启动完毕、磨机正常运转后再给入磨机。

9.4.3.2 磨机的检查与维护

为了保证磨机长期连续运转,必须经常对磨机及所属设备进行检查和调整,做好维护保养工作,及时消除故障,防止事故发生。

磨机在运转过程中,各部分的配合必须紧密、可靠,传动正确、平稳,尤其是应具有良好的润滑。因此,磨机的检查与维护应着重注意润滑、紧固和调整等方面。

A 磨机的润滑

磨机只有在良好的润滑条件下,才能保证轴承和传动齿轮长期正常运行。若筒体上的大齿轮给以良好的润滑和维护保养,寿命一般可达 15 年以上;而当维护保养不当时,仅 1~2 年就报废,尤其是半开式传动齿轮更为严重。同样,主轴承轴瓦在正常的润滑与维护保养下,其寿命可达 10 年以上;相反,有时 2~3 年即需更换新的。主轴承烧瓦的重大事故往往是由于润滑不良造成的。所以,合理润滑对磨机摩擦零件的影响极为重要。

磨机各摩擦面的润滑一般采取两种形式,即干油润滑和稀油润滑。大、中型磨机的大传动齿轮、小传动齿轮、传动轴承、减速器和主轴承采用稀油循环润滑,有的磨机大、小传动齿轮和传动轴轴承也采用干油润滑。实践证明,大、小传动齿轮和滑动轴承采用稀油润滑,而滚动轴承采用干油润滑效果良好。稀油润滑以压力循环油润滑为最好,极有利于磨机的稳定运行和延长零件的使用寿命。小型磨机传动齿轮多采用干油润滑,但仍以稀油润滑为好。

磨机的润滑系统由油泵、过滤冷却器、油压调整阀、油箱、油管和指示仪表装置等组成。润滑油一般采用 30~50 号机械油。润滑油一般每半年进行一次过滤或更换,对于没有过滤器的润滑系统,应每季度过滤一次。当发现筒体大齿轮或主轴承有甩出的矿浆进入时,应立即进行检查清洗,否则会造成齿轮或轴瓦的快速磨损,因此必须加强检查。在正常运行时,大齿轮上的润滑脂一般每 2~4 个月清洗更换一次。

磨机在运转工作中,主要在以下几个方面对润滑系统进行检查与维护:

(1) 观察油压表。正常的油压应保持在 0.05~0.15 MPa。当过滤冷却器前、后的油压力差超过 0.04 MPa 时,要及时清洗过滤器。

(2) 检查油温。回油温度不允许超过 60℃。对装有油温表或测温器的磨机,可直接测得油温;若磨机无测温装置,可用手摸回油管,凭经验判断油温的高低。回油温度一般在 35~50℃之间。

(3) 检查油流量。检查的部位包括:

1) 管路上的油流指示器;

2) 中空轴颈瓦盖上的观察孔;

3) 油箱中的油位指示器。

润滑油多少才合适,一般凭经验,以润滑正常为准。

(4) 检查油泵、油路和各润滑点的密封部位有无漏油和进砂、进水情况。

(5) 从油流指示器或主轴承上盖观察孔观察油的黏度和清洁度。如果流动性差,证明黏度高或油温低;如果油变色,证明油不清洁。

(6) 对于由人工定期润滑的部位,必须按设备技术要求准确、及时地进行润滑。

B　磨机回转体的检查

磨机回转体主要包括筒体、端盖和给矿机。对回转体的检查主要是注意因螺钉松动、拉断而漏浆的情况。

筒体和端盖固定衬板的螺钉松动或拉断,都会引起磨机漏浆。两端盖和靠端盖的筒体上的螺孔漏浆,都会使矿浆进入主轴承和大、小齿轮,结果导致齿轮和轴承损坏。当矿浆进入润滑系统以后,整个润滑情况都变坏。所以要特别注意漏浆,一经发现,应及时停车处理。漏浆的处理方法是:若螺钉未断,只需增加或更换垫圈即可;若螺钉已断,则必须更换。.

C　紧固情况的检查

磨机在工作过程中,对各连接部位必须经常进行检查、紧固,绝不允许有任何松动。

D　齿轮啮合间隙的检查

磨机在运转过程中,各传动齿轮的啮合间隙应定期进行检查和调整,只有经常、及时地检查和合理调整各部间隙,才能保证各零部件的正常使用而不致损坏,确保设备正常运行。否则,当齿轮啮合间隙过大或过小而没有及时调整时,会引起打牙、快速磨损、轮齿变形、振动过大和噪声等缺陷和事故。对旧式三角皮带传动的磨机大齿轮啮合间隙,应特别注意及时检查、合理调整。各部轴承间隙也应根据运行和修理时的检查情况及时做适当调整。

9.4.4　磨矿常见故障及处理

9.4.4.1　跑磨

跑磨故障是指料浆未被磨到合格细度就从磨机出来,进入下一工序。

此故障发生原因如下:

(1) 给矿量过多,超出磨机磨矿的能力;

(2) 返砂比过大。

该故障处理方法如下:

(1) 稳定给矿量;

(2) 降低返砂比。

9.4.4.2　堵磨

此故障发生原因如下:

(1) 碱液量少,磨机内浆液的液固比小,不能将料带出;

(2) 石灰下料量过多;

(3) 出料端筛板被堵塞。

该故障处理方法如下:

(1) 停止下料,增大碱液量;

(2) 停止下料,用高压水冲掉石灰;

(3) 清理筛板。

9.4.5　原矿浆成分调节与技术经济指标

在磨矿中,球磨机的固体下料量要求稳定,因此,原矿浆成分的调节主要是调节原矿浆的液固比，即调整循环母液的加入量。在拜耳法磨矿中，循环母液分别是在磨机内、分级机内和混合槽内三个点加入，而磨机内和分级机溢流的液固比在磨矿的操作中要求稳定。因此，调节原矿浆的液固比，实际上是靠增减加入混合槽的循环母液量来实现的。

稳定循环母液的浓度和严格遵守铝土矿的配矿制度，是确保拜耳法正确配碱的有效措施。同时，应尽量减少非生产用水进入流程、提高石灰质量等，这些都是有利于拜耳法正确配料而达到良好溶出指标的重要保证。

原矿浆技术经济指标一般考核细度、固含、配钙。例如，某厂要求条件如下：

（1）细度，60 号筛残留不大于 1%，230 号筛残留不大于 25%；

（2）固含，300～400 g/L；

（3）配钙，铝矿石质量的 8%～10%。

复习思考题

9-1 氧化铝生产原料制备工序的主要任务是什么？

9-2 铝土矿破碎所要求的技术经济指标是什么？

9-3 配矿的作用是什么，对混矿质量要求的指标有哪些？

9-4 磨矿的作用是什么？

9-5 影响球磨机生产率的因素有哪些？

9-6 原矿浆配料计算中确定配碱量的依据是什么？

9-7 什么是原矿浆液固比？写出原矿浆液固比和密度的关系式。

9-8 生产中是怎样进行原矿浆配料控制的？

参 考 文 献

[1] 卢宇飞．冶金原理[M]．北京:冶金工业出版社,2009.

[2] 陈国发．重金属冶金学[M]．北京:冶金工业出版社,1992.

[3] 铅锌冶金学编委会．铅锌冶金学[M]．北京:科学出版社,2003.

[4] 彭容秋．重金属冶金工厂原料的综合利用[M]．长沙:中南大学出版社,2006.

[5] 彭容秋．铅冶金[M]．长沙:中南大学出版社,2004.

[6] 彭容秋．锡冶金[M]．长沙:中南大学出版社,2005.

[7] 彭容秋．锌冶金[M]．长沙:中南大学出版社,2005.

[8] 铅锌冶金学编委会．铜铅锌冶炼设计参考资料[M]．北京:冶金工业出版社,1978.

[9] 段希祥．碎矿与磨矿[M]．北京:冶金工业出版社,2006.

冶金工业出版社部分图书推荐

宽厚钢板轧机概论

陈　瑛　编著

北　京
冶 金 工 业 出 版 社
2011

内容提要

本书以宽厚板轧制设备和工艺为中心，从国内外中厚板生产技术的发展趋势，我国中厚板市场的前景，原料的选定，加热炉的选型与配置，轧机的选型，立辊轧机的发展，板形控制技术，控轧控冷技术，矫直技术的发展，冷床的选择，超声波探伤技术，剪切线生产技术的进步，中厚板热处理技术，中厚板车间平面布置设计，中厚板生产自动化，中厚板检测技术，中厚板质量控制与检查，提高成材率、降低生产成本的有效措施，我国中厚板厂技术改造方向等方面进行了全面和较深入的论述；同时在工艺、技术、装备和产品质量等方面，结合国内外有关厂家的实际情况作了较具体的分析对比，提供了较丰富的实例和有关图片。

本书可供钢铁企业，特别是中厚板厂的技术人员、操作人员、管理人员使用，也可供中厚板加工使用单位、科研院所技术人员和大专院校有关专业的师生参考。

图书在版编目(CIP)数据

宽厚钢板轧机概论/陈瑛编著．—北京：冶金工业出版社，2011.1

ISBN 978-7-5024-5422-7

Ⅰ.①宽…　Ⅱ.①陈…　Ⅲ.①厚板轧机—概论　Ⅳ.①TG333.7

中国版本图书馆 CIP 数据核字(2010) 第 246285 号

出版人　曹胜利
地　　址　北京北河沿大街嵩祝院北巷 39 号，邮编 100009
电　　话　(010)64027926　电子信箱　yjcbs@cnmip.com.cn
责任编辑　李培禄　张　晶　美术编辑　李　新　版式设计　孙跃红
责任校对　刘　倩　责任印制　牛晓波
ISBN 978-7-5024-5422-7
北京百善印刷厂印刷；冶金工业出版社发行；各地新华书店经销
2011 年 1 月第 1 版，2011 年 1 月第 1 次印刷
787mm×1092mm　1/16；25.75 印张；4 彩页；619 千字；395 页
75.00 元

冶金工业出版社发行部　电话：(010)64044283　传真：(010)64027893
冶金书店　地址：北京东四西大街 46 号(100010)　电话：(010)65289081(兼传真)
（本书如有印装质量问题，本社发行部负责退换）

前　言

1978 年以前我国还没有一台 3m 以上宽厚板轧机，尚处于中板生产阶段。1975 年 1 月由冶金工业出版社出版，鞍钢中板厂编写组编写的《中板生产》一书，促进了我国中板生产技术的迅速提高。

1978 年 8 月我国自行设计制造的舞钢 4200mm 厚板轧机顺利投产，开创了我国宽厚板生产的新纪元。1993 年 1 月由孙本荣、王有铭、陈瑛主编的《中厚钢板生产》一书出版至今又过去了 17 年，我国中厚板轧机建设发生了翻天覆地的变化，如雨后春笋般建成了一大批高性能宽厚板轧机。至 2007 年底约有宝钢和沙钢等 20 台宽厚板轧机投产；另外，还有鞍钢等 10 多台正在筹建之中，必将成为我国中厚板生产的中坚力量。

著者从事中厚板厂设计工作达 50 余年，积累有丰富的经验，并考察了全球大多数中厚板轧机，了解各种先进技术与装备的信息，知晓所有流派的风格且加以分析对比。其中尤其对宽厚板轧机颇为酷爱，将多年所写论文和收集的宝贵资料苦心整理成此书。因着重论述宽厚板轧制设备和工艺，故本书命名为《宽厚钢板轧机概论》。

囿于著者从事轧钢工艺设计专业的局限性，书中难免存在不足之处，望读者能善加甄别并予以指正。

编著者

2010 年 9 月

目　录

1 论宽厚钢板轧机

1.1 引言

宽厚钢板是国防建设的基础，机器制造业发展的条件，国家现代化所不可缺少的一项重要钢材品种。大桥桥梁要忍受重载列车的频繁振动，海上采油平台需耐台风巨浪的冲击，高压锅炉需经受住高温高压的考验，压力容器需承受住几十兆帕的压力，坦克装甲要抵挡住穿甲弹的穿透，军舰船身要防住鱼雷的攻击，等等。一旦钢板破裂了，都将造成生命财产的巨大损失或影响战争的成败。

20 世纪 50 年代法国一架大桥在寒冷夜晚突然发生断裂，经调查是由于钢板低温韧性差所致。1912 年英国豪华邮轮“泰坦尼克”号自英国南安普敦至美国纽约航行中撞上冰山，因船板脆性断裂而造成世界上闻名的惨重事故。1994 年 9 月“爱沙尼亚”号游轮沉没，造成 900 多人死亡的事故，钢板韧性差也是一个原因。

美国奉行炮舰外交，航空母舰引起世人瞩目，附照 1-1 为美国“华盛顿”号航母。1962 年古巴导弹危机时，美国派出 8 艘航空母舰，迫使苏联连夜撤出导弹。1982 年马岛战争时，英国派出“无敌”号航空母舰封锁住马岛海峡，夺取制空权和制海权，切断了阿根廷大陆与马岛的联系，终于取胜。1985 年利比亚空袭时，美国派出 3 艘航空母舰，从航空母舰上起飞的飞机频频轰炸利比亚首府得逞。1991 年海湾战争时，美国派出 9 艘航空母舰，其中参战有 6 艘，在袭击中发挥了重要作用。1994 年 9 月海地危机中，美国又出动 2 艘航空母舰，迫使海地军政府下了台。二次大战时，1941 年 12 月 7 日，日本出动 6 艘航空母舰偷袭珍珠港，使美军太平洋舰队全军覆灭。

这些事例说明，航空母舰的威力是很大的。但是，建造航空母舰，必先有大的宽厚钢板轧机。

建造一艘 7.5 万吨级航空母舰需用各种特殊品种宽厚钢板达 4 万多吨，板面越大越好，而且要求由一个厂配套供应，投资达 35 亿美元以上，建造周期达 13 年之久，确实是一项特大工程。

有人说：一个国家没有大的宽厚板轧机，就不可能建造大的航空母舰。这话是有几分道理的。

目前，我国已拥有数十台世界上现代化的宽厚板轧机。不但轧机台数居全球第一位，而且轧机装备水平也胜过日本、美国、俄罗斯、德国等中厚板生产先进国家。我国已进入到中厚板生产强国的行列。

1.2 中厚钢板轧机的分类及定义

我国中厚钢板有中板、厚板与特厚板之分。厚度为 4.5 ~ 20mm 称为中板；厚度为

20～60mm 称为厚板；厚度大于 60mm 称为特厚板。

国外分法与我国不尽相同，且各国也有所差别，但都以厚度 3mm 为界限，小于 3mm 为薄板，3mm 以上为中厚板，很少有特厚板一说。

目前，我国对中厚钢板轧机没有一个统一的称呼，按习惯将生产厚度 20mm 以下、轧机尺寸在 2500mm 以下的轧机，称之为中板轧机。

轧机尺寸在 2500mm 以上、生产厚度 20mm 以上的轧机，也可称为中厚板轧机，如武钢 2800mm、邯钢 3000mm 等。

轧机尺寸在 4200mm 以上、原料最重达 30t 以上、以生产厚度大于 20mm 为主的轧机，也可以称为厚板轧机。如生产厚度在 150mm 以上且大量生产军工用板的轧机，也可称为特厚板轧机或装甲板轧机，如舞钢 4200mm。

世界上中厚钢板轧机分为 8 个级别，分别为 1800mm、2300mm、2800mm、3300mm、3800mm、4300mm、4800mm 及 5300mm。每级上下波动幅度为 200mm，济钢 2500mm 轧机是由 2300mm 轧机发展而来的，邯钢 3000mm 轧机原来是 2800mm 轧机，八一钢厂 3500mm 轧机是由 3300mm 轧机放大的，马钢拟建设的 5000mm 轧机是与 4800mm 轧机同属于一个等级的轧机，日本 3 台 5500mm 轧机也是从室兰 5280mm 和鹿岛 5335mm 两台轧机发展而来的。

广钢原有一台 1800mm 轧机，现已拆除。国外 2800mm 以下轧机已大部分淘汰，日本 4300mm 以下轧机已停产，德国将 3300mm 以下轧机淘汰了并以二手设备出售。意大利塔兰托也将 3650mm 轧机停产，只留 4826mm 轧机生产。因此，世界上中厚钢板轧机的性能有很大提高，相应的产品质量也得到了改善。

3000mm 轧机生产最宽钢板 2700mm 是铁路和公路正常运输的一个界限，因此都把 3000mm 以上轧机称为宽厚钢板轧机。4800mm 及以上轧机生产宽 4000mm 以上钢板，不但铁路无法运输，即使高速公路以特大件货物超限运输，也只能经批准限道限时行走，一般都由水路运输。因此，一般将 4800mm 及以上轧机称为特宽厚钢板轧机。

1.3 宽厚钢板轧机的特色

宽厚钢板轧机是一种很有特色的轧机，而宽厚钢板的生产技术也是一项独具特点的工艺。

（1）横轧。目前叠轧薄板已被淘汰，横轧已成为宽厚钢板生产技术的特点之一。横轧的目的，一是宽展，当原料宽度小于板宽时，采用宽展方式以达到板宽的要求。二是减少钢板纵横向性能差，尤其是宽厚钢板轧机已成为一种通用的轧制方式。这种特有的轧制方式，使宽厚钢板轧机计算机控制的开发较热带连轧机晚了 10 年之久。

（2）复合式轧机。这种轧机在一个机架上既能轧制成品钢板又能开坯，这也是别的轧机所不具备的。目前，世界上还有 10 多套具备此项功能的宽厚钢板轧机。舞钢 4200mm 轧机即是其中的一套，可以将大钢锭先开成板坯，然后二次加热，再轧制成钢板。邯钢 3000mm 轧机生产厚 3mm 钢板时，也要求开成厚 60mm 板坯，在步进梁式加热炉内二次加热，才能轧制成薄的钢板。由于连铸技术的进步，这项功能已逐年减弱，新建的复合式宽厚钢板轧机也很少。

（3）机架少。薄板、型钢、线材及钢管都需要由多机架组成轧机才能轧制出成品钢材，而宽厚钢板则不然，少则一个机架，最合理的轧机组成也只要两个机架。曾出现过三机架形式，现已被淘汰。半连续式宽厚钢板轧机投资大，也不再新建了。

（4）轧机之王。宽厚钢板轧机是轧机中最大的轧机，从前也有称之为装甲钢板轧机的，顾名思义就是轧坦克装甲钢板用的。这种轧机的支撑辊，最大直径可以达到2400mm，而别的轧机最大只到1630mm；一片机架牌坊重量有440t，而别的轧机最重只有230t；轧机主电动机容量大到23000kW，而别的轧机最大只有13000kW；原料用钢锭最大重量可到250t，而别的轧机最大重量只用到65t；吊车吨位最大到360t，也是轧钢厂中最大的。因轧辊、机架牌坊、主电动机、吊车以及使用原料都是轧机中最大的，故宽厚钢板轧机素有“轧机之王”之称。

设计制造这种大轧机只限于日本、德国、美国、法国、捷克、俄罗斯、英国及中国等少数几个国家，主机设计制造水平以日本、德国及美国比较先进，辅机性能以德国比较高。

我国已自行设计制造了这种大轧机，机械设备尚可以，但电气与控制系统仍很欠缺。

（5）超限运输。宽厚钢板轧机越大，技术经济上越有利，但铁路上有一个宽板超限运输的问题。铁路运输板宽3400mm以上为超限（目前我国铁路线路繁忙，一般情况板宽2700mm以上就不办理正常货运），而斜放装车时板宽可达4000mm。因此，4300mm轧机是铁路超宽特殊运输的一个界限。4300mm以上轧机选厂时应靠海和大江，或衔接高速公路，用轮船和特种汽车来运输。20世纪50年代前后，世界上大批建设160英寸（4064mm）轧机，主要是这个原因。德国建在内陆的宽厚钢板轧机生产宽厚钢板，主要靠高速公路外运，板宽超过2500mm都斜放运输，最宽达5200mm也没有困难，但只在慢速道低速行车。

我国主要铁路线的运输非常紧张，安排超限运输的能力很有限。舞钢4200mm轧机建于山区，既不靠海，又不临江，靠铁路外运宽钢板非常困难，轧机能力受到交通的限制。

（6）热处理方式多。宽厚钢板的热处理有正火、回火、淬火、退火、调质（淬火+回火、正火+回火）及缓冷等方式，而炉子设备有辊底式、双步进梁式、外部机械化室式、罩式、车底式及缓冷坑等。热处理的工艺和设备比较齐全，热处理量很大，车间占有面积也很大，因而有人说，称之为轧钢车间，还不如称之为热处理车间。

虽然宽厚钢板轧机的控轧控冷工艺已应用很广，可以取代一部分宽厚钢板的正火与调质热处理，但大部分宽厚钢板的热处理仍然取代不了，而且热处理钢板的性能比较稳定，偏差也小，特别是热轧钢性能不合要求时，采用热处理尚有补救的可能。一些控轧后钢板还可作为热处理的基板，使热处理钢板性能更高。当前，宽厚钢板性能的重要性越来越被人们所共识，一个现代化宽厚钢板厂的热处理工序，是确保钢板最终性能所不可缺少的。

（7）适合于控轧。控轧要求控制温度和道次压下量，以达到一定的组织与晶粒度。控制轧制温度的措施很多，但弊端也不少，其中待轧控温是比较好的方式。别的轧机采用待轧控温都有一定的局限性，只有宽厚钢板轧机可以各种灵活的办法控温，如返回移送台架、移出辊道、吊架及机前延伸辊道等多块钢板控温轧制。

控制道次压下量也是宽厚钢板轧机的特长，只要具备控轧的宽厚钢板轧机，可随意选择哪个阶段、哪个道次、多大的压下量进行控轧，而别的轧机轧制道次和道次压下量都是固定的，随意变动道次和压下量比较困难。所以，要实现热机控轧，唯有宽厚钢板轧机比较适合。

（8）产品特殊而且重要。目前宽厚钢板轧机轧制钢板最宽已达到5350mm，最厚已达500mm，最重已达250t。钢板形状除了矩形以外，还有圆形、锥形及梯形等。有时订货量很小，只几百公斤，宽厚钢板的尺寸多、品种杂、用途广、交货状态五花八门。宽厚钢板被用于船舰、战车、坦克装甲、海上平台、大桥、高压锅炉、容器、储罐及管道等极为重要的地方，对钢板性能的要求胜过于其他钢材。

1.4 宽厚钢板轧机的发展

世界上中厚钢板生产至今已有近200年的历史。18世纪初，西欧已在二辊周期式薄板轧机上生产出小块中板。19世纪中叶这种二辊式轧机传入美国，开始轧制工具钢和高合金钢的中板。但由于采用人工操作，钢板单重小，满足不了增大板面的要求。到1850年前后便采用蒸汽机传动二辊可逆式轧机，辊身长已增至2m以上，以辊道进行操作。随着工业和武器装备的迅速发展，对中厚钢板的需求量大大增加。1864年美国创建了世界上第一台三辊劳特式中板轧机，不需要轧辊正反转而利用升降台进行来回轧制，当时盛行一时，推广于世界。为了提高钢板尺寸的精度，1891年美国钢铁公司霍姆斯特德厂投产了世界上第一台4064mm四辊可逆式宽厚钢板轧机，由于生产出钢板质量好，一些国家相继采纳，得到迅速发展。1918年美国留肯司钢铁公司科茨维尔厂为了满足建造航空母舰用大幅面优质厚钢板的需要，建设了世界上第一台最大的5230mm四辊式特宽厚钢板轧机。1938年德国多特蒙德赫尔德厂也建成一台5000mm四辊式特宽厚钢板轧机，1940年苏联莫斯科“镰刀和锤子”钢铁厂投产了一台5300mm四辊式特宽厚钢板轧机，1941年日本制钢公司室兰厂投产一台蒸汽机传动5280mm四辊式特宽厚钢板轧机。这些5m以上特宽厚钢板轧机主要用于生产航空母舰等大军舰用宽厚钢板。这段时期内，为了准备二次大战，英国、法国、捷克及西班牙等国家也相继建成一批宽厚钢板轧机，世界上海军力量得到迅猛发展。

二次大战后，世界上宽厚钢板轧机发展又有一个好的机遇，考虑铁路运输超宽的限制，美国、日本、加拿大、原联邦德国、巴西等国家普遍建设4m上下轧机，以美国160英寸（4064mm）轧机最为典型。20世纪60年代宽厚钢板生产的优势被日本所夺取，4700mm轧机成为典型代表。为满足造船和管线用板的需要，日本、意大利和韩国先后建成8台4700mm级的轧机，且均为高产量的双机架轧机（其中一台预留粗轧机）。70年代开始，轧机又加大一级，以日本5500mm轧机为典型代表。5m及以上轧机世界上有29台，其中中国有7台，日本有5台，俄罗斯有6台，德国有2台，美国有2台，韩国有3台，印度有2台，法国有1台，泰国有1台。1976年和1977年两年当中，日本就投产了3台5500mm轧机，1985年德国迪林根厂又投产1台5500mm轧机，这是世界上最大的4台特宽厚钢板轧机。1984年俄罗斯为了生产航空母舰用板，在伊尔诺斯克投产了1台年产100万吨宽厚钢板的5000mm轧机，同年法国为了满足核电站，海上平台及大军舰用板，在敦刻尔克4300mm轧机后增加1台5000mm轧机。目前，世界上宽厚钢板轧机都在往大的方向发展。我国中厚钢板轧机的发展也不例外，短短几年已有6台5m以上轧机投产，一批中板轧机的尺寸也都加大了。

再从一个厂看也有加大的趋势。日本水岛一厂4700mm/4180mm、名古屋4800mm/4700mm和鹿岛5335mm/4724mm 3台双机架轧机，为了生产更宽的钢板和增大生产能力，后建的粗轧机都比先建的精轧机大。大分厂原方案是建设3800mm轧机，并已做了大量工作，但也改成5500mm轧机。意大利塔兰托厂1965年投产3650mm轧机，而1971年投产的第2台便增至4826mm。韩国浦项厂1972年投产3400mm轧机，而1977年建成的第2台也改大为4724mm轧机。巴西1962年建成的第1台是3050mm轧机，而1976年和1978年建成的2台均为4100mm轧机，并在双机架上预留好4900mm粗轧机。德国迪林根厂1970年建成4300mm轧机，而1985年将4300mm轧机换成4800mm轧机，并增建1台5500mm粗轧机。法国敦刻尔克厂1962年建成4320mm轧机，而1984年底新建精轧机已增至5000mm。轧机尺寸的不断增大，不单纯是一个板宽问题，而是包含着产量、质量、成本、钢板单重、性能均匀性、成材率及规模经济等一系列技术经济问题。

目前，全世界共有宽厚钢板轧机163台，见表1-1，其中4700mm以上宽厚钢板轧机达38台，中国7台，日本10台，俄罗斯6台，美国2台，德国2台，法国2台，意大利1台，韩国4台，印度2台，伊朗1台，泰国1台。

表1-1 世界宽厚钢板轧机一览表

序号	国家	厂名	投产年份	轧机		年产能/万吨	技术水平
				尺寸/mm	形式		
1	中国	防城港	2010年	5500+5500	4h+4h	300	20世纪90年代
2	中国	鲅鱼圈（一）	2008年	5500+5000	4h+4h	250	90年代
3	中国	宝钢	2005年F 2008年R	5000+5000	4h+4hv	180	90年代
4	中国	沙钢（一）	2006年	5000	4hv	200	90年代
5	中国	沙钢（二）	2008年	5000	4hv	200	90年代
6	中国	营口五矿	2009年	5000+5000	4hv+4h	230	90年代
7	中国	湘钢（一）	2010年	5000+5000	4hv+4h	200	90年代
8	中国	舞钢（一）	1978年	4200	v·4h	100	50年代
9	中国	山东济钢	2010年	4300+4300	4hv+4h	180	90年代
10	中国	宝钢罗泾	2008年	4300+4300	4hv+4h	160	90年代
11	中国	鞍钢	1993年	4300	4h	100	60年代
12	中国	八一钢厂	2008年	4200+3500	v·4h+4h	120	60年代
13	中国	首钢抚宁	2006年	4300+4300	v4h+4h	180	90年代
14	中国	山东莱钢	2008年	4300+4300	4hv+4h	180	90年代
15	中国	鄂钢	2008年	4300+4300	4hv+4h	180	90年代
16	中国	宁波	2009年	4300+4300	4hv+4h	160	90年代
17	中国	江阴兴澄	2010年	4300+4300	v4h+4h	160	90年代
18	中国	文丰	2010年	4300	v·4h	60	80年代
19	中国	湘钢（二）	2005年	3800+3800	4h+4h	180	90年代
20	中国	新钢	2005年	3800+3800	4hv+4hv	180	90年代
21	中国	包钢	2007年	3800+3800	4hv+4h	140	90年代
22	中国	舞钢（二）	2007年	3800+3800	4h+4hv	150	90年代

续表 1-1

序号	国家	厂名	投产年份	轧机		年产能/万吨	技术水平
				尺寸/mm	形式		
23	中国	西峡（一）	2008 年	3800	v4h	100	90 年代
24	中国	重钢长寿	2010 年	3800 +3800	4hv +4h	140	90 年代
25	中国	湘钢（三）	2008 年	3800 +3800	4hv +4h	180	90 年代
26	中国	鲅鱼圈（二）	2010 年	3800 +3800	4h +4h	140	90 年代
27	中国	河北敬业（一）	2009 年	3800 +3800	4h +4h	150	90 年代
28	中国	首钢秦皇岛（一）	1993 年	3354	v4h	50	50 年代
29	中国	首钢（二）	1983 年	3500	4h	100	80 年代
30	中国	临钢	2006 年 R 2008 年 F	3000 +3300	4h +4h	120	80 年代
31	中国	山东济钢	1998 年	3200 +3500	4h +4h	200	80 年代
32	中国	南钢	2004 年	3500	v4hs	110	80 年代
33	中国	韶钢	2005 年	3450	v4hs	110	80 年代
34	中国	安钢	2005 年	3500	v4hs	110	80 年代
35	中国	西峡（二）	2005 年	3200 +3500	4h +4h	100	80 年代
36	中国	安阳永兴	2010 年	3500 +3500	4h +4h	150	80 年代
37	中国	天钢	2006 年	3500 +3500	4h +4h	150	80 年代
38	中国	淄博	2002 年	3500 +3400	2h +4h	60	50 年代
39	中国	邯钢（二）	2006 年	3500 +3500	4h +4hv	150	80 年代
40	中国	唐钢	2006 年	3500 +3500	4h +4h	120	80 年代
41	中国	无锡兆顺（一）	2005 年	3300 +3500	4h +4h	80	50 年代
42	中国	河北普阳	2005 年	3500 +3500	4h +4h	150	80 年代
43	中国	水城	2008 年	3500 +3500	4h +4h	150	80 年代
44	中国	江阴兴澄	2009 年	3500	v4hs	100	80 年代
45	中国	邯钢（三）	2009 年	3500	4h	100	80 年代
46	中国	九江	2009 年	3500 +3500	4hv +4h	130	80 年代
47	中国	珠海奥裕丰	2009 年	3500 +3500	4h +4h	140	80 年代
48	中国	宣钢	2009 年	3500	4h	100	80 年代
49	中国	唐钢乐亭	2009 年	3500	v4hs	100	80 年代
50	中国	酒钢	2010 年	3500 +3500	4h +4h	130	80 年代
51	中国	无锡兆顺（二）	2005 年	3500 +3500	4h +4h	120	80 年代
52	中国	邯钢（一）	1989 年	3000	4h	100	50 年代
53	中国	武钢	2001 年	2800 +3000	2h +4h	80	50 年代
54	中国	天津中板	1986 年	2800 +3000	4h +4h	100	50 年代
55	中国	武安文丰	2004 年	2800 +3000	2h +4h	80	50 年代
56	中国	三明	2007 年	3000 +3000	4h +4h	120	50 年代

续表 1-1

序号	国 家	厂 名	投产年份	轧 机		年产能/万吨	技术水平
				尺寸/mm	形 式		
57	中 国	河北敬业（二）	2006 年	3000 + 3000	4h + 4h	100	50 年代
58	中 国	河北西柏坡	2005 年	3000	4h	50	50 年代
59	中 国	台湾高雄	1974 年	4064	4h	75	50 年代
60	日 本	新日铁 大分	1976 年	5500 + 5500	4h · v + 4h	240	70 年代
61	日 本	JFE 京滨	1976 年	5500	4h	180	70 年代
62	日 本	JFE 水岛	1976 年	5490	4hv	180	70 年代
63	日 本	住友金属 鹿岛	1971 年	5335 + 4724	4h + 4h	192	70 年代
64	日 本	日本制钢 室兰	1941 年	5280	4h	36	50 年代
65	日 本	新日铁 加古川	1970 年	4724 + 4724	4h + 4h	180	70 年代
66	日 本	新日铁 名古屋	1968 年	4800 + 4700	4h + 4h	168	70 年代
67	日 本	新日铁 君津	1968 年	4724 + 4724	4h + 4h	240	70 年代
68	日 本	JFE 福山	1970 年	4700 + 4700	4h + 4h	240	70 年代
69	日 本	新日铁 八幡	1972 年	4800 + 4800	2h + 4h	162	60 年代
70	日 本	JFE 千叶	1973 年	3500 + 4216	v · 4h + 4h	132	60 年代
71	美 国	格 里	1962 年	4064 + 5335	4h + 4h	120	50 年代
72	美 国	留肯司 科茨维尔	1918 年	3560 + 5230	3h + 4h	31	老 式
73	美 国	阿姆科 奥斯顿	1962 年	4064	4h	85	50 年代
74	美 国	霍姆斯特德	1960 年	4064	4h	81	50 年代
75	美 国	巴 敦	1969 年	4064 + 4064	2h + 4h	120	60 年代
76	美 国	伯利恒 伯恩斯港	1964 年	4064 + 2800	4h + 4h	100	60 年代
77	美 国	伯利恒 雀点	1957 年	4064 + 4064	3h + 4h	89	50 年代
78	美 国	凤凰 克莱蒙特	1968 年	3050 + 4064	2h + 4h	50	50 年代
79	美 国	凯萨 丰塔纳	1958 年	2800 + 3760	2h + 4h	82	50 年代
80	美 国	共和国 加兹登	1965 年	3404 + 3404	2h + 4h	52	50 年代
81	美 国	日内瓦	1953 年	3350	半连续式	188	50 年代
82	美 国	IPSCO 蒙特利埃	1997 年	3400	v4hs	112	80 年代
83	美 国	IPSCO 莫比尔	1997 年	3400	v4hs	125	80 年代
84	美 国	纽 柯	1998 年	3400	v4hs	100	80 年代
85	美 国	留肯司 康舍霍肯	1996 年	3850 + 3050	3h + 4h	30	50 年代
86	美 国	俄勒冈 波特兰	1997 年	3759	v4hs	120	80 年代
87	俄罗斯	下塔吉尔（一）	1946 年	5000	4h	30	老 式
88	俄罗斯	莫斯科“镰刀和锤子”	1940 年	5300	4h	50	老 式
89	俄罗斯	伊尔诺斯克	1984 年	5000	4h	100	70 年代
90	俄罗斯	马格尼托哥尔斯克	2003 年	5000	4h	120	90 年代
91	俄罗斯	下塔吉尔（二）	2009 年	5000	4h	120	90 年代

续表 1-1

序号	国 家	厂 名	投产年份	轧 机		年产能/万吨	技术水平
				尺寸/mm	形 式		
92	俄罗斯	维克萨	2010 年	5000	4h	120	90 年代
93	俄罗斯	印札尔斯克	1945 年	4000	2h	20	老 式
94	俄罗斯	札波罗热	1971 年	3000	4h	30	50 年代
95	俄罗斯	基洛夫	1971 年	3000	4h	30	50 年代
96	德 国	迪林根	1970 年	5500 + 4800	4h + 4h	150	80 年代
97	德 国	米尔海姆	1969 年	5100	4h	120	60 年代
98	德 国	杜伊斯堡	1964 年	3900	4h	60	60 年代
99	德 国	多特蒙德	1966 年	4000 + 3150	4h + 4h	96	50 年代
100	德 国	瓦坦斯坦	1952 年	3200 + 3200	4h + 4h	60	50 年代
101	德 国	埃森博格	2002 年	3700	4h	70	80 年代
102	韩 国	浦 项	2009 年	5000 + 5000	4h + 4h	250	90 年代
103	韩 国	现 代	2008 年	5000 + 5000	4h + 4h	250	90 年代
104	韩 国	东 国	2008 年	5000	4h	120	90 年代
105	韩 国	浦 项	1978 年	4724 + 4724	v4h + v4h	217	80 年代
106	韩 国	浦 项	1997 年	4300	v4h	150	80 年代
107	韩 国	东 国	1997 年	4300 + 4300	4h + 4h	150	80 年代
108	韩 国	浦 项	1972 年	3400	4h	40	50 年代
109	韩 国	东 国	1991 年	3400	4h	70	50 年代
110	印 度	Jindal Augul	2008 年	5000	4h	140	90 年代
111	印 度	Gugava Hazira Essar	2007 年	5000	4h	150	90 年代
112	印 度	斯坦 茹尔克拉	1961 年	3100	4h	50	50 年代
113	印 度	印度斯坦 比莱	1981 年	3600	4h	95	70 年代
114	意大利	塔兰托	1971 年	4826 + 4826	4h + 4h	230	70 年代
115	意大利	科里格利亚诺	1953 年	3100 + 3100	2h + 4h	81	50 年代
116	伊 朗	胡泽斯坦 阿瓦士	1998 年	4800	4h	100	80 年代
117	法 国	敦刻尔克	1984 年	4320 + 5000	4h + 4h	120	80 年代
118	法 国	隆 维	1955 年	4064 + 4064	2h + 4h	60	50 年代
119	法 国	赫雷 审坦斯	1939 年	4700	4h	10	老 式
120	法 国	克鲁索	1963 年	4200 + 3600	2h + 4h	20	50 年代
121	英 国	达尔泽尔	1963 年	4340	4h	44	60 年代
122	英 国	斯肖索普 可堪脱贝	1958 年	3810 + 3810	2h + 4h	90	50 年代
123	英 国	苏格兰 克莱德桥	1962 年	3353	4h	48	50 年代
124	英 国	蒂兹赛德	1960 年	3210 + 3810 + 3810	2h + 4h + 4h	100	50 年代
125	英 国	康塞特	1960 年	3350	4h	55	50 年代

续表 1-1

序号	国家	厂名	投产年份	轧机 尺寸/mm	轧机 形式	年产能/万吨	技术水平
126	英国	谢菲尔德	1939 年	2950 + 3300	3h + 4h	40	老式
127	英国	多尔曼 郎	1941 年	3600 + 3000	2h + 4h	26	老式
128	捷克	俄斯特拉发	1955 年	4500	2h	20	老式
129	捷克	俄斯特拉发	1971 年	3500	4h	60	50 年代
130	奥地利	林茨	1953 年	4200	5h	45	50 年代
131	比利时	沙勒罗瓦	1970 年	4250	4h	48	60 年代
132	比利时	科克里尔 马格里	1953 年	3350	4h	35	50 年代
133	比利时	卢维埃尔	1965 年	3100	4h	60	50 年代
134	瑞典	福耶福尔斯	1962 年	3560	4h	33	50 年代
135	瑞典	多姆纳维特	1958 年	3800	4h	33	50 年代
136	瑞典	奥克塞洛森德	1960 年	3650	4h	69	50 年代
137	西班牙	阿维莱斯	1961 年	3353	4h	40	50 年代
138	西班牙	希杭	1972 年	3600	4h	80	60 年代
139	芬兰	拉提	1967 年	3607	4h	50	50 年代
140	瑞典	奥克塞洛森德	1998 年	3800	v4h	60	70 年代
141	波兰	巴拉雷	1961 年	4100	4h	55	50 年代
142	波兰	贝鲁特	1972 年	3600 + 3600	4h + 4h	100	60 年代
143	丹麦	腓德烈	1962 年	3300	4h	30	50 年代
144	罗马尼亚	加拉茨	1965 年	3353 + 3353	4h + 4h	120	60 年代
145	澳大利亚	堪培拉港	1963 年	3556 + 3658	4h + 4h	90	60 年代
146	南非	范德比杰尔帕克	1961 年	3655	4h	45	50 年代
147	南非	范德比杰尔帕克	1970 年	3050	4h/2h	50	50 年代
148	加拿大	苏圣马里	1971 年	3200 + 4216	2h + 4h	45	50 年代
149	加拿大	哈密尔顿	1965 年	3759 + 3759	2h + 4h	100	50 年代
150	加拿大	阿尔戈马	1959 年	3100	4h	27	老式
151	墨西哥	蒙克洛瓦	1963 年	3300	4h	35	50 年代
152	巴西	米纳斯吉拉斯 伊帕廷格	1963 年	3050 + 3050	2h + 4h	72	50 年代
153	巴西	米纳斯吉拉斯 乌基米纳斯	1976 年	4100 + 4100	4h + 4h	80	60 年代
154	巴西	包里斯特 皮亚沙格拉	1978 年	4100 + 4100	4h + 4h	90	60 年代
155	委内瑞拉	奥里诺克 马坦萨斯	1972 年	3300	4h	35	50 年代
156	阿根廷	萨比奥	1976 年	3550 + 3550	4h + 4h	70	60 年代
157	乌克兰	日丹诺夫 亚速	1973 年	3600 + 3600	4h + 4h	188	70 年代
158	乌克兰	日丹诺夫 伊里奇	1983 年	3000 + 3000	4h + 4h	125	70 年代
159	埃及	阿布 扎贝尔	2004 年	3800	4h	60	70 年代
160	越南	越内船舶	2007 年	3300	4h	36	70 年代
161	马其顿	斯科普里	1967 年	3350	4h	55	60 年代
162	泰国	LPN	1995 年	3124	4h	40	60 年代
163	泰国	Canadoil	2010 年	5000	4h	120	90 年代

表 1-2 为世界上宽厚钢板轧机按形式与组成的统计情况。

表 1-2 世界上宽厚钢板轧机按形式与组成统计情况

序号	国家	按辊身长度分					按轧机形式与组成分						合计
							单机架		双机架			半连续式	
		3000～3400mm	3400～3800mm	3800～4350mm	4350～4900mm	≥5000mm	2h	4h	2h + 4h	3h + 4h	4h + 4h	4h×2R +4h×6F	
1	中国	9	31	12		7		17	3		39		59
2	日本			1	5	5		2	1		8		11
3	美国	4	3	7		2		6	4	3	2	1	16
4	俄罗斯	2		1		6	1	8					9
5	德国	1	1	2		2		3			3		6
6	韩国	2		2	1	3		4			4		8
7	印度	1	1			2		4					4
8	意大利	1			1				1		1		2
9	伊朗				1			1					1
10	法国			2	1	1		1	2		1		4
11	英国	3	1	3				3	3	1			7
12	捷克		1		1		1	1					2
13	奥地利			1				1					1
14	比利时	2		1				3					3
15	瑞典		4					4					4
16	西班牙	1	1					2					2
17	芬兰		1					1					1
18	波兰		1	1				1			1		2
19	丹麦	1						1					1
20	罗马尼亚	1									1		1
21	澳大利亚		1								1		1
22	南非	1	1					2					2
23	加拿大	1	1	1				1	2				3
24	墨西哥	1						1					1
25	巴西	1		2					1		2		3
26	委内瑞拉	1						1					1
27	阿根廷		1								1		1
28	乌克兰	1	1								2		2
29	埃及		1					1					1
30	越南	1						1					1
31	马其顿	1						1					1
32	泰国	1				1		2					2
合计		37	51	36	10	29	2	73	17	4	66	1	163

1.5 宽厚钢板轧机的选型

宽厚钢板轧机的选型是非常重要的一个问题，包含有轧机的大小、组成及形式3个方面。

1.5.1 轧机的大小

确定轧机的大小，不仅取决于板宽，也与产量、钢板单重、成材率以及纵横向性能有关。

（1）板宽：板宽取决于用户和轧机的大小，一般轧机工作辊辊身长度减去200mm即为生产成品的最大板宽。早期建设5000mm以上特宽厚钢板轧机都是为了生产航空母舰用板。20世纪70年代建设5500mm轧机，主要是满足直径1626mm UOE焊管用板的需要。宽厚钢板轧机和UOE焊管机组的配合关系如表1-3所示。

表1-3 宽厚钢板轧机和UOE焊管机组的配合关系

序号	UOE焊管机组		宽厚钢板轧机	
	焊管外径/mm(in)	用板最大宽度/mm	工作辊辊身长度/mm	生产最大板宽/mm
1	914(36)	2850	3300	3000
2	1067(42)	3330	3800	3500
3	1210(48)	3830	4300	4000
4	1422(56)	4470	5000	4700
5	1626(64)	5110	5500	5200

另外，需要特宽厚钢板的还有宽达4.5m的船板、海上平台、大军舰、机器、高炉炉壳、压力容器等。这些需求量虽然有限，但影响却很大，从国外订货，不是被拒就是要高价，重要用途宽板根本订不到。因此，我国自己没有一台特宽厚钢板轧机确实感到非常不方便。

（2）产量：中厚钢板轧机生产能力取决于轧机的大小、组成与形式。其关系如表1-4所示。

表1-4 轧机大小与生产能力的关系

序号	轧机大小/mm	年生产能力/万吨			
		四辊单机架		四辊双机架	
		常规轧制	附立辊控制轧制	常规轧制	附立辊控制轧制
1	2300	20~30	15~20	35~60	25~40
2	2800	30~60	20~40	60~80	40~60
3	3300	45~70	35~50	70~100	50~80
4	3800	50~90	45~65	100~140	80~120
5	4300	90~110	65~90	140~180	120~160
6	4800	120~140	100~120	180~220	160~200
7	5000	140~160	120~150	220~270	200~250
8	5500	150~200	130~180	270~330	250~300

表1-4中所列有常规和附立辊控制轧制两种情况。一般来说，采用立辊轧边、控制轧制及板形控制工艺后，其生产能力会有所下降。

（3）钢板单重：轧机越大，钢板单重也越大。连铸板坯厚度与宽度的调节范围不大，一般厚度达400mm、宽度达3400mm左右，唯一能调节的是长度，而板坯长度取决于轧机大小。一般板坯最大长度比工作辊辊身长度小200mm，如5500mm轧机用料的最大长度达5300mm，最大单重为55t；而4300mm轧机，板坯长度为4100mm，则单重为43t。超过55t，可采用锻压坯、单向结晶钢锭及大型钢锭等。要求钢板单重大的产品有高压锅炉、容器、桥梁、船舰、海上平台、核能设备、火箭卫星外壳、高炉炉壳及机器结构等。

国产30万kW发电机组用厚达210mm、单重达41t的高压锅炉钢板，需要用48t原料才能生产，如用原料厚600mm、宽2400mm，则长需4500mm，只有5000mm以上轧机才能轧制。

海上平台用板厚达210～230mm，板面越大越好，以尽量减少焊缝。据日本厚板专家介绍，5500mm轧机最适合生产海上平台用板。

（4）纵横向性能：板带的同板性能差要求越来越小，甚至要求供应均质板。目前，热带的纵横向σ_b差达27.2MPa，δ差达2.46%，A_K差达6.1J；而中厚板的σ_b差只有2.65MPa，δ差只有0.97%，A_K差只有2.4J，比热带小一倍以上。由于横向性能小于纵向性能，用户都按最低性能取料，因此，钢板性能差越大，材料损失也越大。轧机越大，展宽量越大，纵横向性能差越小。

（5）成材率：5000mm轧机可生产宽4800mm成品板，经剖分剪切成目前我国大量使用的宽2400mm板，比单块生产少切两条边，成材率可提高约4%。若按年产量100万吨计，每年可多产达4万吨成品板。另外，轧机大，原料单重也大，5000mm轧机用的原料比4300mm轧机重3～6t，若生产厚10～18mm、宽3000mm、长10000mm钢板，可多切一块，少一个切头，成材率提高约1%。若按年产量200万吨计，每年可多产2万吨成品板。因此，成材率提高后收益是很可观的。

另外，轧机越大，越符合规模经济，不仅单位产量的投资少，而且生产成本较低。

1.5.2 轧机组成

宽厚钢板轧机的组成，基本上只存在单机架和双机架两种配置。目前，双机架比单机架稍多一些。

选用单机架还是双机架轧机，主要取决于产量，而质量应该说双机架好一些。在产量不受限制的条件下，采用双机架轧机是比较经济的。一般来说，双机架轧机的设备吨位比单机架轧机只重20%～30%，而产量却可增大60%～100%。

宽厚钢板生产工艺分为粗轧和精轧两个阶段。粗轧阶段主要是完成成形和宽展工作，而精轧阶段主要是完成伸长轧制及性能与板形精度控制。宽展轧制需要90°转钢进行横轧，这是宽厚钢板生产所固有的特色。对单机架轧机来说，粗、精轧只能在一个机架上完成，而双机架轧机则在粗轧机和精轧机上分别完成。将两种不同操作的工艺分配到两个机架上完成是比较合理的，而且粗、精轧机的主电动机功率与转速、轧辊材质、压下调整等均可合理匹配。

当前，宽厚钢板轧机上采用液压AGC和计算机过程控制已很普遍。双机架轧机精轧机上实施计算机过程控制效果都比较理想。

1.5.3 轧机形式

当前大家关心的是双机架轧机的形式问题。双机架轧机有三辊式加四辊式、二辊式加四辊式及四辊式加四辊式3种形式。前一种已趋淘汰，第二种也不是新建，第三种是目前采用的主要形式。

三辊式加四辊式轧机的主要缺点是，三辊劳特式轧机的薄弱环节依然没有克服。因此，与三辊劳特式单机架轧机一样，同属于世界上被淘汰轧机的行列。

四辊式加四辊式与二辊式加四辊式轧机相比，前者生产钢板质量好、产量高、灵活性大、备品备件少，但设备吨位重、投资大。后者的优缺点恰好相反，且适合于轧制钢锭。二辊式轧机工作辊直径比四辊式轧机大，咬入角也大，便于轧制钢锭时的咬入。然而，由于连铸生产的迅速发展，大部分宽厚钢板轧机已不再采用钢锭作为原料，故不存在轧制钢锭时在四辊式轧机上受咬入角限制的问题。在主电动机功率与轧制力矩相同的条件下，四辊式轧机工作辊直径比二辊式轧机小，道次压下量比二辊式轧机大，轧制道次少，因此轧机生产能力大。

另外，二辊式轧机刚度低、轧辊挠度大，钢板横向厚差大，易于形成较大的舌头、鱼尾及镰刀弯等缺陷，不但成材率下降、板形恶化，而且还对精轧机操作和自动化控制带来极大不利。

宽厚钢板轧机选型时，在条件允许的情况下，应尽可能采用四辊式加四辊式轧机。如分期建设时，可先建精轧机，预留好粗轧机。

1.6 宽厚钢板生产工艺的风格

目前，世界上宽厚钢板生产工艺有两种不同的风格，即德国的实用型，有人称之为性能型；日本的经济型，有人说是节约型。

德国的实用型，注重于钢板内在性能，不计较成材率、节能及尺寸的偏差和板形；生产作业线的连续性与自动化程度低，设备少而配置简捷，能用人工操作的地方尽量不花钱，所以有人称赞德国的宽厚钢板操作比较实用，锦上添花的东西比较少；热处理量大，控轧量少，所以有人也称它为内在质量型。我国大量进口德国的高压锅炉钢板，都称赞其性能好。参观过德国宽厚钢板厂的都认为，德国宽厚钢板生产线设备少，工人操作技术高而认真，热处理设备多，当休假或轧机停产时，热处理照常在生产。经控轧的钢板，最后又热处理一次，以确保钢板性能的均匀性。轧成钢板切头尾和切边的量比日本大得多，这方面不太下工夫。超声波探伤装置先进，且操作严格。检验中心很大，设备精密而齐全，对用户极端负责，尽力满足一切要求。

日本的经济型，注重钢板的板形、成材率和节能；生产作业线的连续性与自动化程度高，尽量不用人工操作，生产钢板成本低，外观漂亮；控轧量大，热送热装率高，可实现直接轧制；操作工艺比较经济，热处理少。所以，有人也称它为外表质量型。参观过日本宽厚钢板厂的人认为，日本宽厚钢板轧机多，且现代化程度高，计算机用得多，车间工人少，专业化强，品种单一，生产效率高，走进车间有一种舒畅感，生产比较文明；交货及时，标志清晰美观。

目前，我国宽厚钢板生产既不是实用型，也不是经济型，没有形成自己的特色，应该取德国和日本之所长的实用经济型，创造出一种具有中国特色的宽厚钢板生产工艺。

表1-5列出了中厚钢板生产技术的两种风格比较，应该说是各有所长。

表1-5 中厚钢板生产技术两种风格的比较

序号	内 容	东 方 式	西 方 式
1	代表国家	日本	德国
2	风格与流派	经济型、节约型、表面质量型	实用型、性能型、内在质量型
3	生产流程	连续化、自动化程度高，设备多，劳力少	连续化、自动化程度低，设备少，劳力多
4	厚板生产技术创始	晚	早
5	原料种类	少，以连铸板坯和钢锭为主	多，除坯锭以外还有锻坯、重熔料等
6	产品质量	关注表面质量	关注内在质量、力学性能
7	最薄钢板尺寸	4.5mm×3000mm	3mm×2500mm
8	成材率、节能	非常重视	不太重视
9	生产成本	低	高
10	轧机参数	低，主电动机功率1.5kW/mm以下	高，主电动机功率2kW/mm以上
11	立辊轧机	多，用于板形控制、提高成材率	少，用于钢锭消除锥度与厚坯不均匀变形
12	板形控制	重视，有PC、HCW等软件创新	一般，有CVC，研发较晚
13	控轧控冷	已全面推行，控轧量大	局部使用，控轧量小
14	热处理	量少	量多
15	连续式加热炉	步进梁式多	推钢式多
16	室式加热炉	仍在采用	已不太采用
17	热装热送	40%～70%热装热送率，温度达400～700℃	很少采纳
18	冷 床	以步进格板式为主，面积大	以盘辊式为主，面积小
19	修磨台架	趋向于减小或不设	保留有，但应减小
20	划线机	日本各厂普遍采用	不用
21	超声波探伤	探温100℃以下，用脉冲反射波	探温250℃以下，用连续波穿透式
22	废边分类收集采样	不重视	非常重视
23	外部机械化炉	不用	有用
24	高压水除鳞	水压达26MPa，喷嘴高300mm，水量小	水压达20MPa，喷嘴高100～200mm，水量大
25	车间自动化程度	高	低
26	仿照国家	韩国、中国	美国、俄罗斯、英国、法国、意大利、加拿大、捷克、印度等

1.7 结语

宽厚钢板轧机是一种很重要的轧机，也是非常受人关注的一套装备。凡是工业比较发达的国家都拥有若干台不同规格的这类轧机。近几年来，美、日、英、法、德、意等国家已很少新建这种轧机。美国新建了几台卷轧厚板的炉卷轧机，以顶替大量进口中板，但旧轧机技术改造的工作进展却很缓慢。相反地，中国、俄罗斯、韩国、印度、伊朗及泰国等却新建了许多现代化的宽厚钢板轧机，轧机越建越大，设备性能越来越高，钢板质量越来越好，品种也越来越多。

21 世纪以来，亚洲宽厚钢板轧机数量占全球的一半左右，而现代化宽厚钢板轧机则占有 80% 以上，怪不得有媒体预言宽厚钢板生产的“亚洲时代”即将来临。

宽厚钢板轧机的主机和辅机、硬件和软件是一个整体，重主轻辅或重辅轻主，重硬轻软或重软轻硬都是一种偏向，缺一是生产不出优质钢板的，也不能步入现代化宽厚钢板轧机的先进行列。

2 中厚板生产技术的发展趋势

2.1 引言

近10多年来，中厚板生产技术与装备都有了长足的进步，不断创新，不再停留在热带轧机后面爬行。

我国原有中厚板轧机虽然很多，但性能不高，经过这次全球第3次中厚板轧机建设高潮后，新建成一大批具有国际先进水平的轧机，也技术改造了现有轧机，淘汰了落后的轧机，很快成为全球生产中厚板的大国。

虽然20世纪五六十年代美国掀起过第1次中厚板轧机建设高潮，而七八十年代日本又掀起过第2次，但从轧机基本参数的先进性上看，与我国相比已落后一大截。

步入21世纪以来，俄罗斯、韩国和印度3个国家为了发展船舰和建设长输管线，也在大力新建以5m宽厚板轧机为主的项目。

在亚洲地区兴起这股建设大型中厚板轧机的热浪，已引起了德、日、美、英、法、意及奥地利等中厚板生产大国的极大关注。

2.2 中厚板轧机的变迁

关于中厚板轧机的发展情况在第1章1.4节中已有所介绍，这里不再重复。至1941年，全球已有4台5m以上特宽厚板轧机，生产钢板主要都是为军工服务。在20世纪30年代，英、法、捷及西班牙等欧洲国家也都建成了较大的厚板轧机。到二次大战期间，全球拥有中厚板轧机共30多台，其中美国约占一半。

二次大战结束后，美国反省这次战争的经验教训，深深体会到国家工业化和武器现代化的重要性，特别是经过了珍珠港被日本偷袭和几次航母大海战打击后，决心加速国家工业现代化的步伐，同时认识到发展拥有一支强大舰队的海军力量，必须建造大型航母。

工业化和建造舰艇需要大量又厚又宽、性能又高、单重更大的中厚钢板。于是，美国在20世纪五六十年代掀起了全球第一次中厚板轧机的建设高潮，一口气新建成以二辊式加四辊式双机架形式、4064mm尺寸为主的中厚板轧机共16台，其中4064mm的有7台，3m多的有4台及3m以下的有4台，还有5m以上特宽1台。另外，有8台进行了现代化改造，其中5m以上特宽有2台，4064mm有2台，3m多有3台及2m中板有1台。也淘汰了若干台三辊劳特式中板轧机。在这10年间美国中厚板生产面貌发生了很大的变化，产量猛增，到1957年中厚板产量已提高到1000万吨以上，品种迅速扩大，生产出高强船板、高韧性潜艇用板、高耐候桥梁板以及X-80大口径直缝焊管用板。同时带动了长输管线的建设。1961～1969年新建成8套直径达406～1219mm UOE直缝焊管机组。在此期间先后建造成7艘大型航母，为发展与建设一支强大的海军奠定了物质基础。中厚板轧机的建设高潮也引领美国各行各业迅速向前迈进，一举成为全球名副其实的经济、军事强国。

二次大战后，欧洲各国也相继建成了多台二辊式宽厚板轧机，其中以捷克和法国的比较典型，而当时也发展了一大批2300mm三辊劳特式中板轧机。之后，前苏联跟着建成了多台2800mm中厚板轧机，当时也援助了我国两台2800mm轧机。因受铁路运输超宽的限制，日本、加拿大、原联邦德国、巴西等国家仿美国建造了4m上下中厚板轧机达6台之多，初步形成了各自生产宽厚板的格局。

到了20世纪七八十年代，日本为了迅速发展经济的需要，于是便掀起了全球第二次中厚板轧机的建设高潮，短短几年间就新建成以四辊式加四辊式双机架形式4700mm和四辊式单机架形式5500mm为主的中厚板轧机共17台，其中5m以上特宽的有4台，四大公司各占1台，4.7m级的有5台，4.2m的有1台及2~3m的中板有7台。自此日本中厚板生产很快走向现代化道路，带动机器、船舶、汽车、家电、交通及现代建筑等各行各业迅速地发展起来。20世纪50年代日本中厚板产量只有200多万吨，到1974年已达到2030万吨。特别是有力地推动了造船业的飞速发展，造船吨位很快超过1000万吨，荣居全球第一造船大国的地位。同时为满足中东和前苏联长输管线建设的需要，日本在1970~1974年新建成5套直径达400~1626mm UOE直缝焊管机组，每年出口大直径焊管达100万吨之多，一举成为全球出口钢材大国，其中中厚板年出口量曾达到过800万吨之多。

日本的中厚板生产技术是比较先进的，软硬件一直都处于全球领先的地位。目前，仍以加古川4724mm+4724mm(v·4h+4h)、名古屋4800mm+4700mm(v·4h+4h)、君津4724mm+4724mm(4h+4h PC)、八幡4800mm+4800mm(2h+4h)、福山4700mm+4700mm(4h+4h HCW)、扇岛5500mm(4h)、水岛5490mm(4hv)、大分5500mm(v·4h)、鹿岛5350mm+4800mm(v·4h+4h)及室兰5280mm(4h)10台轧机为主力，其中室兰只生产特殊品种，为军工服务，附设有立辊轧机的有5台，占一半，设有板形控制HCW与PC的有两台。另外，还保留有几台2.3m级中板轧机，主要是为地区小批量生产服务。

日本自1976年以来已有32年未新建现代化大轧机，但现有多数轧机都经过不同程度的技术改造，至今仍然是拥有特宽厚板轧机最多的国家。轧机总的生产能力有1780万吨，开工率在50%上下，近几年来产量维持在900万吨左右，约占轧材总量的10%，占板材约20%多。但从轧机性能方面看，与全球最先进轧机相比较，已落后一大截。

近几年来国外生产中厚板大国都已完成了中厚板轧机的调整工作，改造了具有改造价值的现有轧机，淘汰了性能不高、尺寸偏小的落后轧机。

目前，国外中厚板生产和轧机建设已进入了一个稳定时期，新建轧机寥寥可数。全球约有200台中厚板轧机，其中宽厚板轧机约有163台，其中单机架约75台，双机架约87台。

国外中厚板生产技术的发展，归纳起来有以下一些特点：

(1) 新建轧机以5000mm和4800mm居多，4300mm以下轧机很少新建。如1984年苏联伊尔诺斯克新建了5000mm轧机；同年法国敦刻尔克4320mm轧机后增加5000mm精轧机；2001年伊朗阿瓦士新建了4800mm轧机；1985年德国迪林根4300mm精轧机改成4800mm，同时在机前增设5500mm粗轧机；1985年日本住友金属鹿岛厂将4724mm精轧机加大至4800mm；2003年俄罗斯马托尼尔哥斯克新建成5000mm轧机等。这些大型轧机的主要用户都是船舰和大口径管线用板，认为4800mm级轧机是经济规模较佳的机型尺寸。

(2) 1997 年以来美国建成 4 套 3400mm 以上单炉卷轧机，称之为卷轧厚板（coil plate），以生产中厚板为主，少量生产带卷，实现连铸连轧工艺，年产量达 100 万吨以上，燃耗低，收得率高，吨板成本比较低，在生产质量层次比较低的中板方面具有一定的市场竞争力。

(3) 重视产品创新、质量提高、成本降低及新技术应用，但轧机开工率不足，其中以日本和美国尤甚，产量停滞不前。日、德、法、英、意及加拿大等传统中厚板生产大国预计近期不会新添轧机。但俄罗斯、韩国、印度和中国为了建造船舰和大口径长输管线用板，正在新建一批 5000mm 轧机。

(4) 全球中厚板轧机已完成阶段性调整工作，淘汰掉性能不高而尺寸偏小的轧机，改造好尚有保留价值的现有轧机，进一步提高其装备水平。一个国家有多台轧机时将生产品种进行分工，划定了各自重点产品，压缩了生产能力。

(5) 中厚板轧机技术改造节奏加快。如 1985 年德国迪林根将 4320mm 单机架轧机改成 5500mm +4800mm 双机架轧机，既满足了 UOE 管用板的需要，又将轧机产能大大地提高了一步。1984 年法国敦刻尔克在现有 4320mm 单机架轧机后增加一架 5000mm 精轧机，组成了双机架中厚板轧机，满足了制造大船舰用板尺寸的要求。1975 年日本名古屋将 4700mm 粗轧机加大至 4800mm，1972 年八幡将 4060mm +4340mm 改成 4800mm +4800mm，1974 年鹿岛将 5335mm +4724mm 改成 5350mm +4800mm，以上 3 套尺寸放大都是为了更好地满足船板生产的要求。1998 年德国米尔海姆将 5000mm 加大至 5100mm，1999 年杜伊斯堡将 3700mm 加大至 3900mm，以上两套轧机可满足更好地生产管材用板的要求。1980 年日本鹿岛、1987 年水岛和大分 3 套轧机，以及 1989 年韩国浦项都增加了立辊轧机，目的是为了提高成材率。

(6) 从 20 世纪 60 年代开始，HAGC、HAWC、立辊轧机、弯辊、控冷、高压水除鳞、步进梁式加热炉、交流主电动机及轧机自动化等新技术均从热带连轧机上移植到中厚板轧机上来。中厚板生产发展应比热带早几十年，但没有热带生产发展得快，特别是轧机自动化方面，由于中厚板生产技术的展宽工艺，足足比热带轧机晚了 10 年之多。自 90 年代开始又移植了热带轧机中的 HC、PC 及 CVC 板形控制技术。虽然这些技术在热带轧机上已很成熟了，但因中厚板的板宽与板厚比热带大很多，应用效果不甚理想，褒贬也不一，至今还有很多疑团，未能大力推广开来。目前，中厚板生产技术已在赶超热带，不在其后爬行。首先轧机性能已独树一帜，控轧控冷也超过了热带，成材率差距已大大缩小，而且开创了许多新产品和新工艺。

(7) 全球中厚板生产已形成两种不同风格或流派。一种是以德国为代表的西方风格，包括美国、俄罗斯及欧洲等国家，属于实用型，有人称它为性能型。另一种是以日本为代表的东方风格，包括有韩国等，属于经济型，有人说它是节约型。

西方风格注重钢板性能，不太计较成材率、节能、尺寸偏差及板形技术，生产线连续自动化程度低，设备尽量少。除轧锭外，不喜欢用立辊轧机。冷床以盘辊式居多，超声波探伤多布置在剪切线前，探温高达 250℃，划线机很少使用。热处理量大，控轧量少，非常重视废边分类收集及试样采取。

东方风格注重板形、成材率及节能技术，生产线连续自动化程度高，热送热装率高，控轧量大，热处理量少，爱用立辊轧机和划线机。

目前，无论新设计还是旧厂改造，仍然喜欢沿用自己的风格。

谈完国外的中厚板轧机，回过头来再谈谈国内的情况。

我国中厚板生产已有70多年历史，最早在1936年鞍钢一中板厂建成第一台2300mm三辊劳特式中板轧机，1951年重钢大轧厂恢复由蒸汽机驱动2440mm二辊式中板轧机，1958年鞍钢建成2800mm半连续轧机生产中厚板，此后相继建成一大批2300mm三辊劳特式中板轧机。这期间武钢2800mm中厚板轧机和太钢2300mm炉卷轧机也相继投产，1978年舞钢4200mm厚板轧机投产，使我国中厚板产量迅速增加，品种不断扩大。为满足国内中厚板市场紧缺的需求，相继在邯钢、安钢、柳钢、酒钢又建成4台2800mm中板轧机。

随着国民经济建设的迅猛发展，为满足基础设施大量中厚板的需求，20世纪90年代开始在我国掀起了全球第三次中厚板轧机的建设高潮，其规模超过了美国和日本的第一次和第二次，建设了以3500mm、3800mm、4300mm及5000mm四辊式单机架或双机架形式为主的现代化高刚度大功率中厚板轧机约22台之多，其中3500mm有8台（内有单机炉卷3台），3800mm有4台，4300mm有3台，5000mm有3台，另外还有2800mm级4台。这些轧机大多数都是大轧制力，达20kN/mm以上；大功率，达2kW/mm以上；高刚度，达2kN/mm以上，大大超过日本和美国现有轧机性能水平，必将成为全球最具竞争力的新一代轧机，为实现TMCP工艺、生产高性能优质中厚板创造了非常有利的条件。

另外，我国在生产的23台中厚板轧机也进行了不同程度的技术改造，淘汰了落后的三辊劳特式轧机，使我国中厚板轧机面目一新。到2010年为止，我国已建成宽厚板轧机约有58台，其中具有先进技术的达46台以上。若按装备水平分，90年代水平的有24台左右，80年代水平的有22台左右，而50~60年代水平的还有12台左右。按轧机尺寸分，5000mm以上有7台之多，4300mm与3800mm的各有11台和9台，3500mm级约有24台，2800mm级约有7台。

我国中厚板生产技术发展，归纳起来有以下一些特点：

（1）发展比较按部就班，由小到大，由落后走向先进，而且比较分散，规模小，基本上按省建厂，形成现在这种轧机多、尺寸小的局面。

（2）国外新建轧机很少，我国却在大量新建与改建，掀起一个中厚板轧机发展的高潮。以前基本上未引进过，这次多数采用全套引进国外先进技术与部分合作制造方式，促使我国中厚板生产技术迅速提高与发展。

（3）现有轧机能力挖潜比较大，许多轧机都超过一倍以上，有的中厚板轧机达两倍以上，故近几年增产很多，出现了生产和销售市场两旺的新气象。

（4）新建轧机以大刚度和大功率为主，机后均配备有快冷装置，可以实现控轧控冷新工艺。

（5）剪切线采用双边剪或圆盘剪形式，并配备有滚切式定尺剪，使剪切线能力大大提高，钢板剪切质量得到保证。很多厂还采用切边与试样集中处理收集方式，增加了车间文明生产的程度。

（6）淘汰了易造成划伤的拉钢式冷床，采用了步进格板式和盘辊式冷床。

（7）绝大多数已实现了全连铸，淘汰了小扁锭作为原料，并配备了各种精炼炉，大大提高了钢板的内在质量与力学性能。舞钢供三峡工程用的WDB620压力水管钢板已超过日本供货钢板的性能。长输管线用 X70 以下钢板已能大量生产，现已开始研制 X80 管线用板，很快可实现管线板国产化的要求。

（8）在这次建设热潮中也出现了少数低性能轧机重复建设的问题。另外，建设 3500mm 轧机 24 台之多，这种机型太小了，也非最佳机型。

2.3 中厚板生产技术的发展

全球中厚板生产重心已向中国偏移。除中国、俄罗斯、韩国及印度以外，新建中厚板轧机很少，产量也止步不前。但是中厚板生产技术仍发生了很大的变化。

2.3.1 原料方面

一般以连铸板坯为主，趋向于全连铸化，连铸比都达95%以上，除大单重特厚板厂以外，钢锭及其他原料已很少采用。但生产薄而宽的中板时，需用厚度为 60 ~ 100mm 的板坯，则多采用二次开坯生产方式。

板坯尺寸增大，厚度达 340 ~ 400mm，甚至达 800mm；宽度达 2400 ~ 3400mm，最宽已增至工作辊辊身长度减去 150 ~ 200mm，以前需减去 300 ~ 500mm；单重增加，达 33t，甚至达 80t，而纵轧方式可到 93t。

板坯尺寸偏差也减小了，厚度偏差为不大于 ±4 ~ 5mm，宽度偏差为不大于 ±10 ~ 20mm，长度偏差为小于 0 ~ 50mm。

钢质洁净，基本元素含量偏差很小，有害元素成分低，$w(S) < 5 \times 10^{-4}\%$，$w(P) < 20 \times 10^{-4}\%$，$w(O) < 5 \times 10^{-4}\%$，$w(H) < 1 \times 10^{-4}\%$，$w(N) < 1 \times 10^{-4}\%$，$w(P+S+O+H+N) < 40 \times 10^{-4}\%$。

压缩比减小，一般大于 2.5 ~ 3 性能即可合格。当 σ_b 为 400MPa 时，厚度为 250mm 的板坯可轧制成厚度为 100mm 的钢板。

内在无夹杂、分层、内裂及白点等缺陷，且不得有 ϕ2 ~ 5mm 以上的缺陷存在。

表面无缺陷，切割端不留毛刺，加热前均需清理干净，并定尺提供，不再二次切割。

没有好钢，轧不出好板。要生产高牌号中厚板，必须有高牌号的原料。

2.3.2 产品方面

产品质量大为提高，品种范围逐年扩大。

中厚板产品最薄可轧到 4mm 厚，最厚可生产 350 ~ 400mm，最宽可轧至 5350mm，即工作辊辊身长度减去 150 ~ 200mm，最长板达 60m，纵轧可达 70m。

钢板尺寸偏差：厚度偏差小于 ±0.05mm，宽度偏差小于 4 ~ 8mm，长度偏差小于 10mm，不平直度小于 1 ~ 5mm/m，镰刀弯小于 5mm/全长。

成材率大于 94%，成品率大于 99%，修磨率小于 0.5% ~ 1%，再矫直率小于 1% ~ 3%。

碳当量小于 0.38 ~ 0.4，焊接裂纹敏感指数小于 0.2。

中厚板强度普遍提高，普通板 σ_b 达 400MPa 以上，而高强板 σ_b 达 600MPa、800MPa 或 1000MPa。1000MPa 比 400MPa 用板量可节省一半。水力发电用压力水管用 600MPa 板比用 800MPa 板费用多一倍。天然气输送管线钢板已从 X65、X70 向 X80 发展，而且 X100

也已开始批量生产，并向 X120 迈进，每提高一个钢级，建设成本可减少 7%。船用板强度也由 400～490MPa 升至 490～620MPa，使船身板厚减薄达 30%，因而船体重量减轻达 20%。

为了提高使用寿命与减少维护工作量，已开始大量轧制如铁路车辆、桥梁、铁塔及建筑结构等方面用的耐大气腐蚀中厚板。我国以 09CuPTiXT 钢为代表，国外以 CoR-TEN 钢为代表。在钢中增加 P、Cu、Cr 主要元素及 Ni、Mo、Nb、Co 辅助元素的耐大气腐蚀钢板寿命比碳素钢板提高数倍。如水岛厂开发的 570MPa 非调质超低碳贝氏体耐大气腐蚀桥梁用厚板，添加 Cu、Ni、Cr 元素，而将 C 降至 0.3% 左右，无须经淬火回火热处理，缩短生产周期，降低生产成本，改善了焊接性，无须进行涂层防锈。

钢结构大力推行焊接方式，因此钢板焊接性能是一项重要指标。日本加古川厚板厂开发了添加 Ni、Nb，C 降至 0.07%，含有 1.25% Cr、0.5% Mo 的厚板，用于化学压力容器和发电用锅炉，使焊接预热温度由 125℃降至 50℃，经 690℃、8h 消除残余应力退火处理后，达到了标准强度的要求，使焊接裂纹敏感性降低，大大提高了施工效率，降低了成本。

对结构件焊接性的好坏一般均以 P_{cm} 来评定，如 SM570 板的 $P_{cm} \leqslant 0.29$，预热温度达 100℃左右；而 $P_{cm}=0.27$ 时，预热温度降至 20～40℃；若 $P_{cm}=0.22$，则预热温度可在 10℃以下。如 SM570Q-H · EX 及 SMA570WQ-H-EX 厚 100mm 板、NK-HITEN780B-EX 厚 60mm 板采用微合金化 TMCP 法生产，使 P_{cm} 达到 0.19～0.20 及 0.23，预热温度为 25℃时，未发现有裂纹。

随着 LNG 超低温容器、储罐及大型船舶用超低温用钢板需求量逐年增加，其质量也在不断提高。目前，以 9% Ni 钢为主，日本标准为 JISG3127、SL9N590，板厚为 6～100mm，化学成分为 $w(\mathrm{C}) \leqslant 0.12\%$、$w(\mathrm{Si}) \leqslant 0.30\%$、$w(\mathrm{Mn}) \leqslant 0.90\%$、$w(\mathrm{P}) \leqslant 0.025\%$、$w(\mathrm{S}) \leqslant 0.025\%$、$w(\mathrm{Ni})$ 达 8.50%～9.50%；力学性能：$\sigma_b=690 \sim 830\mathrm{MPa}$，$\sigma_s \leqslant 590\mathrm{MPa}$，$\delta \leqslant 21\%$，$-196℃$ E 平均不大于 41J，最小不大于 34J。热轧成钢板要求进行调质热处理。为了具有优良的焊接性能，生产厂应进行去磁处理，将高斯脱至用户要求的指标。钢板除了要有良好的强度以外，必须保持较高的低温韧性，而且应保持长期稳定性，以免发生断裂爆炸等意外事故。

主要用于工程机械、矿山设备、水泥设备、车辆及船舶等部门的高强耐磨钢板、σ_b 一般大于 1000MPa，调质状态交货，具有高强度和良好的塑性与韧性。国内外主要生产厂家有德国的蒂森-克虏伯，生产厚达 6～150mm、硬度为 HB300～600 的淬火和调质板；瑞典的奥克隆德，生产 3～155mm 厚、3500mm 宽、硬度为 HB400～700 的世界名牌调质耐磨板；日本的 JFE，生产厚 100mm、硬度达 500HB 的耐磨板；中国的舞钢，生产硬度达 HB500 的调质耐磨板。另外，我国的鞍钢、武钢、宝钢及南钢等厂也供应耐磨板。

通常采用多功能、响应快、大行程与过压下的厚度计 HAGC 以及连续变化辊缝跟踪程序，并与平面板形控制相结合的轧制方法。为确保结构件所需强度下减轻板重，节约钢材，减少焊缝与工时，达到结构件等强度以及大大节省成本，省去加工量，使之与混凝土结合更好，外形更美观，已创制出各种异形中厚板。目前有圆板、锥形板（即长度方向厚度不同的倾斜板）、梯形板（即宽度方向厚度不同的倾斜板）、异厚板、异宽板、防挠板及带肋板等。

中厚板质量越来越受到重视，且仍然保持多品种、小批量的市场优势。

2.3.3 加热炉方面

步进梁式加热炉发展与完善后，推钢式、室式、车底式及均热式等炉子已很少采用。步进梁式加热炉加热质量好，氧化少，烧损率可减至0.8%以下，耐火材料损伤少，加热灵活，适合于不同钢种的加热，炉长不受限制，也可加热薄的板坯，能配合中厚板小批量薄而宽多品种的轧制，且便于空炉，单座炉子产量高，炉子座数比较少，一般不多于两座。但投资大，消耗高。为节约投资，推钢式炉仍有采用，但不作为首选。

现代化的步进梁式加热炉，在提高加热能力与质量、均匀性、节约能源与劳动力、环境保护与炉子维护，以及装出炉与燃烧自动化控制等方面都达到了较高水平，并采用多台计算机进行程序操作。

2.3.4 除鳞方面

在加热炉出炉辊道上设除鳞箱清除一次（加热）氧化铁皮，在轧机上设除鳞喷嘴清除二次氧化铁皮。

除鳞高压水喷嘴压力在18MPa以上，并使除鳞箱尽量靠近炉子，做到出炉坯料尽快除鳞。箱内一般设两排喷嘴，以增加除鳞的效果。喷嘴高度关系到喷射面积和冲击力大小，也是确定喷嘴数量、喷水总量及泵房能力的重要参数。目前喷嘴高度已降至50～150mm，使冲击力大大增强，除鳞效果也得到大大提高。但喷嘴数量多，要求泵房能力加大。

轧机喷嘴高度随轧辊开口升降而调节，管子连接均采用软管方式。

水泵形式有离心泵和往复泵。前者使用可靠，且20MPa水压已够。但后者比较经济，电机功率小。

2.3.5 轧机方面

轧机均为单机架或双机架四辊式，而二辊式和三辊式已不再采用。

轧机趋向于大型化，以4800mm和5000mm为主，4300mm以下很少新建，而且淘汰的对象都在3800mm以下，如日本4300mm以下的都已淘汰掉。

轧机均采用大轧制力，达20kN/mm；大功率，达2kW/mm；高刚度，达2kN/mm；高轧制速度，达7.8m/s，而单炉卷已达10m/s以上；大牌坊，立柱截面面积达9000cm^{2}以上，每片单重达300t以上，组合式达400t以上。

轧机上采用的板形控制方式有预弯工作辊、CVC、PC及HCW等形式，再加HAGC和附设有立辊轧机，现在是各显其能，褒贬不一。单独用预弯轧辊的，实际上一般只是放着而没有采用。

附设立辊轧机有东西方两种风格。以德国、俄罗斯为代表的西方派，不主张用立辊轧机，而以日本、韩国及中国为代表的东方派，主张用立辊轧机，不但粗轧机上用，在精轧机上和精轧阶段也使用立辊轧机和轧边操作，成材率可提高1%～3%，但轧机产能降低约15%。

轧机上实现控轧，在轧机前后辊道都留有充分的等轧位置。

测厚仪多为γ射线式，并接近轧机进行多点检测，将数据及时迅速反馈。此外，还设有测压仪、测温仪、板形仪及测宽仪等，以满足轧机自动化控制的要求。操作室设于轧机侧面，由一人或无人自动控制。

工作辊采用侧移自动换辊方式，周期为8~15mm；支撑辊则采用双辊直接接入轧辊间方式进行换辊，周期为1h左右。

2.3.6 快冷装置方面

新建轧机都在机后设置快冷装置，且与控轧相配合，因此线外热处理量减少。形式以非约束连续式和非约束同时式两种居多。后者快冷装置较长，但质量比较均一。新建轧机大都既可采用快冷装置，又可进行直接淬火，但淬火处理时要求水量比较大。

2.3.7 热矫直机方面

实施控轧控冷工艺后，钢板强度增高，但板形变差了，要求设置大范围的强力矫直机。一般为配备有倾斜辊组、液压弯辊、交叉辊，具有单辊液压调整及张力机能的母子式与组合式新型矫直机，其矫直板厚范围为4.5~100mm，而且矫直力也增大一倍之多。

换辊采用成组方式，周期只有1h左右，不会影响生产。

2.3.8 冷床方面

为保证钢板不被划伤与冷却均匀，冷床以步进格板式为主，并趋向于大型化。冷床长度达65m，单炉卷达75m（冷床长为板长），冷却前不再分段。

因钢板下表面缺陷很少，修磨率只有0.5%~1%，可以不设修磨台架，只在剪切线后设一段复查辊道和翻板机。另外，即使设置有修磨台架，也可作为冷床冷却面积的一部分。减少冷床面积，可以大大节约厂地与投资。

2.3.9 超声波探伤方面

超声波探伤是保证中厚板内在质量最理想的手段，具有直接、连续、轻便、成本低、穿透力强及对人体无伤害等优点，且能准确探明钢板内部夹杂、分层、内裂、白点等细小缺陷的位置、大小及形态，检验效率高，走行速度快，可与剪切线生产相配合。

无论新厂与老厂，凡现代化厂都设有一台多通道探伤线，再配以离线的人工探伤手段。日本君津厂在线设置一台比较先进的超声波探伤装置，探板厚度为6~60mm，宽度为1000~4500mm，长度为2.5~25m；探板中部有54组4个通道，探板边有2组7个通道，探板头尾有1组8个通道，总共有238个通道；探板头尾走行速度为4m/min；板边与中部均为60m/min；形式为分割反射式，板温达150℃左右，可检出最小缺陷为2mm，将采集数据库存备查，主要用于管线板探伤。现在生产通道比较多的有大分厂280个，名古屋厂216个。

我国宝钢的超声波探伤装置也是比较先进的，为组合双晶直探头式，总共有100个通道，探板宽有3组32个通道，探板边有4个通道，探速均为60m/min，探板厚度为5~60mm，宽度达5000mm，探出最小缺陷为ϕ3mm，可进行100%板面探伤。

目前，各国探伤方法均有创新，各具特色，其中德国和日本的探伤技术比较引人注目。

2.3.10 剪切线方面

剪切线以双边剪为主，剪切板厚达50mm，且设置一条线。新建厂除中国以外，很少设计有双剪切线。

剪切线大多由自动划线机、剪头剪、双边剪及定尺剪所组成，并附设有板形仪、测厚仪、对正装置、对线机、定尺辊、废边处理集中系统及标记装置等。在剪机上配有机械化、自动化换刀刃和调整剪刃间隙机构。全线以计算机控制，以数码方式及时传输各种信息，使剪切辅助间歇时间大大缩短。剪机与剪机之间距离合理，双边剪剪切次数达32次/min，切头与定尺剪剪切次数达24次/min，换剪刃周期在20min以下，调整剪刃间隙时间在5s以下。这样，一条配置合理、作业率很高的现代化数码信息钢板剪切线的剪切能力可达到200万~300万吨左右。以后，现代化的中厚板轧机只要配置一条剪切线即可，使中厚板精整设备吨位和厂房面积大大缩减，因而车间投资也少了很多。

2.3.11 热处理线方面

控轧控冷发展后，热处理量减少了，但一个现代化的中厚板厂仍然有20%~30%的钢板需要经不同的热处理后才能满足交货的条件。

目前，至少需设一座常化炉，如生产高强特殊钢板，多半配置一座常化淬火炉，炉后设淬火机；一座常化回火炉，炉后设一台冷热矫直机。两座炉均采用氮气保护辐射管加热方式，处理前均经抛丸处理清除板面氧化铁皮。回火低温处理时可不经抛丸。

辊底式炉炉长有的达到103m，炉长利用率高。新建厂除如舞钢特殊板比较多的厂以外，建设3座炉子的情况几乎没有，因多一座炉子就需多一套装出料设备。

需经高温回火、退火的特殊钢板，专门设置车底式、罩式及外部机械化室式等热处理炉的情况已越来越少。

总的来说，中厚板热处理规模逐年减小，而炉型也趋于单一化。

附文2-1 日本中厚板生产概况

1 日本中厚板生产发展简史

日本中厚板生产历史至今已有90余年。1918年东海钢业和川崎公司葺合厂从美国引进三辊劳特式中板轧机开始生产中板，到1940年前已投产13台三辊劳特式轧机，轧机尺寸从1800mm到3000mm。

日本是海岛国家，为了发展船舰，1941年3月投产一台用蒸汽机驱动的5280mm特宽厚板轧机，从此，船舰业得到飞速发展，并开始建造中型航母。

1941年以后，日本的中厚板国内外市场迅速扩大，至1965年为止先后又建成1260~

4300mm 三辊劳特式轧机 16 台和四辊式轧机 6 台。

为了发展大型船舶工业和大口径直缝焊管用板，在 1967 ~ 1968 年两年间就建成投产 6 台 4700mm 级双机架宽厚板轧机。这些轧机刚度、轧制力及主电动机功率均较大，特别是支撑辊直径和牌坊立柱截面面积很大，精整设备非常先进，当时被誉为世界上最先进的厚板装置。为此日本也成为中厚板国际市场第一大国。

1976 年为了提供 1626mm 大口径焊管用板和大量生产板宽达 4500mm 船板的需求，日本很快又建成 3 台 5500mm 特宽厚板轧机。

此后，除 2006 年投产一台单机架 2800mm 中厚板轧机以外，日本至今已有 30 多年未新建现代化厚板轧机了，只是对个别轧机做了一些技术改造工作。近年日本中厚板厂主要集中于计算机系统软件的革新，大力发展全连铸、运输和检查工作自动化等。

2 日本中厚板生产

2.1 日本中厚板尺寸范围

日本中厚板有中板、厚板及特厚板之分。厚度 3 ~ 6mm 称为中板；厚度 7 ~ 60mm 称为厚板；厚度 60mm 以上称为特厚板。

另外，厚度 3 ~ 25.4mm 成卷供货、作为焊管和冷弯型钢等半成品原料均不统计入中厚板产品内。但是厚度 3 ~ 25.4mm 带钢横切成定尺钢板时则归属于中厚板产品范围。

通常生产厚 4.5 ~ 350mm、宽 1000 ~ 5350mm、长达 30m、最重超过 70t 钢板，多数用于重要焊接结构部件，订货批量小，要求性能多样化，安全性与可靠性高。

2.2 产量情况

日本 1955 ~ 1981 年轧材、板材及中厚板产量与中厚板在轧材、板材中比例列于表 1。

表 1 日本 1955 ~ 1981 年轧材、板材及中厚板产量

年 份	轧材总产量/万吨	板材产量/万吨	中厚板产量/万吨	轧材中中厚板比例/%	板材中中厚板比例/%
1955	699	354	165	24	48
1956	829	433	222	27	51
1957	951	498	266	28	53
1958	927	472	210	23	44
1959	1240	648	273	22	42
1960	1654	895	347	19	39
1961	1959	1022	443	22	43
1962	2234	1147	396	17	35
1963	2553	1341	408	15	30
1964	3181	1774	517	17	29
1965	3330	1803	590	18	33
1966	3888	2223	702	18	32
1967	5027	2979	971	19	33

续表1

年 份	轧材总产量/万吨	板材产量/万吨	中厚板产量/万吨	轧材中中厚板比例/%	板材中中厚板比例/%
1968	5560	3212	963	18	30
1969	6694	3968	1197	18	30
1970	7579	4416	1476	19	33
1971	7193	4172	1404	19	34
1972	8197	4762	1544	19	33
1973	10005	6250	1889	19	30
1974	10017	6328	2030	20	32
1975	8568	5374	1838	22	34
1976	9289	5612	1580	17	28
1977	8995	5620	1435	16	26
1978	9121	5464	1317	14	24
1979	8893	5550	1320	15	24
1980	10179	5799	1290	12	22
1981	9323	5325	1291	14	24

日本中厚板产量1974年达到2030万吨，是历史上最高的一年。而1957年是中厚板在轧材中占有比例最高的一年，达到28%。20世纪60年代其比例一直保持在18%~19%左右。80年代开始到2007年近30年间年产量在800万~1200万吨之间徘徊，轧材中比例只占10%左右，而在板材中比例只占25%左右，即1/4左右。历年来由热带轧机生产中厚板只占中厚板产量的20%左右，即1/5左右。

2.3 品种质量情况

日本中厚板品种很齐全，质量也为上乘，尤以桥梁、船舰、寒带用管线、超低温、高强韧性等用中厚板为国内外用户所称赞。

3 日本中厚板轧机的现状及其特点

如表2所示，日本中厚板轧机共有47套，经历年更新淘汰后现仍在生产的只有14套。

表2 日本中厚板轧机一览表

序 号	厂 名	投产年月	轧 机		备 注
			尺寸/mm	形 式	
1	东海钢业	1918年6月	1900	3h	
2	川崎 葺合	1918年8月	3000	3h	
3	中山 船町	1933年6月	2300	3h	在生产
4	尼 崎	1934年5月	2000	3h	
5	吾嬬 千住	1934年9月	2100	3h	
6	日本钢管 鹤见	1935年3月	2100	3h	

续表 2

序　号	厂　名	投产年月	轧　机		备　注
			尺寸/mm	形　式	
7	中山 船町	1935 年 6 月	2000	3h	
8	三菱 长崎	1936 年 1 月	1800	3h	
9	川崎 葺合	1937 年 1 月	2540	3h	
10	大谷 尼崎	1938 年 1 月	2300	3h	
11	大　和	1938 年 8 月	2794	3h	
12	日本不锈钢 直江津	1938 年 11 月	1890	3h	
13	日本冶金 川崎	1938 年 12 月	2200 + 1200	3h + 2h	
14	室　兰	1941 年 3 月	5280	4h	在生产
15	尼　崎	1941 年 4 月	2300	3h	
16	川崎 西宫	1944 年 8 月	2150	3h	
17	室　兰	1946 年 3 月	2000	3h	
18	日本钢管 鹤见	1954 年 4 月	2560 + 3400	2h + 4h	
19	大　和	1955 年 10 月	1930	3h	
20	中山 鹤见	1956 年 6 月	2100	3h	
21	大　谷	1956 年 12 月	2000	3h	
22	中部钢板 中川	1957 年 3 月	2250	3h	
23	中山 出来岛	1957 年 4 月	2100	3h	
24	不二越 东富山	1956 年 7 月	1260	3h	
25	八　幡	1957 年 6 月	4060 + 4340	2h + 4h	在生产
26	中津钢板	1957 年 10 月	1900	3h	
27	大谷羽田	1958 年 5 月	2100	3h	
28	广　畑	1958 年 9 月	4064	4h	
29	日曹 大岛	1959 年 1 月	2050	3h	
30	尼　崎	1959 年 4 月	3100	3h	
31	川崎 千叶	1961 年 4 月	3500 + 4216	4h + 4h	在生产
32	中部钢板	1961 年 9 月	2794	3h	
33	田中电机	1961 年 10 月	2850	3h	
34	中山 清水	1961 年 11 月	2000	3h	
35	相模原	1963 年 10 月	2000	3h	
36	住友金属 和歌山	1965 年 4 月	4300	4h	二手出售
37	川崎 水岛（一）	1967 年 2 月	4700 + 4080	4h + 4h	
38	名古屋	1968 年 3 月	4800 + 4700	4h + 4h	在生产
39	君　津	1968 年 3 月	4724 + 4724	4h + 4h	在生产
40	神户 加古川	1968 年 4 月	4724 + 4724	4h + 4h	在生产
41	日本钢管 福山	1968 年 4 月	4700 + 4700	4h + 4h	在生产
42	住友金属 鹿岛	1970 年 10 月	5335 + 4724	4h + 4h	在生产
43	中部钢板 热田	1974 年 5 月	2800	4h	在生产
44	川崎 水岛（二）	1975 年 4 月	5490	4h	在生产
45	大　分	1976 年 6 月	5500	4h	在生产
46	日本钢管 扇岛	1976 年 12 月	5500	4h	在生产
47	东京 九洲	2006 年 7 月	2800	4h	在生产

日本中厚板轧机具有以下一些特点：

（1）普遍采用适合于多品种中厚板生产和原料规格变化大的步进梁式加热炉。而且炉子加热能力比较大，即比轧机能力约大一倍。如年产 200 万吨中厚板厂，配置炉子加热能力达 800～1000t/h。同时都采纳有效的节约燃料措施，以微型计算机控制加热炉操作与加热自动化，附设电视机观察炉内状况。

（2）大量采用宽厚板轧机，轧制力大，刚度高，轧制速度快，主电动机功率达 1.5kW/mm 以上。1968～1970 年短短 3 年内就建设成 6 台 4700mm 级宽厚板轧机，使日本中厚板产量大幅度提高，品种与质量发生根本性变化，促使日本中厚板轧机生产技术走向现代化。特别是 1976 年一年内就建成 2 台 5500mm 超宽厚板轧机。至今已拥有 5500mm 级轧机达 5 台之多，成为全球宽厚板轧机最多的国家。

（3）日本所有中厚板厂都能生产最薄 4.5mm 中板，钢板表面质量好，很少有划伤，尺寸精度高，偏差小，板形平直，再矫直板几乎没有；板面大，最宽板达 5350mm，最长定尺达 30m；而且能生产 4.5mm×3200mm 薄而宽的大船用板。对于大单重特厚板生产也以日本经验比较丰富。目前，最厚已达 400mm，最重已达 200t，并将室兰厂定为专门生产特殊中厚板的厂家，小批量、多品种满足各行各业的订货需求。

（4）日本是采用立辊轧机和轧边技术比较多的国家之一，至今拥有 6 台，其中近接只水岛 1 台，而且布置在机后，以适应精轧阶段控边的要求。其余 5 台均在机前非近接布置，主要用于满足粗轧阶段轧边的要求，适合于钢锭消除锥度的轧制。

（5）大力创新控轧控冷和板形控制技术。日本以 TMCP 取代 CR，并将 TMCP 分为水冷型与非水冷型。为了待温，轧机前后考虑有多块轧制时足够长辊道。控冷装置各厂都有自己的专利技术，如日本钢管·福山的 OLAC、川崎·水岛的 MACS、神户·加古川的 KONTCOOL、新日铁·君津的 CLC 及住友金属·鹿岛的 DAC 等；并能满足 ACC 与 DQ 两种要求，现已广泛用于管线、船及高强等板生产，大大减少了热处理生产工作量。

4 日本中厚板生产的先进技术与装备

日本中厚板生产的先进技术和装备是比较多的，现只列举很突出一部分，并加以说明。

（1）加热炉选用步进梁式为主，为了一些步进梁式加热困难的坯料，辅以室式加热炉，但因步进梁式加热炉功能的扩大，有的厂已取消室式炉。有的厂采用钢锭轧制大单重特厚板时，还采用车底式加热炉，但均热炉已不采用。步进梁式加热炉单座加热能力都很高，炉子座数尽量少，以计算机控制，而且节约燃料措施很齐全。多座炉采用集中烟筒排烟，以防公害。

（2）除鳞箱高压水压力达 17～20MPa 以上，喷嘴高度可调至 100mm 左右，以增大冲击力。

（3）轧机上采用大直径支撑辊、单一应力牌坊、WRB、BURB、HAGC、APC、压上装置、自动快速换辊装置、附设立辊轧机、γ 射线测厚仪、γ 射线轮廓仪、应变测压仪、PC 轧机、HWC 轧机、VC 轧机、AC 主电动机等先进设备，并采用无切边轧制、TMCP、MACS 等先进工艺。4700mm 以上轧机有 10 台之多。

（4）矫直机为四重式、倾斜式、水内冷式，大矫直力，电动机功率比较大，成组更换矫直辊，有的厂采用冷热两用矫直机，矫直最厚达 120mm 钢板。

大多数厂都设有不同吨位的压平机，以确保平直厚板交货的要求。

（5）冷床以步进格板式为主，冷床长度都可满足轧制最长钢板的要求；只有一家设有一台热剪机，其余均不采纳热剪工艺。

冷床后修磨台架很小，有的厂已不用，只在剪切线后设一台翻板机，以应急之需。

（6）剪切线大部分都由滚切式切头剪、双边剪、剖分剪及定尺剪所组成；剪机间留有充分的作业距离，互相干扰很少；辅助设备效率高，耽误时间少；定尺板采用定尺辊，并能自动调整剪刃间隙，可进行快速换剪刃的无人操作。

剪切后废边与试样采集均为集中方式，以做到文明生产。普遍采用划线机，以提高剪切能力。

多数厂在剪切线上均设有多通道自动连续超声波探伤装置，以普查钢板内部有无缺陷。同时在作业线上设置钢板下表面自动检查装置，当钢板通过时就可看出下表面有无缺陷存在，以减少钢板翻板检查的操作。

超声波探伤形式在剪切线前采用德国引进的连续波穿透法；在剪切线中或后采用日本自制脉冲波穿透法，板温可低一些；在作业线外采用日本独创的双晶片反射法。目前，探伤操作自动化程度已达相当高水平。

（7）自动喷印字、打印、贴标等设备已相当完善，并实现全部自动化。有的厂在一台设备上可完成全部标记操作，并能做到计算机控制换字及信息反馈，使标记位置既准确又清晰。

（8）日本将控轧控冷与热处理并举，因此热处理装备比较齐全，也很先进。多数厂以保护气氛辐射管加热辊底式炉为主，回火炉采用直接加热，大单重特厚板采用车底式炉，不用外部机械化室式炉。

（9）抛丸涂漆机组采用单面式较多，因为这样涂漆质量比较可靠。同时采用抛丸机与热处理的情况比较少，因为调度不很方便。

5 日本中厚板轧机典型例子

5.1 川崎 水岛 5490mm 厚板轧机

川崎公司葺合厂于 1918 年 8 月即采用 3000mm 三辊劳特式中厚板轧机生产中厚板，在日本是比较早生产中厚板的厂家之一，至今已先后建成 3 套三辊劳特式轧机和 3 套四辊式轧机。

最后一套水岛厂 5490mm 轧机是 1973 年 1 月着手规划、1974 年 2 月开始建设、1976 年 3 月投产的，当时投资为 770 亿日元，相当于 7 亿美元。

当时市场上要求船板焊缝长度减少；另外，流体输送效率的提高，要求焊管直径增加，普遍提出板宽加大；同时对钢板材质和尺寸精度的要求也越来越高，特别是对大口径焊管的低温韧性更加重视。

该套轧机主要的生产情况及技术参数如下：

1996 年 2 月至 1997 年 3 月产量：平均为 227t/h、13.25 万吨/月、160 万吨/年；成材率达 94.3%，最佳达 96.4%；生产厚 10～20mm、宽 3000～4000mm 板时，目标厚度精度为 0.035mm，目标宽度精度为 6.0mm。

废品率为1.16%，其中尺寸方面的为0.53%，内部缺陷的为0.11%，表面缺陷的为0.26%，力学性能不合的为0.02%，其他废品为0.24%。

吨坯电耗为76.1kW·h；吨坯燃耗中步进梁式炉为0.92GJ，室式炉为1.64GJ。

定员为295人，其中生产人员为255人，内有合同工45人，维护工为40人。

产品比例：低碳钢板占61%，高强钢板占39%。而高强钢板中控轧与热轧板占14%，淬火与回火热处理板占3%，快冷板占12%，正火热处理板占3%，管用板占7%。

生产用板坯、轧制板及成品板的平均尺寸：板坯厚247mm，宽1880mm，长3.1m，单重达11.3t；轧制板厚15.4mm，宽3140mm，长28m，单重达11.3t；成品板厚15.4mm，宽2100mm，长7.2m，单重达2.1t。

车间有效作业率（轧制时间/工作时间）达97.8%。

该轧机可轧制板厚4.5～400mm、最宽达5350mm、最大单重达85t钢板。原料最大单重已达110t。

表3为生产钢板尺寸大纲，超大纲订货可另议。

表3 钢板尺寸大纲（长度/m）

宽度/mm (in) 厚度/mm(in)	1000 (39.4)	1200 (47.2)	1500 (59.1)	1800 (70.0)	2200 (86.0)	2800 (110)	3200 (126)	3600 (142)	4000 (157)	4600 (181)	4800 (189)	5000 (197)	5200 (205)	5300 (209)
4.5(0.177)			25 (0)	25 (0)	25 0	25 (25)	19 (19)							
6（0.236）	35 (0)	35 (25)	35 (25)	35 (25)	35 (25)	35 (25)	35 (25)	34 (25)	31 (25)	22 (22)	19 (19)	19 (19)	16 (18)	13 (13)
10（0.394）	35 (25)	35 (25)	35 (25)	35 (25)	35 (25)	35 (25)	35 (25)	35 (25)	35 (25)	28 (25)	25 (25)	25 (25)	22 (22)	19 (19)
16（0.630）	35 (25)	35 (25)	35 (25)	35 (25)	35 (25)	35 (25)	35 (25)	35 (25)	35 (25)	35 (25)	31 (25)	31 (25)	28 (25)	25 (25)
25（0.984）	35 (25)	35 (25)	35 (25)	35 (25)	35 (25)	35 (25)	35 (25)	35 (25)	35 (25)	33 (24)	31 (23)	30 (22)	29 (21)	28 (21)
32（1.26）	35 (25)	35 (25)	35 (25)	35 (25)	35 (25)	35 (25)	35 (25)	33 (23)	30 (21)	26 (18)	25 (17)	24 (17)	23 (16)	
40（1.57）	35 (25)	35 (25)	35 (25)	35 (25)	35 (25)	34 (24)	30 (21)	26 (18)	24 (16)	21 (14)	20 (14)	19 (13)	18 (12)	
50（1.97）	35 (25)	35 (25)	35 (25)	35 (25)	35 (24)	27 (19)	24 (16)	21 (14)	19 (13)	16 (11)	16 (11)	15 (10)	14 (10)	
60（2.36）	35 (22)	35 (21)	32 (21)	31 (21)	29 (20)	23 (16)	20 (14)	17 (12)	16 (11)	13 (9)	13 (9)	12 (8)	12 (8)	
70（2.76）	31 (19)	30 (18)	28 (18)	27 (18)	25 (17)	19 (13)	17 (12)	13 (10)	13 (9)	12 (8)	11 (8)	11 (7)	10 (7)	
80（3.15）	27 (16)	26 (16)	24 (16)	24 (15)	22 (15)	17 (12)	15 (10)	13 (9)	12 (8)	10 (7)	10 (7)	9 (6)	9 (6)	
90（3.54）	24 (14)	22 (14)	20 (14)	19 (14)	19 (13)	15 (10)	13 (9)	11 (8)	10 (7)	9 (6)	8 (6)	8 (5)	8 (5)	

续表 3

宽度/mm (in) 厚度/mm (in)	1000 (39.4)	1200 (47.2)	1500 (59.1)	1800 (70.0)	2200 (86.0)	2800 (110)	3200 (126)	3600 (142)	4000 (157)	4600 (181)	4800 (189)	5000 (197)	5200 (205)	5300 (209)
100(3.94)	22 (12)	20 (12)	19 (12)	18 (12)	17 (11)	13 (8)	12 (8)	10 (7)	9 (6)	8 (5)	8 (5)	7 (0)	7 (0)	
110(4.33)	20 (12)	18 (11)	17 (11)	16 (11)	16 (10)	12 (8)	11 (7)	9 (6)	8 (6)	7 (5)	7 (5)	6 (0)	6 (0)	
120(4.72)	18 (11)	17 (10)	16 (10)	15 (10)	14 (10)	11 (8)	10 (7)	8 (6)	8 (0)	6 (0)	6 (0)	6 (0)	6 (0)	
130(5.12)	17 (10)	15 (9)	14 (9)	13 (9)	12 (9)	10 (7)	9 (6)	8 (5)	7 (5)	6 (0)	6 (0)	6 (0)	6 (0)	
140(5.51)	15 (9)	14 (9)	14 (8)	13 (8)	12 (8)	9 (7)	8 (6)	7 (5)	6 (0)	5 (0)	5 (0)	5 (0)	5 (0)	
150(5.91)	14 (8)	13 (8)	12 (8)	12 (7)	11 (7)	9 (6)	8 (5)	7 (0)	6 (0)	5 (0)	5 (0)	5 (0)		
160(6.30)	13 (8)	12 (8)	12 (7)	12 (7)	11 (7)	8 (6)	7 (5)	6 (0)	5 (0)	5 (0)	5 (0)			
170(6.59)	13 (7)	12 (7)	11 (7)	11 (7)	10 (7)	8 (5)	7 (0)	6 (0)	5 (0)					
180(7.09)	12 (7)	10 (6)	10 (6)	10 (6)	9 (6)	7 (5)	6 (0)	5 (0)	5 (0)					
190(7.48)	11 (7)	10 (7)	10 (6)	10 (6)	9 (6)	7 (5)	6 (0)	5 (0)	5 (0)					
200(7.87)	11 (6)	10 (6)	9 (6)	9 (6)	8 (6)	6 (0)	5 (0)	5 (0)						

注：1. 括弧内为一期生产尺寸；
2. 粗线框内尺寸需另商订。

5.1.1　加热炉

步进梁式加热炉：2 座，有效长度 38m，内宽 10.5m，加热板坯尺寸(80～310)mm×(1000～2450)mm×(2640～4800)mm，单重 1.7～28t，加热能力每座达 220t/h，六段式加热（上、下各 3 段），燃料为混合煤气或重油，固定梁间距 900mm 和 1000mm，移动梁间距 2300mm 和 2500mm，主要用于大批量的加热，约占原料总量的 90% 以上。室式加热炉：2 座，有效宽度 5.8m，长度 8.3m，高度 3.3m，加热坯料尺寸(100～500)mm×(1000～2400)mm×(1500～5800)mm，单重达 36t，加热能力每座达 10t/h，双室上罩坑式，主要用于小批量、小尺寸、特殊品种的加热，约占原料总量的 8% 以下。

车底式加热炉：1 座，有效宽度 5.048m，长度 6.689m，加热钢锭尺寸(500～800)mm×(1000～4000)mm×(2000～6000)mm，最大单重达 110t，加热能力达 3～5t/h。采用大吊车装出料，主要用于大钢锭加热。

烟筒采用三支腿形式，有三个烟筒呈三角形布置，高度为 150m，内径达 3.5m。

为降低燃耗而采取的措施有：

（1）炉长（特别是预热带）比以前长，炉底负荷低，只达650kg/(m^2·h)。

（2）充实了换热器，热回收效率得到提高。

（3）炉壁加厚，减少散热。

（4）加强水冷梁和支座的隔热。

（5）根据板坯长短，自动间断地开动烧嘴。

（6）以各种措施防止空气侵入。

因炉子能加热最大达26.2t板坯，故可生产大尺寸的钢板。滑道是错开参差配置，减轻了划痕。两座步进梁式加热炉月产可达15万吨。布置上还预留有增建两座加热炉的位置。

5.1.2 除鳞箱

用15~17MPa高压水清除厚100~360mm、宽达2700mm板坯加热生成的一次氧化铁皮。上下各有两排35个喷嘴的喷头，为了取得最大的喷射效率，结构上采用电动机传动螺杆来升降喷头，根据板坯厚度来调节喷头高度，其升降速度为10mm/s，升降量达420mm。为了喷嘴维护的方便，除鳞箱框架一侧设有枢轴销作为支点，结构上可用吊车操作将箱上盖旋转90°打开。

轧机前后、上下各设有喷头一根，以清除轧制中产生的二次氧化铁皮。喷嘴喷射角上下均为15°，上喷嘴距板面高度为150mm，而下喷嘴为250mm。上喷嘴高度随轧辊升降而调节。

5.1.3 精轧机

该精轧机采用单机架形式，工作辊为1200/1100mm×5490mm，四列圆锥滚柱轴承；支撑辊为2400/2200mm×5390mm，摩根油膜轴承，支撑辊重达240t。轧制力达80000kN，轧机刚度达12000kN/mm，轧制速度达7.5m/s，轧制成钢板厚4.5~300mm、宽达5350mm、长达57m，最大原料单重达80t；主电动机为双电枢，下电机在前布置，容量为8000kW，转速为50~120r/min，2台。

由于轧制力和支撑辊直径大，且受铸钢和机械加工能力的限制，又要求牌坊不降低规定的性能，因此采纳世界上初次使用的单一应力牌坊的设想，在重量一定的条件下，使整体牌坊各部位应力均等化，达到最大刚度和最小弯曲度。在牌坊窗口尺寸以及各种规定条件限制下采用电脑设计，得到接近理想的牌坊形状。另外，为了求得牌坊应力与应变的关系，输入轧制力、轧辊重量等条件，并用有限元法来求解。用这种方法绘制出变形模型图，最后制造出高15510mm、宽5300mm、重380t牌坊，完全满足了设计的要求。

压下装置设有辊缝给定用高速和AGC用低速两个系统的传动机构，分别由两台电动机传动。高速用传动机构和低速用传动机构分别设于传动侧和操作侧，并以一台差动齿轮装置和空气离合器相连接。测轧制力的测压头每侧容量为60000kN，设在压下螺丝下面。轧辊位置测量装置为安装在螺丝本体上部的直接检查盘，该装置除了可高精度测量位置以外，还担负AGC系统的重要工作。辊缝给定用压下电动机功率为280/560/700kW，转速为390/780/975r/min，2台，压下速度最大达32mm/s；AGC用压下电动机功率为280/560/675kW，转速为390/780/940r/min，2台，压下速度最大达1.71mm/s。

有螺丝的压上装置用于补偿支撑辊和工作辊车削后轧线和磨损量的变化，设置在牌坊下部。有此装置，按轧辊车削量而放置垫板的工作就不需要了，大大改善了轧辊安设操作工作。传动电动机设在支撑辊换辊轨道的下面，经蜗轮来传动。压上用电动机为 DC185/370kW、435/870r/min，压上速度为 1.63/3.26mm/s。

主传动上、下接轴分别由托架支撑，由油压缸来平衡。接轴滑块在轧辊侧用喷油方式润滑，在电机侧用循环油方式润滑。轧辊侧润滑不充分，为了防止烧坏接轴滑块，设有新式测温装置，经常监测其温度。另外，为了电机侧接轴滑块更换容易，在接轴本体和托架上设置轧辊长度方向错开的折动机构，由直线运动轴承和油压缸来操作。

工作辊采用侧移快速换辊方式，而支撑辊用电动拖车将单个侧移支架和支撑辊一道拖入轧辊间内，大大节省换辊时间。

换下工作辊组通过压力水的轧辊轴承座清洗装置，由工作辊拖车拖入轧辊间内，并用吊车吊到轧辊去油设备上，将轧辊和轴承座组合件用油压缸自动脱开。换下支撑辊拖入轧辊间后，用专门吊具将支撑辊组吊到油压操作轴承去油设备上进行分解。这些设备使轧辊间操作条件大大改善，而且使安全性大大提高。

除鳞高压水、轧辊冷却水、压力油、润滑油、干油等所用各种各样配管连接到轧机附近，为了易于操作、管理方便，采用分区配管方式，将各分区装配化，这样除了使地区配管工时削减以外，还成功地采用了电脑自动切断配管长度等合理化的加工方式。另外，考虑轧机环境的干净化，设有采用温水喷射洗掉剩余干油、氧化铁皮及灰尘等的轧机上清洗装置。

为了使 AGC 反应性高、轧机刚度可变从而生产高精度钢板，结构上已考虑将来在下支撑辊轴承座和压上螺丝之间安设油压压下装置。

预留有支撑辊预弯装置，将油压缸设在上下支撑辊之间，并附加一力矩使支撑辊弯曲。为了有可能设置这种控制钢板凸度的油压缸式支撑辊预弯装置，已周到地考虑了有关各部位的要求。但是其他厂支撑辊预弯装置的效果并不明显，故这项装置至今没有采纳。

为了测量轧制力、板厚与板宽，轧机上安置有反射应变仪两台，射源为 Cs137；20 居里 γ 射线测厚仪一台；精度达 ±4.5mm 放射线测宽仪一台。

轧机前后设旋转辊道，推床本体结构很坚固，最大坯重达 80t；齿条传动方式，机前开口度为 1000～7100mm，机后开口度为 1000～7620mm，全长达 7730mm，每侧开闭速度为 0.208/0.416m/s；电动机为 DC23.7/47.4kW、163/326r/min。左右推床的同步通过锥形辊道下面同步轴的机械方式实现。锥形辊道机前辊子为 ϕ600/ϕ550mm × 7070mm，共 11 根；机后辊子为 ϕ600/ϕ550mm × 7570mm，共 11 根；辊距均为 675mm，辊道速度为 192/450m/min；电动机为 DC221/518kW、307/720r/min，两台，在传动侧和操作侧分别以长轴集体传动。

轧机前后还各设有一台板形测定装置。在辊道外侧投光器发射的直线状光束通过钢板反射，在辊道相反一侧用电视显像机捕捉其反映图像，将钢板挠度以光线挠度读出，再变换成电气信号送入电脑，并进行轧辊纵剖面在线演算预测，编制与修正出最合适的轧制程序表，及时反馈到板形控制上。

为了在控轧中调节钢板温度，在轧机前后辊道上设置冷却水喷头。采用液压缸可将全部喷头移出辊道，不致妨碍换辊、检修设备等工作。

精轧机后近接有立辊轧机，为单独传动二辊可逆式，轧辊尺寸为 ϕ800mm×800mm，主电动机为一台 AC1750kW、150~510r/min。轧辊带孔型，可上下移动，开口度为1520~5510mm；换辊为上卡盘式，每次换辊时间约 1h。轧制力达 4000kN。

5.1.4 快冷装置

这是一套多用途的控冷设备，冷却区长度达 40m，由四部分组成，线速度为 6~120m/min，冷却钢板厚 10~40mm，宽达 5350mm，长达 38m。冷却方式：上部 1~4 组为棒状水流喷嘴（rod like flow jet），下部 1~3 组为川铁式喷射喷嘴，下部 4 组为椭圆淋水喷嘴。水流量：1~3 组上部最大为 $1170m^3/(h·组)[361L/(min·m^2)]$，下部最大为 $1890m^3/(h·组)[577L/(min·m^2)]$；4 组上部最大为 $2590m^3/(h·组)[800L/(min·m^2)]$，下部最大为 $4100m^3/(h·组)[1266L/(min·m^2)]$。一块板上下同时冷却，也可通过冷却，最大水量达 $12000m^3/h$。

5.1.5 直接淬火装置

区段长达 13m，线速为 6~120m/min，淬火板尺寸为(10~50)mm×约 5350mm×约 50000mm，冷却方式为旋转叶片轮形式，水封为狭缝喷嘴，最大水量达 $14000m^3/h$。

5.1.6 热矫直机

形式为四重可逆 11 辊式，由上面 6 辊与下面 5 辊所组成。辊子尺寸为 ϕ275mm×5490mm，辊距为 290mm。除出口侧一根上辊只有 4 根支撑辊以外，其余 10 根辊均有 5 根支撑辊，即共有 54 根支撑辊，尺寸为 ϕ280mm×5700mm，由一台 DC1000kW、600/900r/min 电动机传动。最大矫直力达 41000kN，可矫直厚 9~40mm、宽达 5490mm 热板。矫直辊压下采用螺丝形式，由两台直流电动机分别驱动入口侧和出口侧压下，具有倾斜矫直的能力。在压下螺丝下面设有反干扰缸，一旦反力过大时，安全阀将自动打开。此结构有保护矫直辊的作用。矫直辊更换采用上下矫直辊成组用油压缸从矫直机机架拉出方式，用侧移机构和预先准备好的新辊进行交换，大大节省换辊时间。

5.1.7 冷床

设有两个步进格板式冷床，1 号冷床尺寸为 30m×76.4m，面积为 $2292m^2$，可用于板厚达 200mm 钢板冷却；2 号冷床尺寸为 58m×76.4m，面积为 $4431.2m^2$，主要用于板厚为 4.5~40mm 钢板冷却。

5.1.8 划线机

划线机设在切头剪前面，划线机走动，钢板停止。划线周期为 60s。

5.1.9 剪切线

剪切线由切头剪、双边剪、剖分剪及定尺剪组成。

切头剪为上切铡刀式，倾斜角为 15°，剪切力为 12000kN，强度达 600MPa 时板厚达 40mm，电动机为 2 台 490kW，剪切次数为 18 次/min，剪刃行程为 228mm，剪刃间隙用电动楔子调整，调整范围为 0 ~ 10mm。

双边剪为上铡刀自由切式，倾斜角为 2.5°，剪切力为 9000kN，剪切次数为 20 ~ 32 次/min，行程为 223mm，其他性能均与切头剪相同。机前设有磁力对正装置，移动范围为 2300mm。

剖分剪为上滚切式，倾斜角 2°，剪切力为 3000kN，切板厚达 32mm，剪切次数为20 ~ 26 次/min，电动机为 2 台 260kW。

定尺剪性能基本上与切头剪相同，定尺采用定尺辊，机前有对中辊子，调整范围为 100mm。

铣边机（edge helical miller）布置在双边剪与定尺剪之间，用于齐边钢板边部余量很小的铣边工作。形式为螺旋铣床，铣头直径为 1000mm，2 个，供料最大速度为 42m/min，每边最大铣深为 20mm，加工板厚为 4.5 ~ 80mm。铣床采用中心位置控制（CPC）、边位控制（EPC）及平直位置控制（SPC）3 种方法。

冷床后设有 2 台平面板形仪，一台在 1 号冷床后，另一台在 2 号冷床后，前一台测厚板，后一台测薄一些板，均为划线机提供板形尺寸数据。

切头剪后有 2 台自动转盘模带式标记机，有 4 条模带共 64 个字，由微型计算机控制模带变换标记，标记一次周期时间为 9s。两台标记机可互换工作。

定尺剪后设有一台自动打印机，为垂直气锤式，共有 19 个数字和字母，钢板停止时打印周期时间需 6s。

定尺剪后还设有一台贴标机，标纸尺寸为 5.5mm × 165mm，可印有 52 个字母，用黏合剂辊压于板厚 6mm 以上端头侧面，贴标周期时间为 3s。

5.1.10 热处理设备

该厂拥有 4 座辊底式炉，其中第一座为无氧化常化淬火炉，炉内尺寸为 5170mm × 91575mm × 2205mm，处理钢板最大尺寸为 215mm × 4700mm × 25000mm，温度为 500 ~ 980℃，产量为 59t/h；第二座也是无氧化常化淬火炉，炉内尺寸为 4500mm × 58000mm × 2009mm，温度为 800 ~ 1000℃，产量达 19t/h，设有一个淬火机；第三座为直火式回火炉，炉内尺寸为 4500mm × 66600mm × 2950mm，处理钢板最大尺寸为 155mm × 4150mm × 25000mm，温度为 400 ~ 730℃，产量达 26t/h；第四座为特厚板常化回火炉，炉内尺寸为 5700mm × 15980mm × 1880mm，处理钢板最大尺寸为 300mm × 4950mm × 15000mm，温度为 500 ~ 930℃，产量为 7t/h。

5.1.11 抛丸与涂漆机组

1 号抛丸机为立式双面抛丸，处理钢板最大尺寸为 150mm × 5300mm × 25000mm，热处理前清除氧化铁皮。

2 号抛丸机为卧式双面抛丸，处理钢板最大尺寸为 200mm × 4300mm × 20000mm，与单面涂漆机组成作业线。

3 号抛丸机也是双面抛丸，处理钢板最大尺寸为 50mm × 4000mm × 18000mm，也与单面涂漆机组成作业线。

以上两条抛丸涂漆机组主要用于大量生产船用板。

5.1.12 自动化

热带轧机生产批量大，操作单一，精整工序少。而中厚板轧机生产批量小，品种多，展宽操作特殊，精整工序多且复杂。因此，中厚板轧机实现自动化比热带轧机难度大。为了在新建5490mm轧机上实现全面自动化，以达到降低生产成本、稳定钢板质量、提高产量与成材率、减少劳动定员的目的，于1967年在水岛厂4700mm + 4080mm轧机上试验自动化，并将成功经验用于新建5490mm轧机上，1976年3月所有生产自动化系统得到顺利投产，调试时间短，取得了预期的效果，为中厚板轧机实行自动化创造了一个很好的典范。

水岛5490mm轧机分为生产控制、过程控制及基础自动化3级系统。

生产控制由一台UNIVAC-1110中央计算机完成，主存储器为524千字，磁带12套，磁盘为19百万字×24套，磁鼓为2100千字×3套，CRT显示器有8套。另外，配备有一台FACOM230-458操作计算机，主存储器为384千字，磁带8套，磁盘为100百万字二进制数字组×4套，CRT显示器有32套，打字机有27台，穿孔卡读出器有3套。主要实时控制生产计划、操作数据及产品质量等。

过程控制分轧制线和剪切精整线两部分。轧制线由一台MELCOM350-30F过程计算机控制，主存储器为48千字，磁鼓为512千字×1套，过程I/O信号为1750字，CRT显示器有7套，打印机2台，打字机3台；并配备有6套MELMIC-100微型计算机辅助控制系统，主存储器为1千字，过程I/O信号为1231字，兼有APC和AGC过程信息处理功能。剪切精整线由5台FACOM U-200微型计算机控制自冷床至成品库的自动化操作，其中2台辅助剪切线APC，1台辅助标记，1台辅助辊道，1台用于仓库自动化。存储器磁心为64千二进制数组×5套，磁鼓为256千二进制数字组×2套。过程输入系统中断为408字，数字为3712字，模拟装置为16字；过程输出系统脉冲为96字，数字为1728字，模拟装置为38字。

基础自动化指自板坯库开始至成品库为止每台设备都可配备若干台小型计算机来实现自动化。以剪机为例其自动化操作包括：切头剪的剪刃间隙、APC及辊道运转；双边剪和剖分剪APC、7台磁力对中、3个剪刃间隙与升降、2个剪切宽度与侧导板调整、板送进及辊道运转；定尺剪APC、剪刃间隙、夹送辊定尺长度控制及辊道运转。另外，检验、测尺寸及超声波探伤等工作的自动化也是不可缺少的。

实行自动化控制与操作后取得的主要效益有：劳动力由531人减至264人，削减一半以上；钢板成材率于投产当年由89%提高至92%，现在已达96%以上；切边率由2.4%降至0.8%，切头尾率由1.5%降至1%，烧损率降至0.8%左右；钢板纵横向偏差及其百分率都大大降低，特别是剪切精确度可以提高一倍以上，其中最高精确度达99%以上。

5.1.13 车间布置

水岛5490mm厚板厂因总图位置的限制，1500m长生产作业线采用折返式布置，使厂房长度缩至1000m左右。另外，将热处理车间建于离轧钢车间较远的地方。

这种配置给生产流程造成逆流和管理方面的不方便，因此，新建厂很少采用这种布置方式。

轧钢车间厂房面积约126000m^2，热处理车间约68000m^2，总面积达194000m^2。

车间分期建设，初期建成一架精轧机和一条剪切线，月产达15万吨。二期增建一架粗轧机、第二条剪切线，再配置火焰切割线、热处理线、抛丸涂漆线及其他设施等，月产达 30 万吨。

作业线布置也考虑了将来发展的要求。粗轧机至 1 号步进梁式炉距离为 210m，预留好粗轧机和控轧待钢的位置，并考虑好粗轧机主电动机和支撑辊直接拉入轧辊间内的主电室和轧辊间扩建的位置。精轧机至热矫直机距离定为 130m，考虑了设置 ACC 和 DQ 两套装置的位置。剪切线自切头剪至双边剪距离取 150m，因为双边剪前需要用激光对线和磁力对中装置进行钢板位置移动的操作，虽然已实现自动化，但仍然耽搁费时，为了不耽误或干扰切头剪和双边剪工作，考虑留有 3 块最长轧制钢板的位置，对提高剪切线生产能力很有好处。目前，我国许多新建中厚板厂只取 2 块板距离略显小一些，生产中易造成互相干扰。另外，双边剪和定尺剪距离取 130m，即 2.5 块板的位置也是有必要的，因为定尺剪是剪切线的薄弱环节，除了切定尺以外，还需完成取试样工作，必要时还有废次品的处理工作。我国把双边剪与定尺剪距离取 2 块板以下，显然是不合理了。

精整跨预留有建设热处理炉位置，使生产需热处理板得到及时处理。成品库留有较大的扩建地方，并能增设专用抛丸涂漆生产线。

3 种加热炉烟筒采用了支腿形式，高 150m，烟筒直径为 3.5m，3 个烟筒先建 2 个。

厚板厂和热处理车间平面布置图见图 1 和图 2。

5.1.14 其他

由于不需要扩大产能和大批量特宽板，二期建设一直没有实现，粗轧机位置一直空着，致使轧机与炉子距离过远。

剪切线采用折返布置方式，使板尾先进剪切线，生产中尚有不同看法。

立辊轧机用于精轧生产无切边钢板，且采用带孔型立辊和刨边机，此乃世界上首创，至今褒贬不一。

ACC 与 DQ 两套装置效果如何？看法颇多，尚须在实际生产中加以总结。

5.2 日本钢管 福山 4700mm 厚板轧机

这套轧机从加热炉装料设备到轧机、从划线机到成品收集装置等设备全由石川岛播磨厂设计制造。全生产线设有计算机以实现全面自动控制，提高钢板质量与车间作业率。轧机于 1968 年 2 月完工并试运转。

车间平面布置见图 3。

生产钢板厚 4.5 ~ 200mm，宽 1000 ~ 4400mm，长达 45m，单机架时设计年产量为 60 万吨，1970 年粗轧机投产后年产量达 180 万吨。

5.2.1 轧制线

轧制线设备包括加热炉推钢机、出钢机、除鳞箱、粗轧机、精轧机及其前后设备。精轧机上设有日本在厚板轧机上最早采用的工作辊预弯装置及使轧制线自动操作顺利进行的 HMD 设备。

（1）精轧机为世界上比较大的一级厚板轧机，牌坊单重约 274t，轧辊辊身长 4700mm，轧制成板宽达 4550mm，板坯最大单重达 26t，轧制成板最长达 45m。

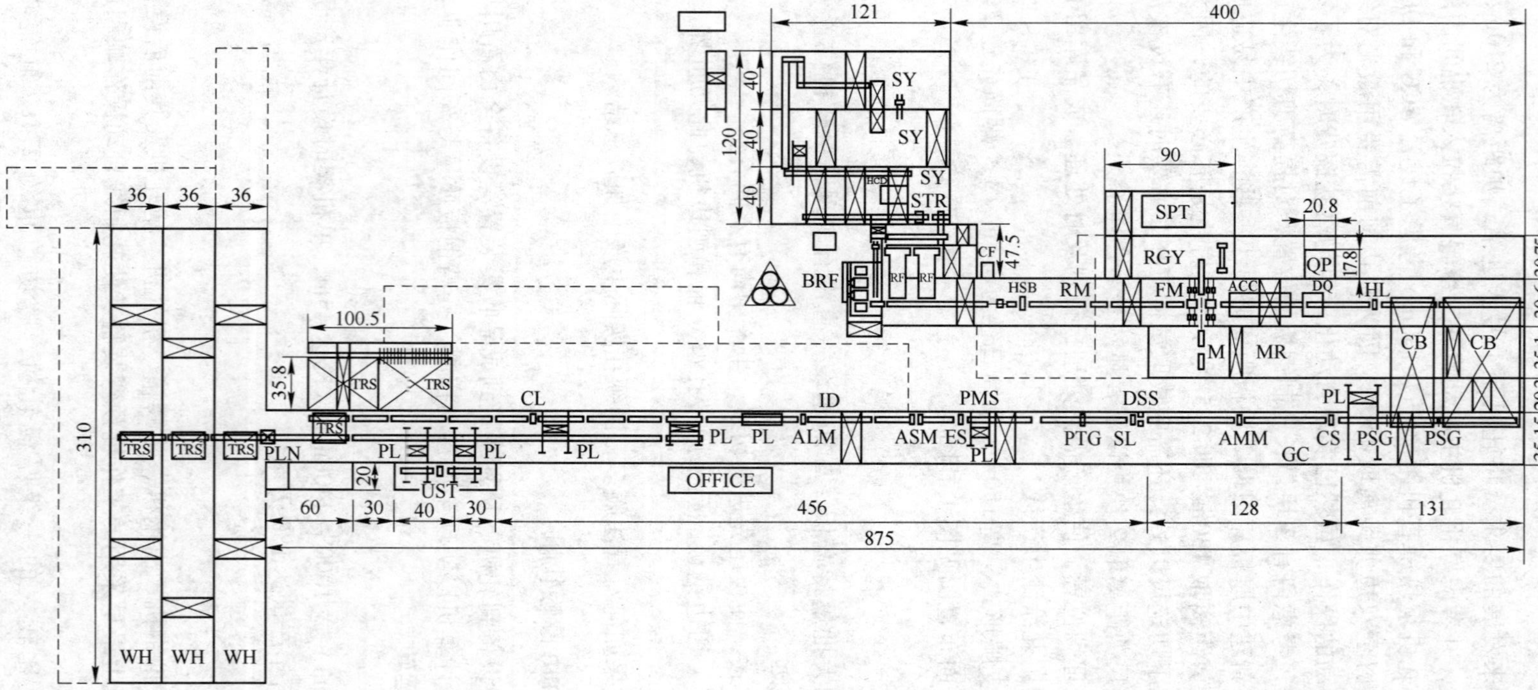

图 1　川崎 水岛 5490mm 厚板厂平面布置图

SY—板坯库；STR—板坯火焰切割毛刺清除装置；RF—连续加热炉；BRF—室式加热炉；CF—车底式加热炉；HSB—高压水除鳞机；RM—粗轧机（预留）；FM—精轧机；SPT—铁皮坑；RGY—轧辊间；M—主电动机；MR—主电室；ACC—控冷装置；DQ—直接淬火装置；HL—热矫直机；CB—冷床；PSG—平面板形仪；PL—收集吊车；CS—切头剪；GC—火焰切割机；AMM—自动标记机；DSS—双边剪；SL—剖分剪；PTG—测厚仪；PMS—定尺机；ES—定尺剪；ASM—自动打字机；ID—检板机；ALM—自动贴标机；CL—冷矫直机；UST—超声波探伤装置；TRS—移送台架；PLN—检查员标记机；WH—成品库

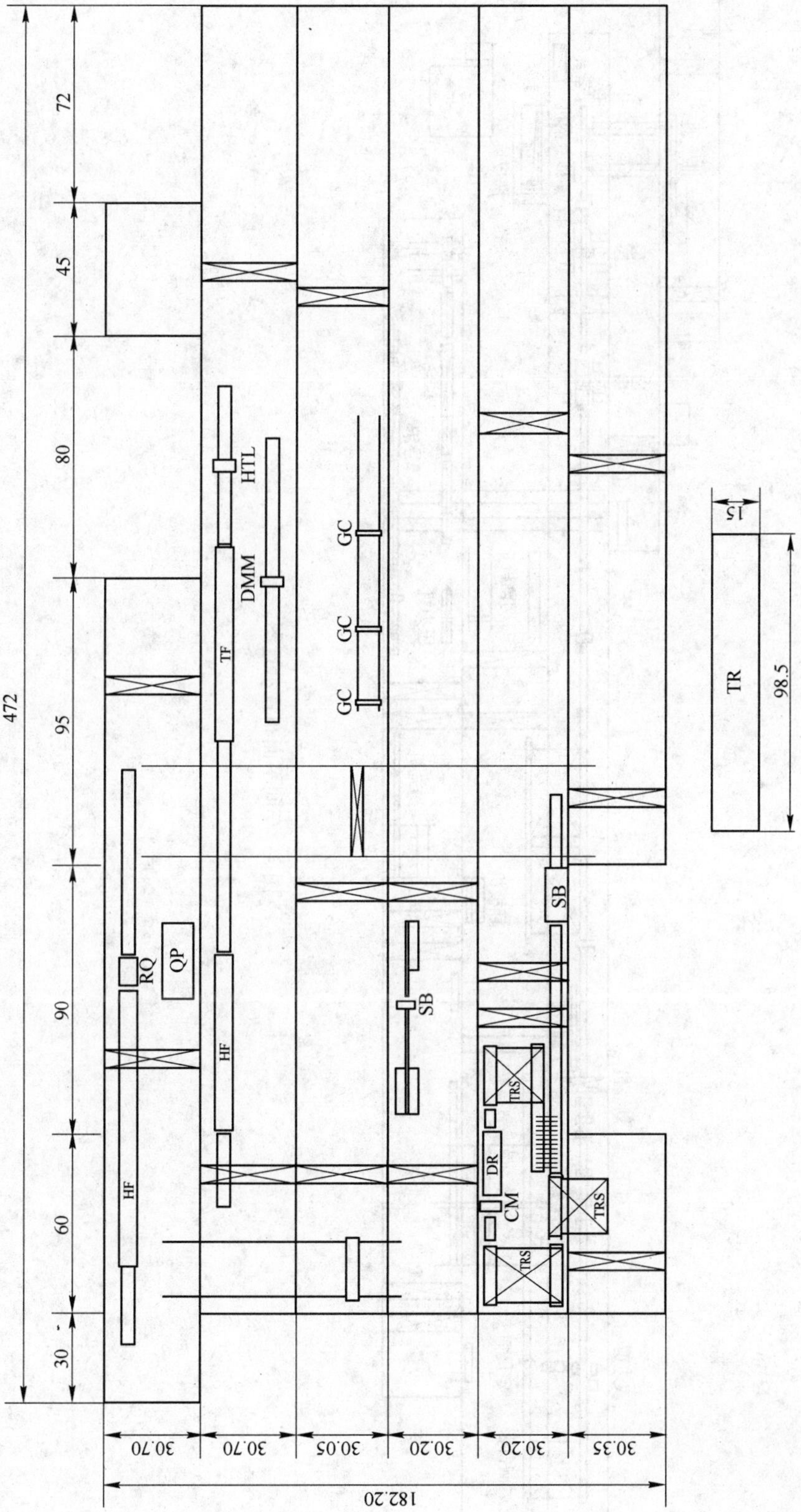

图 2　热处理车间平面布置图

HF—热处理炉；RQ—淬火机；QP—淬火坑；TF—回火炉；HTL—热处理矫直机；DMM—去磁装置；GC—火焰切割机；SB—抛丸机；CM—涂漆机；DR—干燥炉；TRS—移送台架；SB—抛丸机；TR—材料试验室

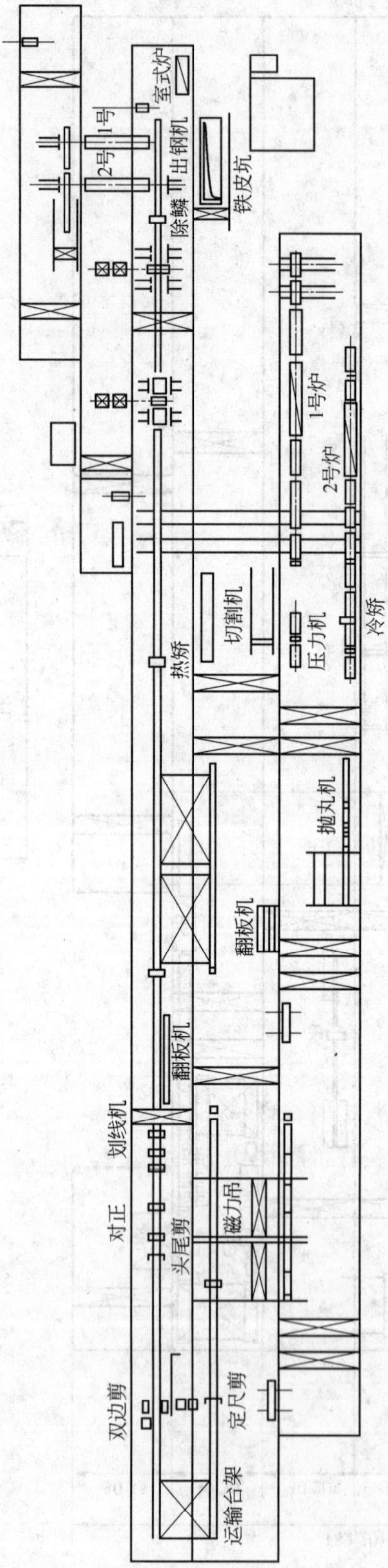

图3 车间平面布置示意图

（2）轧机刚度比以前大，使钢板厚度精度与板形大大提高。支撑辊直径取 1980mm，并在结构上留有扩展为 2000mm 的可能。牌坊立柱断面面积为 9750cm^2，压下螺丝直径为 680mm。从前厚板轧机控制宽度方向板厚偏差是采用机械挠度来实现的，而这台轧机是采用工作辊预弯装置可任意变换工作辊的平衡力和方向来控制轧制板的板形。同时在轧机前后设置 X 射线测厚仪和 γ 射线测厚仪来测定板厚，随时可在轧制中加以调整。另外，还设有 HAGC，通过压下螺丝下面的测压头来测定轧制力，借此来控制轧制长度方向的板厚；并与工作辊预弯装置相配合，使钢板的厚度精度和板形得到大大提高。

加热炉采用出钢机出料后，也使钢板表面质量得到提高。

（3）提高作业率方面，采用双换辊方式。钢板表面质量的提高，勤换工作辊是很重要的，因此作业率提高的最关键因素是缩短更换工作辊的时间。另外，换辊时无论什么样的轧辊直径都要求上、下工作辊之间保持一定的间距，现在采用设在上工作辊轴承座的特殊弹簧来代替以前换辊用垫块，也可缩短换辊的操作时间。以前换辊时接轴用液压缸支住，轧辊拉出前后，由于阀门漏气而产生接轴水平的误差，所以换辊时要进行调整，耽误了换辊的时间。现在是安设电动的接轴千斤顶，轧辊在拉出前使接轴水平保持在一定位置，换辊时就不需要再重新调整，从而节省了换辊时间。从前用手动操作或者推进阀来操作压力阀的切换，现在有用简易的电磁阀进行远距离操纵的可能。

5.2.2 精整作业线

（1）划线的自动化。分段切断线是采用机械化吹刷划标记，划线又快又准确。

（2）钢板尺寸和钢号等喷刷设有螺桨式和回转木马式喷刷机，通过自动喷雾装置进行自动喷刷工作。

（3）剪刃的快速更换和间隙的远距离操作。设有剪刃快速更换装置的同时，在头尾剪、双边剪和定尺剪上采用了按板厚的不同、以远距离操纵来调整最合适间隙的机构。

（4）采用美国 UE 公司专利的双边剪，其优点是：一般说，厚板切断用两台侧边剪，而薄一些的钢板用一台圆盘剪，现在用一台双边剪即能剪切自 38mm 到 4.5mm 厚钢板，使剪切线缩短，设备费用削减。

采用上切对着布置方式，通过连接机构使上剪刃做椭圆运动。这样，上剪刃在上升过程中剪刃就不会擦到钢板侧边，因而可得到较好的剪切断面。

高速连续地进行剪切，在剪刃上升过程中以 60 ~ 120m/min 高速送进钢板，达到连续剪切钢板侧边的目的。

碎边剪断时钢板上不会残留伤痕，主要是在剪切侧边的同时，碎边前端已切落了。

设计与制造过程中特别考虑了每刀剪切的连接部分，不致形成错位的情况。

（5）采用剪刃伸长很少的剪机。在头尾剪和定尺剪上一般均用 C 形钢作成的剪刃，而这次则采用改造过的由两块闭头形钢板焊接而成的剪刃。这样剪切力作用到 C 形钢作成的剪刃上，其开口部位的伸长即可完全防止。

（6）移送钢板采用了不用担心划伤的链条运送方式。这样，钢板移送时不会擦到辊道辊子。

（7）常化热处理炉采用辐射管加热气体式，可保证有较好的钢板表面质量。该炉子是 1968 年 4 月投产，炉子长为 37600mm，宽为 3800mm，处理能力可达 16t/h，处理温度达1000℃。

5.2.3 车间设备性能

（1）四辊粗轧机。1970年续建投产，工作辊直径为1020mm，辊身长为4700mm；支撑辊直径为1980mm，辊身长为4600mm；由2台4500kW、40~100r/min电动机驱动，轧辊开口度为550mm。

（2）四辊精轧机。1968年投产，工作辊直径为1020mm，辊身长为4700mm；支撑辊直径为1980mm，辊身长为4600mm，但留有ϕ2000mm×4600mm的可能。主电动机为2台DC4500kW、40~100r/min，轧辊开口度为550mm，牌坊立柱断面面积为9750cm^2。压下速度粗压下时为0~11.6/23.2mm/s，精压下时为0~0.7/1.4mm/s，压下电动机为2台DC150/300kW、480/960r/min；压上速度为0~2.2/4.4mm/s，压上电动机为1台DC150/300kW、480/960r/min。

轧辊轴承：工作辊用四列圆锥滚柱轴承，支撑辊用1625mm 72型快换式Morgoil轴承。当控制板形将工作辊平衡缸分开，在支撑辊轴承上设有工作辊预弯装置，在高压水系统中设有压力调整阀用于调整预弯力，并以电动操作来完成，可在+1800~-1800kN之间任意进行调整。

轧辊平衡与压下装置：轧辊平衡采用一个水压缸方式。水压为18~20MPa。压下采用粗压下和精压下切换的方式。传动方式在粗压下时蜗杆与电动机直接连接，而精压下时则接入减速机传动。

主接轴装置：除了以水压缸在中间的平衡机构以外，在工作辊的水平位置，为了固定主接轴的位置还设有主接轴千斤顶。

更换轧辊装置：工作辊设有快速换辊机构，上下工作辊通过双换辊装置，在装置上预留好位置换上新的轧辊组。支撑辊是在工作辊拉出以后，上下支撑辊隔开一个间隔距离而进行换辊。工作辊换辊采用电动牵引拉出方式，电动机为DC 22kW、630/1900r/min，行程为9000mm，拉出速度为0.1~0.3m/s，横移为水压缸方法，行程为1800mm。支撑辊换辊也是采用电动牵引拉出方式，电动机为DC 22kW、630/1900r/min，行程为90000mm，拉出速度为0.04~0.12m/s。

（3）精轧机前后设备。

旋转辊道：板坯宽展轧制时进行旋转操作。以锻造辊子作成，为防止从轧机传来热量使辊子温度上升很高，需对辊子进行冷却。辊子采用单独传动方式，辊子尺寸为ϕ480/450mm×6000mm，前后各16根，电动机为DC12.6/31.5kW、87/218r/min，前后各16台。

前后推床：用于对正轧制中心线。左右推床传动装置经过辊道框架下面以万向接轴连接。推床采用两侧齿条齿轮电动传动方式。推床开口度为900~6000mm，左右移动速度为0.45m/s，电动机为DC26kW、292.5r/min，左右与前后共4台。

（4）除鳞箱。从加热炉出来的板坯其表面产生有氧化铁皮，需用高压水喷射去除。喷嘴在除鳞箱内采用便于交换的自动排列方式，上面喷头用电动调整螺丝来升降。高压水压力为12.6MPa，通过板坯厚度为100~500mm，上喷头升降速度为6.6mm/s，升降用AC3.7kW、1800r/min齿轮电动机，减速比为1/45。

（5）加热炉前后设备。

双排出钢机：双工作梁式，升降为曲柄式，行程为5450mm，取出速度为0.68m/s，取出用DC19kW、980r/min 2台电动机；升降用DC11kW、725r/min 2台电动机。

双排推钢机：电动齿条齿轮式，一排推力为1400kN，推速为前进6m/min、后退12m/min。电动机为2台DC 150kW、480/960r/min。

（6）划线吹刷设备。

划线机：以粉笔书写钢板宽度用的板宽测定装置和3组划线机。即吹刷钢板前端切断基准线用的1号划线机、吹刷头尾剪切线用的2号划线机及吹刷厂标和钢号打字用的3号划线机。每台划线机均由自动喷雾装置所组成。2号和3号划线机采用通过计算机控制的电动自动方式，以接受信号来标出划线的位置。1号划线机为固定式，2号与3号划线机为电动走行式，走行速度为30m/min，走行用电动机为DC3.7kW、1500r/min，共2台。

板宽测定装置：书写头数2组，其中一组为固定式，一组为移动式。书写宽度最大为4400mm，最小为900mm，书写头移动速度为2.3m/min，成品板移行速度为0/30/60/90m/min，书写头移动用1台DC 0.75kW、1150r/min电动机，书写头高度调整用1台AC3.7kW、1200r/min电动机。

吹刷机：这是机械化的第一台设备，根据板宽可选用1号吹刷机或2号吹刷机。另外还有多吹头的吹刷机，用旋转方式选择所要求的吹刷。以自动喷雾方式在钢板表面自动吹刷钢板尺寸和钢号等。1号吹刷机形式为吹刷水平旋转式（螺桨式），用于比较宽的钢板，吹刷数量为4个，吹刷旋转速度为4s/90°，旋转用电动机为DC 7.5kW、900r/min、1台。2号吹刷机形式为倾斜旋转式（回转木马式），用于窄一些的钢板，吹刷数量为3个，吹刷移行速度为18.3m/min，移行用电动机为DC 0.75kW、1800r/min、1台。

（7）定尺剪与头尾剪。用于钢板头尾、定尺及试样的剪切。传动装置设在剪机本体的上部，曲柄转动使连杆运动的上剪刃支持架向下而切断钢板。上剪刃支持架通过离合器上的空气缸来平衡，沿着剪机外侧滑动面上下折动。剪刃间隙有0~5mm的调整量，根据板厚的不同可从操作室远距离操作，可自动校准到最合适的剪刃间隙。剪刃的更换是用特殊的更换工具快速完成的。剪机形式为电动下切式，最大剪切力为4100kN，可剪切厚达38mm、宽达4550mm普通钢板。剪刃宽度达4700mm，剪刃斜度为1/40，剪刃行程为200mm，行程次数为16次/min，主电动机为AC 190kW、1200r/min、1台，间隙调整用AC1.5kW齿轮电动机1台，剪刃更换用AC 3.7kW、207r/min电动机1台。

（8）碎边处理设备。

碎边剪：用于将从头尾剪和定尺剪上切落下来的废边再剪切成适当长度的碎边，并设有将残留在下剪刃上的小块碎边踢出的踢出装置。

碎边剪形式为电动下切式，最大剪切力为2000kN，碎边最厚达38mm、最宽达600mm普通钢板，剪刃宽760mm，剪刃斜度为1/16，剪刃行程为165mm，剪切次数达20次/min，电动机为1台AC 50kW、900r/min。

碎边运输带：定尺剪上切落下来碎边落到板链运输带上运送到碎边剪，切碎的废边又用辊式运输带输送，并与双边剪切下碎边汇合而集中起来送到废边收集处。定尺剪一侧辊式运输带附设有试样与端板取出用的收集装置。头尾剪切落下来的碎边经板链运输带送往碎边剪切成碎边，经漏槽滑落到废边收集处。运输带速度为20m/min。

废边收集箱小车：移动车上放两个箱，一个箱收集满了，车子移动一下换成空箱。小车形式为电动钢绳牵引式，收集箱容量最大为10t，移动速度为15m/min，电动机为AC 3.7kW、1200r/min、1台。

（9）双边剪。由一个固定剪架和一个按板宽可调整的移动剪架所组成。传动由同步轴连接，构成一个同时剪切机构。曲柄轴转动带动连杆，并使连杆上的上剪刃架下降将钢板两端剪断，完成剪切后上剪刃架仍回到上死点。剪刃轨迹按二重四节点的月牙板机构做椭圆运动。剪刃更换采用快速换取剪刃的更换用具。碎边是在切边的同时进行，并落到剪机下面板链运输带上运走。钢板的输送由剪机前后夹送辊子运送，在剪边剪刃上升过程中运送钢板工作也同时完成，构成一个电气连锁的程序。

双边剪形式是电动上切相对方向布置式，一侧是固定的，另一侧是移动的。剪切力切成品时最大为3200kN，切废边时最大为1000kN；剪切板厚为4.5～38mm、板宽为1500～4400mm普通钢板；剪刃长切成品时为2600mm，切废边时为250mm；废边最大宽度为150mm；剪刃倾斜度切成品时为1/32，切废边时为1/20；剪切次数达24次/min；钢板送进量为1100mm/次；移动剪架移动距离为3050mm（包括后退行程150mm），移动速度为42.6mm/s；主电动机为DC 280/560kW、360/720r/min、各1台、移动电动机为DC 52kW、550r/min、1台。

（10）剖分剪。设在双边剪近接后面，用于将钢板剖分成具有要求宽度的两块。传动装置设在剪机上部，曲柄轴上连杆随曲柄轴的转动，使上剪刃架向下而切断钢板。两根曲柄轴的偏心位置设置不同，使上剪刃架做摇摆下降。上剪刃架由油压缸来平衡，并沿机架两侧导向移动，剪切工作是用电气连锁和双边剪同步工作。剪刃间隙根据板厚之不同，在操作室内远距离操作，可有-3～+8mm的调整量。压紧板通过凸轮与上剪刃架同步升降。剖分宽度通过电动机传动螺杆将移动剪架定位来确定。剪刃的更换是采用快速方式，远距离操作旋转式更换小车将更换上下剪刃架取出，并旋转一下，将预备好的剪刃架换入装好。

剖分剪形式为电动下切式，剪切力最大为4000kN，剪切板厚为4.5～38mm，板宽在剪切前为1500～4400mm、剪切后为900～3000mm，剪刃长为2500mm，剪刃倾斜度平均为1/35，剪切次数达24次/min，一刀切长为1100mm，移动距离为2100mm，移动速度为42.6mm/min，主电动机为DC 370/740kW、339～218/678～436r/min、1台，间隙调整用1台AC 1.5kW、30r/min齿轮电动机，剪刃升降用电动机为DC 5.5kW、90r/min、1台，移动用电动机为DC52kW、550r/min、1台。

（11）夹送辊装置。设在双边剪的移动剪架和固定剪架前后以及剖分剪的后面，用于帮助输送钢板，彼此以机械或电气方式和双边剪、剖分剪同步工作。在双边剪后面和剖分剪后面的夹送辊之间设有侧导板，以防止钢板走偏。

夹送辊装置形式为上辊升降式。钢板送进量每次为1100mm，送进速度为60～143m/min，送进次数为24次/min，移动距离为3050mm（包括后退行程150mm），移动速度为42.6mm/s，主电动机为DC 62/124kW、543.9/1297r/min、1台，移动用电动机为DC 7.5kW、899.2r/min、1台。

（12）对正装置。设在双边剪前面，在钢板下面将钢板抬至辊道上面，并移动钢板与剪切指示位置重合。

对正装置形式为下部磁盘吸引式，磁盘吸引力每个为75kN，升降为油压式，行走为螺杆式，行走速度为5m/min，行走距离为3000mm，行走用电动机为DC7.5kW、900r/min、1台。

（13）剪切线指示装置。设在双边剪前辊道上，投光器在钢板上指示出剪切宽度，以便对正装置对正剪切线。

指示器形式为光学式，投光器箱共4组，固定侧与移动侧各2组；投光器设4组，每组有4个，投光形状为半月形，颜色为黄绿色。

（14）送料装置。由磁力移送小车与双边剪剪切速度相配合，将钢板往剪机送进，防止钢板剪切时横方向移动。

送料装置形式为移动小车走行式，磁盘吸引力为75kN，2台，走行电动机为DC 37/74kW、575/1150r/min、1台。

（15）定尺机。设在定尺剪出去一边，定尺小车经齿条齿轮传动，并远距离进行操纵以确定定尺位置。

定尺机形式为定尺小车走行式，定尺范围为1.5~20m，定尺小车移动速度为20m/min，走行用电动机为DC 11kW、800r/min、1台，升降用电动机为DC 11kW、800r/min、1台。

（16）链式运输台架。链子将钢板抬起运送，可完全防止钢板下表面因移送而产生的划伤。

台架形式为设有送入与送出的升降装置辊链式，移送距离为28m，链数为15条，移送用电动机为DC 110kW、500r/min、2台，升降用电动机为DC 52kW、550r/min、2台。

6 日本中厚板轧机目前水平及其发展趋势

目前日本所拥有的大型现代化中厚板轧机是全球最多的。装备具有20世纪70年代水平，生产技术仍然是全球第一流的，生产成本比较低，质量好，在国际市场上有较强的竞争力。

自20世纪80年代开始，日本中厚板产量已停滞不前，一直保持在800万~1000万吨之间，轧机开工率不到一半，除2006年新建一套2800mm中厚板轧机以外，差不多已30多年未建新轧机。现有轧机虽经局部技术改造，但与世界上新建现代化轧机装备水平相比已落后达20年之多。

目前，中国、俄罗斯、印度及韩国都在新建现代化宽厚板轧机，主要是满足船舶和大口径管线用板的需求，这种情况对日本中厚板生产的影响还是非常大的。

日本建造船舰有一定的发展，现有轧机水平和生产能力已很容易满足要求，预计近期不会新建中厚板轧机，中厚板出口量也不会增加，只会逐年减少。

附文 2-2 美国中厚板生产概况

1 生产发展简史

美国中厚板生产的发展历史约有160年。18世纪中叶就从西欧传入了在二辊周期式薄板轧机上生产小块中板的技术，其中也轧制工具钢和高合金钢的中板。1850年前后便有蒸汽机驱动2300mm二辊式中板轧机。1864年创建了世界上第一台三辊劳特式中板轧机。

1891 年霍姆斯特德厂建成了世界上第一台四辊可逆式厚板轧机。1918 年科茨维尔厂为了满足军舰用板的需要，又建成了世界上第一台 5m 以上特宽的特厚板轧机。之后，为去除一次氧化铁皮，增设了一 架传动功率很小的二辊式破鳞机，并逐渐发展成今天美国典型的 2h +4h 双机架中厚板轧机。1907 年美国钢铁公司南厂为了轧边，首次创建了万能式厚板轧机，当时感觉十分新奇。1931 年该厂又建成了世界上第一台连续式厚板轧机，机后设有中厚板精整作业线，大量生产出 10mm 左右中板，供应市场上对这类尺寸钢板的大量需求。1936 年霍姆斯特德厂建成一台年产 100 多万吨 2692mm 半连续式厚板轧机。在第二次世界大战期间日内瓦厂又建成了一台 3350mm 半连续式宽厚板轧机，年产钢板达到 188 万吨，成为当时世界上产量最高的厚板轧机。

二次大战后工业化和建造舰艇、铺设长输大口径管线需要大量又厚又宽、性能又高的中厚钢板，于是掀起了全球第一次中厚板轧机的建设高潮，建成以 4064mm 尺寸为主的 2h +4h 双机架中厚板轧机共 16 台，其中 4064mm 有 7 台、3m 多有 4 台、3m 以下有 4 台、5m 以上有 1 台。另外，对现有轧机进行现代化改造的有 8 台，其中 5m 以上有 2 台、4064mm 有 2 台、3m 多有 3 台及 2m 有 1 台。同时，也淘汰了若干台三辊劳特式中板轧机。10 年间美国中厚板生产面貌发生了很大的变化，产量猛增，到 1957 年中厚板年产量已提高至 1000 万吨以上，品种迅速扩大，质量大幅度提高，大量生产出高强船板，Hy100 高韧性潜艇用板、高耐候性桥梁板以及 X-80 大口径直缝焊管用板等。这期间还建成了 8 套直径达 406 ~ 1219mm UOE 型直缝焊管机组，新铺设长输管线达 30 万千米以上，一举成为全球长输管线最长的国家。另外，新建造成 7 艘大型航母，为发展与建设成一支强大的海军奠定了物质基础。中厚板轧机建设高潮也引领美国各行各业迅速向前迈进，很快便成为全球名副其实的经济军事强国。

2 中厚板生产

美国中厚板生产没有中板、厚板、特厚板之分，统称为厚钢板（steel plate）。

为了将厚钢板和薄钢板、带钢相区别，碳素钢厚板的尺寸和重量范围规定如下：

宽 1219.2mm 以上，厚 4.572mm 或以上者；

宽 152.4mm 以上，厚 5.842mm 或以上者；

宽 1219.2mm 以上，每 0.1m^2 为 3.42kg 或以上者；

宽 152.4mm 以上，每 0.1m^2 为 4.36kg 或以上者。

另外，凡属以上范围内的板坯，包括周期式薄板轧机用的薄板坯以及焊管坯等半成品原料均不属于厚钢板。

同时，将花纹钢板归属于厚钢板的范围内。

这种厚钢板的定义比日本、德国、俄罗斯的定义要明确得多，不致引起混淆。

美国生产厚钢板尺寸比较广，满足了用户的要求，能自给自足，不需大量进口。一般板厚为 4.76 ~ 381mm，宽度达 5000mm，长度到 38m。也生产过最薄为 3.179mm 的薄钢板。

1957 年厚板产量达到 1023 万吨，占轧材的 13%，占板材的 22%。50 多年来厚板年产量一直在 650 万 ~ 1000 万吨之间波动，仅次于中国、日本和俄罗斯，占世界第 4 位。因为美国薄板产量比较大，因而在轧材中厚板比例也并不高。

美国厚板品种比较齐全，至今许多国家还仿用其标准。如潜艇用厚板已从 Hy45、

Hy80、Hy100、Hy130、Hy140 发展到 Hy150、Hy180、Hy200，潜水深度由 200m 发展到 600~900m，核潜艇已处于世界领先地位。长输管线用厚板已从 APISL A 级、B 级、X42、X46、X50、X56、X60、X65、X70 提升到 X80、X100、X120，其屈服强度已由 207~450MPa 增至 480~827MPa。塑料用模具钢板 P20 历来是美国的王牌厚板。

3 轧机现状及其特点

美国共有厚板轧机 33 套，现在生产约 24 套，1997 年后新建的只有 4 套单炉卷轧机，1970 年至 1996 年有 26 年之久没有新建厚板轧机。虽然 4 套单炉卷轧机具有 20 世纪 90 年代水平，但厚板生产技术水平仍然停留在 1970 年前的水平。

美国厚板轧机情况详见表 1，其特点主要有以下几点：

(1) 世界上大多数的中厚板生产技术与装备都是美国首创的。

表 1 美国厚板轧机一览表

序号	厂 名	轧 机		投产年月	年产能/万吨	技术水平	备 注
		形 式	尺寸/mm				
1	留肯司 科茨维尔	3h+4h	3560+5230	1906 年 1918 年改 1950 年改	31	老式	世界上第一台 5m 以上
2	美国 日内瓦	半连续式	3350	1937 年 1953 年改	188	20 世纪 50 年代	世界上唯一的 宽板半连续式
3	留肯司 康舍霍肯	3h+4h	2850+3050	1940 年 1960 年改	28	老式	停 产
4	美国 费尔菲尔德	3h+4h	3560+3560	1942 年	52	老式	停 产
5	科罗拉多铁和燃料公司	3h	4064	1936 年	16	老式	停 产
6	阿姆科 奥斯顿	2h/4h	4064	1962 年	85	50 年代	
7	阿姆科 奥斯顿	3h+4h	2945+3300	1950 年	65	老式	二手出售
8	凯萨 丰塔纳	v·2h+4h	2800+3760	1943 年 1958 年改	82	50 年代	
9	留肯司 科茨维尔	4h	3550	1958 年	52	50 年代	
10	匹兹堡	3h	4320	1952 年	20	老式	停 产
11	匹兹堡	4h	4064	1958 年	60	50 年代	停 产
12	美 国	3h	4164	1950 年	18	老式	停 产
13	美国 霍姆斯特德	4h	4064	1944 年 1960 年改	83	50 年代	生产不锈钢
14	伯利恒 雀点	3h+4h	4064+4064	1957 年改	89	50 年代	
15	伯利恒 约翰斯敦	3h	3400	1957 年	33	老式	停 产
16	美国 格里	4h+4h	4064+ 4064~5335	1962 年	120	60 年代	
17	勒图尔诺 隆维尤	4h	3660	1952 年	45	50 年代	停 产
18	共和国 加兹登	v·2h+4h	3404+3404	1960 年 1965 年改	52	50 年代	
19	伯利恒 伯恩斯港	4h+4h	4064+4064	1964 年 12 月 1978 年改	100	70 年代	

续表1

序号	厂 名	轧机		投产年月	年产能/万吨	技术水平	备 注
		形 式	尺寸/mm				
20	美国 巴敦	2h+4h	4064+4064	1969年9月	120	60年代	
21	凤凰 克莱蒙特	2h+4h	3050+4064	1968年改	50	50年代	
22	美国 哥姆斯特	4h	2800	1891年	20	老式	世界上第一台4h厚板轧机
23	留肯司 科茨维尔	半连续式	2692	1936年	90	老式	世界上第一台中板半连续式
24	阿兰 伍德 康肖霍肯	4h+4h	2795+2795	1961年	42	50年代	
25	阿兰 伍德 康肖霍肯	3h+3h	2135+2135	1954年	17	老式	
26	独眼巨人 布里季维尔	4h	2300	1971年	12	50年代	生产不锈钢
27	吉尔摩 波特兰	4h	2440	1968年	15	50年代	
28	杰索普 华盛顿	2h	2800	1970	15	50年代	生产不锈钢
29	美国 南	连续式	2440	1931	95	老式	改 造
30	蒙特利埃	4h单炉卷	3400	1997	112	90年代	
31	俄勒冈 波特兰	4h单炉卷	3758	1997	100	90年代	
32	纽 柯	4h单炉卷	3400	2000	100	90年代	
33	IPSCO	4h单炉卷	3400	1997	125	90年代	

1850年建成世界上第一台蒸汽机传动2m以上二辊式中板轧机；

1864年第一台三辊劳特式中板轧机在美国诞生；

1891年美国钢铁公司霍姆斯特德厂建成了世界上第一台四辊式厚板轧机；

1918年留肯司公司考特茨维尔厂投产了世界上第一台5m以上四辊特宽厚板轧机；

1936年上述厂又建成了世界上第一套2692mm半连续式中板轧机；

1937年美国钢铁公司日内瓦厂接着投产了世界上第一套3350mm半连续式宽板轧机；

1944年美国钢铁公司霍姆斯特德厂建成了世界上第一台4046mm不锈钢宽板轧机；

1962年阿姆科公司奥斯顿厂建成了世界上第一台二辊式/四辊式4064mm复合式厚板轧机；

1964年伯利恒公司伯恩斯港厂首创有预弯工作辊的4064mm厚板轧机，并具有第一套AGC、不锈钢蒸汽除鳞、辊式淬火机、控制轧制及双边剪等多项新技术装备；

1954年美国钢铁公司日内瓦厂在3350mm半连续式宽板轧机上首次采用了润滑剂轧制工艺；

1957年伯利恒公司雀点厂首次利用10.5MPa除鳞箱来冲除一次氧化铁皮；

1950年留肯司公司科茨维尔厂建成了世界上第一套带压力淬火机的热处理调质线。

（2）美国选用轧机以4064mm（160in）为主，生产板宽达3800mm，这是美国铁路运输的一个界限。

（3）美国有3套以生产不锈钢板为主的宽板轧机，另外也轧一些特殊品种，因为专业化生产容易保证质量，特别是不锈钢板的表面质量。

（4）美国厚板轧机台数已过多，开工率很低，多年来都在40%以下。近年来除了新建4套单炉卷轧机以外，基本上未新建传统中厚板轧机。虽然轧机装备水平不高，但各个部门所需的重要中厚板均能自给自足，不需从国外进口，少量进口的均为普通板，只是国际贸易调剂的需要。

（5）美国中厚板轧机经过多轮技术改造工作，基本上把落后的三辊劳特式轧机淘汰掉。两套5m以上轧机，其中科茨维尔厂的轧机已太老了，而格里厂的一套也只有20世纪60年代水平。最好的一套是伯恩斯港厂的4064mm双机架轧机，也只70年代的水平。另一套是巴敦厂的4064mm双机架轧机，为60年代水平。4套单炉卷轧机虽然有90年代水平，但采用纵轧到底生产中厚板方式，品种受到很大的限制。

4 典型轧机举例——伯利恒公司伯恩斯港厂4064mm厚板轧机

伯利恒钢铁公司于1962年在印第安纳州伯恩斯港厂建设钢板车间，第一步计划先建4064mm厚板轧机，每月平均设计能力生产多品种钢板5万吨，厚4.76～381mm，宽910～3810mm，长15000～36500mm，碳素钢占79%，合金钢板占21%。车间布置在现有炼钢车间的东边，布置上考虑了轧制操作的经济性和生产多品种钢板的灵活性。

车间设计原则是有较高的产能，质量好的成品厚板，较低的生产与维护费用，设备能力应有适当的平衡，且有一定的富裕，备品备件应标准化，各项设施应可靠、安全与好用。

为了有助于轧机的设计，曾在现有雀点厂厚板轧机上进行了广泛的试验工作，确定了轧机所需传动功率、剪机的剪切力与剪刃的倾斜度、各项设备上钢板到达的温度，并根据温度来确定各操作区设备所要求的传动速度。还考察过许多厚板轧机的各项设备及其布置并进行了评价，最后决定该车间为一直线布置方式。

车间前为南北向板坯库，车间由板坯库右角向东伸展，这种布置对车间生产流程和开工生产均有很大的灵活性，且对将来扩建时厂房延长也有好处。

车间采用双冷床布置以确保钢板质量与生产操作。在确定车间面积时，详细分析了设备和吊车的速度、连续操作情况及有效的车间面积，只有在足够的车间面积并合理分配的情况下，才能确保圆满地完成生产任务。

另外，还单独分析了设备与操作台之间的关系，以便正确设定操作台的位置。设计操作柜应尽量一致，以便于互换。

板坯仓库：外来板坯在库内装卸，检修或生产时在库内存有一定量的板坯。以特殊小车自初轧厂向板坯库供坯，每次最多达5000t。板坯库用夹钳吊车卸料，每次送50个车皮以下时，用普通吊车卸料也行。板坯库可储存5万吨板坯，而实际只储存3.5万～4万吨已够。库内设有3座预热炉，2座预热到871℃，1座预热到399℃。另有3台100t运送小车，通常由吊车远控操作。吊车以电讯联系，与邻近跨间、原料跨及室式加热炉、连续式加热炉等交换台通讯。按板坯最大吊重、吊车行走最小距离及最少台数来确定选用50/25t吊车。一般将板坯卸于第1库内，再经过跨台架检查清理后送入第2库内。

加热炉：2座五段28754mm×7624mm连续式炉，预留有第3座的位置。每座炉加热能力为150t/h，平均为100～115t/h，炉底强度达700kg/(m^2·h)，每座最大热耗332GJ/h，设计各加热段能力比炉子热耗大一些，这样板坯尺寸增减时有较大的灵活性。上下加热段和上下预热段有煤气或重油两种烧嘴，而均热段只有煤气烧嘴。炉子设有可将空气预热到260℃的金属预热器，烟气排入45.74m吸力烟囱以前，经过能力为30t/h余热锅炉，保证蒸汽的连续供应，并设有辅助燃烧部分。滑轨间距既可满足生产窄而薄板用小尺寸板坯，又可满足生产宽而厚板用的大尺寸板坯的加热要求。炉子横断面为长方形，装料端具有最大加热能力。积渣坑深使生产时停工清渣周期极短。加热板坯最小尺寸为102mm×914mm×1676mm，单重为1220kg；最大尺寸为305mm×1880mm×3253mm，单重为15078kg。炉子仪表用电子控制。为了动作准确，最终控制元件用气动。炉温以热电偶控制。

另有两座双室带装出料机的室式炉，用于连续式炉不能加热太大或太小以及加热制度特殊品种的坯料，还用于订货需要直接插入轧制过程生产的品种。炉子有效尺寸为15926mm×4993mm×1981mm，每座炉加热能力达20t/h以上，热耗达63.26GJ/h。一台装出料用吊车为35t。为适应于合金钢加热制度要求，炉子用计算机程序自动控制操作。

轧机：选用2h+4h双机架，粗轧机用于去氧化铁皮和展宽，完成一半的轧制量，用带刻痕的直径为1346mm、身长为4064mm轧辊，以两台2237kW、30~60r/min DC电机驱动，轧速达2~4m/s，通常用2.5m/s。轧机前后有14MPa压力水除鳞，喷嘴随上辊升降，使喷嘴与钢板之间有一定距离。选用2h粗轧机主要是投资省。压下速度为27.4mm/s，由2台75kW电机传动。

粗轧机前后设有锥形旋转辊道和推床，由一人操作，压下自动控制，轧辊自动逆转，自动除鳞，推床有短行程操作的特点。压下装置下面设有测压头来测定轧制力。推床指示器指示出板宽并加以控制。按轧制程序议定数据进行轧制，保证两台轧机保持均衡的关系。粗轧机操作者给炉子讯号要板坯，并操作出炉辊道。在电视屏幕上可看到出炉辊道全景。

4h精轧机距2h粗轧机46.35mm，工作辊直径为990mm，支撑辊直径为1828mm，辊身长均为4064mm，由两台4474kW、40~100r/min DC电动机传动，只在机前有除鳞，在机前上面还设有特殊钢用蒸汽除鳞喷嘴。轧机只设一人操作，自动压下装置定位精度达0.0254mm，AGC控制板厚。压下装置由两台205kW和两台280kW电动机驱动，压下速度达14.5mm/s。X射线测厚仪测板厚25.4mm以下精度为±0.5%，而测板厚25.4~50.8mm精度为±1%。设有一台测长仪测出热轧最终长度。板厚大于50.8mm用人工测量。当轧制4.76mm厚板时，宽2438mm以下，板长为24384mm；当板宽大于2438mm时，板长只有18288mm以下。换辊采用换辊小车和吊车操作，2h粗轧机换一次辊需60~80min，而4h精轧机换工作辊为20~30min，换支撑辊为4~5h。

冷却装置：平行于两机架间有一段长21.33m冷却辊道，并通过两个输送台架与轧机间辊道相连接。用途是轧件在其上待温，使终轧温度更低，改善钢板的冲击韧性与低温冲击值，以减少耽搁时间。

精轧机输出辊道上设喷水冷却，使钢板冷至热矫最合适的温度，保证钢板矫直的平直度，且使板面硬一些，以免划伤。

矫直机：距精轧机128m，矫直板厚为4.76~50.8mm，比较广。形式为11辊四重式，上6个辊下5个辊，矫直辊直径为228.6mm，每个矫直辊由5个直径为260mm支撑辊支撑。进出口各设有一个直径为305mm送料辊。矫直辊为内冷式，避免贴上氧化铁皮和划伤表面。另设有喷水系统和空气吹除系统，用于冷却矫直辊和清除矫直辊与支撑辊之间积存的氧化铁皮。开口度达457mm，压下速度为8.17mm/s。机前还设有一个冲下辊，协助钢板喂入矫直辊，减少操作时间损失。机前还设有高压水和蒸汽扫除氧化铁皮，以免氧化铁皮带入矫直机。矫直辊经齿轮座传动，可将上下辊成组拆卸，以便快速换辊。

冷床和翻板机：两个冷床面积为 1500m^2，薄的板需冷至 150 ~ 200℃以下才能剪切，因薄的板是从边向内冷却，冷缩后会改变切成板形。厚的板在 260℃以下剪切，需有足够的冷却时间，因此先经一号冷床，再从二号冷床送至剪切线，而薄的板只经二号冷床即可。冷床输出端设有翻板机，每块板均要求翻板检查下表面，然后送至划线机将板划上剪切参考线并打印喷上标记，同时也划上试样线及标记。

剪切线：剪切质量的好坏直接关系到钢板质量，因此在现有剪切线上做了一系列试研工作，以便正确地选定新剪机的基本参数。剪机采用国外设计，并吸取了雀点厂设备结构的特点。研制修改后剪机基本上达到了要求。剪切成板有规整的矩形，宽与长偏差很小，平直度好，无剪切压痕，侧边无鱼翅与裂开，剪弯很小。而且要求定员少，操作容易，废边处理可靠。剪机上设有测温计，可精确地留出收缩量。

为满足轧机产能的需要，设有两条剪切线，一条为圆盘剪，另一条为铡刀剪。剪切线设一台切头剪用于取试样、切废及粗分段，以减轻以后剪机的负担，形式为摇摆式，切厚达 38. 1mm，刀刃长为 4064mm，由两台 205kW 电动机驱动。

圆盘剪切线由一台圆盘剪和一台定尺剪所组成，切板厚达 19mm，宽 800 ~ 3800mm，长 4570 ~ 38100mm。圆盘剪圆刀片两对等直径为 800 ~ 724mm，机前设有液压定位和钳式导向装置，用于剪切前对正和正确引导钢板，确保剪切钢板质量。定尺剪为摇摆式，用于定尺剪切，由一台 150kW 电动机驱动。

铡刀剪切线由两台错开布置的铡刀剪和一台定尺剪所组成，切板厚达 38mm，宽800 ~ 3800mm，长 4570 ~ 38100mm。铡刀剪剪刃长 4064mm，由两台 205kW 电动机带动。碎边剪刃设在倾斜剪刃低的一端，这样未切下的碎边起导向作用，保证有良好的剪切质量。两台铡刀剪距离达 25. 6m。第 2 台铡刀剪上设有电动测宽仪，由读数器指示出成品板宽。定尺剪由两台 205kW 电动机传动，切板厚达 38mm。剪刃间隙可由操作者随时调整。剪刃分成板厚 12. 7mm 以下、9. 5 ~ 19mm 及 19 ~ 38mm 3 套。

剪切线外还设有辅助剪机，用于补充与特殊尺寸的剪切。有一台 25. 4mm × 3660mm 切头剪、一台 25. 4mm × 3050mm 切边剪和一台 12. 7mm × 3800mm 直径为 508mm 圆盘剪。另外还有 2 台地上操作磁力吊车帮助辅助工作、一台称重 22680kg 磅秤、一段长 36. 6m 操作辊道及一台钢板定位装置。

最后，设有两台火焰切割机，切割厚 38mm 以上厚板。一台可同时切两块宽达 2440mm、长 36600mm 板；另一台用于成形切割，同时可切 8 块宽达 3050mm、长 12200mm 不规则形状厚板。

热处理设备：由一台矫直机、一座车底式炉及一条淬火回火作业线所组成。

矫直机用于成品板补充矫直和热处理后板矫直。前后各设有一段长 15. 24m 辊道辅助操作。

车底式炉用于厚达 381mm、宽达 3810mm、长达 15240mm 厚板热处理，用煤气加热，最大热耗量达 26. 9GJ/h，采用上下两面快速加热。

淬火回火热处理线于 1966 年投产，可处理厚达 102mm、宽达 3970mm、长达 16400mm 厚板。淬火炉与回火炉之间有一台长 16. 15m 小车，回火炉后有一台长 20. 12m 小车，回火炉附近有长73.2m旁通辊道用于连接炉子与输送钢板。淬火炉后有一台辊式淬火机，首次采用后钢板质量很好。

这台轧机1962年12月建成，1964年12月才轧出第一块钢板，其间整整花了两年时间解决了许多与主传动有关的电气设备上的问题，又花了三个月进行处理，至1965年3月才达到月产5万吨的水平。

5　发展前景

美国中厚板轧机装备比较落后，与中国相比已滞后达50年之多；与日本相比，也至少差了20年，还不如俄罗斯、韩国及德国的先进。

表2为中、日、美三国中厚板轧机水平的比较，从表中就可得知，美国轧机支撑辊直径、机架牌坊立柱截面面积、轧制力、轧机刚度、主电动机功率及轧制速度等都选小了，因此实现TMCP工艺有很大的困难，如在寒带地区阿拉斯加敷设数千公里大口径焊管管线仍需从日本进口。

表2　中、日、美三国中厚板轧机水平的比较

序号	比较内容	中国 宝钢5000mm精轧机	日本 川崎 水岛5490mm厚板轧机	美国 美国 格里5335mm精轧机
1	支撑辊直径/mm	2300	2400	1965
2	工作辊直径/mm	1210	1200	825
3	工作辊身长/mm	5000	5490	5335
4	牌坊立柱截面面积/cm^2	9400	10000	5800
5	牌坊单重/t	400	380	220
6	轧制力/kN	100000	100000	50000
7	轧机刚度/$kN \cdot mm^{-1}$	84000	100000	48000
8	主电动机功率/kW	10000×2台	8000×2台	4472×2台
9	主电动机转速/$r \cdot min^{-1}$	50/120	50/120	40/80
10	开口度/mm	550（750）	850（1024）	1000
11	轧制速度/$m \cdot s^{-1}$	7.3	7.5	3.5
12	热矫直机矫直力/kN	44000	41000	20000
13	热矫直机矫厚/mm	约80	约40	约38
14	冷床形式	步进格板式	步进格板式	拉钢式
15	冷床面积/m^2	5600	6700	2700
16	剪切线形式	双边剪式	双边剪式	铡刀剪式
17	剪切线切厚/mm	约50	约40	约38
18	加热炉形式	步进梁式	步进梁式	推钢式
19	加热炉能力/$t \cdot h^{-1}$	265×2座	230×2座	135×2座
20	热处理炉形式	保护气氛辐射管加热辊底式	无氧和直火辊底式	直火辊底式
21	热处理炉座数	常化一座、淬火一座	常化一座、淬火一座、回火一座、厚板一座	常化一座

续表 2

序号	比较内容	中国	日本	美国
		宝钢 5000mm 精轧机	川崎 水岛 5490mm 厚板轧机	美国 格里 5335mm 精轧机
22	原料名称尺寸 /mm × mm × mm	坯、锭，(220 ~ 300) × (1300 ~ 2300) × (150 ~ 4800)	坯、锭，(80 ~ 800) × (1000 ~ 2400) × (1500 ~ 4800)	坯、锭，(102 ~ 305) × (914 ~ 1420) × (1700 ~ 3500)
23	原料单重/t	70（锭）、25.5（坯）	110（锭）、36（坯）	32（锭）、27.2（坯）
24	产品尺寸 /mm × mm × mm	(5 ~ 150) × (900 ~ 4800) × (约 25000)	(45 ~ 400) × (1000 ~ 5350) × (约 52500)	(4.78 ~ 380) × (700 ~ 5000) × (3050 ~ 38000)
25	年产能/万吨	140（180）	160	120
26	装备水平	20 世纪 90 年代	70 年代	60 年代
27	投产年月	2005 年 3 月	1976 年 4 月	1962 年 6 月（1991 年改造）

100 多年来美国中厚板生产方面积累有丰富的经验，也创制出许多国际上知名的王牌产品，但是，由于多年来忽视了硬件的工作，虽然品种比较齐全，但质量逐年反而有所下降，每年需从国外进口。

长此以往，美国虽然是一个科技强国，但中厚板生产领域将降至二等国。因此，中厚板轧机现代化任务必将很快提上日程。

附文 2-3　俄罗斯中厚板生产概况

1　俄罗斯中厚板生产发展简史

1912 年俄国在沙皇年代开始生产中厚板，其生产技术主要从法国和捷克传入，因此，第一台 4500mm 二辊式厚板轧机装备和生产方式都是学国外的，而且以小扁锭为原料，成材率只有 60% 多一点，即 2t 原料才能生产出 1t 成品板。接着 1918 年在马格尼托哥尔斯克又建成第二台同样形式的 4500mm 二辊式轧机。二次大战前后建设成两台 5m 以上特宽厚板轧机，主要用于舰艇和坦克用板生产。美苏冷战阶段，20 世纪 50 年代苏联为了基础设施建设和中厚板需求，曾新建设成 2200 ~ 2800mm 三辊劳特式中厚板轧机达 20 台之多，1942 年在莫斯科镰刀和锤子厂新建成一套最大的 5300mm、4h 单机架厚板轧机，主要是生产军工用钢板，在二次大战中发挥了很大的作用。战后 1945 年从德国搬来一套 5000mm 轧机，建在下塔吉尔厂生产至今。苏联解体后，几套好一点的现代化厚板轧机都归属乌克兰所有。为了生产海军用板的需要，1984 年苏联在伊诺尔斯克新建成一套 90 年代水平的 5000mm、4h 单机架厚板轧机，也曾大量生产管用板，供应 UOE 机组的急需。现在由马格尼托哥尔斯克 5000mm 轧机生产管用板。下一步下塔吉尔和维克萨两套 5000mm 轧机投产后，管用板需求量便得到彻底解决，而伊诺尔斯克 5000mm 轧机仍专门生产海军用板。

2 俄罗斯中厚板生产状况

俄罗斯生产中厚板分中板、厚板及特厚板3档。中板厚为4~20mm，厚板厚为大于20mm到60mm，特厚板厚为60mm以上，目前，最厚可生产达250mm。用钢锭作为原料时，最大单重达72t。钢板最大宽度已生产出5000mm，最大长度已到28m，一般都在18m以下。20世纪60年代以前盛行以重0.5~5t小扁锭生产，成材率很低，质量也难以保证。70年代开始大力推广连铸板坯，除了少量大单重特殊品种生产以外，钢锭已很少采用。

前苏联解体后，乌克兰分走达3千多万吨材，而俄罗斯现产钢材只有6千多万吨，其中中厚板达1200万吨左右，占钢材产量约20%。苏联在20世纪80年代钢材产量达到10000万~12000万吨，其中中厚板达2200万~2400万吨，占钢材比例达22%，当时超过中厚板产量为2100万吨的日本，成为世界上中厚板产量最高的国家。

自从1984年伊诺尔斯克5000mm单机架厚板轧机、2003年马格尼托哥尔斯克5000mm轧机和2009年下塔吉尔5000mm轧机3台现代化装备投产以来，生产面貌已焕然一新，生产品种也很齐全，前几年尚需从德国和日本进口大批量大口径直缝焊管，现在已不用进口，全部由本国自供。

3 俄罗斯中厚板轧机的现状及其特点

表1为俄罗斯43套中厚板轧机的基本情况，其中有4套为乌克兰所有，另外还有16套落后的已停产，目前在生产的只有23套，开工率为60%左右。

表1 俄罗斯中厚板轧机一览表（含前苏联）

序号	厂 名	投产时间	轧 机		备 注
			尺寸/mm	形 式	
1	日丹诺夫 伊里奇	1912年	4500	2h	乌克兰
2	马格尼托哥尔斯克	1918年	4500	2h	
3	下塔吉尔	1945年	5000	4h	老式，德国搬来
4	下塔吉尔	1936年	3500	2h	停 产
5	莫斯科镰刀和锤子	1942年	5300	4h	老 式
6	印札尔斯克	1943年	4000	2h	停 产
7	库列巴基	1934年	2530	3h	停 产
8	马格尼托哥尔斯克	1952年	2350+2350	2h+3h	停 产
9	新库兹涅茨克	1952年	2150+2150	2h+3h	停 产
10	伏罗希洛夫	1955年	2800+2800	2h+4h	
11	契列波维茨	1958年	2800+2800	2h+4h	半连轧
12	新特罗伊	1960年	2800+2800	2h+4h	
13	亚 什	1952年	2850	3h	
14	佛克沙	1950年	2100	3h	停 产
15	塔干罗格	1951年	2750	3h	
16	阿穆尔	1969年	2350	3h	停 产

续表 1

序号	厂　名	投产时间	轧　机		备　注
			尺寸/mm	形　式	
17	列宁格勒 基洛夫	1954 年	2250	3h	停　产
18	伏尔加 红十月	1953 年	2200	3h	停　产
19	新里贝兹克	1952 年	4500	2h	停　产
20	查波罗什	1937 年	2350 + 2350	2h + 3h	乌克兰
21	阿尔契夫	1954 年	2250	3h	停　产
22	斯大林斯克	1956 年	2350	3h	停　产
23	彼得罗夫斯克	1954 年	3000	3h	
24	耶纳吉耶夫	1952 年	2350	3h	停　产
25	康姆那尔斯克	1965 年	2800 + 2800	2h + 4h	
26	外高加索	1954 年	2250	3h	停　产
27	新库兹涅茨克	1958 年	2200 + 2300	3h + 4h	停　产
28	马格尼托哥尔斯克	1952 年	2500 + 2250	2h + 4h	停　产
29	亚速 日丹诺夫	1973 年	3600 + 3600	4h + 4h	乌克兰，70 年代水平
30	第聂伯 札波罗热	1971 年	3000	4h	
31	切列波维茨	1969 年	3000	4h	
32	哈萨克	1970 年	3000	4h	
33	柯姆莫纳斯克	1971 年	2260	4h	
34	车里雅宾斯克	1963 年	2300 + 2300	2h + 4h	连轧机
35	新特罗伊	1972 年	2800 + 2800	2h + 4h	
36	下塔吉尔	1967 年	3500	4h	
37	日丹诺夫 依里奇	1983 年	3000 + 3000	4h + 4h	乌克兰，80 年代水平
38	西西伯利亚	1981 年	3600 + 3600	4h + 4h	80 年代水平
39	伊诺尔斯克	1984 年	5000	4h	90 年代水平
40	诺伏特罗斯克	1985 年	2800	4h	
41	马格尼托哥尔斯克	2003 年	5000	4h	现代化水平
42	下塔吉尔	2009 年	5000	4h	现代化水平
43	维克萨	2010 年	5000	4h	现代化水平

俄罗斯中厚板轧机有以下一些特点：

（1）2010 年前拥有 6 套 5000mm 以上宽厚板轧机，其中有 4 套高性能的轧机，从而奠定了俄罗斯中厚板生产的现代化基础，为开发石油和天然气丰富资源，以及建设一支强大的海军力量提供了可靠的中厚板钢材。

（2）轧机装备主要是从德国引进的，生产技术也沿用欧洲的传统，生产成本比较高。因每年武器出口量很大，故中厚板产量中用于武器的数量不少，仅次于管用板的数量。

（3）俄罗斯宽厚板轧机除伊诺尔斯克 5000mm 轧机建在沿海地区以外，其他轧机均建在内陆地带，所以生产出宽板直接送往焊管厂或军工厂作为原料，一部分通过汽车外运。

4 典型轧机举例

4.1 下塔吉尔5000mm厚板轧机

这是一台很老的轧机，二次大战前制造，由原联邦德国搬来。

采用重3~120t钢锭来生产厚度为15~500mm、宽度达4800mm军舰、坦克用装甲钢板以及工程建筑方面用的特殊厚度钢板。

车间设备布置如图1所示。

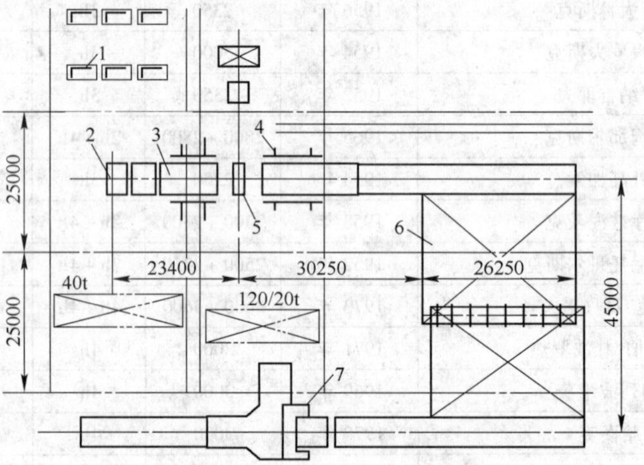

图1 下塔吉尔5000mm厚板轧机设备布置图

1—均热炉；2—翻钢机；3—回转辊道；4—推床；5—轧机；6—冷床；7—剪切机

轧机为单机架四辊式，轧辊尺寸为1000/1600mm×5000mm，最大轧制力为35000~38000kN，轧辊转速为54~120r/min，由一台功率为10140kW直流电动机经直径为1320mm人字齿轮座驱动上下工作辊，当轧辊转速为54r/min时，过载系数为2，其轧制力矩达3500kN·m。当为保证轧制最厚钢锭的需要而附加第2台电动机时，过载系数达到3，切断力矩便升至4300kN·m。

该轧机机械设备重达5400t，而工作机架是由4部分装配组成的，每部分重为180t，共重达720t。

重量在40t以下的钢锭在均热炉内加热，大于40t锭在坑式加热炉内加热。

机前设有升降受料装置和翻钢机，在辊道间也设有翻板机，用于将轧制成的装甲厚板翻面，以便对下表面进行检查。

成品仓库内设有压平机和火焰切割机来矫平与切割钢板。

当采用72t钢锭来轧制厚度为550mm特厚板时，其轧制周期达17~20min。

轧机年轧制钢锭可达50万吨左右。

4.2 伊诺尔斯克5000mm厚板轧机

为了建造大型军舰，俄罗斯特意在沿海城市伊诺尔斯克建造了这台现代化的特厚特宽厚板轧机。轧机为单机架，辊身长为5000mm，机座高度达17m，重量达5500t。

轧制板厚为10～450mm，最大宽度达4800mm，最大单重达90t。

原计划于1984年8月达到设计能力，而实际上于5月已提前实现。

为确保钢板质量，设置有先进的超声波探伤装置，可检查出钢板上极小的缺陷。

当新的5000mm轧机未投产之前，有一段时间由它生产过UOE焊管机组用板，品种质量都得到用户好评，只是发货运输比较困难一些。

5 展望

俄罗斯中厚板产量落在中国、日本、美国之后，在世界上排名第四。日本和美国中厚板轧机基本上不再新建，而俄罗斯近几年还在大力新建。20世纪80年代开始，3000mm以下轧机已不再新建，而一连新建5000mm轧机4套，并且都是高水平的。

俄罗斯拥有丰富的石油和天然气资源，为了大量出口换回资金，正在大力建设石油和天然气运输管线，由新建成5000mm轧机可以供应高质量管线用板，从此不需要从国外进口管用板和大口径焊管，为国家节约了大量外汇。

俄罗斯是军事大国，但海军是个薄弱的军种，最近已下决心要建设强大的航母舰队。由5000mm轧机生产军舰用各种高性能钢板是轻而易举的。

俄罗斯造船业不很发达，因此造船用板每年生产很少。其他如桥梁用板也不常生产，因为俄罗斯多年来也未建大型桥梁。

附文 2-4 德国中厚板生产概况

1 德国中厚板生产发展简史

德国是全球生产中厚板最早的国家，至今已有200多年的历史。19世纪初在不可逆二辊式轧机上采用人工夹钳操作方式生产中厚板，虽然单重小，板面也不可能太大，但已传遍西欧及美国，促使造船业迅速发展起来。1934年在鲁尔区投产一套2500mm四辊式中厚板轧机，主要是生产军工与重工业用钢板；为了准备第二次世界大战，在波鸿新建一套3100mm+3100mm双机架四辊式厚板轧机，专门用于生产坦克装甲钢板。至此，已有3套中厚板轧机大批量生产军工钢板。战后这些轧机都被拆除，其中多特蒙德5000mm轧机被前苏联拆走。

二次大战后当时联邦德国为了发展重工业，首先于1950年在胡金根新建一套3400mm四辊式厚板轧机；接着为了提供UOE直缝焊管用板，在米尔海姆建成一套4800mm宽厚板轧机，但给1955年投产的米尔海姆1422.4mm（56in）UOE机组和明德尔海姆1574.8mm（62in）机组供板比较困难，于是在1958年改造成5000mm轧机，但此轧机还是太小，1969年第二次改造成5100mm轧机，可比较顺利地大批量生产出管用钢板。

为了满足更大管径的需要，1977年在米尔海姆新建一套最大1625.6mm（64in）UOE机组，5100mm轧机也无供板能力，经评估将1971年投产的迪林根4300mm轧机加以改扩建，在1986年改造成5500mm+4800mm双机架厚板轧机，曾生产出1625.6mm管用板，也生产出世界最大直径 UOE 1625.6mm（64in）管，但至今未找到一个 1625.6mm 管的用户。

2 德国生产中厚板情况

目前德国生产中厚板厚度为 3～410mm，宽度为 1000～5300mm，成品长度为 1～48m，最大单重达 150t。品种比较齐全，其中机械与管线等用板享有盛名，很注重钢板的性能，在这方面与用户的异议很少。德国中厚板中船板比较少，出口产品中以机械用板居多，管用板都制成大口径直缝焊管售给俄罗斯、欧洲各国以及中东地区，在质量和包装方面都得到施工单位一致好评。20 世纪 90 年代向俄罗斯出口每年达数十万吨。

德国钢板厚度小于 3mm 为薄板，3～4.75mm 为中板，大于 4.75mm 为厚板，没有特厚板一说。

20 世纪 60 年代德国年产中厚板约 450 万～600 万吨，占钢材比例达 18%～20%，但到 21 世纪钢材总产量增加了 1000 多万吨，而中厚板产量不但未增加，而且还略有下降，因此，占钢材比例跌至 12%～14%，主要原因是德国轻工业比例增加，而重工业比例减少。

德国中厚板产量中以管用板居多，约占 30%～50%。其次是机械用板，如大电站、锅炉用板 BHW35，厚度达 210mm，单重达 54t，历来为德国的王牌产品。

3 德国中厚板轧机的现状及其特点

表 1 为德国自 1934 年开始建造的 21 套中厚板轧机情况，经历年变迁至今还有 11 套。

表 1 德国中厚板轧机一览表

序号	厂 名	投产时间	轧机		备 注
			尺寸/mm	形 式	
1	多特蒙德 赫尔德	1942 年	5000	4h	搬 走
2	多特蒙德 赫施	1952 年	2000 + 4000 + 3150	2h + 4h + 4h	
3	莱茵 米尔海姆	1950 年 1956 年改 1969 年改	4800 5000 5100	4h	在生产中
4	蒂森 哈廷根	1956 年	4200	v. 4h	出售给中国浦钢
5	蒂森 哈廷根	1964 年	3000	4h	出售给中国邯钢
6	蒂森 奥伯豪森	1877 年 1957 年改	3300	3h 4h	1984 年停产
7	舍尔茨吉特尔 瓦坦斯坦	1952 年	3200 + 3200	4h + 4h	在生产中
8	不来梅 克勒克纳	1957 年	3400	4h	
9	鲁 尔	1934 年	2500	4h	拆 除
10	波 鸿	1941 年	3100 + 3100	4h + 4h	拆 除
11	萨 尔	1953 年	3600 + 3000	2h + 4h	拆 除

续表 1

序号	厂　名	投产时间	轧　机		备　注
			尺寸/mm	形　式	
12	曼内斯曼 胡金根	1950 年	3400	4h	改　造
13	奥伯豪森	1952 年	2700	4h	停　产
14	舍尔茨吉特尔	1960 年	2800	4h	停　产
15	多特蒙德 赫尔德	1965 年	3150	4h	
16	迪林根	1971 年 1986 年改	4300 5500 + 4800	4h 4h + 4h	在生产中
17	米尔海姆	1952 年	2490	4h	
18	杜伊斯堡	1955 年 1964 年改 1978 年改	3650 3700 3900	4h	在生产中
19	南威斯特伐伦 齐根	1977 年	2700	4h	
20	舍尔茨吉特尔 埃尔森堡	2002 年	3700	4h	在生产中
21	波鸿 多特蒙德	1952 年 1966 年改	4000 + 3150	4h + 4h	在生产中

德国中厚板轧机具有以下一些特点：

（1）迪林根 5500mm + 4800mm 轧机是世界上最先进最大的一套中厚板轧机。为了供应 1625.6mm（64in）焊管用板，必须建设 5500mm 轧机，但现有车间为 4300mm 轧机，两个机架之间尺寸差异太大，达 1200mm 之多，因此决定将 4300mm 轧机加以改造，放大至 4800mm，但主电动机和机架牌坊以及轧机基础仍都利用现有设备，因而 4800mm 精轧机性能受到很大限制，年产量波动在 150 万 ~ 180 万吨之间。

（2）中厚板生产与装备具有东西方两种不同的风格或流派。德国的中厚板轧机是西方风格的代表，笼统地说是实用性较强，重视钢板内在质量与力学性能，重视轧后热处理和超声波探伤以及钢板的检验工作。

4　典型轧机举例

4.1　迪林根 5500/4800mm 厚板轧机

1969 年 8 月签约由法国塞辛公司设计制造一套 4300mm 轧机，经 2 年 4 个月施工建设，于 1971 年 12 月 21 日试生产。平面布置图见图 1。

一期产品是厚 4.5 ~ 100mm、宽 1000 ~ 4200mm、长达 50m、强度达 600MPa 钢板，少部分可达 1200MPa。年产量为 60 万吨，1986 年已实产达 100 万吨。

原料尺寸为(170 ~ 300) mm × (1000 ~ 2100) mm × (2000 ~ 4100) mm，单重为 3.2 ~ 20t 连铸板坯；(900 ~ 1000) mm × (1800 ~ 2000) mm × (2000 ~ 3000) mm，单重为 30 ~ 40t 钢锭；(25 ~ 100) mm × (1500 ~ 4100) mm × (2000 ~ 6000) mm，单重为 1.5 ~ 11t 初轧坯。

轧制成品尺寸为(4.5 ~ 100) mm × (1000 ~ 4200) mm × (~ 50000) mm，板强度大部分为

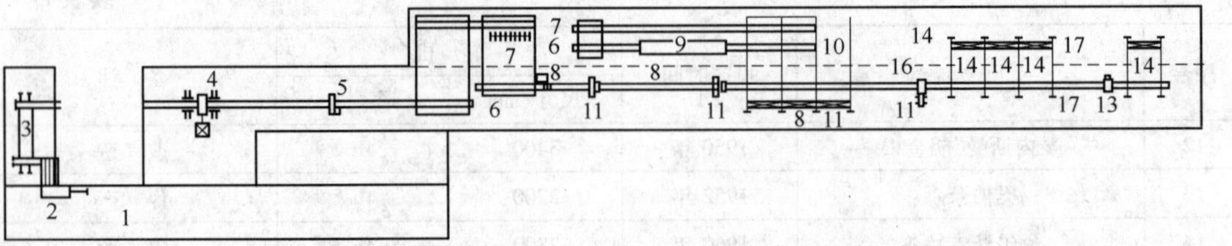

a

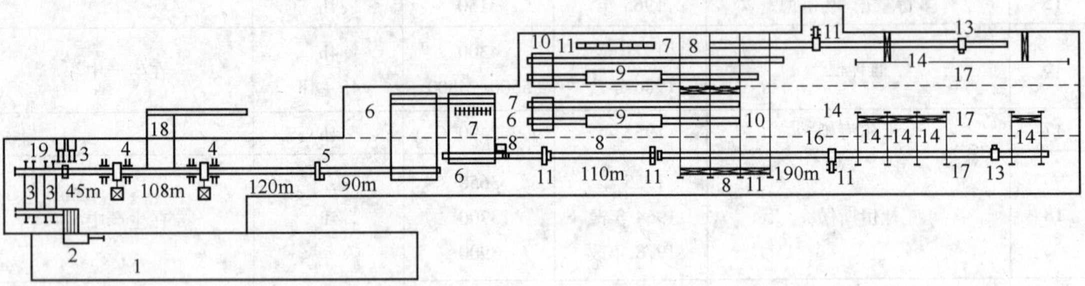

b

图1　1971年一期与1986年改扩建轧机布置示意图

a—1971年一期4300mm轧机布置；*b*—1986年改扩建5500/4800mm轧机布置

1—板坯库；2—板坯装料台架；3—加热炉；4—轧机；5—热矫直机与打印机；6—热堆区；7—检查台架与检查区；8—超声波探伤装置与超声波探伤区；9—辊底式热处理炉；10—缓冲区；11—剪切线与火焰切割区；12—检验室与验收中心（厂外，图上未画出）；13—冷矫直机；14—终检区；15—抛丸涂漆机（厂外，图上未画出）；16—超声波探伤区；17—发货跨间；18—收集台；19—除鳞箱

600MPa以下，少量达1200MPa。

加热炉为一座五段推钢式加热炉，加热能力为206t/h，有效炉长为32m，有效宽为8.9m，出炉温度达1280℃。加热好板坯用分叉车送至受料辊道，叉车升程为1.4m，载重为20t。

炼钢送来板坯先成垛堆存在板坯库内，再用夹钳吊车成垛吊至垛板移送台架，然后逐块推至装炉辊道上过磅，称量重达20t，精度达±25kg。板坯送至炉前由推钢机推入炉内加热。

除鳞箱水压为17.5MPa。

轧机性能见表2。牌坊为4块组合式，支撑辊辊颈直径1570mm，辊子重208t。根据轧制力矩与辊子的经济利用，工作辊直径选用1120mm，轧制力达105000kN时由液压过载缸进行保护。

表2　轧机性能

序号	性　能	4300mm轧机	5500mm轧机	4800mm轧机
1	建造年份	1971年	1986年	1986年改造
2	设计制造厂	法国塞辛	德国萨克	本厂修改
3	轧机工作辊尺寸/mm×mm	1120/1020×4300，75t	1180/1080×5500	1120/1020×4800

续表 2

序号	性　能	4300mm 轧机	5500mm 轧机	4800mm 轧机
4	支撑辊尺寸 /mm × mm	2150/1950 × 4300，208t	2400/2200 × 5230，265t	2150/1950 × 4800，222t
5	牌　坊	组合式，450t，10625cm^2	整铸，390t，9940cm^2	组合式，458t，10625cm^2
6	轧制力/kN	90000	108000	90000
7	刚度/kN · mm^{-1}	8800	10400	8500
8	轧速/m · s^{-1}	7	7.35	7
9	支撑辊弯力/kN	15000	无	无
10	主电动机功率/kW	8600	10900	8600
11	转速/r · min^{-1}	65/125	59/119	65/125
12	最大轧制力矩/kN · m	2600	3970	2600
13	重量/t	385	500	385

轧机设有相对与绝对 HAGC，前者用于滑道黑印与楔形温度分布的控制，而后者用于终轧道次有 ±500kN 轧制力误差时确保板厚的控制。HAGC 工作压力为 45MPa，由电脑控制在 5s 内可完全打开或关闭三级伺服阀。

机前 50m 和机后 60m 辊道可与主电机同步运转。在最大轧制力矩、额定电压为 1190V 时最大电流为 19600A。电源是通过可控硅向主电机供电。机后设有一台 γ 射线测厚仪测量板厚。

热矫直机离轧机有 120m，矫直板厚 4 ~ 40mm，也可根据板宽矫直达 80mm 厚板。矫直机为下 5 上 4 的 9 辊式，辊径为 260mm，身长 4500mm，水内冷辊，55 个支撑辊，总矫直力为 16200kN。压力框架在中间分开，以接头连接。在框架上部设一偏心将框架折弯，给矫直辊以预应力，以补偿矫直辊挠曲，使矫直辊辊缝平行。

矫直机后设板温达 900 ~ 600℃ 打印机，打印部位在板边侧 300mm 处，打上轧制号或查对号，以两个光电管液压操纵打印。

冷床距热矫直机有 80m，为步进格板式，进出料辊道中心距 64m，床长 50m，冷床面积为 2780m^2。矫直机后预留有第 2 个冷床位置。为了方便灵活，床长方向分成1 × 20m + 2 × 15m三排，既可分别工作，也可联动工作。

检查台架为链载式，台架长 50m，面积为 2100m^2，用于对轧板进行检查并修磨缺陷。设翻板机检查下表面。

剪切线前设有一套在线多通道穿透式超声波探伤仪，可检查板温达 250℃ 以下钢板内部缺陷，并标出缺陷位置，以便下道工序进行处理。以水为耦合，可满足剪机同步工作。

剪切线由切头剪、双边剪、剖分剪及定尺剪所组成，切头剪与定尺剪侧均设有转鼓式碎边剪。剪切板厚 4 ~ 40mm，σ_b 为 1000MPa。

切头剪为滚切式，剪刃长 4.5m，剪速为 32 次/min。

双边剪距切头剪有 110m，滚切式，步长为 1.4m，切板宽 4100mm，切速 42m/min。

剖分剪近接于双边剪，滚切式，步长为 1.4m，切速为 42m/min，最窄为 800mm。设有分板提升装置，可将剖分板切成不同定尺。

定尺剪距双边剪有 170m，滚切式，切板宽 4100mm，剪速为 32 次/min，相当于 42m/min。

碎边剪为液压式，剪刃长 800mm，2 台。

切头剪和双边剪前均设有磁力对正装置，可对长达 50m 板进行对正控制。

切头剪还担任长度超过 30m 热处理钢板的分段剪切任务。

碎边用板式运输带送至厂外集中收集。

以上设备均由西马克制造。

冷矫直机设在剪切线后面，处理一些平直度不合格的钢板。形式为上 5 下 6 十一辊式，矫直辊直径 220mm，身长 4400mm，支撑辊直径 370mm，共 91 根；矫直力为 21200kN，最佳矫直板厚 12 ~ 18mm，最厚达 40mm。

热处理炉为双步进梁式，有效长 75m，宽 4.6m，处理板厚 4 ~ 100mm，宽 1300 ~ 4200mm，长达 30m，处理温度 500 ~ 1100℃，精度 ±5℃，输送速度 1 ~ 20m/min，用于常化和回火处理。当常化时用高炉和天然气混合煤气 8608m^3 或低发热值（17573kJ/m^3）焦炉煤气做燃料，两侧设脉冲烧嘴 384 个，上加热分 8 段，下加热分 3 段可调加热。

炉子能力：

常化温度为 925℃，板宽 2800mm 时为 92.5t/h，

板宽 4200mm 时为 138.5t/h；

回火温度为 650℃，板宽 2800mm 时为 40t/h，

板宽 4200mm 时为 60t/h。

在双边剪后用真空吸盘吊车将钢板吊至炉前辊道上或堆存在中间库内待处理。

步进梁用液压驱动，连续工作时最大载重量为 2t/m，总装料量为 150t。

处理后钢板可送至与炉子平行长达 300m 的辊道上冷却。

板坯库有 80t 和 250t 吊车各一台，主轧跨和轧辊间各有一台 350t 吊车，精整区有 5 台横梁长 13m 30t 磁吊和 6 台 20t 真空吸盘吊车；另外，废钢和铁皮坑有 3 台专用吊车。

车间总长为 1180m，一期为宽 42m 与 46m 两跨，厂房面积约 11 万平方米，占地总面积达 40 万平方米。

1986 年改扩建成 5500mm + 4800mm 新轧机。

4300mm 轧机在 1973 年已达设计能力月产 7.5 万吨，再提高已受加热与热处理能力的限制，于是在 1975 年进行第一次改造，增设 2 号推钢式加热炉和 2 号热处理炉，并可处理厚达 170mm 板。同时还增设 2 号定尺剪及新厂房，与 1 号定尺剪厂房平行相距达 90m。新厂房面积有 25000m^2，配有 25t 吊车 3 台、15t 半门式吊车 2 台，以及厚板用门式火焰切割机。

由于 TMCP 管用板需求的增加，要求在一定温度与规定的变形量下进行轧制，因而轧机负荷急剧增大。一般在生产过程中需要待温轧制，为了减少待温中轧机能力的损失，采用几块板同时轧制工艺。待温钢板的块数，根据道次变形量、轧制时间、轧制道次以及轧机前后辊道存放块数来确定。目前多数采用 3 ~ 4 块待温轧制方式，少则 2 块，多则有 7 块。

这种工艺的终轧温度低，还要求一定的道次变形量，因此轧制力有可能比常规大一倍以上。特别是尾部温度更低，瞬间轧制力高达 100MN。

为了提供 130 万吨高质量 TMCP 管用板，而现有 4300mm 轧机已生产十几年，轧机严

重磨损，已满足不了管用板生产的要求。

另外，4300mm 轧机也供给不了 1625.6mm 管用板，于是决定建一架 5500mm 粗轧机，可以轧制又长又重的连铸板坯，提高了板坯的平均重量，扩大了品种与产量。

5500mm 轧机作为粗轧机，也可用于精轧，生产最宽达 5350mm 板，解决直径 1624mm 焊管用板宽达 5100mm 的要求。

经比较制造轧制力达 100000kN 以上牌坊，采用单片整铸式比组合式便宜，同时也吸取了 4300mm 轧机磨损的经验。

牌坊单重达 390t，为欧洲最重的铸件。制造工程量大，运输困难。模型用红松木 $18m^3$，造型平台 $200m^2$，切削平台占地 $275m^2$，铸坑长达 18.5m、宽 5.5m、深 2m，造型用砂 430t；为防止模型上浮，压重总重 650t，用 7 个钢包浇铸，钢水总重 610t，分 11 个注口同时浇铸，不到 4min 就浇完。4 周后脱模，铸件温度高达 650℃。经 18 天热处理、打磨、超探、磁探、检查后运至杜伊斯堡进行机械加工。用 20 轴 160 轮、长 63m 重型运输车，载重 560t，用 3 周运到杜伊斯堡，加工好牌坊又用 3 周运回，其中前半程走水路，先运到特里尔，经周密组织又走 3 天，最后运到迪林根现场。运输中使用了 4 台专用拖车和 1 台 1491kW 汽车吊。

现场基础已完成，安于预留粗轧机位置，新建厂房面积 $6800m^2$，钢结构件 2100t，基础用混凝土 $23000m^3$，铺设管路 13000m。同时对主轧跨和轧辊间吊车进行加固，将起重量由 350t 提高至 450t，用于安装牌坊，将来可用于支撑辊吊运。

1985 年 12 月中旬安装结束，20 日即轧出第一块钢板。

1986 年改扩建的 5500mm + 4800mm 轧机布置见图 1*b*，轧机性能见表 2。牌坊高 16.45m，加压下装置则达 19.22m，上横梁高 2.4m，下横梁高 2.3m，刚度大。支撑辊能反向弯曲，ϕ1800mm 圆柱形油膜轴承每个承载力达 65000kN，且辅助有静压。工作辊用 4 列圆锥滚柱轴承，每个工作辊承受最大力矩为 4500kN·m。接轴直径 680mm，长 11.2m。

轧辊调整采用机械压下装置，行程 950mm，压速达 50mm/s，由 2 台 400kW DC 电机驱动。另一调整系统为 HAGC，采用 MDS-SERMES 干稀油系统，主液压缸直径为 1210mm，全行程为 43mm，工作行程为 40mm，伺服缸直径为 580mm，干稀油行程放大比为 10，常规轧制力达 100000kN，最大轧制力达 130000kN，常规稀油压力为 25MPa，常规干油压力为 43.5MPa，最大干油压力为 56.5MPa，常规轧制力下 AGC 控制的定位速度为 4.5mm/s，加速度为 $700mm/s^2$，过载时释放速度约为 20mm/s。HAGC 设在压下螺丝与上支撑辊轴承座之间。反馈缸除了压紧工作辊不让其打滑以外，也可通过改变反馈压力来控制轧辊弯曲和钢板凸度。当两侧反馈缸分别控制时，还可改善镰刀弯状况。

除鳞箱距粗轧机 45m，两架之间 105m，辊道长 88m，有 42 个 ϕ550mm × 5500mm 辊、15 个 ϕ550/ϕ520mm × 7200mm 旋转辊、3 个 ϕ600mm × 5230mm 机架辊，除鳞箱区有 10 个 ϕ450mm × 2600mm 辊，机后有 3 个 ϕ600mm × 5230mm 机架辊、36 个 ϕ500mm × 5500mm 辊，辊距在机前为 800mm、机后为 900mm、旋转辊为 700mm，所有辊子均以万向连接轴单独传动。此区域设有 10 个红外线位置探测点、8 个 600 ~ 1200℃ 硅测温点。

推床为液压传动，机前开口度 8000mm，机后 6000mm，推速 450mm/s，入口侧开口自动增大 300mm。

换辊采用液压传动，换工作辊采用侧移方式，每次耗时约 15min。

增建两座炉底尺寸为 6m × 7m 和 6m × 13m 车底式加热炉，加热温度为 300 ~ 1300℃，用于推钢式炉加热困难的原料以及双步进梁热处理炉处理不了钢板的热处理工作。

这次改扩建中增加项目除了上面提到的以外，还扩建了环水系统能力，由 4000m^3/h 提高至 5000m^3/h；高压水除鳞系统增加一个储能器和一台高压泵；改造现有轧辊磨床固定中心架及固定撑条，以适应 5500mm 支撑辊与工作辊磨削的要求，在两架之间增设一个 24m × 12m 厚板横移收集台架。

自改扩建投产至 1986 年 10 月止共轧制 95 万吨板坯，其中有 8000t 宽度为 4700mm 板在 5500mm 粗轧机轧成。为了建设莱茵河大桥已生产宽 5083mm、厚 25mm、长 20200mm、单重达 20t 桥梁板，凸度偏差只有 0.1mm，采用专门卡车外运给用户。

对于 TMCP 管板也非常满意，待温同时轧制达 7 块之多，3 段控轧时前两段在粗轧机上、后一段在精轧机上进行。

轧制 1422mm（56in）管用厚 15.7 ~ 18.7mm、宽 4360mm、管长 12m 的 3 倍尺、长 36m 板时，日产可达 7000t。如各种板混杂生产，日产达 5000 ~ 8000t，薄的产量低一些，厚的高一些。

轧机产能取决于板坯尺寸和炉子能力，主要是受两座炉子加热能力的限制。

不等厚板生产厚差在粗轧机上可达 35mm，因其 HAGC 行程为 40mm；而在精轧机上只达 20mm，因 HAGC 行程只有 25mm。

高铬双铸钢工作辊寿命达 1.5 万吨/mm，即一根轧辊轧制量为 150 万吨左右。

4.2　多特蒙德 4000mm + 3150mm 厚板轧机

这是一台经过技术改造的中厚板轧机，其中有许多做法与经验值得我们借鉴。

4.2.1　改造前状况

这是一套三机架的中厚板轧机，于 1952 年建成。全套设备由 Sack 厂设计制造。

原料用(60 ~ 450) mm × (600 ~ 1650) mm × (1000 ~ 7000) mm 初轧板坯，单重达 14t，另外也可轧制钢锭，计划最大达 40t。

成品钢板尺寸为 (3 ~ 150) mm × (1000 ~ 3750) mm × (~ 30000) mm，轧制能力为 60000t/月。

推钢式加热炉两座，每座加热能力为 120t/h，其中有一座已实现气化冷却，可取得 12kg/cm^2 蒸汽。另外还有 3 座室式加热炉，主要用于钢锭及其他原料的加热。

二辊除鳞机轧辊尺寸为 ϕ1050mm × 2000mm，电动机功率为 2237kW。轧机后 6m 处设有高压水除鳞。

四辊粗轧机轧辊尺寸为 1050/1600mm × 4000mm，主电动机为 2 台 DC 5250kW、38.5 ~ 100r/min。机前近接有立辊轧机，轧辊尺寸为 ϕ800mm × 1050mm，电动机为 2 台 DC 1000kW、148 ~ 400r/min，轧制力为 5000kN。这台轧机为哈廷根厂在萨克厂订货的 5000mm 轧机，二次大战后买来改造成现有 4000mm 轧机。

四辊精轧机工作辊尺寸为 ϕ920mm × 3175mm，支撑辊尺寸为 ϕ1380mm × 3000mm，主电动机为 2 台 DC 5030kW、60 ~ 120r/min。机前计划设有立辊轧机，并已做好设备基础。支撑辊采用滚柱轴承。

冷床为链子小车式，避免了钢板的划伤。

热矫直机为二重式，设在冷床的中间通道上，不矫直的钢板直接从冷床通过，需矫直的钢板由拉钢机拉至矫直机前辊道。矫直机可矫板厚 5 ~ 25mm，矫速为 300 ~ 900mm/s。

剪切线分厚的与薄的两条。厚的剪切线是利用旧有的两台铡刀，剪切厚 50mm，靠鹅头床进行操作；薄的剪切线设备是圆盘剪，剪切厚度在 20mm 以下的钢板。

检查台架长 34m，厚的与薄的钢板均需经此进行划线与打印。划线是人工进行的。

横切剪除切定尺以外，也用于取试样。圆盘剪设计是切 35mm 厚，而实际只切 20mm 以下。

成品设有 4 个收集装置，4 台真空吊车吊运，不会将灰尘吸上，且可一块一块地吸，比磁盘式好操作。

常化炉常化板约占产量的 1/3，炉后设有矫直板厚 6 ~ 25mm 四重式矫直机一台及两个收集装置。

板坯轧制成钢板的成材率为 82%，而用钢锭时只达 70% ~ 72%。

4.2.2 改建中情况

首先拆除二辊除鳞机，只用高压水除鳞，三机架改成双机架。在 1961 年已进行了一些技术改造，如加大辊道的速度，使原在 2300mm 中厚板轧机上生产厚 5 ~ 6mm 钢板转到该轧机上轧制。1966 年 1 月 6 日更换旧的 3150mm 机架并投入生产，使工艺上与经济上更加合理。这台新机架的最大允许轧制力达 4500kN，比旧机架约大一倍。新机架立柱截面面积由旧机架的 $4 \times 6400\text{cm}^2$ 放大至 $4 \times 8560\text{cm}^2$，重量由旧机架的 116t 增至 235t。工作辊的最大直径由旧的 930mm 减至新的 850mm，支撑辊的最大直径由旧的 1400mm 增至新的 1800mm。虽然工作辊直径由 930mm 减至 850mm，但主传动可提高到最高转速达 120r/min，以保持原有的轧制速度。高转速主要是轧制长而薄的钢板，此时扭矩仍处于下限。现有齿轮座已经过载，齿面严重点蚀，设计了一台新的齿轮座，将齿轮轴直径由 1050mm 放大到 1250mm；作为主动的下齿轮轴材料用 34CrNiMo6，上齿轮轴材料用 50CrMo4。

由于新机架轧制力大，所以每种品种的轧制程序表减少两个道次。两台主电动机激磁的改变，可使每次换向（轧制间歇）时间比旧机架减少达 2s。另外装设了自动测厚仪，在每个轧制程序内比原来用人工测量用时减少达 6s。这样，轧机可提高产量 20%，即月产量约达 8 万吨。

3150mm 新机架由于轧辊最大开口度 450mm 的限制，只能轧制板坯，开口度小可使压下螺丝高度降低，这样就没有一个部件超出机架上电动机和减速机的高度，而平衡缸也在上述设备以下，使机架比较紧凑。

为保证快速更换工作辊，除了用机窗闩以外，油膜轴承的进油管、排油管、润滑油管及冷却水管的连接均用快速接头。同时换辊装置还采用二挡速度。这样，总的换辊时间可限制在 20min 以内。

改建中为了在拆除旧机架换上新的 3150mm 机架及其附属设备时尽量少减产，缩短改建时间，同时在改建中使 4000mm 轧机仍能维持生产，但单机架生产时钢板规格会受一定的限制，因此对旧的 3150mm 轧机停产前几个星期的生产计划应作适当的安排，把只能在

3150mm 轧机上生产的产品提前轧完；同时在改建中又使 4000mm 轧机有足够的产品可轧，经适当安排后在改建期间仍可满足订货的需求。

图 2 为改建区的概况。在 4m 轧机上生产过宽钢板而不能通过 3m 轧机时，原先是在相距 56m 两轧机之间将钢板拉至 25m 长冷床上，再用磁盘吊车吊至大冷床上。但在改建期间这种工艺就有困难，一是吊车用于改建忙不过来，二是运经改建区也有妨碍。所以只好拆除 25m 冷床，另设一台柴油拖送小车将钢板运送到剪机跨内，再用挂梁吊车卸下，最后由改建时运输路线送至下一道工序。

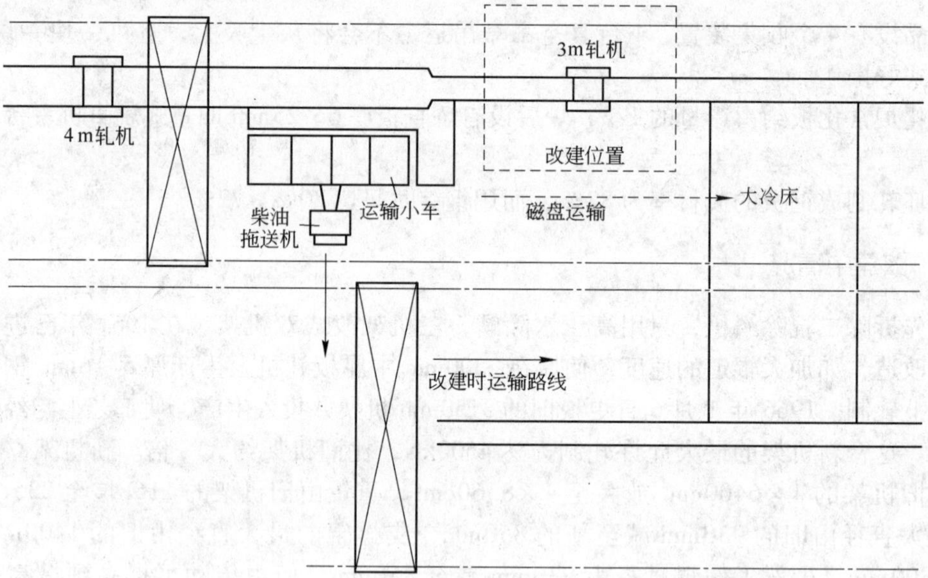

图 2　改建区的概况

新油膜轴承用润滑油装置在旧基础上的钻孔工作都于旧机架尚在生产中进行，用一个星期的时间在改建工作开始前把所有不影响生产的改建准备工作都完成。同时把驱动压下和机架辊的电器设备换上新的电控设备，换上工作辊和支撑辊用的水压装置，泵与油缸设备的压力由 10MPa 提高到 20MPa。

每片重约 235t 机架牌坊用长 45m 的 10 根轴特殊联合车皮从 Sack 厂运至主轧跨间，然后用现有 150t 吊车和附近工段的 130t 吊车并借助吊梁的帮助进行吊装。但吊车轨道梁采用辅助支撑进行加固。

改建工作于 1965 年 12 月 11 日开始，用了 6h 把旧机架拆除，以一种特殊的快干水泥对基础进行必要的改造后 4h 即凝结，于是拆除模板，于 12 月 17 ~ 19 日三天装上轧机的新底座及新机架牌坊。同时在主电室内安上齿轮座。安装机械与电气设备均于 12 月 30 日结束，而试运转工作一直进行到 1966 年 1 月 5 日。这样，新轧机便于 1966 年 1 月 6 日全部投入生产。

4.2.3　改造后情况

改造后 3150mm 轧机主要性能有了很大的提高。

工作辊尺寸为(850～755)mm×3150mm，辊颈直径为514mm，单重达19.3t。

支撑辊尺寸为(1800～1650)mm×3150mm，辊颈直径为1170/1020mm（锥形），单重达82.5t。

牌坊高11625mm，宽4050mm，重约235t，立柱截面面积为8500cm²，最大轧制力达45000kN。

工作辊用四列锥形滚柱轴承，支撑辊用摩根64-72″轴承，跑槽面直径为1270mm，宽915mm，端部止推轴承的每个最大负荷为22500kN。

主电动机为2台DC 5030kW、65～120r/min，连接在同一轴上，最大切断力矩达3580kN·m。

由于支撑辊惯性矩很大，要在约2.5s内从转速+90r/min快速变换到－90r/min，且与工作辊不发生滑动，光靠轧辊自重产生的摩擦力是不够的。因此，每个工作辊需用8个压紧缸产生约1600kN的力与支撑辊压紧，才能避免打滑。轧辊组装见图3。

下轧辊压紧缸装在牌坊窗口铸出的两条悬臂上，每2个活塞压住轴承座的一侧法兰，使工作辊紧压到支撑辊上。上轧辊由于压下升降运动就不能采用此办法。使上支撑辊轴承座两侧往下伸长，将上工作辊轴承座全放入此伸长部分内。工作辊轴承座两侧法兰伸入到两侧的空穴内，装在支撑辊轴承座伸长部分的压紧缸从下向上把工作辊轴承座两侧的法兰压住，成为一个力的闭锁，这样就将工作辊紧压在支撑辊上。这种结构还有一个优点是上支撑辊轴承座在牌坊窗口内滑动，滑动面高达2850mm情况下导滑安全而磨损少。

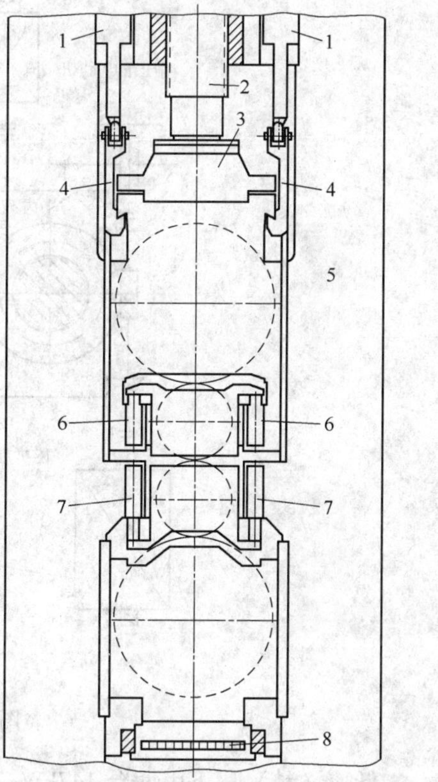

图3　轧辊组装图

1—平衡缸；2—压下螺丝；3—压紧垫；4—平衡拉杆；5—牌坊；6—上轧辊压紧缸；7—下轧辊压紧缸；8—ASEA测压头

轧辊轴承及其冷却：工作辊和旧机架一样采用油雾润滑的滚柱轴承，而支撑辊由于轧制力增大而改用油膜轴承。

轧辊冷却对轧辊寿命影响很大，因此冷却水量比旧机架有显著增加，与旧机架一样在辊身长度上配置各种不同喷嘴间隙和轴向不同的喷射角度，使温度分布尽可能取得均匀。由于利用了辊道和推床等旧设备，限制了新机架的宽度。安装冷却系统的位置也有困难，于是只好用特殊尺寸的配件来克服。如下轧辊的冷却水喷嘴是装在机架辊的空心架内。轧制力由上支撑辊经锥形滚柱压力轴承传递给压下螺丝，轴承用一压紧垫固定在压下螺丝上。工作辊和支撑辊的轴承座在牌坊中侧边的锁紧是用手动操作液压闩，操作很快，对于每周的快速换工作辊是很重要的。所有的闩以及在牌坊上滑轨都用安全螺丝固定，如发生断辊等轴向力过大情况时即被折断，避免了其他部件的破坏。

压下装置：上轧辊的压下有两个互不相关的系统，即粗（快速）压下和精（低速）压下。如图4所示，快速压下装置由两台300kW、0～840r/min直流电动机传动，压下速度为34mm/s，用于正常的轧制。压下由人工操作，习惯用操作手柄。也可在一道次轧完时预先选好下一道次的轧辊开口度。当轧件通过轧辊后揿动按钮使压下过程停止，然后以最快的速度在0.1mm上自动而准确地停住。

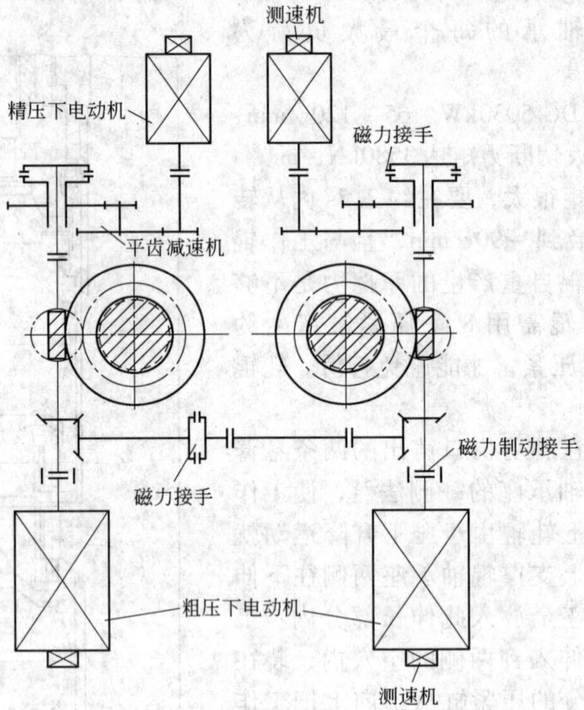

图4　压下螺丝传动系统

低速（精）压下由两台147kW、0～970r/min直流电动机传动，压下速度为1.3mm/s，用于最后轧制的压下操作；另外，在钢板夹住即发生过负荷时，可很快松开轧辊，避免轧辊表面被烧伤。

由这一压下系统接到另一压下系统用电磁离合接手。两压下螺丝的同步通过带有电磁离合器的中间同步轴来实现。所有电磁离合接手在正常操作时都不接电。

粗压下螺丝直径为680mm，双线，螺距为50mm；螺杆直径为319mm，双线；蜗轮直径为1281mm，41个齿，速比为20.5；同步轴电磁离合器的最大扭矩为10000kN·m。

精压下（带压力压下）直齿减速机速比为31.2，总速比为640，电磁离合器扭矩为63000(90000)kN·m，可用于松辊机构。

粗与精压下的轧辊最大行程为450mm，两轧辊两端的调整是由调整外侧螺丝来实现的。

齿轮座用于传动上下轧辊，节圆直径为1250mm，齿宽为2×820mm+170mm。

主接轴用于主电动机与轧机之间的连接，长达7765mm，直径为520mm。

机架辊有两段，每段有4个辊子，辊子尺寸为400/360mm×2440mm，辊距为425mm，辊速为 0～6.0m/s，每台直流电动机为 86kW、0～250r/min。

换辊小车最大拉力为 1100kN，行程约 9.5m，工作速度最大达 5.6m/min，最小约 0.7m/min。减速机速比为 1，两台蜗轮减速机速比分别为 10.3 和 25，总速比为 257.5。

轧辊平衡用液压装置有 4 个缸，缸直径为 250/150mm，压力为 80MPa。

工作辊与支撑辊用压紧缸，上轧辊有 8 个，直径为 120mm，压力为 20MPa；下轧辊也有 8 个，直径为 95mm，压力为 20MPa。

机窗闩每个窗口有两个缸，直径为 40mm，压力为 20MPa。

主接轴平衡用液压缸，上接轴用一个，直径为 270mm，压力为 10MPa；下接轴用一个，直径为 200mm，压力为 10MPa。

换辊装置移动用油压缸有 8 个，直径为 250mm，压力为 20MPa。

摩根轴承润滑装置最大流量为 200L/min，操作压力为 0.5～0.6MPa，油黏度为 E_{50} = 42°(C324)，油箱容积为 2×9000L。

测压装置采用 ASEA 测压头，设在机架下部高度调整垫的下面。

这台轧机改建后，年产量由 60 万吨可提高到 100 万吨，钢板最小厚度可生产 3mm，但宽度只到 2200mm，轧制 4mm 厚时宽度可到 2500mm，凡强度达 700MPa 以下钢板均可生产，强度在 700MPa 以上只能轧制到 1800mm，操作很协调时轧制宽度可大些。

下一步计划是实现全厂自动化控制，以实现稳定生产和提高产品质量。

5　展望

德国中厚板轧机产能已有富余，规格也很齐全，装备水平也很不错，预计近期不会新建项目。但其在国外承接项目很多，中国、印度、韩国及俄罗斯等国家都新建多台大的中厚板轧机，均由德国负责设备设计制造的总承包，展示出德国世界一流水平的中厚板轧机生产技术。这些项目也带动了德国中厚板生产技术的迅速发展。

德国有多套 UOE 大口径直缝焊管机组，为其提供管用板的是迪林根 5500mm + 4800mm 轧机和米尔海姆 5100mm 轧机，可以生产出最大达 1625.6mm（64in）直径焊管。除日本以外，德国应该是世界上生产规格最齐全的直缝焊管国家，质量可与日本产品相媲美，一年出口达 150 万吨左右，利润可观。现在已成为德国中厚板生产的看家产品。

附文 2-5　韩国中厚板生产概况

韩国是全球第一造船大国，超过中国和日本，但造船技术不如日本，中厚板轧机装备和船板品种质量也落在日本之后。

韩国造船业从 20 世纪 50 年代开始起步，当时所需船板从日本进口。

几十年来，不但造船业有了飞速发展，也带动了中厚板轧机初具相应的规模。

目前，两个厂拥有 6 套中厚板轧机，年产能达 642 万吨，2005 年生产中厚板达 500 万吨，其中船板 350 万吨，占 70%，而船厂消费船板约 500 万吨，尚缺 150 万吨需从日本进口来补缺。2006年开始缺额达200万吨以上，除从日本进口以外，也从中国进口大量船板，促成韩国造船业仍然保持两位百分数的增长率。

为了保持造船业迅速增长，除了现有轧机进行技术改造以外，东国和现代公司都在筹划新建宽厚板轧机。

1　韩国中厚板轧机状况

现将韩国6套中厚板轧机分别介绍如下：

（1）东国1号2550mm三辊劳特式中板轧机。建于20世纪60年代初，开创了韩国生产中厚板的新纪元。生产(6~50)mm×(1000~2000)mm×(~12000)mm、以普碳钢为主的中厚板，初期年生产能力为20万吨，现产量已达到30万吨。

轧机尺寸为900/550/900mm×2550mm，主电动机功率为2500kW。

精整线设有铡刀剪，组成一条剪切线。

主要生产小尺寸、小批量的普碳船板。

（2）浦项1号3400mm单机架四辊式中厚板轧机。1972年7月4日投产，由奥钢联VATECH设计制造。生产钢板尺寸为(4.6~200)mm×(1000~3100)mm×(~22000)mm，年产各种中厚板55万吨。

设有加热能力为100t/h推钢式加热炉一座。

轧机尺寸为900/1500mm×3400mm，主电动机为3676kW、40/80r/min，2台。

由铡刀剪组成一条剪切线，还有一座热处理炉，主要用于正火，生产能力达16t/h。

这台轧机主要生产釜山造船厂用船板。

（3）浦项2号4724mm+4724mm双机架四辊式宽厚板轧机。分两期建设，一期精轧机于1977年投产，二期粗轧机于1989年建成，并在粗、精轧机前附设两架立辊轧机，两期之间相隔达12年之久。

轧机由日本三菱重工设计制造。粗轧机工作辊尺寸为1200mm×4724mm，支撑辊尺寸为2100mm×4597mm，主电动机为5000kW×2、40~100r/min；精轧机工作辊尺寸为1050mm×4724mm，支撑辊尺寸为2000mm×4597mm，主电动机为5500kW×2、50~100r/min。粗轧机前立辊轧机轧辊尺寸为1000mm×800mm，主电动机为900kW×2，轧制力为4000kN；精轧机前立辊轧机轧辊尺寸为1000mm×800mm，主电动机为560kW×2，轧制力为3000kN。

板坯尺寸为(120~350)mm×(1000~2200)mm×(2500~4000)mm，单重为24t。

钢板尺寸为(6~200)mm×(1000~4500)mm×(~30000)mm，剪切线钢板尺寸为(6~40)mm×(1200~4500)mm×(~30000)mm，σ_b达700N/mm^2；一期产量为140万吨，二期达217万吨。

剪切线设有两条：一条是滚切双边剪切线，剪切30mm×4650mm、σ_b为700N/mm^{2}钢板，剪切频率达26次/min；另一条是圆盘剪切线，剪切19mm×(1200~4500)mm钢板，剪切速度为60~120m/min。

1978年3月投产的厚板热处理炉为辐射管辊底式炉，炉长达62.1m，处理钢板尺寸为(4.5~50)mm×(1000~4500)mm×(3000~26000)mm，单重达25t，正火处理能力为26t/h，温度达500~1000℃，可用于回火处理，采用连续和摆动工作制。

装料辊道共 3 段，每段长 16m，共 48m 长；出料辊道共 4 段，其中一段长 12.95m，另 3 段每段长 11.9m，共 48.15m 长。钢板经抛丸后吊上辊道。据说已扩建淬火炉为辊式淬火机，可以进行淬火-回火的调质处理，炉底辊子用 25Cr20Ni 离心铸造方式生产，处理钢板头尾与中间温差可控制在 4℃ 以内。

浦项 2 号轧机可以满足生产最宽 4500mm、最长 25m 船板的要求，而且可以生产薄而宽的船板，目前已成为韩国供应各种船板的主力轧机。

（4）东国 2 号 3400mm 单机架四辊式中厚板轧机。1991 年 11 月投产，轧机由美国蒂平斯公司设计制造。

板坯尺寸为(130 ~ 250) mm × (1200 ~ 2000) mm × (~ 3000) mm，单重为 2.5 ~ 12t，还有一部分厚 600mm 扁锭。

轧后钢板尺寸为(5 ~ 50) mm × (1500 ~ 3048) mm × (~ 50000) mm，当用扁锭生产时，可轧成厚达 100mm 厚板。

目前年产量已达到 70 万吨，平均日产已达 2500t。

为加热板坯设有步进梁式加热炉一座，长 52.1m，宽 10.4m，3 排装炉，加热能力达 250t/h。

为加热扁锭设有室式加热炉一座。

除鳞箱用于清除加热氧化铁皮，水压为 13.8MPa，双排喷嘴，上部喷嘴可调高度；设 2 台 6600L/min 离心泵，电动机为 2260kW/台，一台工作一台备用。另外，轧机前后设有喷嘴，清除再生铁皮。

轧机工作辊直径为 953mm，支撑辊直径为 1780mm，辊身长为 3400mm，由 2 台 3676kW、40 ~ 80r/min、DC 电动机传动，轧制力达 54450kN；液压 AGC 缸设在上支撑辊座上面，压力为 28.9MPa，电动压下速度为 21mm/s；机前有旋转辊道，机后有 X 射线测厚仪；换工作辊采用三辊式，周期只有 10min。

冷床为盘辊式，盘辊尺寸为 ϕ250mm × 75mm，辊距为 600mm，冷床端部设有翻板机，距轧机约 100m 远。

热矫直机辊径为 380mm，辊距为 430mm，矫直厚 5 ~ 40mm 钢板。

剪切线两条：一条为圆盘剪切线，切板厚为 20mm，带有剖分圆盘剪，剪后 50m 远设定尺剪，磁力对正，紧接着有冷矫直机和一台处理剪，也可用于取样；另一条是切 40mm 厚钢板的双边剪切线，激光对线，近接有定尺剪，以定尺辊定尺，最后成品板以磁力垛板机收集成垛。

这套轧机以轧制船板为主，因轧机刚度高，生产板形和尺寸偏差得到船厂的称赞。

（5）浦项 3 号 4300mm 单机架 PC 四辊式中厚板轧机。1995 年 12 月开工建设，1997 年 9 月 11 日投产，12 月便达产，中间只用 3 个月。设计年产 106 万吨钢板，需板坯达 115 万吨，成材率为 92%，实际上月产已超 10 万吨，年产达 120 万吨以上。

采用板坯尺寸为(120 ~ 300) mm × (1200 ~ 2300) mm × (2400 ~ 3900) mm，单重达 22t。

生产钢板尺寸为(6 ~ 120) mm × (1200 ~ 4000) mm × (~ 25000) mm，单重达 21t，板厚 15 ~ 20mm 凸度可小于 40μm。

加热炉前设有一台步进梁式卸板坯移送机，最大装料重达 285t。一台卸板坯吊车，最大起重量达 22t。一台液压缸式板坯称重机，称重范围为 200 ~ 22000kg。一台激光扫描式板坯宽长测量仪，精度达±2mm。

步进梁式加热炉一座，炉长为54.5m，宽为10m，分10段，双排加热，燃料为混合煤气或重油，代表板坯尺寸为203mm×1600mm×3900mm，最大加热能力为290t/h，炉前设有板坯运输链装炉，最大堆放量达285t。

除鳞箱用最大水压为21MPa。

轧机为PC式，工作辊尺寸为1120/1040mm×4300mm，支撑辊尺寸为2150/1950mm×4200mm，轧制速度为2.4～6.15m/s，轧机刚度为9000kN/mm；主电动机为GTO型，6500kW、45～105r/min 2台；PC轧机交叉角调整范围为0°～1.0°/轧辊，以电动螺杆螺母驱动，调整精度达0.003°，调速达0.09°/s；设有工作辊预弯装置，上辊最大弯力为3200kN/轴承，下辊为2300kN/轴承。AGC液压缸行程为66mm，最大液压力为40000kN/缸，打开速度为21.6mm/s，关闭速度为17.5mm/s。轧机后设有除鳞喷嘴，水压达18MPa。这台轧机除转钢操作以外，可实现全自动轧钢。

轧机前附设有近接下传动立辊轧机一台，最大轧制力为4700kN；当板坯厚200mm、温度达1050°C时，最大压下量可达50mm；主电动机为AC 1800kW、300/750r/min一台，额定力矩为374kN·m，速比为6.4；轧辊尺寸为1000mm×900mm，开口度为1400～4400mm；AWC液压缸行程为40mm/侧，速度为120mm/s。

轧机设有平面凸度仪，为激光扫描式，扫描范围PL-50mm，达±300mm。另外，厚度截面仪可测量厚6～120mm，射源为铯137、50Ci、3个测头。在机后2.1m近接有γ射线测厚仪，形式为悬梁式，测厚为6～120mm。

热矫直机为11辊四重式，矫直辊辊径为250mm，支撑辊达110个，矫直力达24000kN。

热标记机为喷漆点式。

冷床为步进格板式，共2个，一个尺寸为45m×32m，另一个为45m×41.5m。

设一条剪切线，由切头剪、双边剪及定尺剪所组成。切头剪为滚切式，切板宽达4200mm，厚达50mm，σ_b 达750N/mm^2；双边剪为滚切式，切板宽达4000mm，厚达50mm，σ_b 为750N/mm^2，剪切频率达30次/min，步长达1300mm；定尺剪形式同切头剪。

在剪切线后设有自动板形检测仪，形式为带背光CCD摄像机。另外还有两台板面缺陷检查仪，形式为高速CCD摄像式。

自动喷字机为点喷式，符号数最多为24个/线。

冷矫直机为11辊四重式，辊径为220mm，辊距为230mm，支撑辊106个，矫直力达30000kN。

自动超声波探伤仪为双反射式，扫描区为四个边和中间部位，通道数为122个，频率为6MHz。

实际生产钢板凸度小于30μm，板厚偏差达到60μm，板宽偏差达10mm以下。剪切精度方面，切边误差为零达74%，定尺误差为零达54%。

（6）东国3号4300mm双机架四辊式中厚板轧机。1997年11月投产，全套设备由德国SMS公司为墨西哥设计制造，未建设就转手给东国公司。

连铸板坯尺寸为(130～250)mm×(1200～1900)mm×(2350～3960)mm，单重达15t。

成品板尺寸为(4.8 ~ 75) mm × (760 ~ 4100) mm × (2400 ~ 18000) mm，轧制长度达 51.6m，年产量为 150 万吨，其中碳钢占 90%，控轧占 10%；按品种分，船板占 70% 以上。

两座步进梁式加热炉，每座加热能力为 280t/h。

除鳞箱用水压为 21MPa。

轧机为双机架，粗轧机工作辊尺寸为(1120 ~ 1020) mm × 4300mm，支撑辊尺寸为 2150/2000mm × 4200mm，主电动机为 AC 4650kW、35 ~ 70r/min、2 台，开口度为 600mm，轧制力为 80000kN，压下电动机为 150/300/400kW、480/960/1300r/min、2 台，速度为 12.5/25/31mm/s，HAGC 行程为 55mm；精轧机轧辊尺寸与粗轧机相同，而主电动机为 AC 6000kW、45 ~ 100r/min、2 台。轧辊寿命按轧制量计，工作辊为 30 万 ~ 40 万吨/个，支撑辊为 300 万 ~ 400 万吨/个。换工作辊时间为 15min。

热矫直机为 11 辊式，矫直钢板尺寸为(4.8 ~ 75) mm × (~ 4100) mm。

冷床两个，形式为步进格板式。1 号冷床冷却板厚达 50mm，长为 56m；2 号冷床冷却板厚达 75mm，长为 38m。冷床总面积达 7700m^2。两个冷床输出端都设有翻板机。

两条剪切线前设有一台共用切头剪，切板厚达 50mm、宽达 4150mm、σ_b 为 550N/mm^2。一条双边剪切线，附设有剖分剪，切板尺寸为 50mm × 4100mm 时，σ_b 为 550N/mm^2，尺寸为 40mm × 4100mm 时，σ_b 达 800N/mm^2，每刀切长为 1300mm，剪切力为 9000kN；另一条也是双边剪切线，但不附设剖分剪，性能与上一条相同，定尺剪性能与切头剪相同，但增加一套定尺辊，以便将钢板切成定尺长度。

两条线定尺剪前都设有在线多通道超声波探伤仪，使每块钢板都通过全面探伤。

定尺剪后都设有喷字标记机，将每块切成定尺钢板都喷上标记。

喷字机后都设有预堆垛机，将几块板堆成垛，避免钢板的擦伤。成堆重量依收集吊车吨位而定，也能提高收集的效率。

另外，为了切割厚度 50mm 以上钢板，专门设置一条线外火焰切割线，还在 2 号冷床后面添加厚板收集台架一个，以满足厚板下线的要求。

2　韩国中厚板轧机的特点

(1) 一个厂由不同大小尺寸轧机所组成。目前，韩国只有浦项和东国两个厂中厚板轧机生产船板。浦项由 1 号 4h、3400mm，2 号 v4h + v4h、4724mm + 4724mm 和 3 号 v4h · PC、4300mm 3 套轧机所组成；东国由 1 号 3h、2500mm，2 号 4h、3400mm，3 号 4h + 4h、4300mm + 4300mm 和正在筹建的 4 号 4h、5000mm 级 4 套轧机所组成。

这种组成方式很适合于批量大、规格和张数多、板厚 0.5mm 进级、负偏差、奇数及双定尺、薄而宽、特长交货的整船船板生产。

窄的船板在窄的轧机上生产，宽的船板在宽的轧机上生产，用宽的轧机生产窄的船板就不经济。

以前舞钢 4h、4200mm 轧机单枪匹马承接过大连船厂两艘船整船船板合同。由于轧机产能和成材率下降很多，成本大大增加，而且生产安排很困难，吃尽了苦头，发誓再也不接此类合同。此后，舞钢新建 4h + 4h、3800mm + 3800mm 轧机投产，且与邯钢 4h、3000mm 和 4h、3500mm 两套轧机加强协作，仍然可以为船厂整船合同作出贡献。

日本4大公司为了承接船板合同，各自都拥有一套5500mm轧机领头，配以4700mm轧机，非常适合巨型船舶整船合同的船板生产，能供应最宽4500mm船板。

（2）韩国浦项v4h + v4h、4724mm + 4724mm轧机是全球第一台中厚板轧机精轧机附设立辊轧机，而且是粗精轧机前都附设有立辊轧机，也是全球在两个机架上都附设有立辊轧机的唯一的中厚板轧机。

立辊轧机的功能是平面板形控制，修正在成形与展宽阶段的不均匀宽展，对成形后长度方向和展宽后宽度方向进行轧边，控制头尾部和边部板形，以防止出现不规则的舌头和鱼尾变形，以及长度方向宽度变化与边部折叠，确保板宽的目标值。

立辊轧机近接在轧机前面，正反转方向立辊轧机均可进行轧边，且间隙时间短。

立辊除板宽方向调整压边开口度移动以外，为了轧制方边，轧辊分成带有120°孔槽倒棱孔型和平辊两部分，两部分转换时立辊轴向可上下移动。将轧辊卡盘支在压下装置移动小车上，以电机驱动齿轮齿条上下移动轧辊，上下方向有坚固支撑，以确保轧辊定位准确。板边经倒棱孔型轧边后，下一道次平面轧制时不会出现狗骨（凸肩），也可以防止卷边重叠。

在精轧机立辊轧机两辊之间设有三对压辊，板中心设有压住板中间弓起中心压辊一对，两边各设一对狗骨压下辊。三对压辊的上辊均以液压压下控制，液压缸升降位置及挤压力以伺服阀按要求值加以调整。中心压辊只在钢板宽厚比大于100以上、板宽方向失去稳定性而弓起时才投入工作。如不及时压住，立辊轧边也就失效了。此功能主要用于钢板比较薄的精轧阶段。

立辊轧机上设有液压自动宽度控制（HAWC），在压下螺丝前端设有4个HAWC液压缸，高速高响应控制立辊开口度。并以AG（绝对）AWC准确控制立辊辊缝，以FF（前馈）AWC控制板宽偏差，以SS（短行程）AWC控制钢板头尾部宽度之不足。

将TFP（无切边钢板）与MAS两种技术相结合，实现了平面板形控制较为理想的方式，使切边余量达到最低程度，切头损失由1.5%降至1.0%。

（3）交叉轧辊（PC）厚板轧机由日本三菱重工创制，1991年11月用于君津厂4724mm轧机上，但是改造项目。而1997年9月投产的浦项3号4300mm PC厚板轧机是全球第一套新建设备，性能基本上与君津厂相仿。

这台轧机有很广泛的高精度板形与凸度的控制能力。一般凸度由78μm减至34μm，再矫直量可减少30%，轧制道次可减少2～3道次，轧机生产能力可提高15%，小时产量能提高33t/h，成材率可提高1%～2%，并能扩大控冷范围。在一定凸度范围内，可扩大轧制板宽，因此更有利于轧制薄而宽的船板。

（4）船板是中厚板中有代表性的一大产品，日本是船板生产的大国，1992年生产中厚板716.5万吨，其中船板达230.6万吨，占32.2%，约1/3。当时我国生产中厚板为853.6万吨，其中船板达73万吨，占8.5%，而到2005年我国已生产出486万吨船板，但仍然仅占8%左右。

韩国中厚板轧机生产船板比例是全球最高的，达70%，有的厂达到80%以上，几乎成为船板生产专业化厂。这样工厂管理和生产技术容易提高，船板品种多，质量比较好，成本也比较低，很受用户青睐。

（5）韩国船板消费量很大，目前每年达500万吨上下，而且还在逐年增加，现有中厚板轧机和热带轧机满足不了需求，只有从国外进口，每年约200万吨左右，已成为全球进口船板最多的国家。以前大量从日本进口，现在也开始从中国进口。由于我国劳动力便宜，干脆在我国设立半成品加工厂做成半成品后运回韩国组装成船。最终规划韩国准备再新建几套现代化宽厚板轧机，以增产船板来满足船舶迅速发展的要求。

（6）韩国中厚板轧机开始建厂就很明确，主要是为船厂生产船板服务，因此尽量建在沿海靠近船厂附近，以减少运输距离，缩短交货期限，加强互通信息与经验交流。目前，我国船板订货周期多则几个月才到货，少则也要几周才见到船板，而韩国只要一个电话，几天便把船板送到船厂。因此，有的船厂可以做到“零仓库”的高水平，大大节约仓库面积和周转资金。

附文 2-6　意大利中厚板生产概况

1　意大利中厚板生产发展简史

意大利与德国一样非常重视中厚板生产，在二战以前就建成好多套中厚板轧机，虽然性能不很先进，但也是世界上拥有4m以上中厚板轧机比较早的国家之一。

二战前意大利为了生产坦克和军舰用厚板和宽板，神速秘密地建成一套4600mm、2h、单机架厚板轧机，一套4500mm、2h、单机架厚板轧机及一套3200mm、3h、单机架中厚板轧机。3套轧机都是由国家经营，生产是绝对保密的，在二战中起过很重要的作用。

2　意大利中厚板生产状况

意大利生产中厚板最薄为5mm，5mm以下由热带轧机生产，最厚达380mm，最长达60m。原料以连铸板坯为主，厚度为150～400mm，宽度达4000mm，最大单重达27t。生产厚100mm以上厚板时也采用重达40t扁锭，数量已非常少。

意大利大量生产大口径钢管，螺旋管最大直径达3000mm，而UOE管只生产直径为1420mm的。塔兰托4826mm双机架轧机供板达4670mm宽，国内市场很小，主要是出口非洲国家。

21世纪开始，意大利年产钢材约为2200万～2500万吨，其中中厚板年产量约为300万～350万吨，占钢材比例约14%。

3　意大利中厚板轧机的现状及其特点

表1为意大利16套中厚板轧机情况，其中二战前建设的都为军工生产，而轧机也很落后，除几套生产不锈钢及特殊品种轧机以外，大部分轧机已停产，尚在生产的大约只有10套左右。其中塔兰托4826mm轧机承担全国一半以上的生产任务。

表1 意大利中厚板轧机一览表

序号	厂　名	投产年月	轧　机		备　注
			尺寸/mm	形　式	
1	意大利冶金公司	二战前	4600	2h	停　产
2	意大利冶金公司	二战前	3200	3h	停　产
3	意大利冶金公司	二战前	4500	2h	停　产
4	意大利冶金公司	约1951年	3700	4h	
5	意大利冶金公司热那亚厂	1958年	3750	4h	在生产，20世纪50年代水平
6	特尔尼厂	1961年 1971年	2440	2h/4h	在生产，20世纪50年代水平
7	意大利冶金公司塔兰托厂	1965年	3560	4h	在生产，20世纪50年代水平
8	法耳克公司塞斯托圣乔瓦尼厂	1955年	2795	4h	在生产，20世纪50年代水平
9	意大利冶金公司科里格利亚诺厂	1953年	3100+3100	2h+4h	后接连轧
10	意大利冶金公司塔兰托厂	1972年	4826+4826	4h+4h	在生产，最好的一套，20世纪70年代水平
11	特尼亚厂	1973年	2286	4h	在生产
12	FIL-SPA厂	二战前	2200	3h	停　产
13	冶金铁器公司	二战前	1480+1480	3h+2h	停　产
14	不锈钢公司	二战前	3300	4h	
15	特殊钢工业公司	二战前	3000	4h	
16	不锈钢板厂	二战前	2600	4h	

意大利中厚板轧机有下面一些特点：

（1）唯有塔兰托4826mm轧机一套具有20世纪70年代水平，其他轧机都是50年代以前的水平，至今已有35年以上未建新厂，而现有轧机技术改造投入也很少。

（2）意大利达涅利公司是世界上最大的设计制造中厚板轧机的厂家之一，为国外承包过多家中厚板轧机。

4 塔兰托4826mm+4826mm厚板轧机

这台轧机于1972年9月投产，主要是满足762~1422mm（30~56in）UOE直缝焊管机组和813~2540mm（32~100in）螺旋焊管机，以及造船、大型油罐及建筑结构等用板的需求。

生产钢板尺寸为（5~20）mm×（1000~4670）mm×（~25000）mm，一期年产能为90万吨，将来可达200万吨。

板坯尺寸为（150~300）mm×（1000~2200）mm×（2000~4000）mm，最小尺寸为150mm×1000mm×2000mm，单重2350kg，最大尺寸为300mm×2200mm×4000mm，单重20500kg。

坯料用火车和汽车送来先堆放在露天堆放场，然后用吊车吊至清理与分段切割区，以备装入加热炉。

图 1 为设备平面布置的情况。

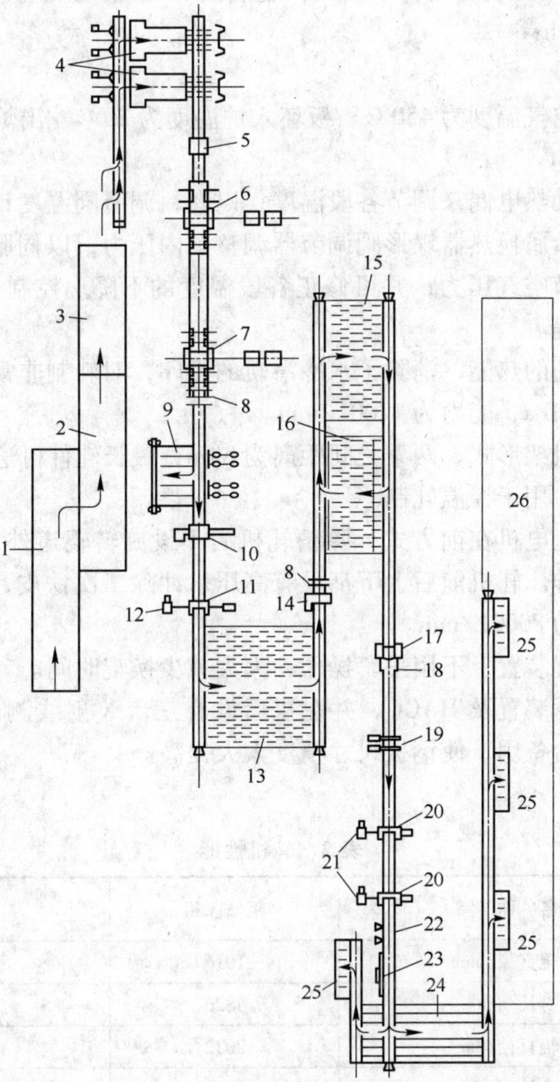

图 1　设备平面布置图

1—板坯清理堆存区；2—板坯库；3—装料区；4—加热炉；5—除鳞箱；6—粗轧机；7—精轧机；8—测厚仪；9—厚板收集台架；10—热矫直机；11—热剪机；12，21—碎边剪；13—冷床；14—板面检查仪；15—移送台架；16—翻板机；17—双边剪；18—剖分剪；19—超声波探伤仪；20—定尺剪；22—定尺机；23—称量机；24—移送台架；25—垛板机；26—成品库

加热炉为两座烧天然气的辐射烧嘴推钢式炉，炉长为 32.4m，宽为 9.2m，双排装料，每座加热能力为 200t/h。

每段加热能力如下：

第一段：上部 22 个辐射烧嘴，下部 6 个高速烧嘴，共计 226GJ/h；

第二段：上部 24 个辐射烧嘴，下部 6 个高速烧嘴，共计 148GJ/h；

第三段：上部24个辐射烧嘴，下部6个高速烧嘴，共计187GJ/h；

第四段：上部36个辐射烧嘴，38GJ/h；均热段18个辐射烧嘴，19GJ/h；保温段6个烧嘴（冷空气），8GJ/h；

总计：626GJ/h。

换热器送到烧嘴空气温度为450℃、板坯入炉温度为20℃、出炉温度为1300℃时，板坯单位燃耗为1.82GJ/t。

加热炉控制室借助热电偶来调节各段温度；以燃料调节阀温度计量来调节天然气与空气之比；以两个辐射金属换热器蝶形阀调节器调整炉内压力；以伺服电机控制空气压缩机吸气闸门定向闸来调节空气压力；并可修正各段温度的下降。控制系统均配有警报装置，显示信号及声响信号等。

辐射烧嘴具有较高的热能，消除了水冷滑轨的黑印，对轧制非常有利。

除鳞箱水压为15MPa，能力为1200L/min。

轧机为粗精轧双机架形式，两架之间距离为84m，最长轧件可达50m左右。在精轧机架前留有一段待温区，用于控温轧制。

主电动机均采用上电机在前方式。除精轧机后不设旋转辊道外，都设置有旋转辊道，有利于轧制程序的编排。轧机前后上下都设有高压水冲除二次铁皮，以提高板面质量。水压达14MPa，供水量为8000L/min。

轧辊采用快速换辊装置，不用吊车操作，大大减少换辊时间。

轧机上有支承预弯装置及HAGC，并在机后设有三台X射线测厚仪，一台测板中间，一台测板边，还有一台备用，使钢板尺寸精度大大提高。

轧机性能见表2。

表2 轧机性能

序号	名称	粗轧机	精轧机
1	工作辊直径/mm	1016	1016
	辊身长/mm	4826	4826
2	支撑辊直径/mm	2032	2032
	辊身长/mm	4826	4674
3	预弯辊装置		预弯支撑辊，预弯力11700kN，预弯力矩25800kN·m
4	开口度/mm	660	356
5	主电动机功率/kW	2×4413	2×8090
	转速/$r \cdot min^{-1}$	30~60	55~110
6	压下电动机功率/kW	2×112	2×112

热矫直机为11辊四重式，矫直辊直径为240mm，支撑辊直径为300mm，上6个下5个，矫直板厚为5~40mm，板宽达4670mm，矫速为45~90m/min，距精轧机达110m。矫直前喷水进行适当冷却，矫直辊用循环水冷却，以电动机驱动无头螺丝来调整上辊。换辊采用整套矫直辊抽出方式。

热剪机为上切式，剪刃用水冷却，剪机前设气动定位测量装置，剪机后有倾斜辊道。主要用于切头尾与分段，设在冷床前距热矫直机 59m 处。

冷床为盘辊式，冷床进出口设链式移送机。冷床长 50m，可冷却长达 50m 钢板，也可分 25m 长两部分单独工作。

板面检查仪检查出缺陷用粉笔标出，然后送往翻板台架进行清理。检查仪设在冷床出口处。

在冷床出口处还设置一台测厚仪，以便复验板厚偏差。

剪切线由热剪机、双边剪、剖分剪、超声波探伤装置及两台定尺剪所组成。热剪机设在冷床前，已经介绍。双边剪剪切 5 ~ 40mm 厚，σ_b 为 800MPa，切长达 1100mm，剪切次数为 18 ~ 24 次/min，切速为 19.8 ~ 26.4mm/s，移动剪架调宽为 1300 ~ 4500mm，前后各有两对夹送辊送进钢板，切下废边用输送带送至地坑内收集。剪机为滚切式。

剖分剪近接于双边剪，也为滚切式。切长为 1100mm，最小切宽为 900 ~ 1600mm，可分别切 4000mm 和 4500mm 宽板，机后设有两对夹送辊，与双边剪夹送辊同步工作。

超声波探伤装置为穿透式与反射式，设在剖分剪与 1 号定尺剪之间辊道上，自动探板边部与中间的缺陷。边部用反射式，而中间用穿透式，以水作介质。装置可整体安置与拆除，以便维护保养。

1 号定尺剪为滚切式，剪刃长为 4900mm，距超探约 89m，主要用于切头尾和试样，也可用于切分。

2 号定尺剪与 1 号剪完全一样，只是机后设有定尺机，用于定尺剪切。

定尺剪切板为(5 ~ 40)mm ×(~ 4500)mm ×(~ 25000)mm，σ_b 达 800MPa，切头尾最小长度为 250mm。

2 号定尺剪前有两对夹送辊与测长辊联动。剪机侧设有鼓式碎边剪，碎边最长约 900mm。1 号定尺剪切下试样送至试验室内，并用液压剪剪成要求的试样。

所有废边都送至厂外集中收集外运。

双边剪前设有 6 台磁力对正装置和一台激光对线机，以便对正剪切位置。

2 号定尺剪后有喷字和打印标记装置；跟着有称量器，分为两段，可单独或联合称量，总称量为 20t ×2。

收集成品板有 4 台垛板机，3 台在成品库，1 台在中间库。一般以火车和汽车外运。

全厂电气设备分主传动、辅助传动、管理配电盘及供电系统四大部分。

主传动是轧机主电动机，由二极管固定整流器供电。二极管在 66kV 供电网上以 24 相对称逆平行作用形式控制，以调协、抽出和可交换来控制二极管。所有铝辊筒装置通过轭流线圈、控制仪及防护装置与电动机相连接。

辅助传动：轧机上和精整线上全部辅助传动要求调速和定位的传动均由控制二极管固定整流器供电，一般直接连接到 10kV 配电盘上。辊道电机的电压调节可单独进行，也可与主电动机同时调节。压下调速可以通过预调装置使各道次自动定位。推床可输出张开与送入闭合的自动连续动作自动定位。此外，还有剪机传动、夹送辊及钢板定位等均采用自动调节。

传动和控制电路分功率控制和电机闭锁及断流设备、由操作者控制的接收外部显示信号及发出功率控制信号的逻辑电路、由操作者或自动控制的传动电路 3 部分。所有逻辑电路均有逻辑配电盘，并设在相应的操作区段。但也有一定数量的逻辑配电盘安于粗轧和精轧两个逻辑区内，这两个逻辑区设在有空调的玻璃房间内，室内带有自动仪的配电盘，每个逻辑区均靠近轧机操作台。

管理配电盘有两个，用于控制轧机和精整线的电气设备的主传动配电室和精整线配电室。实际上每个管理配电盘均由3部分所组成：

第一部分是全部66kV、10kV、3kV及380V配电系统的显示图像；在显示图像上与继电器相一致的按钮，操作人员可通过按钮进行全部配电；另外，指示仪和信号灯在设备运转状态下向操作者发出信号和指令。

第二部分是配电室所有辅助设备的传动、调节与润滑。

第三部分是设备运转不正常时提供给操作者的声响警报和视觉警报。

供电系统是全部设备接在66kV电网上两条独立线路供电，从66kV电缆直接引线到主电机和66~10kV变压器，该变压器又给10kV一次配电盘供电。供电系统均有防护保险装置。

厂房为全钢结构，共11排柱列，面积达11万平方米。

将来扩建3号加热炉、2号冷床、2号精整线及热处理线后，年生产能力可提高到200万吨，可满足国内市场的最大需求。

附文2-7 关于在沿海钢铁厂建设宽厚钢板轧机的建议❶

1 引言

我国钢铁生产稳步增长，钢铁工业的建设欣欣向荣。宝钢一期工程已投入生产，二期工程已开始建设，三期工程正在规划中。浙江省宁波市北仑钢铁厂、山东省石臼所钢铁厂及广东省湛江钢铁厂三大现代化钢铁基地的前期准备工作正在加紧进行，曹妃甸大厂也在加紧建设之中。

近几年来我国钢材的产需极不平衡，市场上钢材紧缺，每年均需大量进口钢材，1983年产钢4002万吨，进口钢材达1000万吨，1984年产钢4337万吨，进口钢材增至1331万吨，1985年产钢4666万吨，而进口钢材高达1900万吨以上，1986年产钢5205万吨，进口钢材达1800万吨以上。这几年每年中厚钢板的进口量达近300万吨，在各种进口钢材中居首位，1986年进口中厚钢板约280万吨，占进口钢材总量的1/6左右，由此可知，我国中厚钢板的供求矛盾十分尖锐。

沿海钢铁厂的建设，首当其冲是生产什么钢材和选用什么轧机的问题，大家议论纷纷，其说不一。现就沿海钢铁厂应当建设宽厚钢板轧机的议题，榷商一二。

2 进口钢材数量中中厚钢板居首位

国外中厚钢板产量占钢材总产量的比例：苏联为19%~21%，英国为16%~18%，

---

❶ 此文写于1986年6月。

意大利为14%～16%，联邦德国为14%～16%，日本为14%～15%，法国为11%～13%，美国为9%～10%。由于美国和日本汽车工业比较发达，带钢需用量大，因此中厚钢板需要的比例较低。1983 年我国钢材产量为3072 万吨，其中中厚钢板产量为388 万吨，占12.6%，而当年又进口中厚钢板约225 万吨，故中厚钢板消费量占钢材消费总量的比例为15.1%，实际上这个比例也还是比较小的，根据我国情况，应是18%左右比较合适。2000 年我国预测需要1430 万吨中厚钢板，尚缺生产能力约700 万吨。因此，为了尽快改变我国每年大量进口中厚钢板的被动局面，应及早安排好现代化宽厚钢板轧机的建设。

3 中厚钢板的主要用户大都集中在沿海一带

造船业和海上石油开采部门是我国沿海消耗钢材的两大用户。我国海岸线长达18000多公里，海底油气资源丰富，造船业的发展也极为迅速。1985 年我国建造民用钢质船舶就达166 万吨，如果以每万吨船耗用中厚钢板3500 吨计算，需用中厚钢板约58 万吨。如果我国每年造船发展到500 万吨的话，耗用中厚钢板近175 万吨。另外，目前我国已建成十几座钻井平台，1992 年前还将建设固定式采油气平台几十座，仅平台需用中厚钢板即达100 多万吨，仅此两项就需用中厚钢板约300 万吨。如果在沿海一带建一套高产量的现代化宽厚钢板轧机，其产品可装船直接运往用户，两方装卸都很方便，不但减少了运费，缩短了生产到使用的周期，而且可以大大减少用户储量与仓库面积，还可减轻清除钢板铁锈的工作量，提高船舶的质量与使用寿命。

4 国外的宽厚钢板轧机大都建设在沿海一带

近年来国外钢铁工业很萧条，轧钢设备的开工率不到50%，新建大轧机比较少，但是新建的宽厚钢板轧机却不少。1984 年末法国敦刻尔克厂投产了一架5000mm 轧机；1985 年联邦德国迪林根厂新建一台5500mm 轧机；韩国已有3400mm 和4724mm 轧机各一套，又在新建一套4800mm 轧机；另外，苏联伊诺尔斯克新建设一套5000mm 轧机，以满足大直径焊管用板的需要。这些轧机基本是靠沿海或大河建设的。

5 便于中厚板及其产品的出口和运输

国际贸易中，钢材是主要的贸易产品之一，世界上每年钢材贸易量达一亿多吨。日本每年有一半以上钢材作为出口，韩国约有80%钢材出口，而我国台湾省每年也有大量钢材出口以赚取外汇。

从长远看，在沿海建设钢铁厂，不仅仅是满足国内市场需求，同时在可能条件下还要解决一部分缺钢材国家的需要，特别是东南亚和非洲等地区的需求。我国生产的中厚钢板和大直径焊管已经受到这些地区和国家的欢迎。因此，从出口考虑，在沿海钢铁厂建设宽厚钢板轧机是非常适宜的。

从运输看，沿海钢铁厂生产的钢板可直接装船外运，而内地钢铁厂需经铁路运输到港口，大大增加了运输费用，并使交货周期延长，倒运一次也给钢材质量带来不利的影响。此外，4300mm 以上轧机选厂应靠沿海或大江大河，用轮船来运输，或者就地制造成大直径焊管外运。如果建专用公路，造价昂贵，非常不经济，因此不宜采纳。

另外，从钢材品种上看，日本、韩国及中国台湾省出口钢材的品种，钢板占60%以上，而钢板中的中厚板就占一半左右。

6　5000mm轧机是一种较佳的机型

前几年，世界上中厚钢板的产量明显下降了，日本、美国、联邦德国、英国及法国都关停了一批3~4m左右的轧机，公开标价出售旧设备，这些轧机都因缺乏竞争能力而被淘汰了。

从宽厚钢板轧机的大小看，5000mm轧机是一种较佳的机型。可大量生产宽4400mm左右的中厚钢板，纵向剖分后可生产2200mm宽钢板，以解决我国中厚板的大量需要。另外，成材率可提高4%，按年产200万吨计，每年可多产4万吨钢板，效益达5000万元。

5000mm轧机与4300mm轧机相比，投资只增加约20%，而产量却可增加50%。如果不受规模的限制，建5000mm轧机是比较经济的。目前5000mm以上轧机世界上有12套，日本、联邦德国、美国、苏联及法国都有这种特宽钢板轧机，我国至今还没有一套，因此，宝钢二号高炉建设所需宽4500mm钢板仍然供应不了。当前我们考虑在沿海钢铁厂建设宽厚钢板轧机时，存在着选型嫌小、产量偏低、经济效益不高等问题，原因是产品太分散，发挥不了专业化的优势，应把分散的几套轧机合并，在一个厂建一套高产量的5m级轧机较为合理。

7　结语

我国中厚钢板轧机不少，有21套，其中宽厚钢板轧机只舞阳一套。无论从数量、品种及质量上说都远远满足不了国民经济各个部门的需要，正值沿海钢铁厂筹划阶段，应当将现代化宽厚钢板轧机的建设摆在重要位置。

目前国外3~4m左右宽厚钢板轧机是只拆不建，因此我国新建现代化宽厚钢板轧机时选型应当大一些，最好是一套5m级的。采用4300mm以上轧机时，不建在靠沿海或大江大河的地方，无疑是困难的。

附文2-8　对马钢拟新建5000mm宽厚钢板轧机的评议[1]

1　引言

我国想建一套特宽厚钢板轧机的愿望已有多年了。20世纪50年代初期，苏联和捷克都为我国西南和中南地区规划过5000mm轧机，70年代初由德国做过冀东大厂的

---

[1] 此文写于1994年9月。

5500mm 轧机、法国做过马钢的 4300mm 轧机方案，80 年代又做了宝钢、山东石臼所和广东湛江的 4700mm 轧机方案，90 年代也设计过 5500mm 轧机，但都是纸上谈兵，一直未能实施。

1994 年我国已有 25 套中厚钢板轧机，但没有一套现代化轧机，不是主机落后，就是辅机性能不高。鞍钢 4300mm 轧机的辅机尚可以，但主机落后了。上钢三厂 4200/3500mm 轧机的 3500mm 主机尚可以，但辅机太落后了。舞钢 4200mm 轧机的主辅机都不先进。

马鞍山钢铁股份有限公司（简称马钢）为安徽省最大的工业基地，厂区濒临长江，与宁芜铁路接轨，距南京只有 30 余公里，水陆交通十分方便，且有广阔的销售市场。1993 年产铁 239 万吨，钢 212 万吨，钢材 198 万吨。2500m^3 现代化高炉于 1994 年 4 月份投产后，已形成年产钢 400 万吨的规模，生产车轮轮箍、H 型钢、高速线材、中板及小中型材等颇有特色的产品，有职工 5 万多人。

20 世纪 90 年代马钢的发展规模，第一步是 200 万吨钢，现已完成；第二步是 400 万吨钢，也已基本形成，正在配套实施当中；第三步是 600 万吨钢的规模，1993 年 1 月国家计委已原则同意。应该说，马钢有发展 600 万吨钢的很有利条件。马钢实行股份制后，筹资渠道扩大了，资金来源较易解决；厂区总图已有足够的建设用地，而且自己有可靠的矿石基地；有长江黄金水道，可吃进口矿。因此，马钢新建一套现代化宽厚钢板轧机是完全可行的，条件是非常优越的。

2　马钢新建一套现代化高刚度双机架特宽厚钢板轧机的理由

（1）中厚钢板轧机是轧钢生产中的主力轧机之一，且与一个国家的国防现代化紧密相连，建造航空母舰，必先有大的厚板轧机。目前，我国热带、冷带、线材、钢管及棒材等都有现代化的主力轧机，唯独中厚钢板生产至今还没有一套现代化轧机。

（2）世界上 4700mm 以上轧机有 21 套：日本有 10 套（约占一半），俄罗斯有 3 套，美国有 2 套，德国有 2 套，法国有 2 套，意大利有 1 套，韩国有 1 套。其中，5000mm 以上轧机有 13 套：日本有 5 套，俄罗斯有 3 套，美国有 2 套，德国有 2 套，法国有 1 套。我国最大的是鞍钢 4300mm 厚板轧机，4700mm 以上轧机 1 套也没有（日本四大公司各都拥有 1 套 5000mm 以上特宽厚板轧机），这与我国作为世界上钢铁工业的大国是非常不相称的。

（3）我国现有厚板轧机生产的中厚板，无论是产品质量还是规格品种，都无法与上述国家相竞争，特别是高档产品，我国的装备条件更处于劣势。只有集中力量加快马钢这套现代化厚板轧机的建设，才能大大增强我国中厚钢板在国际市场上的竞争实力。

（4）5000mm 与 4800mm 轧机是同属于一个等级的轧机。济钢 2500mm 轧机是由 2300mm 轧机发展起来的，邯钢 3000mm 轧机原来就是 2800mm 轧机，上钢三厂 3500mm 轧机是由 3300mm 轧机放大的，日本的 3 套 5500mm 轧机也是先有 5300mm 轧机后才发展的。新建轧机已不采用 4800mm，而用 5000mm 轧机比较有利。5000mm 轧机可以大量生产 ϕ1422mm（56in）大直径焊管用宽度为 4470mm、厚度为 10～25.4mm、长度达 18m 的钢板，而 4800mm 轧机是很难大量供应这种钢板的。另外，我国中厚钢板大量需要的宽度在

2200mm 左右，采用 5000mm 轧机大量生产厚度较薄、宽度达 4400mm 中板，经剖分剪切成宽 2200mm 钢板，成材率可提高约 4%。若按年产量 100 万吨计，每年可多产达 4 万吨成品钢板，获利达 1 亿元以上。

（5）解决我国 4000mm 以上特宽、20t 以上特重、18m 以上特长、100mm 以上特厚、品种特殊的中厚钢板大量供应问题。如宝钢需要的宽 4500mm 高炉用板，长江大桥用长达 18m、厚 50mm 以上桥梁板，30 万千瓦发电机组用厚达 210mm、单重达 41t 高压锅炉板，大连造船厂建造 15 万 ~25 万吨级货轮用 4500mm 宽船板，直径达 4000mm 以上压力容器用宽达 4500mm 镜板，海上平台用板面尺寸越大越好的厚度达 210mm 的平台板，ϕ1422mm（56in）UOE 大直径直缝焊管机组用宽 4470mm 管板及机器制造用特厚、特宽、单重大的结构板等。潜在用户还有建造航空母舰用特厚合金结构板，一艘 7.5 万吨级航空母舰需各种特殊品种厚板达 4 万多吨。

（6）据预测，2000 年我国钢材消费量将达 1.2 亿吨，中厚板消费比按 11% 计，年需中厚板达 1320 万吨。到 2000 年，我国中厚板轧机生产能力将达 900 万吨左右。另外，由热带轧机生产的中厚板可达 250 万吨左右，因此，尚缺 170 万吨。马钢新建 1 套 200 万吨特宽中厚板轧机，恰好弥补了国家之不足，可以大大削减中厚板的进口量，改变我国每年大量进口中厚板的被动局面。

（7）马钢建设这套轧机不但是国内最高性能的，而且是世界上最大最好的一台轧机，生产中厚板的质量将是上等的，因此在国内外都有较强的竞争力。一旦国内外中厚板销路疲软了，挤掉的将是落后轧机生产的低档次中厚板，而不会是质量好的马钢产品，不必担心产品的销路问题。

（8）宽厚板轧机建设有一个超限运输问题。舞钢厚板生产就存在有限制轧机能力的交通运输问题。马钢临靠长江，具有得天独厚的运输宽厚板的优越条件，而且运输费用很便宜，深受国内外用户欢迎。

（9）“九五”期间马钢发展规模从 400 万吨跃进到 600 万吨钢生产能力，净增钢 200 万吨。假如马钢新建的是一套传统的热带轧机，不仅投资大、技术复杂、规模偏小，而且近临正在建设热带轧机的梅山；若新建短流程的薄板坯连铸连轧机组，虽然规模比较相称，但生产产品尚是一个不定的因素，也具有一定的风险性；若新建一套大的 H 型钢轧机，与正在筹建中型 H 型钢轧机配套，产品潜在销路何时能打开？特别是大型 H 型钢的消费量很少，效益就会成问题。以马钢产品要有特色和上档次来说，新建棒线材轧机也缺少吸引力。还有，无缝钢管轧机组与规模大小也不相匹配，只有 5000mm 双机架宽厚板轧机与 200 万吨钢规模恰好相符，而且产品也有较大的特色，使马钢生产产品又上了一个新台阶。

（10）马钢建设宽厚板轧机的有利条件是，现有中板厂的丰富生产经验可得到借鉴，还有一批年轻有为的技术干部，不需要从外单位抽调人员，筹建人员可由中板厂抽调。新厚板厂投产后，现有中板厂生产薄的中板，两个厂相互配合，充分发挥宽厚板轧机的生产能力。现有中板厂也可作为宽厚板轧机操作人员培训的部分基地。

3　我的一点看法

马钢新建这样一套宽厚板轧机应是全国冶金工业发展的大事，因此，这套轧机的性能应当是比较高的。

至于购置国外的二手设备问题，虽然目前尚有高性能的合适轧机的报价，但像马钢这样的轧机，尽可能不选二手设备，性能低的二手轧机要改造是很花钱的，且不会彻底。因此，选用二手厚板轧机应持慎重的态度。

以上看法，难免有不妥之处，只供参考。

附文 2-9 宝钢建设现代化宽厚板轧机的优势❶

1 我国应该有一套现代化宽厚板轧机

在国内建一套现代化宽厚板轧机是几代冶金前辈多年的心愿。目前，我国已有 25 套中厚板轧机，但没有一套现代化轧机，不是主机落后，就是辅机性能不高，很难承担优质中厚板生产任务。鞍钢 4300mm 轧机是从日本购入的二手设备，虽经几次改造，辅机尚可以，但主机已落后了；上钢三厂 4200/3500mm 轧机的 3500mm 精轧机尚可以，但 4200mm 粗轧机是从德国购入的二手设备，而且加热炉与辅机太落后了；而舞钢 4200mm 轧机是 20 世纪 50 年代设计制造的，主辅机都不先进；另外，正在新建或改建的 3000mm 以下轧机因轧机尺寸偏小，也难排上先进行列。

中厚板轧机是钢材生产中的主力轧机，也是一个钢铁生产大国转化为钢铁生产强国所必不可缺的关键装备。经过几年的努力，我国热带、冷带、型钢、线材及钢管等钢材生产都有现代化轧机，唯独中厚板生产至今还没有一套现代化轧机，特别是缺少一套 4800mm 以上特宽厚板轧机。

经多年的议论，对我国需要建设一套现代化中厚板轧机已取得了共识，问题在于需不需要建一套 5000mm 左右特宽厚板轧机。有人认为，宽度 4000mm 以上钢板用量很少，至多占中厚板消费量的 5% 以下，每年进口少量的就可以了，何必花费几十亿资金大动干戈。近几年来，许多单位做了卓有成效的工作，从板宽、产量、钢板单重、性能均匀性、成材率、规模经济等方面调研后，取得比较一致的意见，倾向于建设一套大一些的宽厚板轧机。

应该指出，轧机越大，技术更复杂，投资也越大，需要做好产品调研、轧机选型、精整线配置、引进技术与国内合作等前期准备工作，以免失误与走弯路。

2 宝钢的优势

（1）宝钢是我国最现代化的钢铁企业，拥有一批先进装备和一套丰富的管理经验。为确保中厚板性能，炼钢前要有精料，冶炼中要能精控，出钢后要有炉后处理。目前，唯有宝钢具有这种完善的炼钢条件来满足现代化宽厚板轧机生产优质中厚板用原料，使钢的成分得到严格控制，纯净度高，[P]、[S]、[O]、[N]、[H] 之和低于 100×10^{-6}以下。只有好钢，才能出好板。

---

❶ 此文写于 1998 年。

（2）宝钢位于长江口，东临大海，水运方便，为宽板运输创造了有利条件。舞钢厚板轧机建在山区，受铁路和公路的制约，限制了轧机能力的发挥。铁路运输板宽3.4m以上为超限，但斜放装车时板宽可达4m。50年代前后，世界上大批建设4064mm轧机，主要就是这个原因。德国建在内陆的宽厚板轧机生产的宽厚板，主要靠高速公路外运，板宽超过2.5m都斜放运输，最宽达5.2m也没有困难，但只在慢速道低速行车。因此，4300mm轧机是铁路超宽特殊运输的一个界限。4300mm以上轧机选厂时应靠海和大江，或用轮船和特种汽车衔接高速公路来运输。因此，宝钢建设宽厚板轧机是一大优势。只有靠江海，才能发挥轧机能力。

（3）船板是中厚板的最大用户，日本船板产量约占中厚板产量的1/3。近年来，造船周期缩短后，要求船板交货快而及时，且船板长度越来越长，宽度越来越宽，不宜于陆路交通运输。我国沿海和沿长江有许多造船厂，仅上海地区一年消费船板就占全国一半以上。宝钢建厚板轧机后，大部分钢板可水运直接送至船厂码头，减少中转的麻烦，既可缩短运输时间，又可减少船厂储存钢板数量。只有厚板厂接近用户，才能做到及时交货。

（4）宝钢厚板与两套热带轧机相配合生产中厚板，产品尺寸可相互衔接，对一个大的钢铁厂来说，这种配合轧机套数少，总图布置较理想，占地面积少，故素有“姐妹轧机”之美称。厚板轧机与热带轧机的钢种与板坯尺寸相近，有利于炼钢与连铸生产以及产品质量的提高。目前，造船厂需要船板批量大，规格和张数多，要求厚度0.5mm进级、负偏差、奇数及双定尺，由一个厂整船钢板交货。只有与热带轧机配合生产，产品交货成龙配套，才能有利于船厂整船订货。

（5）宝钢一炼钢系统在三期电炉建成后，除供2050mm热带轧机、宝钢高速线材轧机及上钢二厂高速线材轧机用料以外，尚有200万吨左右剩余坯料。为了将剩余坯料变成成品，增加其他轧机都不甚合理，只有配备一套宽厚板轧机，才能使一炼钢系统生产得到基本平衡，且使宝钢产品结构更加优化。

（6）新建一套现代化宽厚板轧机需用资金是很可观的，目前，全国钢铁厂资金都不富裕，只有宝钢筹集资金比较容易一些，才能使这套大轧机按时建成投入生产。

（7）宝钢具有现代化生产管理与高度自动化操作的经验，只有操作管理人员素质高，才能掌握这套高难度现代化宽厚板轧机生产。

（8）宝钢一炼钢后面有一块可供建厚板轧机的用地，当前只有现成土地，才能少花钱，免去购地的麻烦。

3 宝钢厚板有广阔的国内外市场

从2000年我国中厚板需求预测、专用板缺额及近几年进口量这三方面加以考察，不难看出，宝钢建设这套厚板轧机是有广阔的国内外市场的。

3.1 2000年我国中厚板需求预测

随着我国经济的增长和国际贸易的发展，钢材需求也会有所增长。据有关部门预测，2000年钢材产量将达1亿吨，若中厚板比例占13%时，其产量应为1300万吨；另外，2000年钢材消费量需要1.2亿吨，中厚板消费比为12%时，其消费量将达1440万吨。到2000年，我国将拥有26套中厚板轧机，总的生产能力有1000万吨。另外，热带轧机生产中板有 200 万吨，合计生产能力有 1200 万吨。与消费相比，每年尚欠 240 万吨，需依靠进口来补欠；与产量相比，每年尚缺 100 万吨。因此，宝钢厚板在 2000 年前后投产，恰好可以弥补此缺额，不存在与舞钢、鞍钢及浦钢三家宽厚板厂争夺市场的问题，也不会出现吃不饱的情况。

3.2　专用中厚板的缺额

我国专用中厚板生产，历来是一个薄弱环节。专用板生产比较难，对原料要求很高，需要配备好的炼钢和轧钢装备。2000 年我国专用中厚板需求预测情况如表 1 所示。

表 1　2000 年我国专用中厚板需求预测

专用板名称	需求预测量/万吨	生产能力/万吨	缺额/万吨
船　板	190	120	-70
管线板	40	30	-10
高压锅炉板	80	50	-30
压力容器板	60	40	-20
桥梁板	5	2	-3
模具板	30	15	-15
汽车大梁板	70	40	-30
耐候板	30	20	-10
高强度板	30	10	-20
平台板	5	0	-5
不锈钢板	25	10	-15
合　计	565	337	-228

由表 1 可知，2000 年尚缺专用板生产能力达 228 万吨，即使宝钢厚板投产，也只能填补 1/3。因此，全国中厚板轧机都应增产专用板，特别是条件比较好、有热处理设备的厂理应多产，减少专用板的进口量。

3.3　中厚板进口量

我国每年大量进口的钢材中，中厚板是一个大户。1985 ~ 1996 年历年中厚板进口量如表 2 所示。

表 2　1985 ~ 1996 年历年我国中厚板进口量

年　份	1985	1986	1987	1988	1989	1990	1991	1992	1993	1994	1995	1996	12 年	
													合　计	平　均
进口量/万吨	286	279	174	130.5	131.9	69.6	45.1	86.6	377.5	202.2	143.5	65	1991	166

12年来共进口中厚板约2000万吨，花外汇达80亿美元，平均每年进口达166万吨。如宝钢建一套现代化的厚板轧机可顶替进口一部分中厚板，为国家节省外汇是很可观的。而且根据宝钢的现有装备与管理水平，厚板产品的品种与质量都是一流的，因此，在国际市场上肯定有很强的竞争力。

4 宝钢与全国中厚板轧机的协调关系

为了我国尽快成为世界上钢铁生产的一个强国，提高中厚板生产的装备和产品的总体水平，填补中厚板质量、品种及产量之不足，顶替每年大量进口的中厚板，增强与日本、德国、韩国在国际市场上的竞争能力，宝钢筹建一套5000mm左右现代化宽厚板轧机是很有必要的。

宝钢建设高性能中厚板轧机是国内第一套，与现有轧机相比要高出几个档次，规格也高出2~3级别。如同新建高速线材与连续式小型轧机和现有横列式线材与小型轧机关系一样，不应属于重复建设范畴。宝钢的原料条件比较好，正符合生产高质量中厚板的要求，产品是面向全国、面向世界。而现有轧机都不具备这种优越的条件，无法与之相比拟。国内市场上需要宽度4m以上的中厚板，只有宝钢独家生产。如大连新造船厂和上海外高桥造船厂需用宽度4m、长22.5m船板，由宝钢码头海运发货，非常方便。天然气与石油输送用大直径直缝焊管是我国的一个潜在用户，生产直径1420mm钢管要求中厚板宽度达4.5m，也只有宝钢能承担。这两种产品年需要量达60万吨以上，已占去宝钢厚板生产能力的一半以上，已经自顾不暇，哪有精力去抢别的生意呢!

目前，我国中厚板轧机套数很多，大多数省都拥有1套，为了发挥其能力，应该将全国中厚板轧机相互协调起来。舞钢、鞍钢及浦钢3套中厚板轧机应担当起极特殊产品的生产任务，武钢也能生产一部分，特别是舞钢应多生产特厚规格的产品。鞍钢厚板除供应东北地区用的中厚板以外，还需担负起全国宽板、大连船板及出口的任务。浦钢厚板除满足上海船板和机械用板以外，还需担负起浙闽地区及出口的任务；宝钢厚板与之相配合，大大增强上海地区中厚板生产的能力，弥补了浦钢厚板之不足，且能给该厂提供厚板生产的先进技术，促进其改造的步伐。由宝钢厚板、浦钢厚板、上钢一厂中板、宝钢2050mm与1580mm 2套热带5套轧机组成中厚板生产集团，生产品种、规格齐全，产品一流，必将成为全国中厚板生产与出口的强大基地，对上海地区是非常有利的。

各省中板轧机除生产地方用中板以外，也可出口赚取外汇，如酒钢中厚板轧机需承担起甘肃、新疆、宁夏、青海及陕西等大西北地区用中厚板的任务，负倚已够重了。昆钢中板除供应云贵地区以外，也可争取出口越、缅等国家，打入国际市场。

从1995年生产情况看，邯钢、济钢、重钢五厂、鞍钢第一中板厂、上钢三厂中板、马钢、上钢一厂、秦皇岛中板、首钢中板、安钢、柳钢、营口中板、太钢五轧、南钢及昆钢15个厂的产量都已超出现有生产能力，如邯钢已超过设计生产能力达一倍之多，而浦钢厚板、武钢轧板、鞍钢厚板及舞阳厚板4套轧机产量也已接近满负荷。应该这样说，全国现有中厚板轧机的富裕能力已经不多。即使宝钢厚板投入生产，全国中厚板轧机和热带轧机生产中厚板能力还是不足。只要钢铁持续地增长，不会出现吃不饱的现象。但经济周期是一个不可抗拒的自然规律，必然会出现市场上需求的起伏，因此，每一套轧机都应当具有适应市场、随时调节产品及其生产能力，免遭冲击的能力，使自己立于不败之地。

5 对宝钢新建宽厚板轧机的建议

2000 年前后我国不会新辟钢铁基地，如宝钢厚板项目落选，预计 10 年内我国不可能建一套现代化宽厚板轧机。为了增强国力，大家都期望宝钢厚板尽早立项并进入实施阶段。还应该看到，短期内不可能再建设第二套这类轧机，一二十年内就是这一套了。

宝钢新建这样一套现代化宽厚板轧机是全国冶金工业的大事，应集中力量把它建设好。

总体上说，这套轧机性能应当是世界上最好的。根据我国情况，轧机形式宜选用 5000mm 左右双机架四辊式。如分期建设，一期先建精轧机，二期再建粗轧机及相应设备，以便节省一次投资。

首先，产品应达到：

（1）尺寸偏差最小；

（2）性能高，且最均匀；

（3）板形最规整；

（4）残余应力小，且不平度最小；

（5）板面最光洁；

（6）包装标记最漂亮；

（7）市场上竞争力最强。

其次，这套轧机工艺设备配置的基点是：

（1）双加热炉，即步进梁式炉和车底式或室式炉；

（2）双机架，即粗轧机和精轧机；

（3）双冷床；

（4）双剪切线；

（5）双倍尺，即长度和宽度成倍轧制；

（6）双轧制，即常规轧制和控制轧制；

（7）双热处理，即在线热处理和轧后离线热处理。

原料应以全连铸板坯为主，如产品方案做不到时，只辅以少量其他原料，并能做到：

（1）全连铸；

（2）全热装、热送；

（3）全部超声波探伤；

（4）全板形控制；

（5）全厂计算机；

（6）全部钢板免复查；

（7）全部大电机交交变频。

产品品种以船板（含 Z 向钢）、高压锅炉板、容器板、桥梁板及管线板为主。为了简化工艺与设备，暂不考虑一些极特殊产品。

交货状态有热轧、控轧控冷、正火、高温回火、退火、淬火、调质（淬火 + 回火、正火 + 回火）、缓冷、抛丸涂漆、超声波探伤等。

全套设备以引进为主，国内配套为辅，采用点菜方式，货比三家。国外设计制造厚板轧机的厂家有德国德马克和西马克，日本三菱重工和石川岛播磨，法国塞辛，美国密斯塔、勃洛·诺斯和威恩，英国戴维，捷克斯可达等，其中设计制造大的厚板轧机数日本三菱重工和德国德马克的经验比较丰富。电气设备设计的厂家有德国西门子和AEG、日本日立和东芝、美国GE等，其中以德国西门子和日本日立比较先进一些。国内设计制造厚板轧机的厂家有德阳二重和富拉尔基一重，其中二重对大的厚板轧机做得多一些。电气设备设计的厂家有天津电气传动研究所等。以上厂家设计的主机和辅机各有千秋，如轧机板形控制以日本形式较多，而剪机和在线超声波探伤装置以德国比较先进。

从工艺上说，德国和日本的风格也不尽相同。德国是实用型，也称性能型，注重于钢板内在性能，不计较于成材率和节能，以及尺寸的偏差与板形，生产作业线的连续性与自动化程度低、设备少而配置简捷，能用人工操作的地方，尽量不花钱，所以，有人称赞德国的中厚板操作比较实用，锦上添花的东西比较少。热处理量大，控轧量少，所以，有人也称它为内在质量型。我国大量进口德国的高压锅炉钢板，都称赞其性能好。

日本是经济型，注重钢板的板形、成材率和节能。生产作业线的连续性与自动化程度高，尽量不用人工操作，生产钢板成本低，外观漂亮，控轧量大，热送、热装率高，甚至实现了直接轧制，操作工艺比较经济，热处理量少，所以，有人也称它为外表质量型。

总的说，德国设备较可靠，日本自动化控制较先进。选哪一家，要看用户所好。

最后，有几个问题值得研究与讨论：

（1）宝钢这套轧机生产最薄与最厚钢板定为多少？

（2）采用哪几种原料？最大单重多少？

（3）采用室式炉还是车底式加热炉？

（4）立辊轧机形式与配置如何？

（5）预留粗轧机后，精轧机参数如何确定？

（6）控制轧制形式与措施如何？

（7）是否采用直接淬火工艺？

（8）快冷形式及配置如何？

（9）热矫直机形式及矫直最大厚度如何？

（10）冷床最大宽度与形式如何？

（11）超声波探伤形式如何？有多少通道？布置方式如何？

（12）剪切线剪机形式如何？如何配置？

（13）废边收集形式如何？取试样方式及运送方式如何？

（14）热处理炉形式及座数、布置方式如何？

（15）退火处理选用什么炉型？

（16）船板需要抛丸喷漆否？喷什么漆？

（17）设压平机否？

（18）轧机板形控制形式（PC、HC、CVC、HCW及弯辊等）如何选择？

（19）炼钢供连铸坯是定尺还是倍尺？检查清理方式如何？

（20）厚板火焰切割机形式如何？是在线的还是离线的？

（21）不包括外围设施，厚板厂最好有长度达1300m、宽度达300m的地方，现在只有950m×230m面积，显然太小了。即使将分析中心搬家，也只能勉强布置下，但并不富裕。分析中心能否搬走？不搬的话，夹在炼钢与轧钢之间，将来的环境如何？

总之，我国至今尚未全套引进过先进厚板轧机，如何分交？很值得研究。

附文 2-10　我国为什么要建一台 5000mm 以上特宽厚钢板轧机[1]

1　引言

1994 年我国钢产量已上了 9200 万吨新台阶，很快将越过 1 亿吨钢大关。据有关部门预测，我国钢产量将继续增长，2000 年产钢为 1.2 亿吨，材为 1 亿吨；2001 年钢为 1.4 亿吨，材为 1.2 亿吨。

目前世界上最大的中厚钢板轧机应该数德国迪林根厂 5500/4800mm 双机架特宽厚钢板轧机。美国有一台专门轧特宽铝板 5590mm 轧机，为军工部门服务，发挥了很大的作用。

我国不但没有一台 4700mm 以上大的厚板轧机，也没有一台现代化中厚钢板轧机，与国外相比已落后达 30 年之多。

自 1989 年以来，尽管我国中厚板产量每年都超过消费量，但进口量仍居高不下，1993 年进口达 362 万吨，为进口钢材之冠。论其原因，无非是进口板质量好、品种对路、价格便宜、交货期短。为改变我国中厚板轧机装备落后的现状，许多新扩建厂都想为此做出贡献。首钢规划产钢 1000 万吨以上时新建一台 5500mm 双机架特宽厚钢板轧机，马钢 600 万吨钢时也准备建一台 5000mm 双机架特宽厚钢板轧机，广东湛江大厂也想新建一台 4700mm 双机架轧机，最近宝钢四期工程也考虑安排一台大的厚板轧机，山东大厂也有计划上一台厚板轧机。

问题是我国需不需要建一台 5000mm 左右特宽厚钢板轧机？有人认为宽 4m 以上钢板用量很少，至多占中厚钢板消费量的 5%，每年进口几块算了，何必花巨额资金建设大的厚板轧机呢？针对这个问题，笔者谈一点粗浅的认识，供作参考。

2　中厚板轧机的历史是一部由小到大的发展史

世界上中厚钢板生产至今已有近 200 年的历史。18 世纪初，西欧已在二辊周期式薄板轧机上生产出小块中板，19 世纪中叶此轧机传入美国，开始轧制工具钢和高合金钢的中板。但由于它是采用人工操作，钢板单重小，满足不了增大板面的要求。1850 年前后，采用蒸汽机传动二辊可逆式轧机，辊身长已增至 2m 以上，以辊道进行操作。随着工业和武器装备的迅速发展，对中厚钢板的需求量大大增加。1864 年美国创建了世界上第一台三辊劳特式中板轧机，不需要轧辊正反转而利用升降台进行来回轧制，当时盛行一时，推广于世界。为了提高钢板尺寸的精度，1891 年美国钢铁公司霍姆斯特德厂投产了世界上第一台四辊可逆式厚板轧机，由于生产出钢板质量好，一些国家相继采纳，得到迅速发展。1918 年美国留肯司钢铁公司科茨维尔厂为了满足军舰用优质厚钢板的需要，建设了一台最大的

---

[1] 此文写于 1995 年 2 月。

5230mm四辊式厚板轧机。1938年德国多特蒙德赫尔德厂也建成一台5000mm四辊式厚板轧机，1940年苏联莫斯科“镰刀和锤子”钢铁厂投产了一台5300mm四辊式厚板轧机，1941年日本制钢公司室兰厂投产一台蒸汽机传动5280mm四辊式厚板轧机。在二次大战之前，英国、法国、捷克及西班牙等国家也相继建成一批宽厚钢板轧机，世界上海军力量因此得到较快发展。

二次大战后，世界上中厚钢板生产又得到了重视，轧机建设也得到迅速发展。美国、苏联、日本等很快投产了一大批2300mm和2800mm中厚板轧机。50年代开始，考虑铁路运输超宽的限制，美国、日本、加拿大、西德、巴西等国家普遍发展4m左右的轧机，其中以美国4064mm（160in）轧机最为典型。60年代中期厚板生产的优势被日本所夺取，4700mm轧机成为典型代表。为满足船用板和管用板的需要，日本、意大利和韩国先后建成8台4700mm级的轧机，而且8台均是高产量的双机架轧机（其中一台预留粗轧机）。70年代开始，轧机又加大了一级：以日本5500mm轧机为典型代表，5m级以上轧机世界上有13台，其中日本有5台、俄罗斯3台、德国2台、美国2台、法国1台。日本在1976年和1977年两年中就投产了3台5500mm轧机，1985年德国迪林根厂又投产了一台5500mm轧机，这是世界上最大的4台特宽厚钢板轧机。1984年，苏联为建造军舰，在伊尔诺斯克投产一台5000mm轧机；同年，法国敦刻尔克厂在4320mm轧机后增加一架5000mm轧机。至今世界上已有4700mm以上特宽厚钢板轧机18台（见表1）。

表1　世界上4700mm以上特宽厚钢板轧机

序号	国家	厂名	投产年月	轧机		年产能/万吨	技术水平
				尺寸/mm	形式		
1	日本	神户 加古川	1968年4月 1970年	4724 +4724	4h +4h	180	60年代
2	日本	新日铁 名古屋	1968年3月	4800 +4700	4h +4h	168	60年代
3	日本	新日铁 君津	1968年2月	4724 +4724	4h +4h	240	60年代
4	日本	日本钢管 福山	1970年 1968年4月	4700 +4700	4h +4h	240	60年代
5	日本	住友金属 鹿岛	1971年 1970年	5335 +4724	4h +4h	192	60年代
6	日本	川崎 水岛	1976年1月	（ ）+5500	（ ）+4h	180	70年代
7	日本	新日铁 大分	1976年6月	（ ）+5500	（ ）+4h	240	70年代
8	日本	日本钢管 扇岛	1976年	5500	4h	180	70年代
9	日本	日本制钢 室兰	1941年	5280	4h	36	40年代
10	韩国	浦项	1978年	（ ）+4724	（ ）+4h	140	60年代
11	美国	留肯司 科茨维尔	1918年 1950年改	3560 +5230	3h +4h	31	50年代
12	美国	美国 格里	1962年	4064 +5335	4h +4h	120	60年代

续表 1

序号	国家	厂　名	投产年月	轧　机		年产能/万吨	技术水平
				尺寸/mm	形式		
13	德国	曼内斯曼 米尔海姆	1952 年 1969 年改	5000	4h	120	60 年代
14	德国	迪林根	1985 年 1970 年	5500 +4800	4h +4h	150	70 年代
15	俄罗斯	下塔吉尔	1946 年	5000	4h	30	40 年代
16	俄罗斯	莫斯科	1940 年	5300	4h	50	40 年代
17	俄罗斯	伊尔诺斯克	1984 年	5000	4h	100	70 年代
18	意大利	意大利 塔兰托	1971 年	4826 +4826	4h +4h	230	70 年代

另外，宽厚钢板轧机也有加大的趋势，如日本水岛一厂 4700/4180mm、名古屋 4800/4700mm 和鹿岛 5335/4724mm 3 台双机架轧机，为满足用户更宽钢板的要求和增大生产能力，后建的粗轧机都比精轧机大。大分厂原方案是建设 3800mm 轧机，并已做了大量工作，但后来也改成 5500mm 轧机。意大利塔兰托厂 1965 年投产 3650mm 轧机，而 1971 年投产的第 2 台便增至 4826mm。韩国浦项厂 1972 年投产 3400mm 轧机，而 1977 年建成的第 2 台也改大为 4724mm 轧机。巴西 1962 年建成第一台是 3050mm 轧机，而 1976 年和 1978 年建成 2 台均为 4100mm 轧机，并在双机架上预留好 4900mm 粗轧机。德国迪林根厂 1970 年建成 4300mm 轧机，而 1985 年将 4300mm 轧机换成 4800mm 轧机，并增建一架 5500mm 粗轧机。法国敦刻尔克厂 1962 年建成 4320mm 轧机，而 1984 年底新建精轧机已增至 5000mm。

轧机尺寸的不断增大，不单纯是一个板宽问题，而且包含着产量、质量、成本、钢板最大单重、性能均匀性、成材率及规模经济等一系列有关的技术经济问题。

3　建造航空母舰必先有大的厚板轧机

多年来航空母舰越来越引起世人瞩目。1962 年古巴导弹危机时，美国派出 8 艘航空母舰，迫使赫鲁晓夫连夜撤出导弹。1982 年马岛战争时，英国派出“无敌”号航空母舰封锁住马岛海峡，夺取制空权和制海权，切断了阿根廷大陆与马岛的联络，终于取胜。1985 年空袭利比亚时，美国派出 3 艘航空母舰，从航空母舰上起飞的飞机频频轰炸利比亚首府。1991 年海湾战争时，美国派出 9 艘航空母舰，其中有 6 艘参战，在袭击中发挥了应有的作用。1994 年 9 月海地危机中，美国又出动 2 艘航空母舰，压军政府下了台。1994 年 9 月朝鲜半岛核问题轩然大波时，美国派出以“小鹰”号航空母舰为首的战斗群驶入朝鲜沿海相威胁。1994 年 10 月美国派出一艘航空母舰在中国黄海追逐一艘中国核潜艇，有加剧冷战气氛之势。

这些事例说明，航空母舰威力是不可小看的，但是建造航空母舰必先有大的厚板轧机。

二次大战前，美国、苏联、德国及日本为了建造航空母舰，都建成了特宽厚板轧机。

建造一艘 7.5 万吨级航空母舰需各种特殊品种厚板达 4 万多吨，板面尺寸越大越好，而且要求由一个厂配套供货，投资近35亿美元之多，建造时间达13年之久，确是一项特大的工程。另外，建设一台5000mm以上现代化特宽厚钢板轧机，设备吨位达7万多吨，建设期需要6年以上，投资达50多亿元，也是一项很大的工程。

有人说，一个国家没有大的厚板轧机，就不可能自建大的航空母舰，没有航空母舰，就无法谈论海军的强大，这话是有几分道理的。只有国家强盛了，才能在各种国际争端的谈判中更加有力。

4 没有大的厚板轧机总感不便

特宽厚钢板需求量虽很少，但没有它又感到非常不方便。

军工部门需要大幅面不锈钢厚板，没有大的厚板轧机，只有委托重机厂在万吨水压机上锻造成小块厚板，然后用几吨不锈钢焊条焊接成大幅面厚板（如果有一台5500mm轧机的话，一下子就可以轧制成）。

宝钢高炉炉壳用板宽达4500mm，国外订货困难，自己又轧不了，只好改变结构，请舞钢轧制宽3700mm钢板，增加了焊缝。

九江长江大桥需长18m桥梁板，国内生产不了，只好增加焊缝，缩短钢板长度（这不但增加工作量，而且会影响桥梁质量）。

国产30万千瓦发电机组用厚210mm、单重达41t的高压锅炉钢板，需用48t锻制坯才能生产出来，如用厚600mm、宽2400mm料，则长度达4500mm才能满足重量的要求，必须有5000mm以上轧机来轧制。

造船板越宽越长，焊缝就越少。目前，国产船板多数为1500mm和1800mm两种宽度，长度为8m以下，而进口船板宽为3～3.6m，长达12m，可减少焊缝25%～40%，节省工时和材料的费用是很可观的。目前，日本造船板宽为3.5～4.5m，长达20m；欧美国家船板宽为3～3.6m，长为9～12m。我国已经要求钢厂生产4.2m宽船板，将来最好能供应宽4.5m船板，但这只有建设5000mm左右轧机才能生产。

海上采油平台国际招标时，我国投标很难中标，其中有一个原因是平台板缺少信誉。这种钢板厚度达210～230mm，板面尺寸越大越有利，尽量减少焊缝，增加安全可靠性，且要求Z向性能好。据报道，美国和日本都在5m以上轧机上轧制这种钢板（如果轧机太小，钢板性能难以保证）。

目前，国产直径4m以上压力容器用4.5m宽镜板（端板），因供不了货，只好两块板拼焊起来，既增加加工量，又很不美观。

我国大直径焊管生产走的是前苏联用螺旋焊管的路线，这是一种质量层次低的焊管，不能适应长距离高压输送管线的要求。目前，国外大量生产直径达1422mm UOE焊管。据说，我国只能生产直径914mm以下UOE焊管。但是，新建一台UOE焊管机组应该留有余地，考虑要长远一些，特别是供焊管用板的厚板轧机不能太小了，应该知道UOE焊管用板要靠进口是很困难的，甚至是做不到的。国外一般都把UOE焊管机组布置在供料的厚板轧机附近，生产关系非常密切。

最后，机器制造业每年都需要一些特宽、特厚、特重的结构用板，虽然用量不大，但若没有它，确实给机器制造带来很大的不便，也不利于制造更先进的设备。

5 结语

其他钢材生产都有现代化主力轧机了，唯独中厚板生产至今还没有一台现代化中厚板轧机，这与我国这样一个产钢大国是非常不相称的。

目前有好几个厂正在议论建一台现代化中厚板轧机，应该以用户为依托，新建一台大一些的特宽厚板轧机。

附文 2-11 再论为何要建5m宽厚板轧机❶

许多人提出疑问，为何要建5m宽厚板轧机？为什么不建4.8m或4.5m的？也有人提出干脆建一套5.5m的算了。虽然尺寸之差不到半米，但说明大家是非常认真而负责任的。

我非此项工程设计者，从旁观者身份提出一些看法与理由，供作参阅。

目前，我国已投产和筹建的ϕ1422mm直缝焊管机组有6套之多，需用原料板的宽度达4470mm，现有轧机无法供应。日本君津厂ϕ1422mm UOE机组是由4724mm+4724mm轧机供板；福山厂ϕ1422mm UOE机组由4700mm+4700mm轧机供板；意大利塔兰托厂ϕ1422mm UOE机组由4826mm+4826mm轧机供板；德国米尔海姆厂ϕ1422mm UOE机组由5000mm轧机供板，1998年已改为5100mm轧机；俄罗斯马托尼尔哥斯克厂新建一套5000mm轧机主要供ϕ1422mm直缝焊管用板。应该说，4800mm和5000mm两种轧机均可以，但4500mm轧机不行，而5500mm太大了。

国内造船用板最宽达4m，国外最宽达4.5m，4800mm轧机可以满足，建5m轧机是富裕一些。

有人说：造航母就需要建5m轧机，没有5m轧机就不能造航母。不能这么说，英国造“无敌”号航母用板是由达尔泽尔厂4340mm轧机生产的；法国造“福煦”号航母用板是由敦刻尔克厂4300mm轧机轧制的，而前几年建成的“戴高乐”号航母用板已由新建的5m轧机生产；西班牙造航母的板主要由希杭厂3600mm轧机生产。所以，不能说没有5m轧机就不能造航母。但是，有了5m轧机生产航母用板就方便多了，板面大，又长又宽，单重可以大一些，焊接工作量可大大减轻，用户也反映这种板越宽越好。

1984年俄罗斯伊尔诺斯克厂新建了一套5m轧机，主要是为航母及各种军舰供板。同年法国为了建造更大的航母，在敦刻尔克厂新增了一架5m轧机。我国是否会建造航母呢？至今无人说不建，但也无人说要建。因此，建一套大的厚板轧机的投资很可观，近10年之内也不会建第2套，看不准的地方留点余地与后路，也是必要的。

中厚板轧机规格以优先数为500mm，分为1800mm、2300mm、2800mm、3300mm、3800mm、4300mm、4800mm以及5300mm 8个级别，每级上下波动幅度为200mm。济钢2500mm轧机是由2300mm轧机发展起来，邯钢3000mm轧机原来就是2800mm轧机，浦钢3500mm轧机是由3300mm轧机放大的，拟新建的5000mm轧机是与4800mm轧机同属于一

❶ 此文写于2000年。

个等级的轧机，日本3套5500mm轧机也是从室兰5280mm和鹿岛5335mm两套轧机发展起来的。因此，目前世界上4800mm和5000mm轧机各有4套，从性能参数上看应该说是同一级别的轧机。

日本大分、水岛、扇岛和德国迪林根4套5500mm最大厚板轧机在建设时都说为了供应ϕ1626mm大直径焊管用板，但20多年来几乎没有生产过。

如果建4800mm+4800mm双机架轧机，则落在迪林根5500mm+4800mm、鹿岛5350mm+4800mm及塔兰托4826mm+4826mm 3套后面，成为世界第四；如建4500mm+4500mm双机架轧机，则落到世界第13。按既定5000mm+5000mm双机架轧机建设的话，将成为世界第一，不但是世界上最大的双机架轧机，而且是世界第一套两架均为5m以上双机架轧机。目前，世界上4800mm以上双机架轧机共有8套，除了塔兰托两架均为4826mm以外，其他7套两架尺寸都不一样，存在所谓“大狗钻大洞，小狗钻小洞”的缺陷，无论设计上还是生产上都带来很多麻烦，这些毛病主要是历史所造成的。拟建5000mm+5000mm轧机两架均采用相同尺寸，则可克服其弊端，充分发挥两架轧机的能力。

建5000mm轧机比4800mm轧机用坯料单重至少可以大1.6t，虽然重量增加不是很大，但却给生产带来莫大的好处，而且成材率也可提高一些，但投资会增加5%左右。

若建4800mm或4500mm轧机的话，仍然还没有跳出4m级范围内，而建5000mm的话，虽然刚跨上5m，但已跃入5m轧机的领域内。我国也有一套5m以上厚板轧机了，长了中国人的志气。

目前，世界上日本、美国、俄罗斯、法国和德国都拥有5m以上厚板轧机，达13套之多，而且都不止一套。而我国是世界上最大的钢铁国家，至今一套也没有，似乎有点说不过去，应该急起直追，尽快搞一套上去。

追忆1995年马钢曾设计筹建过此项工程，做过可行性研究设计，并已通过了中咨公司的评估工作。开始时选用4800mm+4800mm双机架轧机形式，经反复研究及多方面比较后，认为5000mm+5000mm轧机比4800mm+4800mm轧机优越、合理，虽然上报项目建议书为4800mm+4800mm轧机，但也毅然改成5000mm+5000mm轧机，专家也认为比较理想。此后由于马钢产品转型了，故将工作停顿了。

在马钢之前，冀东大厂和首钢都做过5500mm+5500mm轧机方案前期工作，至今已过去30多年。现在宝钢5000mm+5000mm轧机也已议论有6年之多，再努一把力，在东方中国将出现一套令人瞩目的世界上最大的性能最好的现代化5m双机架宽厚板轧机。

综上所述，在我国钢产量已超一亿多吨之际，拟建宽厚板轧机选用5m双机架形式是必要的，也是合理的。

附文2-12 5m以上特宽厚板轧机的现状与发展

中厚板轧机越大，生产钢板越宽，原料也越大，单重也越大，产能也越大，成材率也越高，但投资也越大。

全球最早的第一台5m以上特宽厚板轧机是1918年美国留肯司公司科茨维尔厂投产的

5230mm 轧机，当时为美国建造大型军舰提供大批量宽而厚优质大单重舰艇用钢板。接着，1940 年苏联莫斯科厂 5300mm 和德国多特蒙德厂 5000mm 两台特宽厚板轧机也相继投产。日本于 1941 年在日本制钢公司室兰厂投产了一台用蒸汽机驱动的 5280mm 特宽厚板轧机。从此，全球便掀起了一次建造航母和大型军舰的高潮，这是二次大战中太平洋和大西洋海战的前奏。

二次大战以后，主要国家都在进行恢复和建设工作。1946 年苏联在下塔吉尔厂投产了从德国多特蒙德厂搬来的一台 5000mm 特宽板轧机。1962 年美国在格里厂增建第二台 4064mm + 5334mm 特宽厚板轧机，掀起了一次建设强大海军的高潮。70 年代开始，为了满足造船工业和大直径直缝焊管生产的需要，日本、德国、俄罗斯和中国先后建成 10 多台 5m 以上特宽厚板轧机。表 1 为全球在生产的 17 台 5m 以上特宽厚板轧机。其中日本有 5 台，俄罗斯有 4 台，中国有 3 台，美国和德国各有 2 台，法国有 1 台。按装备技术水平分，其中老式的有 4 台，50 年代和 60 年代的有 2 台，70 年代的有 6 台，80 年代和 90 年代的有 4 台，21 世纪水平的有 1 台。

表 1　全球在生产的 5m 以上特宽厚板轧机

序号	国家	厂名	投产年月	轧机		年产能/万吨	技术水平
				形式	尺寸/mm		
1	美国	留肯司 科茨维尔	1918 年	3h + 4h	3560 + 5230	31	老式
2	俄罗斯	莫斯科 镰刀和锤子	1940 年	4h	5300	50	老式
3	俄罗斯	下塔吉尔	1946 年	4h	5000	30	老式
4	日本	日本制钢 室兰	1941 年	4h	5280	36	老式
5	德国	曼内斯曼 米尔海姆	1952 年	4h	5100	120	60 年代
6	美国	格里	1962 年	4h + 4h	4064 + 5334	120	50 年代
7	日本	住友金属 鹿岛	1970 年 10 月 F 1979 年 4 月 R	v · 4h + 4h	5350 + 4830	192	70 年代
8	日本	川崎 水岛（仓敷）	1976 年 1 月	4hv	5490	180	70 年代
9	日本	新日铁 大分	1976 年 6 月 2008 年	v4h + 4h	5500 + 5500	300	70 年代
10	日本	日本钢管 京滨	1976 年 12 月	4h	5500	180	70 年代
11	俄罗斯	伊尔诺斯克	1984 年	4h	5000	100	70 年代
12	法国	东北方 敦刻尔克	1984 年	4h + 4h	4320 + 5000	120	70 年代
13	德国	迪林根	1985 年	4h + 4h	5500 + 4800	150	80 年代
14	俄罗斯	马格尼托哥尔斯克	2003 年	4h	5000	120	90 年代
15	中国	宝钢	2005 年 3 月 2008 年	4h + 4hF	5000 + 5000	180	90 年代
16	中国	沙钢	2006 年	4h	5000	180	90 年代
17	中国	鲅鱼圈	2008 年	4h + 4h	5500 + 5000	250	21 世纪

目前，日本已能生产出宽5350mm、厚380mm、单重达200t特宽、特厚、大单重钢板。但日本已有30多年未建造新的宽厚板轧机，而现有轧机的性能已不先进，许多国家新建轧机性能已大大超过日本，中厚板国际市场也打破了日本一家独霸的局面。在我国和我国周边国家正在掀起一轮新建5m以上特宽厚板轧机的小高潮。

全球经济和国际贸易的稳步发展、能源消耗不断增加，为了造船、管线和海军的建设，我国、俄罗斯、印度和韩国都在建设5m以上特宽厚板轧机，近年新建的如表2所列有17台之多。这些新建轧机装备技术水平均达20世纪90年代较高的指标，而且全部是5000mm和5500mm两种尺寸。

表2 全球近年新建的5m以上特宽厚板轧机

序号	国家	厂名	投产年月	轧机		年产能/万吨	技术水平
				形式	尺寸/mm		
1	印度	Gugara邦Hatira	2007年	4h	5000	150	90年代
2	中国	南钢	2010年	4h+4h	5000+5000	250	21世纪
3	韩国	东国	2008年	4h	5000	120	90年代
4	韩国	现代	2010年	4h+4h	5000+5000	250	90年代
5	韩国	浦项 光阳	2009年	4hR+4h	5000+5000	250	90年代
6	中国	沙钢	2010年	4h+4h	5000+5000	250	90年代
7	中国	五矿营钢	2009年	4hR+4h	5000+5000	250	90年代
8	印度	Jindel Angul	2008年	4h	5000	140	90年代
9	俄罗斯	下塔吉尔	2009年	4h	5000	120	90年代
10	俄罗斯	维克萨	2010年	4h	5000	120	90年代
11	中国	首钢 宝业	2010年	4h+4h	5000+5000	180	21世纪
12	中国	防城港	2010年	v4h+4h	5500+5500	300	21世纪
13	中国	湛江	2010年	v4h+4h	5500+5500	300	21世纪
14	韩国	浦项 光阳	2009年	4h	5000	150	21世纪
15	中国	唐钢	2010年	4hv+4h	5000+5000	250	90年代
16	中国	湘钢	2010年	4hv+4h	5000+5000	250	90年代
17	泰国	Canadoil	2010年	4h	5000	120	90年代

近几年来，除我国以外国外其他国家4800mm级以下已很少新建了。轧机越大，生产能力越大，其关系见表3。

表3 轧机大小与生产能力的关系

序号	轧机大小/mm	年生产能力/万吨			
		四辊单机架		四辊双机架	
		常规轧制	附立辊控制轧制	常规轧制	附立辊控制轧制
1	2300	20~30	15~20	35~60	25~40
2	2800	30~60	20~40	60~80	40~60
3	3300	45~70	35~50	70~100	50~80
4	3800	50~90	45~65	100~140	80~120
5	4300	90~110	65~90	140~180	120~160
6	4800	120~140	100~120	180~220	160~200
7	5000	140~160	120~150	220~270	200~250
8	5500	150~200	130~180	270~330	250~300

特宽厚板轧机占有市场空间比较大，可以满足板宽达 4500mm 船板和长输管线板的大批供应。

5000～5500mm 轧机可生产宽 4800～5300mm 中厚板，纵向剖分后可供应 2400～2650mm 宽钢板，满足我国中厚板市场 80% 以上的需求。若与 3500mm 轧机生产 2400～2650mm 宽钢板相比较，其成材率可提高 3%，按年产 150 万吨计，每年可多产钢板达 4.5 万吨，经济效益达 1.5 亿元以上。

现已投产的 17 台轧机中（表 1）单机架占多数，有 9 台，双机架只有 8 台，尺寸不同的双机架轧机有 6 台，其中有 3 台是前小后大的，有 3 台是前大后小的。这些轧机都是历史所造成的，两个机架都不是同时建设。多年生产经验证明，两个机架生产互相限制。如前小后大双机架轧机，生产宽板时，粗轧机只轧制 1～2 道次就送往精轧机进行成形展宽轧制，大部分轧制周期都落在精轧机上，大大限制双机架轧机生产能力的发挥。如果板坯长度按粗轧机来选用，从产量和成材率来考量，也是一项很大的损失。如前大后小双机架轧机，生产宽板时只能在粗轧机一个机架上轧制。由于宽板通不过精轧机，需在粗轧机后伸出一条腿，为宽板设置一条宽板精整线。因此，把这种生产工艺称为“大狗钻大洞，小狗钻小洞”。另外，两个机架备品备件互换性也很小。目前，国内外新建 5m 以上特宽板轧机已很少采纳这种尺寸不同的双机架形式。

目前，正在筹划新建特宽板轧机如表 2 所示约有 17 台之多，其中有 10 台两架尺寸相同的双机架形式，其他 7 台为单机架形式。除大直径直缝焊管和巨型船舰需用大批量宽度达 4500mm 钢板以外，特宽钢板需求量是比较少的。表 4 为美国和日本生产中厚板 4 个档次宽度所占比例。从表中看出，美国宽度大于 3250mm 占 1%，而日本宽度大于 4500mm 占 1%。因为特宽板需求量很少，因此建设双机架特宽板轧机很难发挥大产能的作用。国外新建 5m 以上轧机多数采纳单机架形式，唯独我国多数都采用双机架形式。目前，全球只有大分厂一台两个机架都是 5m 以上轧机，可能最早出现是我国宝钢 5000mm + 5000mm 宽厚板轧机，因它为船厂建造巨轮和大直径直缝焊管提供大批量特宽船用与管用钢板，预计可能发挥双机架特宽板轧机大产能的作用，不至于造成轧机能力的限制。

表 4　美国和日本生产中厚板的板宽比例

档次	美国		日本	
	宽度/mm	比例/%	宽度/mm	比例/%
1	<1220	20	<1000	15
2	1220～2380	59	1000～2500	60
3	>2380～3250	20	>2500～4500	24
4	>3250	1	>4500	1

新建特宽轧机采用原料除大板坯以外，还有的使用大钢锭，而且板坯尺寸也很大。因此在轧机上附设立辊轧机轧边，齐边与控宽就成为一个趋势。现已生产立辊近接配置方式有日本水岛厂 5490mm 轧机、我国宝钢 5000mm + 5000mm 轧机及沙钢 5000mm 轧机 3 台，立辊非近接配置方式有日本大分厂 5500mm + 5500mm 轧机和鹿岛厂 5350mm + 4830mm 轧机 2 台。

当附设有立辊轧机时，按布置位置来说，有主机前后之分及近接与非近接之区别。一般来说，吃大锭、非近接式都布置在机前，中间隔开一组旋转辊道。立辊轧制时间隙时间比较长，只能 VH 单向轧制，不能 HV 方向轧制。近接布置在机前或机后时，既可 VH 方向轧制，也可 HV 方向轧制，间隙时间短，轧机产量比较大，且可实现首道次展宽的要求，取料长一些，单重大一些。而立辊近接在机前时，首道次进行展宽难以实现，且会妨碍操作视线。

国内外对中厚板轧机附设立辊轧机的必要性褒贬不一，存在有东西方两种不同风格。东方风格是推荐附设立辊轧机，不但在粗轧机上用，而且也在精轧机上用；不但在粗轧阶段使用，而且在精轧阶段也使用。20 世纪 80 年代以来立辊轧机已用于平面板形控制，可使成材率提高 1% ~3% 左右。尤以日本和韩国比较盛行，远景是要求生产出无切边钢板。但因轧边道次的间隙时间增加，一般使轧机产能下降达 10% ~ 20% 左右。西方风格是反对附设立辊轧机，认为立辊轧机主要用于大量以钢锭为原料的厚板轧机。即使钢锭数量不大于 5% ~10% 时，因经济效益不明显，因此也不应附设立辊轧机，且竭力反对在精轧机上附设和精轧阶段轧边。德国、俄罗斯等欧洲一些国家都比较推崇此观点。

中厚板轧机是否要附设立辊轧机是值得大家研讨的一项重大课题，需要用户权衡利弊作出各自的抉择。

5m 以上特宽板轧机产能比较大，新建厂都考虑设置一条高能力数码信息剪切线。该剪切线应该由板形仪、自动划线机、切头剪、双边剪、剖分剪及定尺剪所组成。在双边剪前设有激光对线和精确快速对中装置；在定尺剪上配有辊式定尺装置；在切头剪、双边剪与定尺剪上均设有废边和试样处理及集中收集系统；而且剪机之间应留出足够距离，使剪机操作互不干扰，但剪切线比较长。因为有划线机划好剪切线位置，所以对线辅助操作大大缩减，且剪切精度大大提高，宽度偏差由 +3 ~8mm 提高到 +1 ~4mm；长度偏差由 +5 ~10mm 提高到 +3 ~6mm。一条剪切线一年剪切钢板产量达 200 万吨以上，节约一条剪切线，投资可省 1.5 亿元上下，厂房面积能减少 4000 ~5000m^2，而且使生产流程非常合理。

目前，日本拥有 5 台 5m 以上特宽板轧机，因为各大公司竞争的需要，按宽板需求量看有 2 ~3 台已足够。俄罗斯拥有 6 台，其中有 2 台已太老，生产中起作用的只有 4 台。我国已投产的有 3 台，正在建设的有 8 台，另外还有几台在筹建之中，我国将拥有 11 台 5m 以上轧机，似乎太多了一些。韩国也将拥有 4 台特宽板轧机，似乎也多了，但也是为了满足各大公司相互竞争的需要。

附文 2-13 2002 年我国中厚板产量位居世界首位

——2002 年我国中厚板生产建设的态势与特点简析

2002 年我国中厚板生产建设出现了一片从未有过的兴旺景象，产量剧增，价格猛涨，生产厂喜笑颜开，赢利出现了历年最好的势头，因此，人称 2002 年我国钢材市场是“中厚板年”。虽言之过甚，但交易火暴形势至今未消，引起人们对中厚板生产建设与销售市场前景的极大关注，除了对现有中厚板轧机采取扩大产能和加大轧机尺寸的积极改建措施以外，许多企业纷纷开展新建现代化中厚板轧机项目方案的前期工作。

中厚板是一种“万能钢材”，弯曲形成管子、焊接成各种型钢、钢板结构取代机器铸件等等，用途非常广泛，哪个部门都少不了它。三峡二期、西气东输、南水北调、青藏铁路、西电东送、北京奥运及上海世博等巨大建设项目，还有全国大规模住房建设、高速公路、高层建筑、桥梁、船舶、汽车、家电、电力以及国防现代化等内需拉动下，使中厚板市场交易火暴，消费量呈现高速增长之势，增幅达 16% 之多。

对 2002 年我国中厚板生产建设的大好形势，可归纳成以下几个特点：

第一个特点是创世界中厚板最高年产量。2002 年我国中厚板产量已达到 2564 万吨大关，创中厚板生产的新高，登上了世界中厚板产量的顶峰。中厚板产量超过 2000 万吨时，只有日本和前苏联两个国家，1974 年日本产钢 11700 万吨时，中厚板产量达到过 2030 万吨，而 1978 年前苏联产钢 15158 万吨时，中厚板产量达 2178 万吨，创造了世界上最高产量，2002 年我国钢产量达 18000 万吨时，中厚板产量约为 2564 万吨，突破了前苏联的纪录，创出了世界中厚板最高年产量。

第二个特点是我国中厚板比例增大。前几年中厚板比例都在 12% 以下，2002 年上升至 13.3%，随着基础设施建设的增加，中厚板在钢材中比例也会增大，根据目前我国的国情，安排中厚板设备的生产能力时，将其比例订于 13% 上下是比例合理的。因此，预计 2005 年我国中厚板产量和消费量都将超过 3000 万吨。

第三个特点是中厚板进出口量持平。1994 年前，我国中厚板进口量大于出口量达 45 年之久，1993 年最多进口达 360 万吨。自 1995 年开始，出口量超过进口量，当年最多出口达 212 万吨，而进口减至 143.5 万吨。但 2001 年和 2002 年进出口量在 40 万吨左右，基本上持平。究其原因，主要是国内中厚板市场扩大，内需增多，出口大量减少。我国生产普碳板的成本比国际市场略低，还是有一定的竞争力，应该争取多出口。

第四个特点是专用板比例直线下降。2000 年由中板轧机生产专用板达 362 万吨，而 2001 年只有 257 万吨，减产达 105 万吨，下滑达 30 个百分点。据 2002 年初步统计分析得知，专用板生产起色不大，各部门专用板需求平平，而机器制造和建筑等用普碳板增多，说明了近两年来我国中厚板生产品质档次反而下降，高附加值板削减很多。

第五个特点是挖现有轧机能力，增产较大。2001 年中厚板产量为 2076 万吨，比 2000 年增产达 531 万吨，而 2002 年产量约 2564 万吨，又比 2001 年增产达 488 多万吨，增幅之大是历年来所少见。究其主要原因是现有轧机挖潜能力很大。如邯钢中板厂设计能力为 21 万吨，现已超产达 3 倍之多；舞钢厚板厂设计能力为 40 万吨，而 2002 年钢板实产已达 80 万吨，超产达一倍之多；其他如济钢中板厂、韶钢中板厂、南钢中板厂及马钢中板厂等，2002 年产量都超产达一倍以上。全国 26 套中厚板轧机设计能力为 1150 万吨，而 2002 年产量已达 1600 多万吨，超产达 40%。

2002 年中厚板产量为 2564 万吨，约有 800 多万吨为热带轧机生产中板，约占 1/3，而日本为 1/5，比日本多 15 个百分点，究其原因不外乎我国冷轧板能力之不足，生产热带不能供冷带作为原料，只好轧成中板，而热带轧机生产薄的中板，其生产成本比中厚板轧机低，再加上中厚板轧机轧制薄的中板又比较困难一些。如厚度为 6mm 以下中板是热带轧机生产的优势，而正好是中厚板轧机生产的劣势。但应该知道，热带轧机轧制中厚板低档产品是不划算的，应当生产冷轧板用原料才是正道。

第六个特点是掀起一个建设中厚板轧机的热潮。由于中厚板市场旺盛，有现款都买不到钢板。首钢中板厂停产改造3个月，北京地区中厚板奇缺，多年积压在仓库里几千吨短尺和次品中厚板均销售一空。有的厂2003年订货合同已满额。因此，全国各地掀起一个新建或改建中厚板轧机的热潮，据初步统计新建或改建3500mm轧机就有10套之多，除宝钢5000mm轧机已开工建设以外，还有两地拟新建5m以上轧机，另有一处在筹划4200mm轧机建设工作，四家现有中厚板厂进一步改造设计的可行性研究工作正在进行当中。当然，26套现有轧机中条件较差的落后设备有可能会淘汰掉几套。这样，2005年前新增设备生产能力预计可以满足需求的数额。

2002年我国中厚板生产与建设的发展是比较快的，大大地加快了我国中厚板轧机现代化的进程。在喜庆之余需要细细研究以下几个问题：

第一个问题是轧机选型。目前生产中厚板可供选择有中厚板轧机、传统热带轧机、CSP机组及炉卷轧机4种机型。前一种是单一生产中厚板，不能轧制带钢，后3种均以生产带钢为主，兼产一部分中板，但炉卷轧机也可以中厚板为主，兼产一部分带钢。选用哪种机型？首先要具有高刚度、大功率、程序自控的主机和先进的精整设备，且能实现控轧控冷与板形控制操作，生产出横向与异板性能均匀，厚差小，多种宽度尺寸与交货状态，高质量钢板的要求。因此，决策前一定要做好轧机选型的论证工作。

第二个问题是轧机大小。20世纪80、90年代一阵风建成4套2800mm级轧机，当时看，已经发觉小了。现在提升一级，新建一大批3500mm轧机，属于3300mm级轧机范围、生产最宽3300mm钢板，只能满足36in（ϕ914mm）管用板，要供应西气东输42in（ϕ1067mm）直缝管用板，轧机尚需再提升一级，建设3800mm轧机才行。研究这个问题比较复杂，要根据各厂情况加以分析，不是一两句话就说得清楚。但国外新建轧机都比较大，以4800mm级轧机为主，如1989年韩国浦项4724mm粗轧机、1985年德国迪林根5500mm+4800mm双机架轧机、1984年俄罗斯伊尔诺斯克5000mm轧机、2001年伊朗阿瓦士4800mm轧机等。近几年世界上也新建一批比较宽3500mm炉卷轧机以生产中厚板为主，兼产一部分带钢，我国也在筹建有3套。1998年瑞典奥克塞洛森德建成一套3800mm炉卷轧机，先建成粗轧机，预留好炉卷精轧机，并采用了CVC板形控制技术。因此，3500mm轧机不一定是最佳的尺寸。

第三个问题是宽厚板轧机厂址。3800mm以上宽厚板厂建在沿江靠海地方，那当然很好。如德国、俄罗斯及美国5m以上轧机也有建在内陆地方，既不靠海，也不沿江，宽厚板采用高速公路外运。只要全国形成高速公路网，内陆地区建宽厚板轧机时，宽板外运是可以解决的。

附文2-14 2003年我国中厚板生产又上一新台阶

2003年我国钢铁生产捷报频传，中厚板生产又上了一个新台阶，刷新了中厚板产量消费量最高纪录。

首先是年产量登上 3000 万吨新台阶，达 3412.3 万吨，比去年增产达 848.5 万吨，增产之多，居历年之最。

其次是表观消费量迫近 4000 万吨，达到 3972.7 万吨，也是历史上最高纪录，比去年多消费达 1319.9 万吨。

3412.7 万吨产量中由中厚板轧机生产 1903.5 万吨，也是历年上最高产量，比 2002 年增产达 268.4 万吨，属历年增产最多的一年，在 24 家中厚板厂中有 16 家达 70 万吨以上，其中舞钢、浦钢、济钢中厚板厂、济钢中板厂及新钢等 8 家都跃上百万吨新台阶。另外，由热带轧机生产有 1509.1 万吨，跃上热带轧机生产中厚板 1000 万吨新台阶，比 2002 年多生产 580.4 万吨。因中厚板市场比热带火暴，而且价格比热带高出 300～400 元/t，再加上冷轧薄板深加工能力之不足，促使热带轧机富裕能力往中厚板找市场。2003 年热带轧机生产中厚板已占中厚板产量 44.2%，比 2002 年多占 8 个百分点。而日本和美国的热带轧机生产中厚板只占中厚板产量 20% 左右，即 1/5 上下，我国比日本和美国多出 24 个百分点多，造成极大的浪费，显然是不合理的。

2003 年中厚板进口量达 633.1 万吨，创历史最高纪录，比 1984 年最高进口量 293.6 万吨多进口达 339.5 万吨。究其原因，不外乎去年中厚板市场货源不足，价格一提再提，一年之间涨价达 1000 元/t 之多，达到 4400～4800 元/t，而进口货只 420～450 美元/t，两者差价达 1000 元/t 左右。进口板中 95% 以上都是我国能够生产，只有 5% 以下目前尚有困难。

2003 年中厚板轧机生产专用板达到 421.32 万吨，也开创历年来的最高纪录，比上年增产达 137.4 万吨。

中厚板是一种"万能钢板"，如同布匹一样有随意剪裁的功能，弯曲形成管子，焊接成各种型材，钢板结构取代机器铸件等，用途非常广泛。

这几年在三峡二期、西气东输、南水北调、西电东送、青藏铁路、北京奥运、上海世博及几座跨海大桥等巨大建设项目，还有全国大规模工业与住房建设、高速公路、高层建筑、造船、管线、汽车、家电、电力以及国防现代化等内需拉动下，使中厚板市场交易火暴，产量剧增，价格猛涨，消费量呈现高速增长之势。

目前看，中厚板市场仍然非常活跃，新的中厚板轧机如雨后春笋般成长起来，正在施工建设有 7 台，预计 2005 年将新增量达 360 万吨。已签合同在实施当中有 5 台，在筹建设计中还有 8 台，总计有 20 台。如能都建成的话，到 2010 年将新增产量达 2500 万吨。

再粗略计算一下，2003 年消费 2.7 亿吨钢材，中厚板达 3970 万吨，占 14.6%。比上年增加 2 个百分点。

如果 2005 年消费 3.2 亿吨钢材，中厚板占 15% 计，即需中厚板达 4800 万吨。现有中厚板轧机生产 2000 万吨，新增 360 万吨。尚缺 2440 万吨由热带轧机来填补，占 51%，显然是太多。如占 30% 的话，热带轧机生产中厚板达 1440 万吨，那么，尚需进口中厚板达 1000 万吨。应该说，2005 年中厚板资源还是比较紧张，预测中厚板价格不会下落太多。

再到 2010 年消费 3.6 亿吨钢材，中厚板仍占 15%，即需中厚板达 5250 万吨。那时，可新增2500万吨，尚缺750万吨由热带轧机补上，只占14%，显然是少了，如占25%，达1300万吨，那么，中厚板轧机产量多达550万吨，解救办法是多出口，或者是在2010年前淘汰一部分落后设备，提高中厚板轧机现有装备水平。

那时，中厚板市场将供大于求，价格会跌落下来，而且钢板质量也会明显提高。

附文2-15 我国中厚板生产由大国向强国迈进

中厚板是坚强的象征、国防强大的基础、机器制造发达的条件，国家现代化与工业化所不可或缺的一项重要钢材品种。许多国家都很重视这种钢材的生产，对其性能与检验的要求往往胜过于其他钢材。

早在1918年美国留肯司公司科茨维尔厂就投产了全球第一台最大的5230mm特宽厚板轧机，之后1940年苏联莫斯科厂也建成一台5300mm轧机，同年德国多特蒙德厂又建成一台5000mm轧机，1941年日本制钢公司室兰厂投产了一台用蒸汽机驱动的5280mm轧机，这些大轧机都是为了准备二次大战建造航母供应钢板。

目前，日本、美国、俄罗斯及德国等中厚板生产强国都拥有一大批大型、先进、现代化的宽厚板轧机，如日本有5m以上轧机5台、4.7m级轧机5台，共有10台高性能宽厚板轧机；美国有5m以上轧机2台、160in（4064mm）7台；俄罗斯有5m以上轧机4台；德国有5m以上轧机2台。这几个国家，不但装备精良，而且还全面掌握有中厚板各类品种的生产技术，且有自己独特的诀窍，产品不断创新，质量上乘，历来为各国所认可与青睐。如日本的船板和桥梁结构板、美国的航母和潜艇板、德国的高压锅炉容器板和管线板、俄罗斯的坦克装甲板都受到用户的赏识与好评。

1993年我国中厚板产量达1019万吨，位居全球第一，至今已保持达17年之久。2005年我国消费量和产量均达6千万吨以上，占全球一半以上，比日、美、德、俄四国之和还多。

自1995年开始，我国中厚板出口量超过进口量，一直保持到2000年，达6年之久。自2001年开始，进口量超过出口量，达4年之久。自2005年开始，出口量又超过进口量，我国已成为全球中厚板出口的国家之一。

随着国民经济建设的快速发展，为满足基础设施大量中厚板的需求，20世纪90年代开始在我国掀起了全球第3次中厚板轧机的建设高潮，其规模将超过第1次的美国和第2次的日本。预计将建设成以5000mm、4300mm、3800mm及3500mm四辊式单机架或双机架形式为主现代化中厚板轧机约22台之多，其中有5000mm 3台、4300mm 3台、3800mm 4台、3500mm 8台（内有单机炉卷3台）及2800mm级4台。这些轧机大多数都是大轧制力（达20kN/mm以上）、大功率（达2kW/mm以上）、高刚度（达2kN/mm以上），比日本大一个级别，比美国大2个级别，必将成为全球最具竞争力的新一代中厚板轧机，为实现TMCP工艺、生产高性能优质中厚板创造了非常有利的条件。

另外，我国现有23台中厚板轧机也进行了不同程度的技术改造，落后的三辊劳特式轧机已被淘汰，轧机尺寸会加大一些，精整线也走向现代化，使我国中厚板轧机面目一新。

2005 年我国许多中厚板厂的技术经济指标都达到全球先进水平。成材率方面：文丰厂达到95.21%，酒钢为95.11%，天津中板为93.92%，另外，在92%以上还有新余、济钢中厚板、太钢、临钢、济钢中板、南钢、安钢、柳钢、马钢及邯钢 10 个厂。工序能耗方面有重钢、浦钢中板、太钢、文丰、济钢中厚板、济钢中板、酒钢及鞍钢中板 8 个厂都达到 2GJ/t 以下的高水平。轧机平均小时产量方面有济钢中厚板、济钢中板、柳钢、浦钢厚板、营口中板、安钢、鞍钢厚板、舞钢及新余 9 个厂都达到 150t/h 以上的好成绩。合格率方面绝大部分厂都达到 99.9% 以上国际指标。

2005 年中厚板轧机生产专用板产量达 688 万吨，比 2004 年增产 167 万吨，增幅大，达 24%，品种也有明显增加。

另外，在关键品种方面也有所突破。如三峡二期工程高落差压力水管用板，从日本进口板因质量差加工后不合格，改用舞钢生产钢板，经加工后达到质量的要求，而且性能超过日本钢板。现在三峡用中厚板已大量采用舞钢生产的国产板，每年订货好几万吨，为国家节约了大量外汇。

船板一向是中厚板的主要品种，目前已能大批量多规格整船供应 400kN 以上高强度用于各种类型大吨位船舶钢板。目前，自从宝钢 5000mm 轧机于 2004 年投产后，国民经济各个部门所需各种中厚板绝大部分均可自产供应，不需从国外进口，而且还能大量出口韩国，船板质量可与日本产品相媲美。

管线板是中厚板中批量最大品种之一，有时候一个规格年订货量达 100 万吨以上。X80 是日本和德国大直径直缝焊管实际选用的最高级别管用板，目前，我国已有 3 个厂已试制成功，因此，管线板与国外差距已大大缩小。

还有德国名牌产品 BHW35 高压锅炉板，美国王牌产品 P20 塑料用模具板，日本看家产品 CoR · TEN 耐候桥梁板、Ni9 超低温板、HT80 高强板等，目前，舞钢和鞍钢都已批量生产出合格产品，而且质量并不逊色。

但是，从生产技术、钢板质量、消耗指标及产品创新等方面看，与日本和德国相比，尚有一些差距。只要做好由产量和消耗型发展模式转变为质量、品种、效率、可持续的发展模式，估计用不了几年，我国中厚板生产将很快由大国迈进强国的行列。

附文 2-16　全球第三次中厚板轧机建设高潮在中国掀起

工业化和建造舰艇需要大量又厚、又宽、性能又高的中厚钢板。于是，在 20 世纪五六十年代美国掀起了全球第一次中厚板轧机的建设高潮。一口气新建成以二辊式加四辊式、160in（4064mm）为主的中厚板轧机 16 台，其中 4064mm 有 7 台，3m 多的有 4 台，5m 以上特宽有 1 台及 3m 以下中板有 4 台。另外，现代化改造成 8 台，其中 5m 以上特宽有 2 台、4064mm 有 2 台、3m 多有 3 台及 2m 多中板有 1 台。也淘汰了若干台三辊劳特式中板轧机。10 年间使美国中厚板生产面貌发生了很大的变化，产量猛增，到 1957 年中厚板产量已提高至 1000 万吨以上，同时品种迅速扩大，生产出高强船板、高韧性潜艇用板、高耐候桥梁板以及 X80 大口径直缝焊管用板。同时带动了长输管线的建设，1961 ~ 1969 年新建成 8 套直径达 406 ~ 1219mm UOE 直缝焊管机组。在此期间先后建造成 7 艘大型航母，为发展与建设一支强大海军奠定了物质基础。中厚板轧机建设高潮也引领各行各业向前迈进，吹响了走上全球第一经济大国的号角，一大批摩天大楼从地平线上升起，大桥飞渡大江大海，铁路公路交通四通八达，人民生活很快富裕起来。

为了迅速发展经济，20 世纪七八十年代在日本掀起了全球第二次中厚板轧机的建设高潮，短短几年间便新建成以四辊式加四辊式 4700mm 双机架和四辊式 5500mm 单机架为主的 17 台中厚板轧机，其中 5m 以上特宽的有 4 台，四大公司各占 1 台，4.7m 级有 5 台，另外还新建成 2 ~ 3m 中板轧机 6 台及 4m 左右 1 台，使日本中厚板生产很快走上现代化道路，促使机器、船舶、汽车、家电、交通及现代建筑等各行各业迅速发展起来。50 年代日本中厚板产量只有 200 多万吨，到 1974 年已达到 2030 万吨。特别是有力地推动了日本造船工业的迅速发展，造船吨位很快超过 1000 万吨以上，荣居全球第一造船大国的地位。同时为满足中东和前苏联长输管线的建设，1970 ~ 1974 年日本新建成 5 套直径达400 ~ 1625.6mm UOE 直缝焊管机组，每年出口大口径直缝焊管达百万吨之多，一举成为全球出口钢材大国。

2000 年以来，全球第三次中厚板轧机的建设高潮在中国大地上掀起，预计将建设尺寸以 3500mm、3800mm、4300mm、5000mm 及 5500mm，形式以四辊式单机或双机为主轧机达 43 台，其中 3500mm 有 15 台（内有单机炉卷 3 台），5500mm 有 2 台，5000mm 有 11 台，4300mm 有 8 台及 3800mm 有 7 台。这些轧机建成后将新增产能达 5000 万吨，而且绝大多数都是大轧制力、大功率及高刚度的现代化中厚板轧机，大大超过日本和美国现有中厚板轧机性能，一般都超过两个等级以上，将成为全球新一代现代化中厚板轧机，为实现 TMCP 工艺、生产高质量高性能中厚板创造了有利条件。在这次建设高潮中，中厚板生产发展态势必将大大加速我国向科技强国迈进的步伐，为我国建设科技强国准备了可靠丰富的物质基础。

自 2000 年开始，由中厚板轧机生产中厚板产量正以每年增加约 300 万吨速度阔步向前边进，2000 年生产达 1077.2 万吨（未计热带轧机生产），2001 年生产到 1391.7 万吨，2002 年已达 1635.1 万吨，2003 年提高至 1903.5 万吨，到 2004 年便升至 2218.4 万吨，创造了年产中厚板 2000 万吨大关的新纪录。

近几年来，我国生产中厚板品种扩大，质量迅速提高，特别是高技术含量与高附加值产品大大增加，已能生产出三峡大坝高压水管和大直径 X80 焊管用高难度中厚板。

当前我国第三次全球中厚板轧机建设高潮在国家宏观调控政策指引下稳步地前进，为我国造船工业赶超韩国提供优质船板创造了有力的保证，也可为我国建设一支强大的海军做出自已应有的贡献。

全球中厚板轧机三次建设高潮对比列于表 1。

表 1　全球中厚板轧机三次建设高潮对比

序号	内　容	第一次	第二次	第三次
1	国　家	美　国	日　本	中　国
2	年　代	五六十年代	七八十年代	21 世纪初
3	背　景	二次大战后	工业振兴期	改革开放高潮
4	典型代表轧机	4064mm 2h + 4h	4700mm 4h + 4h，5500mm 4h	3500mm（4h）+ 4h，5000mm（4h）+ 4h
5	新建轧机	4064mm 7 台，约 3000mm 4 台，>5m 1 台，<3m 4 台，共 16 台	4700mm 5 台，5500mm 4 台，2～3m 6 台，4064mm 1 台，共 16 台	3500mm 15 台，3800mm 7 台，4300mm 8 台，5000mm 11 台，5500mm 2 台，共 43 台
6	改造轧机	5m 2 台，4064mm 2 台，约 3m 3 台，>2m 1 台		4300mm 1 台，3500mm 2 台，2300mm 4 台，共 7 台
7	淘汰轧机	三辊劳特式	三辊劳特式	三辊劳特式
8	产量增加	1957 年达 1000 万吨以上	1974 年达 2030 万吨	2003 年达 3410 万吨
9	带动产业	海军建造航母达 7 艘，一大批高层建筑，机器制造业，UOE 8 套	大型船舶吨位达 1000 万吨以上，UOE 大直径焊管 5 套，桥梁、机器制造，中厚板大量出口	造船达 1000 万吨以上，焊管，桥梁、机器制造，汽车、建筑，海军
10	轧机性能	功率 1kW/mm，轧制力 10kN/mm，刚度 0.5kN/mm，轧制速度 $v = 4m/s$	功率 1.5kW/mm，轧制力 15kN/mm，刚度 1kN/mm，$v = 6m/s$	功率 2kW/mm，轧制力 20kN/mm，刚度 2kN/mm，$v = 7m/s$
11	影　响	奠定现代工业基础，成为全球第一经济强国	走上工业化道路，全球第二经济强国	经济大发展的前兆

附文 2-17　我周边国家掀起建设特宽厚板轧机小高潮

目前，在中国掀起全球第三次中厚板轧机建设高潮的影响下，俄罗斯、印度、韩国等我周边国家也在掀起一次建设 5m 以上特宽厚板轧机的小高潮。

前苏联拥有 20 多套中厚板轧机，其中 5m 以上特宽厚板轧机有 3 套，一套是 1940 年投产莫斯科镰刀和锤子厂的老式 5300mm 轧机；第二套是 1946 年投产战后由德国拆回的下塔吉尔厂 5000mm 轧机；第三套是 1984 年投产伊尔诺斯克厂的现代化 5000mm 轧机，这台轧机主要用于生产航母和大型军舰用板，同时也向 2006 年 7 月投产的 $\phi1420mm$ UOE 焊管机组供板。

苏联解体后，俄罗斯改变了坚持数十年的生产大口径焊管的螺旋焊技术路线，改用了 UOE 直缝焊方式。为此，2003 年在马格尼托哥尔斯克公司新建成一套由德国 SMS 公司提供全套机电设备的 5000mm 单机架轧机，生产最大板宽达 4850mm，供 $\phi1200 \sim 1420mm$ UOE 焊管机组用 X100、X120 管线板及桥梁与重型机械用板，每年共 150 万吨。此后建设了一条年生产能力为30万吨的热处理线，在2007年中期投产。

由于俄罗斯石油和天然气管线建设的迅速发展，大量需要高质量大口径直缝埋弧焊管，现已建成5套ϕ1420mm UOE焊管机组。俄罗斯联合冶金公司（OMK）维克萨厂2005年4月投产一套ϕ1420mm UOE焊管机组，当年生产41.7万吨，2006年产量已达到80万吨。由德国SMS Meet厂改造的成形压力机于2008年1月投产，年产量增至95万吨。目前用板从德国迪林根厂、日本及韩国进口。为了解决管板问题，新建一套5000mm轧机，生产厚度达48mm、宽度达4500mm、长度达18500mm、钢种为X120的管用板，年产量达120万吨，并于2010年前投产。

谢维尔公司伊茨霍尔厂有一套ϕ1420mm机组和一套ϕ1020mm机组，年产200万吨UOE焊管。但自己没有宽厚板轧机，由下塔吉尔厂5000mm轧机供给管板，因轧机太老，满足不了管板质量的高要求，于是谢维尔公司承担起下塔吉尔厂5000mm轧机改造的任务。

另外，由俄罗斯联合冶金公司（OMK）出资40%，其他60%贷款，在伊符拉茨公司下塔吉尔厂再新建一套5000mm轧机，生产管板以顶替进口。

到2010年俄罗斯已拥有6套特宽厚板轧机，套数超过日本。目前，俄罗斯生产大口径焊管除供国内自用以外，尚有一定能力供出口的需要。由此可知，俄罗斯新建5m以上特宽厚板轧机主要是满足大口径直缝焊管用板的需求。

印度现已有4套中厚板轧机，最大一套是1981年投产的印度斯坦钢公司比莱钢铁厂的3600mm+3600mm双机架轧机，年产能达120万吨。该公司茹尔克拉厂还有两套中厚板轧机，一套是1958年投产的1800mm三辊劳特式中板轧机，年产10万吨；另一套是1961年投产由德国Demag公司承建的3100mm四辊式中厚板轧机，可生产(4.78～38)mm×(～2800)mm×(～17000)mm钢板50万吨；第4套是另一小厂的2438mm三辊劳特式中板轧机，年产达12万吨。印度为了建造一支强大的海军，准备自制航母和大型舰艇。生产船舰用特殊钢板，现有中厚板轧机太小，性能也太落后，为此，在Gujarat邦Hazira厂新建一套5000mm轧机，年产150万吨，已于2006年投产。另外，印度Jindal钢和动力公司在奥里萨邦Angnl新联合钢铁厂新建一套由奥钢联和西门子公司提供机电全套设备的5000mm轧机，于2008年9月投产，年产150万吨。以上两套轧机性能基本上与我国沙钢和宝钢轧机相似，生产钢板主要供海军用。

韩国现有6套中厚板轧机，浦项和东国两公司各有3套。其中最大的是1978年投产浦项厂的4724mm+4724mm双机架轧机，可提供最宽4500mm船用板。但因韩国造船业发展很快，每年尚缺200万～300万吨船板需从日本和中国进口。加之韩国准备建立一支战略机动舰队，除建造多艘驱逐舰以外，尚需建造两艘轻型航母。

从船板产量不足和轧机尺寸偏小看，韩国也应该建设一套比较大的宽厚板轧机。东国公司和现代公司各自建设了一套现代化的5000mm轧机，年产量每套达120万吨。全套机电设备均由SMS公司、奥钢联和西门子公司提供，主要是生产船舰用板。

综观我周边国家大力建设5m以上特宽厚板轧机的热烈情况，到2010年前全球宽厚板轧机达到22套，其中我周边国家拥有17套，占77%。从这股小热潮中可以发觉全球经济、军事、政治的重心已向亚洲转移的动向，从此为建设石油天然气长输管线和建造大型船舰创造了非常有利的条件。

附文 2-18 我国中厚板轧机建设的回眸

我国中厚板轧机的宏伟建设，极大地改变了世界中厚板生产的格局，一举登上拥有中厚板轧机台数和年产量的世界首位，并超过日本，夺取中厚板出口量的世界第一，改变了我国中厚板生产落后的面貌和大量进口中厚板的被动局面。

我国仅仅用了十多年时间就赶上美国和日本用了几十年才具有的中厚板轧机建设速度，并在轧机性能和装备整体先进水平方面大大超过国外中厚板生产的先进国家。

只要继续努力，从生产技术、钢板质量、消耗指标及品种创新等方面再加一把劲，并做好由产量和消耗型发展模式转变为质量、品种、效率、可持续的发展模式，我国必将很快迈入中厚板生产强国的行列。

1 变迁

我国中厚板轧机已有 70 多年历史，最早在 1936 年鞍钢一中板厂建成第一台 2300mm 三辊劳特式中板轧机，1951 年重钢大轧厂恢复由蒸汽机驱动 2440mm 二辊式中板轧机，1958 年鞍钢建成 2800mm 半连轧机生产中厚板，此后相继建成一大批 2300mm 三辊劳特式中板轧机，这期间武钢 2800mm 双机架中厚板轧机和太钢 2300mm 双机架典型炉卷轧机也相继投产，1978 年我国自行设计制造的舞钢 4200mm 厚板轧机投产，使我国中厚板产量迅速增加，品种不断扩大。直至 20 世纪 80 年代我国已拥有 1800 ~ 4200mm 中厚板轧机达 26 台之多。

改革开放后，中厚板需求急剧增加，高压锅炉板等都大量从德国进口，中厚板在进口钢材中占首位达 5 年之久。80 年代后期开始，天津中板、浦钢中板、安钢、柳钢、济钢、韶钢、新钢、重钢五厂、鞍钢中板、南钢、马钢、临钢及邯钢等 10 几家中板轧机进行了有成效的技术改造工作，大部分轧机都将 2300mm 改成 2800mm，钢板质量明显改善，品种扩大，产量成倍增加。在此期间，鞍钢、浦钢、首钢、邯钢及济钢等厂又从国外引进了 6 台二手中厚板轧机，很快扩大了中厚板的产能。1981 年中厚板产量约 310 万吨，到 1991 年已达 720 万吨，10 年间翻了一番多。

随着经济建设的迅猛发展，为满足船舶、管线、桥梁、电站、建筑等基础设施对大量中厚板的需求，20 世纪 90 年代开始在我国掀起了全球第三次中厚板轧机的建设高潮，其规模超过了美国的第一次和日本的第二次，一大批具有 90 年代先进水平的高刚度、大功率现代化中厚板轧机在中国大地升起，必将成为我国中厚板生产的一支中坚力量。

2 组成

目前我国有在生产、在建与筹建各种中厚板轧机达 80 台之多，按装备水平分，其中 90 年代先进水平的有 24 台，约占 1/3，多数都能达到世界先进水平，比日本高出一个等级，比美国高出两个等级以上，可以生产出尺寸偏差非常小高质量的中厚板；80 年代一般水平的有 22 台，这些轧机都经过几轮技术改造，大部分轧机规格都加大了，只要善加经营，尽量维持好生产；可为我国中厚板生产作出更大的贡献。另外，50 年代落后水平的还有 24 台，这些轧机根据地区需求情况逐年安排来淘汰掉，其中还有两台三辊劳特式中板轧机应尽快停产，因质量差，成材率又低，已没有必要再保留。

按轧机形式分，4h+4h 有 39 台，约占一半，居多数，在中厚板轧机中是最理想、最经济的形式；4h 有 21 台，单机产能为前者的一半多一些，两者生产质量差别不大，全世界 4h 多于 4h+4h，总投资可以减少 1/3；其次是 3h+4h 与 2h+4h 有 10 台，几乎所有都是改造成的，轧机性能比较低，因此都属于落后设备；另外，还有 3 台以生产中板为主的 4h 炉卷轧机，成材率比较高，燃耗比较低，但非大量生产高品位中厚板的方向，今后不会在我国再新建。

按轧机尺寸分，5000mm 以上的有 14 台之多，其中有 7 台已投产，特宽厚板轧机台数已超过日本，居世界第一位；4300mm 的有 11 台；3800mm 的有 9 台；3500mm 的有 24 台，是各种尺寸轧机中最多的；2800mm 的有 17 台；最后还有 2300mm 级的 10 台。应该说轧机尺寸是比较齐全的，3800mm 以上轧机设备与技术以引进国外为主，而 3500mm 以下轧机设备与技术以国产为主。

按地区分布划分，华北地区有 22 台；华东地区有 26 台，中南地区有 22 台，东北地区有 5 台，西南地区有 3 台，西北地区有 2 台，主要集中在华东、华北和中南 3 个地区，其中尤以上海和唐山一带比较密集。

按国有和民营分，前者占多数，有 55 台，这是生产主要中厚板的保证力量；但民营中厚板生产企业也是一支不可忽视的队伍，现已开始生产一些国家急需的产品，并且也担当起大单重特厚板生产的任务，是与国有中厚板厂相竞争的力量，有利于我国中厚板生产技术的进步。

3　回眸

20 世纪 50 年代以前我国中厚板轧机很少，生产中厚板也刚刚起步，60 年代开始自力更生建设成一大批中板轧机，满足了地方上各种普通中板的需求。50～60 年代美国掀起过世界上第一次中厚板轧机的建设高潮，很快成为中厚板生产大国。70～80 年代日本又掀起了世界上第 2 次中厚板轧机的建设高潮，不但中厚板生产荣居世界第一，而且造船工业也占据霸主地位。90 年代我国为了满足国民经济迅速发展的需要，也开展了世界上第 3 次中厚板轧机的建设高潮，至今已快到尾声，这次高潮使我国中厚板轧机台数跃居全球第一，而且装备水平也已超过日、美、俄、德四国。

目前，我国中厚板生产已发生了根本性改变，由进口国已变成出口国，绝大多数钢板均能自己生产，不但能满足造船、长输管线、大型桥梁、机器制造、核能、水电及高层建设对大量中厚板的需求，而且也能满足国家急需尖端的高性能产品的生产。

回眸这些年来我国中厚板轧机建设情况，值得深入探讨以下一些课题。

（1）中厚板轧机产能过剩。

我国中厚板轧机年产量比较高，一台 5000mm 单机架轧机可达 180 万吨，一台 4300mm 双机架轧机也能生产出 180 万吨成品板，一台 3800mm 双机架轧机可轧制出 150

万吨板，一台 3500mm 双机架轧机也有 120 万吨轧制能力。当拥有中厚板轧机达 80 台时，产能将超出 1 亿吨，若开工率只达 80% 的话，实际产能达到 8000 万吨。其中热带轧机生产占中厚板产量 30%，即有 2400 万吨，则由中厚板轧机生产有 5600 万吨，过剩达 2400 万吨能力。因此，今后除已批建项目外，不应新立中厚板轧机建设项目。

目前，正值我国现代化与城镇化建设阶段，基础设施建设项目用中厚板数量比较多，如 2006 年钢材产量达 4.6 亿吨时，中厚板产量达 8536 万吨，占钢材比例达 18.6%。但根据美、日等国家工业化的经验，国家工业化后中厚板需求量比工业化时可减少一半，即日本工业化时中厚板产量达到过 2030 万吨，而现在年产量都波动在 1000 万吨上下，即一半左右。我国工业化后需求量估计波动在 3000 万～4000 万吨，保留中厚板轧机有 30～40 台已足够，轧机及辅机性能不高的、生产钢板质量低下的将被淘汰掉。

（2）欠缺生产单重 60t 以上和又薄又宽钢板的有效手段。

我国新建成中厚板轧机近 60 台之多，若采用 70t 重钢锭来生产 60t 以上大单重钢板是不可能的。另外，设计规定最薄是 5mm，也有只轧到 6mm，采用板坯厚度为 180mm，个别采用初轧机生产厚度为 120mm 初轧板坯，虽然国外制造厂提供了轧制表，但实际上是很难轧制的。

中厚板轧机能否轧制厚 3～4.5mm 钢板是一项评价轧机性能和生产技术水平的指标，国外大部分工业化国家都能生产厚 3mm 板，如日本全部轧机生产厚度都从 4.5mm 开始，而我国新设计轧机都从厚 5～6mm 开始。因此，目前船厂要求供应 4mm × 3000mm 和 4.5mm ×3300mm 薄而宽中板至今无一家中厚板厂能生产。国外设计单位听说我们不要求薄的非常高兴，因为生产 4.5mm 比 5mm 厚的轧制要难很多。

这些又薄又宽中板的缺门，关键是板坯厚度不能大于 100mm，这样薄板坯预计只有通过二次开坯才能解决。

关于 60t 以上大单重特厚板虽然需求量极少，但美、日、德、俄等国都能自产，也确实有此需要。我国拥有 5000mm 轧机的厂，特别是拥有 5500mm 轧机的厂应担当起生产此板的重任。

（3）两条剪切线太浪费。

我国设计的中厚板轧机都配置有两条相同或不同的剪切线。相同的是两条均为双边剪，不同的是一条双边剪，另一条为圆盘剪。建设中先建一条，把第二条预留好，一般都把厂房也建成。多建一条剪切线，增加投资达 1 亿多元，还没有计算增加厂房的钱。

剪切线经详细剖析后，纯剪切钢板操作时间并不长，主要是辅助时间耽搁太长。辅助时间包括送板、对正、定尺对准及剪机与剪机之间相互干扰等时间。辊道送板速度与止动对送板时间有影响，但影响不大。对正钢板用对中装置已采用快速准确的新型装置，差不多可节省一半时间。关键是我国新建剪切线都不采纳自动划线机，这是节省对定尺线和对正时间的主要设备，本体设备很轻，投资也不多，但功能很大，可以增加剪切线三分之一能力，而且可减小长宽偏差一半，因此，日本所有中厚板轧机都采用此设备，有的厂还设有两台，可见其重视程度。

我国设计剪切线都太短，剪机与剪机之间只留出一块钢板距离，剪机与剪机之间互相干扰，使剪机不能正常操作，你等我，我等你，大大增加间隙时间，因此剪切线潜在能力不能发挥。

剪切线短与总图位置也有直接关系，许多新厂房长度都不到1000m，短的只有500m。国外双机架厂房有的长达1800m以上，一般都在1000～1300m上下。我国双机架5000mm轧机厂房长只有1100m多一点，要设计理想的剪切线确实是有难度。

我国如果采用数码信息剪切线，由平面板形仪、自动划线机、切头剪、快速准确对正装置、双边剪（也可带剖分剪）或剪板厚20mm以下圆盘剪及定尺剪等组成，将剪机之间留出足够距离，其中平面板形仪和自动划线机是关键设备，一条剪切线剪切钢板能力可达300万吨。这样，任何中厚板轧机只要配备一条剪切线已足够，新建轧机有60多台，可少建60多条剪切线，总投资便节省60多个亿，这是一笔巨大的财富。

（4）应正确认识立辊轧机的功能。

我国舞钢4200mm厚板轧机用立辊轧机发挥了很大功能，因采用钢锭数量很大，成材率提高很多。

新设计建设3800mm以上轧机多数都配置有立辊轧机。增加立辊轧机一般成材率可提高1%～3%，但轧机产能将下降10%～20%。

目前，对立辊轧机褒贬不一，褒派有日、韩及中国三国，贬派有德、俄、美三国。精轧上轧边在韩国和日本取得一些经验，但问题不少，取得成效也很有限，因此新建轧机采用立辊已大大减少。

立辊轧机配置还有一个近接与否及机前机后的问题，大家争论比较热烈。当然立辊轧机结构也是一个很大的问题，由于结构不很合理，操作使用中出现许多问题，对立辊轧机功能也出现一些负面评价。

当用钢锭作为原料占产量10%以上时，增设立辊轧机是经济的；全部以板坯为原料时，粗轧机与粗轧阶段采用立辊轧机与粗轧边部，得失由用户决定，精轧机与精轧阶段采用立辊轧机与精轧边部，用户要慎重研究后才可确定，因一台立辊轧机投资也要上亿元以上。

（5）缺少热处理设备。

新建成轧机大部分都未建设热处理设备，意图是想通过控轧快冷工艺来取代热处理工艺。但是，以控轧快冷来全部代替热处理是不可能的。中厚板中有一部分高韧性高强度品种还需要进行轧后热处理才能达到交货性能的要求。另外，还有一些退火、调质及高温回火交货钢板也需要有热处理设备才能生产。

目前，许多厂因缺少热处理设备，一些有特殊性能要求的钢板不能接受订货，只能限制在大路货范围，造成一定的损失。

（6）淘汰落后的中厚板轧机。

目前我国中厚板轧机产能已过剩太多，应当淘汰一大批。首先应当把三辊劳特式中板轧机关闭掉，其次关停轧机尺寸在3500mm以下、主机性能不高、前工序没有完备的精炼设施、产品质量没有保证的厂。

还有拥有3台以上的厂，其产能有过剩的，应将其落后的或尺寸小性能比较低的轧机停掉一台。

我国现代化和城镇化进展很快，中厚板需求量将逐年减少，轧机过剩产能会增加，如果不关停一批轧机的话，开工率将非常低，必将严重影响工厂收益率。

美国、日本和德国逐年已淘汰了多台中厚板轧机，以二手轧机转让给发展中国家。因此，淘汰落后设备是正常的趋势。

（7）地区分布不均。

轧机按地区分布，华东地区最多有 26 台，其中上海和江苏省有 14 台，占一半以上；其次是华北地区有 22 台，其中河北省就拥有 17 台，占 2/3 之多；第 3 是中南地区有 22 台，其中河南省就有 10 台；东北地区有 5 台，全部部署在辽宁省，吉林和黑龙江两省一台也没有；西南地区只有 3 台，偌大的四川一台也没有；西北地区也只有 2 台。

把 5000mm 以上特宽厚板轧机集中建在沿海地区是对头的，可以大大缓解宽板运输的困难。

（8）提高自己设计制造的能力。

我国新建 60 多台中厚板轧机中从 3800mm 开始到 5500mm 几乎全部从国外引进设计和设备，且由外国制造厂总承包，大量资金流出国门。现在经过快 20 年的学习和积累后应该由我国自己来承包设计与制造，即使有困难也只能点菜式引进个别重点设备和核心技术，全面引进工作应当到此为止。

（9）5000mm 以上轧机太多了。

已投产、在建及筹建中的 5000mm 以上轧机约有 14 台，其中 5500mm 有 2 台。

国外已投产、在建的约有 20 台，其中俄罗斯有 6 台，日本有 5 台，美国、德国、韩国和印度各有 2 台，法国有 1 台，泰国有 1 台。其中 5500mm 有 4 台。

这些特宽厚板轧机主要用于轧制大单重特宽钢板，如船板、管线板、锅炉容器板、特长桥梁板及军工部门用特殊钢板等。

轧机大，原料大，板宽大，产能也大，成材率高，但投资和规模也相应增大。除舰船和管线需大量宽板以外，其他部门用宽板只占中厚板 1% 左右。日本建成 5 台 5000mm 以上轧机，主要是各公司竞争的需要；俄罗斯有 6 台，其中有 2 台老式的即将报废，新建大轧机主要供管线用板，且与新建 UOE 机组配套。

我国 5000mm 轧机多了，虽然也有竞争关系，应该说有 6～8 台即够。否则也会形成日本 5000mm 以上轧机开工率低的浪费现象。

（10）提高软件水平。

我国中厚板轧机装备水平已相当高，多数已达到世界先进水平。但产品品种、质量及技术经济指标方面与日本、德国、美国及俄罗斯相比，还有一定的差距，个别的品种还不如韩国和法国。

我国自创品牌不多，以上国家都有自己的拳头品牌，如日本的 X100 管线板、HT80 高强板、600MPa 船板、Ni9 超低温板、CoR-TEN 耐候桥梁板；美国的 Hy100 潜艇板、P20 模具板；俄罗斯的坦克板；德国的 BHW35 高压锅炉板等。再如船板，我国的产品还不如韩国，平台板还不如法国。

技术经济指标方面，日本最高成材率达 96.4%，平均达 94.5%，而我国最高达 95%，平均只有 91% 左右。燃耗方面，日本已达 0.6GJ/t 以下，而我国还在 1GJ/t 左右。

目前，应该趁此产能过剩的大好机会，集中力量将生产操作技术水平大大提高一步。

（11）二期缓建。

新建轧机大部分按二期程序建设，一般留到二期的项目有二号加热炉、粗轧机、二号冷床、二号剪切线、热处理作业线、增设吊车以及厂房等，其投资约占总投资的 1/3。二期续建后可增加产能50%～80%，品种也能有一定扩大，经济效益是非常好的。但是，目前产能已过剩太多，因此二期工程应当缓建，可减轻产能过剩的压力，而且可减少数百亿元投资。

附文2-19 二手中厚板轧机的浅识

1 引言

一个国家发展中厚板的初期，也是中厚板生产和设备制造技术比较欠缺之际，加之资金比较拮据，因此引进国外成熟的装备和生产技术是比较好的方法，其好处是投资省、建设期短、投产快、资金返回快，可以有一大批备品备件，且培育了一批有见识的人才，还可获得一些生产技术资料。但是，二手设备肯定不会太先进，技术性能也不会太高，应该说是属于将近淘汰的东西，所以大家对引进国内外二手设备都持否定态度。意见中贬多于褒，有的厂坚持拒绝二手设备引进厂内，认为有损害全厂的先进性；但也有的厂从引进二手设备中吃到甜头，从此将该厂发展起来。本文只讲一些引进二手设备的经验，同时也认为，我国钢铁工业已发展到较高的程度，引进二手设备工作应该是叫停的时候了。

2 二手设备先进程度的辨别

首先从投产年代来辨别。对中厚板轧机来说，20世纪50年代以前的，先进技术几乎很少。总的来说，停产出售的，一般都是落后淘汰的设备，不会将先进轧机以二手设备出售。

其次，审核报价书内容、轧机投产年月、主轧机轧制力、刚度及主电动容量、辅机中热矫直机性能、冷床形式与面积、剪切线形式及组成，应该可以初步确定其先进程度。同时应该确认设备总吨位以及备品备件数量。

最后，亲赴现场考察一次，一般都是在停产状态，应对原料场地、加热炉、除鳞装置、轧机、快冷装置、热矫直机、冷床、剪切线、标记、钢板收集装置、热处理设备、吊车、主电室、轧辊间、高压泵房、备品备件库、润滑液压地下室及试验室等地细细观看，经过考察后，只要是内行，一般应该能够确定这套二手设备的先进程度。

3 二手设备的估价

定价前一定要明确设备的先进程度、吨位总量、备品备件数量、轧辊磨床及车床、是否包括吊车。一般来说，20世纪50年代以前的设备每吨价格略高于废钢价，最高不应高出废钢价的1倍；50年代到60年代的设备，可以出废钢的1～3倍价；70年代到80年代的设备，出价可达到新设备价的20%～30%。另外，除了设备价以外，还有拆机、包装、托运及保险等费用，一般这些等于设备费的1～1.5倍。

4 购买二手设备的程序

购买时切勿草率行事，一定要按程序进行。一般应有报价、考察、商务谈判、可行性设计方案、验机、拆机、托运、施工、建设及试生产等内容。

5 应该注意的事项

（1）委托内行专业设计单位自始至终参与购买二手设备的全过程，掌握好合理价格，切勿出高价买进落后设备。

（2）速战速决，尽快投产，短期返回资金，切勿拆回设备一放数年不用，设备都废掉了。

（3）尽量少改动，最好原样安装，一改再改，时间一拖再拖，收效会大打折扣。

（4）验机是非常必要的，尽量能让轧机及其前后设备空运转几次，并由派去的验机人进行操作。验机的重点应放在检查机架牌坊上，用裂纹显示液或裂缝探测仪检查牌坊上容易产生疲劳裂纹的地方，因为热轧几十年后牌坊受力大的地方极易出现裂纹。一旦出现较大裂缝，关键部件报废后，整套设备就无法生产了。所以，检查牌坊有无裂缝是验机中一项极为重要的工作，一定要仔细完成。

（5）二手设备性能比较差，建设时必须预先考虑好改造的条件，特别是主轧机的改造要求。一般都在二手设备投产几年投资已经收回后，改造工作即提到日程上来。

目前，引进国外二手中厚板轧机做出较好成绩的应推邯钢 3000mm 中板轧机。该轧机价格低，只不到 1 亿元；当年施工，当年投产，施工期间不停产、不减产，反而增产，不到 3 个月全部投资就收回了。该厂引进二手设备前所用设备是 2300mm 三辊劳特式中板轧机，年产量只有 16 万吨，换成二手设备 3000mm 四辊式中厚板轧机后当年产量就达到 20 多万吨，2005 年实产已达 105 万吨，并用该轧机的赢利新建成一套年产 120 万吨的现代化 3500mm 双机架中厚板轧机，中厚板已成为邯钢的主要钢材品种，在全国用户中享有很高的荣誉。

表 1 为我国引进的二手中厚板轧机，共计约有 11 套。

表 1 二手中厚板轧机

序号	厂家	投产年月	轧机		产能/万吨	来源	新旧程度	说明
			形式	尺寸/mm				
1	重钢五厂	1965 年 12 月 1984 年加 4h	2h + 4h	2350 + 2450	127	鞍钢 3h	落后	经二次改造
2	首钢中板	1987 年 10 月	4h	3500	105		旧的	经二次改造，由 2h + 4h 改成 4h
3	秦皇岛中板	1993 年	4h	3354	80		旧的	
4	鞍钢厚板	1993 年 5 月 2002 年改造	4h	4300	110	日本和歌山厂	50 年代	轧机换新的
5	浦钢厚板	1991 年 8 月	4h + 4h	4200 + 3500	140	R 为德国哈廷根	60 年代	F 为新的，现已拆除

续表 1

序号	厂家	投产年月	轧机		产能/万吨	来源	新旧程度	说明
			形式	尺寸/mm				
6	邯钢中板	1971 年 2 月 1989 年改 4h	4h	3000	105	德国哈廷根	60 年代	3h 改成 4h
7	营口中板	1972 年 6 月 1987 年改 4h	4h + 4h	2850 + 2800	137	鞍钢 3h	落后	经二次改成 4h + 4h
8	济钢厚板	1998 年 2 月	4h + 4h	3200 + 3500	215	荷兰 2h + 4h	旧的	经二次改成 4h + 4h
9	文丰	2004 年 12 月	2h + 4h	2800 + 3000	120	首钢	旧的	R 加大，F 减小
10	淄博	2002 年	2h + 4h	3500 + 3400	60	美国	旧的	
11	海门	2007 年	3h + 4h	2350 + 2350	50	浦钢	旧的	经二次改成 3h + 4h

3 我国中厚板市场的前景

3.1 引言

随着全球能源和交通持续不断的发展，中厚板的需求量逐年增长，品种不断扩大，质量日益提高，其中中国、韩国、印度及俄罗斯的产量增长比较快，而日本、美国及德国等产量在原地踏步。

1990 年以来我国建成一大批高水平的中厚板轧机。韩国为发展造船工业，也建设了几台现代化的大型中厚板轧机。俄罗斯为了生产大直径直缝焊管用钢板，很快建成 5m 轧机。印度为了发展海军，也加紧新建大的厚板轧机。据报道南美洲也有几个国家在新建中厚板轧机。总的来说，亚洲中厚板市场比较活跃，经济发展的重心也在亚洲。

随着经济发展阶段的不同，中厚板需求量也不一样。一个国家工业化阶段中，中厚板用量急剧增大，中厚板在钢材中的比例也明显增大。

另外，行业发展的不同，钢材品种需求量也大不一样。韩国是世界上的造船大国，造船用板是世界上最多的；俄罗斯大力兴建石油和天然气长输管线，因此，世界上管线用板的需求量被俄罗斯独占鳌头。

我国中厚板市场的前景是非常光明的，虽然目前已供大于需，且有好几家新的轧机还在筹建之中，已奠定了中厚板生产强国的基础，但各种生产中厚板轧机之间生产能力的调整余地还很大，中厚板生产及其市场的提高空间是极其广阔的。

3.2 中厚板的用途

中厚板用途非常广阔，涉及到国民经济各行各业，多数用于大型构件，以船舶、管线、锅炉、容器、桥梁、建筑、车辆、海上平台、机器及工具等为主体。同时随着设计项目与结构的大型化，中厚板用量也在增大。中厚板如同布匹一样，具有剪裁弯曲成形的万能性，既可以制成型材和管材，也可以制成各种罐与容器，还可以制成各种形状的机器。

钢种范围也很广，有普碳、优碳、低合金、高合金等。

钢类有低强度、高强度、低温、高温、耐腐蚀、表面处理、复合等。

板形有平板、锥形、梯形、圆形、异宽、异厚、带肋及防挠等。

交货状态有热轧、CR、ACC、CR + ACC、正火、回火、淬火、调质（Q + T、N + T）、退火、缓冷、抛丸、涂漆、超探及去磁等。另外，不锈钢还要求镜面抛光，一些用户还要求切成一定尺寸的小块钢板和圆板。

现在用户提出以强度为主，附加其他条件，举例如下：

（1）结构用板要求 σ_b 达到 300 ~ 1000MPa，附照 1-2 为施工中的全钢结构高层建筑。

（2）桥梁板为 700MPa、800MPa 高强板。为了组合不用再矫直，确保焊接开槽精度，严格要求交货钢板平直度。另外，为了使焊后不变形，应减小其残留应力；为了减轻防蚀维护，要求耐蚀性能好；为了减少接头和桥墩，应使交货板尽可能长，达到30m，同时板厚有增大的趋势，可使拼板层数减少。

（3）工程机械用板 σ_b 达600MPa以上，使结构件轻量化和低成本化。

（4）闸门和压力水管用板 σ_b 一般用到600～800MPa，因焊接施工环境差，需用低碳当量钢，要求－40～－45℃低温韧性好。

（5）油气罐用板采用600MPa钢，严格要求寒带焊接接头韧性好，防止裂开事故。

（6）海上平台板用于建设海上采油气设置的结构件，要求 σ_s 不大于500MPa。为圆柱形桁架结构时，因接合部位较复杂，加工较困难，应力集中大，定期维修检查困难，要求无分层缺陷，且焊接性好，焊接脆性小，特别是耐层状撕裂性、耐海水腐蚀性及低温韧性要求非常好，不会有腐蚀疲劳现象出现。

（7）锅炉容器板 σ_b 达750MPa，附照1-3为连接加工好的锅炉圆罐。包括核能压力容器，多用于能源工业。由于生产技术革新，设备大型化、复杂化，因此，腐蚀环境、压力及温度等工作条件要求越来越高。

现将中厚板标准、代表钢号、尺寸及交货状态举例列于表3-1。

表3-1 中厚板标准、代表钢号、尺寸及交货状态

序号	板名	标准及代表钢号	尺寸/mm×mm×mm	交货状态
1	船板	GB 712 A、B、D、E YB(T)42 AH32、DH32、EH32、FH32、 AH36、DH36、EH36、FH36 GB/T 1591 AH40、DH40、EH40、FH40 Z向钢 DH69、EH69、FH69	(3～120)×(1000～4500)×(3000～27000)	热轧 控轧 正火 厚40mm以上正火
2	管线板	API 5L X42、X46、X52、X60、X65 API 5LU X70、X80、X100、X120	(6～50)×(1500～5200)×(6000～18200)	控轧、TMCP(加ACC) 正火 X42～X70控轧， 但厚38mm正火； UST，四边100%， 中间18%
3	桥梁板	YB(T)10 15MnVNq、16Mnq、16q、Q235q GB 714 16q、Q235q YB 168 ASTM A572 Grade30、50W、100、100W JIS G 3106 SM490、SM530、SM570	(4～100)×(1000～4500)×(3000～25000)	热轧 厚30mm以上正火 控轧
4	锅炉板	GB 713 A3g、15g、20g、22g、15MnVg、14MnMoVg JIS G 3103 SB250～360 JIS G 3119 SBV 1A、1B、2、3 JIS G 4107 SNB 5、7、16 DIN EN1002812 BHW35(DIN454)P235GH、P355GH ASTM A202～A537	(4.5～300)×(1000～5300)×(3000～18000)	热轧 厚50mm以上正火 厚100mm以上退火

续表 3-1

序号	板名	标准及代表钢号	尺寸/mm×mm×mm	交货状态
5	容器板	GB 3531 09MoTiCuXTDR、09Mn2VDR、06MnNbDR GB 6654 15MnVNR、18MnMoNbR GB 6655 16MnRC、15MnVRC JIS G 3115 SPV235～400 JIS G 3118 SGV410～480 JIS G 3119、JIS G 3120 SQV1A～3A、SQV1B～3B JIS G 4109 SCMV1～V5 JIS G 3126 SLA235A、B～SCA410 JIS G 3127 SLZN255 ASTM A662、A387	(4.5～300)×(1000～5300)×(3000～18000)	热轧 正火 UST
6	耐候板	JIS G 3114 SMA400A、B、C, SMA490A、B、C, SMA570 JIS G 3125 SPA-H COR-TEN490、570、NAW-K400 ASTM A242、A588、A871、A572、A709	(4.5～300)×(1000～5300)×(3000～18000)	热轧 正火 调质
7	模具板	ASTM 681 P20 JIS G 4051 550C、553C、555C 3Cr2Mo、45	(20～450)×(1000～4500)×(3000～12000)	退火 硬化正火
8	平台板	GB 5313 Z15、Z25、Z35	(15～150)×(1000～4500)×(3000～12000)	调质
9	不锈钢板	YB 542 0Cr13～4Cr13、1Cr18Ni9Ti、Cr25Ni20Si2 JIS G 4304 SUS202～347、SUS631	(4.5～150)×(1000～3500)×(3000～12000)	退火 淬火(含固溶)
10	碳结板 (普碳板)	GB 700 Q235 A～E	(4.5～300)×(1000～5300)×(3000～12000)	热轧、正火
11	优质碳 素板 (优碳板)	GB 711 SS41、45、20 JIS G 3101 SS400、SS490、SS530 DIN EN10025 S185、S355JR ASTM A36、A283、A529	(4.5～300)×(1000～5300)×(3000～12000)	热轧 控轧 正火 退火
12	建筑 结构板	JIS G 3136 SN400A、B、C, SN490B、C ASTM A572、A573, Grade58、65、70, A633	(4.5～100)×(1000～4500)×(3000～30000)	热轧 控轧、正火
13	机械 工程板	JIS G 4051 S10C～S58C WEL-TEN AR235、285、320、360、400 USS T-1 型 A、B、C	(4.5～250)×(1000～4500)×(3000～12000)	热轧 控轧 正火、退火
14	超低 温板	Ni9	(4.5～100)×(900～4500)×(6000～18000)	去磁、调质

3.3 中厚板产品分类

中厚板产品进行分类对于生产、工厂规划及订货安排等方面都有莫大的好处。一般按产品功能、用户行业及设计产品大纲分类。

3.3.1 按产品功能分类

按产品功能中厚板可分为结构、包容及特殊用途三大类。

结构类中厚板包括船舰（附照 1-4 为国产导弹驱逐舰）、车辆、建筑、机械、桥梁、闸门、压力水管及采油气平台等用板。用途非常广泛，约占中厚板消费量的 80% 左右，其中机械占 36% 以上，建筑占 27% 以上，船舰占 9% 左右。

包容类中厚板包括管线、容器、锅炉、潜艇（附照 1-5 为美国攻击型核潜艇）及储罐等用板。需承受一定的压力，约占中厚板消费量的 15% 以下。工业化国家的性质不同，其中厚板消费量波动也比较大。

特殊用途类中厚板包括耐候、耐蚀、耐磨、非磁性、异型、火箭、坦克（附照 1-6 为国产 85-Ⅲ型主战坦克）、防弹、工具模具、复合及不锈等板。工艺各具特色，需求量比较少，但附加值较高，约占中厚板消费量的 5%。

3.3.2 按用户行业分类

按用户行业之不同，中厚板大致分为机械、建筑、造船及其他四大类。

机械类中厚板包括机器结构、工程机械、锅炉、容器及储罐等用板。需求量在行业中占第一，约占中厚板消费量的 36% 以上。

建筑类中厚板包括桥梁、采油气平台及各种建筑等用板。消费量仅次于机械类，约占中厚板消费量的 27%。

造船类中厚板包括船舰等用板。约占中厚板消费量的 9%。

其他类中厚板包括管线、汽车、车辆及其他特殊用途等用板。约占中厚板消费量的 28%，其中管线约占 5%。

3.3.3 按设计产品大纲分类

设计阶段议定产品大纲时，一般均将中厚板产品分成通用和专用两大类。

通用类中厚板包括碳素结构、优质碳素及低合金高强三种。另外，耐候、耐热及不锈等也可归于通用类，也可分属于专用类，但数量很有限。通用类可不按合同生产，便于库存和调节生产计划，且能应对临时订货。当生产能力比较大而市场空间比较小时，为充分发挥设备能力，也可多安排通用类中厚板生产。

专用类中厚板包括船、管、桥、锅炉容器、汽车、海上平台、模具、建筑及工程机械等用板。目前我国专用板消费量逐年增多，2007 年已达 1000 多万吨，每年增长达 150 万吨以上。

3.4 中厚板产品品种的发展趋势

一个国家工业、农业、国防的现代化，国民经济各个部门科学技术的进步，对各种用途极为广泛的中厚钢板产品品种、质量与性能都提出了更高更严格的要求。

首先从强度上说，σ_b 在 400MPa 以下为普通板，600MPa 以上为高强板。目前，高强板用量急剧增加。强度提高后，使机器和结构本身重量大大减轻，不但降低了成本，而且结构更为合理，设备性能得到了提高。如某种设备以 1000MPa 级和 400MPa 级板进行比较，前者用板量可减少一半。又如管线钢板每提高一个钢级可减少建设成本达7%左右，以前普遍采用X56，而现在已大量采用X70和X80。再如水力发电用压力水管运费600MPa级钢板比800MPa级多一倍。船板强度也在迅速提升，σ_b由400～490MPa升至490～600MPa，使船体板厚大大减薄，因而船体重量大大减轻。

新型钢结构件均以焊接为主，已很少采用铆接与拼接等方式。但焊接环境恶劣，要求条件严格，为确保焊接质量，对中厚板焊接性能提出了更高的要求。日本神户加古川厂开发了添加镍、铌，并将碳含量降至0.07%，含有1.25%铬、0.5%钼的厚钢板，已用于化学压力容器和发电用锅炉，使焊接预热温度由125℃降至50℃，经690℃、8h消除残余应力退火处理后，达到了标准强度的要求，使焊接裂纹敏感性降低，大大提高了施工效率，降低了成本。日本钢管鹿岛厂开发了一种600MPa高耐振易焊厚钢板，将碳含量降至原来的2/3，并添加了其他成分，可使预热温度由100℃降至0℃，适合于寒冷地区或冬季施工的要求。我国开发了一种加入稀土的10MnNbRE厚钢板，减少了硫的偏析，控制了硫化物的形态，结果是σ_s优于Q235和20号钢，而可焊性胜过于16Mn。

为了提高使用寿命与减轻维护的工作量，已开始大量生产桥梁、建筑结构、铁塔及铁路车辆等方面用的耐大气腐蚀中厚钢板。我国以09CuPTiXT钢为代表，国外以CoR·TEN钢为代表。在钢中增加P、Cu、Cr等主要元素及Ni、Mo、Nb、Co等辅助元素的耐大气腐蚀钢板寿命比碳素钢板寿命提高数倍。如日本川崎 水岛厂开发的570MPa非调质超低碳贝氏体耐大气腐蚀桥梁用厚钢板，添加Cu、Ni、Cr元素，而将碳含量降至1/10左右，无须经淬火回火热处理，缩短了生产周期，降低了生产成本，改善了焊接性能，特别是无须进行涂层防锈。

开发加入Ni与Mo的Cuploy400-CL与CupTEN 490-CL耐大气腐蚀桥梁钢板。跨海桥在盐分大于0.05mg/(dm^2·天)情况下非常容易被锈蚀，而上述两种钢可大大提高其耐腐蚀性能。

我国也生产出一种主要用于铁路车辆、铁塔、桥梁与建筑等方面的08铜磷钒稀土低合金耐大气腐蚀钢板，铜和磷在钢板表面形成一层非晶态羟基氧化铁致密耐蚀保护层，钒主要起沉淀强化的作用，可提高强度，使钢中珠光体含量进一步降低，提高耐蚀性，而稀土起控制夹杂物形态的作用。这种钢的强度、韧性、塑性及冷弯等力学性能良好，耐蚀性达到了日本钢的实物水平。用钨铜焊条焊接缝的耐蚀性略好于母材。

日本钢管福山厂采用TMCP工艺生产出950MPa韧性与焊接性俱佳的桥梁钢板NK-HITEN980。对桥梁钢板焊接性的好坏可以用P_{cm}来评定，如SM570板$P_{cm}\leqslant0.29$时，预热温度达100℃左右，而P_{cm}为0.27时，预热温度为20～40℃，若P_{cm}只为0.22时，则预热温度可降至10℃以下。再如SM570Q-H-EX和SMA570WQ-H-EX厚100mm板、NK-HITEN780B-EX厚60mm板采用微合金化TMCP生产，使P_{cm}达到0.19～0.20及0.23，预热温度为25℃时未发现有裂纹。

3.5 我国中厚板市场的前景

近几年来我国中厚板生产建设出现了一片从未有过的兴旺景象，新建厂如雨后春笋般在神州大地上升起。

我国钢产量约占全球的1/3，而中厚板消费量约占全球的1/2。由此可见中国中厚板需求量之大，市场之广阔。

中厚板是坚强的象征，国防强大的基础，机器制造发达的条件，国家现代化与工业化所必不可少的一个非常重要的钢材品种。坦克装甲要经受住穿甲弹的轰击，军舰要抵御住鱼雷和导弹的攻击，海上采油平台和船舶需经受住台风巨浪的考验，大桥桥梁要耐重载列车的频繁冲击，长输管线要承受10MPa以上压力和恶劣环境的影响，高压锅炉需在高温高压条件下工作，容器需承受住几十兆帕的高压，特高建筑需在飓风往复振荡中巍然不倒。一旦这些钢板破裂了，都将造成生命财产的巨大损失和战争的失败，后果不堪设想。

中厚板是国民经济发展的重要钢材，无论是建设高潮还是战争年代，中厚板生产都受到了特别的关注，对其钢板性能的要求，往往胜过于其他钢材。一个国家要富强，没有中厚板是不可能的，一个国家要建造航母，自己不生产航母板也是不可能的。中厚板轧机还是轧钢设备中的主力轧机之一，代表着一个国家钢铁工业的装备水平和国防强弱的尺度，每个工业发达国家都拥有若干台中厚板轧机。

中厚板还是一种“万能钢材”，如同布匹一样有可随意剪裁的功能，可弯曲成管子，焊接成各种型材及钢板结构以取代机器铸件等，无论走到哪里处处都可以见到中厚板，用途非常广泛，哪个部门都少不了它。因此有人说：有了钢板带，做啥都好办。

我国在三峡二期、西气东输、南水北调、西电东输、青藏铁路、北京奥运、上海世博、沪宁杭州湾大桥及港澳珠跨海大桥等巨大建设项目，以及全国大规模工业与住房建设、高速公路与铁路、高层建筑、桥梁、船舶、汽车、家电、电力与国防现代化等基础建设内需拉动下，中厚板消费量得到逐年增长。

由表3-2看出，2000年我国生产中厚板1545万吨，比上一年增产120万吨；2001年生产2101万吨，比2000年增产556万吨；2002年生产2564万吨，比2001年增加463万吨；2003年生产3413万吨，比2002年增产849万吨；2004年生产4672万吨，比2003年剧增1259万吨，增幅可以说是空前的。

表3-2 1996～2006年我国中厚板资源情况

序号	项目	1996年	1997年	1998年	1999年	2000年	2001年	2002年	2003年	2004年	2005年	2006年
1	钢材消耗量/万吨	10515	10431	11393	13202	14498	18241	21170	23140	31246	37483	43538
2	钢材产量/万吨	9338	9987	10738	12102	13598	16178	19266	24119	29739	36953	45988
3	钢材进口量/万吨	1598	1323	1242	1486	1540	1722	2449	3717	2930	2582	1851
4	钢材出口量/万吨	422	462	357	386	640	474	545	696	1423	2052	4301
5	中厚板消费量/万吨	1041	1144	1211	1334	1461	2077	2653	3973	4898	6205	7912
6	中厚板产量/万吨	1123	1249	1323	1425	1545	2101	2564	3413	4672	6012	8536
7	中厚板进口量/万吨	80	56	56	40	46	46	127	633	519	338	313
8	中厚板出口量/万吨	143	174	109	77	135	44	38	73	293	373	897
9	中厚板/钢材消费比/%	10.0	11.0	10.7	10.2	10.1	12.2	12.6	14.6	15.6	16.6	18.2
10	中厚板/钢材产量比/%	12.0	13.0	12.0	11.5	11.4	12.8	13.3	14.1	15.7	16.3	18.6
11	中厚板自给率/%	94	94	96	98	98	98	95	84	96	95	96
12	中厚板自产率/%	108	109	104	103	106	101	97	86	95	97	108

续表 3-2

序号	项 目	1996 年	1997 年	1998 年	1999 年	2000 年	2001 年	2002 年	2003 年	2004 年	2005 年	2006 年
13	专用板产量/万吨	235	278	268	288	362	257	284	421	521	688	869
14	专用板比例/%	20.9	22.3	21.2	20.9	23.4	12.4	11.1	12.3	11.5	11.4	10.2
15	中厚板轧机产量/万吨	766	871	808	990	1077	1392	1635	1904	2218	2533	2988
16	中厚板轧机生产比例/%	62.6	69.7	63.9	72.0	69.8	66.3	63.8	55.8	47.5	42.1	35.0
17	热带轧机产量/万吨	358	378	456	387	467	684	929	1509	2454	3479	5548
18	热带轧机生产比例/%	37.4	30.3	36.1	28.0	30.2	33.7	36.2	44.2	52.5	57.9	65.0

热带轧机生产中板，2000 年为 467 万吨，占中厚板产量 30.2%，比上一年增产 80 万吨；2001 年为 684 万吨，占 33.7%，比 2000 年多 217 万吨；2002 年为 929 万吨，占 36.2%，比 2001 年增加 245 万吨；2003 年为 1509 万吨，占 44.2%，比 2002 年增产 580 万吨；2004 年为 2454 万吨，占 52.5%，比 2003 年多产 945 万吨。2004 年中厚板产量中一半以上是由热带轧机生产的，由此可窥视出中厚板市场空间之大，比热带市场火暴，而且价格比热带高，一般高出 300 ~ 400 元/t。另外，冷带深加工能力之不足，促使热带富裕能力往中厚板找市场。热带轧机能力本应轧薄带，大量生产中厚板，势必造成浪费。日本由热带轧机生产中板只占中厚板产量的 20% 左右，美国热带轧机生产 90% 左右冷带用料。我国热带轧机生产中板比日本多 32.5 个百分点，这种状况是需要得到纠正的。

从表 3-2 中看，2001 年以来中厚板占钢材消费比逐年有所增大，2001 年比前一年增加 2.1%，2002 年增加 0.4%，2003 年增加 2%，而 2004 年消费钢材达 31246 万吨，中厚板消费量达 4898 万吨，接近 5000 万吨，占 15.6%，比前一年增加一个百分点。这是符合国外经验的，即在工业化阶段中厚板在钢材中消费比例逐年上升，日本、英国、原西德及前苏联等国都达到 20% 左右，我国与其相比，尚低 4.4 个百分点。一旦走上国家工业化后，其比例会很快下落，如日本和前苏联中厚板产量曾达 2000 万吨以上，现在已跌至 1000 万吨以下。预计我国工业化后，其比例将降至 10% 以下，年产中厚板量有 2000 万吨左右就足够了。

如果 2010 年钢材消费量跃至 3.5 亿吨，中厚板消费比达 15%，消费量升至 5250 万吨。那时，中厚板轧机产能会达到 4500 万吨，如果热带轧机生产中厚板占 20%，达 1050 万吨，此时我国中厚板市场将形成一个供大于求的局面。只要将炼钢和中厚板精整工序逐步完善起来，中国不但是一个生产中厚板大国，而且是一个中厚板生产强国。至少可与日本、德国、美国、俄罗斯的中厚板生产技术水平并驾齐驱。

中厚板消费量的预测是很难的，这里提出的有关数据只供参阅。

附文 3-1 船舶制造与船板生产的紧密关系

全世界海洋占地球表面积的 71%，比陆地大一倍多。另外，还有数万公里有航运的河流，交通工具主要依靠船舶。国际贸易的发展，带动了造船业的蒸蒸日上。船舶航运安全与环保要求的提高，加快了船舶更新换代的速度。为了赢得市场竞争的需要，船舶已走向大型化、高速化、环保化及高新化，各国纷纷建造大吨位、巨型、高技术含量多、附加值高，并采用新技术、新工艺与新船型的先进船舶。

船舶工业是我国工业化、现代化长远发展的支柱产业，也是带动上下游工业，劳动、资金、技术密集，为水上交通、海洋开发、增强国防等提供技术装备的现代综合性产业。

我国海岸线达18000多公里，国际贸易迅速发展，90%以上货物采用船舶海上运输，加之我国劳动力资源丰富，且具聪明才智，很适合于发展造船产业。

21世纪将是一个海洋世纪，海洋开发已提到日程上来，需要各种钢材是非常可观的，特别是船板需求量很大。

因此，从造船业对船板生产提出的要求和船板生产对中厚板轧机提出的要求两个方面作一些扼要论述与分析，以飨读者。

1 造船业对船板生产提出的要求

造船的方向是巨型化、多样化、高技术化、工期缩短化及成本低廉化，因此，造船业对船板生产提出了许多要求。

（1）批量大，规格和张数多。

船板是中厚板生产中最有代表性的产品，也是最大的用户。1992年日本生产中厚板为716.5万吨，其中船板达230.6万吨，占32.2%，约1/3；当时我国生产中厚板853.6万吨，其中船板达73万吨，占8.5%。虽然在我国专用中厚板产量中船板已独占鳌头，但仍满足不了需求，进口船板逐年增加。

日本建造一艘55万吨ULCC超级油轮，需用船板达8万吨以上。30万吨巨型油轮宽为58m，长达330m，吃水深度为22m，需钢材66000吨，其中船板41038吨，板宽达3500mm，板长达12m，共137个规格、7000余张钢板，其中厚度小于10mm者占2%，10~20mm者占18%，大于20~30mm者占18%，大于30~60mm者占62%；宽度小于2m者占38%，2~3m者占38%，大于3m者占24%；长度小于6m者占2%，6~10m者占18%，大于10~12m者占80%。

以前，我国船板生产因受轧机的限制，尺寸比较小，张数比较多。如建造一艘H2191型68500t油轮，船板最厚为60mm，最宽为2500mm，最长为12m，其中最多为17mm厚，共有56个规格，5500张钢板，达1.5万吨船板。

建造一艘36000t散货轮，用的船板最厚为24mm，最宽为2500mm，最长为9m，其中大部分为20mm以下厚度，共有41个规格，4300张钢板，需船板达8000t。

建造一艘118000t油轮，用的船板最厚达75mm，最宽达3000mm，最长达12m，其中最多为10~25mm厚，共有138个规格、6200张，重达2万多吨船板。

建造出口船舶时，如7万吨散货轮，采用德国进口钢板11800t，91个规格，5637张钢板，厚度为5~60mm，其中30~60mm厚29张、重205t。另一艘11.8万吨油轮，用2.4万吨进口钢材，其中钢板有1.96万吨，占81.7%，有139个规格，6202张钢板，厚度为10~75mm，其中厚30~75mm共63张板、重514t。还有一艘15万吨散货轮，由日本和韩国进口钢板2.42万吨，共5227张。

因此，这么大的批量，规格和张数又那么多，由一台中厚板轧机来供给是比较困难的，应当由几台不同规格轧机来配合组织生产是比较合理的。

（2）板面大，薄而宽。

船吨位越大，要求板面也越大。板面大，焊缝少。板宽为 1500 ~ 1800mm 与 3000 ~ 3600mm 焊缝比较见表 1。

表 1　两种不同板宽焊缝的比较

序号	船　厂	船　型	全船焊缝长/m		焊缝减少	
			1500 ~ 1800mm 宽板	3000 ~ 3600mm 宽板	m	%
1	江南造船厂	2.7 万吨货轮	23851	17616	6235	26.1
2	沪东造船厂	3.6 万吨货轮	15100	9236	5874	38.9
3	上海造船厂	3.5 万吨货轮	16443	10467	5976	36.3

宽板可大大减少焊缝，节约工时和材料费用，使建造周期大大缩短，降低成本，且使船体外形更加美观。一般来说，1500mm 宽比 3000mm 宽船板的造船工期增长一倍，而船体部分工作量增大 1/3。

目前，船板最宽达 4500mm，最长达 27m。日本平均宽度达 3500 ~ 4000mm，韩国达 3000 ~ 3500mm，而我国只有 2000 ~ 2500mm，显然是轧机太小。宝钢和沙钢 5000mm 轧机投产后，板宽 4500mm 可以解决，而且平均板宽也有所提高。

另外，为了减轻船身自重与减少焊接加工量，船型加大后要求薄而宽钢板。日本能提供 4mm × 3000mm、4.5mm × 3300mm 钢板，但我国现有中厚板轧机均无此产品大纲，即使组织生产也比较困难。因为几张薄而宽钢板需向国外进口，有可能造成一艘船的钢板订货合同都跑掉了，因此，船厂一定要向新建宽厚板轧机提出生产薄而宽船板的要求，使我国船板生产也达到日本、德国及韩国的技术水平。

板面大，不但对焊接加工带来很大好处，而且可减少船板消耗和降低消耗系数。国产板与日本进口板建造船舶的消耗及消耗系数比较见表 2。

表 2　国产板与日本进口板建造船舶的消耗及消耗系数

项　目	1.5 万吨油轮			2.4 万吨油轮			2.5 万吨货轮			3.6 万吨货轮		
	国产板	日本板	差　额	国产板	日本板	差　额	国产板	日本板	差　额	国产板	日本板	差　额
船板用量/t	4470	3500	−970	7140	6530	−610	7500	4484	−2016	8200	6526	−1674
消耗系数 /t·吨位$^{-1}$	0.298	0.233	−0.065	0.298	0.272	−0.026	0.300	0.179	−0.121	0.228	0.181	−0.047

由表 2 得知，国产船板与日本板相比，尚有一定差距。为了满足船板生产的要求，轧机应该选用大一些，刚度应该大一点，这样可以轧制宽板，而且生产薄而宽板也顺利些。新建中厚板轧机应当满足船板尺寸的基本要求。

（3）板厚 0.5mm 进级，负偏差，奇数及双定尺交货。

GB 709—2000 规定，厚度小于 30mm 中厚板可以 0.5mm 进级交货，但实际上国内生产厂能做到的不多。标准中还规定，厚度小于 26mm 可奇数供货，实际上也订不到货。现在船厂提出厚度 26mm 以上也要求奇数供货，更是难上加难。

为了减轻船体自重，增加载运量，要求船板正偏差为零，只按负偏差交货。目前，国外对船板精度要求越来越高，厚度偏差越来越小，一般刚度轧机已生产不出来。负偏差等于将精度提高一倍以上，难度更大，但船体每超重1kg，罚10美元，如超10t，罚10万美元。

船舶按设计要求每张钢板按既定宽又定长的双定尺交货，钢板利用率高。但中厚板轧机太小、太少时，钢板定宽后，往往不能定长，即使定长了，也要带5%的短尺板。目前，一些中厚板厂满足船厂双定尺交货后，成材率将下降5% ~8%。

没有现代化的高刚度中厚板轧机，要满足以上交货要求是很困难的。

（4）船板表面质量是船厂提出质疑最多的问题。船板表面质量有氧化铁皮多而厚、麻点深而面积大、结疤及划伤等。表面质量差是国产船板不如进口船板的明显差距之一。

对于表面有麻点、划伤及氧化铁皮的钢板，有的船厂专门设立清理车间来完成这项繁重的清理缺陷的工作。

清理工作要求增加清理费用，使成本增加，而且有损于船体外观的美观，船板存量增大和周期增长，对船厂来说是一项劳民伤财的工作。

老轧机设备落后，除鳞不彻底，工序中钢板下表面滑动地方很多，很容易造成钢板表面质量问题。为了生产高质量船板，在改造中应尽可能加以克服。

（5）增加高强船板用量是船厂建造新型船舶的明显趋势，大型船舶为了减轻自重、增加载重、减小船板消耗系数、提高船的性能，都在逐年增加320MPa级以上高强船板用量。如采用400MPa级代替一般强度A级船板，用板量可减少1/4以上。

目前，日本高强板占船体板达60%以上，而我国只占1/3左右。

一些重要船舶用板，其屈服强度已用到900MPa级，经调质热处理后使钢板强韧性达到俱佳的要求。

另外，近年来新建造液化天热气船剧增，因此，要求大量供应能耐－160℃超低温钢板。为了保证焊接性能，不会引起断裂，日本以Ni9钢为代表，要求钢厂去磁后交货。目前，只有宝钢拥有这方面的生产条件，可满足船厂急需超低温钢板的要求。

还有，船厂要求钢厂生产巨型船舶船舱结构用LP（ladder plate）梯形板，使船舱结构达到等强度，并可减轻钢板重量、节省钢材、减少焊缝与工时，且使外形更加美观。这是一种颇受船厂青睐的新型船用钢板。

（6）船厂希望一个合同由一个钢厂或配板中心整船供板，使船板质量比较一致，化学成分和尺寸偏差都比较小，对船厂焊接和加工工艺大有好处。

目前，船厂提出“零仓库”的要求，这样钢厂交货根据船厂进度要求，每批船板应及时迅速供货，并得到相关船级社的认可。尽可能做到交货前倒运次数少，确保板形平直，浪形小，板面不被划伤；而且一定要做到标记清晰和规范化，保证船厂用船板有较高的利用率。日本的船板利用率已达95%以上，而目前我国只达85%左右。

因此，新建以生产船板为主的中厚板轧机应当尽量接近船厂，靠海临江建设，以加强与船厂联系与交流，缩短运送船板的距离与时间。

（7）我国造船完工量2006年已超过日本，2008年赶上韩国，跃居全球造船第一大国。

从表3所示近几年来我国造船完工量和船板消费情况中可以看出，造船增长率和船板消费增长率是非常快的。

表 3　我国造船完工量和船板消费量

序号	名　称	2001 年	2002 年	2003 年	2004 年	2005 年	2010 年
1	造船完工量/万吨载重	392	417	641	880	1212	2500
2	造船增长率/%	13.2	6.4	53.7	37.3	37.7	
3	船板产量/万吨	168	196	207	369	486	810
4	船板增长率/%	20	16.9	5.4	78	32	
5	船板消费量/万吨	156	168	253	341	439	650
6	船板增长率/%	15.6	7.9	50.2	34.4	29.0	
7	船板进口量/万吨	8	31	60	33	22	20
8	船板出口量/万吨	20	59	14	61	69	180
9	船板消耗系数/%	0.4	0.4	0.4	0.39	0.36	0.26

到 2010 年船板消费量为 650 万吨，加上出口量 180 万吨，要求中厚板轧机生产船板产量为 810 万吨。从目前新建轧机产能和热带轧机也能生产一部分船板能力看，完成这项任务是绰绰有余的，问题是船板质量和品种与日本相比，尚存在较大的差距。因此，我国船板生产在提高质量和增加品种方面尚需作出一番艰苦的努力。

2　船板生产对中厚板轧机提出的要求

船板厚度从 3mm 到 120mm，宽度从 800mm 到 4500mm，长度从 800mm 到 27000mm，而且还要求 3mm × 2500mm、4mm × 3000mm 及 4.5mm × 3300mm 薄而宽钢板；钢种有一般强度与高强度，各有 4 级，另外还有一些强韧性高钢板；交货状态有热轧、RC、TMCP、正火及调质等，为了配合船厂的要求，也可以抛丸涂漆后交货；对于低温钢板还要求去磁后交货，以满足船厂焊接工艺的要求。为了生产出好船板，现对中厚板轧机提出要求分述于后。

（1）原料好是船板生产达到优质、低成本、高产的首要条件，没有好的原料是生产不出好的船板的。

首先要控制好钢的化学成分，偏差尽量小，有害元素含量降至最低限度，且分布要均匀，同一批板偏差要一致。目前有害元素含量控制要求 $O \leqslant 15 \times 10^{-4}\%$、$N \leqslant 10 \times 10^{-4}\%$、$H \leqslant 2 \times 10^{-4}\%$、$S \leqslant 5 \times 10^{-4}\%$、$P \leqslant 3 \times 10^{-4}\%$、总量 $\leqslant 35 \times 10^{-4}\%$。而 C、Mn、Si 三元素含量也要控制偏差 $C \leqslant \pm 0.02\%$、$Mn \leqslant \pm 0.05\%$、$Si \leqslant \pm 0.05\%$。

硫对船板危害甚大，目前采用粒镁单吹扒渣铁水脱硫法，使硫脱至 $5 \times 10^{-4}\%$ 以下。

为了确保船板质量，炼钢炉容量应选大一些，最好达 120t 以上，可配合精炼的要求。

目前，多数厂均选用 LF（埋弧桶炉）法和 VD（真空脱气）法或 RH（循环真空脱气）法相配合，以达到精炼的要求。

LF 法用埋弧加热，吹氩搅拌，可升温与控制成分，可脱 $O \leqslant 20 \times 10^{-4}\%$、$S \leqslant 7 \times 10^{-4}\%$、$N \leqslant 12 \times 10^{-4}\%$、$H \leqslant (1 \sim 3) \times 10^{-4}\%$，且将夹杂降至 $\leqslant 0.03\% \sim 0.042\%$。

VD 法用吹氧，可脱 $C \leqslant 100 \times 10^{-4}\%$，去 $H \leqslant (1 \sim 3) \times 10^{-4}\%$、$N \leqslant (40 \sim 50) \times 10^{-4}\%$、$O \leqslant (30 \sim 60) \times 10^{-4}\%$，夹杂降至 $\leqslant 0.01\% \sim 0.03\%$。该法投资省，适合中小厂采用。

RH 法用吹氧钢水循环处理，可脱碳至$(10\sim30)\times10^{-4}\%$，去 $H\leqslant(1\sim3)\times10^{-4}\%$、$N\leqslant(15\sim25)\times10^{-4}\%$、$O\leqslant(20\sim40)\times10^{-4}\%$。该法处理周期短，生产率高，但对厂房有特殊要求，投资大，适合于大厂采用。

连铸板坯要求厚一些、宽一些，适应宽而厚板生产，单重大一些，满足长尺和双定尺板的要求，以提高成材率。火焰分段切割后必须把端头毛刺和瘤渣去除，以免造成板面缺陷。板坯表面有各种缺陷时一定要及时进行冷热清理，切勿将有缺陷板坯装入炉内。

板坯尺寸偏差小，厚度偏差应不大于 ±3mm，宽度偏差不大于 ±6mm，长度偏差不大于 +30mm，重量差达 +2% 以下，以免造成短尺和降低成材率。

目前，钢厂对原料质量都比较重视，所以基本上均能满足船板生产的要求。

（2）为了避免船板下表面划伤，加热炉以步进梁式为主。为消除黑印，均热段步进梁应错开布置。装料与出钢应采用抬起送入与出钢方式，以免划伤板坯。

热装热送既可节省燃耗、增加加热能力，又能减少氧化与铁皮厚度。另外，低温出钢也可大大减少氧化铁皮。这些措施对船板生产都是非常有利的。

（3）高压水除鳞是清除船板表面铁皮和减少麻点以及其他表面缺陷的关键工序。通常设置除鳞箱清除加热时生成的一次氧化铁皮，在轧机上设喷嘴清除二次氧化铁皮。一次氧化铁皮必须清除干净，不然容易形成超差的麻坑。

实践证明，清除氧化铁皮需有一定的冲击力，一般一次氧化铁皮的冲击力达 20 ~ 25kN/cm，而二次氧化铁皮的冲击力达 5 ~ 8kN/cm，加热原料温度越高越容易清除。因此，除鳞箱应尽量靠近加热炉，原料加热好出炉后尽快用高压水立即清除。加热原料耽搁越久，温度降低越多，越不容易清除。通常加热炉座数以两座为好，第 2 座炉离除鳞箱还不算远，如有 3 座炉时，第 3 座炉离除鳞箱达 40 ~ 50m 远，温降太多，除鳞效果明显下降，特别是一些含铬、镍合金钢氧化铁皮黏而非常致密，更难冲除。

新型除鳞箱都布置有双排喷嘴，而且喷嘴高度可调，高度在 80 ~ 200mm 之间。20 世纪 80 年代用 300mm 高，冲击力太小，除鳞效果差。若高度低，喷嘴多，选用泵流量大。

（4）轧机是确保船板尺寸偏差、性能及不平度的关键设备，若上述指标超差，即使后续工序非常先进，也难以纠偏。首先，轧机尺寸应当选用大一些，以便满足大船用板的需求。为了提供整船用板的各种尺寸钢板，只一台轧机生产是非常不经济的，最好有几台不同尺寸轧机联合生产。如日本几大公司都有一台 5m 以上大轧机，再配一台 4800mm 级轧机，并配以带有剖分剪的用数码信息控制的剪切线，可满足生产多种尺寸船板的要求。韩国浦项厂拥有 4700mm、4300mm 及 3400mm 三台不同尺寸轧机，是目前全球生产船板最多的厂家，可完成全球最大造船能力船板用量的要求。

其次，轧机选用大轧制力（达 20kN/mm）、大功率（达 2kW/mm）、高刚度（达 2kN/mm）、高轧速（达 7m/s）。板形控制除 HAGC、原始辊型及阶梯辊等以外，至今都没有比较成熟的经验与装置，如 PC 只 2 台、HCW 只 1 台、CVC 只 1 台、VC 只 1 台已不用，精轧机附立辊只 2 台（含宝钢 1 台）、预弯支撑辊有 4 台已全部停用了，预弯工作辊有 10 多台，大部分使用效果不明显，国内几台也都未用好。但国外在 CVC、PC 及 HCW 轧机上使用预弯工作辊时都发挥有一定的作用，单独使用时仍褒贬不一，尚未定论。

目前，基本要求是选好机架牌坊形式、支撑辊与工作辊直径的合理参数，将轧机刚度做大，为轧制负偏差船板创造有利条件。

高强船板采用控轧控冷工艺，某些方面其性能可赛过热处理钢板，且可省去热处理工序，降低了生产成本。多数厂都采用多块钢板等轧待温方式，但需具备带有等轧辊道的高性能轧机和快冷装置，以及控轧控冷操作技术规程及其模型。前者设备是死的东西，而后者才是活的精华，经长期试验与多年操作的结晶，应该说后者比前者更有价值。

板形控制是钢板三维立体形状的控制技术，目标是生产出尺寸偏差非常小、切头尾和切边极少、矩形或近似矩形及齐边（不切边或铣边）、性能均一的平直船板。借此技术可扩大产品，生产出如船用梯形等异型钢板。控制板形一般由纵向（长度）、横向（凸度）及平面三部分所构成，三者互相配合与影响，统一运筹而轧制出最佳板形和最经济的船板。目前都采用多功能、响应快、大行程、过压下的高性能 HAGC，且将响应快的直动型伺服阀直接安置在液压缸上，以提高其响应性；而压下系统采用数字控制，缸位置控制由数字信息处理机来执行，其控制精度显著提高，可以生产出高精度的船板。

中厚板轧机附设立辊轧机进行轧边并控制板宽，此技术在日本和韩国都取得了很好的效果，一般成材率可提高 1% ~3%。

由于检测元件、传感器、通讯及计算机等技术的提高，对钢板厚度、宽度、长度、凸度、平面板形、镰刀弯、不平直度、头尾形状、浪形及表面缺陷等均能精确稳定地检测，现已走向专业化、智能化及全面自动化检测阶段，因此，船板外表质量已有可靠的保证。

（5）即使有最后一道平整道次，也很难保证成品钢板的不平度。因此，轧后热矫是确保平直船板必不可少的一道重要工序。船板执行控轧控冷工艺后，板形变坏，板温降低，屈服强度增高，因此，以前中厚板轧机选用的小矫直力热矫直机已无法矫直 TMCP 生产的船板，必须配置一台大范围强力热矫直机。

首先，这种矫直机的矫直力大，一般以板厚 50mm 为基准时单位辊身长度矫直力达 8kN/mm，而刚度达 1 ~2kN/mm 以上，总的辊跳在 2 ~3mm 以下，横梁与矫直辊挠度在 0.2 ~0.3mm 以下，且振动很小，不然也会直接影响到矫直质量。

其次，安置 HAGC 来控制辊缝，做到恒辊缝轧制。以厚度计 AGC 方式，通过矫直力信号来控制进出端辊缝的闭口与打开，满足了钢板头尾部矫直的要求。

采用单独驱动矫直辊方式，克服矫直辊发生速差时在板面引起打滑而擦伤钢板。也有采用单独调整矫直辊压下方式，使矫直辊都处于最佳的工作状态。

新型矫直机都设矫直辊倾斜机构，使进口至出口辊缝逐渐增大，压下量逐渐减小，这样，矫直后钢板达到极小的不平度。并且以弯辊与 PC 辊来克服矫直辊挠度，达到平行恒辊缝的要求。还有采用单侧调整压下机构，使矫直辊宽度倾斜，以满足船用锥形板的矫直工艺要求。

矫直辊材质与维护对矫直船板表面质量和换辊周期有很大的影响。一般根据耐磨性、传动强度及受压强度来选用材质。为了确保矫直辊表面质量，一般使支撑辊辊面硬度比矫直辊小 15HB，并做到定期更换矫直辊和选用好的冷却方式。

最后，采用计算机模型控制，按矫直船板厚度、宽度、平直度状况及温度来设定辊缝，调整好横梁液压缸位置，保证打开、闭合及咬钢速度的稳定，自动将过载保护系统和厚度计控制弹跳补偿系统切入工作状态。

目前，我国现有热矫直机都经不同程度的改造，而新建的均为强力式，因此，生产船板不平直度是有保障的。

（6）冷床的功能是将热矫后船板从750～650℃冷至150～100℃以下，要求均匀冷却不得出现瓢曲，船板下表面也不许有划伤，并且有轧机与剪切线生产能力的缓冲作用。因此，冷床是确保船板平直度与表面质量的一个重要设备。

以前采用拉钢方式冷床极易划伤板面。新建厂大都采用步进格板式和盘辊式冷床。我国采用盘辊式冷床很广泛，但一定要维护好，使盘辊都能灵活转动且趋于一个平面上。

我国新建厂冷床面积都比较充足，下冷床钢板温度都在150℃以下。但20世纪80年代以前建成厂冷床面积都很小，加之生产能力逐年扩大，冷床能力更显不足，下冷床板温达300℃以上，有的在辊道上继续冷却，影响到船板平直度。另外，剪切时板温太高，容易引起剪切板端出现蓝脆现象，很不利于船厂的焊接质量。

为了保证正常的生产，以每月生产钢板来确定冷床面积，正常情况取220m^2/(万吨·月)，而富裕情况应取320m^2/(万吨·月)。如年产120万吨中厚板厂的冷床面积应达到2200～3200m^2。

（7）船板规格张数多，要求剪切次数多，且长度和宽度偏差小，多数只有正偏差，没有负偏差，实际上偏差值小了一倍。

剪切线是确保船板高质量和轧机产能的重要一环。

船板长度和宽度裕量及偏差大，增加船板刨边加工量。如果剪切很精确的话，可以做到不加工或少加工，给造船厂带来好处是很大的。

以生产船板为主的中厚板轧机最佳的配置是一条数码信息剪切线，由板形仪、自动划线机、切头剪、高精度快速对正机、双边剪、剖分剪、定尺剪及标记机等设备所组成。首先将板形仪测出的钢板平面形状信号传输到自动划线机，把钢板切边、头尾、试样、定尺分段、剖分宽度及不同长度，以及有镰刀弯板的分隔线都划上白线，在以下3台剪切机对正剪切钢板剪切位置时可以大大缩短辅助时间，使剪切线剪切能力大大提高。目前，靠人工定位的办法既定不准又耽误时间，因此，造成成品板长宽裕量与偏差很大。日本几乎所有剪切线都设有划线机，钢板长宽裕量与偏差很小，受到船厂一致赞誉。

以前切边时靠对正装置横移钢板对准激光红线，使两边切边量一致，只靠操作熟练程度，非常耽误时间。但划有切边白线以后，只要红光与白线重合，操作很容易，且操作时间大大缩短。同时还可以纠正双边剪调整的偏差错误，使钢板宽度非常准确。

再说说剖分剪对船板生产的好处。剖分剪可将钢板纵切成两块宽度一样的，也可纵切成两块宽度不一样的，一块宽一些，另一块窄一些。另外，还可以将两块剖分后钢板在定尺剪上切成不同定尺钢板。剖分剪后设有抬升装置，使抬起钢板不走动，不抬起钢板先送入定尺剪剪切后，再将抬起钢板落下送入定尺剪剪切，这样就可以切成不同定尺钢板。因此，剖分剪是适合多规格船板生产的一种设备。

（8）船板热处理交货主要是正火，少数高强板采用调质。采用炉型为辐射管加热保护气氛辊底式连续炉，装炉前先将处理钢板抛丸去除上下表面氧化铁皮，使热处理后钢板呈现有光亮表面，同时也避免钢板表面产生缺陷。

目前，国内大部分中厚板厂都缺少热处理设备，因此，只能承接一般强度船板，不能生产要求热处理交货高强船板。设有保护气氛辊底式炉如武钢、鞍钢、舞钢及宝钢等厂，都具有生产高强船板的很好条件，但应加强生产技术与质量管理工作，为船厂提供高质量高性能的船板。

欧洲国家采用外部机械化室式炉进行正火处理，因板形不易保证，且不能进行热矫。当冷矫时往往有残余应力存在，船厂加工与焊接中会出现形变。因此，这种炉型在现代化厚板厂已很少使用。

生产调质船板时应建成由淬火或正火炉与回火炉组成调质线，可以及时进行淬火或正火后回火，以避免出现回火脆性。

(9) 如果要求抛丸涂漆交货时，一定要与船厂商议，涂漆种类必须满足船厂的要求。

目前，国外按此工艺交货船板在日本采纳较多，因日本钢厂与船厂的对口关系比较紧密，对船厂有很好的效益。我国至今尚未达到此条件，只宝钢设有抛丸涂漆线，但尚未生产过涂漆船板。

抛丸涂漆线形式有单面与双面之分。前者设备多，但能确保涂漆质量，后者设备少，但容易损坏涂漆面。日本以前者居多，涂漆船板质量好。

我国船舶工业在赶超日本、韩国迅速发展的大好形势下，船板需求量逐年大幅度地增加。船板生产技术与品种质量也在赶超日本、韩国浪潮中有了长足的进步，已由一个船板进口国转变成为船板纯出口国。

当前，在我国掀起全球第 3 次中厚板轧机建设高潮之际，将船板生产与供应调整到中厚板生产与钢材供应的重要地位，密切船舶制造与船板生产的关系，努力把我国建设成一个船板生产的强国，而且也是一个造船强国。

附文 3-2 日本船板生产和我国船板供求的形势[1]

1 引言

我国交通运输十分紧张，应发展造船工业，将江、河、湖、海充分利用起来。另外，发展造船工业，也可以发挥我国劳动力的优势，建造出口船赚取外汇。

近几年来，随着世界贸易的发展，造船工业已开始有所复苏。韩国如同一匹骏马在追赶世界超级造船大国——日本，而我国也迅速崛起，超过德国和丹麦，位居世界第三。

日本船板生产实力雄厚，在国际市场上占有很重要的地位。

我国船板生产已有了一定的基础，与日本和韩国相比，仍然存在较大差距。

现代造船工业对船板生产有哪些要求？我国为何大量进口船板？2000 年和 2005 年我国究竟需要多少船板？现发表一点浅见，以引起国人对我国船板供求严峻形势的重视。

2 日本船板生产

日本造船业从第二次世界大战发展起来，并大力采用分段施工的焊接结构（到 1945 年前后已不用铆接结构，全部用焊接方法），使造船业得到飞速发展，也促进了船用钢材

---

[1] 此文写于 1996 年。

的生产。1979～1992 年日本造船业消费普通钢材的情况如表 1 所示。

表 1　1979～1992 年日本造船业消费普通钢材的情况

年　份	1979	1980	1981	1982	1983	1984	1985	1986	1987	1988	1989	1990	1991	1992
国内消费量/万吨	6236	6102	5893	5470	5477	5846	5947	5846	6366	7003	7627	8147	7758	8417
造船消费量/万吨	355	407	415	304	329	365	352	211	187	216	266	292	297	303
比例/%	5.7	6.7	7.0	5.6	6.0	6.2	5.9	3.6	2.9	3.1	3.5	3.6	3.8	3.6

近几年来，日本造船消费钢材已有所回升。1992 年总消费钢材为 9561 万吨，其中造船用特殊钢材为 14 万吨，占 0.15%。1991 年船用普通材与特殊材，占总消费钢材的 3.6%。

造船用钢材以板材和型材为主，钢管只作为装配件。

厚度 3mm 以上中厚板占船用钢材的绝大多数。1992 年船用中厚板消费量为 230.6 万吨，占 76.2%；型材为 40 万吨，占 13.2%；钢管为 17 万吨，占 5.6%；其他钢材为 15 万吨，占 5%。

1992 年造船用特殊钢材 14 万吨中，高强钢为 7.4 万吨，占 52.9%；碳结钢为 3.3 万吨，占 23.6%；不锈钢为 1.5 万吨，占 10.7%；合金结构钢为 0.9 万吨，占 6.4%；轴承钢为 0.38 万吨，占 2.7%；其他钢为 0.52 万吨，占 3.7%。

日本各部门中厚板消费情况如表 2 所示。1985 年以前，船用中厚板消费量一直占据首位，但自 1986 年开始被建筑部门所取代（从中也可窥视日本造船的兴衰历史）。造船、建筑及机械制造 3 个部门占中厚板消费量的 90%，其中造船占 1/3。由此可知，日本造船业在国民经济中占有极为重要的地位。

表 2　日本各部门中厚板消费量

年　份			1981	1982	1983	1984	1985	1986	1987	1988	1989	1990	1991	1992
总量/万吨			904.1	696.3	636.5	722.4	692.2	540.1	578.3	633.3	746.5	795.4	777.2	715.6
1	造　船	万吨	335.8	256.6	274.0	308.6	269.5	160.2	153.2	158.5	199.7	216.1	222.0	230.6
		%	37.2	36.8	43.1	42.7	38.9	29.7	26.5	25.0	26.7	27.2	28.6	32.2
2	建　筑	万吨	255.0	222.8	176.9	203.7	206.3	200.4	219.8	246.4	281.4	299.1	307.0	271.2
		%	28.2	32.0	27.8	28.2	29.8	37.1	38.0	38.9	37.7	37.6	39.5	37.9
3	机械制造	万吨	189.0	138.6	117.8	137.3	138.4	115.0	138.8	159.0	188.9	200.4	168.7	141.7
		%	20.9	19.9	18.5	19.0	20.0	21.3	24.0	25.1	25.3	25.2	21.7	19.8
4	汽　车	万吨	57.9	32.7	29.9	32.5	31.8	24.3	29.5	31.7	34.3	35.8	29.5	25.8
		%	6.4	4.7	4.7	4.5	4.6	4.5	5.1	5.0	4.6	4.5	3.8	3.6
5	其　他	万吨	66.4	45.6	37.9	40.3	46.2	40.2	37.0	37.7	42.2	43.9	50.0	46.3
		%	7.2	6.6	5.9	5.6	6.6	7.4	6.4	6.0	5.7	5.5	6.4	6.5

日本船板生产，不论装备还是生产工艺都是世界上最先进的。目前日本拥有 9 套宽厚板轧机，其中 5m 以上有 5 套，4700mm 级有 4 套；按轧机组成与形式分，双机架四辊式有 5 套，单机架四辊式有 4 套；按公司拥有分，新日铁有 3 套，日本钢管有 2 套，住友金属、川崎、神户及日本制钢各有 1 套。除日本制钢 1 套专门生产大单重特殊产品以外，其他 8

套都是配有控轧、控冷、高性能的热矫直机和冷床、剪切线、打印喷字装置、连续超声波探伤装置、钢板堆垛机及完善的热处理炉等的现代化高刚度轧机。原料以连铸板坯为主，连铸比达 95% 以上。板坯平均单重达 15t 以上，钢板平均轧制长度达 25m 以上，非常适合于多倍尺与双定尺船板的生产；平均成材率达 93% 以上（大分厂最高已达到 96.5%），平均小时产量达 300t 以上。生产船板厚度为 4.5 ~ 75mm，以 20mm 左右居多；宽度为1000 ~ 5350mm，以 4000mm 左右居多；长度为 3 ~ 30m，以 12 ~ 20m 居多。σ_b 为 400 ~ 700N/mm^2，一般为 500 ~ 600N/mm^2。90% 以上船板都是中厚板轧机生产，只有少数薄规格板由热带轧机生产。

日本船板不设专门标准，只设相应标准。

一船结构用轧制钢材系采用 JIS G3101 的 SS34、SS41、SS50 及 SS55 四个钢号；焊接结构用轧制钢材系采用 JIS G3106 的 SM41、SM50、SM53 及 SM58 四个钢号；钢板尺寸按热轧钢板和带钢的形状、尺寸、重量及其允许偏差 JIS G3193 标准交货。另外，还应当符合日本海军协会规格中船体结构用钢 KA—KE、锅炉用钢板 KP 及压力容器用钢板 KPV 的要求。

船板除了以热轧状态交货之外，根据标准与用户的要求，也可控轧、控冷、热处理、抛丸除锈、超声波探伤及喷底漆后交货。尺寸按用户合同规定偶数或奇数厚度、负偏差、0.5mm 进级、长宽双定尺、矩形或非矩形钢板交货。

订货合同随时签订。一个生产厂供应一艘船用全部钢材，1 个月交货，拖期必罚。

日本是世界上船板产量最高、质量最好、板面最大、品种最齐全、设备与工艺最先进、消耗最少、服务最周到的国家。因此，在船舶客户中有较高的信誉，被誉为世界上造船和船板生产的王国。

3　现代造船业对船板生产的要求

现代造船业对船板生产提出了许多更高的要求。

3.1　需求批量大

船板是中厚板生产中最大的用户，如日本 1992 年生产中厚板为 716.5 万吨，其中船板达 230.6 万吨，占 32.2%，约 1/3；我国 1992 年生产 853.6 万吨中厚板，其中船板达 73 万吨，占 8.5%，在我国专用中厚板产量中已独占鳌头，但仍满足不了需求，进口船板逐年增加。

日本建造一艘 55 万吨级油轮，需用船板达 10 万吨以上。我国拟建造 VLCC28 万吨超级油轮和 VLBC30 万吨超级散货轮，每艘约需船板达 6 万吨，批量之大，超过桥梁用板。

造一座九江长江大桥需用三四万吨桥梁板，批量也很大，但几年才造一座，年需求量并不大（我国建造大桥比较多，平均年消费桥梁板也只二三万吨）。

一艘船用板希望由一个厂配套供应，钢板性能、化学成分和尺寸偏差比较一致。但是，没有高产量宽厚板轧机是很难做到的。另外，短期内交大批量船板也不可能。

3.2　钢板规格和张数多

船板规格和张数多是供货的又一大特点，通常是上百个规格、数千张钢板，有时候一个规格只有一张钢板，单重不到1t，生产上很难安排。但是，为了满足客户的需求，也要求安排组织生产。

我国建造一艘H2191型68500t油轮（见附照1-7），用的钢板最厚达60mm，因受国内轧机的限制，钢板最宽为2500mm，最长为12m，其中最多为17mm厚，共有56个规格，5500张钢板，达1.5万吨船板。

另外，建造一艘36000t散货轮，用的船板最厚为24mm，因受轧机的限制，钢板最宽为2500mm，最长为9m，其中厚度最多的厚20mm以下，共有41个规格，4300张钢板，需要船板为8000t。

建造一艘118000t油轮，用的船板最厚为75mm，因受轧机和国内船厂的限制，钢板最宽为3000mm，最长为12m，其中最多为10~25mm厚，共有138个规格，6200张钢板，需要船板达2万多吨。

建造出口7万吨散货轮，采用德国进口钢板1.18万吨，91个规格，5637张钢板，厚度为5~60mm，其中厚度为30~60mm的有29张板，205t重。

建造出口11.8万吨油轮，由国外进口2.4万吨钢材，其中钢板为1.96万吨，占81.7%，有139个规格，6202张钢板，厚度为10~75mm，其中厚30~75mm的有63张板，重514t。

建造出口15万吨散货轮，由日本和韩国进口2.42万吨，计5227张钢板。

由以上几艘船用板可以看出，这么多规格和张数，低产量小轧机是承担不了的，包一艘船用板更不可能。吨位大的船要求板面也大，特别是出口船，基本上全部采用进口船板。

3.3 厚度0.5mm进级、负偏差、奇数及双定尺交货

GB 709—88规定，厚度小于30mm中厚板可以0.5mm进级交货，实际上国内生产厂能做到的不多。标准中还规定，厚度小于26mm可奇数供货，实际上也订不到货。现在船厂提出厚度26mm以上也要求奇数供货，更是难上加难。

为了减轻船体自重，增加载运量，要求船板按负偏差交货。目前，国外对钢板精度要求越来越高，厚度偏差越来越小，一般刚度轧机已生产不出来。负偏差等于把精度提高一倍，难度就更大。

船舶按设计要求每张钢板双定尺交货，钢板利用率很高。但中厚板轧机太小，钢板定宽后，往往不能定长，即使定长了，也要带5%短尺板。目前，中厚板厂满足船厂双定尺交货后，成材率将下降5%~8%。

没有现代化高刚度中厚板轧机，要满足以上交货要求是很难办到的

3.4 板面大

船吨位越大，要求板面也越大，板面越大，焊缝越少。目前，日本、德国、美国、俄罗斯、法国、意大利及韩国都能供应船厂宽度为3000~4500mm、长度为12~25m船板。这种特宽特长船板只有采用4.8m以上特宽厚板轧机才能生产出来。

3.5 钢板强度高

船板强度高，板厚可减薄，船体自重小。目前，高强度船板 σ_b 已达600N/mm^2 以上，

有的采用 Hy80 和 Hy100，大大提高了船体质量。

4 我国船板生产现状的分析

我国拥有能生产船板的中厚板轧机 25 套，热带轧机 11 套，其中船板生产厂有近 20 家。1984～1993 年船板产量与进口量的情况见表 3。

表 3 1984～1993 年我国船板产量与进口量

年 份	1984	1985	1986	1987	1988	1989	1990	1991	1992	1993
中厚板产量/万吨	428	437	493	568	601	641	674	705	820	982
船板产量/万吨	46	51	52	52	58	51	55	63	73	65
船板进口量/万吨	11.76	12.55	14.17	9.13	8.49	6.83	3.12	约 8	10	21
船板表面消费量/万吨	57.76	63.55	65.17	61.13	66.49	57.83	58.12	约 71	83	86
船板产量占中厚板产量的比例/%	10.7	11.7	10.5	9.2	9.7	8.0	8.2	8.9	8.9	6.6

1992 年和 1993 年我国钢厂生产船板产量情况如表 4 所示。

表 4 1992 年和 1993 年我国钢厂生产船板产量 （万吨）

年 份	全 国	武 钢	宝 钢	重 钢	鞍 钢	地方厂	其他厂
1992	73	30	15	7	6	8	7
1993	65	29	12	7	6	6	5

20 世纪 80 年代以来，我国不但已大量生产一般的货船、油轮、煤轮、化学品船、车客渡船、自卸船、液化石油气船、南极考察船及渔船等，而且已建造出技术复杂的大型冷风集装箱船、大型穿梭油轮及大型滚装船等。这些船用钢板已开始立足于国产，而且许多厂已取得挪威（NV）、英国（LR）、美国（AB）、法国（BV）、德国（GL）、意大利（RINA）、俄罗斯（RSSR）及中国（ZG）等船级社认可。但是，目前仍然需要大量进口船板，原因比较多，主要原因是我国造船工业发展迅速。以船舶总公司为例，1992 年造船实际吨位为 111.7 万吨（其中出口船为 59.72 万吨），1993 年造船 130 万吨（其中出口船为 65 万吨），1994 年造船 164 万吨（其中出口船为 83 万吨），年增长率为 16%。出口船份额很大，占一半以上。国内钢板生产厂跟不上造船业的迅速发展，在船板品种、质量及服务等方面，与国外先进生产厂相比都有很大不足。

首先，船用进口板价格为 460 美元/t，按外汇比价 8.5 元/美元算，为 3910 元/t，减去退税 17%，为 3245 元/t，与国产板价格 3200 元/t 相比，高出 45 元/t。但由于国产板定尺率低、偏差大、厚度进尺范围大、不能按双定尺供货及表面质量差等，钢板利用率只有 80%～85%，而进口板可达 90%～95%，差 10 个百分点，节省造价达 300 元/t 以上。

国产船板与日本进口船板、国内造船与日本造船用钢板的比较如表 5 所示。

表5 我国与日本用船板比较

内 容	1.5万吨油轮			2.4万吨油轮			2.5万吨货轮			3.6万吨货轮		
	国产板	日本板	差 额	国产板	日本板	差 额	国内造	日本造	差 额	国内造	日本造	差 额
船板用量/t	4470	3500	-970	7140	6530	-610	7500	4484	-2016	8200	6526	-1674
单耗/t·吨位$^{-1}$	0.298	0.233	-0.065	0.298	0.272	-0.026	0.300	0.179	-0.121	0.228	0.181	-0.047

由表5得知，国产板比日本进口板的用量和单耗大很多，如1.5万吨油轮用板量多970t，单耗大0.065t/吨位。国内造船比日本造船的用板和单耗更大，如2.5万吨货轮用板量多2016t，单耗大0.121t/吨位。

其次，进口板的板面大，宽度达3000~3600mm，长度达12m，而国产板一般宽度只有1500~1800mm，长度在8m以下。江南、沪东及上海三个船厂采用国产船板和进口船板制造货轮焊缝减少的情况如表6所示。

表6 国产板和进口板焊缝的比较

序号	船 厂	船 型	全船焊缝/m		焊 缝 减 少	
			1.5~1.8m宽板	3~3.6m宽板	m	%
1	江南造船厂	2.7万吨货轮	23851	17616	6235	26.1
2	沪东造船厂	3.6万吨货轮	15100	9236	5874	38.9
3	上海造船厂	3.5万吨货轮	16443	10467	5976	36.3

采用进口船板一般可减少焊缝25%~40%，节约工时和材料费用。另外，国产板长宽偏差大，刨边加工量大，而进口板尺寸准确，刨边少，甚至可不刨边。因此，焊接综合工料费可节省达100元/t以上。

再有，进口板订货随时，供货及时，且交货时间短，签合同后2~3个月按造船进度分批交货，严格执行合同，船舶建造周期短。而国产板每年分两次按期订货，签合同后少则半年，多则8、9个月才交货，建造周期长。进口板是一艘船向一个厂签一份合同，而国产板分散到几个厂签订多家合同。最近，舞钢已签订一艘船全部船板的供货合同，得到船厂的一致好评。

还有国产船板表面质量差，也是一个恼火的事情。对于表面有麻点、划伤及铁皮的钢板，需要专门设立清理车间来完成这项繁重的清理缺陷工作，可以说是劳民伤财。

目前，我国大量生产A级和B级船板，而D级和E级船板只少量供应，AH32和AH36级船板基本不产，与进口船板相比，σ_b 低50~100N/mm^2，这也是出口船客户愿意自己提供船板的理由。

出口船客户讲究钢板信誉，宁愿用日本进口板，也不要中国生产钢板。长此下去，国内订货大船采用进口船板也为期不远。

5 船板需求预测

我国船板用户主要有船舶工业、船舶重工、交通部、农业部及商业部五家。另外，也出口一部分换取外汇及调剂市场。

1993 年全国消费船板约 86 万吨，当年国产板为 65 万吨，进口板约为 21 万吨。

预计 2000 年前后是我国大力发展造船业的大好时机。2000 年建造船舶吨位将达 500 万吨，包括出口任务在内，船板需求量为 190 万吨左右。2005 年需船板 310 万吨，而生产能力只有 220 万吨，需进口 90 万吨船板。2010 年需船板 490 万吨。

2000 年和 2005 年我国船板需求预测如表 7 所示。

表 7　2000 年和 2005 年我国船板需求预测　（万吨）

序号	部　门	2000 年	2005 年
1	船舶总公司		
	（1）造船吨位	350	700
	其中出口船	125	300
	（2）消费船板	120	210
	（3）进口船板	70	90
2	交通部消费船板	40	60
3	农业部消费船板	6	10
4	商业部消费船板	1	1
5	出口船板	23	24
	消费船板合计	190	310
	国内船板产量	120	220

6　结语

近几年来，我国造船业发展很快，出口船订货额逐年增加，而国产船板生产却处于徘徊状态（见表 3），产量与质量反而有所下降，品种也较少，进口船板急剧增加，冲击着国内市场。

世界上三大造船国——日本、韩国、中国都在亚洲，竞争非常激烈。韩国造船能力已达 700 万吨，2000 年将大于 1000 万吨，将超过日本，跃居世界第一。韩国拥有 2 套 3400mm 宽厚板轧机，一套 4724mm 宽厚板轧机，还有一套新建 5000mm 宽厚板轧机即将投产，船板生产能力达 300 万吨以上，可供应宽度达 4500mm、最长达 20m 各种优质船板，为造船业腾飞打下了坚实基础，成了与日本激烈竞争的对手。

我国要与日本、韩国相竞争，尚处于劣势。我国中厚板轧机套数不少，但至今还没有一套现代化宽厚板轧机。在国内外市场上，我国生产船板牌子不硬、信誉不高，必然会影响我国造船业的快速发展和出口船的信誉。

为了大量生产宽度为 3000 ~ 4500mm、长度为 12 ~ 20m、奇偶数厚度、0.5mm 进级、长宽双定尺、负偏差、按整艘船供货的优质船板，我国应当在沿海与大江沿岸尽快筹建一套 5m 左右双机架现代化宽厚板轧机。不然的话，每年只有大量进口船板，辛辛苦苦造船所赚的外汇就会大量花费在购买进口船板上了。

附文 3-3　UOE 焊管和宽厚板生产的配合要求

管线运输具有经济、安全、高效及不间断等特点，近年来发展尤为迅速，增长率达 12% ~14%，居于五大运输工具之首。

我国长输管线起步较晚，西气东输工程带动了长输管线技术的迅速发展。跨国管线尚在筹议之中，管线长度达上万千米；国内形成管网后管线长度达数万千米。

目前全球长输管线长已近 300 万千米，每年增长速度达 6 万千米（见附照 1-8），其中美国最长，有 70 多万千米，占全球的 1/4；前苏联次之，达 25 万千米；加拿大第三，有 10 万千米。我国比较短，只有 4 万多千米，其中输气管线约占一半。

埋弧直缝大直径焊管的直径为 406 ~ 1626mm，壁厚为 4. 7 ~ 64mm，长度为 6 ~ 18. 9m，钢种有 API 5L X42 ~ X120，输气压力达到 15MPa。

这些长输大直径管线都铺设在沙漠、海洋、沼泽等温差较大、环境恶劣的地带，而且要求管径大、输送压力高、效率好、工作安全可靠及维护简单。因此，对管线板提出了许多严格的要求。

（1）天然气长输管线直径已达 1422mm（56in），管径越大，输送效率越高且比较经济。由表 1 得知，管径 914mm（36in）和 1422mm（56in）比较，管线重量增加率为 178%，而截面面积增加率达到 317%。

表 1　大直径焊管重量与截面面积增加率比较

序号	管径		壁厚 /mm	单重 /kg · m^{-1}	截面面积 /m^2	增加率/%		说明
	mm	in				重量	截面面积	
1	914	36	16	361	0. 656	100	100	以 36in 为基数比较
2	1067	42	16	422	0. 894	117	136	
3	1219	48	16	481	1. 169	133	178	
4	1422	56	16	561	1. 588	155	242	

因此，管线板最宽已用到 4470mm，目前宝钢和沙钢 5000mm 轧机已能供货。

（2）钢级提高了。我国对 X80 已大量应用，而国外已用到 X80、X100 甚至 X120。表 2 为 API 5L 管线钢化学成分及强度。管线的塑性裂纹扩展（DFP）会使管子局部破裂气体溢出，纵向扩展还会造成更大范围的重大事故。因此需采用高强韧性与焊接性好的高级别管线钢来取代低级别钢。目前采用抗 DFP 更好的 X80、X100，甚至 X120 钢，应该是最经济的钢级。以高纯净钢为原料，用 TMCP、TMCP + ACC、DQ + HOP 轧制法生产出低碳非常细的针状铁素体、铁素体 + 贝氏体、铁素体 + 马氏体钢板，使冲击值达到 260J 以上，生产难度是比较大的。

表 2　API 5L 管线钢化学成分及强度（1983 年版）

级别	化学成分/%								强度（最小）						
	C (max)	Si (max)	Mn (max)	P (max)	S (max)	Nb (min)	V (min)	Ti (min)	σ_s psi	σ_s MPa	σ_s kg/mm^2	σ_b psi	σ_b MPa	σ_b kg/mm^2	δ/%
API 5L A	0.21(0.22)		0.90	0.04	0.05				30000	207	21.1	48000	331	33.7	
API 5L B	0.26(0.27)		1.15	0.04	0.05				35000	241	24.6	60000	413	42.2	
API 5L X42	0.28(0.29)		1.25	0.04	0.05				42000	289	29.5	60000	413	42.2	
API 5L X46	0.30(0.31) 0.28(0.29)		1.35 1.25	0.04	0.05				46000	317	32.3	63000	434	44.3	
API 5L X52	0.30(0.31) 0.28(0.29)		1.35 1.25	0.04	0.05				52000	358	36.6	66000 72000①	455 496	46.4 50.6	②
API 5L X56	0.26		1.35	0.04	0.05	0.005	0.02	0.03	56000	386	39.2	71000 75000	489 517	49.9 52.7	
API 5L X60③	0.26		1.35	0.04	0.05	0.005	0.02	0.03	60000	413	42.2	75000 78000	517 537	52.7 54.8	
API 5L X65	0.26		1.40⑤	0.04	0.05	0.005	0.02		65000	448	45.7	77000 80000	530 551	54.1 56.2	
API 5L X70	0.23		1.60	0.04	0.05				70000	482	49.2	82000	565	57.6	
API 5L UX80	0.26	0.35	1.40	0.04	0.05				80000	551	56.2	95000 ~ 125000④	655 ~ 862	66.8 ~ 87.8	
API 5L UX100	0.26	0.35	1.40	0.04	0.05				100000	689	70.3	110000 ~ 135000	758 ~ 931	77.3 ~ 94.9	
API 5L UX120			1.40	0.04	0.05				120000	827	84.4	133000 166000	915 ~ 1145	93.3 116.7	

①为 OD≥20in、壁厚 >0.375in 及 <20in 任何壁厚。②为求 2in 管最小 $\delta = 625000 \frac{A_{0.2}}{U_{0.9}}$，A 为试样截面面积，≈0.01in^2 或 0.75in^2 或更小；U 为 σ_b（psi）。③σ_{bmin} 为 75000psi（516MPa）。④max ~ min。⑤自 X65 以下，C 每降 0.01%，则 Mn 升 0.05%，但 max <1.45%。

（3）管线板根据标准要求经超声波探伤交货。板四边25.4mm范围内采用反射双晶探头全面探伤，其他部分按间距100～150mm纵向局部探伤。探伤结果自动记录打印备查。

探头布置如图1所示。

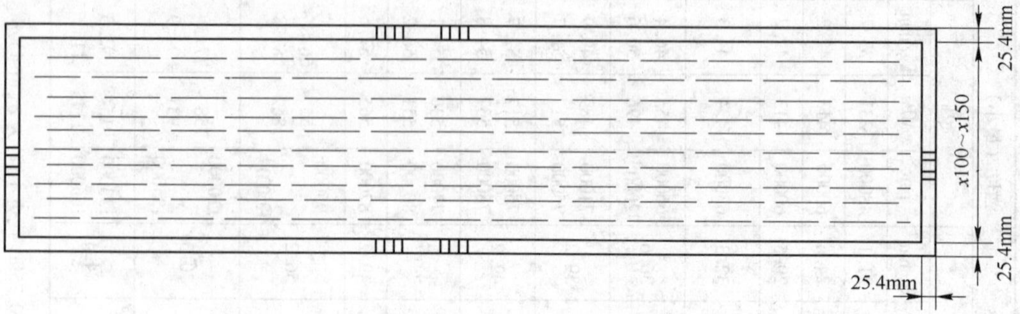

图1 探头布置示意图

四边：纵向有2个双晶×2，横向有1个双晶×2，共有6个双晶；

中间：（板宽－25.4×2）÷100＝x个双晶

记录存档案内，以备来日事故研究参考。钢板制成钢管后只做焊缝质量探伤，因此钢板出厂应做一次全面探伤，以保证内部质量。严格地说，一般用户在焊管工序前还要经过一次复查，以免缺陷存在漏检的问题。

国外把焊管厂建在厚板厂附近，将板直接输送至焊管厂，这样，只要一家探伤就可以了，联系比较便捷，焊管质量也有保证。

（4）包辛格效应（Bauschinger effect）是经过预先加载变形，然后在反向加载变形时σ_s下降的现象。包辛格效应大小用VBE（the value of bauschinger effect）来表示，即成管前后σ_s之差。实际上VBE乃是变形硬化与包辛格效应综合作用的结果。

σ_b越高，包辛格效应越明显，因此板带σ_s应考虑成管后降低的要求。一般制成焊管后屈服强度都要下降20～30MPa。因此，管线板屈服强度应比焊管屈服强度高20～30MPa。日本为了使管线更为保险，自己规定留有更大的富余量，焊管屈服强度比管线板降低达50MPa，使管线板生产的难度加大。

表3为宽厚板轧机与UOE焊管机组配合情况。

表3 宽厚板轧机与UOE焊管机组配合情况

序号	管厂名	厚板轧机		UOE焊管机组		
		投产年月	尺寸/mm	投产年月	焊管尺寸/mm×mm×mm（in×in×ft）	年产能/万吨
1	日本君津	1968年2月	4724＋4724	1970年8月	406～1422(16～56)×6.35～25.4(0.25～1)×18200(60)	36
2	日本京滨	1963年	3560	1960年9月	406～1067(16～42)×6.35～25.4(0.25～1)×12200(40)	21
3	日本福山	1968年4月	4700＋4700	1970年2月	610～1422(24～56)×6.35～25.4(0.25～1)×18900(62)	40

续表 3

序号	管厂名	厚板轧机		UOE 焊管机组		
		投产年月	尺寸/mm	投产年月	焊管尺寸/mm × mm × mm(in × in × ft)	年产能/万吨
4	日本水岛	1976 年 1 月	5490	1974 年	508 ~ 1626(20 ~ 64) × 6.35 ~ 25.4 (0.25 ~ 1) × 18200(60)	30
5	日本鹿岛	1970 年 10 月 F 1974 年 4 月 R	5350 + 4830	1974 年	762 ~ 1626(30 ~ 64) × 6.35 ~ 25.4 (0.25 ~ 1) × 18200(60)	60 ~ 84
6	日本和歌山（鹿岛提供）	1970 年 10 月 F 1974 年 4 月 R	5350 + 4830	1970 年	457 ~ 1067(18 ~ 42) × 6.35 ~ 19 (0.25 ~ 0.75) × 12200(40)	20
7	美国麦基斯波特（道尔菲尔德提供）	1942 年	2800 + 3560	1951 年	610 ~ 914(24 ~ 36) × 6.35 ~ 16 (0.25 ~ 0.625) × 12200(40)	15
8	美国波罗沃（外供）	1942 年	2800 + 3560	1955 年	508 ~ 1016(20 ~ 40) × 6.35 ~ 16 (0.25 ~ 0.625) × 12200(40)	20
9	美国奥林奇（霍姆斯特德提供）	1960 年	4064	1969 年	610 ~ 1219(24 ~ 48) × 6.35 ~ 21 (0.25 ~ 0.81) × 12200(40)	30
10	美国加兹登	1965 年	3404 + 3404	1955 年	610 ~ 762(24 ~ 30) × 6.35 ~ 16 (0.25 ~ 0.625) × 9100(30)	15
11	美国斯蒂尔顿（伯恩兹港提供）	1960 年	4064 + 4064	1958 年	457 ~ 1067(18 ~ 42) × 6.35 ~ 19 (0.25 ~ 0.75) × 12200(40)	20
12	美国纳巴（丰塔纳提供）	1958 年	3760	1960 年	457 ~ 1067(18 ~ 42) × 6.35 ~ 19 (0.25 ~ 0.75) × 12200(40)	20
13	美国米尔沃基（麻点提供）	1957 年	4064	1958 年	457 ~ 1067(18 ~ 42) × 6.35 ~ 19 (0.25 ~ 0..75) × 12200(40)	20
14	美国休斯敦	1962 年	4064	1964 年	610 ~ 1219(24 ~ 48) × 6.35 ~ 12.7 (0.25 ~ 0.5) × 12200(40)	60
15	德国米尔海姆	1969 年	5100	1955 年	457 ~ 1422(18 ~ 56) × 6.35 ~ 25.4 (0.25 ~ 1) × 18200(60)	80
16	德国明德尔海姆	1969 年	5100	1955 年	457 ~ 1575(18 ~ 62) × 6.35 ~ 25.4 (0.25 ~ 1) × 12200(40)	95
17	德国米尔海姆	1969 年	5100	1977 年	610 ~ 1626(24 ~ 64) × 6.35 ~ 38.1 (0.25 ~ 1.5) × 18200(60)	110
18	意大利塔兰托	1965 年	3560 + 3300	1961 年 11 月	457 ~ 1067(18 ~ 42) × 6.35 ~ 16 (0.25 ~ 0.625) × 12200(40)	20
19	意大利塔兰托	1971 年	4826 + 4826	1971 年	762 ~ 1575(30 ~ 62) × 6.35 ~ 25.4 (0.25 ~ 1) × 18200(60)	65 ~ 80

续表 3

序号	管厂名	厚板轧机		UOE 焊管机组		
		投产年月	尺寸/mm	投产年月	焊管尺寸/mm × mm × mm(in × in × ft)	年产能/万吨
20	法国朗维	1955 年	4064 + 4064	1957 年	457 ~ 1016(18 ~ 40) × 6.35 ~ 12.7 (0.25 ~ 0.5) × 12200(40)	30
21	法国敦刻尔克	1962 年 R 1984 年 F	4320 + 5000	1963 年	406 ~ 1067(16 ~ 42) × 6.35 ~ 25.4 (0.25 ~ 1) × 12200(40)	30
22	英国斯托克顿（可堪脱贝提供）	1952 年	3810 + 3810	1955 年	457 ~ 1016(18 ~ 40) × 6.35 ~ 16 (0.25 ~ 0.625) × 12200(40)	20
23	英国哈特尔普尔（达尔泽尔提供）	1967 年	4340	1968 年	457 ~ 1118(18 ~ 44) × 6.35 ~ 19 (0.25 ~ 0.75) × 12200(40)	20
24	加拿大韦兰（哈密尔顿提供）	1965 年	3759 + 3759	1950 年	508 ~ 1067(20 ~ 42) × 6.35 ~ 25.4 (0.25 ~ 1) × 12200(40)	30
25	加拿大卡姆罗斯（苏圣马里提供）	1971 年	3200 + 4216	1961 年	508 ~ 1067(20 ~ 42) × 6.35 ~ 16 (0.25 ~ 0.625) × 12200(40)	30
26	俄罗斯齐略宾斯克（乌克兰亚速提供）	1973 年	3600 + 3600	1956 年	533 ~ 1016(21 ~ 40) × 6.35 ~ 16 (0.25 ~ 0.625) × 12500(41)	20
27	俄罗斯新莫斯科钢管（镰刀和锤子提供）	1940 年	5300	1957 年	533 ~ 813(21 ~ 32) × 6.35 ~ 12 (0.25 ~ 0.47) × 12200(40)	15
28	俄罗斯维克萨	2010 年	5000	2005 年	610 ~ 1422(24 ~ 56) × 6.35 ~ 48 (0.25 ~ 1.89) × 18200(60)	45
29	俄罗斯哈特西茨克		5000	2008 年	610 ~ 1422(24 ~ 56) × 6.35 ~ 48 (0.25 ~ 1.89) × 18200(60)	60
30	俄罗斯哈特西茨克		5000	2006 年	508 ~ 1220(20 ~ 31) × 6.35 ~ 25.4 (0.25 ~ 1) × 12200(40)	30
31	乌克兰亚速	1973 年	3600 + 3600	2007 年	610 ~ 1422(24 ~ 56) × 6.35 ~ 48 (0.25 ~ 1.89) × 18200(60)	60
32	巴西皮亚沙格拉	1978 年	4100	1975 年	324 ~ 1219($12\frac{3}{4}$ ~ 48) × 6.35 ~ 25.4 (0.25 ~ 1) × 12500(41)	60
33	中国辽阳钢管（鞍钢提供）	1993 年	4300	2001 年	406 ~ 1016(16 ~ 40) × 6.35 ~ 25.4 (0.25 ~ 1) × 12200(40)	15
34	中国辽阳钢管	2008 年	5500 + 5500	2001 年	457 ~ 1422(18 ~ 56) × 6.35 ~ 25.4 (0.25 ~ 1) × 12200(40)	20
35	中国珠江钢管（鞍钢提供）	1993 年	4300	2003 年	508 ~ 1118(20 ~ 44) × 6.35 ~ 25.4 (0.25 ~ 1) × 12200(40)	30
36	中国宝钢	2005 年	5000	2007 年	457 ~ 1422(18 ~ 56) × 6.35 ~ 4.8 (0.25 ~ 1.89) × 18200(60)	60

大直径直缝焊管用中厚板市场的波动是比较大的，一项巨大天然气输送管线工程，管线长达数千公里，而且需双线铺设，一个工程需管线用中厚板达几百万吨。如俄罗斯建设输往远东天然气管线，管径达 1422mm，壁厚达 16mm，管线长约 4000km，若采用双线铺设，需用管线中厚板达 400 万吨以上。因此，俄罗斯正在建设 3 套大直径 UOE 焊管机组和 2 套 5000mm 宽厚板轧机，计划生产 X80 ~ X120 高级别管线板。

但是，没有大工程时，其市场便冷落下来。因此，预测管线用中厚板的需求量是比较难的。

表 4 列出了我国管线管 1998 ~ 2002 年产量、进出口量及消费量，增长速度是非常快的，但 2002 年直缝管线管产量只有 1 万吨，而进口量达 56 万吨，消费量达 57 万吨，比 2001 年增加达 6 倍。由此可知直缝管线管在迅猛增长，而生产刚刚起步。我国已有 4 套 UOE 机组，产能达 125 万吨，应该发挥设备能力。像俄罗斯和我国这样大焊管消费国家大量进口是非常不经济的。在欧美市场上 1t ϕ 1422mm × 16mm 直缝焊管达 1100 ~ 1300 美元（FOB），而生产管线板成本只有 4000 ~ 4500 元/t（570 ~ 640 美元/t），生产焊管加工费只有 500 ~ 1000 元/t，即焊管成本为 5000 元/t，约合 700 美元/t。若考虑运费在内，比国内自己生产约贵一倍。因此，俄罗斯再三研究后，决定必须自己大量生产大直径直缝焊管。

表 4　我国管线管产量、进出口量及消费量

年份	生产量/万吨			进口量/万吨			出口量/万吨			消费量/万吨		
	直缝	螺旋	小计	直缝	螺旋	小计	直缝	螺旋	小计	直缝	螺旋	小计
1998	1.2	25.9273	27.1273	0.0829	3.0708	3.1537	1.1463	12.3465	13.4928	0.1366	16.6516	16.7882
1999	0.3	24.3572	24.6572	0.0111	2.4140	2.4251	0.1203	2.1996	2.3199	0.1908	24.5716	24.7624
2000	0.4	16.2098	16.6098	0.7404	1.3899	2.1303	0.2546	3.0941	3.3487	0.8858	14.5056	15.3914
2001	0.4	35.3225	35.7225	9.7321	0.2076	9.9397	0.2526	6.3195	6.5721	9.8795	29.2106	39.0901
2002	1.0	70	71	56.2858	3.1518	59.4376	0.0361	6.1808	6.2169	57.2497	66.9710	124.2207
2003												
2004												
2005										110	110	220
2006												
2007												
2010										200	180	380

2010 年我国消费 200 万吨大直径直缝焊管，现有机组不够，应新建 2 套 1422mm（56in）机组，并安排在现有 5000mm 宽厚板轧机旁，焊管质量容易有保证。

全球 UOE 机组达 40 套左右，产能达 1000 万吨以上。如每年平均新建管线达 1000 ~ 2000km，需 60 万 ~ 120 万吨，现有机组能力绰绰有余，估计有一半以上将闲置。

但是，像俄罗斯和中国尚需新建几套现代化高性能 1422mm 机组，以满足国内外大规模建设长输管线的需求。

目前，日本、美国及德国生产 UOE 大直径焊管质量较好，经验比较丰富，因而管线板生产技术与质量也较高。

我国输油气格局是北油南运、西油东进、西气东输、海气登陆。

我国天然气管道建设的基本框架是横跨东西、纵贯南北、连通海外。

目前我国已建成长输油气管线 6.5 万公里，其中原油 1.7 万公里，成品油 1.2 万公里，天然气 3.3 万公里，海底 0.3 万公里。

2008 年我国石油消费 3.6 亿吨，其中进口达 1.8 亿吨，天然气消费 807 亿立方米。

钢管中焊管比，我国为 55% ~58%，而韩国为 99%，美国为 82%，其他主要工业国家为 65% ~74%。我国显然低了，无缝管多了。

2007 年管比为 9.23%，板带比为 40.93%；2008 年板管比为 46.73%，板管比增长 5.8%。

西气东输二线干线用管 API 5L X80，ϕ1219mm ×（18.4 ~ 33）mm、12MPa，ϕ1219mm ×（15.3 ~ 26.4）mm、10MPa，15.3mm、18.4mm、22mm、26.2mm、33mm 五种，全长 9000km，其中干线 5000km，输气 300 亿立方米。

如用 X120$\sigma_b \geq 960$MPa，比 X65 屈强比降低 10%，节材 50%，$\sigma_s \geq 816$MPa，$\delta \geq$ 40%，－20℃DWTT≥60%，－30℃吸收能母材≥200J、HAZ≥40J。

管线板标准有 API 5L 51X、JIS STPY、STK、ASTM A252、DIN1725；钢种有 A、B、X48 ~ X120；板厚 16 ~ 64mm，长 12.2 ~ 18.2m；强度增大，壁厚增厚，长度增长；要求耐 H_2S、CO_2 腐蚀性好，且引起氢裂的耐酸性高。

另外，除了要求一定的 C_{eq}、低的 P_{cm}，以及配合的金相组织，如细针状铁素体、双相的铁素体和贝氏体或铁素体和马氏体以外，还要求 DFP（塑性裂纹扩展）、HAZ（焊接热影响区）、SR（消除应力）、CSR（裂纹敏感率）、CTR（裂纹厚度率）、CLR（裂纹长度率）小，DWTT（落锤撕裂试验）、HTP（高温轧制工艺）及 HOP（电磁式感应加热工艺）好。这些条件都是为了获得安全可靠的高性能长输管线最起码的指标。应该说，管线板的生产是很严格的，难度也是比较大的。

附文 3-4　桥梁钢板

桥梁是交通的基础设施，随着我国交通建设的迅速发展，桥梁钢板需求逐年增加。目前，我国桥梁建造已进入一个全盛时期，各种各样的立交桥、江河大桥及跨海长桥都正在施工与筹建中。

自 1957 年建成武汉长江大桥、1968 年建成南京长江大桥（见附照 1-9）及 1994 年建成九江长江大桥以来，我国桥梁钢板年产量一直在 2 万吨左右波动。虽然一座大桥需用量很大，但建设周期很长，年平均用量就很少。自 2000 年开始同时建大桥座数增多，2000 年桥梁板产量为 3.6 万吨，2001 年达 7.1 万吨，2002 年降至 6.2 万吨，2005 年增至 46 万吨，2006 年升至 73 万吨，预计 2010 年最高达 110 万吨左右。年增长率达到 10% 以上。桥梁钢板消费量与船板等相比，应该说是一个小户。

目前，桥梁已向大跨距钢焊接吊（悬索）桥和斜拉桥方向发展，要求钢板强度大，达到 1000N/mm^2。1974 年大阪港桥用 780N/mm^2 板，2000 年明石海峡桥已用低温预热焊，将≤500N/mm²、厚 200～250mm 板改为 700～1000N/mm²、厚 80～100mm 板，大大减轻了桥梁重量。目前 NKK 公司采用 TMCP 生产 950N/mm² NK-HITEN980 韧性与焊接性俱佳的桥梁板。

我国桥梁板强度较低，按 σ_s 分成 4 级，即 240MPa、340MPa、440MPa 及 440MPa 以上，对应钢号为 16q（≥225.4MPa）、16Mnq（303.3～343.0MPa）、15MnVNq（392.0～441.6MPa）及调质钢，-15℃或-25℃时 A_{KV}≥48J，δ_5 = 19%～21%，且保证韧性与焊接性。

如 S355N/Z25 钢经 900℃±10℃、加热速度为 1.3～1.6min/mm 正火处理，板厚为 25mm、65mm、110mm 及 150mm，当厚度在 65mm 以上时，则 C（横向）强度不大于 L（纵向）强度，但 C、L 性能差总是存在的，最大可达 22MPa，如厚 25mm 板性能差见表 1。

表 1　厚 25mm 板性能差

板方向	σ_s/MPa		σ_b/MPa		δ_5/%	
	头部	尾部	头部	尾部	头部	尾部
L	368	367	503	505	30	29
C	378	378	506	517	39	31
性能差	+10	+11	+3	+12	+9	+2

桥梁结构以焊接为主，要求桥梁板有较好的焊接性，一般以 P_{cm}（焊接裂纹敏感性）来评定。如 SM570 钢 P_{cm}≤0.29 时要求预热温度达 100℃左右；而 P_{cm}为 0.27 时，则预热温度为 20～40℃；P_{cm}为 0.22 时预热温度可在 10℃以下，即不需要预热。如板厚 100mm SM570Q-H-EX 及 SMA570WQ-H-EX 板和板厚 60mm NK-HITEN780B-EX 板采用微合金化与 TMCP 轧制，P_{cm}为 0.19～0.20 及 0.23、预热温度为 25℃时均未发现有裂纹。另外，需使碳当量小于 0.4，w(P)≤0.012%，w(S)≤0.005%。

为减少桥梁维护，需采用耐 0.05mg/(dm²·天)以上盐分量耐候性板。我国以 09CuPTiXt 钢为代表，国外以 CoR-TEN 钢为代表。在钢中增加 P、Cu、Cr 主要元素及 Ni、Mo、Co 辅助元素耐候板的耐候寿命比碳素钢板可提高 5～8 倍。

桥梁板还需具有较好的抗振性能，一般以低 σ_s 与好 δ 低碳钢板来吸收地震和台风的振动能量，防止桥梁结构部件的损坏。

为了减轻桥梁重量，使结构更加合理，国外已采用锥形钢板，称之为 LP 钢板（longitudinally profiled plate），采用 HAGC 来控制钢板纵向的不同厚度，钢板长度方向形成一定锥形。目前，日本已生产出板厚 10～75mm、厚差达 3～30mm、最大斜度达 4mm/m 的锥形板。

桥梁承载引起频繁振动，只要有板面铁皮厚、麻坑太深、折叠、划伤、结疤、辊痕、渣坑及细小裂纹等板面缺陷，都会造成应力集中，将引发不测事故。

当桥梁采用多块拼接结构时，钢板纵横向厚度偏差及不平直度，使钢板之间间隙增大，维护难度加大，且容易发生结构剪应力，削弱桥梁应有的强度。

桥梁钢板若有气孔、分层、偏析及非金属夹杂等内部缺陷，危害是非常严重的，必须进行各种精炼，确保钢质洁净，将钢中气体与有害元素降至最低限度。

因此，桥梁板要求有较高的功能性、安全性及经济性，并向高强度、高韧性、好焊接性、好耐蚀抗振性、轻量化、异型板的方向发展。

附文 3-5 模具钢板

1 引言

以冲压、冷热挤压、压铸及冷弯等模具加工手段生产零部件，具有高效、低成本、节材、高质量、高性能、少或无切削加工工艺等优点。这种加工方法随着工业的现代化而得到迅速发展。

目前，全球 80% 以上家电和 70% 以上机器零部件都采用模具加工生产，另外，塑料、陶瓷、建材制品大部分也用模具成形。所以，有人说，模具是工业发展的基石，是促进社会繁荣的动力。

2 模具钢品种及性能要求

模具钢按用途分为冷作、塑料及热作三种。其分类标准代表钢种见表 1。其化学成分见表 2。

冶炼以电炉加精炼、附有电渣炉为主，加工设备有快锻装置、精锻装置、初轧机、棒线材轧机、冷热带轧机及中厚板轧机等，热处理设备有辊底式、车式、室式、罩式等炉子进行退火、回火、正火及淬火等处理，并在加工和热处理前后附设有各种修磨精整等设备。

模具钢按钢材分有方、圆、扁、板、带及坯等产品，形状尺寸差异很大。

目前，冷作、塑料及热作三种产品产量比大致为 3∶4∶3。

冷作模具钢主要用于冲裁、剪切、滚压、冷镦、压印及冷挤压等方面，一般要求有高硬度、高耐磨性、一定的韧性与红硬性，并有较好的工艺性能。有些特殊冷作模具钢还要求碳化物细小均匀、淬透性好。钢种主要为表 1 中所列的 6 种。

塑料模具钢主要用于各种形状的塑料的模压成形，要求耐蚀性、耐磨性、电加工性能及表面抛光性能好。另外，在硬化性能方面要求能满足不同的硬化要求。

目前，塑料模具钢以表 1 所列 4 种钢号为主，以 ASTM A681 中 P20 较为有代表性，使用也比较广。随着塑料范围的扩大与制品的多样化，其钢种也相应增多，碳结钢、合结钢、H13 热作钢及 D2 冷作钢等也用于塑料模具方面。国外塑料模具钢已经系列化，并且比较完善。

热作模具钢主要用于热锻、压铸、热挤压及超塑成形等方面。工作温度一般为 500 ~ 700℃，低则 300 ~ 350℃；当达 700℃ 以上时，其强度便急剧下降；当温度达 1000℃ 以上时，需采用铁基、镍基、钼基及镍铝钼钨等难熔合金模具钢。在要求工作温度下要具有较高的强韧性、耐磨性、高温硬度、抗冷热疲劳性能、抗氧化性及耐蚀性等，并应有较好的工艺性能，即有好的淬透性和回火稳定性。

表1 模具钢分类标准

序号	国家	中国	国际	美国	日本	德国	英国	俄罗斯	法国	瑞典	钢材种类	特性与用途
	标准号	GB 1299—85	ISO/DIS 4957	ANSI/ASTM A681	JISG 4404	DIN17350	BS4659	ГОСТ5950	NFA35 500	SIS14		
	数量/个	35	31	51	21	30	25		37	8		
一	冷作											
1		9CrWMn	95MnCrW1	O1	SKS3	100MnCrW4	BO1	9ХВГ	90MCW5	2140	中小型材	热处理后变形小，用于小冲模、刻模、压模
2		Cr5Mo1V	190CrMoV5	A2	SKD12	X100CrMoV51	BA2	9Х5ВФ	Z100CDV5	2260	中小型材	韧性好，好加工，用于形状复杂冲模
3		Cr12Mo1V1	160CrMoV12	D2	SKD13	X165CrMoV12	BD2	Х12М	Z160CDV12	2310	中小型材	淬透好，硬度高，耐磨，用于大型复杂模
4		Cr12	210Cr12	D3	SKD1	X220Cr12	BD3	Х12	Z200C12		中小型材	淬透耐磨，比D2寿命高，用于小冲模、冲头、拉模、压印模、螺丝滚模、冷轧辊
5		Cr12MoVCo		D5							中小型材	比Cr12MoV寿命长，多用于冷轧辊
6		65Cr4W3Mo3VNb									中小型材	韧性好，加工容易，用于冷、温挤压、冲、镦、剪等形状复杂、冲击大的模
二	塑料											
1		3Cr2Mo		P20							厚板	用于电蚀塑胶模，以电渣重熔，650℃回火预硬化生产，HRC达28～33

续表 1

序号	国家	中国	国际	美国	日本	德国	英国	俄罗斯	法国	瑞典	钢材种类	特性与用途
	标准号	GB 1299—85	ISO/DIS 4957	ANSI/ASTM A681	JISG 4404	DIN17350	BS4659	ГОСТ5950	NFA35 500	SIS14		
	数量/个	35	31	51	21	30	25		37	8		
2		3Cr2NiMo								ASS AB718	板、锻材	用于镜面模，以电渣重熔，650℃回火，HRC 达 28 ~ 30
3		5Ni3Mn									锻材	预硬化，HRC 达 35 ~ 45，切削性好，热处理简单，韧性好，用于型腔复杂、精密注塑模、胶木模、胶模等
4		10Ni3MnCuAl(PMS)									板、锻材	淬透好，花纹图案蚀刻性好，用电渣重熔生产，热处理容易，用于外观要求光亮镜面模、过硬壳体模等
三	热作											
1		5CrNiMo	55NiCrMoV2	L6	SKT4	55NiCrMoV6		5XHM	5NCDV7		中小型材	
2		4Cr5MoSiV1	40CrMoV5	H13	SKD61	56NiCrMoV7	BH13	4X5MΦ1C	Z40CDV5		中小型材	高韧高抗疲劳，以电渣重熔，比 3Cr2W8V 寿命高 1 ~ 10 倍，用于 Zn、Al 热挤模、压铸塑胶模、钢热锻模
3		4Cr3Mo3SiV	30CrMoV3	H10	SKD7	40CrMoV51	BH10	3X3M3Φ	32CDV28	QR080	中小型材	高温强度、热稳定性比 H13 高，用于 Al、Zn 热挤模、压铸膜
4		3Cr2W8V	30CrMoV9	H21	SKD5	X30CrMoV33	BH21	3X2B8Φ	Z30WCV9		中小型材	

表 2 模具钢化学成分 (%)

序号	钢 号	C	Mn	Si	Cr	V	W	Mo	Ni	P	S	Cu
一	冷作	0.85～1.00	1.00～1.40									
1	9CrWMn	0.95～1.05	0.40～1.00	0.10～0.50	0.40～0.60	0.30	0.40～0.60					
2	Cr5Mo1V	1.40～1.60	0.20～0.60	0.10～0.50	4.71～5.50	0.15～0.50		0.90～1.40				
3	Cr12Mo1V	2.00～2.35	0.20～0.60	0.10～0.60	11.00～13.00	0.50～1.10		0.70～1.20				
4	Cr12			0.10～0.60	11.00～13.50	1.00	1.00					
二	塑料											
1	3Cr2Mo	0.28～0.40	0.60～1.00	0.20～0.80	1.60～2.00			0.30～0.55	≤0.30	≤0.03	≤0.03	≤0.25
三	热作											
1	5CrNiMo	0.65～0.75	0.25～0.80	0.10～0.50	0.60～1.20			0.50	1.25～2.00			
2	4Cr5MoSiV1	0.32～0.45	0.20～0.60	0.20～1.20	4.75～5.50	0.80～1.20		1.10～1.75				
3	4Cr3Mo3SiV	0.35～0.45	0.25～0.70	0.20～1.20	3.00～3.75	0.25～0.75		2.00～3.00				
4	3Cr2W8V	0.26～0.36	0.15～0.40	0.15～0.50	3.00～3.75	0.30～0.60	8.50～10.00					

3 对模具钢板生产工艺的要求

从模具钢板特别是塑料模具钢板的严格特殊要求出发，国外普遍采纳电炉+精炼，并设有电渣重熔的冷炼手段，以确保钢质有极高的纯净度与均匀性，消除偏析，特别是碳化物应均匀细小，组织有好的等向性。另外，除了要求一定的强韧性、耐磨性、耐蚀性、抗冷热疲劳性、抗氧化性、高温硬度、电加工性能、表面抛光性能、淬透性及回火稳定性外，还要求原料尺寸准确、表面无缺陷、切割后不存在毛刺，否则，送轧钢以前应清理干净。

原料尺寸与单重尽量大一些，以满足压缩比与板面尺寸的要求。

原料供应尽量采用热装热送工艺，也可按直接轧制工艺组织生产，但需确保高质量的表面。

虽然钢板单重并不大，但必须实现多向轧制，锻制时也需多向镦锻，尽可能接近均匀钢板的要求。轧机功率要求大一些，以便实现大压下低速轧制。一般模具钢板不宜采用控轧控冷工艺生产，都以热处理工艺来确保成品板的性能稳定而均匀。

模具钢板热处理方式有退火、常化及调质3种。退火处理的作用是消除残余应力，达到加工的要求。一般多用车底式炉，也可用罩式和室式炉。正火处理后直接加工使用，如P20钢板进行预硬化正火，一般用辊底式保护气体辐射管加热直通炉，以保证钢板表面具有良好的质量。如用于制作复杂、精密、高寿命镜面塑料模具的25CrNi3MoAl、2Ni4Al1CrV及2Ni3Al1Cu1MoS时效硬化型模具钢板，需进行调质处理，其硬度在HRC30以下。用户加工成模具后进行时效处理。由于金属间化合物的析出，硬度提高到HRC40～50，且变形很小，可直接用于生产塑料板或零部件。

为了适应用户需求，交货前要求进行无损探伤及深加工工作，必要时可按用户要求切割成小块模具钢板。大生产要求钢板厂与用户建立起更加紧密的协作关系，大大缩短生产与交货周期，为拓展模具钢的国际市场创出一条新路来。

4 我国模具钢板的需求

随着模具成形加工件尺寸的增大，特别是塑料板成形面积的迅速扩大，以锻造与型线材轧机加工已满足不了要求。另外，将板材切割成各种形状尺寸较小的模具也比较经济。所以，近几年以中厚板取代锻块和型材已得到用户的认可。

GB/T 12555.1规定，塑料模具用中厚板厚度为63～315mm，宽度为630mm、710mm、800mm、900mm及1250mm，长度为630～2000mm，最大单重达6.3t；而JB/T 51105规定，锻模用锻块厚度为100～200mm，宽度为140～1260mm，长度为200～1300mm，最大单重达2.6t。

目前，舞钢生产模具钢板厚度为20～380mm，按ASTM681中P20，JISG4051中4051、S45C、S50C、S53C及S55C塑料高镜面模具钢板的要求，以退火或回火状态交货，质量可满足用户的要求。

我国钢材消费量在2002年已达2.1亿吨以上，而模具钢产量只有15万吨，进口量达6万吨，出口量很少，消费量为21万吨，占钢材的0.1%。

预测2010年钢材消费量达6亿吨，则模具钢消费量达60万吨，其中塑料模具钢占

40%，即达24万吨，其中中厚板只占15%，年消费量只有3.6万吨，由宝钢和舞钢各承担2万吨，那时进口量会大大削减，而出口任务会提到日程上来。

目前，我国有辽特（抚顺和大连）、长城、上钢五厂、大冶、太钢、北满、西宁、重特、舞钢及宝钢等10家企业生产模具钢，总的产能约为50万吨。预计到2010年消费量达60万吨时，尚缺10万吨生产能力。

5 结语

我国模具钢板生产除舞钢、宝钢之外，沙钢和鲅鱼圈两个厂也能承担，问题是4个厂都不设电渣炉，要求生产高质量模具钢板有一定的困难。

模具钢板年消费量不大，但影响面很广，日本和美国都比较重视。我国模具钢生产已将重点转向钢板方面，舞钢和宝钢已在大力抓好这项工作。

附文 3-6 海洋平台钢板

我国沿海蕴藏有丰富的油气资源，大片海域尚待勘探与开采，大力建设海洋平台工作仍是今后重点项目。因此，高质量抗层撕钢板也是中厚板中一个非常特殊的品种。

海洋平台建在大海之上，需经受海浪、潮水、风暴、大气与海水侵蚀、流沙磨损、严寒酷热温差大等恶劣环境的影响，对钢板性能提出了种种严格的要求。

(1) 抗层撕性好。国标 GB 5313—85 规定，Z 向钢板厚度达 15～150mm，长度达 12m，$\sigma_s<500\text{N/mm}^2$，宽度未规定，应该越宽越好。抗层撕性首先要保证硫含量低于 0.01%，其次，板厚断面收缩率（$RH\cdot Z$）要求达到 15%以上。其硫含量与 $RH\cdot Z$ 标准见表1。

表1 Z 向钢板硫含量与 $RH\cdot Z$ 标准

钢级	$w(\text{S})/\%$	$RH\cdot Z/\%$	
		3个试样平均值	单个试样值
Z15	<0.01	≥15	≥10
Z25	<0.007	≥25	≥15
Z35	<0.005	≥35	≥25

采用船板 A、B、D、F 级达到 Z15、Z25、Z35 的要求，以及其他高强与耐候钢板时，各国船级社另有独自标准。

(2) 焊接性能好。一般以碳当量（C_{eq}）和焊接裂纹敏感性（P_{cm}）来衡量。表2为 Z 向板 C_{eq} 与 P_{cm} 指标值。

(3) 强度高，耐腐蚀性好。σ_b 达 800N/mm^2，要求有耐海水与大气腐蚀能力。

表2 Z 向板 Ceq 与 P_{cm} 指标值

板厚/mm	C_{eq}/%	P_{cm}/%
≤50	0.38	0.36
>50 ~ 150	0.40	0.44

Z 向板对生产工艺提出的要求主要有：

（1）铁水脱硫、磷，经精炼去气体与杂质，以获得洁净度高的钢水；原料应保证压缩比的要求。

（2）采用高刚度大功率宽厚板轧机装备，以实现道次大压下量轧制。

（3）大部分 Z 向板采用氮气保护辐射管加热辊底式热处理炉常化处理，少部分低强度板只作消除应力退火，还有一些高强钢板需进行调质处理，个别钢采用时效处理也可以。

（4）根据用户的要求，大部分板需进行全面超声波探伤检查。

（5）试样检验工作，一般 Z15 钢每张板一个试样，而 Z25、Z35 钢每张板取头尾两个试样。

我国海洋平台钢板需求量逐年有较快的增长。随着平台形式和水深的不同，每座平台用钢量的差别也很大。一般来说，导管架固定式平台，水深 100m 左右需钢材 15000 ~ 25000t，而水深 150 ~ 200m 时需钢材 30000 ~ 40000t，当水深达 250 ~ 350m 时需钢材达 50000 ~ 60000t，其中钢板占 95% 以上，钢板中 Z 向板约占 18%。这种固定式平台主要用于采油气工作。

另外，主要用于勘探工作有半潜式平台，水深可达 300 ~ 600m，稳定性好，而且可拖航转移地点；自升式平台，用于水深 90m 左右，无自航能力，靠拖轮移位，效率高；还有钻井船，用于 600 ~ 2000m 比较深的海域，可自航移位，但受风浪影响很大。以上 3 种平台用钢量比较少，一般在 1000 ~ 9000t 左右，平均每座平台约 5000t 材。若每年建 6 座平台，需钢材约 30000t，其中钢板约 28000t。另外，采油平台每座平均需 35000t 材，若每年建 2 座，需钢材 70000t，其中钢板约 66000t。估计 2010 年前后平台用板将达 94000t，其中 Z 向板有 9400t 左右，即 1 万吨左右已够。全国几大宽厚板厂均能承担这项生产任务。

附照 1-10 为多用途海上平台。

附文 3-7 异形钢板

为在确保结构件所需强度情况下，减轻钢板重量、节省钢材、减少焊缝与工时，达到等强度、节省加工量、与混凝土结合性更好、外形更美观的目的，研制并生产了长度、宽度及厚度方向尺寸不同的异形板。

异形板有圆形板、锥形板（长度方向不同厚度倾斜）、梯形板（宽度方向不同厚度倾斜）、异厚板、异宽板、防挠板及带肋板等。

轧制方法采用多功能、响应性快、大行程与过压下的厚度计 HAGC、连续变化辊缝进行跟踪轧制，并与平面板形控制技术相结合，便可生产出各种异形板。

各种异形板生产工艺及用途见表 1。

表 1　异形板生产工艺及用途

序号	板　名	生 产 工 艺	用　途
1	圆形板	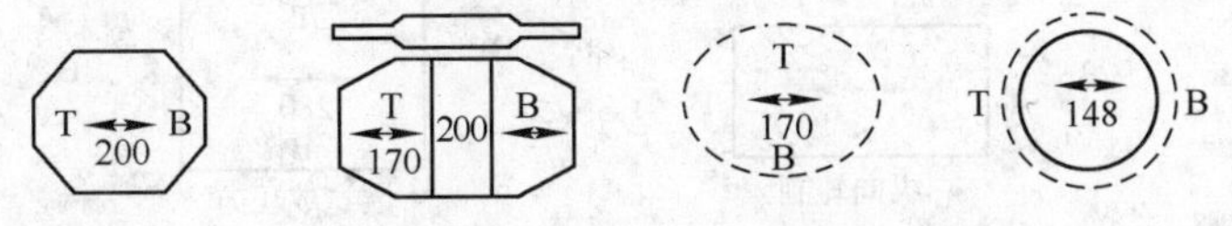	容器、锅炉、罐用镜板
2	锥形板	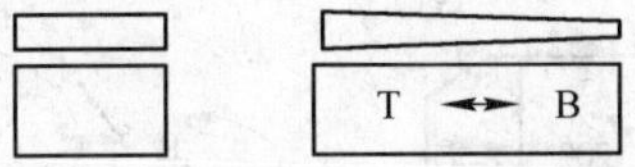	等强度结构件、锥形架
3	梯形板	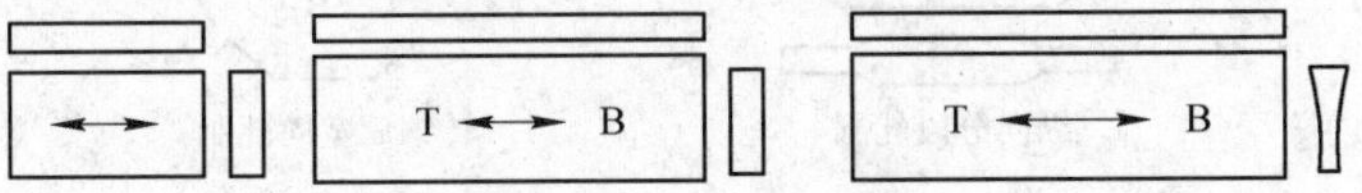	船舱结构
4	异厚板（差厚板）	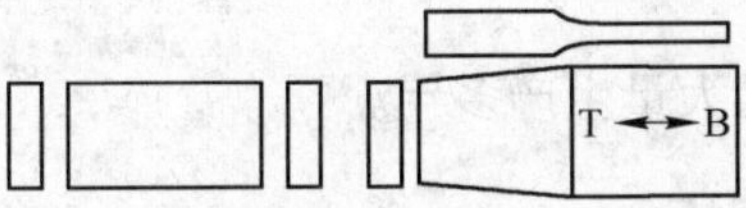	一块坯轧成两种厚度板
5	异宽板	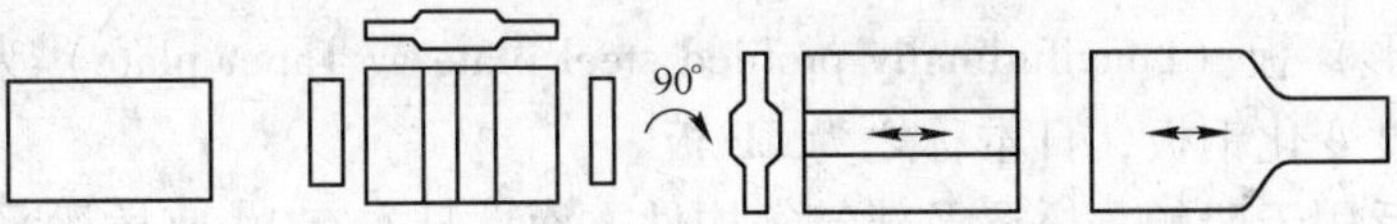	一块坯轧成两种宽度板
6	防挠板	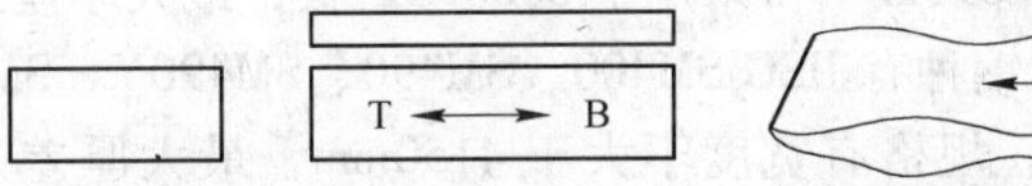	防挠结构
7	带肋板	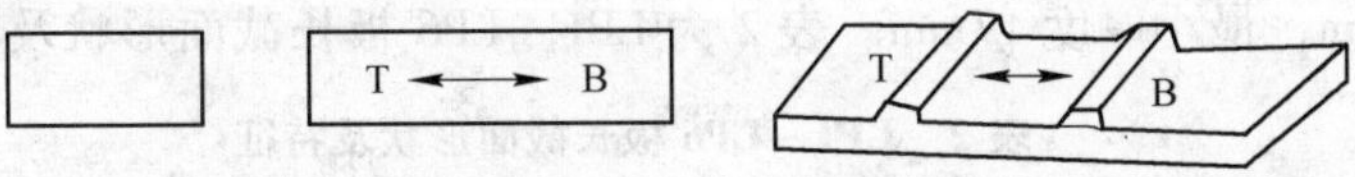	带肋结构

生产异形钢板是中厚板轧机独有的生产技术，其他轧机都不具备，唯有中厚板轧机有此特长。

1　特殊轧制法生产圆形钢板

用分段的特殊轧制方法在中厚板轧机上生产圆形钢板，多用于容器镜板，可使纵横向力学性能均匀，而且收得率比工业制造圆形钢板高。

以钢锭为原料轧制成 100 ~ 165mm 板厚时，钢板各向力学性能最大之差，以常规轧制法时 σ_b 为 27.7kN/mm^2，δ 为 2.46%，A_K 为 7.3kN · m；而用分段特殊轧制法时，σ_b 为 2.7kN/mm^2，δ 为 0.97%，A_K 为 3.1kN · m。

以钢锭生产圆形钢板，其收得率约可提高 10%。如图 1 所示生产直径 2570mm、厚

148mm 圆形钢板，采用常规轧制法时，其收得率为 52.8%，而采用特殊轧制法则达 63.0%。又如生产直径 3590mm、厚 113mm 圆形钢板，采用常规轧制法收得率为 52.8%，采用特殊轧制法为 63.3%。

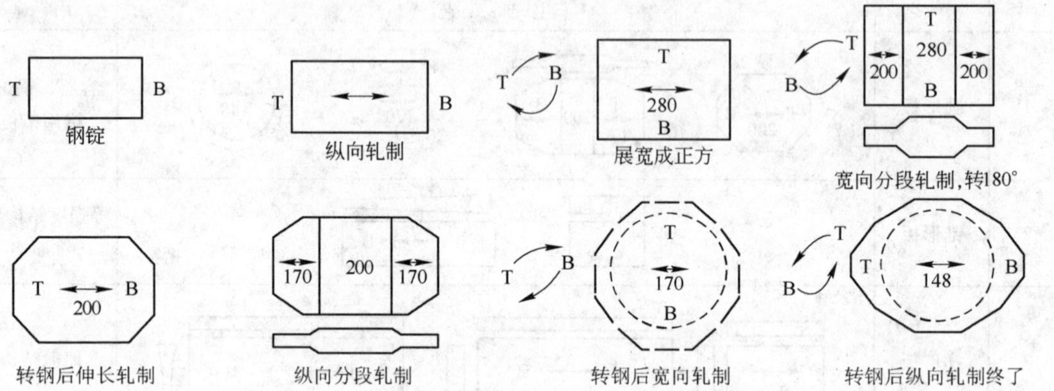

图 1 ϕ2570mm×148mm 圆板轧制方法

这些圆板在日本和德国已大量生产多年。

2 狗骨轧制法生产锥形钢板

锥形（楔形）板（Longifudinally profiled steel plate 或 Taper plate）为异型纵断面钢板，即长度方向厚度变化钢板，日本称之为 LP 板。

锥形板广泛用于船舶、桥梁及建筑等构件方面。日本有 14 座桥梁采用 LP 板，德国马格德堡运河大桥 228m 主桥和 690m 引桥采用了 6000t LP 板，最大厚差达 30mm。

日本 JFE 公司生产 LP 板钢种有 JISG SM400、SM490、SM490Y、SM520、SM570，JISG SMA400、SMA490、SMA570。规格有宽度不大于 4150mm，最大厚差 8mm/m，最小厚度 10mm；宽度 4150～4600mm，最大厚差 8mm/m，最小厚度 17mm；宽度 4600～5000mm，最大厚差 4mm/m，最小厚度 17mm。表 2 为 LP1～LP6 板长截面形状及特征。

表 2 LP1～LP6 板长截面形状及特征

牌号	板长截面形状	特 征	牌号	板长截面形状	特 征
LP1	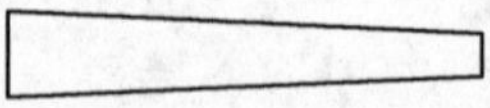	单向厚差	LP4		凸型等厚双向厚差
LP2	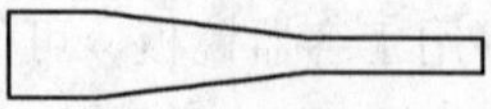	等厚单向厚差	LP5	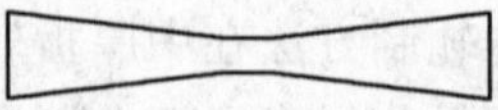	凹型双向厚差
LP3		凸型双向厚差	LP6	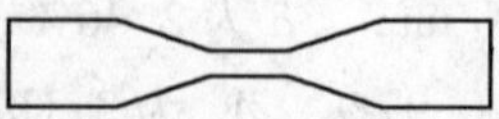	等厚凹型双向厚差

某厂 LP 板厚 10 ~ 150mm，宽达 4800mm，长达 25m，最大单重 24t，最大厚差 45mm。规格如表 3 所示。

表 3　某厂 LP 板规格尺寸

序号	板　形	板长最大厚差/mm	板长最大厚度变化 /mm · m^{-1}	序号	板　形	板长最大厚差/mm	板长最大厚度变化 /mm · m^{-1}
1	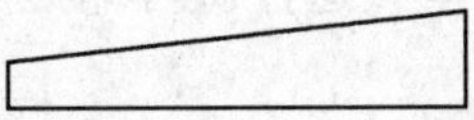	45	8	6		35	8
2		45	8	7	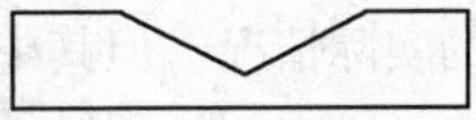	30	8
3		45	8	8	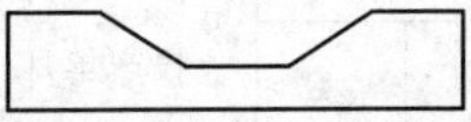	30	8
4	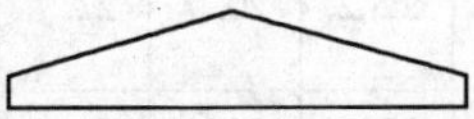	45	8	9	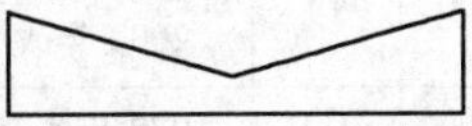	30	8
5	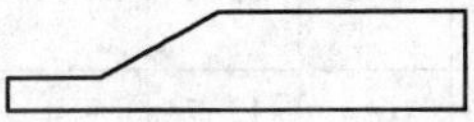	45	8	10	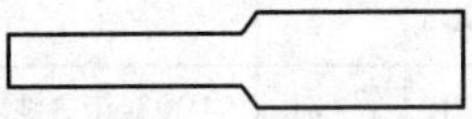	40	8

前几道次先轧制要求厚度和宽度，然后采用 HAGC 程序一道次轧制各种板形尺寸。

日本钢管也大量生产 LP 钢板，板厚为 10 ~ 70mm，厚差为 3 ~ 30mm，最大锥度达 4mm/m，板宽为 2000 ~ 4000mm，TMCP 生产板宽达 4100mm，板长为 8000 ~ 20000mm；主要用于桥梁主桁架翼板与腹板，使结构更加合理，省去垫板和锥度加工工作量，减轻了钢板重量与桥梁自重。生产这些钢板采用了高水平的 HAGC 热轧技术，并以 DBR（狗骨轧制）为基础，满足了各种 LP 钢板的要求。

附文 3-8　专用中厚板

专用中厚板是指专门用途的中厚板，只供给对口部门使用，并制订有专门的技术标准和交货条件。用户需要什么才安排生产什么，数量也按订货生产，多余的就浪费，不能推销专用钢材，即使能代用，也浪费了。发展专用中厚板，首先要有用户，按需生产，一相情愿是不行的；说专用中厚板比例小，多生产一些，也是不行的。专用板是中厚板中的精品，附加值高，比通用板贵，但不能只看板的身价，还需权衡社会效益。专用板生产难度大，有的厂不爱安排生产，特别是军工用的，那是国家大事，再困难也要接受，且需保质保量。一定要与用户加强联系，了解用户的要求，不能各行其是。目前出现了对口联合的协作关系，如宝钢与外高桥船厂的联合，由宝钢5m厚板厂供应全部船板，厚板厂新建有抛丸涂漆线生产船用板，供应涂漆船板。热轧板有一层致密的氧化铁皮，短时间内有着防锈的作用，但存放过程中受到风化的作用，铁皮松弛，稍有碰撞就会剥落。因此，船板就会继续氧化锈蚀。如将钢板事先进行除锈，并涂以防锈层，这样可增加存放时间，并能增强今后涂漆的质量，也可作为用户的底漆。另外，清除船板表面氧化铁皮后，可控制麻点与暴露出表面缺陷进行检查清理，同时还能准确地检测出板厚偏差。这样做可缩短船厂工期，增加存放期限，并确保船板表面有较高的质量。

一个国家发展时期的不同，专用板在中厚板中比例也不一样。目前我国约占20%。

表1为2000~2003年我国中厚板轧机生产中厚板与专用板产量，从中可以窥见出我国专用中厚板生产的实际情况。但其中未包括热带轧机生产的一大块。

表1 2000~2003年我国中厚板轧机生产中厚板与专用板产量

序号	厂名	轧机		投产年月	产量/万吨				专用板产量/万吨			
		尺寸/mm	形式		2000年	2001年	2002年	2003年	2000年	2001年	2002年	2003年
1	鞍厚	4300	4h	1993年5月 2002年改	79.7	102.6	100.6	85.0	22.2	20.9	22.7	28.9
2	舞钢	4200	v·4h	1978年8月	58.1	71.5	78.2	100.0	25.3	24.4	24.7	29.4
3	浦厚	4200/ 3500	4h+4h	1991年8月	73.2	86.7	108.8	143.4	42.5	36.2	32.4	59.7
4	秦钢	3500	v·4h	1993年3月	42.5	41.8	45.4	59.0	16.4	12.7	9.4	11.5
5	济厚	3200/ 3500	4h+4h	1998年2月 2002年12月改	61.7	73.8	94.3	136.4	19.4	0.1	2.3	15.0
6	酒钢	3000	4h	1998年11月	58.7	70.8	74.4	79.0	17.0	0.2	1.5	0.6
7	首钢	3500	4h	1987年10月改	52.4	57.8	44.1	56.2	16.3	0.9	1.3	4.8
8	武钢	2800/ 2800/ 2800	2h+4h +4h	1966年8月 1998年改	62.3	68.1	69.3	68.6	29.8	12.4	8.0	33.6
9	邯钢	3000	4h	1971年12月 1989年改	49.7	60.7	72.9	77.6	10.2	6.4	8.1	8.3
10	济中	2300/ 2500	3h+4h	1960年7月 1989年改	76.7	81.9	89.0	103.5	9.9	9.8	2.3	8.4
11	天钢	2400/ 2400	4h+4h	1958年 1986年改 1994年改	27.3	62.1	71.6	87.3	0	0.6	3.3	0

续表 1

序号	厂　名	轧机 尺寸/mm	轧机 形式	投产年月	产量/万吨 2000 年	2001 年	2002 年	2003 年	专用板产量/万吨 2000 年	2001 年	2002 年	2003 年
12	南　钢	2300/2500	3h+4h	1986 年 7 月 1994 年 9 月改	66.7	72.1	82.2	92.6	28.6	29.9	30.5	36.7
13	新　钢	2300/2500	3h+4h	1978 年 1994 年改	55.6	70.0	91.9	104.4	3.5	7.4	2.5	3.7
14	重　钢	2350/2450	2h+4h	1965 年 12 月 1984 年改	69.6	71.1	78.5	92.1	45.1	49.4	56.3	65.8
15	营　口	2450	4h	1972 年 6 月 1987 年改	30.0	39.2	45.9	63.5	5.6	2.7	1.1	1.2
16	鞍　中	2300/2550	3h+4h	1936 年 1993 年改 1995 年改	47.8	50.9	56.2	46.4	9.6	16.1	20.9	21.3
17	马　钢	2350/2350	2h+4h	1975 年 4 月 1985 年改	51.8	60.0	75.3	88.2	7.3	8.4	10.3	12.1
18	太　钢	2300/2300+1700	2h+4h+炉卷	1972 年 7 月	20.2	23.5	27.2	29.6	16.2	2.6	3.3	3.8
19	上　一	2350/2350+1200×5	2h+4h+4h×5	1972 年 7 月	7.1	9.1	10.1	15.9	0.1	0	0.5	0.2
20	浦　中	2350/2350	3h+4h	1959 年 1970 年改	48.3	45.0	61.0	77.6	10.1	6.3	19.9	48.0
21	安　钢	3000	4h	1974 年 11 月 1996 年 5 月改	55.7	64.1	79.7	88.3	7.6	6.7	7.0	8.1
22	柳　钢	3000	4h	1974 年 9 月 1993 年改	49.0	62.6	79.3	99.2	4.3	5.3	3.3	3.7
23	韶　钢	2300/2500	3h+4h	1976 年 12 月 1996 年改	39.5	57.3	65.1	81.9	14.4	4.5	7.3	16.8
24	昆　钢	2300	3h	1971 年 5 月	15.8	16.0	10.5	0	0	0	0	0
25	临　钢	2300	3h	1974 年 11 月	8.4	18.2	23.8	27.8	0	0	0	0
26	锡　金	2300	3h	1995 年 1 月	0	0	0	0	0	0	0	0
合　计					1077.2	1391.7	1635.1	1903.5	344.5	250.7	282.4	421.3

表 2 为我国 1992 年、1997 年及 2002 年 3 年按品种生产专用板产量情况，以及 2005 年和 2010 年两年的需求量，现在看已偏低很多。

表 2　我国专用板产量及需求

序号	产品名称	1993 年产量/万吨	1997 年产量/万吨	2002 年产量/万吨	需求量/万吨	
					2005 年	2010 年
1	船　板	65.4	94.0	186.7	450	700
2	管线板	5.0	32.7	77.3	120.0	150.0
3	容器板	30.1	27.2	36.0	102.0	250.0
4	锅炉板	25.7	19.4	21.4	25.0	40.0
5	桥梁板	2.3	1.3	6.2	100.0	110.0
6	汽车大梁板	31.9	15.6	20.7	30.0	40.0
7	耐候板	18.3	27.4	13.2	30.0	40.0
8	花纹板	11.2	10.1	6.8	15.0	20.0
9	其　他	10.1	22.3	31.7	48.0	50.0
合　计		200.0	250.0	400.0	800.0	1400.0

附文 3-9　我国中厚板生产与消费的饱和点

生产量达到多少为止，不再往上涨，消费量不再增加，走至峰点后往下降，这个峰点就是饱和点。

中厚板的饱和点有工业化前后之分。如 1974 年日本中厚板产量达到最高 2030 万吨，这是日本工业化前生产中厚板的峰点；之后逐年下降，至今已稳定在 900 万吨上下，这是工业化后的峰点，两饱和点相差达一倍以上。

苏联 1978 年中厚板生产的饱和点达 2178 万吨后不再升高。多年来俄罗斯中厚板生产保持较低水平。近年来为大力发展大直径直缝焊管生产，相继兴建多台宽厚板轧机，预计中厚板产量也只有 1000 万吨上下，与日本不相上下。

预测我国中厚板的饱和点是比较难的。首先要预测出钢产量的饱和点，然后测算出钢材中中厚板比例和进出口量。特别是我国中厚板进出口量的变化比较大。1984～1986 年每年进口量近 300 万吨，而 1993 年与 1994 年达到 350 万吨以上，当时可称为我国钢材中进口之冠。但是到 1995 年转变成进口 143.5 万吨，出口 283.4 万吨，出口大于进口。1997 年与 1998 年每年进口急剧降至 60 万吨左右。但 2001 年至 2003 年每年进口又超过出口，特别是 2003 年进口量达 633.1 万吨，而出口量只有 73 万吨。2004 年开始进口量逐年下降，而出口量逐年增多。到 2006 年进口量降至 313 万吨，而出口量已剧增至 897 万吨。

2006 年我国钢材产量已达 4.6 亿吨，若年增长率达 7% 的话，2010 年钢材产量将登上 6 亿吨大关。

2006 年钢材中中厚板比例达 18.6%。只取 16% 的话，中厚板产量将达 9600 万吨。

随着我国中厚板轧机现代化进程的发展，新建轧机大批投入运转，中厚板产量迅速增加，应当参与中厚板国际市场的竞争，增加出口量，减少进口量，必将迅速提高我国中厚板质量。因此，2010 年进口量应压缩至 200 万吨，而出口量将扩至 1200 万吨。那时，我国中厚板消费饱和点将达到 8600 万吨。

2010 年我国拥有中厚板轧机达 60 套以上，产能可达到 6000 万吨左右，热带轧机可生产 3600 万吨，占中厚板产量的 37.5%，而日本只占 20%，美国只占 10% 以下，因此，我国热带轧机生产中厚板太多。

预计 2010 年上海世博会以后，我国中厚板产量将逐年压缩，到 2020 年以前将稳定在 5000 万吨上下，而中厚板轧机中落后设备将淘汰极大部分，保留 40 套左右，产能达 4000 万吨左右，由热带轧机生产中厚板达 1000 万吨左右，约占中厚板产量的 20%。因此，我国工业化前中厚板产量饱和点为 4600 万吨，消费饱和点为 8600 万吨。而工业化后中厚板产量饱和点为 5000 万吨。

表 1 为美、日、前苏联、德、英、法及意 7 国中厚板产量饱和点的情况。

表 1 美、日、前苏联、德、英、法及意 7 国中厚板产量饱和点

项 目	美 国	日 本	前苏联	德 国	英 国	法 国	意大利
饱和年份	1974	1974	1978	1974	1970	1981	1981
钢材产量/万吨	9565	10017	11057	3884	2068	1962	1975
中厚板产量/万吨	990	2030	2178	727	393	225	309
中厚板比例/%	10.4	20.3	19.7	18.7	19.0	11.5	15.6
目前中厚板生产量/万吨	约 500	约 900	约 1000	约 300	约 180	约 150	约 170

附文 3-10 国内外大单重特宽特厚钢板生产的现状

1 引言

大单重特宽特厚钢板生产有许多特别的地方，与一般中厚板生产有很大的差异，需要另行研究考虑。

大单重一般指成品板单重达 20 ~ 30t 以上，最重达 200t，原料单重达 250t。这些钢板采用厚达 800mm 连铸板坯生产，但比较困难。

特宽一般指成品板宽达 4500mm 以上，最宽达 5350mm，需要有 4800mm 级以上宽板轧机才能生产出来。目前全球这样的轧机在生产及在建设中的共有 18 台。

特厚一般指板厚 150 ~ 400mm，采用厚度 400mm 连铸板坯生产也比较困难，需要采用更厚板坯、压制坯或大型钢锭来生产。而且轧机的开口度很大，有的达 1350mm。

随着我国重工业、交通运输和国防现代化的迅速发展，大单重特厚板的需求量急剧增加，对一些老厂造成了很大的压力，一些新建厂纷纷采取对策实现增产，还有几家宽厚板厂在筹建中研究生产大单重特厚板的方案。

宽厚板轧机是轧机中最大的轧机，以前也有叫装甲钢板轧机的，顾名思义就是轧制坦克装甲钢板用的。这种轧机的一片机架牌坊重量有440t，而别的轧机最重只有230t；支撑辊的最大直径可以到2400mm，而别的轧机最大只到1600mm；轧机主电动机容量大到23000kW，而别的轧机最大只有13000kW；原料用钢锭最大重量可到250t，而别的轧机最大重量只用到65t；车间用起重桥式吊车吨位最大到400t，而其他轧钢车间用的吊车最大只有150t。因机架牌坊、轧辊、主电动机、原料以及吊车都是轧机中最大的，故素有"轧机之王"的称呼。

大单重特厚板轧机轧制钢板的最大重量达200t，最大厚度达400mm，因钢板单重与厚度以及轧机开口度都是宽厚板轧机中最大的，故有"轧机之王中王"的美称。

2 大单重特宽特厚钢板的用途

这类钢板的用途是非常广泛的，用量最大的是管线和船舰，其次是锅炉、压力容器、加压器、蒸汽发生器、化学反应合成塔、重油高温高压脱硫装置、水电涡轮、外壳及部件、桥梁、机器机座及部件、兵器、模具、装甲及建筑构件等方面。

表1为单重20t以上、宽度4500mm以上、厚度100mm以上钢板用户的常见例子。

表1 单重20t以上、宽度4500mm以上、厚度100mm以上钢板用户

序号	单重20t以上	宽度4500mm以上	厚度100mm以上
1	锅炉板约51t	UOE直缝焊管约5206mm	锅炉板约300mm
2	容器板约70t	船板（含舰板）约4500mm	容器板约300mm
3	桥墩板约200t	桥梁墩板约5350mm	船舰板约200mm
4	底座板约100t	平台板约4500mm	平台板约150mm
5	管线板约25t	水电站约5000mm	模具板约450mm
6	机器架座约40t		桥梁板约100mm
7	舰艇板约47t		耐候板约300mm
8	模具板约35t		不锈板约150mm
9	平台板约60t		防护板约380mm
10	防护板150t		坦克板约100mm
11			底座板约300mm
12			桥梁墩板约400mm

目前，30万千瓦火电站锅炉用厚度100mm以上钢板有BHW35，尺寸为110mm×2200mm×6900mm、110mm×2800mm×6900mm、145mm×3450mm×7200mm，以及SA299，尺寸为152mm×2880mm×5880mm、210mm×3350mm×6600mm，要求钢板最大单重达51t。

日本大鸣门桥基底板的特厚板厚380mm，宽5350mm，长6000mm，单重达95t。

这些钢板至今没有明确的定义，一般指板厚达100mm以上，单重达20~30t以上，宽度达4500mm以上。钢种多为SB、Cr-Mo、SM、SC及HT80。结构物的大型化和高效率施工，采用一块大单重特厚特宽板，可达到减少焊缝的目的。目前，已生产出最厚达350~400mm、最宽达5350mm、单重达200t板。

为了防止氢气内部缺陷，钢板和板坯均需经脱氢热处理过程；为了压实内部疏松，钢锭需经锻造与大压下过程，配有室式加热炉和热处理炉。采用连铸法最大可生产厚 100 ~ 400mm、单重达 20 ~ 60t 钢板。而特厚大单重板如用钢锭生产，在板厚中心部位强度和韧性下降，氢气与裂缝使内部质量恶化，因此必须精炼以减少不纯物质。

炼钢氢含量通常达$(3\sim5)\times10^{-4}\%$，脱气处理后可达到$(1\sim2)\times10^{-4}\%$。特厚板生产中板坯和钢板氢气扩散是不充分的，板厚中心部位集结有氢气后很容易产生内部缺陷（白点）。为此，采用钢水 RH、VD、DH、钢锅及流滴等脱气方法来彻底脱去氢气；同时在板坯与钢板轧制后，通过热处理炉、保温炉及缓冷坑等进行脱氢热处理。如厚 240mm 板在 650℃保温 100h 后氢含量可减少 90% 以上。处理时间有时长达数 10 天之多，但要注意粗大氮化物析出使韧性变差了。

缝裂是由钢锭凝固中生成缩孔造成的，多半在最终凝固的头部中心，用锻造和轧制方法不能压实裂缝时残留为内部缺陷。特厚板中心应力小，而且轧制方向 σ_b 小，故裂缝压实困难，必须按轧制板形比来考虑。

$$\text{轧制板形比} = l/h_m = \frac{\sqrt{R\Delta h}}{\frac{h_0+h_1}{2}} = \frac{\sqrt{R(h_0-h_1)}}{\frac{h_0+h_1}{2}}$$

式中　l——轧辊接触弧长，$l=\sqrt{R\Delta h}=\sqrt{R(h_0-h_1)}$；

h_m——轧制前后钢板平均厚度，$h_m=\frac{h_0+h_1}{2}$；

h_0——轧前板厚；

h_1——轧后板厚；

R——轧辊半径；

Δh——压下量。

因此，l/h_m 取决于 R、Δh。为了压实裂缝，R、Δh 应大。因此，轧制力和力矩大则效果好。当然，轧制温度和轧制时间与裂缝的压实也有关系，温差对中心也有影响。必须给中心以强压下。

工业与建筑上需要一些大单重特厚钢板，这些钢板性能要求比较严格。首先，铁水应脱硫至 0.002% 以下，脱磷至 0.005% 以下。其次，为了避免回火脆性，需尽量减少 Sn、As、Sb 等不纯物。另外，炼钢需采取低氢冶炼法，经钢水罐脱氢处理后，氢含量应减至 $0.7\times10^{-4}\%$，铸锭中也要严格控制，吸入氢应控制在 $0.2\times10^{-4}\%$ 以下。

轧制用原料根据标准、钢板单重、板厚以及坯厚，可选用锻坯、锭、铸坯或轧坯。但在板坯生产中经缓冷脱氢后，还应根据需要进行板坯去氢退火，即缓冷后板坯需在 200℃以上装入热处理炉内，以 650℃保持一定的时间，退火时间需视氢含量而定。钢锭锭型和钢种对偏析的影响很大，要严格控制切去头尾量。

钢板轧制中有横向性能要求时，应严格设计坯料尺寸与展宽量。这类钢板轧制后，根据钢种进行热处理、表面修磨及无损探伤。成品板的矫直采用压平机。

压缩比的选取主要应考虑气孔压实、铸造组织破坏、力学性能和板内氢气分散。目前，气孔压实时压缩比需达 2 以上；压缩比为 1.5 时韧性和延性即可达到最高值；压缩比为 2 ~ 3 时强度也可得到改善。因此，在强力轧机条件下压缩比为 2 便可满足要求。

3 需求量

日本板厚在40～100mm的钢板占10%，板厚在100mm以上的钢板占1%。我国板厚50mm以上的占4%左右。以中厚板轧机生产中厚板4000万吨计，年产厚板约160万吨，若100mm以上厚板占1%，约有40万吨。

日本板宽4500mm以上的占1%，美国板宽3250mm以上的占1%，我国至今无统计数据。从大型船舶制造和直径1422mm长输管线建设项目看，板宽4500mm以上中厚板需求量波动非常大。如俄罗斯供欧洲天然气管线一个项目就需2000多万吨直缝焊管，一般小项目用管也达几百万吨。今后天然气管线建设项目很多，因此，4500mm以上宽板需求量必然会很大。另外，造一艘30万吨级船舶需用大量4500mm宽板作为船体部位，船板需有8万吨以上，其中4500mm宽板达2万吨左右。每年造大型船舶达60艘的话，需4500mm宽板达100万吨以上。

单重达20t以上宽厚板占厚板轧机产量0.05%以下，以生产4000万吨计，每年要生产20万吨左右。目前，舞钢、宝钢、沙钢及鲅鱼圈的4台轧机均有生产能力，可承担此项重任。

4 生产实例

全球有代表性的大单重特厚板轧机如表2所列约有18台。其规格、钢种、用途及典型工艺流程分述如下。

表2 全球大单重特厚板轧机

序号	国家	厂名	投产年份	轧机		最大板厚/mm	原料最大单重/t	开口度/mm	加热炉形式
				形式	尺寸/mm				
1	中国	舞钢	1978	v·4h	4200	250	锭40（70）	1000	车底式加热炉
2	中国	宝钢	2005	v4h+4hv	5000+5000	350	锭70	1200	车底式加热炉
3	中国	沙钢	2006	v4h	5000	150	锭	700	车底式加热炉
4	中国	鲅鱼圈		4h+4h	5500+5000		锭	1200	车底式加热炉
5	日本	室兰	1941	4h	5280	350	锭165	1350	车底式加热炉
6	日本	水岛	1976	4hv	5490	300	锭90	1024	均热炉
7	日本	名古屋	F1968 R1975	v·4h+4h	4800+4700	200	锭80	R1500	车底式加热炉
8	日本	加古川	1973 1948	4h+4h	4724+4724	300	锭60	R950	车底式加热炉

续表 2

序号	国家	厂名	投产年份	轧机		最大板厚/mm	原料最大单重/t	开口度/mm	加热炉形式
				形式	尺寸/mm				
9	日本	京滨	1976	4h	5500	200	锭	1000	均热炉
10	美国	留肯司	1918	3h + 4h	3560 + 5230	380	锭 45	1067	均热炉
11	美国	格里	1962	4h	5335	380	锭 32	1000	车底式加热炉
12	俄罗斯	下塔吉尔	1950	4h	5000	250	锭 72	1000	车底式加热炉
13	俄罗斯	莫斯科	1940	4h	5000	250	锭 80	1000	车底式加热炉
14	俄罗斯	日丹诺夫	1973	4h + 4h	3600 + 3600	200	锭 37	1000	车底式加热炉
15	德国	迪林根	1986	4h + 4h	5500 + 4800	200	锭 40	950	车底式加热炉
16	德国	米尔海姆	1969	4h	5100	260	锭 45	1000	车底式加热炉
17	英国	达尔泽尔	1967	4h	4340	250	锻坯厚 610mm	750	车底式加热炉
18	法国	克鲁索	1963	2h + 4h	4200 + 3600	250	锭 80	1000	车底式加热炉

（1）规格：厚度为 100 ~ 400mm，宽度为 1000 ~ 5350mm，长度为 4700 ~ 18000mm，单重有 20t、50t、70t 及 200t 等。

（2）钢种：JISG3103、ASTM A204 厚 150mm 锅炉 Mo 钢板，ASTM A202 锅炉与压力容器 Cr-Mn-Si 钢板，JISG3118、ASTM A516 中、常温压力容器碳素钢板，JISG3119、ASTM A302 锅炉与压力容器 Mn-Mo 及 Mn-Mo-Ni 钢板，JISG3120、ASTM A533 压力容器 Mn-Mo 及 Mn-Mo-Ni 调质钢板，ASTM A357 压力容器 5Cr-0.5Mo 钢板，JISG4109、ASTM A387、A542 压力容器 Cr-Mo 淬火回火钢板，ASTM A543 厚 101.6mm 压力容器 Ni-Cr-Mo 淬火回火钢板等。

（3）用途：核电用锅炉压力容器、加压器及蒸汽发生器，火电用锅炉、转筒、化学反应合成塔（尿素），重油高温高压脱硫装置，水电涡轮、外壳及部件，造船、建筑、桥墩、机械、军工、塑料模具及其他等。

（4）工艺流程：转炉或电炉炼钢、真空脱气、铸锭、均热、锻造、板坯热处理、清理、检查、加热、轧制、脱氢热处理、切断、清理、压矫、超声波探伤检查、交货。

实例生产厂选用我国舞钢 4200mm 厚板轧机、日本室兰厂 5300mm 厚板轧机、日本名古屋厂 4800/4700mm 厚板轧机及日本广畑厂大单重特厚板设备作为参考。

4.1 中国舞钢4200mm厚板轧机

舞钢4200mm厚板轧机是1978年投产、我国自行设计制造、生产经验最丰富的第一台大单重特厚板轧机。

拥有大开口度980/1800mm×4200mm轧机，主电动机为2台4600kW、0—40—80r/min，可用40t大扁锭，可轧制板厚达250mm、最宽达4000mm的各种特殊钢板。

炼钢配备有2座75t、25MkV和90t、60MkV大电炉，精炼有2座90t LF钢包精炼炉，配合2座电炉；1套VD真空吹氩脱气装置，1套SL钢包喷粉装置，达到去除夹杂，脱H、O及S，精确控制成分与合金收得率高的目的，但要求降温；还有2台双线喂丝机，好处是可提高合金利用率，降低铝的偏差。

精炼后配备有3条大钢锭铸锭线和1条300mm×1900mm板坯连铸机。

轧机后设有大单重特厚板收集装置，并配置有厚板火焰切割机、加热缓冷坑6个、车底式炉2座、外部机械化室式炉8座、辊底式常化炉1座及调质线1条，可以满足大单重特厚板进行各种热处理的要求。

4.2 日本室兰厂5300mm厚板轧机

该厂建于1941年，由德马克（DEMAG）制造。

轧机工作辊尺寸为ϕ1130mm×5300mm，支撑辊尺寸为ϕ1600mm×5200mm，开口度为1350mm；牌坊为整铸，重230t，立柱截面面积为7225cm^2；轧机刚度为2000kN/mm，最大轧制力为30000kN，蒸汽机驱动，转速为272r/min，额定力矩为4500kN·m。

加热炉为车底式，4座，加热能力为40t/h，可装145t重料。

压平机压力为40000kN，压平板尺寸为350mm×5200mm。

冷床为链式拉钢机，尺寸为21.6m×32.7m，冷板厚9~100mm。

采用火焰切割机切板。

砂轮修磨机清理板尺寸为(9~350)mm×(1000~4400)mm×(1000~14000)mm。

热处理炉为车底式，处理温度600~980℃，钢板尺寸为(50~350)mm×(3600~5300)mm×(13500~23500)mm，5座，加热能力为30t/h。

抛丸涂漆机为卧式两面抛，钢板尺寸为140mm×4200mm×18000mm。

该厂为日本生产大单重特厚板主要厂家之一，第二次世界大战中发挥了很大的作用。

4.3 日本名古屋厂4800/4700mm厚板轧机

该轧机设备组成如下：

（1）车底式加热炉。加热(100~550)mm×(1200~4000)mm×(2000~9000)mm、重70t料，加热炉产能为18t/h。

（2）8000t锻造机。

（3）连续式加热炉。加热(80~300)mm×(1000~2400)mm×(2000~4000)mm、重22t板坯，2座，产能为200t/h×2。

（4）4800mm+4700mm双机架厚板轧机。设有液压AGC和弯辊装置，采用计算机自动控制。

（5）11 辊热矫直机、冷床及剪切线与火焰切割机等辅助设备。

（6）1 号保护气体辊底式热处理炉。处理（6～200）mm×（1000～4500）mm×（～20000）mm 钢板，附设有辊式淬火机，可进行正火和淬火处理。

（7）2 号保护气体辊底式热处理炉。尺寸与 1 号炉相同，只作正火与回火处理。

（8）车底式热处理炉。可处理（～300）mm×（1000～4500）mm×（～19000）mm 特厚板。

（9）保温坑。可缓冷（～300）mm×（1000～4500）mm×（～19000）mm 钢板。

（10）门式自动修磨机。

（11）压力矫直机。矫直力达 45000kN。

（12）试样热处理设备。

4.4　日本广畑厂生产大单重特厚板设备

炼钢、锻造及热处理设备配备如下：

（1）电炉。80t（100t）、50t（60t）及 15t（20t）各 1 座。

（2）转炉。70t 的 3 座，150t 的 3 座；真空铸锭 400t 的 1 座，120t 的 1 座；吊车 150t 的 2 台。

（3）铸锭机。铸坑 7m×15m×9m 的 1 台，10m×20m×4m 的 2 台，其他 9 台；喷砂机 2 台；砂处理机 1 台；吊车 150t 的 3 台。

（4）锻造机。8000t 压力机 1 台，240t 操作机 1 台，40t 操作机 1 台；加热炉 6m×4m×9m 的 11 座，加热量每座 300t；吊车 250t 的 1 台，150t 的 1 台。

（5）热处理炉。车底式炉 6m×4m×9m，140t 的 2 座；坑式炉 2.5m×2m×20m，220t 的 5 座；大型退火炉 10m×10m×15m，300t 的 1 座，竖式电加热调质炉 2.3m×12m，220t 的 2 座；喷水喷雾淬火机 2.2m×15m，150t 的 1 台；热变形试验机 2.2m×8m，150t 的 1 台；淬火用大型吊车 2 台。

（6）4064mm 4h 轧机 1 台。现已停机。

附文 3-11　最薄和薄而宽中板生产的现状

1　引言

随着工业化和科技水平的迅速发展，人们对材料的要求也越来越高。近几年来对最薄和又薄又宽的中板使用范围越来越广，有的要求已超出中厚板轧机生产能力的范畴。

国际和国家标准规定的中板尺寸，用户又迫切需要，设备和生产工艺上可能做得到的产品，日本、德国、俄罗斯及美国都在生产，而我国新设计中厚板轧机产品大纲中就不生产，最薄中板厚度从 5mm 开始，有的厂从 6mm 开始，先进性已失去。

设计书中附有最薄中板轧制程序表也是很难生产出来的，有的厂修正设计后已轧出这类产品，满足了用户的迫切需求。

这是一类很需要的产品，为此写了这一段现状，以飨读者。

2 最薄的中厚板

中厚板轧机轧制中板的最小厚度为3mm，因此，日本把厚3～6mm的钢板称为中板。

一般来说，3mm厚在2800mm以下中板轧机上生产，2800mm以上轧机最薄轧至4mm。

全球曾生产过3～3.2mm厚中板的中板轧机有美国留肯司公司康舍霍肯厂2850mm+3050mm轧机，生产中板3.2mm厚；美国阿兰·伍德厂2795mm+2795mm轧机，生产中板3mm厚；德国哈廷根厂2800mm轧机，生产中板3mm厚、2500mm宽；德国多特蒙德厂3150mm轧机，生产中板3mm厚；日本川崎公司葺合厂2540mm轧机，生产中板3.2mm厚；英国谢菲尔德厂2286mm轧机，生产中板3.18mm厚；英国普尔厂2285mm+2540mm+2540mm轧机，生产中板3.2mm厚等7台。

生产过厚4mm中板的有日本八幡厂4800mm+4800mm轧机、君津厂4724mm+4724mm轧机、德国杜伊斯堡厂3900mm轧机、比利时沙勒罗瓦厂4250mm轧机、英国南杜尔翰厂3210mm+3810mm+3810mm轧机、罗马尼亚加拉茨厂3353mm+3353mm轧机及瑞典多姆纳维特厂3800mm轧机等7台。

全球绝大多数宽厚板轧机都能生产最薄4.5mm厚钢板，特别是日本几乎所有轧机都从4.5mm厚开始。而我国新建轧机都是从5～6mm，有的从8mm开始。有一种观点认为，厚度8mm以下钢板由热带轧机生产比较合理，而且在宽厚板轧机上轧制厚度6mm以下困难也很大。殊不知宽厚板轧机轧制4.5～6mm厚宽板是评定轧机先进性的一项重要指标。不论将轧机性能做得如何先进，而轧制最薄厚度只能在6mm以上，则其先进程度便损失殆尽。另外，在热带轧机上生产3mm×2500mm、4mm×3000mm、4.5mm×3300mm、5mm×3600mm及6mm×4000mm又薄又宽中板也是无能为力的，即使能生产出来，但残留应力也太大。因此，从高要求来说，热带轧机生产中板也有一定的难度。

这些又薄又宽钢板除巨轮上需要以外，大型储罐、车辆与建筑也用一部分。

如船厂订货要求4.5mm×3400mm板，我国一个厂也轧不了，只好从日本或德国进口。因几张板需进口，可能一条船的钢板合同便跑了。所以，不要小看几张板，有可能一笔生意就做不成了。有几个新建厂名义上能生产厚5mm板，但因选料太厚，轧制板太长，实际生产必然困难很大。

一般来说，3mm厚板应在2800mm以下中板轧机上生产，板厚4mm以上可以在3000mm以上中厚板轧机上轧制。

我国2300mm级中板轧机最薄生产过4mm厚。邯钢2800mm中板轧机是从德国引进的二手设备，在德国曾生产过3mm×2500mm钢板。

目前，国外宽厚板轧机最薄轧制厚度以4.5mm居多，特别是日本几乎所有轧机均为4.5mm。我国新建轧机最薄都定为5mm，少数定为6mm，先进性自然就差一些。

生产厚度4mm以下中板时，钢板轧制长度20m以下，因此，坯料单重也受到很大的限制。除加热炉炉型受限制以外，轧制成薄中板的输送也成为很大问题，辊道辊距为1000mm时钢板塌下到辊道盖板上，钢板在辊子上打滑便输送不了。

3 最小坯料

生产又薄又宽中厚板必须选好坯料的大小，坯料太大，轧机轧制周期太长，终轧温度太低，板形不容易平直，瓢曲太严重。另外，轧件太长，同板差也不容易保证。

目前，国外生产又薄又宽中厚板多数厂都选用厚度100mm以下坯料，大部分采用厚度80mm坯料，最小厚度有60mm，一般压下比在25以下。这些坯料从前可由初轧机供应，现在初轧机已淘汰了，而连铸机供应也不理想，唯一办法是自行开坯，但成本比较高。

从坯料最小单重上看，最小的只有0.45t，比较多的是1.2t，最大的是2.5t。目前国内步进梁式加热炉加热坯料的最小单重均在4t左右，要生产3mm×2500mm板是不可能的，即使轧制4.5mm×3000mm板也是很困难的。

表1为轧制最薄中板的轧机及其坯厚的情况。这是比较典型的例子。

表1 轧制最薄中板的轧机及其坯厚的情况

序号	国 家	厂 名	轧机/mm	最小板厚/mm	最小坯厚/mm	压下比
1	日 本	八 幡	4800 +4800	4	80	20
2	日 本	名古屋	4800 +4700	4.5	60	13
3	日 本	大 分	5500	4.5	80	18
4	日 本	君 津	4724 +4724	4	80	20
5	日 本	福 山	4700 +4700	4.5	70	16
6	日 本	京 滨	5500	4.5	95	21
7	日 本	水 岛	5490	4.5	80	18
8	日 本	千 叶	3500 +4216	4.5	60	13
9	日 本	鹿 岛	5350 +4830	4.5	60	13
10	日 本	加古川	4724 +4724	4.5	80	18
11	日 本	茸 合	2540	3.2	60	19
12	英 国	谢菲尔德	2286	3.18	60	19
13	德 国	迪林根	5500 +4800	4.5	90	20
14	德 国	杜伊斯堡	3900	4	60	15
15	德 国	哈廷根	2800	3	60	20
16	德 国	多特蒙德	3150	3	60	20
17	英 国	普 尔	2285 +2540 +2540	3.2	60	19
18	比利时	沙勒罗瓦	4250	4	100	25
19	英 国	南杜尔翰	3210 +3810 +3810	4	100	25
20	罗马尼亚	加拉茨	3353 +3353	4	100	25
21	瑞 典	多姆纳维特	3800	4	100	25
22	美 国	留肯司·康舍霍肯	2850 +3050	3.2	60	19

续表1

序号	国 家	厂 名	轧机/mm	最小板厚/mm	最小坯厚/mm	压下比
23	美 国	阿兰·伍德	2795 +2795	3	102	34
24	中 国	宝 钢	5000 +5000	5	120	24
25	中 国	首 钢	4300 +4300	5	150	30
26	埃 及	阿布扎贝尔	3800	4	80	20
27	奥地利	林 茨	4200	5	100	20
28	意大利	塔兰托	4826 +4826	5	150	30
29	韩 国	浦 项	4724 +4724	5	120	24

日本生产厚4.5mm中板时，鹿岛最小坯料重为0.7t，室兰为0.8t，加古川为1.0t，福山、水岛及和歌山均为1.2t，太重轧制很困难。

4 厚度与宽度的极限关系

关于中厚板厚度与宽度的极限关系，需视轧机能力而定。轧制最小厚度受到轧机横向刚度和辊跳的限制，也与板宽有很大的关系。

生产最薄钢板时就不能生产最宽的，如5mm×4800mm是轧不出来的。

根据实际生产经验总结，对于高刚度轧机轧制厚度与宽度的极限关系如表2所示。

表2 轧制厚度与宽度的极限关系

板厚/mm	3	4	4.5	5	6	7	8	10	12
最大宽度/mm	2500	3000	3300	3600	4000	4400	4800	5000	5350

这种极限关系对于轧机刚度小于70000kN/mm的，起码应打80%的折扣。

目前，船厂要求供应4mm×3000mm、4.5mm×3300mm薄而宽的船板。因新建轧机产品大纲中最薄的为5mm，有的从6mm开始，虽然轧机有此能力，但因工艺上未考虑原料厚度、单重、轧制长度、时间、负荷及终轧温度等条件，真要生产还是有一定困难的。

5 结语

国外多数厂生产这类产品，很少见到采用钢锭、连铸板坯、初轧坯和锻压坯的，绝大多数厂都采用二次开坯工艺。如德国一个厂生产厚度为3mm的中板时，采用厚度为200mm的连铸板坯，在自己的轧机上开成厚度为60mm板坯，再加热后轧制成最终产品，经热矫后冷却，剪切成定尺长8m钢板，板面非常平直，用户很满意。

附文3-12 中厚板的超限运输

货物运输中都有一个超限规定，中厚板也不例外，而且成为一个突出的课题，因为大量宽板外运都超出铁路的限制范围。舞钢 4200mm 厚板轧机建厂在山区，一度因运输问题曾限制其轧机能力的发挥。

我国铁路运输板宽 3400mm 以上为超限，但因铁路线路繁忙，一般情况板宽 2700mm 以上就不办理正常货运，而斜放装车时板宽可达 4000mm。因此，4300mm 轧机是铁路超宽特殊运输的一个界限。4300mm 以上轧机选厂时应靠海和大江。20 世纪 50 年代前后全球在内陆建成一大批 4064mm（160in）轧机，原因就是考虑到运输的限制。

德国建在内陆的宽厚板轧机，主要靠高速公路外运，板宽超过 2500mm 都斜放运输，最宽达 5200mm 也没有困难，但只在慢速道低速行车。

3000mm 轧机生产钢板最宽达 2700mm，是铁路和公路正常运输的一个界限。因此，都把 3000mm 以上轧机称为宽厚板轧机。4800mm 级以上轧机生产板宽达 4000mm 以上时，不但铁路无法运输，即使高速公路以特大件货物超限运输，也只能经批准限道限时行走，一般都由水路才能运输，故而将 4800mm 级以上轧机称为特宽板轧机，多数都建设在沿海地区。

目前，我国已建成 2 套 5000mm 轧机，都布置在长江边上。准备建设 2 套 5500mm 轧机，也都准备布置在沿海一带。这些轧机都不存在有运输上的问题。

4 中厚钢板用原料的选定

4.1 引言

原料是中厚板生产达到优质、低成本、高产的首要条件，没有好的原料是生产不出好钢板的。钢板的厚薄与单重也取决于原料的种类与重量。如采用连铸板坯的话，一般说只能生产厚度100mm以下，单重不超出40t的钢板，厚度大于100mm钢板应当选用其他原料。又如生产厚度5mm以下钢板的话，选用厚度100mm以上的板坯是很难生产出来的，因此，常规连铸板坯也不行。

选用大钢锭作为原料的话，轧机开口度很大，加热炉也不一样，附设立辊轧机也值得考虑一下。

轧机产能与所用原料平均单重是成正比的，平均单重越大，轧机产能也越大。

为了达到理想的控轧要求，原料化学成分与附加元素应满足其条件。

中厚板用原料的纯净度要求很高，应当将不纯元素含量降至很低，炼钢采用精炼手段是非常重要的。

目前，中厚板用的最理想原料应该是连铸板坯，且宽度应尽量大一些，以减少展宽的道次；温度应尽量高一些，以满足热送热装炉操作的要求；长度应准确一些，尽量不要再切割。做到100%连铸板坯，尽量不采用其他原料，减少不必要的麻烦。

中厚板品种繁多，所需原料也很繁杂，应根据用户订货标准中对材质、力学性能、内部与外表性状及交货状态等要求，以及用户提出的用途、焊接与加工要求、尺寸与偏差、平直度与板形、外观与标记等条件，确定普通轧制、控轧、快冷及热处理等工艺方式，同时选择好原料的化学成分、压缩比、形式、尺寸、最大单重及最小尺寸等参数。并要求炼钢添加合金元素，降低不纯物含量，规定脱气程度以及精炼方式。

选用原料时受辊道辊距和炉子滑道距离的制约。一般最小长度与宽度不能小于700～800mm；厚度受轧机开口度和炉子形式的限制，也不能过厚。

原料表面如有缺陷可用如附照2-1所示砂轮修磨或火焰清理方式来消除。

4.2 中厚板生产对炼钢提出的要求

4.2.1 中厚板质量的重要性

中厚板是坚强的象征、国防强大的基础、机器制造发达的条件，是国家工业化和现代化所不可缺少的一项重要的钢材品种，可用于建造坦克、航母、舰艇、导弹、海上采油平台、大桥、大船、大坝、长输管线及特高建筑等。坦克装甲要经受住穿甲弹的轰击；军舰要抵御住鱼雷和导弹的攻击；海上采油平台和大船需经受台风巨浪的考验；大桥桥梁要耐重载列车的频繁冲击；大坝闸门与压力管需经受住强大的水压；长输管线要承受10MPa以上压力和恶劣环境的影响；高压锅炉要在高温高压条件下安全运转，容器需承受住几十兆帕的高压；特高建筑需在风力往复震荡中巍然不倒。一旦这些钢板破裂了，都将造成生命财产的巨大损失。

无论是经济建设的高潮期，还是烽火战争的年代，中厚板生产都受到了特别的关注，对其钢板性能的要求往往高于其他钢材。

中厚板性能高低与钢水质量好坏有非常密切的关系。

4.2.2 中厚板的用途与加工

中厚板用途可分成结构、包容及特殊三大类。结构类应用领域有船舰、建筑、工程机械、桥梁及采油平台等；包容类应用领域有锅炉、容器、管线及罐等；特殊用途类应用领域有坦克、防弹板、复合板、不锈板及工具模具板等。

中厚板的主要加工方法是焊接与弯曲成形，因此，中厚板的焊接性能已成为交货的重要标准之一，一般要求其在大热量与低温条件下具有较好的焊接性能。

4.2.3 对钢质的要求

根据中厚板用途的不同，对钢质的要求也不一样。首先要求钢的纯净度高、均匀性好，并有精确的晶粒组织。纯净度高是指非金属夹杂物（含气体）尽可能少，实指O、S含量低。

其次是可焊接性和加工性好，内裂、偏析及疏松等达到规定以下要求，力学性能好（特别是对低温冲击韧性的要求越来越高）。如海上采油平台等结构板要求抗层状撕裂性能好，一些重要用途板甚至不允许有微小白点的存在。

目前我国对中厚板用原料，炼钢前采取提高纯净度的措施。首先是铁水脱硫。硫是钢中极为有害的夹杂元素之一，形成MnS后随轧制方向拉长，使钢材各向异性加大，横向冲击韧性降低，塑性变差。它的存在会加剧钢板纵横向性能差，容易引起冷热裂纹与分层，降低钢材焊接性能与抗氢脆能力。因此去硫是钢材冶炼中一道重要工序。目前最常用手段是铁水预处理脱硫。其中，采用CaO或CaC_2脱硫，残留量约0.008%，达不到深脱硫目的，且铁损大，温降多。采用粒镁单吹扒渣脱硫法可使硫达0.005%以下，在扒渣、铁损、时间、温降及运行费用等方面都有明显的优势。全球中厚板失效（用于船舰、桥梁、锅炉容器、管线及高层建筑等方面）事故中，很多都是由于硫含量高，且太集结、形态不好而形成内在质量差所引起。

精炼方面多采用LF（埋弧桶炉）法，即埋弧加热和吹氩搅拌，可升温与控制成分，最终使氧含量小于等于0.002%，硫含量小于等于0.0007%，氢含量小于等于0.0001%～0.0003%，氮含量小于等于0.0012%，夹杂物含量小于等于0.03%～0.042%。

真空处理多采用RH（循环真空脱气）法，需要吹氧，处理周期短，生产率高，但对厂房有特殊要求，投资大。可控制碳含量小于等于0.001%，氢含量小于等于0.0001%～0.0003%，氮含量小于等于0.0015%～0.0025%，氧含量小于等于0.002%～0.004%。另外也有采用VD（真空脱气）法，同样需吹氧，但投资少。可使碳含量小于等于0.01%，氢含量小于等于0.0001%～0.0003%，氮含量小于等于0.004%～0.005%，氧含量小于等于0.003%～0.006%，夹杂物含量小于等于0.01%～0.03%。

目前，中厚板用钢100%需经铁水处理，90%以上要求RH或VD处理，50%～70%需经LF法处理。中厚钢板不纯元素降低方法及其水平见表4-1。而冶炼过程中不纯元素的含量情况见表4-2。关于精炼工艺机能见表4-3。

表4-1 中厚钢板不纯元素降低方法及其水平

不纯元素	降低方法	达到水平
S P	铁水脱S—转炉—电炉脱P—精炼	S+P≤0.005%
	铁水脱S—转炉（全自动吹炼、惰性气体底吹）—精炼	S+P≤0.003% P≤0.002%
	电炉—精炼—吹氩真空浇铸（MSD-Ar）	S+P≤0.003%
H	ASEA-SKF法	H≤0.0001%
	RH脱气法（二段吹入氩）	H≤0.0001%
O	VAD法	O≤0.002%
As Sn Sb	精选原料	—
	添加 CaC_2	As、Sn≤0.004% Sb≤0.0006%
Cu	精选原料	—

表4-2 冶炼过程中不纯元素的含量（%）

元素	高炉（铁水）	转炉（钢水）	电炉（钢水）	真空处理	精 炼
S	0.02～0.04 0.01～0.001（脱S）	0.013～0.025	0.010～0.020	0.001～0.010	0.002～0.006
P	0.15～0.19	0.025～0.040	0.010～0.020	0.008～0.010	0.004～0.010
H		0.0002～0.0005	0.0003～0.0006	0.00005～0.0003	<0.00015
O		0.03～0.08	0.004～0.007	<0.003	<0.003

表4-3 精炼工艺机能

序号	精炼种类	脱H	脱O	脱N	脱S	脱C	控制成分	控温	去夹杂	控制形态	氧化物还原
1	真 空	好	好	一般	—	—	一般	—	一般	—	—
2	可控气氛	一般	一般	一般	一般	—	好	—	一般	—	一般
3	搅 拌	一般	一般	—	一般	一般	好	好	一般	—	一般
4	合成渣	—	好	—	好	—	—	—	好	—	好
5	加 热	—	—	—	一般	一般	好	好	一般	—	好
6	吹 氧	一般	—	一般	—	好	—	—	—	—	—
7	添加合金	—	一般	—	一般	—	—	—	—	一般	一般
8	喷 吹	—	好	—	好	—	—	好	好	好	—

随着冶炼技术和用户对钢质要求的提高，中厚板用钢的纯净度已成为一项非常重要的指标。历年来 C、S、P、N、H、O 等六大需要严格控制元素的变迁情况见表 4-4。

表 4-4 历年来 C、S、P、N、H、O 等六大元素变迁情况

项 目		元素/×10⁻⁴%						不含 C 的总量
		C	S	P	N	[H]	[O]	
年份	1960	200	200	200	40	3	40	483
	1970	80	40	100	30	2	30	202
	1980	30	10	40	20	1	10	81
	1990	10	4	10	10	0.8	7	31.8
	1996	5	3	8	8	0.7	5	22.7
	2000	4	0.6	3	6	0.5	1	11.1
	2004	4	0.5	3	5	0.3	1	8.8
按钢种分	一 般	30	10	30	30	2	6	78
	特 殊	3	5	20	25	1	2	53
	超纯净	3	0.5	3	5	0.3	1	8.8

这些元素可能形成 3 种形态的物质，从而影响钢材延脆性。首先，非金属夹杂物或析出物（O、S、N），可降低延性（空洞起点）、疲劳强度（裂纹起点），或产生高温裂纹（生成空洞）；其次是偏析（P、S），增加回火脆性（P、Sb），产生高温裂纹（S 液相）；最后是间隙固溶体（C、N、H、O），导致时效（C、N）与氢脆（H）。

对输送酸性介质油气管线钢要求去除硫，并控制其形态（球形）。对 LPG 罐用钢、Cr-Mo高压容器钢要求去除磷。

硫会加剧钢板纵横性能差，导致冷热裂纹、分层，降低焊接性能与抗氢脆能力。

磷导致冷脆，使调质钢回火脆性、热加工性和焊接性能变差。

氮导致时效，降低冷加工性能、焊接热影响区脆性，加剧冷脆。

氧导致疲劳寿命、延性、韧性、焊接性能、各向异性（链状 Al_2O_3）、耐蚀性、表面质量及加工性能下降。

常用的清除杂质措施有出钢挡渣、钢包内炉渣改性、转炉炼钢终点碳氧控制、脱氧、RH 法精炼、保护浇铸、防止结晶器坯壳卷渣及坯皮下气孔等。

4.3 中厚板生产对压缩比的要求

原料厚度方向压缩的比例称之为压缩比。如厚度为 300mm 原料轧制成厚度为 100mm 成品，其压缩比（η）为 $300/100=3$。

中厚板生产中，压缩比是衡量质量的一项重要指标。采用钢锭为原料时，η 应为 6 以上，重要用途需达 10 以上；采用连铸坯为原料时，η 应达 3 以上，重要用途需达 5 以上，采用单向结晶钢锭为原料时，η 需达 1.8 以上；采用锻压坯为原料时，需视锻压坯加工时压缩比来确定；采用初轧坯为原料时，也需要视初轧坯的压缩比来判定。

原料质量的好坏对压缩比的影响很大。如某钢厂生产的厚250mm连铸板坯，轧制成厚度为80~100mm钢板时，各项指标均合格。而有的厂生产的厚250mm连铸板坯，当轧制成厚25mm钢板时，多项指标均不合格。

压缩比还与加工方向有很大关系。如锻压加工是多方向，且变形速度慢，一次压下量大，故而压缩比可大大减小。

压缩比不但与总的压缩量有关，也与道次压缩量有关。一道次压缩比大，即一道次压下量大，加工变形深度深，即加工较透，则压缩比也可减小。

另外，压缩比与变形速度也有关。若变形速度快，变形深度浅，压不透，则所需压缩比自然增加。

当附设立辊轧机轧边时，压缩比也可适当减小，即加工方向对压缩比也有较大的影响。

轧辊直径大小与压缩比也有一定的关系。轧辊直径大，接触弧长，轧制力大，展宽也大，压透性便差，故压缩比大。但轧辊直径受传递力矩与弯矩限制，也不能太小。

理论上压缩比取决于分层压实、铸造组织破坏、力学性能标准及板厚中心部分氢裂等。分层压实的压缩比大于等于2，力学性能的压缩比到1.5~3已达极限，而强度的压缩比达2~3已满足。因此，压缩比达2以上时，基本上能满足各种要求。另有一说，对中间部分以外微空隙率、MnS及表面层的压实，其压缩比达1.5已足够。对中间空隙率，压缩比达2.6（如厚80mm轧至31mm）已完全消除。至于形状比 $\left(m=\dfrac{\sqrt{R(h_1-h_2)}}{\dfrac{h_1+h_2}{2}}\right)$ 达1以上就行。根据目前炼钢水平，以厚200~250mm板坯轧制成80mm厚成品，50kg级钢板是可以满足的。

但是，各国情况不同，压缩比水平也各异，针对不同种类钢板具体情况如下：

（1）普碳钢板。

德国要求连铸板坯压缩比达3以上，-40℃冲击韧性板压缩比达5以上，-50℃冲击韧性板压缩比达7~8以上。

日本要求一般用途用厚300mm板坯轧成厚100mm以下板，而重要用途用厚300mm板坯轧成厚80mm以下板。

俄罗斯认为压缩比达4~5以上均可。

（2）合金钢板。

0.35%C、2%Cr、0.4%Mo、1.9%Ni和0.15%C、2.2%Cr、12.9%Ni渗碳调质钢板用连铸板坯轧制，压缩比需达3.5以上，而用钢锭需达16以上。

（3）工具钢板。

0.15%C、1.5%Cr工具钢 W_7 用钢锭轧制，压缩比需达16以上，而用连铸板坯需达3.5以上。1.52%C、1.08%Mn、0.5%Cr W_5，1.52%C、1.48%Cr W_7 及2.0%C、12%Cr W_8 用钢锭轧制，压缩比需达7以上，而用连铸板坯需达3.5以上。

（4）高速钢。

0.79%Mo、2%V、11.2%W W_{10} 用钢锭轧制，压缩比需达60以上，而用连铸坯需达30以上，而日本认为10以上即可。

（5）不锈钢和耐热钢板。

用连铸坯轧制，压缩比需达 8 以上。

压缩比是确保钢板有良好组织的条件，其大小取决于钢种、浇铸的方式（锭或坯）、速度及温度、凝固制度、断面尺寸、有无电磁搅拌、浇铸技术水平等，连铸板坯和钢锭的压缩比范围见表 4-5。

表 4-5 连铸板坯和钢锭的压缩比范围

品　种	连铸板坯压缩比	钢锭压缩比
一般用途钢板	3 ~ 6	6 ~ 8
中、高档用途钢板	6 ~ 10	8 ~ 12

4.4 板坯的单重和宽度与轧机产能的关系

增大板坯单重和增加板坯宽度是提高轧机产能的一条捷径。

轧机产能与板坯平均单重的关系如图 4-1 所示。

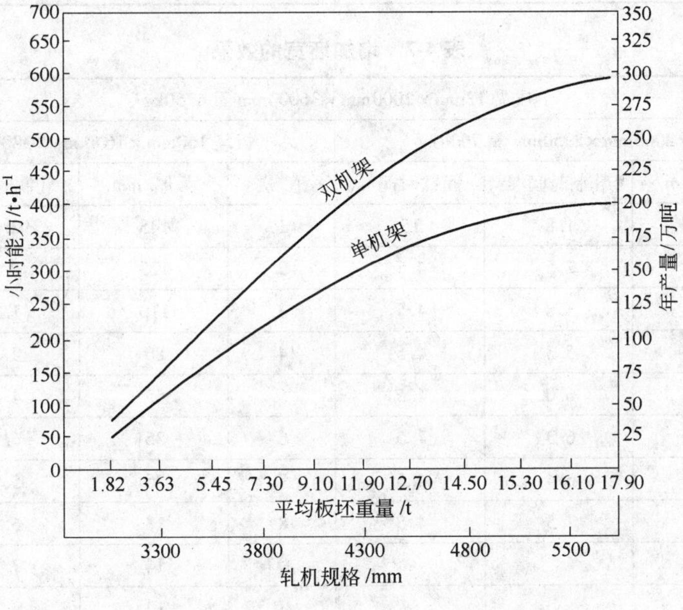

图 4-1 轧机产能与板坯平均单重的关系

由图 4-1 可以看出，板坯平均单重与轧机产能的增大成正比例，双机架轧机产能是单机架轧机产能的 1.5 倍（因轧制周期中间歇时间和宽展转钢时间占很大比例）。

表 4-6 为增加板坯长度后坯重增大，可提高产能达 11%；一般都能提高 10% ~20% 以上；表 4-7 为增加板坯宽度，减少展宽道次的转钢时间，可提高产能达 47%，一般都能提高 40% 以上。因此，增加板坯单重和宽度可大大提高轧机产能，一般均能提高 50% ~ 70% 以上。

表 4-6 增大坯长的效果

成品 25mm×2000mm×36000mm 重 14100kg				成品 25mm×2000mm×30000mm 重 11800kg			
板坯 250mm×2060mm×3940mm 重 15990kg				板坯 250mm×2060mm×3280mm 重 13200kg			
道 次	板厚/mm	轧制时间/s	间歇时间/s	道 次	板厚/mm	轧制时间/s	间歇时间/s
1	215	2.2	10	1	215	1.8	10
2	180	2.6	4.5	2	180	2.2	4.5
3	145	3.2	4.5	3	145	2.7	4.5
4	110	4.3	4.5	4	110	3.6	4.5
5	75	6.2	4.5	5	75	5.2	4.5
6	50	6.3	4.5	6	50	5.3	4.5
7	35	9.0	4.5	7	35	7.5	4.5
8	28	8.4	4.5	8	28	7.0	4.5
9	25	7.5	4.5	9	25	6.3	4.5
合 计		49.7	46.0	合 计		41.6	46.0
		95.7				87.6	
小时产能为 602t/h				小时产能为 541t/h			

表 4-7 增加坯宽的效果

成品 12mm×2000mm×36000mm 重 6750kg							
板坯 160mm×2060mm×2950mm 重 7600kg				板坯 160mm×1600mm×3800mm 重 7600kg			
道 次	板厚/mm	轧制时间/s	间歇时间/s	道 次	板厚/mm	轧制时间/s	间歇时间/s
1	125	1.8	15	1	145	2.0	展宽 15
2	90	2.5	4.5	2	123	0.9	15
3	60	3.8	4.5	3	110	1.0	4.5
4	40	5.3	4.5	4	80	2.8	转钢 15
5	28	6.0	4.5	5	55	4.0	4.5
6	18	6.3	4.5	6	35	6.3	4.5
7	14	6.4	4.5	7	75	5.9	4.5
8	12	7.5	4.5	8	18	6.1	4.5
				9	14	7.9	4.5
				10	12	9.2	4.5
合 计		39.6	46.5	合 计		46.1	76.5
		86.1				122.6	
小时产能为 318t/h				小时产能为 217t/h			

4.5 连铸板坯焊瘤清除装置

用火焰切割连铸板坯时，形成焊瘤，附着在板坯头尾端部下表面，容易使钢板下表面产生结疤缺陷，也易使轧辊辊面产生压痕。因此，轧制前必须将焊瘤清除干净。

目前，清除方法有机械法和火焰法两种，其中用刀具切割的机械法使用较多。

日本焊瘤清除装置性能如表 4-8 所示。

表 4-8 日本焊瘤清除装置

序号	厂 名	轧机/mm	投产年月	形式	制造厂	套数	布置地点	走动或停止	周期/s	方 式
1	新日铁君津	4724 +4724	1982 年 5 月	气体熔削	日本 Spin	3	板坯库	走动	40	用火焰枪将板坯切割端部熔削
2	日本钢管福山	4700 +4700	1982 年 11 月	气体熔削	日本 Spin	1	板坯切割台	停止	65	
3	日本钢管京滨	5500	1983 年 3 月	刀削	宇部兴产	2（前后各 1）	炼钢切割线	停止	15	板坯停止通过刀具移动车削方式
4	川崎 水岛	5490	1981 年 2 月	刀削	川崎 水岛	1	上料辊道	走动	80	把刀具挤在板坯下表面，用辊道辊子与夹送辊移送板坯车削焊瘤
5	住友金属鹿岛	5350 +4830	1983 年 3 月	刀削	住友工业	1	上料辊道	走动	65	
6	神户加古川	4724 +4724	1983 年 1 月	刀削	神户加古川	1	上料辊道	走动	30	把刀具挤在板坯上，以板坯惯性清除掉焊瘤

其中 3 号装置为刀削停止式，切削板坯前后端各有一台刀具，各设一个压紧器，刀具横移中车削去焊瘤，上述动作均采用气缸或液压缸推动。

一般板坯前端用辊道送至刀具位置，前压紧杆下降压住板坯，刀具架气动升起，且横移切除焊瘤；然后，刀具架与压紧杆升起，板坯向前移送，将板坯后端停在后端刀具位置，后压紧杆下降压住板坯，后刀具架气动升起，且横移车去后端焊瘤，刀具架与压紧杆升起，前后刀具均复位，接收下一个工作指令。

目前，我国已普遍使用这项设备，除瘤工序有的在炼钢厂已完成，有的在加热炉上料辊道上来完成，也有的将除瘤装置设在出炉辊道上，进行高温清除焊瘤，形式以刀具清除较多。

4.6 原料种类

中厚板用原料以连铸板坯为主，有需要时也少量采用普通的、电渣重熔的、单向凝固的钢锭及锻压制板坯。但初轧板坯已基本上取消，二次开坯工艺也已非常少用。

4.6.1 连铸板坯

中厚板用原料 95% 以上为连铸板坯，多数厂已实现了全连铸。一般连铸板坯厚 150 ~ 420mm（个别达 800mm），宽 800 ~ 3400mm，最重达 40t，最轻约 1 ~ 2t。

中厚板连铸板坯规格主要受厚度的限制，有的厂最小厚度只能生产 200mm 时，轧制板厚 6mm 以下便有一定难度。国外中厚板用连铸板坯往厚的方向发展，已试制出厚度达 800mm 的连铸板坯，因此板厚可扩大到 400mm。但这种特厚板坯连铸机投资很大，需求量极少，因此，采用厂至今仍非常少。

4.6.2 普通钢锭

连铸未发展之前，老式和复合式厚板轧机普遍以扁钢锭作为原料，有一次轧制成板，也有二次开坯后成板。扁锭单重从 2t 到 70t，最大达到约 250t。

因用锭作为主要原料的轧机已基本被淘汰，故 15t 以下锭已很少采用。目前以锭作为原料，主要用于生产厚 100 ~ 150mm 的钢板，生产厚 100mm 以下钢板多用连铸板坯，而厚 150mm 的压缩比也太小，需要用其他原料。

4.6.3 压制坯

压制坯是用大型八角钢锭加热后在大型水压机上压制而成，主要用于特厚和大单重特殊钢板的生产。一般用 30 ~ 250t 锭压制成厚达 300 ~ 800mm、宽达 800 ~ 2000mm、长在 4m 以下、单重 200t 以下坯料。由于成本很高，目前只有美、日、德、俄等少数国家在使用。

4.6.4 单向凝固钢锭

普通扁锭压缩比达 6 以上时，只能生产 150mm 以下厚板。若采用锻压制坯时，需有大型水压机设备，成本很高。因此，20 世纪 80 年代日本钢管公司京滨厂以单向凝固铸锭法来生产大单重特厚板。以前铸锭是从四周向中心凝固，内部存有气孔。新法是从下向上凝固，使内部缺陷大为改善。这样只要以低速强压下轧制法，便可取得与锻造相同的效果，把残留在钢锭内部的气孔性缺陷压实，省去了锻造工序。已生产出铬钼钢（ASTM A387）、锰钼镍钢（ASTM A302）等原子能设备、压力容器、机械结构用高级大单重特厚板（最大单重达 50t，最大厚达 350mm）。

另外，日本神户制钢公司加古川厂也采用此法，生产 1250mm × 2700mm × 800mm 单向凝固钢锭，在 4724mm 轧机上轧制成厚度为 200mm 的厚板，力学性能均达到要求，且各向异性很小，无宏观疏松和大夹杂物，内部质量非常好，压缩比只有 4（普通钢板其压缩比达 2.5 以上已能满足）。这项技术开创了用钢锭轧制厚 150mm 以上厚板的先例。至今除京滨厂和加古川厂应用以外，川崎公司水岛厂和住友金属公司鹿岛厂也已采用，生产的钢板都取得了用户的认可。

4.6.5 电渣重熔钢锭

电渣重熔生产出的钢锭偏析非常少，成分均匀，树枝晶间距离小，非金属夹杂物大幅度减少，尤其是硫化物夹杂在形态与数量上有明显改变与减少（碳化物变细小且不均匀性改善），洁净度、均质性及力学性能均有所提高。热塑性与压缩比有所改进，特别是横纵向低倍组织致密均匀。但应注意分解容易挥发的微量元素和从潮湿空气中或炉渣中吸入的氢气及杂质不均匀分布的问题。另外，其生产费用比较高。目前，国外主要将其用作强韧性潜艇板、航母用均质板及镜面模具板的原料。如美国某工厂设有 3 套电渣重熔设备生产军工用大型钢锭，在 5230mm 特宽厚板轧机上轧制成特厚板；日本某工厂也拥有 4 套电渣重熔设备生产军工用特大钢锭，在 5280mm 特宽厚板轧机上轧制成特宽特厚板。

4.6.6 压力铸坯

压力铸坯工艺采用精密机械加工的铸模，并在铸模内壁涂有一层均匀的耐熔涂料，使铸出的板坯表面光滑，铸入钢水的流速由空气压力来控制，铸管内流速很低，耐火材料受冲蚀很小，防止了非金属杂质的引入。用这种板坯生产出来的钢板表面质量非常好，不需再修磨，也没有条状夹杂物及发纹等缺陷。

美国华盛顿钢铁公司和美国钢铁公司南芝加哥厂用此工艺生产的压力铸坯厚44～178mm、宽241～1473mm、长1500～8500mm、单重318～14500kg，适用于不锈钢中厚板生产。日本制钢公司室兰厂也用此设备生产军工钢板。

4.6.7 初轧板坯与二次开坯

初轧板坯厚75～500mm、宽800～2150mm、长1.2～7m，最大单重达33t。常用的板坯厚度均在200mm以下，宽1500mm以下，长3m以下。由于锭重的限制，用初轧板坯生产厚板厚度在150mm以下。国内外的初轧机已淘汰得差不多，初轧板坯已基本上取消。

二次开坯是当用原料一次加热后轧制不成时，可以采用开成比较薄而小的板坯，然后再加热，二次轧制成板。一般二次开坯厚为80～120mm，如国外某厂为了轧制成厚3mm、宽2500mm的薄钢板，开成厚60mm坯作为原料。由于二次开坯会降低成材率和增加燃耗，并需有合适的加热炉，因此尽可能不采纳此工艺。

4.6.8 焊坯

将两块厚250～400mm的连铸板坯焊成厚500～800mm的板坯，可生产成厚200～400mm的厚板，解决了生产特厚板用原料的难题。两块坯焊合可采用复合板真空和钎料，以大压下工艺达到100%复合的要求，现国外已试生产成功。

4.7 结语

目前我国已投产中厚板轧机有60多台，对原料供应都比较重视，大部分都配备有精炼设备，有害元素已降至要求的低限。

原料种类大多数为连铸板坯，其中有十几家少量采用钢锭为原料来生产厚度100mm以上厚板，钢锭最大单重可达250t。个别厂还保存用初轧坯作为原料，主要用于生产厚度6mm以下的钢板。有的厂为了生产6mm以下厚板，也采用二次开坯生产方式。关于单向结晶钢锭和电渣重熔钢锭以及压制坯在个别厂也试用过，但成本比较高。

焊瘤清除装置也有几家厂用得不错，设在炼钢和轧钢部分均可，对保证钢板表面质量有益。

中厚板压缩比不是一个固定数，只要原料内部质量和轧机性能提高了，压缩比也可以减少，同样可以保证钢板质量。

5 中厚板加热炉的选型与配置

5.1 引言

为确保成品钢板的质量，轧制前的加热是很重要的一环。对加热炉的功能要求有将原料加热至轧钢所要求的温度，且很均匀，使燃料单耗最低，氧化烧损最少，原料表面不被划伤，满足极大多数轧机的最大小时产量，装出炉与清炉简单，清渣容易，炉子座数尽量少及自动控制程度高等。

一般加热温度比开轧温度高50℃左右，而开轧温度随板厚与含碳量增加而降低，通常比奥氏体固相线（1140～1530℃之间）低140～250℃，可在1000～1280℃之间波动，热轧温度范围为350℃以下，终轧温度需根据控轧要求加以修正。

为确保加热质量，减少操作故障，延长炉子各部位的寿命，节约燃耗，减少烧损，做到有节奏地装出料，安全运行热工仪表，用计算机自动控制炉子已成为必备之手段。采用热送热装和低温出炉操作后，可大大降低热耗，并能增大炉子的加热能力。

5.2 加热炉炉型

由于中厚板生产规格尺寸范围很广，品种也多，因此用的原料差别就很大，采用的加热炉型也比较多，主要有步进梁式、推钢式、室式、车底式及均热式等5种，见附照2-2～附照2-5。

5.2.1 步进梁式加热炉

这种炉型加热质量好、氧化少、耐火材料损伤少、灵活、适合于厚度为60～350mm不同钢种的加热，且炉长不受限制，单座炉子加热能力可以很大，炉子座数可减少，也可加热薄的板坯，便于空炉，特别能满足中厚板生产中多品种多规格的要求，因此，在国外已得到普遍采用。但燃料、水、电等消耗大，投资多，与推钢式加热炉相比，各有优缺点，选用时应量力取舍。国内最早只邯钢和鞍钢各有1座，宝钢有2座。但目前新建厂已普遍采用。

5.2.2 推钢式加热炉

这种炉子投资少，结构简单，维护容易，燃料、水、电消耗小，清渣容易，但易产生划伤、黑印，空炉难，炉长受拱起限制。日本大部分都与室式炉配合使用，目前我国大多数厂均采用这种炉型，但新建厂已开始用步进梁式，但投资大一些。

5.2.3 室式加热炉

这种炉子适用于小批量薄的、厚的、异形的、有缺陷需处理的特殊品种的加热，用装出料机装出炉，受装出料机能力的限制，原料单重一般在25t以下，主要配合推钢式炉而设置，单独设置至今尚未有。20世纪70年代开始，由于步进梁式炉的发展，新建室式炉已很少。室式炉有单室和双室之分，单室比较灵活，用得比较多，但双室占地小。由于炉温控制严格，对加热温度要求非常严格的钢是很有利的。

5.2.4 车底式加热炉

适用于2~250t大型钢锭、锻坯及连续式炉加热不了的一些特殊原料的加热，投资少，但单位燃耗大，产量低，采用吊车辅助装出炉。我国只舞钢、宝钢各有一座。日本和美国一些特宽厚板厂也采用，用于大单重特厚钢板用原料的加热。

5.2.5 均热炉

用于加热大量钢锭，因钢锭的使用已日益减少，所以除个别厂外，新建中厚板厂已不再建设均热炉。现有均热炉主要用于加热大型板坯，以弥补连续式炉之不足。目前，我国只舞钢尚保留有均热炉加热钢锭。预计这种炉型慢慢将被淘汰。

目前，舞钢有均热炉、车底式及推钢式3种加热炉相配合，林茨厂有均热炉、室式及推钢式3种加热炉相配合。炉型愈多，炉子利用率愈低，生产组织愈复杂。所以，新建厂只用一种步进梁式加热炉，生产比较简单，但解决不了板厚100mm以上坯料的加热问题。一般以推钢式配合使用比较便宜，我国采用比较普遍。

五种加热炉炉型比较见表5-1。

表5-1 加热炉炉型比较

序号	项目	步进梁式	推钢式	室式	车底式	均热式
1	英文名	Walking Beam	Push	Bath Type	Car Hearth	Ingot Pit
2	用途	加热板坯(大量)	加热板坯(大量)	加热薄、异形、特殊坯(小批量)	加热钢锭、特厚坯(小批量)	均热钢锭、厚坯(大量)
3	原料重量、尺寸	60~350mm厚	120~350mm厚	100~400mm厚	2~250t锭(坯)约1400mm厚	3.5~40t锭(坯)约950mm厚
4	炉长限制	不受限制，达60m	受料厚200倍限制	受出料机行程限制	受跨间限制	受跨间限制
5	加热时间	短	中等	短	长	长，热装可缩短
6	加热温差	小	不大	小	大	大
7	烧损	小	小	中等	大	大
8	划伤	不易	易	不易	不易	不易
9	热损失	中等	少	中等	大	大
10	燃耗	中等	小	中等	大	大
11	水耗	大	大	低	低	低
12	电耗	大	中等	小	中等	小
13	空炉难易	容易	难	容易	容易	容易
14	耐火砖损坏	不易	一般	一般	一般	容易
15	加热质量	好	可以	一般	差	差

续表 5-1

序号	项　目	步进梁式	推钢式	室　式	车底式	均热式
16	单座加热能力 /$t \cdot h^{-1}$	350	200	30	25	20
17	装出炉操作	装出钢机	推出钢机	装出料机	吊车	夹钳吊车
18	料间距离	隔开 50～100mm	无间距	分开	分开	分开
19	炉温控制	分段控制容易	分段控制容易	容易	难	不容易
20	黑　印	可以避免	有	少	少	少
21	设置特点	现代高产能用	中等产能用	配合推钢式炉用	特重原料与品种用	已不用

5.3 对炉子本体的要求

现以步进梁式加热炉为例说明以下一些常规的要求。

5.3.1 加热能力

一座炉子的加热能力由有效炉底面积所决定。在炉子长度恒定的情况下，装料排数便决定有效炉底面积的大小，排数越多，面积越大。考虑到加热的均匀性，烧嘴布置合理性以及装出料难易程度，多则 3 排，比较推行的是 2 排，少则 1 排。目前中厚板生产以双排加热居多，炉长 50m 左右，冷装达 240t/h，热装达 320t/h，两座炉子便能满足厚板轧机最大产量的要求。如有大型钢锭和特殊坯料时，另外再配备几座车底式加热炉便可。

5.3.2 节能

应当把燃耗单耗降至最低限度。

采用陶瓷纤维炉顶，考虑到炉顶梁的强度、热膨胀、密封性及煤气浸透性等因素，采取纤维砌块砌筑施工方法。为提高绝热性和砌块之间密封性，将砌块表面粘上一层 50mm 厚的纤维层。为便于施工和缩短工期，采取预制组装的施工方法。

单层绝热的滑轨水冷管，与先前的双层相比，构造简单，施工方便，可靠性高，因而做成可铸性纤维耐火材料，使绝热效果大大超过以往方式。

采用高效蓄热室。随着热装的发展，废热损失增大，采用空气和煤气蓄热室，可最大限度地回收余热。

设置滑轨冷却余热回收锅炉，将滑轨水冷管和各段挡板冷却水损失热转变成蒸汽加以回收利用。

5.3.3 均匀加热板坯

炉温均匀公布。为防止轴流式烧嘴附近炉温偏低，采用整体箱式炉型，使炉子长度方向炉温均匀，且细分成 10 个加热段，并附有活动空气喷嘴，使炉宽方向炉温也达到均匀。

减少黑印。因板坯短，滑轨间距窄，板坯下面热量减少，加大了黑印。加强炉底烧嘴，并对滑轨的配置及其形状和滑轨支点的形状与高度进行改进后，黑印得到有效的解决。

防止坯端过热。坯两端温度比中间高，采用坯端遮蔽装置降低坯端受热，也防止加热能力的下降。

5.3.4 防止坯下面划伤

采用高速步进梁式装炉机，彻底解决炉子划伤问题，且将装料炉门全部密封，也减少热装炉坯料的温降问题。

5.3.5 炉子自动化

5.3.5.1 控制系统的整体化

采用P/C和DDC，实现了从板坯库到炉子板坯的自动化运送和炉子的计算机控制。将加热炉、轧机和开发程序3台计算机用光缆数据通道相连接，使在线检测信号共用化。DDC对各加热段的炉温、炉内气氛中氧气浓度等进行控制，人机接口以综合监视系统取得全部信息进行各项操作。又将控制回路分割成8个分散型过程控制站，当出现故障时，可以分散危险。

自动运行的DDC可按P/C指令控制炉前板坯输送辊道和炉内步进梁的动作，实现板坯的自动化运行。

5.3.5.2 二级控制系统

为了降低燃耗与烧损，精确控制加热与出钢温度，采用二级控制。根据原料钢质、尺寸及装出炉温度的要求，实现最小温差的最佳加热工艺制度。与人工操作相比，加热质量得到明显的提高，且NO_x排放量大大降低。

5.4 加热炉配置

一个中厚板厂配置加热炉炉型应尽量少。目前有的配置3种炉型，即推钢式、车底式与均热式；或步进梁式、室式与车底式，配置4种炉型的比较少，通常有步进梁式、推钢式、室式与车底式。大多数只配置一种或两种。

炉子座数以2~3座为佳，炉子座数太多，后几座距除鳞箱太远，除鳞效果较差。炉子座数越多，单位燃耗越大。但是考虑炉子检修，炉子座数多一些停炉周转比较方便，可以使轧机少减产或不减产。

推钢式加热炉有效长度受坯料厚度的限制，故炉子加热能力也受限制；而步进梁式加热炉有效长度不受坯料厚薄的限制，单座炉子的加热能力可比推钢式加热炉大。因此，相同规模时，选用步进梁式加热炉座数比推钢式加热炉少。

炉子座数太多，采用辊道装炉方式时，互相干扰比较大，影响及时装炉操作。

炉子形式也不能太多，现代化中厚板厂只采用一种炉型，即步进梁式加热炉。因步进梁式炉可加热厚60~150mm坯料，因此，新建厂已很少采用室式加热炉。如果采用大钢锭作为原料，一般都不会超过原料量的3%，因此，根据年产量的要求，设置若干座车底式加热炉。日本室兰厂全部采用车底式加热炉加热的配置方式，这种情况是极少数的。

5.5 加热炉的加热能力

连续式加热炉加热能力应满足以原料计轧机的最高产量，而平均加热能力应大于轧机最高能力的20% ~30%以上。

由于热装温度范围很广，应尽可能多供高温板坯，管线钢板坯通常需加热到1200℃左右，以提高韧性为目的低温加热钢种要求加热范围为900 ~1300℃，为了灵活应对各种不同的装炉温度和加热温度，需要根据炉型的加热能力来确定炉子座数。

加热时间（T）为加热与均热时间之总和。经验公式为：

$$T = CH \tag{5-1}$$

式中，H 为原料厚度，cm；C 为加热系数，随钢种、加热速度及均热时间而不同，见表5-2。

表5-2 C值表

序号	钢 种	C值	加热速度/min·cm^{-1}	均热时间/min
1	低碳钢、Q235、20	0.10 ~0.15	6 ~7.5	15
2	中碳钢，低合金钢，16Mn、45、25CrMnSiA	0.15 ~0.20	8 ~9	20 ~30
3	高碳钢，特殊钢，60、65Mn、35CrMnSiA	0.20 ~0.30	11 ~12	10 ~60
4	高合金钢，T10	0.30 ~0.40	12 ~13	60以上

注：以上为板坯加热速度，若为钢锭时需增加一倍。

各种炉子加热能力如表5-3 ~表5-7所示。

表5-3 步进梁式加热炉加热能力计算

序号	板坯尺寸/mm×mm×mm	单重/t	加热速度/min·cm^{-1}	加热时间/min	坯间距/mm	炉内排数	装炉块数	加热能力/t·h^{-1}	年需加热量/t	加热小时/h	炉子座数	负荷率/%
1	220×2300×4100	16.28	7	154	100	2	42	266.4	1300000	4880	1	
2	340×2100×2600	14.5	9	306	100	2	46	130	500000	3846	1	
合 计									1800000	8726	2	62

注：炉内尺寸：长50m，宽10m；

按炉底应力500kg/(m^2·h)计，加热能力为50×10×0.5×2 =500t/h；

轧机平均产量为1800000/6000 =300t/h，则炉子负荷系数为1.7。

表5-4 推钢式加热炉加热能力计算

序号	板坯尺寸/mm×mm×mm	单重/t	加热速度/min·cm^{-1}	加热时间/min	炉内排数	装炉块数	加热能力/t·h^{-1}	年需加热量/t	加热小时/h	炉子座数	负荷率/%
1	220×2300×4100	16.28	8	176	2	32	177.6	800000	4505	1	
2	340×2100×2600	14.5	10	340	2	34	87.4	400000	4577	1	
合 计								1200000	9082	2	64.9

注：炉内尺寸：长36m，宽10m；

按炉底应力500kg/(m^2·h)计，加热能力为36×10×0.5×2 =360t/h；

轧机平均产能为1200000/6000 =200t/h，则炉子负荷系数为1.8。

表 5-5 车底式加热炉加热能力计算

序号	项 目	$\frac{820mm \times 1760mm}{740mm \times 1740mm} \times 3000mm$，27t 锭	$\frac{950mm \times 1810mm}{900mm \times 1760mm} \times 3700mm$，40t 锭
1	每炉装料根数与重量	3 根，81t	2 根，80t
2	加热速度/min · cm^{-1}	14	17
3	加热时间/h	19	27
4	装出时间/h	0.5×3=1.5	0.5×2=1
5	加热周期/h	20.5	28
6	年加热时间/h	7000	7000
7	年加热次数/次	341	250
8	年加热能力/t	27621	20000
9	年需加热量/t	20000	20000
10	炉子座数	0.724	1
11	两座炉子时负荷率/%	86.2	

表 5-6 室式加热炉加热能力计算

序 号	项 目	400mm 厚，25t 坯	100mm 厚，3t 坯
1	每炉装料块数与重量	2 块，50t	4 块，12t
2	加热速度/min · cm^{-1}	8	6
3	加热时间/h	40×8=320min=5.4h	10×6=60min=1h
4	装出料时间/h	15×2=30min=0.5h	15×4=60min=1h
5	加热周期/h	5.9	2
6	年加热时间/h	7000	7000
7	年加热次数/次	1186	3500
8	年加热能力/t	59300	42000
9	年需加热量/t	20000	20000
10	炉子座数	0.42	0.476
11	一座炉子时负荷率/%	90	

注：炉内尺寸：深 3m，宽 6m；装料量最大为 50t；装出料机最大装料重为 25t。

表 5-7 均热炉加热能力计算

序号	项 目		单位	扁锭 1	扁锭 2	扁锭 3	扁锭 4	合 计
1	锭 型		t	8.5	11.4	16.9	24.0	
2	每坑装锭数		根	10	8	6	6	
3	每坑锭重		t	85	91.2	101.4	144	
4	锭间隙		mm	340	508	685	565	
5	装锭温度	热装	℃	≥750	≥750	≥750	≥750	
		冷装	℃	<400	<400	<400	<400	

续表 5-7

序号	项目		单位	扁锭 1	扁锭 2	扁锭 3	扁锭 4	合 计
6	加热时间	热装	h	4.5	5	8	12.5	
		冷装	h	14	14.5	17	20.5	
7	热装率		%	80	80	80	80	
8	平均加热时间		h	6.4	6.9	9.8	14.1	
9	装炉时间		h	$\frac{1.5\times10}{60}=0.25$	$\frac{1.5\times8}{60}=0.2$	$\frac{1.5\times6}{60}=0.15$	$\frac{1.5\times6}{60}=0.15$	
10	出炉时间		h	$\frac{4\times10}{60}=0.67$	$\frac{6\times8}{60}=0.8$	$\frac{8\times6}{60}=0.8$	$\frac{8\times6}{60}=0.8$	
11	清炉底时间		h	0.2	0.2	0.2	0.2	
12	待料时间		h	0.8	0.8	0.8	0.8	
13	有效烧钢周期		h	8.32	8.9	11.75	16.05	
14	有效工作时间		h	7000	7000	7000	7000	
15	年烧钢次数		次	841	787	596	436	
16	每坑年烧钢量		t	71485	71774	60434	62784	
17	每坑小时加热量		t/h	10.2	10.25	8.6	9.0	
18	年需加热量		t	80000	100000	170000	250000	600000
19	计算坑数		个	1.1	1.4	2.8	4.0	9.3

注：均热炉坑尺寸为 8000mm×3480mm×4900mm，选用 12 个坑，负荷率为 77.5%。

附文 5-1 中厚板工序能耗

工序能耗是衡量车间能耗的一项指标。原冶金工业部《钢铁企业设计节能技术规定》中的热轧中板工序能耗为 2480MJ/t，现以 3500mm 双机架中厚板轧机为例，计算结果如表 1 所示。

表 1 3500mm 轧机工序能耗计算

序号	名 称	单 耗	换算值		工序能耗	
			kg(TCE)	MJ	kg(TCE)	MJ
1	燃 料	1000MJ/t	34.16	1	34.16	1000.0
2	电	90kW·h/t	0.404	11.8	36.36	1062.0
3	循环水	$100m^3/t$	0.11	3.2	0.11	320.0
4	新 水	$1.03m^3/t$	0.10	2.9	0.10	3.0
5	蒸 汽	8.2kg/t	0.11	3.22	0.90	26.4
6	压缩空气（标态）	$15m^3/t$	0.036	1.05	0.54	15.8
7	氧气（标态）	$1m^3/t$	0.36	10.5	0.36	10.5
小 计					72.53	2437.7
8	回收蒸汽	49kg/t	0.11	3.22	5.36	157.0
合 计					67.17	2280.7

年产 120 万吨板，耗 TCE 为 8060.4t，低于规定 2480MJ/t 板。2480MJ/t 中燃料为 1365MJ/t，占 55%；电为 881MJ/t，即 74.5kW·h/t，占 35.6%；其他为 234MJ/t，占9.4%。

燃料及动力热值换算见表2。

表2 燃料及动力的热值换算

序号	名称		单位	GJ	kcal	TCE/kg
1	标准煤		kg	0.0293	7000	1.000
2	高炉煤气		m^3	0.0034	800	0.114
3	焦炉煤气		m^3	0.0176	4200	0.600
4	混合煤气		m^3	0.0084	2000	0.286
5	重油		kg	0.0377	9000	1.286
6	转炉煤气		m^3	0.0084	2000	0.286
7	发生炉煤气		m^3	0.0050～0.0062	1200～1600	0.171～0.229
8	天然气		m^3	0.0350	83.50	1.193
9	液化石油气（LPG）		kg	0.0425	10160	1.451
10	液化天然气（LNG）		m^3	0.0408	9740	1.396
11	轻油		L	0.0357	8520	1.217
12	灯油		L	0.0345	8240	1.177
13	焦油		kg	0.0371	8860	1.266
14	无烟煤、动力煤		kg	0.0264	6300	0.900
15	烟煤		kg	0.0316	7550	1.079
16	焦炭		kg	0.0293	7000	1.000
17	汽油、煤油		kg	0.0461	11000	1.571
18	丙烷		m^3	0.1005	24000	3.429
19	乙炔		m^3	0.234	55926	7.989
20	氧气		m^3	0.0105	2414	0.345
21	氢气		m^3	0.1424	34000	4.857
22	原油		kg	0.0402	9600	1.371
23	电		kW·h	0.0118	2820	0.403
24	蒸汽		kg	0.0036	864	0.123
25	水	补充水	m^3	0.0088	2100	0.300
		环水		0.0032	765	0.110
26	压缩空气		m^3	0.0015	350	0.050
27	热水		GJ	1	239120	34.160

注：1J＝0.239cal，1kg TCE＝7000kcal＝29.33MJ。

附文 5-2 中厚板热装热送技术的前景

1 引言

中厚板热装热送和直接轧制工艺是节能的非常重要的手段。但至今生产中收效甚微，设计阶段对其关注也很少。

以生产中厚板为主的单炉卷轧机开创了中厚板热装热送工艺的先例，达到了热装热送温度950℃、热装率达90%的指标。

热装（Hot Charge）是板坯先堆存在库或保温坑及罩内，然后将热坯装炉加热后轧制，板坯要落地周转一下，装炉温度为400～650℃，节能效果低一些。

热送或直接装炉（Direct Charge）是将连铸切割后的板坯直接装入炉内加热后轧制，坯料不落地堆存，装炉温度为600～850℃，节能效果很好，工厂应尽量做到这种水平。

直接轧制（Direct Rolling）是连铸切割后直接将板坯送往轧机轧制成板，不经加热炉加热，坯料温度可以达到950℃以上，节能效果最好，燃耗为零。

由于厚板品种和规格比较复杂，批量也小，实现热装热送工艺比热带生产困难得多，特别是直接轧制对轧制周期较长的厚板生产来说，困难就更大，除日本千叶厚板厂曾实现过以外，目前尚未出现第二家。

热带钢种以铝镇静低碳钢为主，而厚板是以铝镇静中碳钢为主。一般铝镇静中碳钢裂纹敏感性高，表面性状不稳定，表面缺陷需清理时影响热装热送工艺。

为确保这项工艺顺利实施，首先要建立无缺陷连铸板坯生产，必须保证连铸和轧钢两方面生产技术和设备不出现意外，稳定工作且紧密联络，而且要有迅速的信息与物流技术。

连铸板坯缺陷有表面纵横裂纹和内部分层等，主要是由连铸结晶器、水冷、矫直及操作等造成。目前，由于连铸技术的进步和质量管理体系的建立，热装技术已日益完善，且能快速检查出缺陷并在线加以处理，还能在高温下进行标记工作。

表1为板坯裂纹产生的主要原因与对策。

表1 板坯裂纹产生的主要原因与对策

序号	产生原因	对策
1	纵裂	
(1)	月弯部位传热不均匀，应力向凝固缓慢部位集中	减少铸型内面缺陷，粉黏度适中，通过缓冷使传热均匀化
(2)	铸型内凝固壳局部拘束力	铸型润滑合适（粉黏度，振动条件等） 铸型形状正好（短边锥度合适等）
(3)	二次冷却带传热不均匀（热应力和通过γ区脆化区裂纹扩大）	缓冷与均匀冷却
2	横裂	
(1)	二次冷却带（矫正区）引起变热	使振动印深度浅一些（粉性状合适，铸型振动条件一致）

续表 1

序 号	产 生 原 因	对 策
(2)	热应力	铸型下面脉冲减少
(3)	促进 AlN、Nb(C、N)析出，在 800℃以下双相区内矫正，920℃以上 γ 粒粗大，矫正变形，使晶粒界不能吸收	以冷却水缓冷且均匀，管理控制好 Al、N
3	内 裂	
(1)	通过 Ar_3 以下矫正点，其后有变热时，热应力与变态应力大	与横裂对策相同
(2)	AlN 析出	
(3)	向 γ 晶粒局部析出 α	

2 日本热装热送直接轧制的业绩

全球推行中厚板热装热送直接轧制工艺以日本最为积极,大部分中厚板厂都已做出成绩。

1981 年住友鹿岛厚板厂热装温度达 400 ~ 500℃，可节能达 0. 29 ~ 0. 35GJ/t，月热送量达到 15 万吨，其中 40kg 级钢占 20%，拟达 70%。1986 年将连铸板坯受坯线和切坯辊道用链式移送台架与装炉辊道相连接，使火焰切割后板坯到达装入炉内时间缩短至 2h，装炉温度达 670℃，使加热炉燃耗降至 0. 25GJ/t。

日本钢管扇岛厚板厂 40kg 级和 50kg 级钢已全部采用无清理热送工艺，切割完成到开始装入耗时约 4h，内部坯温为 700℃以上，炉子可节约热耗约 30%，即 0. 418GJ/t。切割后飞边用自动飞边清理机清除，并设有热态自动检查缺陷装置，原理是因高压水银灯照射板坯表面，以阴极射线摄像机将阴影转换成电信号，经滤波处理后分成两个值显示在监视电视屏上，对有害的裂纹缺陷发出警报。

川崎水岛厚板厂连铸板坯热装量也约为 10 万吨/月，单位燃耗可降 15% 左右。

新日铁君津厚板厂热装率已达 60. 9%，热装温度已达 450℃以上。大分厚板厂连铸板坯热装率也能达 50% 以上。

日本钢管福山厚板厂热装温度达 450℃以上，热装量已达到 5 万吨/月。

千叶厚板厂直接轧制率曾达到过 30%，但现在该厂已停产。

3 热装热送的效果

热装与冷装工艺相比，装炉温度每提高 100℃，燃料可节约 5% 左右；炉子产量可提高 20% ~ 50%；减少烧损 0. 5% 左右；缩短生产周期达 2h 以上；减少板坯仓库面积 20% ~ 40%；减少运输费用 1% ~ 5%。

热装温度不同，节能效果也不同。一般来说温度低于 400℃时，就不属于热装范围，节能效果也不明显。现将各种热装热送与直接轧制的节能效果列于表 2。

表 2 各种不同的热坯温度的节能效果

热坯温度/℃	400	500	600	700	800	直接轧制
节约能量/GJ · t^{-1}	0. 167	0. 251 ~ 0. 335	0. 335 ~ 0. 418	0. 418 ~ 0. 502	0. 502 ~ 0. 669	约 1. 464

4 板坯保温设备

连铸送来热板坯，由于轧制顺序安排，需要等待而不能直接装炉时将板坯堆存在库内，为了堆存中减少热量损失，因此设置保温箱（保温坑）或保温罩，将板坯保存其中，保温箱容量由各厂等待热装板坯量而确定。

一般从上面将板坯用磁吊或夹钳装入保温箱，多数在上面盖上，箱内表面贴上隔热材料以减小热损失。一些工厂的保温坑性能见表3。

表3 热装用保温坑性能

序号	厂名	投产年月	容量（宽×长×深）/mm×mm×mm	装入能力 /t·个$^{-1}$	个数	保温方式	
						烧嘴	隔热材料组成
1	新日铁 大分	1983年2月	2400×16700×3300	170	4	无	陶瓷纤维100mm
2	日本钢管 福山	1983年11月	3100×10000×2180	320	11	无	双层铸造75mm
3	川崎 水岛	1979年4月	5000×5000×1920/2000	200	18	无	陶瓷纤维100mm
4	川崎 千叶	1982年4月	6200×8000×3200	320	6	无	陶瓷纤维60mm
5	住友金属 和歌山	1980年9月	5000×9000×1800	300	2	无	
6	住友金属 鹿岛	1978年9月	6400×11400×2500	500	2	无	转炉渣+双层铸造300mm
		1981年2月	6400×11400×2500	500	1	无	
		1981年8月	6400×11400×2500	500	2	无	
7	宝钢厚板	2005年3月	8500×11000×2500	1000	2	无	

保温坑用于炼钢与轧钢不配合时缓冲之用，而保温罩用于板坯在加热之前减少温降。后者投资省，且灵活，随地而罩，但需用吊车吊罩。

附文5-3 中厚板节能技术综述

1 引言

几次石油危机和油价暴涨加速了钢铁工业节能技术的发展，连铸取代了初轧工序，并推动了热装热送及直轧工艺向更加完善、合理的方向发展。

当前，国内能源价格与国际市价接轨之际，节约能源更具有十分重要的战略意义。能源不但制约着钢铁工业的发展，还是事关企业生存的大问题。

我国钢铁工业能耗约占全国总能耗的12%，而轧钢能耗约占全国钢铁工业总能耗的13%～20%。轧钢能耗中燃耗占60%～80%以上，电耗及其他占20%～40%以下。轧钢中仅次于热带的中厚板能耗约占10%～15%。

节约能源是一项综合性技术，牵涉面广，而轧钢节能将对轧钢工艺产生深远的影响。

轧钢新技术、新工艺及新设备的创新都以节能为基础。

目前，中厚板生产节能工作已将侧重点放在工艺方面，从节能技术出发来改革现有中厚板生产工艺，如热装热送、直接轧制、低温加热、控轧控冷以及轧后热处理等，均已收到节能之效，也促进了中厚板生产工艺水平的迅速提高。

从节能角度看，加热炉的热效率还不到50%，即一半以上燃料白白散失；从散热角度看，连铸板坯不需再加热就可直接送至轧机轧制成成品，理应满足轧制温度的要求，但现在由于与连铸配合不理想，实现中厚板直接轧制的实例极少，甚至实现热装热送工艺的中厚板厂，与高要求相比的差距仍然很大，大部分连铸板坯都是冷装炉，浪费了大量燃料。

目前，中厚板生产尚存在工艺繁杂、工序之间衔接脱节、加热温度与金属变形程度不配合、不少厂轧制工艺与设备比较陈旧、多余的轧后热处理以及厂与厂之间差距比较大等问题，故而中厚板生产的节能工作潜力是很大的。

2　中厚板厂节能措施

节能措施有热装热送、低温加热轧制、控轧代热处理、加热炉废热回收、用节能灯、用再生热源、用交勤车、减少小汽车、地下室照明自动开关、减小工作轧辊直径、加热炉炉体增加保温材料及加热交换器等。

全球电力的 20% 用于照明，其中 40% 是老式白炽灯泡，而改为荧光灯可省电 70% ~80%，且寿命长 10 倍。若 2030 年前改为荧光灯，可省建 650 座发电厂，且少排 CO_2 7 亿吨。全球 2/3 石油用于交通运输，因此节能汽车潜力也很大。

节能往往不是显而易见的，但只顾眼前投资、不顾长远收益和危害性的做法是不可取的。

轧钢生产节能措施很多，应该一点一滴从小事上着手，能够省下来的就不要白白浪费掉。中厚板厂节能措施也不少，但目前做出成效的还是比较少。

下面只举出几个例子，关于中厚板热装热送技术的前景已在附文 5-2 中叙述。

工作辊直径大小是关系到节能的一项重要参数，但往往被人们忽视。相同的轧机，主电动机功率与额定转速不变时，选用工作辊最大直径为 950 ~ 1150mm，相差达 200mm 之多。

选用工作辊直径的原则，是在能传递最大轧制力矩的情况下，直径尽量小，因为直径大，接触弧增长，接触面积增大，力臂长增大，即传动力矩增大，需要主电动机功率增大。

有的为了加大主接轴的直径，相应地也将工作辊直径加大，殊不知工作辊直径加大后，主电动机功率又不够了；功率增加后最大力矩也增大，主接轴承受最大传递力矩便增大，主接轴直径又不够。于是就形成了恶性循环。

例如 4200mm 厚板轧机最大轧制力为 42000kN，工作轧辊最大直径为 980mm，最大压下量可到 50mm，则接触弧长为：

$$l = \sqrt{R \cdot \Delta h} = \sqrt{490 \times 50} = 156.5\text{mm}$$

而单位压力为：

$$p = \frac{P}{l \times b} = \frac{42000}{156.5 \times 4000} = 0.0671\text{kN/mm}^2$$

式中，b 为板宽4000mm。

当工作辊最大直径选用1000mm 时，$l=\sqrt{500\times50}\approx158$mm，则接触弧长增大为1.5mm，接触面积增大为 $1.5\times4000=6000\text{mm}^2$，而轧制力增大为 $0.0671\times1.5\times4000=402.6$kN，力矩增大为63kN·m，即 $0.5\times0.158\times42407.2-0.5\times0.1565\times42004.6=3350-3287=63$kN·m，约增加2%。

如果将工作辊最小直径取为880mm，磨削范围达100mm 是比较合理的，但主接轴直径太小，因此，只好牺牲轧辊使用范围，将工作辊最小直径定为930mm，这样磨削量就损失50mm。

为了节约电耗，工作辊最大直径仍然采用980mm，而不采用1000mm。

以上只是举了一个例子，中厚板轧机参数中工作辊最大与最小直径、主电动机容量、额定转速与最大转速是非常重要的，但人们往往都有所忽视。现在回转头来检查一下，许多轧机都有深究的余地，但生米已烧成熟饭了。

又如5000mm 厚板轧机最大轧制力为100000kN，工作辊最大直径为1150mm，最大压下量可到50mm，则接触弧长为：

$$l=\sqrt{R\cdot\Delta h}=\sqrt{575\times50}=170\text{mm}$$

而单位压力为：

$$k=\frac{P}{l\times b}=\frac{100000}{170\times4800}=0.1225\text{kN/mm}^2$$

式中，b 为板宽4800mm。

当工作辊最大直径选用1210mm 时，$l=\sqrt{605\times50}=174$mm，则接触弧长增大为4mm，接触面积增大为 $4\times4800=19200\text{mm}^2$，而轧制力增大为 $0.1225\times19200=2352$kN，力矩增大为 $0.5\times0.174\times102352-0.5\times0.170\times99960=8905-8497=408$kN·m，约增加4.8%。

年电耗约增加5%，不能因主接轴强度太弱就将工作辊直径放大，最终将使轧机参数更加不匹配。

3 中厚板生产节能的主要途径

中厚板生产节能的主要途径无非是降低消耗及回收余废热两方面。

目前节能途径很多，但从长远利益看，只有从生产工艺上着手，中厚板节能工作才能取得明显的效果。石油危机后，日本抓了轧钢工序能耗工作，除了采纳先进大型装备以外，在中厚板生产工艺方面也不断地创新，已取得了显著的效果。

从表1中可以看出，降低消耗主要从炉子、工艺及设备3方面着手，其中炉子方面途径比较多，节能效果也比较明显。工艺方面主要是采用连铸板坯，停止以小钢锭作为原料来生产中板，大钢锭也尽量减少。据说国外已采用800mm 厚连铸板坯生产出厚度达400mm 特厚板。设备方面主要是主电动机采用交流电动机（已推广），而工作辊直径尽量小（已在本附文第2节中详细介绍）。但一些厂认为应提高咬入能力与主接轴传递能力，仍然采纳大直径的想法，这有待进一步讨论。

余废热回收方面分余能和废热两类，中厚板生产余能回收的途径很多，效果也非常明显，但推行起来仍然困难重重，国内外各厂的技术水平差距很大，一些厂工序能耗居高不下。

废热利用方面，在大多数大型加热炉上，工厂对余热锅炉和预热空气与煤气两项节能措施都比较重视，取得的效果也很好。目前，国内各厂只存在技术水平不一问题。

表 1　中厚板生产节能的主要途径

序号	内　容	节能效果		说　明
		GJ/t	kg/t	
一	降低消耗			
1	炉子方面			
(1)	缩短传搁时间	0.092	3.1	缩短 0.5h 计
(2)	提高送锭温度	0.335	11.4	每提高 100℃
(3)	逆 L 形加热	0.465	15.9	
(4)	液芯装炉	0.446	15.1	
(5)	喷流预热	0.264	9.0	
(6)	双层隔热滑轨	0.063 ~ 0.126	2.1 ~ 4.3	降 2.5% ~5% 燃耗计
(7)	低温出炉	0.210 ~ 0.293	7.0 ~ 10.0	降低 100℃计
(8)	炉体绝热	0.126	4.3	降低散热 50%
(9)	平火焰烧嘴	0.112	3.8	
(10)	减少管底比	0.130	4.4	
(11)	热滑轨	0.138	4.7	
(12)	减预热段热负荷，增加热段	0.231	7.9	
(13)	减小炉底应力	0.251	8.6	890kg/(m² · h) 减至 650kg/(m² · h)
(14)	加热自动控制	0.500	17.1	
2	工艺方面			
(1)	采用连铸板坯	0.838 ~ 1.048	28.6 ~ 35.7	与钢锭相比
(2)	热轧润滑油	0.021	0.7	节电 6% 计
(3)	提高成材率	29.330	1000.0	每吨成材按 1000kg 标煤计
(4)	提高作业率	0.060	2.0	机时产量 200t · h，每提高 1%
3	设备方面			
(1)	采用可控硅	0.059	2.0	以电耗 80kW · h/t，节电 1/5 计
(2)	交交变频	0.031	1.05	节电 3kW · h/t
(3)	减小工作辊直径	0.130	4.4	减小 30mm 时
二	回收余废热			
1	余能方面			
(1)	提高热装热送温度	0.335	11.4	每提高 100℃，降燃耗 10%
(2)	提高热装热送率	0.369	12.5	每提高 10%，降燃耗 11%
(3)	直接轧制	1.048 ~ 1.257	33.7 ~ 42.9	已减去增加电耗 2kW · h/t
(4)	轧后淬火	2.095	71.4	

续表1

序号	内 容	节能效果		说 明
		GJ/t	kg/t	
(5)	控制轧制	1.676~2.933	57.1~100.0	替代正火为下限，调质用上限
(6)	控制冷却	4.819	164.3	
(7)	钢锭液芯轧制	0.167	5.7	
(8)	轧后正火热处理	0.754	25.7	
(9)	轧后退火热处理	0.44	15.0	
2	废热方面			
(1)	余热锅炉	0.176	6.0	
(2)	预热空气与煤气	0.147	5.0	预热空气600℃以上，煤气400℃左右

4 结语

热轧中厚板生产能耗比较高，工序能耗达2000MJ/t板以上，而且节能潜力很大，当前应以连铸板坯作为主要原料，尽量不采用或少量采用其他原料，也应尽量减少二次开坯后成材，抓好热装热送直轧工艺，减少轧后热处理量，推行控轧控冷技术，安排加热炉和热处理炉数量和型式尽量少一些。另外，节能管理中将节能效果与职工的经济利益相结合，发挥职工的节能积极性，使中厚板生产节能工作开展得更加生机勃勃，充满着活力，同时也会使中厚板生产节能技术大大进步。

6 中厚板生产高压水除鳞技术浅识

6.1 引言

任何钢铁产品除不锈钢外与空气接触都会生锈，实际上在一定条件下不锈钢也会生锈，加热至一定温度便会生成氧化铁皮，如热轧钢板时加热阶段形成的一次（加热）氧化铁皮，轧制过程形成的二次（再生）氧化铁皮。

一次铁皮不清除掉，轧入钢板表面就会形成麻点缺陷，大块铁皮压入则造成麻坑，有时铁皮将表面缺陷覆盖住，就会将隐患带给用户。铁皮压入钢板表面还会增加清理工作量。麻坑过深，麻点面积过大，则会产生废次品。生产中带有铁皮轧制时，会加快轧辊的磨损。因此，热轧前和热轧中应及时清除一次和二次铁皮，这已成为生产高质量中厚板所必不可少的重要工序。

中厚板生产使用的原料比较厚，加热时间也比较长，形成氧化铁皮比较厚，因此，热轧前清除工作就显得更为重要。

一方面要清除钢板表面的氧化铁皮，另一方面还要控制氧化铁皮的生成。如加热炉采用还原性火焰和加快加热、热处理炉采用抛丸后保护气体和辐射管加热、轧制完成后加速降温等均是有效的控制氧化铁皮形成的办法。

一次氧化铁皮是应当清除的，而且容易清除干净，不清除是不合格的。但二次铁皮即使不间断地清除，最后还是有一层薄薄的铁皮留下。目前只能将加热中生成的一次铁皮和轧制过程中生成的二次铁皮清除掉，而轧制完成后一直到冷床冷却中生成的很薄的一层二次铁皮，有人称为三次铁皮或成品钢板铁皮，目前还没有措施可以除净。虽然对用户不利，但从出厂到用户使用之前，这层薄薄的铁皮却起到了保护钢板本体不被氧化的作用。只有对特殊要求的船、桥梁及锅炉等用板，在订货条件规定时，才设置抛丸涂漆机组来清除这类铁皮，否则一般均按黑板交货。

6.2 中厚板除鳞技术的变迁

19 世纪中叶中厚板生产不进行除鳞，经过长达 10 年之久才发现铁皮压入钢板表面后，对表面质量损害极大，直接影响到用户的使用。1850 年开始用空气吹刷加热好的原料，到 1855 年已有用蒸汽来吹刷，一次氧化铁皮可以吹除大部分，但二次铁皮仍很厚。1864 年在轧机前用竹枝扫帚人工清扫二次铁皮时，不慎将扫帚拖入轧机轧过，竹枝爆炸力将铁皮爆碎，使清除效果明显增加，于是就改用扔杏条竹枝的方式除鳞，这种方式在我国中板轧机上从二十世纪五六十年代一直沿用至 80 年代。1870 年在出炉辊道添置了钢丝辊刷装置，将加热好的原料上下两面的一次铁皮刷去，但因钢丝寿命低，使用效果变差，我国有几个厂也用过。1891 年出现了二辊式除鳞机，如图 6-1 所示，轧辊做成横沟槽式，以小压下将一次铁皮压碎。以上这些措施都存在清除不彻底的致命缺陷。一直到1930年才开始用4~5.5MPa压力水除鳞，嫌压力不够，1932年提高到7MPa，到1935年又提至10MPa，如图6-2所示，采用立辊轧两侧边，将上下表面铁皮挤松，然后以高压水冲除。1940~1950年用至11~12MPa，1960年升至15MPa，一直到1967年才达到19~20MPa，1970年已有21MPa，但对温度比较低的合金钢清除效果不理想。1990年个别厂采用25~32MPa水压来除鳞，也试过45.5MPa操作压力水，泵压达到64MPa。由此可以看出，高压水压力逐年在提高，但并不是越高就能彻底解决问题。实践证明只要喷嘴形式选好，水质量有保证，喷嘴高度适中，原料温度高一点，出炉后不要放置太久，除鳞是可以达到理想的效果的。应该说，高压水除鳞技术已有70多年历史，无论是喷嘴、泵，还是其系统，都已比较完善，操作自动化控制也很先进，特别是全套装备的国产化率已达到100%，这是值得自豪的地方。

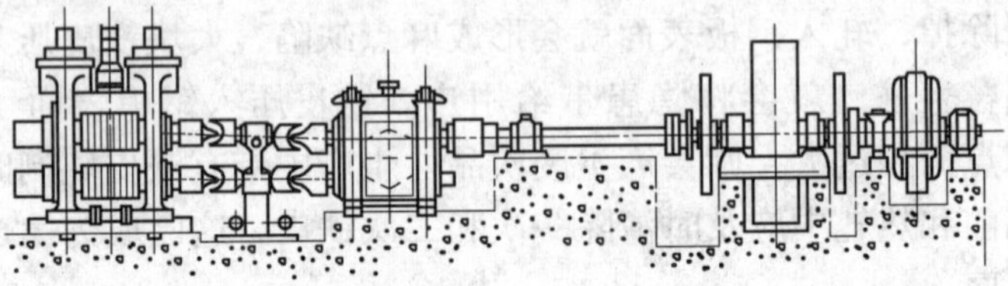

图6-1 二辊式除鳞机

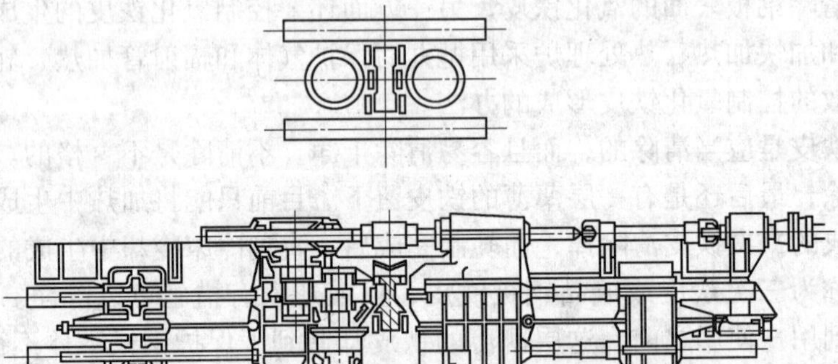

图6-2 立辊除鳞机

6.3 高压水除鳞的原理

以高压水的冲击力先在原料表面氧化铁皮层吹出一些孔洞，接着高压水通过这些孔洞吹入原料基体与氧化铁皮层之间的空隙，因喷射出的水线平滑，如同一把窄而薄、又非常尖锐的水刀，立即把原料上下表面全部氧化铁皮剥除掉，并随着水力给冲走。

实践证明，一次铁皮比二次铁皮难清除。当喷射宽度方向的冲击力分配很平均时，一次铁皮清除冲击力需达20~25kN/cm，而二次铁皮只需5~8kN/cm。

生产的钢种不同，选用喷嘴的水压也不同。清除碳素钢铁皮时，水压应大于10~12MPa，而合金钢应大于13~17MPa。特别是一些含Cr、Ni的高合金钢铁皮非常黏而致密，需要有更高的冲击力和水压才能得到满意的清除效果。

一定水压下水流量（L/s）、喷射宽度（m）、喷嘴口截面积（mm^2）及其形状是确定喷嘴的主要参数。这些参数也关系到冲击力的大小。平矩形喷嘴的边缘冲击力大，而中间小，而扁椭圆形喷嘴的边缘与中间均有高而均匀冲击力，清除铁皮效果比较理想。

钢板单位长度上的流量 A[L/(m·s)]为：

$$A = Cv$$

式中，C 为测量单位耗量，L/m^2；v 为钢板速度，m/s。

每个喷嘴水量 q(L/s) 为：

$$q = A \cdot B$$

式中，B 为喷射宽度，m。

要求水泵容量 Q(L/s) 为：

$$Q = n \cdot q \cdot \eta$$

式中，n 为上下喷嘴数量，个；η 为系统效率系数，取 1.1～1.2。

6.4 喷嘴及其配置

喷嘴是高压水除鳞设备的一个重要部件。喷嘴形状与尺寸及其配置与喷射冲击力、长宽面积、耗水量以及水柱高度、角度、重叠量等关系很密切，而且喷嘴间不得相互干扰，确保水流高速直接地打击钢板表面。

喷射冲击力和喷水压力与流量是成正比的。而喷嘴高度与喷射面积是1∶4 关系，即喷嘴高度增加一倍，喷射面积增加 4 倍；若高度降低一半，喷射面积降至 1/4，但冲击力却增加 4 倍，喷嘴数量也增多 4 倍，耗水量也增大 4 倍。

喷嘴高度不但是决定喷射面积和冲击力的关键尺寸，也是设计喷嘴数量、喷水总量及泵房能力的重要指标。喷嘴高度大，喷射面积大，而水刃切削铁皮的冲击力就小。喷嘴高度小，喷射面积小，冲击力增加，但喷嘴数量增多。20 世纪 80 年代喷嘴高度以 200～300mm 居多，舞钢确定为 300mm，泵的水压为 15MPa。而新设计喷嘴高度已降至 50～150mm，如宝钢喷嘴高度为 140mm，嘴前水压达 21MPa，除鳞效果很好，但要求泵房能力比较大。

喷水量对喷射质量有很大的影响，清除一次铁皮的喷水量应达到 6～10L/m^2，而二次铁皮达 2～4L/m^2，比一次铁皮少一倍多。该指标是确定喷嘴数量的基本条件。

喷嘴结构与除磷效果有直接的关系。一般要求有：

（1）水的喷射线应宽广而平滑，如同一把窄而薄的水刀一样。

（2）喷射冲击力要大，宽度方向冲击力应平均分配。

（3）喷射角小，射宽小，喷嘴多，耗水量大，反之，除鳞效果差，取 20°～45°较好。

（4）喷嘴截面不能太复杂，要便于加工、维护与更换。目前，采用尖椭圆与平形喷嘴较多。

6.5 除鳞箱

除鳞箱（图 6-3）用于清除加热生成的一次铁皮，设置在出炉辊道送往轧机一侧。为

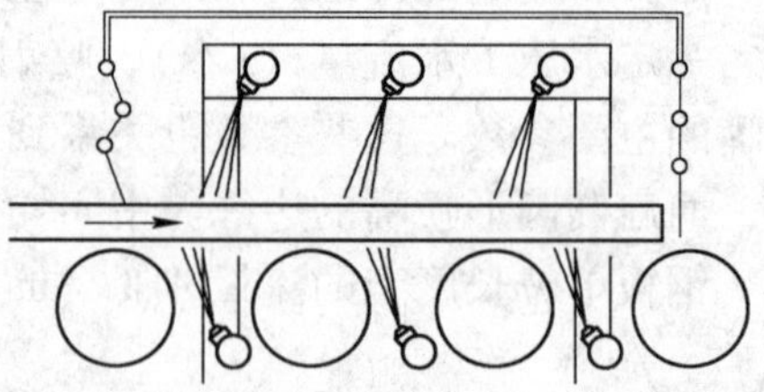

图 6-3 三排集水管除鳞箱

了使加热好的原料尽快进入除鳞箱内除鳞，除鳞箱应尽量靠近炉子，原料温度越高，则除鳞效果越好。另外，轧机前辊道长度短了，使轧机轧制线也缩短。有一厂怕高压水和铁皮冲射入加热炉内，将除鳞箱拉至距加热炉侧达 18m 之远，不但浪费了 18m 辊道，而且板坯出炉后温降太多，出现了斑斑点点，造成铁皮除不净的现象。试验也证明，原料出炉后在空气中停留时间愈短，除鳞效果愈好，停留 30 ~ 40s 后才进除鳞箱除鳞的情况，效果变差。

除鳞箱为由钢板焊接成的封闭箱体结构，箱内安置若干组喷嘴集管，上集管以软管连接由液压缸或电动机传动升降，调节喷嘴与原料表面的距离，下集管以法兰联结固定在下支架上。箱的出入口设有防溅罩与挡水板以防止高压水和铁皮喷出。为了检修维护，上箱体可用吊车吊开。集水管排数有 1 ~ 3 排，普遍采用 2 排，必要时也可只开 1 排。

集水管排数愈多，清除愈干净，但投资也愈大。凡附设有立辊轧机时，集水管排数可减少。

附照 2-6 为除鳞箱正在除鳞的情景。

6.6 轧机上除鳞

轧机上清除二次铁皮比清除一次铁皮用冲击力和耗水量都小很多，因此，高压水压力和喷嘴高度都与除鳞箱有差异。

为了保持喷嘴高度，将上集管与上工作辊组合在一起，经活接手随轧辊一起升降，且能在换辊时快速装卸及防止被钢板撞坏。

美国工厂通常在轧机前后均设高压水装置，使用比较灵活，而日本和德国多数厂都在机后设置高压水装置。

泵房距轧机虽然比较远，压降较大，但高压水压力在 15MPa 以上，清除二次铁皮冲击力已足够。

热矫直机上设有压力水和压缩空气将钢板表面铁皮扫除掉，并不起剥离作用。

立辊轧机侧压原料两边将一次铁皮挤松，然后再用高压水冲除，对钢锭清除铁皮有一定的好处，但现在已很少采用。

6.7 水泵形式的选择

水泵形式是按平均的水耗量来选择，并留有维修故障的备用能力。

选用水泵水压时必须考虑水泵至喷嘴之间的压降，当距离比较远，管路弯道比较多时，压降就比较大。遇到水泵安装不坚固，管线固定不强时，一般会产生震动，压降损失很大，高的有 5MPa 以上，如有的厂水泵水压为 15MPa，而送到喷嘴出口处只有 10MPa。

目前，最理想的情况下压降也至少有 1 ~ 2MPa，如水泵水压为 20MPa，到喷嘴出口只能达 18 ~ 19MPa。

水泵形式一般有离心泵和往复泵两种，其比较优缺点见表 6-1。

表 6-1 离心泵和往复泵的比较

序 号	项 目	离 心 泵	往复（柱塞）泵
1	英文名	centrifugal pump	reciprocating（plunger）pump
2	流 量	≥38L/s，大	<38L/s，小
3	水 压	≤20MPa，低	>20MPa，高
4	标准效率	75%～80%，低	90%以上，高
5	空转时电耗	100%额定电流，高	10%～15%额定电流，低
6	电动机功率	大，高转速	小，低转速
7	电 压	高压	低压
8	故 障	少	密封易受损，并堵塞喷嘴
9	经济性	差	好
10	安装难易	基础座与泵座需按安装规范；电机至齿轮，齿轮至高速泵的调整非常严格	安装简单；低速电机调整不很严格
11	维修保养方面	机械密封难，碎屑很敏感，需有特殊技能与装置维修	密封宽松，且容易更换
12	传动件磨损	许多传动部件均与密封转子和耐磨环件相组合，容易磨损	因低速运转，传动件很少，不容易磨损
13	稳流情况	基本上稳流，当变压时采用卸压控制，需旁通设施	因设备振动，需有稳流、定流量及卸压等措施，不需旁通设施
14	泵台数	少	多
15	投 资	差不多	差不多
16	技术高低	高	低
17	国内推荐	多	少

从经济观点看，往复泵比离心泵优越，但国内选用离心泵较普遍，主要是从使用可靠性方面考虑，而且水压达 20MPa 也够用，不需要太高。

6.8 结语

中厚板轧机清除一次铁皮最佳办法是设置一个除鳞箱，位置尽可能近接加热炉；除鳞箱采用上下喷嘴集管两排方式，喷嘴高度取 100～200mm 之间，随原料厚度可调节高度，水压达 20MPa。因喷嘴高度比以前降低后，冲击力增加，除鳞效果仍然不减。

清除二次铁皮比一次铁皮需要的冲击力小，且容易削除，泵房布置在除鳞箱附近，离轧机比较远，压降比较大，但仍能满足二次铁皮清除的要求，而且喷嘴高度可达 300mm，免除钢板碰撞喷嘴的危险。

当选定喷嘴高度、冲击力及喷嘴总水量时，应找到一个最经济点，免得造成不必要的浪费。

7 中厚板轧机的选型

7.1 引言

中厚板轧机选型是一项非常重要的工作。历来曾发生过多起中厚板轧机选型失误之憾。

1976 年日本大分厂新建厚板轧机时，原设计方案选用 3800mm 双机架轧机，并已做了大量前期工作，之后由于某些原因改成 5500mm 单机架轧机，耽误工期达 3 年之久（附照 2-7 为 5500mm 轧机机前轧钢情景）。1970 年德国迪林根厂建成 4300mm 精轧机，并预留出粗轧机位置，而 1985 年扩建时把尺寸放大，增建 5500mm 粗轧机，发现粗精轧机尺寸差太大，于是又把 4300mm 换成 4800mm，组成 5500mm 加 4800mm 双机架轧机，精整线也做了相应修改，这都是选型不慎带来的麻烦。1962 年法国敦刻尔克厂建成 4320mm 单机架轧机，1984 年为了增产和生产更宽钢板进行扩建，新建一架 5000mm 精轧机，组成 4320mm 加 5000mm 双机架轧机，由于布置距离不合适和粗精轧机尺寸差太大，至今轧机能力得不到充分的发挥。

上述例子说明，轧机选型不当不但给经济上造成很大的损失，而且也给生产发展带来很大困难。因此，轧机选型工作越来越受到建厂者的重视。

轧机选型需要考虑的问题有轧机的大小、组成及形式。现对中厚板轧机的选型和系列提出一些看法，供作参考。

7.2 轧机大小问题

新建和改建工程的前期工作中，首先要确定的是轧机大小的问题。几乎所有厂都论证过这个问题，并多方面加以比较，应该说，轧机的大小不仅仅取决于钢板宽度，还应当考虑其他多种因素。

7.2.1 板宽

板宽取决于用户和轧机的大小。一般来说，轧机工作辊辊身长度减去 200mm（以前是减去 300mm），即为生产成品的最大板宽。但特别情况下减去 150mm 的板也能轧出来，如 5500mm 轧机曾生产出 5350mm 宽板；4200mm 轧机生产出 4050mm 板宽时，轧制成板宽已达 4150mm，几乎碰到机架牌坊，因此，操作上需要非常小心。

造船和长输管线都是由中厚板轧机大批量提供宽板的。船用钢板最宽达 4500mm，选用 4800mm 轧机已能满足。日本和德国建成 5500mm 轧机，主要是满足 1626mm（64in）UOE 大直径焊管用板的需要，这种大焊管机组日本有 2 套，德国有 1 套。目前，全球铺设天然气运输管线的最大管径只达 1422mm（56in），至今还未建设过 1626mm 直径管线，因此，5500mm 轧机也未大批量生产过 1626mm 管线用板。UOE 焊管机组必须由宽厚板轧机供板，其搭配的关系如表 7-1 所示。

表 7-1 UOE 焊管机组与宽厚板轧机的搭配关系

序 号	UOE 焊管机组			宽厚板轧机	
	焊管外径		用板最大宽度/mm	工作辊辊身长/mm	生产最大板宽/mm
	mm	in			
1	914	36	2850	3300	3100
2	1067	42	3330	3800	3600
3	1210	48	3830	4300	4100
4	1422	56	4470	4800	4600
5	1626	64	5110	5500	5300

板宽需满足镜板、桥墩板、机器结构用板及大型建筑用板以外，尚需供应特大军舰用板。

第二次世界大战前，1918 年美国留肯司公司科茨维尔厂建成 5230mm 轧机，1940 年苏联莫斯科厂投产 5300mm 轧机，德国多特蒙德厂投产 5000mm 轧机，1941 年日本制钢公司室兰厂也投产一台用蒸汽机驱动的 5280mm 轧机，相继英国、法国及西班牙等国又投产许多台宽厚板轧机。这些轧机主要是为了供应航母用板。航母用板面积与单重大，又长又宽，焊缝少，因此，需要建设大的宽厚板轧机。

7.2.2 产量

中厚板轧机的生产能力取决于轧机的大小、组成与形式。轧机愈大产量愈高，如果要求产量 200 万吨，轧机应选用 4800mm 以上。如果产量达 60 万 ~70 万吨，可以选用 2300mm 双机架轧机，也可选用 2800mm 单机架轧机，后者投资省，厂房短，设备吨位小，且板宽达 500mm，市场覆盖面也大，一般应优先选用。

选用轧机规格与年产量的关系如表 7-2 所示。

表 7-2 轧机规格与年产量的关系

序 号	轧机规格/mm	年产量/万吨	
		4h 单机架	4h + 4h 双机架
1	2300	40 ~ 50	60 ~ 70
2	2800	60 ~ 70	80 ~ 100
3	3300	70 ~ 80	130 ~ 150
4	3800	80 ~ 110	150 ~ 170
5	4300	90 ~ 130	170 ~ 190
6	4800	120 ~ 150	190 ~ 250
7	5300	150 ~ 180	260 ~ 320

表7-2所列是采用控制轧制和板形控制后的数据。一般来说，采用这两项工艺后产量会有所下降。

7.2.3 钢板单重

轧机越大，钢板单重也越大。要求钢板单重大的产品有高压锅炉、容器、桥梁、水坝、船舰、海上平台、原子能设备、火箭外壳、高炉炉壳、机器结构件及大型建筑等。目前，国内生产30万千瓦发电机组用高压锅炉板单重达43t，这类钢板舞钢生产也有困难，宝钢5000mm轧机可以轧制。

当年建设九江大桥时，桥梁板厚50mm，长达18m，单重约11t，由鞍钢2800mm轧机生产，因单重与尺寸无法满足，只能增加焊缝，修改钢板尺寸；当年宝钢高炉用钢板因单重和尺寸太大，舞钢也承担不了，最后也只好修改结构。

连铸板坯厚度与宽度的调节范围不大，一般最厚达340mm，最宽达2400mm，唯一能调节的是长度，而长度又受轧机大小的限制，一般板坯最大长度比轧机工作辊辊身长度短200mm。如5500mm轧机用坯的最大长度达5300mm时，则原料最大单重为24t。若采用4300mm轧机时，原料重不到19t，两者差5t。如果要求生产24t以上钢板，只能采用大的钢锭或压制坯作为原料。因此说，钢板单重是受轧机大小制约的。

7.2.4 纵横向性能

随着用户要求的提高与技术的进步，对钢板的同板性能差的要求越来越高，甚至要求供应均质板。目前，热带的纵横向σ_b之差达27.2MPa，δ之差达2.46%，a_K之差达6.1J，而中厚板σ_b只有2.65MPa，δ只有0.97%，a_K只有2.4J，比热带小一倍以上。由于横向性能小于纵向性能，用户都按最低性能取料，因此，钢板性能差越大，材料损失也越大。

目前，除中厚板轧机生产中厚板以外，还有传统热带轧机、CSP机组和炉卷轧机也能生产中厚板。前者基本上采用纵横轧结合工艺，因此，纵横向性能差比较小，而后3种轧机基本上采用纵轧到底，因此，纵横向性能差比较大，用途方面必然会受到一定的限制。

7.2.5 成材率

轧机大，轧制成板宽度大，而通常用途钢板宽度在1600～2400mm之间比较多，如果有5000mm轧机的话，可以轧制成宽度3200～4800mm钢板，经剪切线纵向剖分为两块1600～2400mm的钢板，或者剖分成两张不同宽度的钢板，成材率可比单倍尺钢板高3%～4%。若以年产100万吨双倍尺宽板计，每年可多产钢板约3万～4万吨，收益达5000万～6000万元。即使不采用剖分生产，而生产宽板的成材率也比生产窄板高很多，如日本水岛厂5490mm轧机的成材率已达到96%以上。另外，轧机大，原料也大，还可以按多倍尺长度生产，减少切头尾量，大大提高成材率。

7.2.6 规模经济

轧机越大，越符合于规模经济，不仅单位产量的投资少，而且生产成本较低。轧机小，技术含量少，国外都把小的轧机先淘汰掉，留下来都是大的轧机。我国小轧机很多，应逐年淘汰。

7.3 轧机组成问题

传统中厚板轧机的组成，基本上只存在有单机架和双机架两种。目前，全球宽厚板轧机单机架约占2/3，双机架约占1/3，但两者的生产量相差不多。

选用单机架还是双机架轧机，主要取决于产量，其次是一次投资，质量的差别不大。在产量和投资不受限制的条件下，采用双机架轧机是比较经济的。一般地说，双机架轧机的设备吨位只比单机架轧机重20%～30%，而产量却可增大60%～100%。

中厚板生产工艺分为粗轧和精轧两个阶段。粗轧阶段主要是完成成形和宽展工作，而精轧阶段主要是完成伸长轧制及性能与板形控制。宽展轧制需要90°转钢进行横轧，这是中厚板生产所固有的特色。对单机架轧机来说，粗、精轧只能在一个机架上完成，而双机架轧机则在粗轧机和精轧机上分别完成。将两种不同操作的工艺分配到两个机架上完成是比较合理的，而且粗、精轧机的主电动机功率与转速、轧辊材质、压下调整等均可合理匹配。

目前采用HAGC和计算机自动控制中厚板轧机很普及。在双机架轧机上将粗、精轧合理地分配到两个机架上完成，因此在精轧机上实施自动化操作就比较容易，而单机架轧机要实现自动化操作，难度就比较大。

对于双机架轧机，由于规模与投资的限制，可以先建一架，预留第二架的位置。一般都先建精轧机，预留好粗轧机位。如果先建粗轧机的话，粗轧机至除鳞箱距离应满足成品板前一道次轧件长度的要求，其距离必然会拉大。若考虑控轧待温数块中间板的要求，其距离需更大，使轧制作业线长度增加。当二期精轧机投产后，而除鳞箱至粗轧机距离就太大，增加炉子至粗轧机的送钢时间，也浪费了一大段辊道设备。另外，在粗轧机上用的板形装置和机后快冷装置，二期就有被闲置或搬家的可能，会造成一定的浪费。

粗、精轧机主电动机的功率、转速及轧机开口度、压下调整速度也不一样，一般来说，精轧机功率大，转速高，开口度小，压下调整速度低。在粗轧机上轧制一些薄而硬的产品会受到一定的限制，而且对钢板精度也有一定的影响。如采用大钢锭和大单重的原料，对先建的精轧机也会造成影响。开口度加大后，轧机刚度会降低。一般做法是一期不吃大原料，精轧机性能保持基本不变，必要时，将开口度适当地加大，但以不降低刚度为准则。

预留做法在日本比较普遍，川崎水岛一厂1967年建成4080mm精轧机，1969年增建4700mm粗轧机，发现精轧机小了，因此将粗轧机加大；神户加古川厂1968年建成4724mm精轧机，1970年增建4724mm精轧机，两架一样；新日铁名古屋厂1968年建成4700mm精轧机，1975年增建4800mm粗轧机，把粗轧机加大100mm；日本钢管福山厂1968年建成4700mm精轧机，1970年增建4700mm粗轧机；住友金属鹿岛厂1970年建成4800mm精轧机，1974年增建5350mm粗轧机，粗轧机加大比较多；川崎千叶厂1961年建成4216mm精轧机，1973年增建3500mm粗轧机，粗轧机小很多，这种情况比较少，现已停产了。

另外，韩国浦项厂1978年建成4724mm精轧机，1989年增建4724mm粗轧机，间隔长达11年之久才组成双机架轧机；德国迪林根厂1970年建成4300mm精轧机，机前厂房和辊道都未建，加热好的板坯用小车运至轧机前受料辊道上，1985年增建5500mm粗轧机，因两架尺寸差太大，于是将4300mm精轧机改成4800mm精轧机，组成全球最大5500mm加4800mm双机架轧机，以满足UOE大口径直缝焊管机组用板的需求。

法国敦刻尔克厂在1962年建成4320mm单机架轧机，为了增产更宽钢板，1984年改建，在机后增设一架5000mm精轧机，将原有4320mm作为粗轧机，组成4320mm加5000mm双机架轧机，可作为先建粗轧机后建精轧机的一个特例。

轧机组成中还有附设立辊轧机的问题，存在有东西方两种不同的风格。以德国和俄罗斯为代表的西方派不主张附设立辊轧机。以日本、韩国与中国为代表的东方派，不但在粗轧机上采用，也在精轧机上附设，主要用于平面板形控制，一般可使成材率提高1%～3%，但由于轧边道次间歇时间增加，一般使轧机生产能力降低10%～20%。

日本11台4200mm以上中厚板轧机中有6台附设立辊轧机，其中水岛厂5490mm轧机后近接立辊轧机，实现了MAS和TFP相结合的新工艺，成为全球性能最高的一台立辊轧机。

韩国浦项厂4724mm加4724mm双机架轧机在粗轧机和精轧机前近接各附设一台立辊轧机，这是全球双机架精轧机上附设的第一台立辊轧机。另外该厂4300mm轧机前也近接附设一台立辊轧机，共有3台近接立辊轧机。

我国宝钢5000mm轧机先建精轧机后近接有立辊轧机，预留粗轧机后也附设立辊轧机；新余厂3800mm双机架轧机粗、精轧机后也各设一台立辊轧机。新建3800mm以上轧机大部分都附设有立辊轧机，立辊轧机总台数已超过日本，在全球第一。

德国杜伊斯堡3900mm、迪林根5500mm加4800mm及埃森博格3700mm轧机，俄罗斯下塔吉尔5000mm、伊尔诺斯克5000mm、莫斯科镰刀和锤子5300mm及马格尼托哥尔斯克5000mm轧机，两国主要轧机都不附设立辊轧机。另外，德国为伊朗阿瓦士厂建设4800mm轧机也不附设立辊轧机，而为瑞典奥克塞洛森德厂建造的3800mm轧机，因是炉卷轧机粗轧机，故设有立辊轧机。

7.4 轧机形式问题

单机架中厚板轧机国外只有一种类型，即四辊式。国外二辊式和三辊劳特式多数已被淘汰掉，我国也正在淘汰中。

双机架轧机有三辊式加四辊式、二辊式加四辊式及四辊式加四辊式等3种形式。前一种已趋淘汰，第二种也不再建造，第三种是目前采用的主要形式。

三辊式加四辊式轧机的主要缺点是，三辊劳特式轧机的薄弱环节依然没有克服。因此，与三辊劳特式单机架轧机一样，同属被淘汰轧机之行列。目前，我国还有两台，应加速淘汰或改造的步伐。

四辊式加四辊式与二辊式加四辊式轧机相比，前者生产钢板质量好、产量高、灵活性大、备品备件少，但设备吨位重，投资大。后者的优缺点与之恰好相反，且适合于轧制钢锭。因为二辊式轧机工作轧辊直径比四辊式轧机大，允许咬入角也大，便于轧制钢锭时的咬入。然而，随着连铸生产的迅速发展，大部分中厚板轧机已不再采用钢锭作为原料，故不存在在轧制钢锭时在四辊式轧机上受咬入角的限制问题。在主电动机功率与轧制力矩相同的条件下，四辊式轧机工作辊直径比二辊式轧机小，而道次压下量比二辊式轧机大，轧制道次可减少，因此，轧机生产能力大。另外，二辊式轧机刚度低，轧辊挠度大，钢板横向厚差较大，形成有较大的舌头、鱼尾及镰刀弯等不规则的板形，不但成材率显著下降，板形急剧恶化，而且还给精轧机操作和自动化控制带来极大不利。

7.5 系列问题

为方便设备的标准化，中厚板轧机系列分为 8 个级别，优先数为 500mm，分成 1800mm、2300mm、2800mm、3300mm、3800mm、4300mm、4800mm 以及 5300mm 8 级，每级上下波动幅度为 200mm。

济钢 2500mm 轧机是由 2300mm 轧机发展起来的，邯钢 3000mm 轧机原来就是 2800mm 轧机，现在大批新建 3500mm 轧机是由 3300mm 轧机放大的，宝钢 5000mm 轧机是与 4800mm 轧机同属于一个等级的轧机，日本 3 台 5500mm 轧机也是从室兰 5280mm 和鹿岛 5335mm 两台轧机发展起来的。

表 7-3 为中厚板轧机系列的基本性能。1800mm 轧机在我国广钢有一台，被淘汰后，全球基本上已没有。

系列化后不会限制用户的选型，但有一个规范可以遵循，特别是给工厂设计和设备制造带来很大的方便。

7.6 结语

随着国民经济建设的迅猛发展，全球第 3 次中厚板轧机的建设高潮掀起，我国中厚板轧机的选型工作已逐步走上正轨。一大批现代化、高刚度、大功率、大轧制力中厚板轧机正在全国各地如雨后春笋般建起。

目前，2300mm 级中板轧机已不再选用，大多数都选用 3500mm 以上轧机，其中 5000mm 轧机有 7 台，4300mm 有 11 台（原有 3 台），3800mm 有 9 台，3500mm 有 24 台（已投产有 22 台，含有 3 台单炉卷轧机）。因此，轧机尺寸已加大多级。

轧机组成方面大部分是 4h +4h 双机架，而且在 3800mm 以上轧机都附设有立辊轧机，不但在粗轧机上附设，也在精轧机上附设，这有赖于生产厂发挥其功能。

轧机形式方面已不再采纳二辊式和三辊劳特式，几乎全部是四辊式。

另外，原有 23 台轧机中 2300mm 级占一半之多，现已经过不同程度的技术改造，落后的三辊劳特式将会减少进而被淘汰。我国中厚板轧机阵容将面目一新。

目前，全球中厚板生产的重点已转向中国，我国不但已成为全球中厚板生产的大国，而且有望成为全球中厚板生产的强国。

表 7-3 中厚板轧机系列的基本性能

序号	项目		单位	1800mm 中板轧机	2300mm 中板轧机	2800mm 中厚板轧机	3300mm 厚板轧机	3800mm 厚板轧机	4300mm 厚板轧机	4800mm 宽厚板轧机	5300mm 特宽厚板轧机
1	级别范围	正 规	mm	1600 ~ 2000	2100 ~ 2500	2600 ~ 3000	3100 ~ 3500	3600 ~ 4000	4100 ~ 4500	4600 ~ 5000	5100 ~ 5500
		扩 大		1550 ~ 2050	2050 ~ 2550	2550 ~ 3050	3050 ~ 3550	3550 ~ 4050	4050 ~ 4550	4550 ~ 5050	5050 ~ 5550
2	年产能	单 机	万吨	15 ~ 25	40 ~ 50	60 ~ 70	70 ~ 80	80 ~ 110	90 ~ 130	120 ~ 150	150 ~ 180
		双 机		30 ~ 40	60 ~ 70	80 ~ 100	130 ~ 150	150 ~ 170	170 ~ 190	190 ~ 250	260 ~ 320
3	板坯	厚 度	mm	150、180(250)	150、180、250	150、200、300	150、200、250、320	150、200、340	150、250、340	150、250、340	150、250、350
		宽 度		1200 ~ 1500	1200 ~ 1800	1200 ~ 1800	1400 ~ 2000	1600 ~ 2200	1600 ~ 2400	1600 ~ 2400	1600 ~ 2400
		长 度		800 ~ 1600	1000 ~ 2100	1000 ~ 2600	1200 ~ 3100	1300 ~ 3600	1500 ~ 4100	1800 ~ 4600	2000 ~ 5100
		最大单重	t	3. 6	7. 4	11. 0	15. 6	21. 1	26. 3	29. 5	33. 6
4	钢板	厚 度	mm	4. 5 ~ 20	4. 5 ~ 30	4. 5 ~ 50	4. 5 ~ 100	4. 5 ~ 100(150)	4. 5 ~ 100(200)	4. 5 ~ 100(250)	4. 5 ~ 100(300)
		宽 度		800 ~ 1600	800 ~ 2100	1000 ~ 2600	1200 ~ 3100	1400 ~ 3600	1500 ~ 4100	1500 ~ 4600	1500 ~ 5100
		长 度		3000 ~ 12000	3000 ~ 12000	3000 ~ 18000	3000 ~ 20000	3000 ~ 25000	3000 ~ 30000	3000 ~ 30000	3000 ~ 30000
		平均单重	t	0. 6 ~ 1. 3	0. 8 ~ 1. 5	1. 0 ~ 2. 5	1. 5 ~ 3. 5	2. 5 ~ 5. 0	4. 0 ~ 7. 5	5. 5 ~ 10. 0	7. 0 ~ 15. 0
5	轧机	工作辊	mm	φ580/680 × 1800	φ650/750 × 2300	φ770/780 × 2800	φ920/1020 × 3300	φ980/1080 × 3800	φ1020/1120 × 4300	φ1050/1150 × 4800	φ1080/1180 × 5300
		支撑辊		φ1200/1400 × 1600	φ1300/1500 × 2100	φ1600/1800 × 2600	φ1800/2000 × 3100	φ1900/2100 × 3600	φ2000/2200 × 4100	φ2100/2300 × 4600	φ2200/2400 × 5100
		轧制力	kN	40000	50000	60000	70000	80000	90000	100000	110000
		刚 度	kN/mm	5000	6500	8000	9000	10000	10000	10000	10000
6	主电动机功率	粗轧机	kW	3200 × 2	4000 × 2	4800 × 2	5600 × 2	6400 × 2	7200 × 2	8000 × 2	9000 × 2
		精轧机		4000 × 2	5000 × 2	6000 × 2	7000 × 2	8000 × 2	9000 × 2	10000 × 2	11000 × 2
	主电动机转速	粗轧机	r/min	35/70	35/70	35/70	40/80	40/80	45/90	45/90	45/90
		精轧机		50/100	50/100	50/100	55/120	55/120	55/120	60/120	60/120
	最高轧速		m/s	4. 0	5. 0	6. 0	6. 5	7. 0	7. 2	7. 7	8. 0
	切断力矩	粗轧机	kN · m	2400	3000	3600	3700	4200	4200	4700	5300
		精轧机		2100	2600	3200	3400	3800	4300	4400	4800

续表 7-3

序号	项目		单位	1800mm 中板轧机	2300mm 中板轧机	2800mm 中厚板轧机	3300mm 厚板轧机	3800mm 厚板轧机	4300mm 厚板轧机	4800mm 宽厚板轧机	5300mm 特宽厚板轧机
7	加热炉能力		t/h × 座	80 × 2	220 × 2	260 × 2	280 × 2	310 × 2	330 × 2	360 × 2	380 × 2
8	冷床面积	单机	m^2	700	1500	1900	2400	3000	4000	5000	6500
		双机		1100	1900	2700	4000	5000	6000	7000	9000
9	剪切线		条	—	—	—	—	—	—	—	—
10	年工作小时		h	6000 ~ 6800	6000 ~ 6800	6000 ~ 6800	6000 ~ 6800	6000 ~ 6800	6000 ~ 6800	6000 ~ 6800	6000 ~ 6800
11	设备重量		万吨	0.8 ~ 1.1	1.0 ~ 1.3	1.2 ~ 1.5	1.4 ~ 1.7	2.0 ~ 3.0	2.5 ~ 3.5	4.0 ~ 5.0	5.5 ~ 6.5
12	电机容量		万千瓦	~ 2.5	~ 3	~ 3.5	~ 4	~ 5	~ 7 ~ 8	~ 10 ~ 11	~ 12 ~ 13
13	车间面积	单机	万平方米	~ 3	~ 5	~ 8	~ 10	~ 12	~ 13	~ 14	~ 15
		双机		~ 5	~ 7	~ 9	~ 11	~ 13	~ 15	~ 17	~ 18
14	投资	单机	亿元	~ 2	~ 4	~ 7	~ 9	~ 11	~ 15	~ 20	~ 30
		双机		~ 3	~ 5	~ 9	~ 11	~ 13	~ 20	~ 30	~ 40
15	配合焊管尺寸			—	—	—	—	UOE44″ ϕ1118mm	UOE48″ ϕ1219mm	UOE56″ ϕ1422mm	UOE64″ ϕ1626mm
16	车间主吊车吨位		t	75	100	150	200	250	300	400	480
17	消耗指标	金属	t	1.099	1.099	1.087	1.087	1.075	1.075	1.064	1.064
		燃料	GJ	1.0	1.0	0.8	0.8	0.8	0.6	0.6	0.6
		电力	kW · h	85	85	80	80	80	75	75	75
		水（新水）	m^3	80（4）	80（4）	90（4）	90（4）	90（4）	100（3）	100（3）	100（3）
		蒸汽	kg	20	20	20	20	20	20	20	20
		压缩空气	m^3	12	12	12	12	12	12	12	12
		氧气		5	5	4	4	4	3	3	3
		耐火材料	kg	1.0	1.0	0.8	0.8	0.8	0.6	0.6	0.6
		润滑油		0.1	0.1	0.1	0.1	0.1	0.1	0.1	0.1
		轧辊		0.6	0.6	0.5	0.5	0.4	0.3	0.3	0.25
		定员	人	500	500	600	600	600	650	650	650

附文 7-1　中厚板轧机规格的称呼

中厚板轧机规格以工作辊辊身有效长度来确定，如 4300mm 中厚板轧机，其工作辊辊身长度为 4300mm。

如 CVC、HCW 轧机辊轴方向需横向移动时，根据移动量大小需增加辊身长度，如移动量为 300mm，则辊身长度应增至 4600mm，但实际轧制钢板最大宽度并没有增加，仍旧按 4300mm 来确定，因此把轧机称呼为 4600mm 是虚假的，并无实质性意义。只是轧辊磨床尺寸要求加长 300mm，而轧机前后及精整线辊道尺寸仍旧按 4300mm 来设计，不需要按 4600mm 来做，免得造成浪费。热带轧机也有同样问题，但不改动轧机规格尺寸。

本书看法是避免混淆，轧机尺寸还是称呼为 4300mm 轧机，不要叫 4600mm 轧机，同样，3800mm 轧机也不要叫 4100mm 轧机，5000mm 轧机也不要改称为 5000mm 以上轧机，这应该是常理。

附文 7-2　不同中厚板轧机的区别

本文主要介绍中板轧机、中厚板轧机、厚板轧机、宽厚板轧机、特厚板轧机、特宽厚板轧机及成卷中厚板轧机之区别。

中板轧机（medium plate mill）：生产板厚 20mm 以下，轧机尺寸在 2500mm 级以下，称为中板轧机；

中厚板轧机（medium & heavy plate mill）：以生产板厚 60mm 以下为主，称之为中厚板轧机；

厚板轧机（heavy plate mill）：以生产板厚大于 20mm 为主，最重原料达 30t 以上，属于厚板轧机；

宽厚板轧机（wide & heavy plate mill）：工作辊辊身长度在 3m 以上者，可称为宽厚板轧机；

特厚板轧机（super heavy plate mill）：以生产军工厚板为主，板厚达 150mm 以上，称为特厚板轧机，也俗称为装甲板轧机（deck plate mill）；

特宽厚板轧机（super wide & heavy plate mill）：工作轧辊辊身长在 5m 以上者，可称为特宽厚板轧机；

成卷中厚板轧机（coil plate mill，coil medium & heavy plate mill）：成卷轧制成中厚板或纵轧成中厚板，称之为成卷中厚板轧机或纵轧中厚板轧机（medium & heavy plate longitudinal rolling mill）。

中板轧机与中厚板轧机区别如表 1 所示。

表 1　中板轧机与中厚板轧机的区别

序　号	区别内容	中板轧机	中厚板轧机
1	轧　机	≤2800mm，多数为≤2500mm	≥3000mm，多数为≤4064mm（160in）
2	原　料	小板坯，厚 150～180mm，小钢锭最大单重在 12t 以下	大板坯 180～320mm，大钢锭达 15t 以上，最大单重在 70t 以上
3	加热炉	没有大原料加热炉	有大原料加热用室式、车式炉
4	轧件长	单倍尺生产	双倍尺以上生产
5	板　厚	20mm 以下（或 30mm 以下）	达 100mm 以上，以 60mm 以下为主
6	热矫直机	矫 20mm 以下	矫 50mm 以下
7	剪　机	切 20mm 以下，铡刀式、圆盘式	切 50mm 以下，双边剪
8	冷　床	辊盘式	步进式
9	冷矫直机	一般不设	设辊式或压力式
10	火焰切割机	不设	必设
11	原板收集台架	没有	有
12	吊运成品	一般 10t 以下	20t 以上
13	热处理炉	可不设	必设
14	超声波探伤	不设	必设

附文 7-3　四种生产中厚板轧机的比较

目前世界上有中厚板轧机、传统热带轧机、CSP 机组及炉卷轧机四种定型的轧机可以生产中厚板。第一种是专门的轧机，只生产中厚板，后三种是兼产的，以生产薄钢卷为主，少量兼产中板。但炉卷轧机中有一种新型单机架炉卷轧机，以生产中厚板为主，少量生产薄钢卷，人们称此工艺为卷轧中厚板（coilplate），即用成卷轧制的工艺来生产中板，也可以直条单张工艺生产中厚板。这种工艺既有别于传统的单张轧制中厚板，又有别于传统的成卷轧制带卷。其最大优点是产品质量稳定，中板的生产效率和成材率高，交货状态既可以成卷，单位卷重可高达 22. 5kg/mm，也可以切成定尺单张交货。

要说炉卷轧机，自从 1932 年美国杨斯敦钢管和薄板公司印第安纳港厂世界上第一套 1830mm 炉卷轧机正式投产以来，至今已有近 80 年的发展历史，虽然并不太顺利，但一直在生产，建设也从未间断，而且有所创新，不像行星式热带轧机现在基本上已熄火了。世界上炉卷轧机建设也与其他轧机一样波动很大，一般可划分成 7 个发展阶段，见表 1。

表1 炉卷轧机的发展阶段

序 号	发展时期	名 称	制造轧机套数
1	1932～1949 年	试生产期	4
2	1950～1959 年	黄金时期	26
3	1960～1969 年	热带连轧机发展期	5
4	1970～1979 年	小钢厂兴起期	11
5	1980～1989 年	热带连轧机建设低潮期	9
6	1990～1999 年	创新轧机期	11
7	2000～2009 年	不锈钢带增产期	8
小 计			74

至今世界上已制造过炉卷轧机约有 74 套，生产厂达到 80 多家，经过多年生产和多次转手，几乎有半数已被淘汰拆除，目前世界上在生产的还有约 40 套，其中比较先进的约占 1/3。我国拥有 7 套炉卷轧机，其中有 3 套单炉卷轧机和 1 套双炉卷轧机，7 套中只有 1 套性能低一些，其他 6 套性能都比较先进，所生产板带的质量得到用户的好评。

因为炉卷轧机操作不很稳定，所以有人把它比喻成一匹难以驯服的骏马也不无道理，许多考察研究过炉卷轧机的人对其褒贬不一。因此，这种轧机的发展仍然是比较缓慢的。

关于传统热带轧机，在生产中板方面一向与中厚板轧机密切配合，产品尺寸可相互衔接，一般用热带轧机生产薄的中板，以弥补中厚板轧机生产薄规格中板之不足。一个大型钢铁企业中这种轧机的组合是很常见的，这样可使轧机套数尽量少，总图布置比较理想，占地面积也最少，故素有“姐妹轧机”之美称。另外，中厚板轧机与热带轧机的钢种与板坯尺寸相近，有利于炼钢与连铸生产以及产品质量的提高。当船厂要求船板批量大，规格和张数繁多，且要求厚度 0.5mm 进级、负偏差、奇数及双定尺，并由一个钢铁厂整船钢板交货时，如果热带轧机能配合中厚板轧机来生产船板，产品交货成龙配套，则非常有利于船厂整船一个合同订货。

还有给焊管厂提供管用板带时，有热带轧机和中厚板轧机两套轧机配合的情况，大口径管用板由中厚板轧机生产，中小口径管用板带由热带轧机提供，这种生产关系达到了非常和谐的境地。

至于 CSP 机组因采用中薄连铸板坯作为原料，由于压缩比的限制，目前只能生产厚度为 19mm 以下中板，且板宽只能在 1800mm 以下，因此，只占有中板规格范围的很小一部分。

现将生产中厚板的四种轧机的比较列于表 2。从表 2 中可看出，我国四种轧机都有很多套，装备技术水平也相当高，每年生产中厚板达数千万吨，品种齐全，质量可称上等，为国内外中厚板市场做出了不可磨灭的贡献。

当今为生产多品种高质量中厚板时，首选的还是中厚板轧机，而大量生产高质量带钢时，首选的应该是传统热带轧机，它也是配合中厚板轧机生产中厚板的最好机种。关于炉卷轧机在我国已经够多了，主要满足生产特殊钢种的需求，预计不会再新建。

表 2　生产中厚板的四种轧机的比较

序号	对比内容		中厚板轧机	传统热带轧机	薄板坯连铸连轧机组	炉卷轧机
1	第一套投产年份		1850 年	1926 年	1989 年	1932 年
2	我国拥有套数		80	~26	8（9）	7（9）
3	轧　机	粗轧机/架	0~1	1~3（6）	—	0~1（2）
		精轧机/架	1	6~7	3~7	1（2）
		最高速度 /$m \cdot s^{-1}$	7.5	30	20	11.2（20）
		轧制工艺	展宽，可逆式	纵轧到底，精轧为连续式	纵轧到底，精轧为连续式	纵轧到底或粗轧展宽，可逆式
4	产能/万吨 · 年$^{-1}$		15~250	80~550	50~200	15~120
5	生产中厚板	厚度/mm	4.5~300	4~25.4	4~19	4~50
		宽度/mm	800~5300	600~2200	600~2200	800~3400
6	钢板纵横向性能差	σ_b/MPa	3	30	30	30
		δ_1/%	1	3	3	3
		a_K/J	3	7	7	7
7	TMCP 工艺		可以	不可以	不可以	难
8	线外热处理		有	无	无	无
9	产品品种		X42~X100 管线板、2C~5C 船板、高压锅炉板、容器板、模具板、高层结构板、平台板、桥梁板、耐候板、不锈板、合结板、剪刃板、舰艇板、坦克板、复合板及其他等	普碳板、碳结板、2C 船板、X70 以下管线板、锅炉板及其他不经控轧或热处理交货的板	普碳板、碳结板、2C 船板、X70 以下管线板、锅炉板及其他不经控轧或热处理交货的板	普碳板、碳结板、2C 船板、X70 以下管线板、锅炉板及其他不经控轧或热处理交货的板
	最大单重/t		250	40	50	65
10	原　料	名　称	连铸板坯、锭、锻坯	连铸板坯	薄连铸坯	厚、中等厚连铸坯
		厚度/mm	约 400	约 250	<50	150、200
		宽度/mm	800~3200	600~2200	600~2000	600~3400
		单重/t	1~300	8~40	8~50	8~65
11	控轧控冷		可等轧快冷，程序随意	不可控轧，可控冷，程序不可随意	不可控轧，可控冷，程序不可随意	控轧困难，控冷很难，程序不能随意
12	热装炉比率/%		<30	~60	~100	~80
13	正火、淬火、退火、回火及调质等热处理交货		行	不行	不行	不行
14	抛丸除锈涂装交货		行	不行	不行	不行
15	超声波探伤		有	无	无	有

续表 2

序号	对比内容		中厚板轧机	传统热带轧机	薄板坯连铸连轧机组	炉卷轧机
16	脱磁处理		有	无	无	无
17	异形板生产		行	不行	不行	不行
18	生产批量		小	大	中	中
19	表面质量		最好	较好	好	一般
20	同条差	性　能	小	大	大	大
		尺寸偏差	小	大	大	大
21	残余应力		小	大	大	小
22	板宽进尺		容易	难	难	难
23	投资	总数/亿元	10 ~ 50	70 ~ 80	30	15
		元/吨板	2500	2000	2200	1500
24	成本/元 · 吨板 $^{-1}$		2000	2100	1800	1700
25	成材率/%		约 96（中板约 90）	约 98	约 98	约 95
26	电耗/kW · h · t $^{-1}$		70	100	90	80
27	燃耗/GJ · t $^{-1}$		热装 0.6，冷装 1.1	热装 0.3，冷装 1.0	—	热装 0.3，冷装 0.7 ~ 1.0
28	中厚板产量中比例/%		我国 64 ~ 72，日本 80	我国 28 ~ 36，日本 20	—	—
29	2010 年拥有套数		约 80	26	8	7
	产能/万吨		9000	8000	1000	600
	其中中厚板/万吨		9000	3500	500	400

附文 7-4　4h、2h + 4h 及 4h + 4h 三种轧机的比较

4h、2h + 4h 及 4h + 4h 三种轧机组成形式比较如表 1 所示。

表 1　4h、2h + 4h 及 4h + 4h 三种轧机组成形式比较

序号	内　容	4h	2h + 4h	4h + 4h
1	投　资	低	中	高
	比　例	1	1.4	1.6
2	产能/万吨	低 70 ~ 180（100）	中 100 ~ 250（150）	高 140 ~ 350（200）
3	作业线	短	长	长

续表 1

序号	内 容	4h	2h + 4h	4h + 4h
4	适合于轧钢锭	—	好	—
5	调整轧制表		灵活	
6	计算机控制	好	差	和谐性好
7	板形控制	好	不好，不行	最好
8	质 量	可以	稍可以	好
9	维 修	一套备件	两套备件	由于两架部件可互换，减轻维修费用
10	生产成本	中	低	高
11	组合评价	可以	采用已很少	最理想型式
12	宽展与伸长轧制	一个机架上效率低，只能在一个机架上完成	受二辊轧机限制	两个机架上完成，效率高，可合理分工
13	轧机自动化程度	中	低	高
14	选用条件	主要取决于产量，而与质量无关	现在已不再采用	取决于产量，质量亦稍好

附文 7-5 单机或双机架的选择

中厚板轧机的组成基本上只存在单机架和双机架两种配置。目前，单机架比双机架稍多一些。

选用单机架还是双机架轧机，主要取决于产量，而质量方面双机架稍好一些，但两者都能达到标准和满足用户的要求。

在产量不受限制的条件下，采用双机架轧机是比较经济的。一般地说，双机架轧机的设备吨位比单机架轧机只重 20% ~30%，而产量却可增大 60% ~100%。因此，有发展远景的厂，开始建设时限于规模和投资的条件，先上精轧机，预留好将来上粗轧机的位置。国外许多厂也都是这么做的，如日本加古川、福山、千叶、鹿岛，韩国浦项，德国迪林根等。但这会给设计造成一定麻烦，所以尽可能一次施工，一次建成较好。

许多厂不要求更高的产量，一个机架的产能已足够了。如 1998 年伊朗建成 4800mm 单机架轧机，根据其以管线和船用板为主要产品，选用 4800mm 轧机，一个机架产量达 70 ~150万吨已满足；还有 1984 年苏联建成伊尔诺斯克 5000mm 单机架轧机年产 100 万吨来满足船舰用板的要求已足够。如果只满足产量要求，建 3300mm 或 3800mm 双机架轧机也可以，但板宽就满足不了。

中厚板生产工艺分为粗轧（成形宽展）和精轧（伸长）两个阶段。粗轧阶段主要是完成成形轧制及宽展与板形皱形控制工作，而精轧阶段主要是完成伸长轧制及性能与板形精度控制。宽展需90°转钢横轧，若单机架时粗、精轧只能在一个机架上完成，而双机架时就可分工完成，是比较合理的，而且粗、精轧机的主电动机功率与转速、轧辊材质、压下调整等均可合理匹配。特别是轧机自动化方面，将粗、精轧在两个机架上实施是比较理想的。

附文7-6 尺寸不同的双机架中厚板轧机

1 引言

这类轧机有前大后小和前小后大两种组成形式。全球这类轧机约有22套，见表1。其中前大后小组成有9套，前小后大有13套。

表1 尺寸不同的双机架中厚板轧机

序号	国家	厂名	投产年月	轧机		年产能力/万吨	备注
				尺寸/mm	形式		
1	日本	新日铁 名古屋	F1968年3月 R1970年	4800+4700	v·4h+4h	168	
2	日本	川崎 千叶	F1961年4月 R1973年2月	3500+4216	v·4h+4h	132	已停产
3	日本	住友金属 鹿岛	F1970年10月 R1974年4月	5350+4830	v·4h+4h	192	
4	中国	宝钢 浦钢	1991年	4200+3500	v·4h+4h	110	搬迁后报废
5	中国	首钢	1986年	2100+3300	2h+4h	40	改为3500，4h
6	中国	太钢 临钢	1974年11月 2005年改	3300（+3000）	4h（+4h）	60（120）	改造
7	中国	济钢	1998年2月	2950+3500	2h+4h	150	已改成3200+3500，4h+4h
8	中国	重钢	1984年 R2005年改	2750+2450	4h+4h	130	R2h 2450改成4h 3750
9	中国	文丰	2004年12月	2800+3000	2h+4h	120	二手设备改
10	中国	南钢	1986年7月 1994年9月 2006年改	2800+2500	4h+4h	110	R3h 2350改成4h 2800
11	中国	新钢	1978年 1994年加F	2300+2500	3h+4h	110	
12	中国	鞍钢中板厂	1936年 1993年加F	2500+2950	2h+4h	90	R3h 2300改成2h 2500

续表 1

序号	国家	厂　名	投产年月	轧　机		年产能力/万吨	备　注
				尺寸/mm	形　式		
13	澳大利亚	堪培拉港	1963 年 1970 年改	3556 + 3658	4h + 4h	90	
14	美国	留肯司 科茨维尔	1906 年 1918 年加 F 1950 年改	3560 + 5230	3h + 4h	50	
15	美国	凯萨 丰塔纳	1943 年 1958 年改	2800 + 3760	v · 2h + 4h	90	
16	美国	美国 格里	1962 年	4064 + 5335	4h + 4h	120	
17	美国	伯利恒 伯恩斯港	1964 年 12 月 1978 年	4064 + 2800	4h + 4h	100	
18	美国	凤凰 克莱蒙特	1968 年改	3050 + 4064	2h + 4h	50	
19	加拿大	阿尔戈马 苏圣马里	1971 年	3200 + 4216	v · 2h + 4h	45	
20	德国	波鸿 多特蒙德	1952 年 1966 年改	4000 + 3150	4h + 4h	100	
21	德国	迪林根	1970 年 1985 年改	5500 + 4800	4h + 4h	150	
22	法国	敦刻尔克	1962 年 1984 年	4320 + 5000	4h + 4h	120	

另外，按国家分，中国有 9 套，美国有 5 套，日本有 3 套，德国有 2 套，澳大利亚、加拿大和法国各 1 套。

2　组成形式的分析

（1）由单机发展成双机，新加轧机增大了，有 9 套。但两台轧机尺寸相差不能太大。

（2）两台现成轧机配置在一起，如浦钢 4200mm + 3500mm，首钢 2100mm + 3300mm，济钢 3200mm + 3500mm，文丰 2800mm + 3000mm，留肯司 3560mm + 5230mm，格里 4064mm + 5335mm 等。

（3）由于吃钢锭，有意将粗轧机尺寸选小一些，特别是二辊式粗轧机，如丰塔纳 2800mm + 3760mm，阿尔戈马 3200mm + 4216mm，千叶 3500mm + 4216mm 等。

3　这类轧机的优缺点

俗评说这类轧机是大狗钻大洞、小狗钻小洞，实则不经济之意。

这类轧机互相限制，粗轧机大，生产比精轧机宽的板通不过，只好在粗轧后精轧前增设宽板生产线；当精轧机大时，粗轧能力不能发挥，精轧机需设有旋转辊道，设备增加。所以，其生产能力按小尺寸轧机计算尚需打一个折扣。

两台轧机也没有互换性，备品备件也不能节约。

4 结语

这类轧机极大多数是后天或意外所形成，只少数吃钢锭二辊式粗轧机加四辊式精轧机是为了满足开坯的要求，并将粗轧机辊身长度尽量缩短。

新建轧机尽可能将两台轧机尺寸取一致，无论前大后小或前小后大形式都不具有明显的优点，只会给设计带来更大的麻烦。

附文 7-7 中厚板轧机预留的战略

1 预留的理由

当规模与投资允许时，两架同时建设是比较方便的，因此，世界上双机架轧机极大多数均同时建设，避免在预留中带来许多麻烦。

当规模不大投资受限制而又要考虑发展时，预留不失为好的主意。预留后必然会增加厂房和辊道，也加大了炉子与轧机之间的距离，增加了温降。当然也可学德国迪林根厂那样，机前厂房和辊道暂时不建，采用铲车从加热炉将加热好的原料运至轧机前辊道，但耽误时间比较多，必须增加加热温度，这只能是一种临时措施，长期生产显然是很不正规的。

2 预留的实例

预留在日本比较普遍。川崎水岛一厂 1967 年建 4080mm 精轧机，1969 年增建 4700mm 粗轧机，发现精轧机小了，因此将粗轧机加大；神户加古川厂 1968 年建 4724mm 精轧机，1970 年增建 4724mm 粗轧机，两架基本上是一样的；新日铁名古屋厂 1968 年建 4700mm 精轧机，1975 年增建 4800mm 粗轧机，把粗轧机加大 100mm；日本钢管福山厂 1968 年建 4700mm 精轧机，1970 年增建 4700mm 粗轧机；住友金属鹿岛厂 1970 年建 4800mm 精轧机，1974 年增建 5350mm 粗轧机，粗轧机加大比较多；川崎千叶厂 1961 年建 4216mm 精轧机，1973 年增建 3500mm 粗轧机，粗轧机反而比精轧机减小很多，这种情况比较少，这套轧机现已停产。

另外，韩国 1978 年建 4724mm 精轧机，1989 年增建 4724mm 粗轧机，长达 11 年之久才组成双机架轧机；德国迪林根厂 1970 年建 4300mm 精轧机，机前厂房和辊道都未建，1985 年增建 5500mm 粗轧机，发现两架轧机尺寸相差太大，于是将 4300mm 精轧机改成 4800mm 精轧机，组成 5500mm 加 4800mm 双机架轧机，现已成为世界上最大的中厚板轧机，可以满足最大直径 UOE 焊管机组用板的要求。

应该特别提及的是法国敦刻尔克厂双机架轧机，1962 年建成 4320mm 轧机是单机架形式，并未预留有双机架布置位置，为了满足更宽钢板和增产的要求，1984 年在机后进行改建，增设一架 5000mm 轧机，将原有 4320mm 作为粗轧机，新增 5000mm 作为精轧机，组成为 4320mm 加 5000mm 双机架轧机。

3 预留方案

双机架中厚板轧机的预留方案应该是先建精轧机，预留好粗轧机位置。关于法国敦刻尔克厂先建粗轧机后建精轧机的方案只是一个特例。

先建精轧机改动比较小，精轧机性能基本上可以满足粗轧的要求。如果以钢锭为原料，要求开口度比较大，有两种做法：其一是一期不吃锭和大单重原料，开口度不变或适当加大一些，即限制原料厚度；其二是将开口度加大，满足吃锭的要求，使精轧机刚度降低。一般都按前者处理。

若先建粗轧机，原有粗轧机性能很难满足后续要求，主电动机功率太小，转速太低，轧制一些薄而硬的产品就受到一定的限制，压下调整速度也比较快，加上轧机刚度较低，产品精度会受到一定影响。如果按单机架轧机要求来做，先满足精轧的要求，粗轧机性能受到一些限制，二期建成后粗轧机功率就浪费，特别是为了满足成品板轧制的要求，粗轧机距除鳞箱距离应满足成品前一道次轧件长度的要求，其距离拉大 20～30m，若满足控轧待温的要求，其距离拉大 40～50m，当双机架轧机组成时，就使粗轧机距除鳞箱距离太大，不但加长了厂房和辊道，而且使炉子向粗轧机送钢时间加长 20～30s 与 40～50s，遗留下永久的缺陷。

精轧机先上时板形装置与快冷装置可一并建设，如果先上粗轧机也考虑板形装置和快冷装置，二期就会被闲置或搬家，造成一定的浪费。

精轧机作为粗轧机时，机前和（或）机后需设置旋转辊道以满足展宽轧制的要求，当粗轧机建设时也可将此旋转辊道搬至粗轧机使用，如果不搬走，对精轧机来说，也有一定的灵活性，国外有的厂在精轧机上设置旋转辊道，以防万一。

一期时精轧机开口度根据坯料最大厚度会增大一些，尽量少增大，以免减少轧机刚度。

4 结语

粗精轧分期建设，除缓建粗轧机以外，加热炉、冷床、剪切线、热处理线、板坯库、主电室、轧辊间、成品库及吊车等均缓建，节省投资约 1/3。

一期建成与分期建设时平面布置是有所不同的。两座或三座加热炉时，第一期先建一座或两座，二期增加一座；冷床两个或三个时，第一期先建一个或两个，二期增加一个；剪切线若是两条时，先建一条，二期再建第二条；热处理线采用三座辊底式炉时，一期先建一座或两座，二期增加一座或两座。

分期建设主要是解决节约投资和规模大小配合两个问题，如果不存在上述两大问题，最好是一次性建设完成。因为预留会带来一连串的问题，特别是主轧机预留时会出现许多难题，比较伤脑筋。

附文7-8 5500mm 轧机或5000mm 轧机的选择

选用轧机的大小，主要取决于用户要求的板宽，但也影响到产量、钢板最大单重、成材率、钢板纵横向性能及投资等。

1 板宽

板宽取决于用户要求和轧机的大小，一般轧机工作辊辊身长度减去150~200mm（以前减去300mm），即为生产成品的最大板宽。早期建设5000mm以上特宽厚板轧机，如1918年美国留肯司钢公司科茨维尔厂建5230mm轧机，1941年日本制钢室兰厂建5280mm轧机，1940年苏联莫斯科镰刀和锤子钢铁厂建5300mm轧机，第二次世界大战前德国赫尔德和凤凰莱茵两厂各建成一套5000mm轧机，1962年美国钢铁公司格里厂建5335mm轧机等，这些轧机都是用于生产航母和大军舰用板。20世纪70年代建设5500mm轧机，如1974年日本住友金属公司鹿岛厂建5350mm轧机，1976年川崎公司水岛厂建5490mm轧机，同年新日铁公司大分厂和日本钢管公司鹿岛厂各建成一套5500mm轧机，1985年德国建5500mm轧机等，主要是满足直径1626mm UOE焊管用板的需要。

2 轧机级别

5500mm属5300mm级，而5000mm属4800mm级，5500mm比5000mm大一级。

5500mm轧机可生产宽5300mm板，可满足64in（1625.6mm）大直径直缝焊管用板5200mm宽的要求。世界上64in焊管机组3套，因无用户，从未生产过64in焊管，大多生产为56in（1422mm）以下焊管。建设5500mm轧机用户都说建此轧机是为了生产64in管，但实际上都未生产过。从生产最大直径为56in看，不需要建5500mm轧机，建5000mm轧机就可以了。56in管用板宽4500mm，不需要5500mm轧机，当然5500mm轧机也可生产56in管用板，但浪费了。

5500mm轧机板宽比5000mm大500mm，原料重达10%，成材率大一些，产量大约20%，投资大20%。5500mm单机架轧机产量可达180万吨，而5000mm轧机达150万吨，前者较后者大30万吨。

船板最宽4500mm，国内只4000mm，故5000mm轧机已可满足。近几年新建5000mm轧机多一些，1985年迪林根建最后一套5500mm轧机，此后未再新建。从船和管两大用户来说，5000mm已足够。

附文7-9 5000mm 轧机或4800mm 轧机的选择

近年来新建轧机以5000mm与4800mm居多，如1984年俄罗斯伊尔诺斯克5000mm，1984年法国敦刻尔克4320mm后加5000mm精轧，2001年伊朗阿瓦士4800mm，1985年德国迪林根将4300mm精轧改成4800mm，再在机前增设5500mm粗轧，1985年日本住友金属鹿岛将4724mm精轧加大至4800mm，2003年投产俄罗斯马托尼尔奇斯克5000mm等轧机。

5000mm比4800mm坯重大1.5t左右，增产约5%，但投资约增5%～10%，剖分板宽100mm，最宽2400mm，而4800mm轧机为2300mm，板长也增加，供板范围大。目前，操作技术进步后，轧宽都增大。如哈廷根4200mm轧机轧制宽达4150mm，成品板达4100mm，只减100mm，从前减300mm。舞钢4200mm轧机可生产板宽4000mm。另外，板形控制技术大大进步后，镰刀弯已减至1～5mm/全长，故宽板裕量很小，一般两边只留50mm，以前留70～100mm。

1995年马钢原设计4800mm+4800mm双机架轧机，中咨公司评估前，改为5000mm+5000mm，有人提出为什么不建4800mm+4800mm，或者4500mm+4500mm，有人说干脆建一套5500mm+5500mm，但经充分说理论证，一致认为当前建5000mm+5000mm较适合。因搞一套建设周期很长，宝钢在1992年开展前期工作，到2003年初才开工建设，从长计议，留点余地是必要的。虽只差半米，斤斤计较，可见大家对这台轧机的重视，处处体现工程人员负责任之心。

建5m以上轧机，主要对象有二：一是供焊管用板，二是供航母用板。如1941年日本室兰5280mm轧机，1918年美国留肯司5230mm轧机，1962年美国格里5335mm轧机，1941年德国多特蒙德5000mm轧机，1940年苏联莫斯科5300mm轧机等在第二次世界大战前均为航母服务。

最大轧机第一为迪林根5500mm+4800mm，第二为鹿岛5350mm+4800mm，第三为塔兰托4826mm+4826mm，如果宝钢5000mm+5000mm建成，应该说是世界上最大的，且两架都5000mm以上，是世界上第一套。

5000mm虽刚上5m，但也算迈入5m台阶，而4800mm与5000mm同级，但未入5m。目前，日、美、俄、德等国都有5m以上，且不只一套，我国只一套，不算多。

附文 7-10　对单炉卷轧机的看法

目前全球有四种炉卷轧机形式。即传统炉卷轧机，专门生产钢卷，如酒钢炉卷轧机；半炉卷轧机，伸出一条中板剪切线，既可直条生产中板，又可成卷生产钢卷，如太钢炉卷轧机；双炉卷轧机，不设粗轧机，两台轧机连续可逆轧制，也是专门轧卷钢，如昆钢双炉卷轧机；单炉卷轧机，也没有粗轧机，只一台炉卷轧机，有人称现代炉卷轧机（modern steckel mill），也有人称此工艺技术为卷轧中厚板（coil-plate），既可生产中厚板（占80%），又可生产卷钢（占20%），我国有3台（分别在南钢、安钢、韶钢），现在3台都已投产。另外，美国有4台投产，全球共有7台。对炉卷轧机褒贬之争已达几十年，至今未有定论。用户只能根据自己的认识与爱好去选择，考察国外者说法也不一，但一些权威者意见往往影响很大。

单炉卷轧机既可生产中厚板，又可生产钢卷。我认为这种轧机既生产不出好的中厚板，也生产不出好的带钢。在我国已有3套，今后不宜再新建。

附文7-11 粗轧机是否要采用CVC

精轧机采用CVC，粗轧机怎么样？

精轧机不用CVC，万事大吉。

精轧机要用CVC，粗轧机不用，该怎么设计，还是照样。两机尺寸不同，轧辊不能互换共用，会引起许多附件不一致。

精粗轧机做成一样，粗轧机CVC也用，会起点作用，投资多一点，浪费一点，万一精轧机不能用，粗轧机也能出成品。特别是粗轧阶段板形控制，有CVC就方便，板形控制精确度比较高。成形阶段板形对伸长阶段精轧是非常重要的，没有好的粗轧板形，精轧也不可能达到高水平。首先，切边裕量差异大，镰刀弯容易出现，头尾的舌头与鱼尾也较多，这些缺陷在精轧机上即使备有CVC也不容易纠正，因此，粗轧机也应上CVC。

粗轧机和精轧机所有性能基本上一样，只是主电动机功率与转速、开口度、压下电动机压下速度及轧机前后旋转辊道等有所不同。

附文7-12 粗精轧机及其前后设备如何配置

粗精轧机及其前后设备配置情况见表1。

表1 粗精轧机及其前后设备配置

序号	内容		粗轧机	精轧机
1	分期建设		后建（预留）	先建
2	附设立辊轧机		可附设	可不附设
2	设在机前后		机后，也可机前（吃锭时）	
3	轧机、开口度		原料厚+100~200mm	中间坯厚+100~200mm，预留粗轧时原料厚+50~100mm
4	主电动机	容量	80%	100%
4	主电动机	转速	50%~70%	100%
5	轧辊尺寸		相同	相同
6	板形控制		与精轧机一样	CVC、BWR

续表 1

序 号	内 容	粗 轧 机	精 轧 机
7	旋转辊道	机前后设置	机前设置，或机前后均不设
8	HAGC	速度快，行程大	速度小，行程短
9	测厚仪	不 要	要，γ 射线
10	测宽仪	要	不要可以
11	高压水除鳞	要	要
12	换辊装置	相 同	相 同
13	压下速度	快，0 ~ 55mm/s	慢，0 ~ 30mm/s

附文 7-13 机架牌坊制造方式

轧机机架由传动侧和换辊侧两片牌坊组合而成，在它上面安置上下工作辊和支撑辊及其轴承座、轧辊压下平衡系统、AGC 液压缸、弯辊装置、机架辊及辊型控制系统等部件，被称为轧钢工艺中最重要的设备。

牌坊除承受轧制力和弯辊力以外，还承载轧辊、轴承座及液压缸等重力，但不承受主电动机传动力矩，主电动机功率与牌坊尺寸大小无直接关联。

轧机刚度中牌坊弹性变形约占 20%，若辊跳达 10mm 的话，其中有 2mm 为牌坊的弹性变形。因此，现代化中厚板轧机都很重视牌坊的制造方式，尽可能使其更强硬。一般都把牌坊单重和立柱横截面积作为衡量牌坊刚度高低的两项指标。另外，采用制造方式也有一定的影响，特别是以单一应力设计牌坊窗口尺寸的方法，可减少弹性变形量。

中厚板轧机机架牌坊比较大，一片牌坊最重有 500 多吨。整铸单片有达 400 多吨，需钢水 650t 以上，二重浇铸钢水可到 650t 以上，而一重达 550 ~ 600t，都有整铸大牌坊的能力。目前国内整铸一片牌坊最重的为宝钢 5000mm 轧机，达 396t，欧洲最大铸件只 300t 左右。

国外中厚板轧机机架牌坊制造有整铸式、组合式、焊接式及预应力式四种方式。20 世纪 60 年代曾采用过无牌坊式，因稳定性太差，早已淘汰。

国内外采用整铸式居多，大牌坊单重大，体积大，需求钢水多。二重第一次浇铸宝钢 5000mm 精轧机牌坊时，有一片窗口底角部出现过裂纹缺陷，经处理后已投入生产。因此，许多大轧机牌坊采用整铸方式难度都比较大，纷纷改用组合式。

目前国内已采用先进的凝固模拟软件，对铸件可能产生的缩孔、疏松等缺陷进行科学预测，以此合理分配冒口，并对冷模工艺进行优化，取消立柱底面、外侧面、内侧面及底座端面的部分冷模，减少了因凝固收缩受阻而产生的裂纹缺陷，特别适用于牌坊窗口四角收缩应力比较大的部位，同时也节约了大量外冷模。另外，采用双层内水口从侧面引入，而不是底返水口，既方便了造型操作，又减小了产生裂纹的可能性。因此，大型牌坊整铸产生裂纹得到了避免，更大牌坊整铸方式也有了质量保证。据知，全球 5500mm 轧机牌坊均采用整铸而成，至今未出现过牌坊事故。

组合式牌坊逐年有所增加，特别是大牌坊的制造经验更加成熟了。将一片牌坊分成上横梁、两个立柱及底座四部分，并单独浇铸成部件，最大铸件重减至约 150t，对连接部分进行精加工，用 8 个螺栓组装成一个整体牌坊，然后将两片牌坊通过上盖和底脚板连接起来，构成闭口机架。这种牌坊在欧洲使用比较普遍，已取得 30 多年业绩。我国沙钢 5000mm 轧机和首钢抚宁 4300mm 轧机的组合式牌坊投产以来，也取得了生产厂较好的评价。

20 世纪 70 年代我国自行设计制造第一台舞钢 4200mm 宽厚板轧机，因二重炼钢能力未建成，而一重的炼钢能力也不足，借鉴上重万吨水压机牌坊的焊接经验，采纳焊接式牌坊方案，将一片牌坊分成上盖、左右立柱及底座四块铸件，把焊接面进行粗加工，并将钢号降至 25 号，有利于焊接工艺。一片牌坊四条焊缝，以电渣焊方式同时开始，四条焊缝必须同时结束，中间不准有停留，技术上要求很高。焊成后经超声波探伤，结果 8 条焊缝基本达到质量要求，虽然有一条焊缝出现一点异样，但使用上无碍大局。因此标志着我国第一片焊接式厚板轧机牌坊的制作成功。

英国钢铁公司达尔泽尔厂中厚板轧机改造时采用预应力方式机架牌坊，由 M&N 公司设计，英国 GKN 机械公司制造，整个机架重达 1600t，两个重 140t 上机架以隔梁支撑，顶部装上机架盖，机架和机盖用预应力连接，4 根合金钢连接杆，用螺丝与牌坊立柱连接，施以 90000kN 总压力。压下是用 4 根大直径螺丝套的新结构，刚性很大。60t 工作轧辊组与 240t 支撑辊组由液压缸反作用预弯，而重达 600t 的轧辊组换辊，用滑架在不锈钢轨道上滑出。

这台 4340mm 中厚板轧机，工作辊直径为 1000mm，支撑辊直径为 1800mm，辊身长度为 4340mm。使用原料厚达 610mm，宽达 1800mm，重达 30t，轧制成品板厚为 4 ~ 50mm，宽达 4000mm。制造预应力式牌坊对光洁度和精确度要求很高，需对重 90t 立柱牌坊加工长达 8. 38m 内孔，并将重 14t、长 11. 5m 连接杆，加工为镜面光洁度的密封面，重达 9t 螺母装配时要有最大的接触面。另外还有每根重达 9. 5t 的 5 根花辊机架辊。虽然每片牌坊很轻，只有 200t，但因刚度较差，且摇晃不稳定，影响钢板质量的控制。第二台是日本八幡厂签订合同，据说法国敦刻尔克厂也用过此种方式牌坊，效果都未达到预想的指标，为此在一片否定声中被淘汰了。

中厚板轧机机架牌坊四种制造方式比较见表 1。

表 1　中厚板轧机机架牌坊四种制造方式比较

序号	比较指标	整铸式	组合式	焊接式	预应力式
1	生产方式	单片牌坊整体铸造，两片用横梁连接成机架	牌坊由上下座与两立柱四块用螺栓连成一片，用横梁连接成机架	牌坊由四块铸件加工后焊成，用横梁连接成机架	以液压将 4 立柱预先增加拉应力，以抵消轧制力来减小辊跳
2	实　例	全球极大多数厂，宝钢 5000mm 等	迪林根 4800mm，敦刻尔克 4340mm，沙钢 5000mm，首秦 4300mm 等	舞钢 4200mm	达尔泽尔 4340mm，八幡 4340mm

续表 1

序号	比较指标		整铸式	组合式	焊接式	预应力式
3	牌坊重量/t	4300mm 轧机	345	413	345	~200
		5000mm 轧机	390	515	390	—
4	辊跳/mm		0.2~0.4	0.3~0.6	0.2~0.4	0.1~0.2
5	刚度		好	随使用年限有改变	好	差
6	风险性		防止大铸件出现裂纹、气孔	注意冲击松动、不均匀形变	防止焊接气泡裂纹	横向刚性差，防止摇晃
7	铸造能力		欧洲限 300t 以下，国内可达 400t 左右	无限制	无限制	无限制
8	轧制力/kN		达 100000	达 100000	达 80000	<40000
9	加工量		小	大	中	大
10	运费		高	低	高	低
11	价格		便宜	最贵	贵	贵
12	评议		应用较普遍，辊跳波动小，适合于板形控制，轧制薄而宽板，操作侧与传动侧变形差小，只要炼钢能力和运输方面无大的困难，应尽量作为首选方式，特别是我国的条件好	因炼钢能力的限制，近几年应用增多，因铸造限制力，铸造风险少，且制造期限短，运费低，安装容易，但加工件多	受炼钢能力限制，将一片牌坊分成四块，焊前加工，四条焊缝同时焊接，焊后加工、探伤、热处理技术要求高，舞钢采用的是应急措施	因生产质量不稳定、钢板质量无保证，在中厚板轧机应用预应力式机架牌坊认为是一项不成功的经验，自 20 世纪 70 年代开始已不再采纳

表 2 为列举国内外典型中厚板轧机机架牌坊实例。从中看出采用焊接的只舞钢一家，采用组合的只有 3 家，绝大部分采用整铸，特别是最大的 5500mm 轧机都用整铸牌坊。

表 2 中厚板轧机机架牌坊性能实例

序号	国名与厂名	投产年月	轧机		牌坊		刚度	轧制力	立柱截面
			尺寸/mm	形式	制造方式	单重/t	/kN·mm^{-1}	/kN	面积/cm^2
1	中国舞钢	1978 年 8 月	4200	v·4h	焊接	287	5380	42000	8000
2	中国鞍钢	2003 年	4300	4h	整铸	295	8500	80000	9500
3	中国邯钢	1989 年	3000	4h	整铸	220	10710	40000	8600
4	日本水岛	1976 年 1 月	5490	4hv	整铸	380	10000	100000	10000
5	日本扇岛	1976 年 12 月	5500	4h	整铸	380	10000	100000	10000
6	日本鹿岛	1974 年 4 月 1970 年 10 月	5350 4830	4h R 4h F	整铸	260 330	8000 7750	90000 87000	10000 10000
7	日本君津	1968 年 2 月	4724 4724	4h R 4h F	整铸	276 276	8470 8470	76000 76000	10625 10625

续表 2

序号	国名与厂名	投产年月	轧机		牌坊		刚度/kN·mm⁻¹	轧制力/kN	立柱截面面积/cm²
			尺寸/mm	形式	制造方式	单重/t			
8	伊朗阿瓦士	1998 年	4800	4h	整铸	360	10000	100000	9940
9	德国迪林根	1985 年	5500	4h R	整铸	390	10000	108000	10625
			4800	4h F	组合	450	10000	90000	9940
10	德国米尔海姆	1965 年	5100	4h	整铸	272	9000	70000	8600
11	韩国浦项	1997 年 8 月	4300	4h	整铸	295	9000	80000	9500
12	中国宝钢	2005 年 3 月	5000	4hv	整铸	397	8400	100000	9400
13	中国沙钢	2006 年 12 月	5000	4h	组合	515	10000	100000	10000
14	中国首钢	2003 年	3500	4h	整铸	350	10000	90000	9500
15	中国南钢	2004 年 12 月	3500	4h	整铸	330	9000	80000	9000
16	德国多特蒙德	1966 年	3150	4h	整铸	235	7500	40000	8600
17	乌克兰日丹诺夫	1972 年	3600	4h	整铸	250	10000	90000	8500
18	德国杜伊斯堡	1978 年	3900	4h	整铸	317	10000	90000	8710
19	比利时沙勒瓦尔	1970 年	4300	4h	整铸	312	8000	80000	8710
20	日本福山	1968 年	4700	4h	整铸	282	8500	76000	10000
21	日本名古屋	1968 年	4700	4h	整铸	261	8000	76000	8990
22	中国武钢	2000 年	3000	4h	整铸	238	8500	45000	8000
23	中国酒钢	1997 年	3000	4h	整铸	240	9000	55000	9000
24	瑞典奥克塞洛森德	1997 年 11 月	3700	4h	整铸	370	9000	100000	87000
25	中国抚宁	2006 年	4300	4h	组合	430	8500	80000	10100
26	中国八一	2008 年	3500	4h	整铸	275	10000	60000	9500

德国迪林根 4300mm 轧机由法国 Secim 和 Wean United 两公司设计制造，由于受铸造与运输的限制，采用组合式牌坊，由四块组合成一片牌坊，重达 450t，高达 16625mm，最大轧制力达 90000kN，于 1971 年 12 月 21 日投产，月产量达 7.5 万吨，用了 13 年后轧机出现明显的磨损。于是在改造中决定报废，新建一架 4800mm 轧机来替代。另外，新建 5500mm 粗轧机一片成品牌坊重 390t，为有史以来欧洲最大铸钢件，应该说比 4300mm 轧机牌坊制造难度大很多，在整铸中用了 $18m^3$ 红木、$200m^2$ 空心板及 $275m^2$ 粗纸板，浇铸坑长 18.5m、宽 5.5m、深 2m，充填模型用砂 430t，为保证铸模不浮起，需压铁 650t，吹氧炼钢厂提供 7 包钢水，总重达 610t，钢水从 11 个浇铸口流入模型中，整个浇铸操作时间不到 4min。4 周后脱模达 650℃，经 18 天热处理、修整、超探、磁粉检验，运至杜伊斯堡机械加工，运输用 20 根轴、160 个轮、长 63m、载重 560t 的卡车，两片牌坊运输相隔达 3 周，多特蒙德至米尔海姆用浮船水运，由达特里尔到迪林根花了 3 天时间，安装牌坊用 450t 吊车，都很顺利地完成了。

附文 7-14　轧辊的选择

1　轧辊的功能

轧辊是承受轧制力加工钢材的工具，现代中厚板轧机都采用四辊式。工作辊由支撑辊支撑，以减小工作辊挠度，在保证工作辊强度的情况下，应尽可能减小工作辊直径，以减小接触面积与力臂，降低轧制力矩和电耗。

轧机刚度中轧辊变形（辊跳）约占一半以上，因此，现代中厚板轧机都尽可能加大支撑辊直径，目前最大直径已做到 2400mm。

从轧制工艺角度看，工作辊直径应尽量小，但受切断力矩的限制，因主接轴直径必须小于工作辊直径，因此，最小工作辊直径必须传送最大切断力矩。

轧辊与轧件相对滑动而引起轧辊的磨损，磨损量在辊身中间比两端大，因此产生凸度，且使辊面粗糙不光滑，当凸度超出偏差，必需更换新辊。轧机和轧辊不同磨损情况也各异，换辊周期也不一样。特别是轧辊材质对轧辊寿命的影响很大。国产轧辊与进口的相比，差距很大，进口的虽然价钱高一些，但仍然是合算的。在一般挠度的情况下，换一次辊的轧制吨数如表 1 所示。

表 1　中厚板轧机换一次辊的轧制钢板吨数

单机架/t					双机架/t						
	三辊式		四辊式		粗轧机					精轧机	
						三辊式		四辊式			
二辊式	中辊	上下辊	工作辊	支撑辊	二辊式	中辊	上下辊	工作辊	支撑辊	工作辊	支撑辊
1500 ~ 5000	1000 ~ 2500	1500 ~ 6000	5000	70000	50000	3500	20000	5000 ~ 15000	100000	4000 ~ 15000	150000

轧辊消耗与磨床负荷计算如表 2 所示。

表 2　轧辊消耗与磨床负荷计算

名称	轧辊尺寸/mm		总长/mm		总重/t		轧辊磨削			磨一次轧制量/t	一套辊轧制量/万吨
	辊径	辊身长	带座	不带座	带座	不带座	数量/mm	修磨量/mm · 次$^{-1}$	磨削次数		
工作辊	1110 ~ 1210	5300	10950	10600	99	66	50	0.5	100	4000	40
支撑辊	2100 ~ 2300	4950	11100	11014	343.9	226.4	100	1.2	83	100000	830

名称	年产量/万吨	需用辊套数	需用辊重量/t	单耗	年磨削次数	磨一次周期/h	年需工时/h	共计/h	年工时/h	负　荷
工作辊	150	3.75	495	0.36	750	3	2250	2580	4000	0.645
支撑辊	150	0.18	41		30	11	330			

2 换辊方式

工作辊是双换辊装置，换一次需 11min 左右；支撑辊换一次需 60 ~ 180min，轧线以垫板调整。拉出速度：工作辊为 6 ~ 12m/min，支撑辊为 3 ~ 6m/min。

3 工作辊直径

中厚板轧机工作辊直径越小越好，但受传动力矩（M）的限制，太小了力矩传不过去，主要薄弱环节是主接轴，而主接轴又受制于工作辊直径（D_w）。

轧机刚度（H）是轧机辊跳（Z）1mm 所承受轧制力（P），其关系式如下：

$$H = P/Z$$

$$Z = P/H$$

$$P = HZ$$

P 与 M 是检验轧制表合理与否的两项基本参数。一般来说，轧制表中轧制力和力矩应小于规定的最大轧制力和过载力矩，如超过的话，轧制表就通不过。

目前，单位辊身长度轧制力都应取 20kN/mm 以上，如 5000mm 轧机的最大轧制力应达 100000kN 以上。单位辊身长的功率取 2kW/mm 以上，5000mm 轧机为 10000kW 以上。

P 与 M 虽无直接关联，但功率大，D_w 大，则接触面积与力臂增大，P 增大，又使 M 增大，形成恶性循环，故 D_w 应小，以传递 M 为极限。

表 3 为各厂最大与最小辊径的实例。美国巴敦厂 4064mm 和日本八幡厂 4055mm 二辊粗轧机最大工作辊径为 1350mm 和 1300mm。单机架轧机有京滨厂 5500mm 轧机为 1230mm，水岛厂 5490mm 轧机为 1220mm，大分厂 5500mm 轧机为 1200mm。另外，德国迪林根厂 5500mm 粗轧机为 1180mm，一般都尽量取小一些。

表 3　各厂最大与最小辊径的实例（mm）

辊径	舞钢		宝钢		沙钢		首钢抚宁		新钢		湘钢	
	4200F		5000F		5000F		4300F		3800F		3800F	
	WR	BUR	WR	BUR	WR	BUR	WR	BUR	WR	BUR	WR	BUR
最大	980	1800	1210	2300	1210	2300	1120	2200	1030	2000	1030	2000
最小	930	1660	1110	2100	1110	2110	1020	2000	940	1800	940	1800
辊径差	50	140	100	200	100	190	100	200	90	200	90	200

辊径	天钢		永兴		德国杜伊斯堡		瑞典奥克塞洛森德		柳钢		南钢			
	3500F		3500F		3900F		3700F		3000R		2800R		2640F	
	WR	BUR	WR	BUR	WR	BUR	WR	BUR	WR	BUR	WR	BUR	WR	BUR
最大	1150	2100	1050	2100	1000	2100	1060	2150	920	1800	900	1800	850	1600
最小	1050	1900	950	1900	900	1950	960	1950	860	1660	850	1700	800	1500
辊径差	100	200	100	200	100	150	100	200	60	140	50	100	50	100

续表 3

辊径	日本八幡			日本名古屋				日本君津				日本大分	
	4800R	4800F		4800R		4700F		4724R		4724F		5500F	
	WR	WR	BUR	WR	BUR	WR	BUR	WR	BUR	WR	BUR	WR	BUR
最 大	1300	1100	1900	1200	1900	1040	1975	1015	2000	1021	2000	1200	2400
最 小	1100	920	1690	1130	1710	960	1825	924	1900	952	1900	1120	2200
辊径差	200	180	210	70	190	80	150	91	100	69	100	80	200

辊径	日本福山				日本京滨		日本水岛		日本千叶				日本和歌山	
	4700R		4700F		5500F		5490F		3500R		4216F		4300F	
	WR	BUR	WR	BUR	WR	BUR	WR	BUR	WR	BUR	WR	BUR	WR	BUR
最 大	1050	1980	1050	1980	1230	2400	1220	2400	991	1580	1020	1732	1920	1800
最 小	930	1780	950	1780	1130	2200	1100	2200	911	1430	935	1530	925	1650
辊径差	120	200	100	200	100	200	100	200	80	150	85	202	95	150

辊径	日本鹿岛				日本加古川				日本室兰		日本中山		日本中部钢板	
	5450R		4830F		4724R		4724F		5280F		2100F		2000F	
	WR	BUR	WR	BUR	WR	BUR	WR	BUR	WR	BUR	WR	BUR	WR	BUR
最 大	1020	2040	1020	2100	1030	2000	1030	2000	1130	1600	510	780	877	570
最 小	930	1850	930	1850	924	1800	924	1800	1040	1500	480	750	847	540
辊径差	90	190	90	250	106	200	106	200	90	100	30	30	30	30

工作辊直径最大与最小之差，合理情况取 100mm，使轧辊车削层得到充分的利用，有的为了接轴强度，辊径差取 100mm 以下，这样，轧辊利用率就差一些，辊耗增大。当必须加大接轴直径时，也只好加大最小辊径，损失轧辊的充分利用。

支撑辊最大与最小直径之差，合理情况取 200mm，但最大的鹿岛厂 4830mm 精轧机取至 250mm，最小的君津厂粗、精轧机均为 100mm，显然，支撑辊没有得到充分的利用。

表 4 为中厚板轧机切断力矩与工作辊的关系，经验证明是比较合理的。

表 4 中厚板轧机切断力矩与工作辊直径的关系

序 号	轧机/mm		主电动机			工作辊直径/mm	
			功率/kW	转速/r · min^{-1}	M_c/kN · m	max	min
1	5500	R	9000	45 ~ 100	5252.5	1200	1100
		F	11000	55 ~ 130	5252.5	1200	1100
2	5000	R	8000	45 ~ 100	4768.7	1160	1060
		F	10000	55 ~ 130	4875.0	1160	1060
3	4300	R	7000	45 ~ 100	4171.0	1140	1040
		F	9000	55 ~ 130	4387.5	1140	1040
4	3800	R	6500	45 ~ 100	3877.0	1080	980
		F	8000	55 ~ 130	3900.0	1080	980
5	3500	R	5500	40 ~ 100	2681.3	1020	920
		F	7000	55 ~ 120	3753.7	1060	960
6	2800	R	4500	40 ~ 100	2346.1	980	880
		F	6000	50 ~ 120	3217.5	1040	940

4 轧辊材质与消耗

轧辊材质：工作辊为高镍细晶合金铸铁，HS 为 70 ~ 76，最大最小直径差为 80 ~ 100mm；支撑辊为锻钢，HS 为 40 ~ 50，最大最小直径差为 100 ~ 200mm。支撑辊身长比工作辊短 100 ~ 200mm。生产常备套数：工作辊为 6 套，支撑辊为 3 套。

轧辊磨削是由表 5 所示轧制量来确定的。

表 5 中厚板轧机工作辊与支撑辊的轧制量

序 号	内 容	单 位	工 作 辊	支 撑 辊
1	磨削一次间隔时间	h	15 ~ 24	2 ~ 6 周
2	磨削一次轧制量	t	3000 ~ 5000	6 万 ~ 10 万
3	磨削一次磨削量	mm	0.3 ~ 0.6	1.0 ~ 2.0
4	最大最小辊径差	mm	100	200
5	新旧辊磨削量	mm	50	100
6	一根辊磨削次数	次	100	60
7	一根辊轧制量	万吨	30 ~ 50	360 ~ 600

中国中厚板厂 2002 年辊耗情况：0.2kg/t 以下有浦钢厚板厂为 0.14kg/t，鞍钢厚板厂为 0.188kg/t；0.3kg/t 以下有邯钢为 0.27kg/t，安钢为 0.281kg/t；0.4kg/t 以下有武钢为 0.369kg/t；0.5kg/t 以下有酒钢为 0.43kg/t，临钢为 0.43kg/t，马钢为 0.44kg/t，柳钢为 0.45kg/t，新钢为 0.49kg/t，韶钢为 0.493kg/t；0.6kg/t 以下有上钢一厂为 0.54kg/t，济钢中板厂为 0.57kg/t，舞钢为 0.586kg/t。辊耗高低之差达 4 倍以上，差距甚大。

如舞钢辊耗计算：

立辊：$11.44\text{t/个} \times 2 = 22.88\text{t} \approx 23\text{t}$，$\dfrac{23000}{500000} = 0.046\text{kg/t}$；

工作辊：$30\text{t/个} \times 2 = 60\text{t}$，$\dfrac{60000}{300000} = 0.2\text{kg/t}$；

支撑辊：$101.6\text{t/个} \times 2 = 203.2\text{t}$，$\dfrac{203200}{3000000} = 0.068\text{kg/t}$。

以上合计为 0.314kg/t，实际消耗则大得多。

日本轧辊磨床与车床配置有一车床一磨床、两台磨床及一台磨床 3 种。一车一磨有八幡、君津、千叶、和歌山 4 家；两磨有名古屋、福山、鹿岛、加古川及中部钢板 5 家；一磨有大分、水岛及中山 3 家。车床只用于工作辊车削。车一次轧辊时间为 18 ~ 20h，磨一次工作辊需 3 ~ 7h，一般为 3h，磨一次支撑辊为 6 ~ 16h，一般为 11h。

5500mm 轧机用磨床为 $\phi2400\text{mm} \times 12000\text{mm}$，车床为 $\phi1600\text{mm} \times 8500\text{mm}$，轧辊易掉皮时应配有车床。

轧辊辊型：一般工作辊为 0.3mm 左右凸度抛物线，支撑辊为直线平辊。

轧辊用材质根据工作辊和支撑辊、粗轧机和精轧机来选用。

工作辊有特殊铸钢和高合金铸铁两种。前者只用于强度高和耐磨的二辊式粗轧机；后者用于耐磨、耐剥离、耐热龟裂精轧机，辊面硬度达到 HS70 ~ 75，当辊芯用铸钢时强度好。

支撑辊有合金铸钢和锻钢两种。前者用低碳钢，硬度低、强度好、不耐磨、辊面硬度达 HS40～45，采用较普遍，成本低。后者强度高，用于高负荷或支撑辊要预弯时，辊面硬度达 HS40～45。以前曾采用辊轴与辊套组合支撑辊，因成本高与制造工艺复杂，现已不推荐。

轧辊损坏主要是断辊和辊面缺陷两方面。前者有辊身折断和辊颈折断两种。辊身折断主要是轧辊冷却水不够引起热应力，轧制力过大，防止措施是首先确保轧辊质量，刚换辊后减轻轧制负荷，提供合适的冷却水及防止误压下。辊颈折断主要是力矩过大，防止措施是防止误操作。

辊面缺陷有剥落掉皮、龟裂、压痕及局部磨损等。辊面剥落小则几毫米，大则几十毫米，主要是轧辊辊面疲劳，磨削量不够，材质上缺陷，由于板尾局部强压下所引起。防止措施是轧辊磨削要适中。龟裂主要是硬度过高、轧辊咬入停止，防止措施是轧制操作合理、轧辊硬度适当。局部压痕是轧入异物或头尾部不正常咬入，防止措施是加强操作管理。局部不正常磨损主要是石墨偏析产生局部磨损，防止措施是加强轧辊制造管理。

一般支撑辊辊身长度都比工作辊短 100～200mm。如 5000mm 轧机支撑辊取 4800mm 即可，可以增加油膜轴承长度，减小油膜轴承的单位压力，可极大地增长油膜轴承的寿命。另外，还使工作辊与支撑辊接触面形成一个凸肩效应，对钢板边部变形非常有利，从而可以减少切边量。支撑辊短 200mm，单重也小，节省辊耗，还可以减小主吊车的起重吨位。所以轧辊选择时一定要考虑支撑辊与工作辊两者辊身长度的配置。

5 咬入角

中厚板轧制有一个咬入角问题。采用钢锭为原料时，初始道次往往受咬入角制约压下量，所以选用二辊式粗轧机，工作辊直径比较大，对咬入角有利。现在连铸板坯发展后，钢锭已很少，粗轧机应选用四辊式。

最大压下量（Δh_{max}）与咬入角（α）的关系如下式：

$$\Delta h = D(1 - \cos\alpha)$$

式中，D 为工作辊直径，mm。

咬入角还受轧制速度（v）的限制。表 6 为轧制速度、咬入角与最大压下量的关系。

表 6 轧制速度、咬入角与最大压下量的关系

轧制速度	v/m·s^{-1}	1	2	3	4	5	6
咬入角	α/(°)	20	18	12	11.5	11.0	10.5
	cosα	0.9397	0.9511	0.9781	0.9799	0.9816	0.9833
最大压下量（Δh_{max}）/mm	D=930mm 时	56.1	46.4	20.6	18.6	17.1	15.5
	D=1100mm 时	66.4	54.9	24.4	22.0	20.2	18.4

为了增加压下量，咬入时应降低轧制速度。增加工作辊直径对增大咬入角与压下量有利，对传动指标却不利。

附文 7-15 轧辊偏心的消除与控制

支撑辊轴承中心与轧辊中心之间有几十毫米的几何学偏心，使钢板产生周期性厚度变化。轧辊偏心引起板厚变化仅仅采用以前测厚仪监测控制等手段是消除不了的，且轧机刚度高，轧辊偏心引起板厚变化容易出现。因此，需有特殊装置来消除。

偏心波形从压头测出，以此波形作为控制信号来调整辊缝，通过入口板厚变化，油膜厚度就会变化，从轧制力变化的压头出力来检测出波形，方法有离线法、在线法、弗里级数法、自相关数法及带通滤波器法。

日本三菱重工开发 MARECS 型轧辊偏心控制装置，可将轧辊偏心产生板厚变化 30 ~ 80μm 减少 30% ~60%，这项以微米为单位的控制装置在名古屋 4800/4700mm 厚板轧机上于 1975 年投入生产。

将检出轧辊偏心的波形变换成控制信号以微米处理进行控制，并创制有波形检出法，使板厚变化控制在 ±5 ~15μm 之内。

该装置为小型组装方式，便于安在轧辊轴一端，操作很容易。虽然有液压压下装置，但偏心控制装置使其功能得到扩大。

附文 7-16 轧机刚度

轧机辊跳 1mm 所承受轧制力称之为轧机刚度。刚度达 8000kN/mm 以上为高刚度轧机。目前，单位辊身长轧制力已由 10kN/mm 提高至 20kN/mm 以上，轧制力已增至 100000kN 以上。

轧机刚度乃是轧机设计的重要参数，是实行控制轧制和板形控制的必要条件。

4100mm 轧机的机架牌坊立柱断面面积为 7350cm^2，最大轧制力为 45000kN，测试后轧机各部件变形量（如表 1 所示）为 5.75mm，则轧机刚度为 7830kN/mm。

表 1 轧机刚度测试情况

序 号	名 称	变形量/mm	百分比/%
1	机架牌坊弹性变形	1.130	19.6
2	压下螺母压缩	0.500	8.7
3	压下螺丝压缩	0.500	8.7
4	上轴承座压缩	0.102	1.75
5	下轴承座压缩	0.102	1.75
6	垫板压缩	0.120	2.0
7	轧辊辊颈挠度	1.380	24.0

续表 1

序 号	名 称	变形量/mm	百分比/%
8	轧辊辊身挠度	0.316	5.5
9	轧辊压扁	1.600	28.0
10	总变形量（辊跳）	5.75	100.0

测试中轧辊和牌坊变形占 77.1%，其他部分占 22.9%。因此，加强牌坊和轧辊是提高轧机刚度的关键部分，首先是加大牌坊立柱截面积和支撑辊直径。

目前，5500mm 轧机的牌坊立柱截面积已达 10000cm^2 以上，每片牌坊重量已达 450t 左右，支撑辊直径已达 2400mm，轧机刚度已达到 10000kN/mm。

附文 7-17 轧辊开口度

轧辊开口度是轧机性能的一项重要参数。开口度取决于原料的最大厚度，并考虑轧件翘头的要求，一般比原料最大厚度大 50 ~ 150mm 左右。开口度大，机架牌坊窗口大，机架大且重，投资多，压下机构行程也大，对轧机刚度影响很大。

双机架中精轧机开口度一般取 150 ~ 300mm，最小开口度应大于中间或成品板最大厚度，有时候也按原料取，留有一定的灵活性，但会削弱精轧机刚度。

双机架预留粗轧机，先建精轧机时，一种方案是按原料厚度，当粗轧机建成后，精轧机开口度就太大。特别是吃钢锭时，先建精轧机开口度可以不吃锭，只考虑吃板坯，这样可以避免恶化精轧机刚度。

目前开口度最大达 1500mm，原料厚达 1400mm；再就是开口度达 1350mm，原料厚达 1120mm。我国舞钢开口度达 1100mm，原料厚达 950mm，这样大的开口度已很少采用。实例见表 1。

表 1 中厚板轧机开口度

序号	厂 名	轧 机			最大厚度/mm		开口度/mm				
							粗轧机		精轧机		立辊轧机
		形式	尺寸/mm	日期	原料	成品	单机	双机	单机	双机	
1	舞 钢	v·4h	4200	1978 年 8 月	950	250			1100		800 ~ 4200
2	浦钢厚板	v·4h +4h	4200 +3500	1991 年 8 月	400	80		985		640	700 ~ 4200
3	鞍钢厚板	4h	4300	1993 年 5 月	340	150				400	
4	上钢一厂	2h +4h	2350 +2350	1972 年 7 月	150	16		560		300	

续表 1

序号	厂名	轧机			最大厚度/mm		开口度/mm				
							粗轧机		精轧机		立辊轧机
		形式	尺寸/mm	日期	原料	成品	单机	双机	单机	双机	
5	鞍钢半连轧	2h + 4h	2800 + 2800	1958 年 7 月	260	60 (150)		500		265	600 ~ 2800
6	太钢	2h + 4h	2300 + 2300	1966 年 10 月	180	20		440		200	
7	首钢	2h + 4h	2286 + 3340	1987 年 10 月	220	30		250		304. 8	
8	秦皇岛	4h	3450	1993 年 3 月	220	50			365. 6		406 ~ 3356
9	武钢	2h + 4h	2800 + 2800	1966 年 8 月	250	60		500		265	550 ~ 2800
10	重钢	2h + 4h	2350 + 2450	1965 年 12 月	360	34		500		220	
11	马钢	2h + 4h	2350 + 2300	1975 年 4 月	320	20		400		150	
12	天钢	3h + 4h	2300 + 2400	1958 年 10 月	180	22		300		150	
13	上钢三厂中板	3h + 4h	2350 + 2350	1959 年 8 月 1970 年	288	50		450		150	
14	济钢	3h + 4h	2500 + 2500	1960 年 7 月 1989 年	180	20		250		150	
15	营口	4h	2450	1972 年 6 月	250	25		—	280		
16	邯钢	4h	3000	1971 年 12 月 1989 年	220	20			500		
17	安钢	4h	2800	1974 年 11 月 1996 年 5 月	200	20			280		
18	柳钢	4h	2800	1974 年 9 月 1993 年	220	30			300		
19	昆钢	3h	2300	1971 年	240	20			300		
20	韶钢	3h	2300	1971 年 12 月	250	16			300		

续表1

序号	厂 名	轧 机			最大厚度/mm		开口度/mm				
							粗轧机		精轧机		立辊轧机
		形式	尺寸/mm	日期	原料	成品	单机	双机	单机	双机	
21	新 钢	3h	2300	1978 年 5 月	300	20			400		
22	新 钢	3h + 4h	2400 + 2500	1994 年改	300	40		400		200	
23	南 钢	3h	2300	1986 年 7 月	180	30			400		
24	鞍钢中板	3h + 4h	2300 + 2350	1936 年 1995 年	130	20		300		150	
25	临 钢	3h	2300	1974 年 11 月	180	20			300		
26	日本八幡	2h + 4h	4055 + 4300	1957 年 8 月 1972 年 4 月	550	200		812		650	
27	日本君津	4h + 4h	4724 + 4724	1968 年 2 月	360	150		762		574	
28	日本广畑	2h + 4h	2200 + 4064	1958 年 9 月	550	300		762		550	
29	日本名古屋	4h + 4h	4800 + 4700	1975 年 2 月 1968 年 3 月	1400	300		1500		445	
30	日本福山	4h + 4h	4700 + 4700	1970 年 12 月 1968 年 3 月	500	200		600		420	
31	日本京滨	2h + 4h	3560 + 3404	1960 年 5 月 1954 年 4 月	300	200		1000		280	
32	日本水岛（一）	4h + 4h	4700 + 4100	1970 年 7 月 1967 年 2 月	800	300		800		550	
33	日本千叶	4h + 4h	3500 + 4216	1973 年 2 月 1961 年 4 月	450	260		450		350	

续表 1

序号	厂 名	轧 机			最大厚度/mm		开口度/mm				
		形式	尺寸/mm	日期	原料	成品	粗轧机		精轧机		立辊轧机
							单机	双机	单机	双机	
34	日本和歌山	4h	4300	1965 年 4 月	450	250				550	
35	日本鹿岛	4h +4h	5334 +4724	1974 年 4 月 1970 年 10 月	500	275		550		350	
36	日本加古川	4h +4h	4724 +4724	1968 年 4 月 1973 年 11 月	840	200		950		370	
37	日本室兰	4h	5300	1941 年 3 月	1120	350			1350		
38	日本中山	3h	2300	1933 年 6 月	316	28			360		
39	日本中山	3h	2000	1971 年 9 月	235	16			250		
40	日本大和	3h	2794	1938 年 8 月	250	100			500		
41	日本大分	4h	5500	1977 年 1 月	350	90			600		
42	日本扇岛	4h	5500	1976 年 12 月	750	220			750		
43	日本水岛（二）	4h	5490	1976 年 3 月	800	300			1024		
44	日本中山	3h	2100	1956 年 6 月	170	20			410		
45	日本中部	3h	2800	1961 年 9 月	444	60			500		

附文 7-18 弯辊装置

中厚板热轧中轧辊挠度和不均匀磨损以及温度变化使钢板产生不平直的浪形与瓢曲、板宽方向的凸度。解决办法除加大支撑辊直径、磨成辊型、辊身冷却或加热以外，自 1960 年开始采用弯辊装置，而中厚板轧机上自 1967 年开始采用，至 1971 年已有 7 台，其中有

6 台弯支撑辊。

弯辊装置给轧辊一个弯力，使轧辊产生一个预先挠度，以补偿轧制时轧辊挠度与磨损，并可随时调整辊型，以达到轧制出平直且宽度方向凸度很小的钢板。

弯辊装置有工作辊弯辊和支撑辊弯辊之分。

早期弯支撑辊显示出很大的优势：可调整辊型以满足复杂轧制工艺变化的要求，减少换辊次数；轧辊磨损后，可以预挠度来补偿，使每次磨辊后轧制吨数增加，减少辊耗，降低生产成本；不需磨工作辊与支撑辊辊型，简化磨辊工序；可在轧制过程中随时调整辊型，便于正确控制板形；新换辊或停轧后，可暂时调整辊型以满足刚生产时的要求，随着轧辊受热，辊型变化，逐步改变预挠度大小，使整个轧制过程始终有一个满意的辊型；由于预弯力的反作用，支撑辊辊颈和辊身连接处的弯曲应力降低，使断辊事故减少；必要的话，可适当地减小支撑辊的直径；在正常的情况下，可减少轧制道次；与 HAGC 相配合，可随时调整到最佳的辊型，使 HAGC 更完善并易于控制；最后，使生产出的钢板板形好，重量减轻，并能按理论重量交货，取得更大的经济效益。

如 4700mm 轧机轧厚 9. 525mm、宽 3048mm 板的凸度为 0. 508mm，当 10 道次的最后 3 道次用支撑辊预弯时，其凸度减至 0. 127mm，若最后 5 道次预弯时，则凸度为零。以凸度由 0. 508mm 减至 0. 127mm 时成材率提高 2% 计，若年产板 100 万吨，则可节约板 2 万吨，并得到用户对板形的好评。

弯支撑辊的形式有：

（1）在支撑辊轴承外侧设置一个反作用液压缸的结构，但受力于牌坊上。

（2）将弯曲液压缸装在牌坊立柱上，并可绕立柱回转，不妨碍换辊，但受力仍在牌坊上。

（3）液压缸置于机架上下横梁上，对机架也存在一个作用力。

（4）以钳式横梁承受上下反作用的内力系统，机架上不存在作用力，压下系统和机架均不受弯力影响，且可保证上支撑辊的平衡，因此，这种形式采用较多，但投资较大。

目前，因支撑辊直径越来越大，所需弯辊力更大，故新建厂已不再采纳弯支撑辊方案。

另外，弯工作辊控制凸度范围比较窄，且不太稳定。随着轧辊磨损量增大，特别是换辊后期，弯辊控制凸度能力更弱。因此，弯辊方式用来改善凸度的能力是很有限的。至于弯辊对换辊次数的影响，因换辊主要取决于轧辊表面粗糙度，故对减少换辊次数收效也不大。

采用单独弯辊方式来控制板形能力比较小，凸度改善也不明显，国外许多厂都已闲置不用了，但国内有的厂仍然采用这项装置，纯属锦上添花，以应付板形控制之需，起到望梅止渴之效。

但是，弯辊装置与 PC、CVC 及 HCW 等板形控制技术相结合，弯辊装置不再是原有弯辊装置，已成为 PC、CVC 及 HCW 所必不可缺的部分，相辅相成，使弯辊装置声誉大增，并极大地发挥出弯辊装置的功能。可绝不要误解为单独弯辊装置有很大的作用。

表 1 为国内外中厚板轧机弯辊装置的例子，弯支撑辊厂多数已停用，有一些厂弯工作辊也不用了。

表1 国内外中厚板轧机弯辊装置的例子

序号	国家与厂名	轧机	弯辊装置		使用情况
			工作辊	支撑辊	
1	比利时克拉贝克	4h+4h，2800mm+2800mm	有（1960年）	—	
2	英国达尔泽尔	4h，4300mm	有（1967年）	有（1967年）	已不用
3	比利时沙勒罗瓦	4h，4230mm	有（1968年）	预留	
4	美国巴敦	4h+4h，4064mm+4064mm	有（1969年）		
5	日本福山	4700mm	有（1970年）		改成HCW
6	日本鹿岛	4h+4h，5335mm+4724mm	有（1970年）		
7	日本名古屋	4h+4h，4800mm+4700mm		有（1968年）	已停用，反作用横梁内力系统
8	日本八幡	4h+4h	有（1972年）	有（1972年）	已取消
9	德国伊尔森堡	4h，3200mm	有（1981年）		已改掉
10	德国米尔海姆	4h，5100mm		有（1969年）	已取消
11	德国迪林根	4h+4h，5500mm+4800mm	有（1985年）	有（1971年）	已取消
12	意大利塔兰托	4h+4h，4826mm+4826mm		有（1971年）	已停用
13	日本大分	4h，5500mm	有（1976年）		未用
14	俄罗斯伊里奇	4h+4h，3000mm+3000mm	有（1983年）		
15	伊朗阿瓦士	4h，4800mm	有（1998年）		
16	瑞典SBBS	4h，3700mm	有（1998年）		配CVC
17	中国济钢	4h，2500mm	有		预留，至今未用
18	中国新余	4h+4h，3800mm+3800mm	有		
19	英国康塞特	4h，3660mm		有（1969年）	已停用

附文7-19 中厚板轧机力矩与轧制力的解析

1 引言

二十世纪五六十年代美国掀起全球第一次中厚板轧机建设高潮，七八十年代日本掀起第二次，九十年代我国掀起了第三次。中国这次高潮新建5500mm轧机2台，使5000mm轧机达5台，4300mm轧机11台，3800mm轧机9台，3500mm轧机有24台，2800mm轧机7台。这些轧机的刚度、轧制力及功率等基本参数都将超过日、美而成为新一代技术领先的中厚板轧机，已引起各国的极大关注。

设计这些轧机时，必然会考虑主电动机功率、基速、最高转速、力矩（额定、轧制、过载及切断等4种）、最大轧制力（名义、工作、控制及卸载等4个范围）、工作辊直径（最大与最小）、轧机刚度（支撑辊最大直径、机架牌坊结构、立柱截面及单重）等中厚板轧机的力能参数。目前，选用这些参数参差不一，各自观点不同，引起大家很多的思考。

2　中厚板轧机轧制力与轧制力矩的概念

轧制力与轧制力矩是两项不同的力学概念，但互有关联。轧制力作用于轧辊上，通过轴承座传于机架牌坊上，牌坊上只承受轧制力，不承受轧制力矩。而轧制力矩是通过工作轧辊与主接轴传至主电动机上，轧制力矩大小与机架牌坊无关。

轧制力与轧制力矩无直接关系，轧制力矩与工作辊有密切关联。主电动机功率大，则传动力矩也大，要求工作辊直径增大，而轧件接触面积增大，轧制力便增大，且力臂也增大，使轧制力矩增加，反过来又使传动力矩加大，因而，形成了轧辊直径与传动力矩的恶性循环。故设计中从力学上说采用工作辊直径应尽量小，以安全传递切断力矩为极限。工作辊直径与咬入角有一定的关系，在不轧钢锭的情况下，中厚板轧机工作辊直径对咬入角的制约是很小的。

表 1 为中厚板轧机切断力矩、轧制力及 $D_{w\,max}$（最大工作辊直径）的对应关系。

表 1　中厚板轧机切断力矩、轧制力及 $D_{w\,max}$

序号	国家	厂名	投产年份	轧机 形式	轧机 尺寸/mm	主电动机 功率/kW	主电动机 转速/r · min^{-1}	主电动机 M_c/kN · m	最大轧速/m · s^{-1}	最大轧制力/kN	$D_{w\,max}$/mm	备注
1	日本	大分	1977	4h	5500	2×8000	0-50-100	2×4202	6.3	100000	1200	
2	日本	水岛	1976	4hv	5490	2×8800	0-50-120	2×4202	7.5	80000	1220	
3	日本	京滨	1976	4h	5500	2×6000	0-40-100	2×3939	6.4	80000	1230	
4	日本	鹿岛	1974	4hR	5450	2×6500	0-40-80	2×4268	4.3	70000	1020	
			1970	4hF	4830	2×4500	0-50-100	2×2364	5.3	70000	1020	
5	日本	名古屋	1975	4hR	4800	2×3200	0-20-50	2×4202	3.1	85000	1200	
			1968	4hF	4700	2×4500	0-40-100	2×2955	5.5	65000	1040	
6	日本	君津	1968	4hR	4724	2×3750	0-35-70	2×2814	3.7	50000	1015	
			1968	4hF	4724	2×6500	0-50-100	2×3414	5.3	70000	1021	
7	日本	千叶	1973	4hR	3500	2×2600	0-30-60	2×2276	3.1	34000	991	
			1961	4hF	4216	2×3750	0-40-80	2×2462	4.3	48000	1020	
8	日本	加古川	1968	4hR	4724	2×4500	0-40-100	2×2955	5.4	70000	1030	
			1972	4hF	4724	2×5000	0-50-100	2×2626	5.4	70000	1030	
9	日本	福山	1970	4hR	4700	2×4500	0-40-100	2×2955	5.5	45000	1050	
			1968	4hF	4700	2×4500	0-40-100	2×2955	5.5	45000	1050	
10	德国	杜伊斯堡	1978	4h	3900	2×11500	0-90-150	2×3356	7.9	79000	1000	
11	德国	米尔海姆	1952 1998 改	4h	5100	2×8350	0-40-85	2×5482	5.1	70000	1150	
12	德国	埃森博格	2002	4h	3700	2×6500	0-52-90	2×3283	5.2	80000	1100	
13	德国	迪林根	1985	4hR	5500	2×11000	0-58.5-112.5	2×4938	7.0	108000	1180	

续表1

序号	国家	厂名	投产年份	轧机		主电动机			最大轧速 /m·s^{-1}	最大轧制力 /kN	$D_{w\ max}$ /mm	备注
				形式	尺寸 /mm	功率 /kW	转速 /r·min^{-1}	M_c /kN·m				
14		伊里奇	1983	4hR 4hF	3000 3000	2×8000 2×12600	0-50-80 0-80-125	2×4202 2×4136	4.2 6.5	71000 70000	1000 1000	
15	俄罗斯	日丹诺夫亚速	1973	4hR 4hF	3600 3600	2×7000 2×9000	0-40-80 0-70-140	2×4596 2×3377	4.7 7.7	46000 46000	1130 1050	
16		诺伏特罗斯克	1985	4h	2800	2×5000	0-45-90	2×2918	5.4	60000	1150	
17		留肯司	1950	4hF	5230	2×4000	0-35-75	2×3001	3.4	50000	865	
18	美国	格里	1962	4hR 4hF	4065 5335	2×3700 2×4440	0-40-80 0-40-80	2×2429 2×2915	4.0 3.5	35000 55000	965 825	
19		巴敦	1969	2hR 4hF	4064 4064	2×2240 2×4440	0-30-60 0-40-100	2×1961 2×2915	4.2 5.2	40000 50000	1350 990	
20	瑞典	奥克塞洛森德	1998	4h	3800	2×9000	0-76-195	2×3110	10.8	80000	1100	预留炉卷轧机
21		德耶福尔斯	1962	4h	3560	2×3000	0-50-100	2×1576	5.0	35000	950	
22	韩国	浦项	1989 1977	4hR 4hF	4724 4724	2×5000 2×5500	0-40-100 0-50-100	2×3283 2×2889	6.3 5.5	70000 70000	1200 1050	
23		东国	1997 1997	4hR 4hF	4300 4300	2×4650 2×6000	0-35-70 0-45-110	2×3489 2×3502	4.1 6.5	80000 80000	1120 1120	
24	伊朗	阿瓦士	2000	4h	4800	2×8500	0-50-120	2×4458	6.9	100000	1100	
25	意大利	塔兰托	1971	4hR 4hF	4826 4826	2×4411 2×8090	0-30-60 0-55-120	2×3861 2×3863	3.2 6.4	90000 90000	1016 1016	
26	比利时	沙勒罗瓦	1970	4h	4250	2×4500	0-40-100	2×2955	5.6	61000	1065	
27	奥地利	林茨	1958	4h	4200	2×3500	0-40-80	2×2298	4.3	42000	1020	
28	巴西	皮亚沙格拉	1978	4h	4100	2×4500	0-40-100	2×2955	5.1	70000	970	
29	阿根廷	萨比奥	1976	4h	3550	2×4500	0-50-100	2×2364	5.8	60000	1100	
30	西班牙	希杭	1972	4h	3600	2×5180	0-60-120	2×2267	5.9	40000	933	
31	法国	敦刻尔克	1962	4hR	4320	2×4400	0-45-90	2×2568	4.6	35000	980	
32	南非	范德比杰尔帕克	1970	4h	3050	2×4500	0-40-100	2×2955	5.3	32000	1020	
33		首钢	2003	4h	3500	2×7000	0-50-120	2×3677	6.6	70000	1050	
34		抚宁	2006	4hF	4300	2×8000	0-50-120	2×4202	7.0	80000	1120	
35	中国	宝钢	2005	4hF	5000	2×10000	0-50-120	2×5253	7.6	100000	1210	
36		舞钢	2006	4hF	3800	2×8500	0-55-135	2×4059	7.9	86000	1120	
37		柳钢	1993	4hF	2800	2×4200	0-50-100	2×2206	4.8	50000	920	

从表中看出主电动机功率超过10000kW 有迪林根、杜伊斯堡及伊里奇3 台轧机，但切断力矩都不超过5000kN·m，主要是把基速定得比较高。最大工作辊直径超过1200mm 的有京滨、水岛、宝钢及沙钢4 家，而美国巴敦厂和日本八幡厂二辊式粗轧机定为1350mm 和1300mm 是一个例外。

3　中厚板轧机轧制力矩

轧制中厚板时轧辊转动所需的总传动力矩称之为中厚板轧机轧制力矩。轧制力矩以过载系数区分为额定力矩（rated toque）、轧制力矩（rolling toque）、过载力矩（overload toque）及切断力矩（cut-off toque）4 种，其功能如表2 所示。

表2　中厚板轧机轧制力矩功能

序号	力矩名称	公式	过载系数 η	功　能
1	额　定	$M_H = 9.55\frac{N}{n_H}\cdot\eta_H$	100%	电动机标定力矩，称标牌力矩
2	轧　制	$M_R = 9.55\frac{N}{n_H}\cdot\eta_R$	200%	生产用力矩
3	过　载	$M_O = 9.55\frac{N}{n_H}\cdot\eta_O$	225%	电动机镇定力矩，即保护电动机的安全力矩，轧制表用极限力矩
4	切　断	$M_C = 9.55\frac{N}{n_H}\cdot\eta_C$	275%	计算主接轴用力矩，主接轴承受力矩应大于 M_C，计算倾翻力

注：N 为电动机功率，kW；n_H 为电动机额定转速，r/min。

额定力矩是电动机额定功率和额定转速所发出的力矩。额定转速以下的力矩是恒定的，额定转速以上的力矩是随着转速的升高而下降的。同一功率电动机，其额定转速不同，则额定力矩也不一样。一般说来，力矩与功率成正比例，而与转速成反比例。由此看出，轧机主电动机的功率和额定转速的确定是非常重要的，不能拍脑袋就定下来。

现在中厚板轧机主电动机功率增大的原因有：

（1）轧制速度增加，20 世纪90 年代比50～60 年代增加一倍，因力矩与转速成正比，即功率也应增加一倍。

（2）轧制采用CR 与TMCP 后，轧制温度降低，道次压下量增加，因此轧制力增大，功率增加；由表3 中主电动机单位电耗和CR 率的变迁情况就可发现电耗是逐年增加的。

表3　主电动机单位电耗和CR 率的变迁情况

名　称	单　位	1973 年	1975 年	1977 年	1979 年	1981 年
CR 率	%	9.2	19.0	37.5	40.9	45.8
单位电耗	kW·h/t	24.1	26.3	27.7	29.0	29.6

主电动机功率随CR 率的增加与深化而增大，而单位电耗也随之加大。

（3）同一尺寸轧机轧制板宽放大，以前轧制板宽为辊身长减去200mm，而现在只减去100mm，个别的减去50mm 也轧得出来，因此，轧制力增大。

（4）轧制品种强度提高，以前只600MPa 到800MPa，现在已达800～1000MPa。因此，变形抗力增加，也要求增大功率。

（5）板形控制，如狗骨轧制、异形轧制等也要求加大功率。

（6）原料加大加重，道次增加，道次压下量加大，轧制时间加长，使电动机负荷加重。

单位辊身长功率取 2kW/mm 以上是必要的，并不浪费。

4　中厚板轧机粗、精轧机主电动机功率和转速配合的要求

粗轧机主电动机转速低，功率小，而精轧机转速高，功率大，一般粗轧比精轧小 1/5～1/4。如精轧为 10000kW，而粗轧用 7500～8000kW；又如精轧用 8000kW，而粗轧用 6500～7000kW。对于转速方面，粗轧取 30/60r/min 或 40/80r/min，而精轧则应取 40/80r/min、50/100r/min 及 60/120r/min。如果力矩偏大，可将额定转速调整至稍大于 1/2 最高转速；若力矩偏小，也可将额定转速调至 1/2 最高转速以下。

单机架轧机既是粗轧机又是精轧机，原则上满足精轧机转速高、功率大的要求，但也可将转速降低一些，接近粗轧的转速。如有钢锭作为原料时，转速多数采用粗轧的指标。

双机架轧机先建精轧机时，仍采用精轧机功率和转速，但也可将额定转速降低一些，同时也要注意工作辊的最小直径能否传递切断力矩。

（1）日本粗、精轧机功率与转速的配合情况。

日本川崎福山厂 4700mm + 4700mm 轧机，F 为 1968 年投产，R 为 1970 年投产，R 与 F 均为 2 × 4500kW、0-40-80r/min DC 电动机，若 F 电动机合理的话，则 R 功率大，转速高了；若 R 电动机合理的话，则 F 功率小，转速低了。

日本 11 套厚板轧机主电动机功率均小了，因此，强力控轧有困难。

另外，京滨厂 5500mm 轧机电动机为 2 × 6000kW、40～100r/min，太小了，而选用工作辊直径为 1230mm，太大了。

名古屋厂 4800mm + 4700mm 轧机，R 电动机为 2 × 3200kW、0-20-50r/min，选用电动机太小了，特别是转速过低，因此采用 1200mm 工作辊直径显然是大很多，匹配非常不合理。

日本厚板轧机电动机均为 DC，已经落后了。

电机布置有如附照 2-8 与附照 2-9 所示两种，各有优缺点，前者用得多，后者比较好看，但中间轴需藏在前电机下面。

（2）关于 4300mm 轧机精轧机主电动机功率的选择。

某厂选用 8000kW、50/120r/min AC 电机 2 台，小了，因为单位辊身长功率为 8000/4300 = 1.86kW/mm，不能列入最先进 2kW/mm 以上的范围，比国内新建轧机小；采用高速 TMCP 工艺受到限制，当转速为 100r/min 时，M_0 只有 1719kN · m，太小；用 9000kW、100r/min 时，M_0 达到 1935kN · m，比较合适。粗轧用 7500kW 时，其力矩情况见表 4。

另外，主电动机最高转速选用 120r/min 比较高，也要求功率大一些，当高速轧制时力矩太小，如杜伊斯堡、奥克塞洛森德、南钢等功率都比较大。功率小，轧机产能潜力小，约差 15%；9000kW 与 8000kW 电动机差价只 30 万欧元，电动机投资只增 5%，实为可惜。预计来日实现正常控轧都比较困难，还有要生产一些薄而宽、强度比较高的钢板也会造成不方便。

表 4　9000kW、8000kW 及 7500kW 的力矩情况

N/kW	n /r · min^{-1}	$M_H = 9.55\frac{N}{n}$ /kN · m	$M_R = \eta_R M_H$ /kN · m	$M_O = \eta_O M_H$ /kN · m	$M_C = \eta_C M_H$ /kN · m	$D_{w\,max}$ /mm
9000	50	1710	3438	3869	4728	1180
	55	1563	3125	3517	4298	
	100	860	1719	1935	2364	
	120	716	1432	1612	1970	
8000	50	1526	3056	3438	4202	1150
	55	1389	2778	3125	3820	
	100	764	1528	1719	2101	
	120	637	1273	1432	1751	
7500	50	1432	2866	3223	3939	1120
	55	1302	2605	2930	3581	
	100	716	1433	1612	1970	
	120	597	1194	1343	1641	

注：η_R、η_O、η_C 为过载系数，各为 200%、225% 及 275%。

表 5 为我国新建 16 套中厚板轧机功率系数情况，除新钢为 1.84 外，抚宁为 1.86，排在末位第 2。

表 5　我国新建中厚板轧机主电动机功率系数

序号	厂名	轧机		主电动机			说明
		规格/mm	形式	功率/kW	转速/r · min^{-1}	功率系数/kW · mm^{-1}	
1	济钢	3500	2h + 4h	2 × 7000	0/50/120	2	
2	首钢	3500	4h	2 × 7000	0/50/120	2	
3	宝钢	5000	(v4h) + 4hv	2 × 10000	0/55/120	2	
4	南钢	3500	v4hss	2 × 9500	0/100/210	2.71	炉卷
5	韶钢	3500	v4hss	2 × 9500	0/100/210	2.71	炉卷
6	安钢	3500	v4hss	2 × 9500	0/100/210	2.71	炉卷
7	沙钢	5000	4h	2 × 10000	0/55/120	2	
8	永兴	3500	(4h) + 4h	2 × 7000	0/50/120	2	
9	湘钢	3800	(4h) + 4h	2 × 8000	0/50/140	2.11	
10	新钢	3800	(4h) + 4h	2 × 7000	0/55/130	1.84	功率小了
11	抚宁	4300	(v4h) + 4h	2 × 8000	0/50/120	1.86	功率小了
12	舞钢	3800	(v4h) + 4h	2 × 8500	0/55/135	2.24	
13	天津	3500	(4h) + 4h	2 × 7000	0/50/120	2	
14	北台	3500	(4h) + 4h	2 × 7000	0/50/120	2	
15	罗泾	4300	4h + 4h	R2 × 6000 F2 × 9000	0/40/80 0/50/120	2.37	
16	莱芜	4300	4h + 4h	R2 × 7200 F2 × 9000	0/40/80 0/50/120	2.37	

国外做轧制表中力矩都超过 M_0，也说明 8000kW 电动机太小。

如果将辊身长由 4300mm 增至 4400mm，则功率更不够用。

德国迪林根厂 5500mm 粗轧机主电动机 11000kW、0-58.5-112.5r/min，切断力矩为 4938kN · m，则最大工作辊直径取 1180mm。但如果额定转速取最大转速之半，即 112.5/2 为 56.25r/min，则切断力矩增至 5138kN · m，最大工作辊直径取 1180mm 小一些，最好增至 1200mm。

5000mm 精轧机主电动机 10000kW、0-50-120r/min，切断力矩为 5253kN · m，最大工作辊直径取 1210mm，如果 n_H 取 55r/min，则 M_C 为 4775kN · m，D_w 取 1150mm。因接触弧长度的缩短，力臂的减小，使轧制力和力矩减小，则电耗可以省 2% ~3%，年成本费用少几百万元，但轧辊单耗会有所增加。

另外，4300mm 轧机主电动机 3700kW、0-40-80r/min，改建时增至 6000kW，实际上选小了，应该采用 9000kW。

还有厂换主电动机企图增加轧制能力，原来主电动机 2600kW、0-35-80r/min，换成 3800kW、0-50-100r/min，原来 M_C 为 1960kN · m，新的为 1996kN · m，只增加 36 kN · m，只增 2%，可谓出功不出力。虽然轧制速度提高一些，但这种更换新电动机的效果是很有限的。

目前，国内新建轧机还有小于 2kW/mm，另外最大工作辊直径有的选大了，也有的选小了。特别是主电动机转速各不相同，最高转速是根据轧制钢板的最大长度来选定的。

20 世纪不同年代中厚板轧机轧制长度与轧制速度的关系见表 6。

表 6 20 世纪不同年代中厚板轧机轧制长度与轧制速度的关系

年 代	50	60	70	80	90
轧制长度/m	15 ~20	20 ~30	30 ~40	40 ~50	50 ~60
轧制速度/m · s^{-1}	3 ~4	4 ~5	5 ~6	6 ~7	7 ~8

额定转速有小于 $1/2n_{max}$、等于 $1/2n_{max}$ 及大于 $1/2n_{max}$ 3 种取法。因力矩与转速成反比，一般都取 $1/2n_{max}$，但要求力矩大时，可取小于 $1/2n_{max}$。若要求 $D_{w\,max}$ 比较小，也可以取大于 $1/2n_{max}$。特别是切断力矩过大时，为了降低切断力矩，将 n_H 取大于 $1/2n_{max}$。当采用大功率高转速电动机时，既可以保持 n_H 以下较大的力矩，也可取高速轧制时有较高的力矩，以满足 TMCP 工艺的要求。

5 中厚板轧机轧制力

轧机机架上诸力（forces）也叫诸分力（seperating forces），有轧制力（rolling force）、工作辊组与支撑辊组重力、轧辊平衡力、弯辊力、HGC 液压力、压下螺丝压下力及牌坊倾倒力等。

中厚板轧机最大轧制力存在有工作范围（working range）、控制范围（controlled range）及卸载范围（unloaded range）3 种情况。而卸载范围又分为带工作轧辊平衡时最大轧制力和带工作轧辊弯辊时最大轧制力两种情况。现将中厚板轧机不同范围的最大轧制力及其功能列于表 7。

表7　中厚板轧机不同范围的最大轧制力及其功能

序号	最大轧制力范围	数 值	功 能
1	工作 P_w	$P_w = P_{R\max}$	设计提出最大轧制力，也是轧制程序表用最大轧制力的极限
2	控制 P_c	$P_c = P_w + 2P_{WRB}$	P_w 和工作辊弯辊力乘 2 之和，测压头用力，也是轧制过程控制系统用最大轧制力
3	卸载 P_u	$P_u = 2 \times$ HGC 液压力 − 下支撑辊组重 − 下工作辊组重	轧辊压靠后液压缸打开时需要的最大轧制力，即卸载最大轧制力
4	平衡时最大轧制力 P_{uBA}	$P_{uBA} = P_u - 2 \times P_{BA}$	用于轧辊平衡时的最大轧制力
5	弯辊时最大轧制力 P_{uBR}	$P_{uBR} = P_u - 2 \times P_{BR}$	用于弯辊时的最大轧制力

逐年来中厚板轧机轧制力都有增大的趋势。从表 8 中日本控轧后轧制力变迁可以看出，控轧比常规轧制的轧制力增加 20% ~ 50%。按年代变迁计算，每 5 年约增加 20000kN。

表8　日本控轧后轧制力的变迁（kN）

年份	机别	千叶厂 4h+4h 3500mm+4216mm 轧机	和歌山厂 4h 4300mm 轧机	福山厂 4h+4h 4700mm+4700mm 轧机	名古屋厂 4h+4h 4800mm+4700mm 轧机	君津厂 4h+4h 4724mm+4724mm 轧机	鹿岛厂 4h+4h 5450mm+4830mm 轧机	加古川厂 4h+4h 4724mm+4724mm 轧机	水岛厂 4h 5490mm 轧机	京滨厂 4h 5500mm 轧机	大分厂 4h 5500mm 轧机	八幡厂 4h+4h 4800mm+4800mm 轧斗
1965	粗轧机											40000
	精轧机	45000	40000									65000
1970	粗轧机			40000	60000	50000		70000				
	精轧机			40000	50000	70000	80000	70000				
1975	粗轧机	30000					80000					
	精轧机								100000	100000	100000	

6　结语

中厚板轧机的力能参数是评价其装备水平的主要指标，与生产钢板的品种、质量、产能以及成本有直接关系，因此，引起大家的极大的关注。有的厂已经生产实践了多年才发现某些参数不合适，但要纠正已比较难办了。

现将这些主要力能参数进行一次解析，有了一个比较正确的认识，对各部门今后的工作会有一定的帮助，特别是对正确了解自己的轧机也有所助益，引导实际生产有一个奋斗的方向。

当前，我国中厚板生产产能已过大很多，迫切地需要进行结构的调整，应当把落后中厚板轧机淘汰一批，首当其冲是轧机力能参数低的。只有这样我国中厚板轧机总体装备水平才能更快地提高，并赶超日本、德国、俄罗斯及美国等强国，走在世界的前列。

附文 7-20 中厚板轧机倾翻力计算

轧机设备基础除承受重力以外，尚需考虑轧机倾翻力，以便核算轧机基础承受倾翻力的能力。

1 瞬时最大水平力

当轧辊咬入钢板时产生很大的惯性力，力图使安置在轨座上的机架倾翻。摩擦拉入一瞬间所产生的最大惯性力，或者轧制中突然卡钢所产生的最大惯性力，即为瞬时最大水平力。这种瞬时最大水平力取决于传动两个轧辊的主电动机的最大力矩。

轧制时产生惯性力公式：

$$P = \frac{M}{R} = \frac{2M}{D}$$

式中，M 为传动上下两个轧辊的主电动机的最大力矩或切断力矩，kN · m；R 与 D 为工作辊的最小半径与最小直径，m，取 D 为 0.93m，R 为 0.465m。

例如某厂厚板轧机是由两台容量为 4600kW、额定转速为 40r/min 的主电动机分别驱动两个工作辊，每台主电动机的切断力矩为：

$$M = \eta \frac{N_H}{n_H} \times 9.55 \text{kN} \cdot \text{m}$$

式中，η 为切断过载系数，取 η 为 2.75；N_H 为主电动机额定容量，N_H 为 4600kW；n_H 为主电动机额定转速，n_H 为 40r/min。

因此：

$$M = 9.55 \times 2.75 \frac{4600}{40} = 3020 \text{kN} \cdot \text{m}$$

所以：

$$M_{max} = 2 \times 3020 = 6040 \text{kN} \cdot \text{m}$$

即

$$P = \frac{2 \times 6040}{0.93} = 12989 \text{kN} \approx 13000 \text{kN}$$

2 最大倾翻力矩

生产中可能出现的最大倾翻力矩为：

$$M_{倾} = P \times L$$

式中，L 为轧制线至轨座面之间的距离，m。下辊面至轨座面距离为 1.94m，轧制钢锭时最大辊缝达 0.8m，则 $L = 1.94 + \frac{0.8}{2} = 2.34$m，故 $M_{倾} = 13000 \times 2.34 = 30420$kN · m。

8 中厚钢板立辊轧机的发展

8.1 引言

中厚板轧机上附设有立辊轧机，最早于20世纪40年代用在万能式中厚板轧机上，50年代用于大型钢锭的轧边以消除锥度，60年代开始把立辊轧机用于齐边与破鳞，70年代连铸板坯迅速发展，而钢锭急剧减少，轧机生产能力重于成材率，曾提出过“立辊无用论”。80年代以来，厚板轧机上附设立辊轧机开始多起来，主要用于平面板形控制，使成材率有所提高，一般可提高约1% ~3%，尤以日本和韩国都推举此做法，目标是想生产出无切边钢板。但是，附设立辊轧机后，轧边道次的间歇时间增加，使轧机的生产能力有所下降，一般要下降约10% ~20%。90年代开始，日本厚板轧机开工率已降到60%以下，轧机生产能力也降至次要地位，而降低成本、节约资源则升至主导地位，因此，成材率重于轧机生产能力，立辊轧机的功能又被人们重视起来，一些原先预留好立辊轧机位置的厚板轧机也都纷纷安装上立辊轧机，成材率普遍提高两个百分点，取得了应有的效益。至今世界上附设有立辊轧机的宽厚板轧机约30套，占总数的1/3左右。韩国仿效日本也在现有两套轧机新增3台立辊轧机，而且都是近接布置，也使成材率大大提高。特别是1975年日本采用立辊轧机开创了无切边轧制厚板的生产技术，它可采用铣边加工边部方式，每边加工量控制在20mm以下，用户不需要再加工，使立辊轧机的作用更加被重视起来。

在精轧阶段中立辊轧边的技术还有待完善，也值得读者进一步细细分析研究，至于增设立辊轧机后带来轧机生产能力下降与成材率的提高，两者取舍时，仍需用户自己去权衡。

在此叙述中厚板立辊轧机的发展供读者参考，以便推进我国中厚板生产技术更好地发展。

8.2 立辊轧机的功能

中厚板轧机附设立辊轧机最早主要用于消除钢锭锥度和破鳞。由于连铸板坯的发展，使用钢锭作为原料已迅速减少甚至取消，20世纪70年代以来轧制钢锭的立辊轧机几乎不再新建。

采用立辊来挤碎一次氧化铁皮以提高除鳞的效果，因连铸板坯越来越宽，破鳞效果大大削弱，专门用于破鳞的立辊轧机也早已不存在。

现在，中厚板立辊轧机的主要功能是平面板形控制，修正在成形与展宽阶段中容易产生不均匀的宽展，对成形后长度方向和展宽后宽度方向进行立辊轧边，长度方向修正头尾板形，而宽度方向修正边部板形，以防止头尾出现不规则的舌头与鱼尾变形，以及长度方向宽度变化与边部折叠，确保板宽符合目标值。

当坯料宽度比轧辊直径大时，变形只停留在边部，不可能充分传至板中间，使边部板厚局部增厚，形成了凸肩，称之为狗骨。轧边压下量和压下率越大，狗骨量及其高度也越大，经水平辊将狗骨压平后，板宽便增大，称之为宽度回复，回复量与狗骨高度成比例关系，而且头尾的回复量比中间小，称之为头尾脱宽，形成板宽鼓肚现象。

立辊轧边受道次压下量的限制，热带轧机已经证明，采用立辊轧机调宽（adjusted width）的功能是很小的，因此采纳压力式定宽机（sizing mill）。厚板轧机附设立辊轧机除轧制一些厚料以外，基本上也没有调宽的功能，只承担控宽（controlled width）的功能。因此，立辊轧机可用于消除成形与展宽阶段头尾的不规则变形、不严重的鱼尾与舌头、板宽的鼓肚、板边重叠、板边凸度、头尾端的脱宽、非直边、非方边、浪边、板边狗骨、大的宽度偏差、镰刀弯以及钢锭的斜度等。

另外，立辊轧薄的钢板时还受宽厚比不大于100的限制，采用压辊将钢板压住，使钢板横向不致弓起来。目前，国外只1~2套轧机在生产，极大多数立辊轧机都不具备对薄的钢板轧边的条件。

钢板产生镰刀弯是造成非矩形板的重要因素，其原因是轧机左右失去水平，原料横向表面状态与温度不均及立辊轧机设定与咬入角不好和送钢偏移。纠正镰刀弯除了自动调整主轧机以外，根据测出镰刀弯量，也可以控制立辊轧机左右轧制力与轧制速度之差。

中厚板立辊轧机虽然有很大的作用，经济上收益也比较明显，但也存在压下率和宽厚比的限制、产能的减少、轧机自动化程度受限等负面影响。对新建中厚板轧机附设立辊轧机问题仍然存在两种不同的意见，日本、韩国和德国、俄罗斯就有截然不同的观点。日本11套4200mm以上轧机中有6套附设立辊轧机，其中水岛厂5490mm轧机为机后TFP近接式，也是世界上中厚板立辊轧机性能最高的一套，并实现了MAS和TFP相结合。韩国4套3400mm以上轧机中有2套附设立辊轧机，其中浦项厂4724mm+4724mm双机架轧机粗、精轧机机前分别近接立辊轧机，这是世界上第一套精轧机附设立辊轧机的例子。另外，浦项厂4300mm轧机机前也近接有立辊轧机，这样，韩国3套立辊轧机均为机前近接布置形式。

德国迪林根、米尔海姆及杜伊斯堡3套最好的厚板轧机都进行现代化技术改造。1985年迪林根厂将4300mm精轧机改成4800mm，并增加5500mm粗轧机组成5500mm加4800mm世界上最大双机架厚板轧机；1998年米尔海姆厂将5000mm放大至5100mm轧机；1999年杜伊斯堡厂将3700mm放大至3900mm轧机，并在全厂实现了自动化。1998年伊朗阿瓦士厂4800mm轧机也是德国设计制造。以上4套轧机均未附设立辊轧机，而1998年瑞典奥克塞洛森德厂3800mm轧机机前附设有立辊轧机是由德国设计制造，因为这是一套双机架炉卷轧机，先建3800mm轧机是炉卷轧机的粗轧机，因此粗轧机前必需有立辊轧机，不然带钢宽度偏差就无法控制。1984年俄罗斯伊尔诺斯克厂5100mm轧机和在建马格尼托哥尔斯克5000mm轧机都未附设立辊轧机。

20世纪90年代美国建造4套以生产中厚板为主的单机架炉卷轧机和我国在建3套同样轧机都设有立辊轧机，是控宽的必需设备，也用于非平面板形控制。

由于中厚板市场旺盛，全国掀起了一个建设中厚板轧机的热潮，除宝钢5000mm轧机附设有立辊轧机以外，其他新建传统轧机上都未采用立辊轧机，主要是在提高成材率与降低轧机产能之间有所权衡，对TFP生产技术知难而退，而国内制造厂也不掌握TFP立辊轧机设备技术，加之立辊轧边也带来一些特殊轧制技术问题，增加投资也会有一定阻力，因此，新建中厚板轧机厂家都未提出要求。

目前，我国对中厚板轧机附设立辊轧机功能的认识介于日韩与德俄之间，只宝钢5000mm轧机是独树一帜，偏向于日韩的观点。

8.3 立辊轧机的形式

中厚板立辊轧机（vertical mill）是一台附属设备，主要用于轧制钢板边部，也有叫轧边机（edger，edging mill）。

立辊轧机形式按轧制力、用途、传动方式、机架结构及布置位置之不同分成各种形式。

按轧制力分为重型、中型及轻型3种，如表8-1所示。

表8-1 按轧制力分立辊轧机形式

序号	形式	轧制力/kN	用途	布置位置
1	重型	>4000~8000	厚达1100mm锭，500mm坯	开离或近接轧机前后
2	中型	>2000~4000	厚达700mm锭，500mm坯	开离或近接轧机前后
3	轻型	1000~2000	厚达400mm坯	与轧机结合，分离

按用途分为轧边（edging）、齐边（tirmming）及破鳞（scale breaking）3种。

轧边主要用于钢锭锥度的消除，设在以钢锭为原料比例较大的中厚板轧机前面，成形阶段中首先消除其锥度，一般均采用重型立辊轧机，钢锭厚在700mm以下时，也可用中型立辊轧机。轧边用于原料的调宽功能是很有限的，因变形只局限于边部，将会产生较大的凸肩，对下一道次平轧会造成不良的影响。如热带轧机已采用压力式定宽机，淘汰了立辊式定宽机。

齐边是中厚板轧机立辊轧机的主要功能。将平轧板边展宽量压缩回去，保持既定的板宽，并可消除凸凹形板边，形成平直角板边。若只用板坯为原料时，一般采用中型立辊轧机。

破鳞是挤压原料边部，将原料表面铁皮挤破碎后用高压水冲除，一般都采用轻型立辊轧机，现因高压水除鳞箱水压的提高，除鳞技术的完善，立辊破鳞机已被淘汰了。

按传动方式分为上传动与下传动，也可分为单电机与双电机。一般近接布置采用上传动较多，与四辊式主轧机配置比较紧凑，立辊轧机电机布置也有较大的空间；下传动不占地面，但检修麻烦一些。两种方式均需权衡车间平面布置的优缺点，根据设备与电机设计要求而选择。

按机架结构分为闭口式和开口式。一般重、中型立辊轧机都采用闭口式，可承受轧制力比较大，但妨碍四辊式轧机操作视线。开口式用于轻型立辊轧机比较经济，但轧制力不能太大。

按布置位置说，有主机前后之分，近接与非近接之分。20世纪50年代有中厚板万能式轧机（universal mill）、四辊式轧机和立辊轧机成为一个整体，打算生产万能钢板，即不切边钢板，因钢板横向刚性和立辊轧机结构性能等问题而宣告失败。90年代出现了近接立辊轧机布置，在日本水岛厂和韩国浦项厂已大量生产出不切边钢板，详细情况将在8.4节中叙述。多数立辊轧机都布置在远离四辊式轧机前后，中间隔开一组旋转辊道，这样立轧间隙时间就比较长，降低了轧机的生产能力。吃锭时应用非近接布置，只能VH单向轧制，不能HV方向轧制，且间隙时间比较长，影响产量比较大。但采用近接布置可双向轧制，即VH和HV向均可，且间隙时间比较短，减产比较少。

按辊型分为平辊和形辊。形辊可将板边轧制出斜坡，使以后平辊轧制板边比较规整，但灵活性受限制。20世纪80年代也出现了平辊和形辊共用立辊，立辊可上下窜动互换平辊和形辊，但立辊轧机结构比较复杂。

表8-2中列出了几台中厚板轧机附属典型立辊轧机的性能，主要是日本、韩国及我国舞阳的情况，从中便可看出中厚板轧机附设立辊轧机的水平。

表 8-2 中厚板轧机附属典型立辊轧机性能

序号	项 目	日本川崎水岛 5490mm 轧机	日本住友金属鹿岛 5450/4830mm 轧机	日本神户加古川 4724/4724mm 轧机	日本新日铁名古屋 4800/4700mm 轧机	韩国浦项 4724/4724mm 轧机	韩国浦项 4724/4724mm 轧机	韩国浦项 4300mm 轧机	中国舞阳 4200mm 轧机
1	投产年月	1987 年	1980 年 1 月	1968 年 4 月	1975 年 2 月	1989 年	1989 年	1997 年 8 月	1978 年 9 月
2	制造厂	IHI	MHI	施罗曼、川重	UE、芝共	MHI	MHI	MHI	二重
3	布置位置	机后近接	粗轧前	粗轧前	粗轧前	粗轧前近接	精轧前近接	机前近接	机前
4	最大原料	坯厚 500mm，36t	坯厚 500mm，37.8t	坯厚 600mm，60t	锭厚 1400mm，80t	坯厚 350mm，24t		坯厚 300mm	锭厚 940mm，40t
5	型 式	中型、闭口、上传动	中型、闭口、上传动	重型、闭口、下传动	重型、闭口、上传动	中型、闭口、上传动	中型、闭口、上传动	重型、闭口、上传动	重型、闭口、下传动
6	轧制力/kN	4000	4000			4000	3000	4700	7000
7	开口度/mm	1520 ~ 5510	1300 ~ 5600	1100 ~ 4600	1200 ~ 4700	1400 ~ 4800	1400 ~ 4800	1400 ~ 4400	800 ~ 4200
8	压下量/mm	50（200mm 厚）	40（200mm 厚）			50（200mm 厚）	20（100mm 厚）	50（200mm 厚）	20（940mm 厚） 50（400mm 厚）
9	轧辊尺寸 /mm × mm	ϕ800/700 × 800，有孔型	ϕ1016/900 × 540	ϕ1050/950 × 1000	ϕ1070/965 × 700	ϕ1000/900	ϕ1000/900	ϕ1000/900	ϕ1055/955 × 1100
10	主电动机	AC1720kW × 1，150 ~ 510r/min，280kN · m，i = 2.5	DC1500kW × 1，290r/min，370kN · m，i = 7.38	DC1200kW × 2，150 ~ 350r/min，430kN · m，i = 3.3	DC1000kW × 2，150 ~ 450r/min，145kN · m，i = 2.58	DC900kW × 2，300 ~ 600r/min，362kN · m，i = 6.19	DC560kW × 2，360 ~ 720r/min，207kN · m，i = 6.82	AC1800kW × 1，300 ~ 750r/min，374kN · m，i = 6.4	DC500/1000kW × 2，50 ~ 200r/min，650kN · m，i = 2.63
11	轧制速度 /m · s^{-1}	2.5 ~ 8.5	2.12	2.5 ~ 5.8	3.25 ~ 9.75	2.5 ~ 5.0	2.75 ~ 5.5	2.45 ~ 6.1	1.0 ~ 4.2
12	压下电动机	AC37/74kW × 2，575 ~ 1150r/min	DC75/150kW × 2，515 ~ 1030r/min	DC280kW × 2，900r/min	DC75/150kW × 2，515 ~ 1030r/min	DC75/150kW × 2，515 ~ 1030r/min	DC75/150kW × 2，515 ~ 1030r/min	AC150kW × 2，1030r/min	DC320kW × 2
13	压下速度 /mm · s^{-1}	60 ~ 120	120 ~ 240	150	68.8 ~ 117.7	58 ~ 116	58 ~ 116	75 ~ 150	12 ~ 20 ~ 150
14	AWC、压力、行程	有	有、2100kN、40mm	无	无	无	预留、1750kN、40mm	有、2800kN、40mm	无
15	换辊形式、时间	上抽出卡盘式、1h	C 形钩式、3h	上部抽出式、3h	C 形钩式、2h	C 形钩式、2h	C 形钩式、2h	C 形钩式、2h	上部抽出式、3h

8.4 无切边厚板轧制技术

无切边厚板（TFP，即 trimming free plate）轧制技术是日本川崎公司水岛厂于1975年开创的，为了提高成材率，降低成本，增强竞争力，做了一系列的模拟试验工作，并于5490mm厚板轧机上实施了这项技术。

5490mm轧机于1976年1月投产，生产钢板尺寸为(4.5～300)mm×(1000～5200)mm×(～35000)mm，单重达36t，板坯尺寸为(100～500)mm×(1000～2400)mm×(2700～4800)mm，单重达45t，最重可达到80t，轧机为一架ϕ1200mm×5490mm/ϕ2400mm×5390mm高刚度四辊式轧机，轧制力为100000kN，牌坊立柱截面为10000cm^2，每片重为380t，开口度为850mm，主电动机为DC8000kW、50/120r/min，两台，力矩为1560×2kN·m，轧速为3.1～7.5m/s，HAGC压力为60000kN，压下电动机为280/700kW、390～915r/min，两台，无预弯辊装置，实现了轧机全面自动化操作，并于1978年采用MAS轧制法，使成材率提高到92%～94%。为了实现TFP轧制技术，1987年在机后增设近接立辊轧机，在切边剪与定尺剪之间增加一台铣边机。

生产TFP用立辊轧机性能如下：

轧辊尺寸为ϕ800/ϕ700mm×800mm；轧制力：平轧时为3900kN，孔型轧制时为3000kN；轧制力矩为280kN·m×2；轧制速度为2.5～8.5m/s；主电动机为AC1700kW，150～500r/min，1台；开口度为1500～5510mm；压下电动机为AC37/74kW，575～1150r/min，两台；压力速度为60～120mm/s；液压AGC速度为100mm/s；换辊装置型式为上抽出卡盘式，换辊时间为1h。

这台立辊轧机的特点是：

（1）近接布置在四辊式轧机后面，既可沿V-H方向轧制，也可沿H-V方向轧制。一般非近接布置只能沿V-H方向，不能沿H-V方向轧制。近接布置后立辊轧边机会多一倍，且间隙时间短，因而轧机产能减少比较少。布置在机后，可满足首道次展宽的要求，取料尽可能长，单重大，产能也大，且不会妨碍操作视线。

（2）立辊除板宽方向调整压边开口度移动以外，为了轧制方边，轧辊分成带有角度120°孔槽倒棱孔型部分和平辊部分，两部分转换时立辊轴向可上下移动，将轧辊卡盘支在压下装置移动小车上，以电动经齿轮齿条上下移动轧辊，上下方向有坚固支撑，以确保轧辊定位准确。板边经倒棱孔型轧边后，下一道次平面轧制时不会出现狗骨（凸肩），也可以防止卷边重叠。

（3）在立辊轧机两辊之间设有3对压辊：压住板中间弓起中心设有压辊一对，两边各设一对狗骨压下辊。3对压辊的上辊均以液压压下控制，液压缸升降位置及挤压力以伺服阀按要求值加以调整。中心压辊只在钢板宽厚比大于100以上时，板宽方向失去稳定性而弓起时才投入工作，如不及时压住，立辊轧边也就失效，主要用于比较薄的钢板的精轧阶段。

（4）设置液压AWC（atomatic width controll）装置。在压下螺丝前端设有4个AWC液压缸，高速高响应控制轧辊开口度。以AG（绝对值）AWC准确地控制立辊辊缝，并以FF（前馈）AWC控制板宽偏差，以SS（短行程）AWC控制钢板头尾部宽度之不足。在展宽与精轧道次时，以AWC进行头尾预测模型控制轧制，并与MAS法相结合达到精确的平面板形矩形化的要求。为了准确地控制立辊辊缝，设置有两台绝对辊缝检测装置，可测出基础至压下框架的距离和压下框架至辊端的距离，不受立辊机架变形的影响，达到了立辊轧边高精度。这样，在精轧道次中以前馈自动控制板宽，在确保目标板宽精确度的同时，以孔型轧边，使板全长的宽度变动很小，达到了恒定板宽的要求。目前已建立有宽度变化、切头长度、凸边及轧边负荷等预测模型，自动化程度已达到较高的水平。

（5）设有自动换辊系统。本来立辊换辊是一桩麻烦而费时的操作，现在采用上抽出卡盘型式，换辊时将压下装置、轧辊上下移动装置以及上部传动装置等通过移动程序系统控制好位置，可以抽出自动更换轧辊。这样，换辊时间大大缩短，只需一个小时，而且很省力。

（6）TFP 法与 MAS 法相结合已成为平面板形控制较为理想的方式。展宽后板宽板形受成形道次 MAS 和展宽道次中 TFP 的影响，需有两者展宽后宽度板形的预测模型，该预测模型是由带有成形轧制和展宽轧制鼓形（板中间宽度与头尾宽度之差）的预测式和带有展宽道次中轧边的鼓形变更量的预测式所组成。采用这种模式来控制板宽，将展宽后成形 MAS 轧制的宽度板形和展宽道次中轧边宽度板形，两者结合后取得最佳宽度板形，MAS 轧制时产生宽度板形头尾减宽部分以轧边来补偿。当 MAS 轧制引起宽度变量大时，减少 MAS 轧制量，相应增加其轧边量，使 AWC 技术也得到很好的发挥。

经 TFP 技术轧制厚板的宽度余量已很小，两边的总余量只有 6～20mm 以下，采用剪机切边已有困难。为了达到高精度板边切削的要求，在剪切线设置板形测量仪和高精确度的对正设备，根据板形测量数据，将钢板准确对正。然后，在切边剪与定尺剪之间增设一台铣边机，其性能如下：

形式：螺旋铣刀式；

铣头直径：ϕ1000mm，两个；

送进速度：最大为 42m/min；

铣削深度：每边最大为 20mm；

板厚：4.5～80mm；

电动机功率：DC200kW×2 台；

铣边机控制：中心位置控制（CPC），板边位置控制（EPC），直线位置控制（SPC）。

采用 TFP 技术后取得以下明显的效果：

（1）水岛厂成材率达 95%～96%，而鹿岛厂达 92%～94%；

（2）水岛厂切边损失由 2.5% 降至 1.0%，而鹿岛厂切边宽由 100mm 减至 65mm；

（3）水岛厂切头尾损失由 1.5% 降至 1.0%，而鹿岛厂切头尾长度由 200～1000mm 减至 50～250mm；

（4）水岛厂宽度余量降至 6～20mm，而鹿岛厂降至 65mm 以下；

（5）板宽中间精度达 −2～2mm；

（6）板宽偏差达 4～8mm；

（7）鼓肚由 30mm 降至零；

（8）重叠量由 20～30mm 减至零；

（9）宽度切废量只有过去的 16%；

（10）使大量生产板宽和板长的精度更加稳定；并与 MAS 法相结合，使板形控制更加完善。

但采用立辊轧机轧边后产能将减少 10% ~20%，若采用近接布置减产较少，但给轧机自动化增加一定的难度，附设立辊轧机后会增加一些投资。

8.5　结语

国内外对中厚板立辊轧机褒贬不一，偏爱者不但在粗轧机上用，而且在精轧机上也附设，因此将无切边厚板轧制叙述比较详细一些，以便大家对这项新技术有较多的了解。应该说经过 20 多年的努力已取得一定进步，为克服立辊轧边带来的问题而增设了一些设备和措施，比较适用，但使立辊轧机结构与操作复杂化，也给轧机自动化带来了不利的影响，因此，TFP 技术一直推广不开，只在少数一两个厂采用。日本厚板轧机附设立辊轧机生产厂是比较多的，极大多数都用在成形和粗轧阶段轧边上，而且压下率都很小，只起控宽的作用。如果精轧阶段中采用非 TFP 立辊轧机来轧边的话，其作用是很小的。

附文 8-1　对中厚板立辊轧机的评价

国内外对中厚板立辊轧机褒贬不一，特别是对精轧机上附设立辊轧机生产无切边钢板，质疑者更多一些。国内新建 3500mm、3800mm、4300mm 及 5000mm 轧机多台，单炉卷轧机都安设有近接立辊轧机，宝钢 5000mm 轧机在粗精轧上均设有近接立辊轧机。

中厚板立辊轧机有很大的作用，已实现了 HAWC，经济上的收益也比较明显，但压下率和宽厚比的限制、局部狗骨的变形、产能的减少、轧机自动化程度有限等也带来一些负面的影响。各国对新建中厚板轧机附设立辊轧机问题仍然存在两种不同的意见，日本、韩国和德国、俄罗斯就有截然不同的观点。日本 11 台 4200mm 以上轧机中有 6 台附设立辊轧机，其中水岛厂 5490mm 轧机为机后 TFP 近接式，也是全球中厚板立辊轧机性能最高的一台，且实现了 MAS 和 TFP 相结合。韩国 4 台 3400mm 以上轧机中有 2 台附设立辊轧机，其中浦项厂 4724mm + 4724mm 双机架轧机粗精轧机前均有近接立辊轧机，这是全球第一台精轧机附设立辊轧机。另外，还有一台 4300mm 轧机前也近接有立辊轧机。这样，韩国 3 台立辊轧机均为机前近接布置形式。

近几年德国、俄罗斯、伊朗、法国等国家新建和改建 7 台大型厚板轧机均未附设立辊轧机，只是瑞典奥克塞洛森德厂 1998 年投产的由德国设计制造的 3800mm 双机架炉卷轧机预留精轧机、先建粗轧机前附设有立辊轧机，主要基于炉卷轧机带钢控宽的需要。

20 世纪 90 年代美国建造的 4 台以生产中厚板为主的单机架炉卷轧机和我国已建的 3 台同样轧机都设有立辊轧机，它是控宽的必需设备，属非平面板形控制用立辊轧机。

中厚板轧机是否附设立辊轧机是值得大家研讨的一项重大课题，需要用户权衡利弊作出适当的抉择。

附文 8-2 中厚板轧机附设立辊轧机的配置情况

中厚板轧机附设立辊轧机的配置情况，单机架中有 v·4h、v4h、4hv 及 v4h 单炉卷 4 种形式，双机架中有 v·4h + 4h、4hv + 4h、v4h + v4h、v·2h + 4h 及 4hv + 4hv 5 种形式，具体应用厂家见表 1。

表 1 中厚板轧机附设立辊轧机配置情况

序号	单机架				双机架				
	v·4h	v4h	4hv	v4h 单炉卷	v·4h + 4h	4hv + 4h	v4h + v4h	v·2h + 4h	4hv + 4hv
1	1978 年 9 月舞钢 4200mm	1997 年 8 月韩国浦项 4300mm	1976 年 1 月日本水岛 5490mm	2005 年南钢 3500mm	1970 年日本加古川 4724mm + 4724mm	2006 年首秦 4300mm + 4300mm	1989 年韩国浦项 4724mm + 4724mm	1958 年美国丰塔纳 2800mm + 3760mm	2005 年宝钢 5000mm + 5000mm
2	1976 年 6 月日本大分 5500mm	2006 年沙钢 5000mm		2005 年韶钢 3500mm	1975 年 2 月日本名古屋 4840mm + 4700mm	2007 年罗泾 4300mm + 4300mm		1965 年美国加兹登 3404mm + 3404mm	
3	1962 年英国克莱德桥 3353mm			2005 年安钢 3500mm	1974 年日本鹿岛 5350mm + 4830mm			1971 年加拿大苏圣马里 3200mm + 4216mm	
4	1962 年瑞典德耶福尔斯 3560mm			1997 年美国蒙特利埃 3400mm	1973 年俄罗斯亚速 3600mm + 3600mm				
5	1959 年加拿大阿尔戈马 3100mm			1997 年美国波特兰 3758mm	1965 年罗马尼亚加拉茨 3353mm + 3353mm				
6	1965 年比利时卢维埃尔 3100mm			2000 年美国纽柯 3400mm					
7	1970 年南非范德比杰尔帕克 3050mm			1997 年 11 月美国 IPCO 3400mm					
8	1953 年奥地利林茨 4200mm			1998 年瑞典奥克塞洛森德 3800mm					
9	1967 年前南斯拉夫斯科鲁里 3350mm								

v·4h、v·4h +4h 及 v·2h +4h 3 种形式多用于有钢锭情况，而 v4h 单炉卷中必须有立辊轧机，主要用于控宽。

精轧机附设立辊轧机只有韩国浦项 v4h + v4h、4724mm + 4724mm 和宝钢 4hv + 4hv、5000mm + 5000mm 两套轧机。

单机架近接立辊轧机有机前和机后两种，v4h 有浦项 4300mm 和沙钢 5000mm，而 4hv 只有水岛 5490mm。前者容易挡住四辊操作视线，而后者立辊操作也看不清楚。

除上述 9 种配置情况以外，v4h +4h 与 v4h +4hv 两种也可考虑。v·4h 多用于轧钢锭，而 v·4h +4h 也用于钢锭或大单重原料。v·2h +4h 主要用于钢锭，粗轧道次压下量可以大一些，但板形没有 v·4h +4h 好，因此，今后不会新建 v·2h +4h 形式。

9 中厚钢板板形控制技术综述

9.1 引言

中厚钢板板形控制一直是困扰轧钢工作者的难题。生产初期采用烫辊、原始辊型以及加大轧辊直径等办法，收效甚微；之后又采用增加轧机刚度、完善辊系、减少轧辊挠度、配置弯辊装置及附设立辊轧机等方法，已取得明显的效果；近年来采用了AGC、计算机控制、MAS法、BDR法、HCW轧机、VC辊、阶梯辊、PC轧机及CVC轧机等板形控制技术，水平不断提高。

当前，为了提高中厚钢板的尺寸精度、成材率及其性能的均匀性，扩大钢板规格与品种、减少精整工序，板形控制已成为中厚钢板生产中一项不可或缺的新技术。

板形控制也是一项钢板立体三维形状的控制技术，最终目标是生产出尺寸偏差非常小、切头尾和切边极少、矩形或近似矩形及齐边（不切边或铣边）的平直钢板。借此技术也可以扩大生产范围，生产出锥形（长度方向不同厚度倾斜）、梯形（宽度方向不同厚度倾斜）、圆形、异厚、异宽、防挠及带肋等各种异形钢板。

9.2 中厚钢板板形控制的内容及指标

中厚钢板板形控制内容如表9-1所示，一般划分为纵向（长度）、横向（凸度）及平面板形3项，三者互相配合与影响。只有统一运筹板形控制技术，才能生产出最佳板形和最经济的钢板。

板形控制后应当达到以下最佳指标：

（1）纵向厚度偏差：不大于±0.08mm；

（2）横向厚度偏差：不大于±0.05mm；

（3）不平直度：不大于0.04mm；

（4）头尾部异形总长：不大于50mm；

（5）边部裕量：每边不大于20mm；

（6）镰刀弯：不大于1.5mm/全长；

（7）宽度偏差：为0~+2mm；

（8）长度偏差：不大于±0.02%全长；

（9）平面识别：不大于±2mm；

（10）成材率：达96%以上。

表 9-1 中厚钢板板形控制内容

序　号	控制名称	控制因由	造成缺陷	控制方法	应用内容
1	纵向板形（长度）	（1）板长方向温度差 （2）黑印 （3）辊跳 （4）轧速变化 （5）轧制力变化 （6）轧辊偏心	（1）纵向板厚超差 （2）同条、同板、异板差大	（1）HAGC （2）DAGC （3）高刚度轧机	生产锥形板
2	横向板形（凸度）	（1）轧辊挠度 （2）轧辊偏心 （3）轧辊不均匀磨损 （4）轧辊辊型 （5）轧辊温度变化 （6）轧机刚度 （7）轧件温差 （8）压下精度及左右不均	（1）凸度板 （2）超差板 （3）浪形、瓢曲 （4）不平直 （5）剖分板成梯形	（1）PC 轧机 （2）HCW 轧机 （3）CVC 轧机 （4）WRB、BURB （5）辊型 （6）阶梯辊 （7）高刚度轧机 （8）HAGC	生产梯形板
3	平面板形	（1）展宽 （2）原料形状、尺寸及黑印 （3）轧件温度不均 （4）轧辊辊型及挠度 （5）压下精度及左右不均	（1）头尾舌头与鱼尾 （2）两边桶形与凹形 （3）边部折叠 （4）镰刀弯	（1）合理轧制程序 （2）规整、温均的原料 （3）MAS 法 （4）立辊轧边 （5）BDR 法 （6）差厚展宽法 （7）ATLAS 法 （8）HAGC （9）高刚度轧机	生产锥形、梯形、圆形、异宽、异厚、带肋及防挠等异形钢板

9.3 纵向板厚控制

由于钢板轧制与定尺长度的增大、纵向厚差的减小、板厚尺寸晋级范围的缩小、异形板轧制及平面板形控制的需要，纵向板厚控制越来越受重视，已成为现代化中厚板轧机板形控制所必不可缺的重要手段。

随着中厚板轧机轧制速度的提高，以及轧制过程中坯料的厚度偏差，轧件的头尾温差与黑印，原料的强度与硬度，轧机刚度的变化，轧辊的磨损、压扁、挠度及偏心，压下装置调整与检测的偏差等诸多因素的影响，钢板纵向板厚与偏差是不断变化的。20 世纪 50 年代开发电动 AGC 已满足不了负载情况下快速调整厚差的要求。1964 年美国伯恩斯港厂 4064mm 厚板轧机首先开始使用 HAGC，经几十年不断改进与完善，目前，HAGC 已在国内外中厚板轧机上普遍采用。

AGC 是根据材料变形抗力或入口侧厚度偏差来控制压下量变化，使长度方向厚度恒定或很少变动。作为基础的厚度计，AGC 是以板厚计算公式计算出轧制中板厚来进行控制的。如表 9-2 所示，GMS AGC 有前馈与反馈之分。

表 9-2 AGC 种类

基础条件	控制形式	后续方式	主要用途	实　例
厚度计 AGC（GMS AGC，Gauge Meter System AGC）	前馈 AGC（FFAGC，Feed Forword，AGC）	超补偿 AGC（Super AGC）	黑印修正；立辊轧机 AWC	日本鹿岛厂
		监控 AGC：近接测厚仪（Moniter AGC）	高精度控制板厚	
	反馈 AGC（FBAGC，Feed Back AGC）	相对值 AGC（OG AGC，Opposite Gauge AGC）或锁定值 AGC（Lock-on AGC）	开始道次锁定头部	
		绝对值 AGC（AG AGC，Absolute Gauge AGC）或目标厚度 AGC（Objective Gauge AGC）	MAS 法、DBR 法等板形控制；异形板轧制；立辊轧机 AWC	日本水岛厂，韩国浦项厂
		多功能、响应性快、快速、大行程、过压下 AGC		
		左右分开 AGC	ATLAS 法	

FF AGC 是从前一道次长度方向板厚、实际轧制力来预测下一道次轧制模型，用下一道次板厚偏差为零来控制。以前用的电动 AGC 响应性慢，现在，以近接 γ 射线测厚仪测出板厚，并得知轧制力变化，用 FF AGC 调整辊缝，可随时跟踪纵向板厚变化，同时，也考虑了测厚延时，AGC 响应滞后和后滑率等因素，实现了对全长板厚的高精度控制，达到 55μm 的偏差要求。若与超补偿 AGC 相配合，对黑印部位进行过压下，还可以补偿厚差。

FB AGC 是随时反馈实际轧制参数，根据其结果进行控制。FB AGC 有相对值（锁定）和绝对值（目标厚度）之分。前者是以设定轧制力与开始轧制时实际轧制力相比，采用锁定头部厚度的方法来补偿厚度变化，一般在开始道次用，而最后几道次用绝对值 AGC，但若轧制力之差达 2500MPa 以上时，应继续用相对 AGC。绝对值 AGC 是由轧制力变化引起板厚变化，以此加以补偿达到目标厚度。

HAGC 除了具有轧前辊缝设定、控制纵向板厚变化、黑印修正及头部锁定等功能以外，还用于 MAC、ATLAS、DBR 及返回咬入法等板形控制，以及锥形、梯形、圆形、异宽、异厚、带肋及防挠等异形板轧制。为此，要求 HAGC 具有较高的性能，可将响应性快的直动型伺服阀直接安置于液压缸上，以提高其响应性，而对压下系统可直接进行数字控制，缸位置控制则由数字信息处理机来执行，这样可大大提高其控制精度。

日本鹿岛厂厚板轧机采用近接测厚仪式自学习与监控的 FF AGC 后，实现了全长板厚高精度控制，也使平面板形与板宽控制水平大大提高。

9.4 横向板形控制

中厚板的横向板形控制也叫凸度板形控制。由于中厚板凸度的存在，使板厚偏差值增大，对任何构件均有不良的影响，特别是对桥梁和多层容器的性能影响更大，容易产生弯曲和切应力，降低工作应力与安全系数。另外，当一块宽板剖分为两条板时，造成钢板两边厚度不一致，也会影响用户的使用。因此，现代中厚板生产已将减少凸度提高到非常高的地位，它也是提高生产效益的一项重要措施。

中厚板凸度是由轧辊的挠度、不均匀磨损、温度变化、辊型及偏心等因素造成的。另外，轧机刚度和轧件温差的影响也很大。其中轧辊产生挠度对钢板凸度的影响最为明显，因此，许多减少钢板凸度的措施都是从减少轧辊挠度出发的。早期采用过烫辊的办法，目前，补偿与修正的措施有加大支撑辊及机架立柱断面、合理设计机架与辊系、原始辊型、由宽至窄板的程序轧制、弯工作辊、弯支撑辊、同时弯工作辊和支撑辊、阶梯辊、VC 辊、HCW 轧机、PC 轧机及 CVC 轧机等。现将中厚板横向板形控制几种主要方式列于表 9-3，以资比较。

中厚板横向板形控制逐年趋向于完善，但都未达到理想的阶段，各公司均以自有技术为基础，探索出各自的控制方式，总的目标是走向综合控制。

目前，单一采用弯辊装置来控制钢板凸度的变化，控制范围比较窄，且很不稳定。生产中随着轧制钢板块数的增加，轧辊不均匀磨损的加大，控制能力逐渐减弱，也不胜任动态辊型的变动，因此，控制的局限性很大。至于弯辊后可减少换辊次数、延长换辊周期的问题，因换辊周期还取决于轧辊的表面粗糙度，所以弯辊后带来好处并不明显。

20 世纪 60 年代中厚板轧机采用弯辊技术以来，效果并不明显，所以在许多轧机上已停用。20 世纪 70 年代开始，由于支撑辊直径的加粗，弯支撑辊技术已被放弃。

近年来，日本和德国都在研制一种可灵活控制横向板形的新型中厚板轧机，这些轧机都配有弯工作辊装置，使其发挥出应有作用。目前，除 PC 轧机有 2 套在生产以外，其他形式都只有一套在试生产中，至今还没有一种形式被广泛地推广与肯定。

9.5 平面板形控制

中厚板轧制需要展宽操作，不但板坯长度方向轧制，宽度方向也要轧制，造成四个板边都会有不均匀的变形。中厚板长度比冷热带短很多，成材率低，切头尾及边损失约占成材损失率的一半以上。为了减少头与尾的鱼尾形与舌头、边部的鼓肚、塌边、折叠及镰刀弯等不规整变形的损失，使之接近于矩形钢板，中厚板平面板形控制已成为提高成材率极为有效的措施。

表 9-3 中厚板横向板形控制的方式

序号	内容		WRB	BURB	PC	HCW	CVC	VC
1	英文名		work roll bending	back-up roll bending	pair cross	high crown	continoue variable crown	variable crown
2	中文名		工作辊弯辊	支撑辊弯辊	交叉轧辊	高精度辊形	连续可变凸度	可变凸度
3	最早采用年月、厂名		196- 年美国伯恩斯港厂 4064mm 轧机	1960 年美国凯萨厂 3760mm 轧机	1991 年 11 月日本君津厂 4724mm 轧机	1985 年 11 月日本福山厂 4700mm 轧机	1998 年瑞典奥克塞洛森德厂 3700mm 轧机	1974 年日本和歌山厂 4300mm 轧机（已停用）
4	装置内容		弯二作辊以改变辊型	弯支撑辊以改变工作辊辊型	改变轧辊交叉角度来改变辊缝	轧辊轴向移动以改变轧辊凸凹度	偏移 180°，上下 S 形工作辊构成对称辊缝，上下轧辊反向轴移以连续改变辊缝形状	在辊套与辊轴间油槽内充油加压使辊套膨胀以改变辊型凸度
5	凸度	控制范围/mm	70～220	0～180	350～1070	180～240	180～550	0～270
		变化大小	中	中	大	中	中	中
		控制精度/μm	>150	>100	>30	>15	>100	>150
6	对轴承影响		大	大	大	中	小	无
7	设备费用		小	中	大	中	中	小
8	新建或改造		改造	新建	新建	新建	新建	改造

妨碍中厚板矩形化的主要因素是展宽工序，另外，板坯形状、尺寸及黑印、轧机刚度、轧辊挠度、辊型、磨损及偏心和轧件温差等因素也对其影响较大。

目前，中厚板平面板形控制方式除表 9-4 所列几种以外，许多厂都有自家的专利技术，很多都是从一项技术衍生与发展起来的，各种方式有自己的功能，其中以日本水岛厂创制的 MAS 法使用比较普遍。1989 年我国舞钢创制返回咬入法对钢锭轧制成钢板也起到了很好的作用。

20 世纪 70 年代连铸板坯迅速发展，钢锭急剧减少。当时，中厚板轧机产能重于收得率，曾提出过“立辊无用论”。20 世纪 90 年代开始，轧机开工率频频下降，而提高收得率、降低成本已成为主题。近年来，中厚板轧机上附设立辊轧机又被重视起来，一些原先预留有立辊轧机位置的中厚板轧机上纷纷安装了新的立辊轧机，有的新建轧机也上了立辊轧机，并取得了应有的效益。

日本创制了无切边厚板生产技术来轧制无切边钢板，每边切边量可控制在 20mm 以下，且采用铣边加工方式。铣边机布置在切边与切头剪之间，为螺旋直线切、削型，直径为 ϕ1000mm，2 把刀刃，进刀速度为 42mm/min，每边铣边量达 25mm，板厚为 4.5 ~ 80mm，铣削采用中心、边部及直线 3 个位置控制，板宽精度可达 ±0.5mm 以下，保证用户不需要再加工。

但中厚板轧机附设立辊轧机后轧机产能会有所下降，一般下降达 10% ~20%，而成材率则可提高达 1% ~3%，取舍时需有所权衡。

另外，在精轧机上附设立辊轧机时，因为有一个宽厚比不得大于 100 的横向刚性问题，虽然采用压辊等措施来补救此限制，至今操作仍不理想，尚需有一段实践提高的过程。

9.6 中厚板板形检测技术

对钢板板形尺寸与外形等各种参数进行严格、准确而及时的检测是保证中厚板板形尺寸与外形的重要手段，也是满足高速、连续、自动化生产线所必不可缺的环节，已成为当今现代化中厚板生产技术的一项标志。

目前，这些检测技术由于检测元件、传感器、通讯及计算机等技术的迅速发展，已走向专业化、智能化及自动化阶段，使检测功能、精度及管理水平大大提高。检测项目已比较齐全，有厚度、宽度、长度、凸度、平面板形、镰刀弯、不平直度、头尾形状及浪形等。中厚板厂的生产环境比较恶劣，灰尘、烟雾、水蒸气、钢板表面的氧化铁皮、积水、粗糙度、不平直度以及钢板跳动等外界因素都会不同程度地影响检测的效果。因此，除了提高检测装置适应能力以外，尚需采取一些排除这些干扰的措施。如近接 γ 线测厚仪距轧机近至 2m，将分离的线源与检测装置安置于机架牌坊上，放在机械阻尼缓冲器的恒温槽内，解决轧机高温潮湿与咬钢时轧机冲击震动的恶劣环境问题，并与监控 AGC 组合，以跟踪方法来补偿无效时间，监视轧机常数和测厚仪误差，保证 AGC 的高精度。轧机上采用多台 γ 射线测厚仪，使检测误差可减少 1/3 左右。

表 9-5 列出几种主要的中厚板板形检测仪，每种检测仪的布置地点各有不同，应根据作业线前后设备关系和各厂生产操作惯例来选择，一种检测仪也可以多处布置、虽比较方便，但投资增大。

表 9-4 中厚板平面板形控制方式

序号	内 容	MAS	ATLAS	DBR	TFP	BB
1	英文名	mishima automatic plan view pattern control system	automatic transverse leveling adjustment system atinterpass	dog bone rolling	trimming free plate（vertical roll edging）	back bite
2	中文名	水岛自动平面板形控制法	道次间自动平整法	狗骨轧制法	无切边钢板（立辊轧边法）	返回咬入法
3	操作内容	预计好轧制成钢板的平面尺寸，在轧制开始阶段给坯料厚度断面以不同的变化来控制其平面板形	因轧机刚度与坯厚左右偏差、轧机正反转之差产生有镰刀弯，以 HAGC 将预测到的轧制力在道次间自动进行调整，以达到横向平整钢板的目的	预测长宽方向断面板形变化，展宽后在宽向截面轧制成两边大、中间小、似狗骨的形状，补偿舌头缺肉，以轧制成近似矩形钢板	采用立辊轧机轧制钢板侧边，使平面板形矩形化，以减少切边或免除切边	在成形阶段最后一道次将坯料头尾各压下一小段，转 90°轧制成近似矩形钢板
4	采用年月、厂名	1975 年日本水岛厂 5490mm	1982 年日本福山厂 4700mm	1982 年日本福山厂 4700mm	1975 年日本水岛厂 5490mm	1989 年中国舞钢 4200mm
5	效 果	提高成材率 4.4%	提高成材率 0.35%，镰刀弯由 20mm/m 减至 5mm/m	提高成材率 2%	提高成材率 1% ~3%，降低产量 10% ~20%	提高成材率 3% 以上
6	适用范围	还可轧制锥形、梯形、异宽、异厚及圆形钢板	消除镰刀弯	可轧制近似矩形、无舌头与鱼尾板、锥形板	可轧制近似矩形、无切边板	适合于以钢锭和锻坯为原料轧制成钢板时

表 9-5 中厚板板形检测仪

序号	内容	平面板形仪	测厚仪	测宽仪	测长仪	凸度仪	镰刀弯仪	平直度仪
1	英文名	plate shape gage	thickness gage	width gage	length gage	crown gage	camber gage	flatness gage
2	形　式	光幕式	γ射线，X射线，激光穿透衰减式	光电双三角法	光电双三角法	射线穿透衰减式	激光中心偏移法	激光非接触式
3	用　途	识别平面板形以确定最佳剪切位置	测出轧件与成品板厚（两边及中间）	测出板宽	测出板长	测出钢板横向凸度	测出钢板镰刀弯	测出钢板中波边浪的不良板形
4	原　理	以测宽仪、测长仪、头尾形状仪及光幕式检查器，并通过计算机显示出钢板宽度与长度方向坐标及两边位置的平面板形物象	以穿过钢板衰减后射线强度与原有射线强度之比值测出板厚	同测长仪原理，以2台CCD摄像机垂直配置，即可测出板宽	以轮廓检测（CCD）摄像机从板端热能变化率计算出板端位置，用脉冲电机高速旋转反射镜沿线状视野和垂直方向扫描，以2台摄像机定距测出位置差别，并加以倾斜补偿算出板长	以3台射线测厚仪测出钢板两侧边与中心的板厚，即可算出钢板横向凸度	以3台CCD摄像机测出板心位置两次差值，用两次微分并消除平行与转动、振动因素，经两次积分复原钢板镰刀弯形状	以CCD摄像机摄取照射于板面上的激光点，按钢板凹凸不平激光位置变化计算出变位点，并在输送中以双梁三角式消除上下振动干扰，测出输送钢板两点差，以钢板延伸率方法求出其平直度
5	布置地点	冷床前或后	机后（含近接）、剪前	机前或后、切边剪前	机前或后、定尺剪前	机前或后、切边剪前	剪前，快冷前	机后、冷热矫前，成品收集前
6	测出精度/mm	±1～3	±0.01	±1～3	±1～3	±0.01	±1～3	<0.04

9.7　今后的展望

板形控制是当今轧钢技术发展中的一项热门技术，这项技术对中厚板轧制来说尤为重要。与冷热带轧制相比，板比较厚、且很宽，但长度短，其应用范围与收效远远超出其他钢材。

目前，这项先进技术已成为新建中厚板轧机的基本要求，也是现有轧机技术改造中不能回避的课题。

中厚板板形控制由于展宽多道次往复轧制，需要转钢操作，因此，控制难度比冷热带大很多。虽然已发展多年，但目前仍处于发展和完善阶段，特别是横向板形控制和精轧立辊轧边技术，至今还处于开发阶段，并未找到一个理想的控制方式。

众所周知，中厚板板形控制是一项很有发展前途的技术，可以轧制成近似矩形钢板，切头尾及切边的余量很少，成材率达96%以上；轧制成不切边或齐边钢板，只切头尾、不切边或铣边，成材率达97%以上；轧制成矩形钢板，既不切头尾，也不切边，成材率可达98%以上，只有烧损与取试样的消耗。目前，世界上还没有一个厂能够生产出矩形钢板，应该向此方向努力。

目前，日本大分厂和水岛厂生产中厚板厚度偏差已小于0.05mm，并取消了切头尾和切边的余量，使成材率最佳值达到96%以上。

由于日本拥有一批高性能的现代化宽厚板轧机，便可得心应手地开展板形控制的科技创新工作，因此，在中厚板板形控制技术方面一直处于全球领先的地位。

10 中厚钢板控轧控冷技术综述

10.1 引言

控轧控冷是中厚板生产中非常有价值的，而且令人极为感兴趣的一项新技术。为适应这项工艺的要求，我国在轧机和控冷装置以及其他方面都投入了可观的资金，也不惜重金引进国外先进的装备与技术。

全球有3次建设中厚板轧机高潮，20世纪五六十年代第一次在美国，20世纪七八十年代第二次在日本，21世纪第三次在我们中国，从轧机刚度、轧制力及功率等基本参数上看，优于日美成为新一代中厚板轧机，但散而小一些。

在这次建设潮流中，大家都非常关注控轧控冷这项新技术，作者也汇集一些信息资料来综述一番，免不了有遗漏与不妥之处，只希望抛砖引玉，以飨读者。

10.2 控轧

控轧（controlled rolling，CR）是控制加热温度、轧制温度及压下制度等工艺参数，使形变与相变紧密配合，以得到不同的细晶粒组织、好的综合力学性能的轧制手段。细化晶粒是达到强度、韧性及焊接性三项俱佳目的的唯一办法。普通热轧钢板晶粒较大，直径达到20μm左右，不仅有铁素体（α），且有粗粒的珠光体（P），因此，韧性差。常化后晶粒可减至约10μm，而调质后细至约6μm，一般控轧可达到约6μm，可与常化相媲美。CR将加热、轧制与冷却三者组合在一起，是可以生产出高级钢板、研制出新产品的一种工艺技术。

首先各种元素对控轧的影响很敏感，所以应当做到限制有害元素、发挥有利元素、添加微合金元素，这是控轧前一项非常重要的准备工作，严格地说，控轧板化学成分与常规轧制板是不相同的。

（1）碳（C）可提高强度、降低韧性和焊接性，而控轧可降低C含量，提高韧性，减少碳当量，提高焊接性。一般碳当量应小于0.36%。

（2）锰（Mn）是保证控轧发挥作用的主要元素，能扩大低温控轧的范围，可提高强度和韧性，且降低Ar_3相变温度，扩大γ区加工范围，充分细化晶粒，并能固溶强化α相，但含量一般应不大于1.5%，不然对韧性不利。

（3）硅（Si）可缩小γ区，使Ac_3、Ac_1升高，不利于控轧，含量小于0.2%时可细化γ，大于0.2%时使γ变粗大。

（4）硫（S）为极有害元素，易分层，降低α_K值，且加剧纵横向性能差，增加冷热裂纹敏感性，降低抗氢脆能力，特别是管线板需控制硫形态，一般应小于0.0005%～0.001%。

(5) 磷（P）也是一种极为有害的元素，易偏析，导致调质回火脆性、冷脆，使热加工性和焊接性变坏。含量应小于0.02%，而S+P应小于0.005%。

(6) 氮（N）对控轧影响不明显，但也是一个有害元素，易时效，加剧焊接热影响区脆化与冷脆，降低冷加工性能，含量一般不应大于0.002%。

(7) 氧（O）对控轧影响也不大，但能降低延韧性与焊接性及疲劳寿命，含量应控制在0.001%以下。

(8) 氢（H）是造成内部缺陷的罪魁，应尽量除尽，最好在0.00015%以下。

根据生产经验总结，控轧板的S、P、H、O及N之和应低于0.01%，才有利于高质量板的生产。

(9) 铌（Nb）、钒（V）、钛（Ti）为微合金元素，可细化晶粒，起析出强化作用，并能降低低温转变温度。

(10) 铜（Cu）、镍（Ni）、铬（Cr）加入微量，合计在0.5%以下时，可提高强度，但有损于低温转变温度降低。

(11) 钼（Mo）可大大提高强度，但使低温转变温度恶化。

另外，通过合金化、塑性变形、控轧控冷以及热处理等强化手段来改善钢板的强韧性，不同方法阻碍位错的方式不同，强化机制也不一样，大致有以下几种：

(1) 加工（固溶）强化。固溶质阻碍位错，形成固溶体，使强度增加。随溶质的溶解量增加，溶解度减小。与基体原子大小差别愈大，且形成间隙固溶体，则强化效果愈好，

(2) 沉淀强化。以Nb、V、Ti微合金元素形成碳氮化合物，冷却中以第二相弥散析出而强化。

(3) 细晶强化。晶粒愈细，晶界愈多，位错阻力愈大，强化效果愈好，由Hall-petch公式得知：

$$\sigma_s = \sigma_1 + K_1 D^{-1/2}$$

即D减小，σ_s增大。

脆性转变温度（T_K）与D的关系：

$$T_K = A - mD^{-1/2}$$

即D减小，T_K降低，韧性变好。

(4) 变态（位错）强化。奥氏体低温变形回复形成亚晶，使位错密度加大而强化，也称为亚晶或位错强化。

晶粒细化，晶粒直径平方根减少，而强度和韧性直线地增加。

在轧制过程中存在以下现象。

(1) 加热：钢处于高温状态，固溶铁（δ）成长而粗大化；1000℃以上高温时结晶成长急剧加快。故加热温度应控制在1150～1050℃以下。

(2) 再结晶区轧制：普通钢在850℃以上轧制，破坏固溶铁，引起再结晶。若充分压下，再结晶晶粒就细化；但若温度过高，再结晶固溶铁又成长，再结晶就粗大化；再结晶晶粒细化限界为20～40μm。

(3) 未再结晶区的轧制：Ar_3 以上温度范围（未再结晶区）轧制，再结晶困难，轧制固溶铁向长度方向延伸，在内部变形带发生歪曲。添加 Nb、Ti 等可加大再结晶难度，使未再结晶区扩大到约 950℃。

(4) 双相区轧制：Ar_1 以上 Ar_3 以下（双相区）一部分固溶铁变态成为铁素体和固溶体双相共存的状态，在此区轧制使铁素体成为亚晶粒，同样达到晶粒微细化的效果。

通过变态可使晶粒直径变化：1）α→δ 变态，自 α 晶粒之一发生多数 δ 晶粒；2）δ→α 变态，α 晶粒发生在 δ 晶粒界，δ 晶粒之一发生多数 α 晶粒，特别是 δ 晶粒细长延伸时，与晶粒体积比较，晶界加大，产生多数 α 晶粒。

基于上述现象，采用以下轧制方式。

(1) LCR（light controlled rolling）轻控轧：也称为低温精轧，在再结晶区和未再结晶区附近轧制，与 DCR 比较，低温压下率小；规程制订在精轧前 3 道次左右；到 850~910℃冷却后继续轧制。

(2) DCR（deep controlled rolling）深控轧：在再结晶区和未再结晶区两区进行轧制。与 LCR 比较，近低温进行大压下，为使未再结晶区充分压下，添加 Nb、Ti 等合金元素，扩大未再结晶区；加热 1200℃左右保持在炉温度一定时间，使合金元素固溶，到成品厚的 4~6 倍时，冷却到 850℃继续进行轧制；适用于管线板生产。

(3) ICR（inter critical rolling）临界间轧制：全部在再结晶区、未再结晶区、双相区进行轧制，为控制固溶晶粒长大，加热用低温，即 960~1050℃。

新型控轧方法具有以下特点：

(1) CR 已为 TMCP 所取代，采用水冷型或非水冷型 TMCP 法需要大轧制力、高刚度与大功率的轧机轧制力需达 20kN/mm 以上，刚度达 2kN/mm 以上，功率达 2kW/mm 以上，才能有效实现 TMCP 技术。

(2) 为了待温，需有多块轧制的条件，粗精轧前后均需有足够长辊道和可以放置几块钢的地方；双机架时，粗精轧机之间距离远至 120m 之多。附照 2-11 为四块钢待温控轧情景。

(3) 轧机上必须具备有测压、测温、HAGC、HAWC、测宽等先进检测手段，并采用计算机自动化程序控制。

(4) 机后设有先进的控冷装置，要求操作灵活，冷却均匀，板形平直，性能均匀。

10.3 控冷

控冷（controlled cooling，CC）早期用于淬火提高强度，于 20 世纪 60 年代后期将层流冷却与微量元素强化相结合用在热带轧机上控制带钢材质，中厚板轧机控冷是从 20 世纪 70 年代中期由管线板生产开始的。

控冷是将控轧后钢板快冷，控制其相变与碳化物析出，在不降低韧性条件下提高强度，在不降低强度条件下减少碳当量，从而改善焊接性能。热轧后的快冷可获得淬火或回火的显微组织，相当于直接淬火或回火的处理过程，冷却速度为 4℃/s 时，能提高 σ_b 达 40MPa，而 12℃/s 时达 80MPa，且保持其韧性不变。目前，此法多用于一般高强度钢板的生产，可免去轧后淬火或回火等热处理工序，除了改善钢板性能以外，还可大大降低生产成本。

控冷并非简单技术，往往容易出现钢板的不均匀冷却与瓢曲。冷却装置应根据轧后钢板的厚度和温度，采用计算机控制喷水量、喷水时间及上下喷水量之差异，以确保其快冷的均匀性。一些中厚板厂试用情况表明，保证大水量的充分冷却是个关键，往往因水量不足而告失败。

冷却装置应做到使钢板长度方向、宽度方向、厚度方向、头尾及边部稳定而均匀地冷却，冷却后钢板材质偏差小，且保持良好的板形，残余应力小，可大量连续地生产，在线生产中采用计算机控制，可靠性高。

冷却装置布置位置有机后和矫后两种，前者占极大多数，板温容易控制，如附照 2-11 所示；后者很少采用，但冷却前板形好，且用水量小。

为防止钢板冷却中变形，根据是否加压而分为约束（closed）型和非约束（open）型两种。前者有压力式和辊式两种，压力式因存在淬火死区与损伤板面的缺陷，现已很少使用；辊式确有约束钢板变形的功能，目前尚在沿用。非约束型即无压式，是控冷装置中采用最普遍的一种型式，初期多采用约束型，现在已改为非约束型，因其省去加压设备，可使冷却更均匀，还可缩短冷却周期。

冷却设备按冷却方式又可分为连续（progressive）型和同时（simultaneous）型两种。前者是钢板连续通过冷却区，钢板一边行走一边冷却，确定连续型冷却装置长度（L）的公式如下：

$$L = (T_{始} - T_{终})v/c$$

式中，$T_{始}$ 与 $T_{终}$ 为冷却开始与终了板温，℃；v 为辊道输送速度，m/s；c 为冷却速度，℃/s。

例如日本君津厂生产高强板，$T_{始}$ 与 $T_{终}$ 各为 780℃ 与 500℃；v 为 1m/s，c 采取 14℃/s，现有冷却装置长度 19.8m，安设位置在热矫直机后面。

同时型冷却装置长度取决于轧制成最大板长，在其基础上再增加 2m 裕量即可。例如日本水岛厂和加古川厂轧后最大板长各为 38m 与 42m，而冷却装置长度各为 40m 与 44m。

同时型冷却装置是钢板送入冷却装置后停下来，将整块板同时进行冷却，钢板冷至要求温度后，再将钢板送出冷却区。因为是同时冷却，故冷却比较均匀，钢板头尾性能比较一致，但设备比较大，一般比连续型大 50%。

中厚板控冷装置种类繁多，形式五花八门，多自立专利。控冷主要是为了满足 ACC、ACC + DQ、DQ 工艺的要求，使冷却均匀、钢板组织性能基本一致、瓢曲少、平直、残余应力小，故冷却速度要适应板厚与工艺的要求，冷却效率高，同时要节约用水，冷却装置要结构简单，易于操作与维护，生产稳定，占用作业线短，投资省。

目前，控冷装置中喷水方式的选择是一个关键，采用比较多的是表 10-1 中四种方式。有单一的喷水方式，也有两种或多种相配合的方式，以达到快速、均匀、适应不同工艺的要求。

表 10-2 为国内外典型中厚板控冷装置性能列举，应该说是使用比较好的，各种型式基本上齐全，有单一 ACC，有 ACC 和 DQ 共用，有 ACC 和 DQ 分开，也有预留将来上 DQ 的。

表 10-1 四种喷水方式比较

序号	项 目	水 幕	层 流	雾 化	喷 花
1	英文名	curtain wall	laminar flow	mist	spray(jet)
2	操作要点	以溢出水形成层流状水幕冷却	用加压水喷流，以低出口流速形成平滑层流，使喷流形成轴线与落下距离对称振动的液滴流冷却	以高速空气将水加压，从喷嘴喷射成水雾冷却	以较大喷流出口速度形成瘤状紊流连续冷却，形似雪花
3	传热系数 /J·(m^2·h·℃)$^{-1}$	$7.5\times10^5\sim7.5\times10^6$ 大	$6.9\times10^5\sim5\times10^6$ 中	$6.3\times10^4\sim4\times10^6$ 小	$5.9\times10^5\sim5\times10^6$ 中
4	冷却速度 /℃·s^{-1}	~80	~60	~40	~60
5	优 点	水流为层流状态，冷却速度大，对水质要求不高，易维护，冷却率比层流高，冷却区短	冷却板厚范围广，按板厚使用不同喷嘴，冷却均匀，且调节灵活	以气雾化，冷却均匀，冷却速度调节范围大，可单独风冷，也可弱水冷与强水冷结合	调节范围广，冷却率略高于层流，结构简单，维护量小
6	缺 点	冷却速度调节范围小，不易控制厚度与宽度方向均匀冷却，薄的板用低流量时，水幕被破坏，故不适合薄的板	多数只用于上喷嘴，用于 DQ 较少	需风、水两套系统，噪声大，设抽气系统，冷速小	冷却均匀性差，为达到高冷却速度，水量要求大
7	适用范围	适用于 DQ 及厚板，不适合于薄规格板	多用于 ACC 上喷嘴及热带卷取前	适用于 ACC 及薄的板与连铸	多用于下喷嘴、辊淬及轧机和热矫上喷
8	实 例	欧洲厚板采用比较多	多数厚板用于上喷嘴	1989 年敦刻尔克厂，1989 年浦项厂，1998 年伯利恒厂，1999 年酒钢	日本 ACC、DQ 采用比较多

新型控冷具有以下特点：

(1) 有弱冷、强冷两种喷头配合，弱冷为 5 ~ 15℃/s，强冷为 8 ~ 36℃/s，使冷却速度可调范围很广，且有独自模型，上下水量及比（1∶2 ~ 3）可调，能做到准确冷却速度与均匀冷却，并采用最新的传感技术达到精确操作。

(2) 开发有均匀冷却用特殊喷头，且设有异常处理系统，全盘纳入计算机自动化操作范畴，不受钢板外界因素变化的影响。

(3) 根据钢板性能及厚度变化，可正确选择冷却速度及停止冷却温度。

(4) 快冷后板的浪形≤2mm/m，不需冷矫，硬度偏差 <6Hv，σ_b 偏差 <20MPa。

(5) 板边设置遮板，防止边部冷却过快，位置有上部或上下部两种。

(6) 在快冷装置前设有预矫，目前不多。

表 10-2 国内外典型中厚板控冷装置性能

序号	性能		单位	日本 日本钢管 福山	日本川崎 水岛	日本神户 加古川	日本 新日铁 君津	日本 住友金属 鹿岛	德国 迪林根	德国 米尔海姆	德国 杜依斯堡	法国 于齐诺尔 敦刻尔克	意大利 塔兰托	中国 鞍山
1	名称	缩写		OLAC	MACS	KONTCOOL	CLC	DAC	MULPIC	MACOS	ICS	RAC (ADCO)	ACP	HDTLFC
		英文		on-line accelerated cooling	multi purpose accelerated cooling system	kobe steel's accelerated cooling	continuous online cooling	dynamic accelerated cooling process	multi purpose interrupted cooling	mannasma accelerated cooling system	intense cooling system	rapid accelerated cooling (adjust cooling)	accelerated cooling process	high density tube laminar flow cooling
		中文		在线加速冷却	多功能加速冷却系统	神钢加速冷却	连续在线冷却	动态加速冷却工艺	多功能间断冷却	曼内斯曼加速冷却系统	强冷却系统	快速冷却（可调冷却）	加速冷却工艺	高密度管层流冷却
2	投产年月			1980 年 8 月	1983 年 4 月	1983 年 4 月	1984 年 11 月	1985 年	1988 年	1983 年	1978 年	1980 年	1985 年	2000 年 5 月
3	制造厂			本公司	本公司	本公司	本公司、IHI	本公司	本公司	本公司	本公司	Bertin & Cie	本公司	本公司
4	形式			非约束同时式	非约束同时式，DQ 为非约束连续式	非约束同时式	非约束连续式	非约束连续式	非约束连续式	非约束连续式	非约束同时式	非约束连续式	非约束连续式	非约束连续式
5	冷却段：宽×长		m×m	4.5×44	5.34×40 DQ 为 5.34×13	4.65×44.35	4.7×19.8	4.7×27 DQ 4.7×14	4.7×30	5×12	3.6×30	5×22	4.7×26	4.3×26
6	处理钢板尺寸		mm×mm×mm	(10~75)×(~4100)×(~38000)	(10~50)×(~5350)×(~38000) DQ 为 (10~150)×(~5350)×(~38000)	9~300×~4650×~42000	8~100×~4000×~38000	10~40×~4500×~50000	10~100×~4700×~36000	10~40×~4900×~27000	4~60×~3600×~26000	5~150×~5000×~30000	12~38×~4700×~53000	16~50×1500~4200×~40000
7	安设位置	距轧机 距矫机	m	26	19	53	79.8（在热矫机后）	25	56 25	16.6 38	14.5 25	~20	~22	~49 ~43

续表 10-2

序号	性能	单位	日本 日本钢管 福山	日本川崎 水岛	日本神户 加古川	日本 新日铁 君津	日本 住友金属 鹿岛	德国 迪林根	德国 米尔海姆	德国 杜依斯堡	法国 于齐诺尔 敦刻尔克	意大利 塔兰托	中国 鞍山
8	冷却速度： 10mm 板厚20mm 40mm	℃/s	8 ~ 25 4 ~ 10 3 ~ 7	8 ~ 36 4 ~ 20 2 ~ 7	8 ~ 36 3 ~ 25 2 ~ 16	3 ~ 35	7 ~ 50 6 ~ 19 5 ~ 13	~ 80 ~ 65 ~ 15	15 ~ 36 8 ~ 20 4 ~ 8	10 ~ 36 7 ~ 20 4 ~ 8	8 ~ 30 3 ~ 20 2 ~ 12	15 ~ 36 8 ~ 20 6 ~ 13	5 ~ 40
9	最大水量	m^3/min	140	200	195	190	135 上 15/45 下 30/90	200	76	200	100	188	150
		m^3/h	7200	上 4000 + 下 8000 = 12000 DQ14400	上 2570 + 下 6650 = 9220	11400	8200	12000	4500	12000	500 ~ 5000	11300	9000
10	喷水密度	$l/(m^2 \cdot min)$	900	上 580 下 900				96 ~ 2400		上:100 ~ 1000 下:400 ~ 1000			
11	水压	MPa	0.6	上:0.7 下:0.2	0.7	0.6	H:0.65 L:0.3	ACC:0.05 DQ:0.5	上:0.2 下:0.6	0.6		0.6	
12	喷水方式		上:层流 下:喷花	上:棒状喷花 下:水幕	上:层流 下:喷花	上:狭缝层流 下:平喷花	上:层流 下:喷花	上:搅拌水枕	上:水幕 下:水幕	上:层流 下:喷花	上:喷水气 下:喷水气	上:水幕 下:水幕	上:高密度管层流 下:喷花
13	上下水比		1:2 ~ 2.5	1:1.5 ~ 2.5	1:2 ~ 2.6	1:2 ~ 2.5	1:2 ~ 2.5	1:2	1:1.5 ~ 2	1:2	1:2 ~ 2.5	1:1.5	1:2 ~ 3
14	集水管根数	根	上:84 下:42	106	上:83 下:44	上:23 下:23	上:12 下:36		上:9 下:11	上:28 下:28		上:15 下:15	上:15 下:26

续表 10-2

序号	性 能	单位	日本 日本钢管 福山	日本川崎 水岛	日本神户 加古川	日本 新日铁 君津	日本 住友金属 鹿岛	德国 迪林根	德国 米尔海姆	德国 杜依斯堡	法国 于齐诺尔 敦刻尔克	意大利 塔兰托	中国 鞍山
15	板边遮蔽		有	有	有	上:有 下:有	有	有	有	上:有 下:有	上:有 下:有	有	有
16	板 速	m/min	~150	~150	~150	15~150	30~150	~120	3~90	~150	90	30~90	12~126
17	终冷温度	℃	450~600	550	600	600	600	600	600	600	600	600	520~650
18	处理品种		X52、X60、X65 管板，HT50 结构板	X70、X80 管板，高强耐候板	船、管、海洋结构板高强板	管 板、HT50 板	船、管板	管、船、桥、海洋结构、闸门、储罐等板	管板	结构板	结构板	管、船、高强结构板	船、结构板
19	其他厂例		扇岛			大分君津八幡		比利时克拉贝克、瑞典奥克塞洛森德、韩国浦项			中国酒钢、美国伯恩斯港		独创第一台，新余第二台
20	设备功能		ACC	ACC、DQ 分开	ACC	ACC+DQ	ACC、DQ 分开	ACC+DQ	ACC	ACC	ACC+DQ	ACC	ACC(+DQ)
21	设备操作特点		设备长，但冷却均匀	ACC、DQ 各有一台设备	设有弱与强喷头，冷速可调、范围广、冷后板形好，但设备长	设备在热矫后，板温低，冷却前板形好，且下面有遮板	ACC、DQ 各自一台设备	冷却快而均匀，可控性强，生产 QST 板	适合于管板快冷，水电消耗少，易维护、上下均为水幕	冷却快、下面有遮板	冷却均匀，气水雾化	冷却速度快	冷却均匀，上下水量比大，调节范围广，板形平直，钢板性能高且均匀

(7) 喷水方式多数上面用层流，下面用喷花、水压达0.6MPa左右。

(8) 功能有ACC，也有ACC兼用DQ，或两者分开两个机组，如水岛和鹿岛厂。

(9) 水冷速度在板厚10mm时为8~36℃/s,20mm时为6~20℃/s,40mm时为2~13℃/s。

(10) 钢板输送速度应可变，一般为15~150m/min。

(11) 目前用约束型已很少，多数已改为非约束型，同时式冷却比较均匀，但装置比较长，如福山、水岛、加古川及杜依斯堡四家，连续式比较多。

(12) 最大水量约10000m^3/h上下，如水岛为12000m^3/h，DQ为14400m^3/h。

(13) 装置距轧机约25m，最长板伸入装置，冷却与热矫不同时工作。

(14) 钢板终冷温度约600℃。

10.4　热机控制工艺

热机控制工艺（thermo-mechanical controlled processing，TMCP）是比常规控轧采用更大的压下率和更低的轧制温度的工艺，也是将控轧和控冷相结合、大幅度增大强度、降低碳当量、提高焊接性、减少合金元素、改善低温韧性的轧制新技术。

以前只把日本新日铁中间临界轧制（nippon steel's intercritical rolling,NIC）、日本钢管高韧性钢控轧（NKK controlled rolling for steel with good toughness，NCT）、川崎特殊控轧（special controlled rolling，SCR）与川崎热机轧制（kawasaki thermo- mechanical rolling，KTR）、住友金属高韧性工艺（sumitomo high toughness process，SHT）与住友金属特殊控轧（sumitomo special controlled rolling，SSC）及神户制钢控轧（kobe steel's controlled rolling，KONTROLL）等控轧模式统称为TMCP。现在为了将有控冷之TMCP区分开，只有控轧之TMCP称为非水冷型TMCP，而有控冷之TMCP称为水冷型TMCP，如日本新日铁CLC、日本钢管OLAC、川崎MACS、神户KONTCOOL、住友金属DAC、比利时克拉贝克MULPIC、法国敦刻尔克RAC、德国米尔海姆MACOS、杜伊斯堡ICS及意大利塔兰托ACP等。

控轧可细化晶粒，提高强度和韧性，而控冷则可降低合金元素和碳当量，提高焊接性，且放宽其控轧条件，提高终轧温度，使性能的各向异性减轻。水冷型TMCP将控轧与控冷有效地相结合，使钢板性能大大改善，生产成本明显降低，节约了贵重的合金元素，有望生产出目前尚不能生产的新产品。

日本神户制钢加古川厂采用KCL(kobe steel's controlled rolling and accelerated cooling)法生产API X70钢板，性能均匀稳定。控轧终轧温度控制在740~780℃之间，控冷速度9℃/s，冷至550℃，σ_b可提高20~50MPa，σ_s可增高20~30MPa，而韧性的变化很小，碳当量可由0.37%降至0.28%，各种性能指标均能满足UOE焊管的要求。

比利时克拉贝克厂采用MULPIC（multi purpose interrapted cooling）法进行淬火和自回火处理（quench self tempering，QST），冷却水调节量为500~5000m^3/h，强度提高比一般处理高出一倍。这种工艺还可用同一化学成分的钢生产出不同性能的钢板，且可降低碳当量，改善轧制条件。当控轧X70钢板时终轧温度为780~800℃，而采用MULPIC工艺时可提高至860℃。除生产高冲击韧性低温钢板以外，还可生产表层为马氏体，中心为铁素体、珠光体或贝氏体，也可全是贝氏体的特殊性能钢板。

日本钢管采用OLAC（on-line accelerated cooling）来生产低温钢板，已得到日本焊接协会认可，并已列入日本钢铁标准。产品有 NK-LTCALK33CR、NK-LTCALK 370L 及 NK-LTCALK 2. 5Niol 3 种，为非热处理型，以前用调质（常化回火或淬火回火）方法来生产。以控轧取得高的韧性，接着以控冷将低碳当量钢板强度进一步提高，已成为低温韧性与焊接性非常好的新产品，开始只用于造船板，现已推广到其他行业。NK-LTCALK370L 用于加拿大 7 万 t 以上破冰船及冰海构件方面，已取得用户的认可。

目前，只要轧机条件具备，基本上 TMCP 已取代 CR。

图 10-1 为控轧控冷工艺示意图，图中列举了几个典型的例子。

细晶强化	Ac_3以上轧制	—	○	○	○	○	○	○
	未细晶轧制	—	—	○	○	○	○	○
	Ar_3～Ar_1轧制	—	—	—	○	—	○	○
	水冷	—	○	○	○	○	○	○
加工(固溶)强化		—	○	○	○	○	○	○
析出(沉淀)强化		—	○	○	○	○	○	○
变态(位错)强化		—	○	○	○	○	○	○

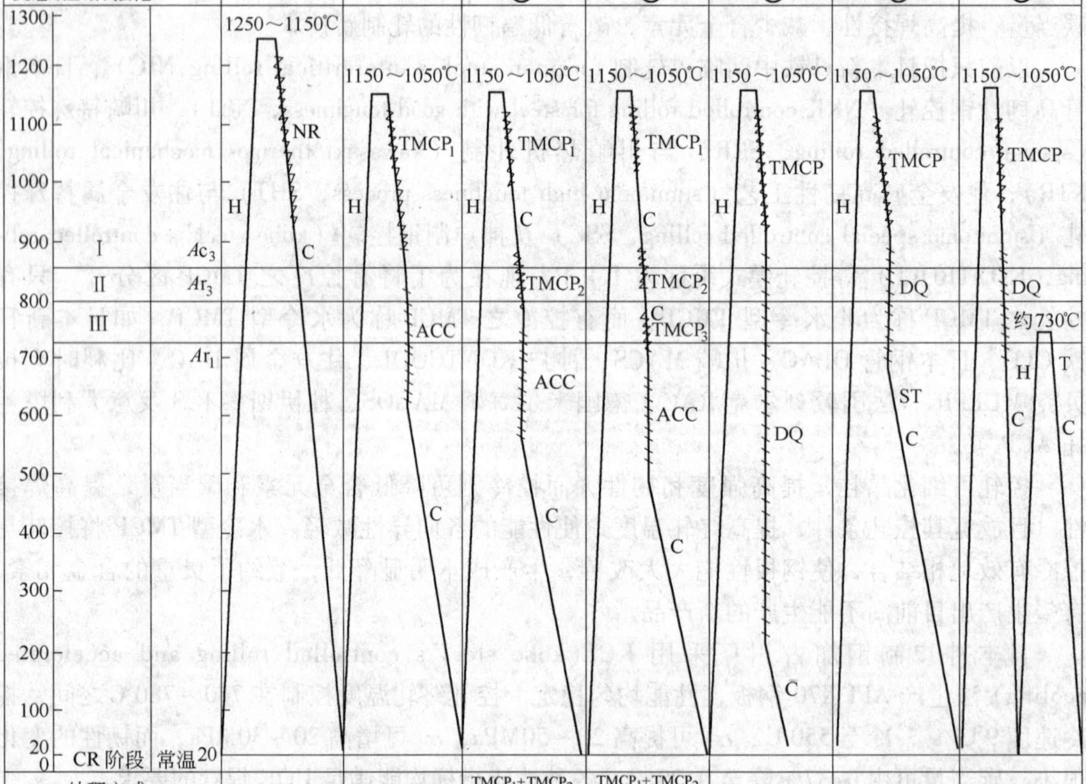

处理方式	NR	TMCP$_1$+ACC	TMCP$_1$+TMCP$_2$+ACC	TMCP$_1$+TMCP$_2$+TMCP$_3$+ACC	DQ	QST	DQ+T
组　织	γ或α	细α+P	细α、P、B、S	细α、B、S	M、B	α、M、P、B、S	S
产　品	各种钢板	管线板等	高强船板等	高强结构板等	>600MPa板	船舰海洋板	船舰海洋板
强度级别	各种级别	400～700MPa	500～900MPa	550～1000MPa	600～1200MPa	500～800MPa	600～950MPa

图 10-1　控轧控冷工艺示意图

CR—控轧、分Ⅰ、Ⅱ、Ⅲ 3 个阶段；H—加热；NR—常规轧制；C—空冷；TMCP—热机轧制；ACC—水快冷；DQ—直接淬火；ST—自回火；QST—淬火自回火；T—回火；γ—奥氏体；α—铁素体；P—珠光体；B—贝氏体；S—索氏体；M—马氏体

10.5 控轧控冷对工艺、设备及生产线的影响

控轧控冷与常规轧制相比较有很多不同的要求，首先原料应满足控轧控冷工艺的条件，其次在加热炉内要控制与降低加热温度，在轧机上实施低温轧制、控制道次压下率、轧制过程中待温或批量轧制、降温及升温、轧制速度、终轧温度及轧后快冷，在热矫直机上实现低温矫直等。将加热、轧制及冷却3个环节的工艺参数进行系统的检测，以计算机实现自动操作。因此，控轧控冷对工艺、设备及生产线的影响比较大，具体要求如下。

（1）板坯的化学成分应根据控轧控冷的要求作适当的调整，并添加一些微量元素，并对不纯元素成分提出更高的要求；

（2）最好有快速、均匀、低温加热，又易灵活控制的步进梁式加热炉；

（3）应有更高水压的除鳞箱；

（4）有一台大轧制力、大刚度、大功率、快速调整压下的轧机；

（5）设有如延长辊道、移出辊道、返回辊道、移送台架及吊架等待温等轧设施；

（6）机后设有快速冷却及直接淬火装置；

（7）有一台强力热矫直机；

（8）配备有完善的测温、测压、测厚、测宽、测长及测板形等检测仪器；

（9）实现计算机自动控制。

由于出炉温度的降低，使加热炉加热能力相对地增大。板坯出炉温度的降低，一般低100℃左右，给除鳞增加了困难，因此，除鳞箱喷头水压要求在20MPa以上。

由于轧制温度下降，一般由1250℃降至1150℃，终轧温度由900℃降至700～800℃，变形抗力增大，道次压下率加大，轧制力急剧增高，一般来说，控轧的轧制力比常规轧制大25%～30%。如常规轧制力为60000kN和80000kN，而控轧时需增至80000kN和100000kN。同时，主电动机功率也相应增大，由6000kW×2和8000kW×2增至8000kW×2和10000kW×2。日本在20世纪70年代建成一大批宽厚板轧机，由于实现了TMCP技术，在轧机本体、压下装置及主传动系统方面连年频繁发生设备事故，其中轧机牌坊裂缝就有5起，这些裂缝是无法补救的，只有更新牌坊，造成重大的损失，最终使轧机寿命大大缩短。

控轧过程中待温等轧以分阶段多块轧制操作加以弥补，但因间歇时间的增大，使每块钢板的轧制周期增加，再加上精轧温度的降低，轧制道次增加。因此，采用控轧的轧机生产能力会下降，一般会降低10%～20%。

目前，待温等轧多数都采用延长辊道办法，一般至少停留3块钢以上。轧后控冷都设置有快冷装置，同时型冷却段长达40m左右，而连续型达20m左右。这样使轧机前后作业线加长。

快冷装置用水量很大，且需一定的水压，瞬时流量需设置高位水箱或水池来满足；冷却水排入轧机下冲渣沟和铁皮坑的容量增大。

由于快冷后钢板温度降至500℃，矫直钢板强度明显增加，再加上水冷后钢板平直度有可能变坏，要求矫直力增加很多。因此，为了配合控轧控冷生产的要求，有必要设置一台强力热矫直机，以确保钢板平直度的要求。

中厚板采用控轧控冷后，使线外热处理工作量大大减轻，热处理设备明显减少，不但

使精整区面积压缩，而且燃耗降低，出厂成本价也更低了。

10.6 结语

中厚板轧机积极采用控轧控冷技术后，使中厚板强度、韧性及焊接性都有明显的提高，目前已广泛用于管线、船舶及结构等板的生产，并进一步在开发寒带用管线板和800MPa 高强钢板。

热机控轧工艺是中厚板生产中最尖端的技术，多年实践后已积累有丰富的经验，世界上许多先进的中厚板厂都已创立一套适合自己的生产工艺模式。

目前，我国中厚板生产厂、设备制造厂、大学科研设计单位都在这项新技术上努力奋进，发挥聪明才智，希望开创出有我国特色的控轧控冷工艺模式，尽快地为我国中厚板生产技术的进步做出贡献。

11 中厚板矫直技术的发展

11.1 引言

矫直是确保中厚板生产符合平直度标准要求的一道必不可少的重要工序。

近几年来，由于控轧控冷工艺的积极采纳，用户自动化加工对钢板平直度提出了更加严格的要求，国内外许多中厚板厂现有矫直机设备能力偏小、结构薄弱，已满足不了要求，急需更新改造。

至今，中厚板热矫直工艺仍然保持着辊式矫直机这一基本形式，但是，矫直机结构却发生了很大的变化，并出现了几种新机型，自动化程度也有了明显的提高。

本章将着重介绍中厚板几种矫直机的情况、最新的中厚板矫直技术的发展、矫直机产能的确认以及几种新型热矫直机的特点，以飨读者。

11.2 中厚板产生不平直的原因

中厚板轧机刚度的加大、板形控制技术的进步都有利于钢板不平直度的改善，而加速冷却技术的采用却会带来一些不利的影响。

目前，中厚板生产过程中产生不平直板形的情况及其原因如表 11-1 所示。

表 11-1 中厚板产生不平直板形的情况与原因

序号	生产过程	不平直板形	产 生 原 因
1	加 热	—	加热不均匀
2	轧 制	中波、边波、浪形	板厚与温度不均，不均匀变形，主传动控制偏差，冷却相变的差异，残余应力大与不均匀，缺乏平整道次
3	水雾冷却与加速冷却	瓢曲、边波等	不均匀冷却，边部冷却快
4	热 矫	原不平直板形	矫直机结构薄弱、操作不当
5	冷床空冷	瓢 曲	不均匀冷却
6	剪 切	剪 弯	斜刃剪切、剪刃重合量大
7	火焰切割	边波等	热应力
8	热处理	瓢曲等	加热与冷却不均，特别是淬火冷却
9	抛 丸	翘 曲	硬化不均，特别是单面抛丸
10	冷 矫	瓢曲等	残余应力大
11	运 输	弯 曲	吊具不妥，运输不善
12	库 存	弯 曲	放置不当

以上原因要完全避免是很难的，因此，需要加强矫直工作并细心操作。

11.3 中厚板矫直机的种类

中厚板矫直机分为热矫直机、冷矫直机、热处理矫直机及压平机等4种。按其功能和结构特点分述于下。

11.3.1 热矫直机

热矫直机直接设置在轧机后面，将轧成后的热钢板经空冷、快冷或淋水降温后进行矫直，见附照2-12钢板热矫直，矫直板温度一般在600℃以上、750℃以下，而快冷后可达450℃。矫直后板温过高时，冷却过程中仍会产生瓢曲变形现象；温度过低，则矫直力明显地增大。热矫直机距轧机一般达70~80m以上，中间设置有淋水装置，以调节板温。

形式采用四重辊式，辊数为7~15个，一般用9~11个，太多时会使矫直机太庞大。二重式的横向刚度太差，早已不采用。

钢板矫直时穿过矫直辊之间经多次反复弯曲变形，以消除瓢曲，同时要达到钢板残余应力非常小、内外分布均匀的目标。

辊式矫直机矫直力由下式计算确定。

$$P = \beta \frac{\sigma_{0.2} b h^2}{t}(n-2)$$

式中 $\sigma_{0.2}$——热或冷态屈服限，N/mm^2；

b——板宽，mm；

h——板厚，mm；

t——辊距，mm；

n——辊数；

β——考虑部分辊子矫直力的降低系数，取1.5~2.0。

如某厂通常矫直钢板$\sigma_{0.2}$为120~150N/mm^2（热态，钢温为600~800℃）和235~355N/mm^2（冷态，常温），b为4000mm，h为40mm，t取360mm，n为9个，β取平均数为1.67，则：

$$P = 1.67\frac{150 \times 4000 \times 40^2}{360} \times (9-2) = 31000\text{kN}$$

一台完整的中厚板辊式矫直机应由机架、上下横梁、上下矫直辊装置、上下支撑辊装置、引料辊装置、压下机构、弯辊装置、倾斜机构、换辊装置、检测系统、安全装置、除铁皮与冷却系统、传动装置、电动机及走台等所组成。

除确定矫直机的最大矫直力以外，还需确定钢板的最大宽度和厚度范围、$\sigma_{0.2}$、矫直辊直径和长度、t及n、开口度、压下与倾斜安全机构、矫直速度、传动力矩、电动机容量、换辊形式及除铁皮方式等。为了提高机架刚度，减少辊跳量，确定机架预紧力的大小，需配备有一定的自动控制系统。

11.3.2 冷矫直机

冷矫直机用于热矫未矫平直或热矫后产生不平直度的个别钢板。在冷状态下进行矫直，见附照2-13，矫直力比热矫直大。形式与热矫直机基本相同，但辊数比热矫少两根以上。

一般布置在剪切线或热处理线后面，不会直接影响到轧机生产，矫速比热矫低，一般为20~60m/min，最低达10m/min，最高达90m/min。

冷矫钢板最大厚度为30~40mm，在热处理线上有时达到50mm，太厚时，辊式矫直机冷矫有困难，只好求助于压平机。

11.3.3 热处理矫直机

热处理矫直机设在正火或回火热处理线后，矫直热处理后不平直的钢板。对象是在冷状态下矫直，因而采用冷矫直机，但因用于热处理加热后的钢板，故称为热处理矫直机，其基本结构与冷矫直机相同，如果只作为热处理板矫直用，矫直能力就不需太大，考虑铁皮硬与无水冷措施，矫直辊材质硬度略比热矫高一点，因此，也有采用冷热两用矫直机的情况，但热处理后钢板不会出现挠头的问题，因而不需要压头辊装置，也可免去快速换辊措施。

11.3.4 压平机

厚度大于30mm或头尾端局部弯曲的钢板，用冷矫直机矫直很困难，许多厚板厂都设置一台压平机。一般都单独布置，结构采用油压式，而水压式已被淘汰。

压平机压力由下式计算确定。

$$P = \frac{b}{t}h^2\sigma_s$$

式中 b——压头宽度，mm（指圆弧压头）；

t——板下面两支点间距离，mm；

h——板厚，mm；

σ_s——钢板屈服强度，kN/mm^2。

一般压力在5000~45000kN之间，多数选用10000~30000kN。

实际生产中根据不同的板厚和屈服强度，可调节两支点距离来适应额定压力的要求。

压平机工作时，油压缸上压头可沿板宽方向移动，钢板长度方向移动采用辊道或拖拉小车方式。这样，只要纵向移动钢板，钢板整个面的任何位置的不平直部位都能得到压平，但效率很低，劳动强度很大，矫直效果主要依赖操作者的熟练技术与经验。操作时要充分考虑压头的平行度和板下面支点坐垫的大小与位置，以免将钢板压出压痕的缺陷。

日本厚板厂都设有压平机，我国舞钢、鞍钢、浦钢及济钢等厚板厂也有此类设备，而中板厂就很少配置。

11.4 几种新型矫直机

薄的钢板采用小辊径和小辊距的矫直机，而厚的钢板则用大辊径和大辊距的矫直机。用一种辊径和辊距的矫直机来矫直钢板时，其板厚范围是有限制的，一般为4~5倍以下，即板厚为4~20mm或10~50mm。现有矫直机矫直钢板厚度达4~50mm，选用辊径和辊距时以薄的作为参数，先保证薄的钢板平直度，而矫厚板时矫直力不够，就采用多道次矫直工序来补救，显然是不太合理的。

近十多年来，日本和德国等制造厂制造了组合式、混合式及变辊数与辊距的辊式矫直机，可以改变板厚范围的限制，一台矫直机矫直板厚范围达到十几倍以上。

现将 3 种新型辊式矫直机分别作一些介绍。

11.4.1　组合式辊式矫直机

1986 年日本住友金属公司鹿岛厂由于控轧控冷后钢板温度下降、板形变差、矫直力增大，将现有矫直机改成为轻重型矫直机组合式，也称为母子式矫直机。使矫直钢板厚度范围扩大，达到 4.5 ~ 70mm，既可满足控轧控冷后热矫的要求，又可矫直薄的中板。这台矫直机的性能如表 11-2 所示。

表 11-2　组合式辊式矫直机性能

序　号	项　目	重型热矫直机	轻型热矫直机
1	形　式	9 辊四重式	7 辊四重式
2	矫直力/kN	30000	3400
3	矫直辊/mm × mm	ϕ315 × 4800	ϕ190 × 4800
4	支撑辊/mm	ϕ320 × 108 个	ϕ190 × 84 个
5	电动机/kW	DC，740、550	DC，360 × 2
6	矫直速度/m · min^{-1}	150	150
7	矫直钢板尺寸/mm	（4.5 ~ 70）× 4620	（4.5 ~ 10）× 4620
8	刚度系数/kN · mm^{-1}	5000	560

配置时重型在前，而轻型在后，重型矫直机设有弯辊装置和过载保护，而轻型矫直机配有上框架弯曲矫直辊装置，可选择合适的弯曲值来矫直薄的中板。轻重两台矫直机之间张力由轻型矫直机测力仪反馈到重型矫直机上进行动态控制，使轻重型之间速差形成张力达 1000kN 左右，不平直度合格率由 45% ~ 65% 提高到 90% 以上。使用轻型矫直机后，板厚 4.5 ~ 7mm 的不平直率，比只有单台重型矫直机时减少一半，若使用张力矫直时，尚可减少 75%。总的来说，采用组合式矫直机不论钢板厚薄其不平直率均可减少 50% 以上。

但这种设备比较庞大，相当于大小两台矫直机，投资增加很多。

11.4.2　混合式辊式矫直机

混合式辊式矫直机是由进出口各 4 根直径为 190mm 的小矫直辊（分别由两台 300kN 直流电动机传动）、中间 5 根大直径为 315mm 与两根中直径为 282mm 的矫直辊（由 1 台 1000kW 调速电动机传动）混合组成的 15 辊式矫直机，也称为可收缩式辊式矫直机。

进出口下部各设有弯辊装置，以改善钢板横向平直度，且使小辊与大中辊之间有一个速度差，形成一定的张力，以改善钢板纵向平直度。

矫直薄的中板时 15 根辊都投入工作，并给予一定的张力，因此，板厚 6mm 以下时也能取得较好的平直度。

这种矫直机的最大矫直力达 41000kN，且矫直厚度范围比较大，但设备结构较复杂。

11.4.3 变辊数与辊距的矫直机

9 辊式矫直机变为 5 辊式，将上下各抬升两根辊，即 No. 3、No. 4 及 No. 6、No. 7。原有辊距为 200mm ×8，而改变后辊距成为 200mm +600mm ×2 +200mm，可使矫直板厚范围扩大 50%。

传统矫直机的辊数与辊距是不变的，一般受矫直板厚范围有 4 倍之限制。改变成 5 辊时主要用于矫直厚规格钢板，原有矫直机则用于矫直薄的中板。

虽然这种扩大矫直板厚范围的方法比较简单，但因辊径不变，而辊距太大，矫直能力与效果会受到限制，且需设置单独的抬升装置，因此，实际生产中应用不多。

11.5 热矫直机生产能力的确认

为了满足轧机生产节奏的要求，对各种厚度钢板的矫直生产能力应当大于轧机的生产能力，不然就会限制轧机的生产速度。

影响矫直机生产能力的主要是矫直速度、矫直道次和钢种 3 项因素。

目前，国外热矫直机最高矫直速度已达 150m/min，日本大多数厂都达到 120m/min。

矫直道次以一道次为准，多则有 3 道次，很少用 5 道次。多道次用于薄的或厚的规格板，即板厚在 12mm 以下或 60mm 以上。当板温很高，而需降温时，也可采用多道次以延长矫直时间。对 σ_s 达 560N/mm^2 的高强钢板采用多道次矫直也比较常见，而板厚就不限制。σ_s 达 700N/mm^2 的钢板均需经多道次矫直，更不受板温与板厚的限制。对管线用板只薄至 10mm 以下时才采用多道次矫直。

现举例子如表 11-3 所示，采用矫直速度为 45、65、90m/min，两块板间歇时间取 10s，多道次矫直钢板加速时间为 5s。

表 11-3 热矫直机生产能力

序号	板坯重量 /t	轧制成钢板尺寸/mm			比例/%	矫速 /m · min^{-1}	道次	矫直时间 /min	矫直产量/t · h^{-1}	
		厚度	宽度	长度					100% 比例	分配比例/%
1	3.84	4.5	3100	35100	1	90	3	1.503	153	1.53
2	4.32	5	3100	35500	2	90	3	1.516	171	3.42
3	6.24	6	3600	36800	5	90	3	1.560	240	12.00
4	12.90	8	3600	57100	2	90	3	2.236	346	6.92
5	12.90	10	3600	45600	5	90	3	1.853	418	20.90
6	12.90	12	3600	38000	15	90	3	1.600	484	72.60
7	18.80	16	4100	36500	15	65	1	0.812	1389	208.35
8	18.80	20	4100	29200	20	65	1	0.699	1614	322.80
9	18.80	23	4900	21300	2	65	1	0.578	1952	39.04
10	20.70	26	4900	20700	5	65	1	0.568	2187	109.35
11	20.70	28	4100	23000	1	65	1	0.604	2056	20.56
12	20.70	30	4100	21400	5	65	1	0.579	2145	107.25
13	20.70	35	4100	18400	1	65	1	0.533	2330	23.30

续表 11-3

序号	板坯重量/t	轧制成钢板尺寸/mm			比例/%	矫速/m·min^{-1}	道次	矫直时间/min	矫直产量/t·h^{-1}	
		厚度	宽度	长度					100%比例	分配比例/%
14	19.80	40	3600	17500	10	65	1	0.519	2289	228.90
15	19.80	45	3600	15600	2	65	1	0.490	2424	48.48
16	19.80	50	3600	14000	2	65	1	0.465	2555	51.10
17	29.40	60	4100	15200	2	45	1	0.484	3645	72.90
18	29.40	70	4100	13100	1	45	1	0.452	3903	39.03
19	25.30	80	4100	9800	2	45	3	0.785	1934	38.64
20	29.40	90	3600	11600	1	45	3	0.868	2032	20.32
21	25.30	100	3600	9000	1	45	3	0.748	2029	20.29
合计					100					1467.68

矫直时间为 T，以序号 1 为例：

$$T = \frac{35.1}{90} \times 3 + \frac{10 + 5 \times (3 - 1)}{60} = 1.503\text{min}$$

矫直产量为 p，以序号 1 为例：

$$p = 3.84 \times 60 \div 1.503 = 153\text{t/h}$$

4300mm 双机架轧机生产 4.5mm 厚钢板时轧制能力为 115t/h，而轧制 16mm 厚以上钢板均受加热炉 750t/h 加热能力的限制。因此，矫直生产能力均大于轧机的生产能力，选择的矫直机性能满足生产要求。

11.6 中厚板矫直技术的发展

近几年来，随着控轧控冷与直接淬火技术的采用，轧后板温的降低、板形的变坏、屈服强度的增大、板厚范围的加宽及用户对钢板加工自动化程度的提高，对生产厂交货钢板的平直度要求也更加严格。因此，新建热矫直机都要求是能力强、刚度大、自动化程度高的新型设备。钢板经矫直后平直度好、残余应力小且分布均匀、表面质量好且无压痕，而且要求设备操作安全可靠、作业率高、换辊方便且快速、一道次矫直、矫速快、矫直时间短、自动化水平高以及投资小。

首先，新型矫直机刚度都很大，即框架辊跳和矫直辊挠度小。结构设计非常紧凑，将框架立柱采用预紧力联结，矫直时立柱受载后伸长很小。另外，横梁产生挠曲变形以测得矫直力大小来调节液压缸加以补偿。矫直辊产生挠度以弯辊方式与 PC 辊加以克服，始终保持平行恒辊缝以达到最佳平直度的水平，矫直辊宽度方向倾斜用于矫直锥形板。最后，使矫直机刚度达 10000 ~ 20000kN/mm 以上，总的辊跳达 2 ~ 3mm 以下，而横梁与矫直辊挠度达 0.2 ~ 0.3mm 以下，并且不允许有振动现象，不然也会影响到矫直质量。

采用 HAGC 装置以控制辊缝，达到恒辊缝的要求，并以厚度计 AGC 方式、从矫直力信号控制进口与出口辊缝闭合和打开，满足板子头尾部的矫直要求。

有的矫直机将每个矫直辊压下进行单独调整，使压下操作灵活自由，每根矫直辊都处于最佳工作状态。这样，可减少矫直机辊数，使设备重量减轻。

还有的矫直机的矫直辊也单独传动，可避免个别矫直辊的扭矩过大，将接轴和齿轮损坏的情况。当矫直辊发生速差时，会在钢板表面引起打滑现象而损伤板面。

为了自进口至出口压下量逐渐减小，而使辊缝逐渐增大，因此都设有矫直辊组倾斜机构，一般都采纳压下机构兼做倾斜机构的上辊组倾斜方式，比较合理的结构中将下辊组也设置倾斜机构，以便做到最佳的弯曲变形程序，最后得到不平直度极小的钢板。

新型矫直机上都附设有制动装置和过载保护装置，以便发生事故时快速停车和保护电动机与传动系统。

矫直辊的维护与材质对矫直钢板表面质量和换辊周期有很大的影响。选用材质是从耐磨性、传动强度及受压强度来考虑。为了防止矫直辊缺陷的产生，与支撑辊材质保持有一定的硬度差，如矫直辊硬度选用 65 ~ 72HB 时，则支撑辊取 40 ~ 57HB。最近，为了延长换辊周期，增加矫直辊的耐磨性和耐冲击性，将矫直辊辊身选用 13Cr 不锈钢，使换辊周期由每换一次辊矫 20 ~ 30 万吨增至 40 ~ 70 万吨。热矫时为了防止热裂熔化磨损，辊子冷却很重要，有时在矫直辊或支撑辊外部单独冷却，也有的和矫直辊内部水冷并用。外部水冷用喷头对矫直辊喷冷却水，将高温钢板接受热去除的方式目前得到广泛的应用。内部水冷是将矫直辊做成空心，通过旋转接手将冷却水通入矫直辊内部进行辊子冷却的方式。

目前，矫直机已普遍采用计算机模型控制，并与轧机过程机相连接，模型可根据矫直钢板厚度、宽度、平直度状况及温度来设定辊缝，调整好横梁液压缸位置，保证打开、闭合及咬钢速度的稳定，自动将过载保护系统和厚度计控制弹跳补偿系统切入工作状态。

11.7 结语

我国中厚板轧机很多，但矫直机性能都比较低，仍保留有二重式老的辊式矫直机，这种矫直机刚度非常差，无法满足高平直度钢板的矫直要求。

应该认识到，轧制后热钢板是无法达到平直度标准规定的最低要求的，热矫乃是轧制工序后续的一部分。

目前，国内许多厂都在改造矫直机，也有的厂准备采用新型矫直机，把中厚板矫直技术提高一步。矫直机这项不显目的设备的重要性已逐渐被大家所认识。

12 中厚钢板冷床的选择[1]

12.1 概述

热轧中厚钢板均需经不同介质和冷却速率的均匀冷却，其中冷床是中厚钢板冷却的主要设备。

冷床的功能是将高温热矫后平直的钢板均匀冷至常温，送往剪切线，且缓冲轧机与剪切线之间生产能力的不平衡。

中厚钢板热矫后达 750 ~ 650℃，要求均匀迅速冷至 100 ~ 150℃以下，且不得划伤下表面，以便送至下一道工序顺利进行检查修磨、超声波探伤、划线及剪切等精整操作。

冷床冷却后钢板温度过高时，检查修磨钢板的劳动条件差、划线也有困难、超声波探伤的灵敏度将大大下降，剪切有蓝脆温度与剪刃寿命低等问题。

中厚钢板冷床选择中通常有冷床面积和冷床形式两个问题，作者参与了舞钢 4200mm 厚板机、邯钢 3000mm 中板机、冀东 5500mm 厚板机及马钢 5000mm 厚板机等 4 个设计项目，从中获取了一些经验，并提出一些不成熟的意见，供作参阅。

12.2 冷床面积的确定

冷床面积大小是根据生产钢板尺寸、轧机产能及冷床功能的要求来选定的。

冷床布置在热矫直机后面，钢板长度方向通过热矫直机后，便改变成宽度方向进入冷床内，所以，冷床长度便取决于钢板轧制的最大长度，若设有热剪切机，则冷床长度可以适当缩短。目前，日本冷床长度比较大，如水岛厂为 76.4m，鹿岛厂为 75m，大分厂为 65m，加古川厂为 54.95m。冷床长度长对提高成材率有很大的好处。

冷床宽度根据冷床面积来确定，但也可以做成几个冷床，生产上灵活性比较大，一般配置成 2 ~ 3 个，少则 1 个，多则有 5 个。如大分厂只配置 1 个冷床，最大宽度达到 67m。

当检查修磨台架布置在冷床后面时,其面积应该属于冷床的一部分,对钢板冷却是有利的。

冷床面积过大，既增加设备重量和建设费，又增大厂房面积，还增长钢板流程路线，延长钢板的生产周期，应该有所节制。

目前计算中厚板冷床面积有 3 种方法。

12.2.1 经验法

按车间生产规模来确定冷床面积大小。每月生产 1 万吨钢板需要多少冷床面积，正常情况取 $220m^2$/(万吨·月)，而富裕情况可取 $320m^2$/(万吨·月)。

例如，年产 30 ~ 300 万吨车间规模时，所需冷床面积见表 12-1。

---

[1] 此章写于 1990 年 10 月。

表 12-1 各种车间规模的冷床面积

序号	车间规模/万吨		冷床面积/m^2	
	年 产	月 产	正常情况	富裕情况
1	300	25	5500	8000
2	240	20	4400	6400
3	180	15	3300	4800
4	120	10	2200	3200
5	60	5	1100	1600
6	30	2.5	550	800

12.2.2 按加热炉加热能力确定冷床面积

例如，加热炉加热能力达 100t/h 的 2500mm 中板车间冷床面积计算见表 12-2。

表 12-2 中板车间冷床面积计算

序号	内 容	中板尺寸/mm × mm × mm	
		8 × 2000 × 26000	20 × 2000 × 26000
1	加热炉加热能力/$t \cdot h^{-1}$	100	100
2	钢板单重/t	3.27	8.16
3	每小时生产钢板块数	$\frac{100}{3.27}=31$	$\frac{100}{8.16}=12$
4	自 650℃冷至 100℃时冷却时间/min	29	78
5	冷床长度相当于轧制最大长度/m	26	26
6	29min 和 78min 可轧板的块数	$\frac{31\times29}{60}=15$	$\frac{12\times78}{60}=16$
7	冷床的理论宽度/m	15 × 2 = 30	16 × 2 = 32
8	钢板间隔 0.5m 时距离/m	15 × 0.5 = 7.5	16 × 0.5 = 8
9	所需冷床宽度/m	30 + 7.5 = 37.5	32 + 8 = 40
10	所需冷床面积/m^2	37.5 × 26 = 975	40 × 26 = 1040

首先按图 12-1 查出板厚 8mm 与 20mm 自 650℃ 冷至 100℃ 时冷却时间为 29min 与 78min。

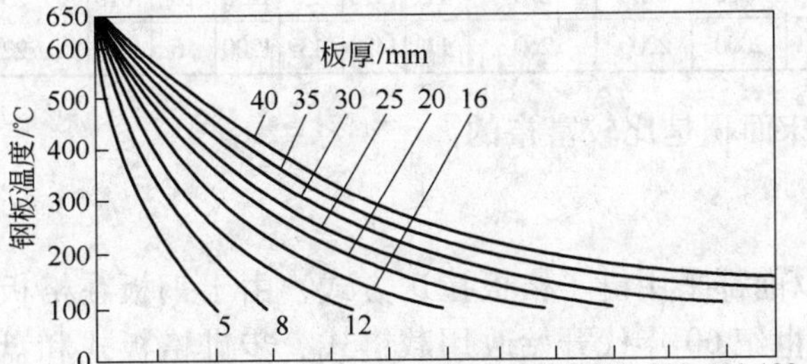

图 12-1 冷却时间表

12.2.3 按轧机生产能力与流程线路计算冷床面积

使用这种方法时，存放时间应大于冷却时间，且有一定的富裕时间才能冷至所要求温度。

表 12-3 为 5000mm 轧机小时产量达 690t、冷床面积 6300m^2 时冷却时间的富裕情况。

表 12-3 按轧机生产能力与流程线路验算冷床面积

钢板			热矫后的冷却路程			冷却路程上存放的能力	从热矫开始，冷至 3 种温度时冷却时间与存放量						存放 690t/h 时存放时间	3 种温度下存放 690t/h 时的富裕时间		
厚度	宽度	单重	辊道	冷床	合计		200℃		150℃		100℃			200℃	150℃	100℃
mm	mm	t/m	m	m	m	t	min	t/h	min	t/h	min	t/h	min	min	min	min
50	3000	1.2	200	2000	2200	2640	108	1470	142	1120	170	930	230	122	88	60
	4000	1.6	200	1560	1760	2820	108	1570	142	1190	170	1000	245	137	103	75
	4800	1.92	200	1300	1500	2880	108	1600	142	1220	170	1010	250	142	108	80
40	3000	0.96	200	2000	2200	2110	86	1470	115	1100	140	900	183	97	68	43
	4000	1.28	200	1560	1760	2250	86	1570	115	1170	140	940	196	110	81	56
	4800	1.54	200	1300	1500	2310	86	1610	115	1210	140	990	201	115	86	61
30	3000	0.72	200	2000	2200	1580	60	1580	80	1190	114	830	137	77	57	23
	4000	0.96	200	1560	1760	1690	60	1690	80	1270	114	890	147	87	67	33
	4800	1.15	200	1300	1500	1730	60	1730	80	1300	114	910	150	90	70	36
25	3000	0.6	200	2000	2200	1320	50	1580	71	1120	90	880	115	65	44	25
	4000	0.8	200	1560	1760	1410	50	1690	71	1190	90	940	123	73	52	33
	4800	0.96	200	1300	1500	1440	50	1730	71	1220	90	960	125	75	54	35
20	2500	0.4	200	2500	2700	1080	34	1910	62	1050	78	830	94	60	32	16
	3500	0.56	200	1750	1950	1090	34	1920	62	1060	78	840	95	61	33	17
	4500	0.72	200	1400	1600	1150	34	2030	62	1110	78	890	100	66	38	22
15	2000	0.24	200	3000	3200	770	25	1850	35	1330	52	890	67	42	32	15
	3000	0.36	200	2000	2200	790	25	1900	35	1350	52	910	69	44	34	17
	4000	0.48	200	1560	1760	850	25	2040	35	1460	52	980	74	49	39	22
10	2000	0.16	200	3000	3200	510	18	1700	22	1390	32	960	44	26	22	12
	2500	0.2	200	2500	2700	540	18	1800	22	1470	32	1010	47	29	25	15
	3500	0.28	200	1750	1950	550	18	1830	22	1500	32	1030	48	30	26	16
5	2000	0.08	200	3000	3200	260	11	1420	13	1200	16	980	23	12	10	7
	2500	0.1	200	2500	2700	270	11	1470	13	1250	16	1010	23	12	10	7
	3000	0.12	200	2000	2200	260	11	1420	13	1200	16	980	22	11	9	6

验算结果证实冷床面积是比较富裕的。

12.3 冷床形式

20 世纪 50 年代以前都采用链子格板拉送方式，由于钢板在格板上滑移，下表面容易产生划伤的缺陷。20 世纪 60 年代开始改用载链式、步进格板式和盘辊式，并将链子格板式改进为滚动爪子（惰辊）式。而冷床输出、输入部分也采用载链式提升移送装置来代替钢绳拉钢推送方式，解决了下表面划伤的问题。

冷床选型除应考虑钢板温降和划伤以外，还要求均匀冷却，不应产生应力和瓢曲，而且要求冷却效率高，冷床面积利用率高，冷床结构刚性大、工作可靠、维护容易而省时间，必要时还可在冷床上进行钢板表面的检查修磨工作。

目前，中厚板生产采用的冷床形式主要有步进梁（运载格板）式、盘辊式、链子格板式、滚动爪子式及载链式等 5 种。现将其比较情况列于表 12-4。

表 12-4 冷床形式的比较

序号	内容		步进梁（运载格板）式	盘辊式	链子格板式	滚动爪子式	载链式
1	英文名字		walking beam（carrier grid）	desk roller	chain grid	rolling dog	carrier chain
2	机构		梁或格板升起移动钢板一步，降板放在固定格板上，重复以上动作将板向前送进，并可逆行，且每组步进梁可分别动作	在板宽方向将盘辊安于间隔 1～2m 的传动轴上，盘辊转动将板向前送进	用固定在链子或钢绳上的爪子拉动板边，将放在固定格板上的钢板往前拉移	将链子格板式加以改进，在格板上安设有小滚轮，使钢板滑动改为滚动	升链移送板，不与格板相接触
3	特点		划伤与变形最小，但机构复杂，建设费高，冷床可排满，可逆送，利用率高	高温时板易变形，在冷却后半期使用，对改善下表面缺陷和板形不良有好处，且建设费低，与输出、输入用载链方式相配合，也可使宽向很紧凑	板下表面易划伤，爪子拉板边易变形造成缺陷，为了不划伤，需加强格板维护，板子宽向排不紧凑，冷床利用率差，但建设费很低	下表面划伤和板边缺陷可大大改善，且建设费低，但应防止滚轮转动不灵，并保持水平度，而且冷床利用率差	对防止下表面划伤和变形有好处，宽向排列可紧凑，但机械复杂，建设费高
4	对比	下表面划伤	不会	不容易	容易	不容易	不会
		设备维护	一般	一般	容易	一般	难
		建设费	最高	中等	低	低	高
		移送速度	低	快	最快	最快	最快
		与输出、输入结合	容易	一般	较难	较难	难
		钢板平直度	较好	好	最好	好	好
		冷却速度	快	最快	慢	慢	较快
		冷床利用率	最高	高	差	差	一般
5	用途		板厚 90mm，不宜用于厚 100mm 以上厚板台架，日本采用多	板厚 40mm 以上，不宜兼作检查修磨台架，德国采用多	用于老式冷床和厚板台架	板厚 20mm 以下，宜用于链子格板式的改造	宜用于厚板和检查修磨台架
6	实例	国外	日本大分厂、水岛厂、名古屋厂、鹿岛厂、加古川厂	日本名古屋厂	日本君津厂、福山厂	日本中山厂	日本八幡厂、京滨厂、鹿岛厂等
		国内	柳钢	浦钢、邯钢、重钢、首钢等	济钢、韶钢等	舞钢、鞍钢、浦钢中板等	热处理后台架

步进梁式冷床（见附照 2-14）在日本采用比较普遍，我国只有柳钢一台。盘辊式冷床（见附照 2-15）在德国采用比较多，日本只名古屋厂采用，且主要作为检查修磨台架，我国有浦钢、邯钢、重钢、首钢等厂采用。以上两种形式是比较好的，被各厂广泛采用。我国中厚板厂达 26 家，冷床形式多数为链绳格板式，为避免钢板下表面划伤，有好几家已改为滚动爪子式，但冷床进出端的划伤问题仍然未彻底解决，有待进一步完善。

12.4　结语

本章只就冷床面积计算和冷床形式选择粗略地论述了一下，限于篇幅，对各种冷床的结构特点与分析比较留待以后去讨论。

总的概念是我国冷床并不先进，而且冷床面积都比较小，要想扩大都很困难，特别是生产能力迅速增大后矛盾更显得突出。因此，中厚板冷床问题从新建厂设计开始就应当重视起来，若资金有难处，至少要把发展的后路预留出来，免得将来扩展不了。

13 翻板机及检查修磨台架

为检查清理钢板下表面需要翻转钢板，并设置划线与清理工序。一般配置作业线上，增加翻臂强度可翻特厚钢板。检查清理完后将板翻回来，以保持原样。设一台正反翻板机，见附照2-16，不需要设两台翻板机。由于原料表面质量的提高和工序设备的完备，钢板下表面缺陷与划擦伤痕已很少，检查修磨区面积已大大减小，甚至在冷却后面不专门设置检查修磨台架。实际上，检查修磨台架也是冷却工序的一部分，故有的厂将翻板机设置在冷床末端。对于特厚板与一些特殊板有时也在线外地面设置翻板机，或采用吊车磁盘进行翻板操作，但劳动环境条件恶劣。还有一种 Π 型架形式，将厚板吊放在架上，人进入架下进行检查，并用手提砂轮清理。

为了避免翻臂滑动划伤板面，一般臂杆与板接触面上安有自由小轮滚动工作。

翻板机形式有：

(1) 曲柄翻臂式。曲柄轴由电动机传动，钢板转至另一臂上翻转，事故少，且稳定。

(2) 齿条齿轮式。齿条式齿轮由电动机传动以翻转钢板。

(3) 液压翻臂式。液压缸传动使钢板过渡翻转，翻转平滑动作，但液压缸同步机构很复杂。

(4) 带升降磁盘翻臂式。翻臂带升降磁盘，翻转时将板固定，翻板中防止钢板划伤缺陷。

(5) 轴芯翻板式。辊道轴芯旋转180°将钢板翻转。

目前使用最多的为曲柄翻臂式。表13-1为日本翻板机统计，翻转钢板最厚为200mm，最宽为5500mm，最长为42m，最重为36t，设置最多为君津厂，有8台。设置地点除检查修磨台架和地面翻板检查以外，抛丸涂漆线上也不可缺少，特别是单面涂漆形式，一面涂漆后必须翻板涂另一面。

由于热处理采取抛丸除锈和保护气氛加热方式，钢板下表面缺陷已很少，更不会形成斑马形缺陷，因此，热处理线上设置翻板机已很少见。

下面列举出舞钢和宝钢检查修磨台架和地上翻板机的设备性能。

(1) 舞钢地上翻板机。

翻板尺寸(8～160)mm×(1500～4000)mm×(4000～12000)mm，重15t，转180°大约需20s，可逆翻，翻杆9根，两边各4根，中间1根，中间1根间距2400mm，两边间距1200mm，总宽12000mm，翻板部分杆长3000mm。

电动机JZRB63-10，60kW、577r/min、25%FS，2台；减速机 $A=2500$mm、$i=191.1$；制动器ZWZ500，2个；主令控制器LK4-058/2，2个。

润滑：所有滑动轴承和铰链衬套、翻臂托辊轴承、减速机轴承等分别用手动集合甘油和人工甘油，减速机齿轮啮合部分用油池。

表 13-1 日本翻板机统计表

序号	厂名	安装地点	投产年月	名称	形式	臂数/根	臂距/mm	翻一次需时/s	翻转钢板		电动机/kW×台数	备注
									厚×宽×长/mm	单重/t		
1	八幡	清理场	1967年2月	No. 5 机	油压臂式	14	2000	40	60×4000×30000	15	DC75×2	
			1967年8月	No. 7 机	曲柄臂式	24		33	75×4500×25000	30	DC75×4	
			1968年7月	No. 8 机	油压臂式	18		30	75×3900×21000	15	DC75×2	
		新抛丸	1976年2月	新机	球螺丝臂式	24			100×4600×25000	30	DC55×4	
		定尺场	1957年6月	检板机		30	1828	25	40×4000×27400	16	DC75×4	
2	名古屋	检板场	1968年3月	No. 0 机	曲柄臂式	22×2	2000	20	60×4690×45000	联动30 单独20	DC185×2	
				No. 1 机		11×2			60×4690×23000	23	DC110×2	
				No. 2 机		11×2			60×4690×23000	23	DC110×2	
				No. 3 机		12×2	1829	30	100×4500×27600	15	AC37×4	
3	君津	热处理	1967年3月	No. 6 机	油压臂式	12×2	2000		70×4620×20000	28	AC90×2	
		No. 1 抛丸		No. 7 机					100×4620×20000		AC110×2	
		No. 2 清理场		No. 8 机					100×4620×20000			
		No. 1 清理场		No. 9 机							AC132×2	
				No. 10 机								
		会合场		No. 11 机					75×4620×20000		AC90×2	
		No. 2 清理场		No. 2 机			2100		75×4620×25000	30	AC132×2	
		No. 3 抛丸		No. 3 机			2000		100×4620×24000		AC110×2	
4	大分	清理台架	1977年1月	No. 1 机	曲柄臂式	20×2	2000 1000		80×5500×30000	25	DC52/104×4	
		检查台架		No. 2 机		16×2	2000 1750 1500		75×5500×30000	36	DC75/150×4	

续表 13-1

序号	厂名	安装地点	投产年月	名　称	形　式	臂数/根	臂距/mm	翻一次需时/s	翻转钢板 厚×宽×长/mm	翻转钢板 单重/t	电动机/kW×台数	备　注
5	福山	在线再检查场	1969 年 10 月	No. 1 机	曲柄臂式	9×2	1200×4 2400×4	24	38×4550×15000	22	DC220×1	
		在线清理场	1971 年 12 月	No. 2 机		12×2	1200×4 2400×7		38×4550×25000	26	DC110×2	
				No. 3 机								
		热处理清理场	1974 年 1 月	No. 5 机		13×2	1200×4 2400×8	30	200×4550×26000		DC110×2	
		No. 2 抛丸		No. 2 抛丸	回转式	23×2	1000×23		75×4550×22000	20	油压式	
		清理场	1968 年 12 月	No. 4 抛丸		18×2	900×8 1800×9		100×4550×25000	26	DC75×2	
6	京滨	在线清理场		在线机	曲柄臂式	12×2	2000	36	40×5300×25000		DC150×2	
		离线清理场	1976 年 12 月	离线机		14×2	1000×4 2000×9	30	100×5300×25000	30		
		抛丸清理场		抛丸机	轴心翻转式		1000	45	100×5300×25000	-	AC7.5×2	
7	水岛	清理线	1976 年 3 月	No. 2 机		17×2	1000×3 2000×13	24	200×5400×35000	33	DC370×2	
		抛丸检查场		翻板	曲柄臂式	14×2	1500	14.6	50×4300×20000	20	DC112×2	
8	千叶	定尺场	1961 年 4 月	检板机		14×2	2000		40×4000×30000	20	AC90×2	
		抛丸场	1964 年 10 月	翻板机		9×2	1900	40	80×4010×20000	20	AC50×2	
		涂漆场	1973 年 2 月		带升降磁盘臂式	10×2	2000		80×4000×21000	16	AC30×2	

续表 13-1

序号	厂名	安装地点	投产年月	名 称	形 式	臂数/根	臂距/mm	翻一次需时/s	翻转钢板 厚×宽×长/mm	翻转钢板 单重/t	电动机/kW×台数	备 注
9	和歌山	厚板清理场	1974 年 8 月	No. 1 机	曲柄臂式	10×2	2000	15	50×4150×18000	13	DC75×1	售给鞍钢
		地上清理场		No. 2 机			1000	10	100×4000×18000	18	AC60×2	
		抛丸后清理							100×4000×21000			
10	鹿岛	定尺场	1970 年 7 月	检板机		21×2	2000	18	40×4620×42000	25	DC110×2	
		厚板精整	1973 年 8 月	厚板检查机		11×2			200×4620×26000	22	AC132×2	
		厚板清理场	1970 年 10 月	翻板机		10×2	1500	30	200×4550×25000	25	AC40×2	
		抛丸后清理				17×2			100×4550×25000	22	DC110×2	
		UO 清理场		UO 机		9×2	2000		30×5100×18300	22	AC110×2	
11	加古川	No. 3 抛涂场	1983 年 10 月	No. 1 机		16×2	1800		60×4500×25000	25	DC110×2	
				No. 2 机			900					
		火切场	1968 年 5 月	No. 3 机		13×2	2000	18		20		
		No. 2 抛涂场	1971 年 1 月	No. 4 机			1800	22	120×4400×18000	20	DC75×4	
		成品清理场	1971 年 12 月	No. 5 机		10×2	2000 1500	35	120×4500×18000	25	AC160×2	
12	中部钢板	定尺场	1961 年 8 月	检板机	水压缸齿轮齿条	6	2438	5（70°）	120×2650×15000	5.5		
		清理场	1982 年 8 月	翻板机	油压缸顶上式	6×2	2100	30～60	120×2650×13500	14	油压 55×2	

设备尺寸：10200mm×14835mm×约4600mm，重116649kg。

（2）宝钢地上翻板机。

翻板尺寸(50～150)mm×(1500～4900)mm×(约36000)mm，重约40t，翻板机长约18m，翻转时间约25s，1台。

（3）舞钢修磨台架翻板机。

翻板尺寸(8～40)mm×(1500～4000)mm×(4000～18000)mm，重15t，翻180°需20s。设在输入辊道与台架之间，可逆翻转，板长10m以下可两块同时翻转，10m以上只翻一块，翻臂共26根（每边13根），臂距1600mm×5＋2400mm×2＋1600mm×5＝22800mm，臂长3000mm，翻臂上带有小滚子，其传动部分在台架下面。

电动机JZRB63-10，60kW、577r/min、25%FS，2台；减速机$A=2500$mm、$i=191.1$；制动器线圈ZWZ-500，25%FS，带附加ZFZ-6电阻2个，主令控制器LK4-658/2，1台。

润滑：滑动轴承、铰链衬套、翻臂托辊轴承、减速机轴承用集中甘油和人工甘油，减速机齿轮用油池。

设备尺寸：23000mm×7200mm×3480mm（或2650mm），重130357kg。

（4）宝钢1号翻板机。

安装于修磨台架上，翻板尺寸50mm×约4900mm×2×26000mm与1×52000mm，重2×26000kg，翻臂2×26根，每臂负载6000kg，臂距2000mm，臂长4200mm，翻转180°需30s，电动机250kW、750r/min，2台。

分两段，可分开或同时工作，以电磁离合器连接。

（5）宝钢2号与3号翻板机。

设在剪切线后台架上，翻板尺寸(5～100)mm×(约4900)mm×2×13000mm与1×26000mm，重26000kg，翻臂2×13根，每臂负载6000kg，臂距2000mm，臂长4200mm，翻180°需30s。

表13-1为日本翻板机统计，从中可了解日本中厚板厂设置翻板机的地点和台数，而形式极大多数为曲柄臂式。

14 日本中厚板超声波探伤技术解析[❶]

14.1 引言

检查中厚板内部或表面的不健全部分，并评定其程度，采用超声波探伤方式具有直接、连续、轻便、成本低、穿透力强及对人体无伤害等优点，并可准确判定缺陷的位置与大小，能探测出其他方法所不能探出的细小缺陷，比 X 射线检测效率高出数倍，探测速度达 20 ~ 120m/min，能与轧机和精整线的生产能力相配合，而磁力探伤只能检测有磁化的材料，不能探测奥氏体不锈钢，超声波则不受此限制，一般可探测板温达 150℃以下（反射式）和 250℃以下（穿透式），可进行连续自动化操作。因此，超声波探伤是中厚板无损检测的主要方法。

中厚板超声波探伤可检测出分层、缩孔、孔洞、夹杂、白点、气泡、内裂、疏松、偏析及严重粗晶等内部缺陷，也可发现铁皮过厚、麻坑、重皮及表面裂纹等表面缺陷。

14.2 日本中厚板超声波探伤技术的发展

1961 年德国克鲁姆克拉曼公司为奥伯豪森厂 3300mm 厚板轧机制造了世界上第一套连续自动穿透法超声波探伤装置，从此中厚板超声波探伤由手工进入了连续自动化时期。1963 年日本富士公司广畑厂 4064mm 厚板轧机已引进这项技术，实现了连续探伤操作。1967 年日本钢管公司京滨厂 3560mm 轧机开发了日本最早的脉冲反射法自动超声波探伤装置。1978 年在扇岛厂 5500mm 轧机上完成了由计算机来判定缺陷长短的第二代探伤装置，并开发出全部自动探伤的世界上最新型的装置，即福山厂 4700mm + 4700mm 轧机用的 264 通道垂直分割型探头脉冲反射式探伤装置。

日本是世界上宽厚板轧机最多、最先进的国家，也是世界上中厚板超声波探伤连续自动化机组最多、最先进的国家。表 14-1 为日本中厚板超声波探伤装置，每个厚板厂都拥有1 ~ 3套连续自动化机组，而且都是多通道装置，以大分厂 5500mm 轧机的通道数最多，达 280 通道。超声波探伤装置形式以脉冲分割反射式为主，穿透连续波式只 1 套，但探伤板温可达 200℃。探伤装置安设位置以离线为主，在剪切线前母板探伤只大分厂 1 套，设备利用率很低。各种探伤装置探速都能达到 60m/min，已能满足生产的要求。

因受探头尺寸的限制，100 通道以上均采用多排配置方式。为了增加覆盖率、减少通道数，日本也在试用一发三收的宽束探头，探宽约 50mm。另外，也采用按一定频率摆动探头的方式，当钢板运行时使探伤线呈“Z”字形轨迹，增加了覆盖率。

还有一种比较老的方式，即探头小车横移办法，分为钢板运行探头静止和探头走动钢板静止两种。目前日本离线布置都在采用，但探伤线生产率降低很多，设备投资大大减少。

---

❶ 此章写于 1992 年 2 月。

表 14-1 日本中厚板超声波探伤装置

序号	厂名、轧机尺寸/mm	形式	安设位置	通道数	板温/℃	探速/m·min⁻¹	处理能力/块·月⁻¹	投产年月	制造厂	处理钢板尺寸/mm×mm×mm	探头形式
1	名古屋 4800+4700	脉冲反射	在移出剪线后(离线)	246	<150	60	21000	1982年11月	三菱电机	(6~60)×(1100~4500)×(2500~25000)	5Z8×30ND
		脉冲反射	离线	90	<100	60	6000	1982年11月	三菱电机	(6~60)×(1100~4500)×(2500~25000)	5Z8×30ND
2	君津 4724+4724	脉冲反射	在剪线定尺剪后	238	<150	60 40	20300	1983年12月	三菱电机	(6~60)×(900~4500)×(2400~25000)	5Z8×30ND 5Z8×20ND
		穿透分割反射	离线	51 6	<200	60	11700	1975年1月	帝国通信	(6~40)×(900~4500)×(2400~19000)	5Z10-1 5Z5.2×20ND
3	大分 5500	脉冲分割反射	在剪线切头剪前	280	<150	120	~20000	1978年1月	三菱电机	(6~40)×(1400~5500)×(6000~65000)	5Z8×30ND
			离线	65	<100	30	3900	1978年1月	三菱电机	(6~40)×(1400~5500)×(3000~30000)	5Z8×30ND
4	福山 4700+4700	脉冲分割反射	离线	264	<150	60 40	17000	1986年10月	帝国通信	(6~60)×(1000~4500)×(3000~25000)	5Z5×30ND
		脉冲反射	离线	56	室温	30~60	20000	1976年1月	帝国通信	(4.5~40)×(1500~4500)×(2500~25000)	5Z8×30ND
		脉冲分割反射	离线	44	室温	30~60	20000	1976年9月	帝国通信	(4.5~40)×(1500~4500)×(2500~25000)	5Z8×20ND
5	京滨 5500	脉冲分割反射	在移出剪线后(离线)	130	<150	20~60	7000	1979年3月	三菱电机	(6~40)×(1000~5300)×(3000~25000)	5Z8×25ND
		脉冲分割反射	离线	88	<150	20~60	6000	1983年4月	三菱电机	(6~60)×(1000~5300)×(3000~25000)	5Z6×20ND
6	水岛 5490	脉冲分割反射	在移出剪线后(离线)	64	<150	60	10000	1976年3月	东京计器	(6~40)×(900~5400)×(2500~25000)	5Z6×25ND
7	鹿岛 5335+4724	脉冲分割反射	在剪线定尺剪后	62	<100	60	34000	1984年2月	三菱电机	(4.5~50)×(900~4600)×(1800~25000)	5Z10×2ND
		脉冲分割反射	在移出剪线后(离线)	24	<150	60	17000	1984年2月	帝通电子	(4.5~50)×(700~5470)×(1800~25000)	5Z6×20ND
		脉冲分割反射	离线	34	<100	0~30	2000	1974年4月	东京计器	(8~70)×(800~4550)×(1800~25000)	5Z6×25ND
8	加古川 4724+4724	脉冲分割反射	在剪线后(离线)	48	<160	30~60	12000	1975年10月	东京计器	(8~40)×(900~4500)×(1800~25000)	5Z6×25ND

日本认为头尾及两侧边部位探伤耦合水的稳定性较差，容易产生盲区，因此单独设置头尾及两侧边探头是必要的，以消除其盲区。

14.3 日本超声波探伤装置的布置

日本中厚板超声波探伤装置的布置一般分在线、离线及地面人工 3 种，其优缺点比较见表 14-2。前两种为自动连续探伤，而后一种为人工探伤。

表 14-2 超声波探伤机布置地点的比较

序号	项 目	在线布置	离线布置	地面人工
1	机械化自动化程度	连续自动化	连续或间断自动化	小车人工手动
2	运行方式	钢板运行	钢板或探伤机运行	探伤机运行
3	探伤速度/m · min^{-1}	40 ~ 120	20 ~ 60	30 以下
4	探伤处理能力/块 · 月$^{-1}$	高达 20000 ~ 30000	一般达 10000 ~ 20000	低到 1000 ~ 30000
5	与轧线配合关系	紧密、不灵活	自由、灵活	自由、灵活
6	探伤线利用率	低	最高	高
7	探伤板温	高，达 250℃	常温，小于 100℃	常温，小于 100℃
8	探伤钢板范围	只能探剪切线板	剪切后，热处理后及厚板需探伤板	可探各种板并复查
9	探伤覆盖率	由探伤机确定	由探伤机确定	随意探
10	设备量	可不增	增设辊道、台架及吊车	不需要
11	搬运工作	小	中	大
12	投 资	较高	最高	最低
13	漏检率	低	低	高
14	劳动强度	低	中	高
15	占 地	无	占有一定面积	需占大片地
16	探伤时间	短	中	长
17	满足生产情况	需离线和人工探配合	需人工探配合	只满足有限探伤
18	管线板探伤	探四边难，管厂需补探	可满足	不能大量生产
19	附 照	2 ~ 17		2 ~ 18

在线布置一般在剪切线前后，必须与轧机生产能力相配合。凡经过剪切线的钢板、无论是否探伤，都必须通过探伤装置。如大分厂布置在剪切线前，只能探伤母板（轧制成板）。君津厂和鹿岛厂都布置在定尺剪后面，用于成品板探伤。这种布置都是钢板运行，而探头是固定不动的。

离线布置一般在剪切线后旁线和成品收集后端线上，与轧机或剪切线脱开，互不影响。日本除上述 3 条在线布置以外，其他所有均为离线布置。表 14-3 为君津、福山及名古屋厂 3 套最先进的离线超声波探伤装置，可以满足大直径直缝焊管用板超声波探伤的专门要求。这种布置多半也是钢板运行，也有少数是探伤机小车移动，而钢板是不动的。

地面人工探伤在日本主要用于复查工作，由于钢板质量的提高和离线设备的完善，这种占地大、劳动条件差的超声波探伤操作在日本已日益减少。这种探伤是人工推动探伤机小车来回走动，钢板放置在地面上不动。

表 14-3 日本君津厂、福山厂和名古屋厂离线超声波探伤机

序号	项 目		君 津 厂	福 山 厂	名古屋厂
1	探伤方法		垂直分割型探头脉冲反射式	垂直分割型探头脉冲反射式	垂直探头脉冲反射式
2	布置地点		离线，在剪切线后旁线上	离线，在剪切线后旁线上	离线，在剪切线后成品台架后
3	探伤钢板	尺寸 /mm×mm ×mm	(6～60)(＞60)×(1100～4500)×(2500～25000)	(6～60)(＞60)×(1000～4500)×(3000～25000)	(6～60)(＞60)×(1100～4500)×(2500～25000)
		品 种	以焊管用板为主，碳素与低合金钢剪切后、热处理后及厚60mm以上需探伤板，板温在150℃以下	以焊管用板为主，碳素与低合金钢剪切后、热处理后及厚60mm以上需探伤板，板温在150℃以下	碳素与低合金钢需探伤剪切后、热处理后及厚60mm以上板，板温在150℃以下
4	覆盖率		100%	100%（四周为表面与内部）	100%（四周表面为分割型）
5	通道数		共238通道：中间为4通道×54组=216通道，头尾部为8通道×1组=8通道，左边部为7通道×1组=7通道，右边部为7通道×1组=7通道	共264通道：中间为216通道，头部为8通道（表面）+4通道（内部），尾部为8通道（表面）+4通道（内部），左边部为8通道（表面）+4通道（内部），右边部为8通道（表面）+4通道（内部）	共246通道：中间为4通道×54组=216通道，头尾部为8通道×2组=16通道，左边部为7通道×1组=7通道，右边部为7通道×1组=7通道
6	探 头		5Z8×30ND（中间），5Z8×20ND（四周）	5Z6×25ND（中间），5Z6×20ND（四周）	5Z8×30ND
7	探伤速度		中间及边部为60m/min，头尾部为40m/min	中间及边部为60m/min，头尾部为40m/min	60m/min
8	判定最小缺陷		ϕ2.8mm	中间为ϕ4.0mm当量平底孔，四周为ϕ2.8mm当量平底孔	中间为12.5mm，四周为5mm
9	探伤处理能力		3m×12m板处理周期为85s，每月处理板为17000块	2.53m×8.67m板处理周期为76s，每月处理板为20300块	每月处理板为21000块
10	数据处理		MELCOM350计算机全部自动控制、记录并打字存档备查，自动判定合格与否	计算机处理，记录在LP内，C扫描打印，灵敏度、缺陷脉冲距离等全部自动校正	MELCOM350计算机全部自动控制、记录、判定合格与否

14.4 探伤的钢板和条件

14.4.1 探伤钢板

由于炼钢技术的进步，钢中有害元素及夹杂很低，纯净度很高，原料内部缺陷和表面毛病已越来越少。新轧机力能参数的提高、道次变形量的增大也使一些内部缺陷得到改善，因此，缺陷发现率已由千分之几降至万分之几。

另外，钢板愈薄，压缩比愈大，钢内部的孔洞、缩孔、疏松、气泡、白点及分层等缺陷也减小，厚度10mm以下钢板就不需超声波探伤，有些钢板厚度小于20mm也不探了。

日本超声波探伤检测重点都放在安全性要求高的设备部件用钢板及其他钢材方面。标准规定对重要结构、高压容器及长距离输送管线等钢板均需施行全面探伤，对中低压锅炉容器及碳素低合金等钢板，经与用户协商后可以不同程度地探伤。日本标准规定对大直径焊管用板除板面局部探伤以外，尚需在头尾及两侧边的一定距离范围内进行100%板面探伤，有效地消除板边四周存在的盲区，以保证焊管焊缝和两根管子连接部位的质量。

对于船板、桥梁板、碳结板、低合金结构板及不锈钢板等，在日本和我国标准中均不需要探伤，虽然这些钢板都需经过焊接加工，但因用户都需要经过一个取料过程才能确定焊缝部位，所以焊缝探伤规范由用户自定。

我国合金结构钢标准中规定可用超声波探伤来代替低倍试验。由于钢质的普遍提高，这类变通措施在日本是从不采纳的。

随着钢板品种和用户要求的不同，钢板探伤覆盖面积也有很大差别。目前有4种覆盖面积的情况。

第一种为100%板面探伤，主要用于一些安全性要求较高的、重要的或特殊用途钢板，随着用户质量意识的提高，这种探伤数量逐年有所增加。

第二种为局部板面探伤，一般覆盖板面16%~64%，主要用于普查，把住重大缺陷漏检的关，如焊管用板中间的局部探伤等。

第三种为板边四周探伤，主要用于大直径焊管用板，往往与第二种联合探伤。

第四种为重点复查探伤，主要用于在线或离线探伤发现的缺陷，当判定尚无把握时，可以在地面人工重点复查缺陷部位。当一个厂不设置连续自动化机组时，这种方式也可代替第一、第二及第三种方式，只是生产率较低而已。

在日本，试制的一些新产品和用户要求探伤的钢板执行超声波探伤检测都比较灵活。

目前，日本中厚板经超声波探伤比例一般在5%~10%之间，总的来说，有降低的趋势。

14.4.2 探伤条件

钢板探伤时应当选好探伤的时机、探伤钢板表面的洁净度、平直度及温度状况等。

探伤时机原则上应在成品板交货前，由于在中厚板生产过程中，加热、轧制、快冷、热矫、切割、热处理及冷矫等工序对钢板质量均会产生影响，如热处理后交货钢板，日本标准规定必须在钢板热处理后探伤。如若在热处理前施行探伤了，可以限制不合格钢板进入热处理工序，但绝不能替代热处理后探伤。

探伤钢板表面应保持洁净，不应存有影响探伤的铁皮、锈蚀及油污等物质。另外，探伤钢板应平直（不平直度小于30mm/m以下即可）。

探伤钢板温度应尽量低，采用脉冲反射法时应小于150℃，而采用穿透法时应在250℃以下。

14.5 结语

中厚板超声波探伤是一些标准规定所必需的工序，我国除柳钢有一套60通道装置以外，许多厂均采用人工手动、少数探头操作方式，要满足大量、全面探伤是比较困难的。

目前我国中厚板自动连续超声波探伤装置几乎是空白的，本章汇集了日本一些资料，也提出了一些大家关心的技术问题，供关注这项设备的学者参考。

附文 14-1 探伤面积

根据钢板品种和要求严格程度的不同，探伤面积可分为 4 类。

第一类为全面探伤，即板面 100% 都探到，要求探伤间距小于探头直径。主要用于内部质量要求非常严格的重要钢板。目前都采用人工小车式、1～10 个探头探伤仪，劳动强度大，条件差，生产率低，占用场地多，但探伤质量高，舞钢采用 5 通道小车探伤很普遍。

第二类为局部探伤，即探板面的百分之几到几十。如探伤间距为 50mm、探头直径为 8mm 时，探伤面积为 16%。主要用于一些重要钢板的普查，以避免钢板内部质量问题漏检。目前都采用多通道作业线连续探伤装置。生产率可配合轧机和剪切线生产率的要求，自动化程度高，但投资比较大。目前一些现代化中厚板厂一半以上都配备有在线超声波探伤装置，并取得了很好的效益。

第三类为全面与局部探伤组合形式，钢板 4 个边 100% 探伤，边宽约 50mm 上下，而板面其余部分为局部探伤。主要用于 UOE 直缝焊管用板探伤，探头由 3 部分组成，两组探头全面探伤两纵边，两组探头全面探伤头尾两横边，一大组探头局部探伤整张钢板余下部分。大批量生产管用板的中厚板厂不论是本厂自用或外供他厂都应设置这一类探伤装置。本厂自用时，焊管厂可以不设探伤工序，也有设置的，而外厂焊管厂多半都设置探伤装置，为了质量可靠，需再复查一次。

第四类为复查用单探头人工探伤，前述 3 种类型探伤后有疑问钢板，单独在有缺陷部位细细复检一次。一般产生疑问是难免的，因此第四类探伤也是必备的。

探伤加检根据探伤种类、钢板厚度及钢种的不同，加检要求也不同。

实际使用中探伤方法有脉冲反射式和连续穿透式两种，前者在日本采用较广，而后者在德国用得多，两者原理及优缺点比较见表 1。

表 1 脉冲反射式与连续穿透式比较

序号	内　容		脉冲反射式	连续穿透式
1	英文名称		impulse reflection	continunons penetration
2	原　理		以缺陷反侧声压大小来确定缺陷量值	以缺陷对声波正常传播遮挡所造成的声影大小来确定缺陷量值
3	优缺点	板　厚	一般探中厚板，声程长	一般探厚板，声程短
		灵敏度	高	中
		探温度	100℃以下	250℃以下
		缺陷定位	精度高	一般
		扫查装置	不需要	需要
		表面缺陷	不能探测	能探测
		盲　区	有	没有
		缺陷范围	不广	广

现把宝钢超声波探伤装置性能列于下面。

（1）从德国 NDT 公司引进；

（2）探板长 6000 ~ 52000mm、宽 1300 ~ 4900mm、厚 5 ~ 60mm，温度 1 ~ 110℃（最高 150℃）；

（3）布置在剪切线前的作业线上；

（4）形式为脉冲反射式；

（5）探头数 100，通道数 300，探头形式为 1T/3R 组合式，频率 5MHz，探头布置在钢板下表面，有效声束宽 50mm；

（6）探伤灵敏度 ϕ3.0mm FBH；

（7）探伤速度约 1m/s；

（8）脉冲密度不大于 1mm/pulse；

（9）耦合介质为水；

（10）探伤面积为 100% 覆盖扫查，再现率不小于 95%，误报率不大于 3%；

（11）缺陷评估精度不大于 ±15%；

（12）8h 灵敏度漂移 1dB；

（13）投资据说达 5000 万元。

15 中厚钢板剪切线生产技术的进步

15.1 引言

剪切线是中厚板精整的重要组成部分，直接影响到钢板的质量和外观。除了切头尾、切两边、定尺切断、宽度剖分、切取试样、次品改尺及利废切碎等切断作业，还有板形测量、标记、划线、超声波探伤、表面检查、钢板对正、激光对线、定位、送进、提升分板、定尺、废头尾推出、废钢碎断、摆动辊道、废边运输收集等辅助工序，应该说，喷字、打印、贴标、探伤、尺寸与板面检查以及预堆垛等工序也属于剪切线工序范围，全线内所有工序尽可能实现自动化控制。

15.2 剪切机种类

中厚板剪切机种类很多，限于篇幅，仅就大家关心的热剪机、板形仪、自动划线机、横切剪、双边剪、圆盘剪、剖分剪及铡刀切边剪等设备的技术进步阐述如下。

15.2.1 热剪机

热剪机剪切钢板温度可达1000℃，安置在冷床前或热矫前，剪切力比较小，冷床长度比较短，可配合旁通常化炉生产。当轧机改造中冷床长度受限制时可增设此设备加以弥补，但热切时易生成毛刺，分段时也只能初切，反而削弱剪切线的能力，降低成材率。另外，下切式热剪机布置在两个冷床之间时，摆动辊道需将两个冷床距离拉开，既增加了辊道，又增大了厂房面积。

日本有11台中厚板轧机，八幡厂1972年改造时两个冷床长为27m与21m，太短，故增设一台分段热剪机。新建中如意大利塔兰托、罗马尼亚加拉茨也采用热剪方式，主要是冷床长度缩短了。我国舞阳厂因用钢锭为原料，并布置有旁通常化炉，因而设有一台热剪机。另外，我国新建中厚板轧机中尚有3～4台采纳热剪机方案，应该说这是一项落后的工艺，国外新建现代化中厚板轧机早已不采用了。

15.2.2 板形仪

板形仪（PSG，plate shape gage）是剪切线上新兴起的一项很好的测量装置，板形仪安于划线机或切头剪之前，将测出钢板宽度、长度以及镰刀弯尺寸、形状等信息由计算机输至划线机或剪切线。自动划线机按计算机指令将送入剪切线的钢板划出切头尾、试样、定尺板、镰刀弯分段以及剖分等剪切位置示意线，可大大节省激光对线与横切线的辅助操作时间，提高剪切线的生产能力，改善钢板剪切精度。

板形仪由光幕传感器、测长仪、测宽仪、鱼尾头尾测出仪、板温仪、钢板移送距离仪及计算机等组成。计算机将识别数据反馈到轧机操作者加以修正，再把钢板外形轮廓前馈至划线机或剪切线，使其按指令划线或执行准确剪切。一般在划线前进行自动打印工作，以便识别钢板与试样，将以上数据加以分析，确定最佳板坯尺寸与重量，减少剩余板长，可以提高成材率。

15.2.3 自动划线机

自动划线机（automatic marking equipment）是剪切线得力的助手，一般设在冷床与切头剪之间，由板形识别仪确定成品板的尺寸和形状、头尾、试样及余料，当遇镰刀弯需分段时确定最佳剪切位置。划线机根据计算机指令，在钢板上需要剪切位置划出线条，这样，可以大大节省对线的辅助操作时间，提高剪切线的生产能力，也极大地提高剪切的精确度，减小钢板平面尺寸的偏差。虽花钱不多，效果却非常明显，日本各厚板厂极大多数都设有此项设备，如鹿岛厂为提高可靠性，设有两台，一用一备。

划线机形式多数为钢板不动，划线机走动进行划线，一般在板长方向左右有两个划线头，可依板宽由计算机指令自动调整位置；钢板横向也设有 2～4 个划线头，随划线小车移动，由计算机指令确定其位置、操作其工作。一旦划线错误或不准确时，计算机立即发出信号加以纠正，划线精度宽度方向为 ±（3～5）mm、长度方向为 ±（5～18）mm。划线周期视板尺寸的不同而不同，一般为 10～15s，多则达 60s，不会耽误剪切线工作。

划线机将划线信息（切头尾、切两边及余料大小）反馈到轧机上，以便调整以后的钢板轧制程序，以提高钢板成材率。

国内有许多厂家设有简易划线机，均以人工进行操作，尚未实现计算机自动化划线工作。

15.2.4 横切剪

切头分段剪和定尺剪均是横切剪，形式基本上是相同的，不同的是后者需配置定尺装置，有时布置方向相反。

该剪主要用于冷剪切钢板头尾、分段、取试样及定尺等工序。形式普遍用双轴双偏心滚切式，不会剪弯板头，剪切能力大，剪切力达 12000kN，剪切速度快，达 24 次/min，剪切板厚可达 50mm、宽达 5400mm，定尺长达 27m，σ_b 达 1200N/mm^2。

横切剪用于定尺板剪切时需配置定尺装置，目前已很少采用定尺机，多数都采用先进定尺辊。定尺辊与角脉冲发生器相连，钢板被定尺辊咬入，定尺辊转动送进钢板，发出脉冲信号，根据脉冲信号数即可求出送进钢板的长度，当钢板达到定尺长度时，数字控制电路发出指令使定尺辊停止，然后给剪机指令进行剪切，剪切完成后又给定尺辊转动指令，进行下一块钢板的定尺剪切操作。定尺长度精度可达 ±1mm。必要时可设置两组夹送辊和两个测量辊，以满足不同剪切长度的需要。为了保证整个剪切操作自动化进行，特殊装置可将各种剪切长度储存在记忆器内，如剪切两块剖分钢板时，可将两块钢板同时平行送过剪机，该装置允许两块不同长度的钢板在一次剪切操作中剪成不同长度的定尺板。

剪切一定时间后剪刃会磨损、变钝，使剪切板截面不平直、尺寸精度降低。因此，剪刃需及时更换，且更换时间要短，一般在交接班或计划检修时来完成。目前多数采用小车交换式，更换时一小车上放上新剪刃，另一小车开入剪机更换位置，液压松开紧固件，下剪刃升至上剪刃销子处，至下剪刃凹槽时为止，然后松开上剪刃紧固件，将上下旧剪刃放在小车上开出，然后将新剪刃小车开入，按相反程序安好，更换剪刃的工作就完成了。每次更换时间不多于20~30min。

剪刃寿命影响到更换周期，剪刃材料硬度为HS65~70时，一块剪刃可四面用，一般一副切头分段剪刃可切100万吨板，而定尺剪只切80万吨板。

剪刃间隙调整关系到切边质量和剪刃寿命，间隙太小，易使切边质量变坏，且降低剪刃寿命，间隙太大则会使切面不见方。间隙大小随板厚与材质而变化。剪刃间隙调整范围见表15-1。水平间隙一般取5%板厚，而垂直间隙取30%板厚。调整机构采用液压斜楔式和计算机自动设定，在更换板材间隙时间内调整，不会耽误生产。

表15-1 剪刃间隙调整范围

序号	板厚/mm	剪刃间隙调整量/mm		序号	板厚/mm	剪刃间隙调整量/mm	
		水平	垂直			水平	垂直
1	4.5~8	0.3~0.4	-5~-2及以下	6	>25~30	>1.2~1.4	+8~+10及以下
2	>8~10	>0.4~0.6	-2~0及以下	7	>30~35	>1.4~1.7	+10~+11及以下
3	>10~15	>0.6~0.8	0~+5及以下	8	>35~40	>1.7~2.0	+11~+13及以下
4	>15~20	>0.8~1.0	+5~+7及以下	9	>40~50	>2.0~2.5	+13~+16及以下
5	>20~25	>1.0~1.2	+7~+8及以下				

切头剪在切头尾情况见附照2-19，定尺剪在切定尺情况见附照2-20。

15.2.5 双边剪

双边剪已有40多年历史，经过了多种形式的变迁，至今已奠定了三曲轴自由滚切式的优势，基本上可以满足中厚板两侧边同时剪切的要求，且能自动碎边，剪切效率已为大家所称道，故现代化中厚板剪切线中双边剪是首选的切边设备。剪切钢板的情景见附照2-21。

目前，双边剪已基本定型，包含以下多项新技术。

（1）形式为三曲轴自由滚切式，结构合理，调整方便，切边、碎边质量好。

（2）剪切板厚增至50mm、σ_b达750N/mm^2，而剪切σ_b增至1200N/mm^{2}时，板厚达40mm。德国迪林根厂5500/4800mm双机架轧机上已使用，提高了剪切能力。

（3）剪切步长达1500mm时，世界上只有德国米尔海姆厂5100mm轧机一台在使用，多数为1100mm、1300mm及1350mm三种，新建的已放弃1100mm，从产能上考虑，无疑推1350mm为最佳步长。

（4）剪切次数为18~34次/min；缩短了剪切时间。

（5）由于剪切钢板厚度和强度的增大，最大剪切力已达2×11.5MN，大多数剪机采用2×9MN，最小剪切力有2×4MN，但切板厚只有25mm，剪切力增大。

（6）新型剪机都采用交流电动机传动，使剪切能力有了明显的提高。1976年MDS公司为哈廷根厂提供一台直流电动机传动剪机，1989年搬往杜依斯堡厂后将其改为交流电动机，电机维护工作量减轻，得到了生产厂的称赞。

（7）固定剪架与移动剪架剪切传动采用机械同步方式，比较可靠。

（8）移动剪架传动采用单丝杠或双丝杠式，定位比较准确。

(9) 移动剪架轨面结构为静压或 PDFE（聚四氯乙烯）滑面；液压锁定，定位误差小。

(10) 上剪刃复位时不致擦伤板边与抬起钢板，设有连杆式上刃自动后退机构。

(11) 根据板厚的不同，刀刃间隙可自动调整，形式采用偏心轴式。

(12) 为了减少停机时间与确保切边质量，设有快速更换剪刃机构，形式采用全自动双小车横移式或小车旋转 180°式，换一次耗时达 10min。

(13) 为了迅速移动钢板对准剪切线，并尽量减少间歇时间，机前设有 3～5 个磁力对正装置及 3 个激光源或一个激光源的双线光束对线装置，以适应较长钢板切边的要求，附照 2-22 为双边剪前激光对线的情景。

(14) 钢板夹送辊装置需有足够的夹紧力，且左右辊速同步，以便正确地导送，避免走偏。

(15) 滚切方式中上刀刃为弧形，半径达 66m，有一个半径或两个半径形式为 33m + 12. 5m。

(16) 废边处理采用链式运输带送至收集箱、检验室或汽车内。

(17) 剪机剪切过程采用计算机控制，实现全面自动化。

(18) 目前剪切最宽钢板达 5400mm，这种剪机世界上共有 5 套。

(19) 剪切偏差已达到宽度为 ±2mm，两刀接口差小于 0. 4mm，不直度为 0～1mm/10m。剪切边为方直边，不走偏，无毛刺，无不规则边部断面。

15. 2. 6　圆盘剪

圆盘剪用于剪切厚度为 25mm 以下的中厚板，两边同时剪切，剪切速度比双边剪快，二者比较如表 15-2 所示。

表 15-2　圆盘剪与双边剪剪切速度的比较

序　号	板厚/mm	圆盘剪剪切速度 /m · min^{-1}	双边剪剪切速度	
			次 · min^{-1}	m · min^{-1}
1	<12	120	30	40
2	12～<19	60	28	38
3	19～25	45	26	35

钢板越薄，使用圆盘剪越有利、越经济，一般来说，可比双边剪投资节省一半以上，而且操作方便，适合于剪切更长的中板。

圆盘剪的一大缺点是剪切板厚受到剪刃咬入角与圆盘剪刃直径的限制，其关系式如下：

$$D = \frac{h + s}{1 - \cos\alpha}$$

式中　D——圆盘剪刃直径，mm；

h——剪切板厚，mm；

s——上下圆盘刃重合量，mm；

α——剪刃咬入角，(°)。

例如板厚为20mm、25mm和30mm，α为10°~15°时，计算结果见表15-3。

表15-3 圆盘剪圆盘剪刃直径计算结果

序号	α/(°)	cosα	1 - cosα	D/mm					
				$h=20$mm		$h=25$mm		$h=30$mm	
				$s=1$mm	$s=7$mm	$s=1$mm	$s=8$mm	$s=1$mm	$s=10$mm
1	10	0.9848	0.0152	1380	1780	1710	2170	2040	2630
2	11	0.9816	0.0184	1140	1470	1410	1790	1680	2170
3	12	0.9781	0.0219	960	1230	1190	1510	1420	1830
4	13	0.9744	0.0256	820	1050	1020	1290	1210	1560
5	14	0.9703	0.0297	710	910	880	1110	1040	1350
6	15	0.9659	0.0341	620	790	760	970	910	1170

目前全球最大圆盘剪实例见表15-4。

表15-4 全球最大圆盘剪实例

序号	厂 名	钢板尺寸/mm×mm	σ_b/MPa	圆盘直径/mm	剪速/m·min^{-1}	建设年代	制造厂
1	韩国浦项4724mm	19×4500	1200	1500	60~120	1978年3月	IHI
2	俄罗斯日丹诺夫	20×3200	1200	1400	18~48	1973年	SKODO
3	南 非	26×2600	1000	1200	~120	1970年7月	IHI
4	中国台湾高雄	30×3810	900	1015	~120	1974年	Mesta
5	中国首钢3500mm轧机	30×3200	1000	1015	12~48	2003年3月	大连重机厂

目前全球采用圆盘剪剪切中板有60多条线，一般剪切板厚在20mm以下，个别的有25mm左右，剪切板厚25mm以上时切边质量不容易保证，且圆盘剪刃直径较大，剪机结构很庞大。剪切钢板σ_b为500~1000N/mm^2，个别的有达1300N/mm^2，一般取500N/mm^2、600N/mm^2、700N/mm^2、800N/mm^2、900N/mm^{2}及1000N/mm^2 6个强度级别居多，剪刃直径与板厚关系见表15-5。

表15-5 剪刃直径与板厚关系

板厚/mm	<6	<10	<16	<20	≤25
剪刃直径/mm	>350	>400	>600	>800	>1000

虽然圆盘剪没有双边剪那么引人注目，但近年仍有新的进步。

（1）1978年3月韩国浦项厂4724mm厚板轧机上投产一台世界上圆盘剪刃直径最大的剪机，直径达1500mm，剪切钢板为19×4500mm，切边质量好，但剪机比较大，由日本IHI公司制造。

（2）1970年7月南非范德比杰帕克厂3050mm中厚板轧机上投产一台可剪切26×2600mm钢板、圆盘剪刃直径为1200mm、剪切速度达120m/min、性能比较高的圆盘剪。

（3）1973年俄罗斯日丹诺夫厂3600mm轧机上投产一台可剪切20mm×3200mm钢板、直径为1400mm、σ_b为1200MPa、剪速达18~48m/min的圆盘剪，为世界上第2台直径最大的剪机。

（4）1974 年中国台湾省高雄市 4064mm 轧机上投产一台可剪切 30×3800mm 钢板、直径为 1050mm、σ_b 为 900MPa 的剪机。另外，2003 年 3 月首钢 3500mm 轧机上也投产了一台可剪切 30mm×3200mm 钢板、直径为 1015mm 的剪机，这是两台可剪切厚度最大的设备。

（5）剪切速度已由 60m/min 提高到 120m/min。

（6）移动剪架根据板宽变化由操作台自动调整，宽度偏差可达到 ±1mm 以内。

（7）上下圆盘剪刃的轴向与径内调整是确保切边质量的关键，在轴套内移动上下剪刃轴以调整径向（垂直向）间隙，调整范围见表 15-6。

表 15-6 圆盘剪剪刃间隙调整范围

序号	板厚/mm	水平间隙/mm	垂直间隙/mm	序号	板厚/mm	水平间隙/mm	垂直间隙/mm
1	4.5~6	0.2~0.3	−4~−3	8	>18~20	>0.9~1.0	+6~+7
2	>6~8	>0.3~0.4	−3~−2	9	>20~22	>1.0~1.1	+7~+7.5
3	>8~10	>0.4~0.5	−2~0	10	>22~24	>1.1~1.2	+7.5~+8
4	>10~12	>0.5~0.6	0~+3	11	>24~26	>1.2~1.3	+8~+8.5
5	>12~14	>0.6~0.7	+3~+4	12	>26~28	>1.3~1.4	+8.5~+9
6	>14~16	>0.7~0.8	+4~+5	13	>28~30	>1.4~1.5	+9~+9.5
7	>16~18	>0.8~0.9	+5~+6				

水平调整比滚切式双边剪大一倍多，而垂直调整则比滚切式双边剪小两倍多。

（8）为剪切更厚的钢板，将两台剪机串联配置，第 1 台剪切 5%~10% 板厚，第 2 台剪切开，美国 Mesta 公司曾制造第 1 台。

（9）剪刃倾斜一个角度，一般为 3°~7°，使板边成直角，不改剪弯。

（10）快速换剪刃，时间为 15min。

（11）剪刃两面使用，减少剪刃消耗，也节约更换时间。

（12）碎边采用转鼓式，且在碎边前设有矫直辊，矫平碎边已不用摆式，因其容易卡住，容易引导碎边进入碎边剪刃。碎边剪刃有 15°倾斜角，可减小剪切力，且增加剪刃寿命。左右两边剪刃有相对角位移，不同时碎边，可使剪切力减小一半。碎边剪刃装于盘内，锥形配置以液压固定，便于快速更换。以偏心套筒调整径向剪刃间隙，以套筒在镗孔内移动来调整轴向间隙。

（13）钢板夹紧装置使板尾不致走偏，走至离剪机约 3m 时自动放开并返回原位，准备下块板的夹紧操作。

（14）对线采用激光方式，对正采用磁力方式。

15.2.7 剖分剪

剖分剪（sliter）是将一张钢板纵向剖分成两张或 3 张相同或不同宽度的钢板，为缩短剪切线长度，都近接在切边剪后面同步连续工作，连锁要求高，也有分别工作的，但剪切线较长。

剖分剪有滚切式与圆盘式两种。剪机结构基本上和双边剪移动剪架一样，只是剪刃悬臂较大，为了正确导入剖分剪，机前后有侧边导卫板与进出口双夹送辊来控制。剖分后采用提升装置（lift-on device）将两条板切成不同长度。

滚切式可用于厚50mm以下，宽3200～5300mm钢板，而圆盘剪则用于厚20mm以下，宽2600～5300mm钢板剖分。

附照2-23为圆盘式剖分剪与圆盘剪近接布置，正在切边和剪机传动部分的情况。

剖分剪采用的新技术有：

（1）滚切式与圆盘式。高的剖分速度，滚切式为34次/min，圆盘式为120m/min，与切边剪机配合、同步。

（2）换剪刃实现全自动（同双边剪与圆盘剪）。

（3）滚切式上刃两个半径，即22m＋12.5m。

（4）剪刃间隙自动调整（同双边剪与圆盘剪）。

（5）上剪刃设后退机构，不会刮板，延长了剪刃寿命。

（6）单剖分（simple slitting）切成两块，双剖分（twin-type slitting）切成3块。

（7）与双边剪移动剪架一样，移动定位准确，误差很小。

（8）快速更换剪刃，不耽误生产。

（9）切边呈正方且平直，无毛刺，没有明显不规整板边，剖分后板宽偏差很小。

（10）侧卫板控制钢板走向，使板不致走偏。

（11）剖分剪与切边剪近接布置，可缩短剪切线长度。

（12）剪机前后设有夹送辊送进钢板，工作应与前后剪机步长同步。

目前，宽厚板轧机设有剖分剪还是比较普遍的。剖分工艺可使轧机产量提高6%，切损减少一半。如迪林根厂剖分量约占18%。塔兰托厂把宽度4000～4500mm板剖分成两块宽度为2250mm以下板，以适应意大利市场的要求。

15.2.8 铡刀切边剪

两台剪相对错开布置，一台切左边，然后另一台再剪切右边，剪切线长比圆盘剪切线大一倍，在老式中厚板轧机上采用较多，我国尚有10条中厚板生产线使用这种装置。国外已很少采用，原有的也已基本淘汰。铡刀切边剪剪刃最长达4.5m，一般为3.8m，切板厚达50mm。

我国由左右铡刀切边剪和1～2台横切剪组成的剪切线生产能力已达80万吨。

我国中板厂铡刀切边剪刃长3.8m，切厚20～25mm，σ_b为500MPa，剪力1.2～1.6MN，切次6次/min。鞍钢中板厂切宽1.6m、长7.8m，纵切3刀纯切时间28s，剪切周期35～40s，65s可切两张；上钢三厂剪切周期30～35s，鞍钢和武钢铡刀剪上刃长4.22m，下刃长4.62m，剪切力6MN，剪速3～7次/min，切板尺寸(4～50mm)×(1000～2600)mm×(4000～12000)mm，σ_b为800MPa。

斜刃剪切钢板时剪切力计算公式如下：

$$P = 0.5s^2\cot\alpha \times 0.8\sigma_b = 0.4s^2\cot\alpha\sigma_b \quad \text{kN}$$

式中 s——板厚，mm；

α——刀刃倾斜角，(°)，一般 $\alpha \leqslant 0.8\sqrt{s}$；

σ_b——钢板抗拉强度，N/mm²。

计算实例见表 15-7。

表 15-7　计算实例

序　号	板厚/mm	剪刃倾斜角		σ_b/MPa	计算值	剪切力/kN
		α/(°)	cotα			
1	1	10	57.29	450	0.8	10300
2	2	1.5	38.19	450	1.13	27500
3	3	1.5	38.19	450	1.38	61870
4	4	1.5	38.19	450	1.60	109990
5	5	2.0	28.64	450	1.78	128880
6	6	2.0	28.64	450	1.96	185590
7	8	2.0	28.64	450	2.26	329930
8	10	2.5	22.90	450	2.53	412200
9	12	2.5	22.90	450	2.77	593570
10	14	2.5	22.90	450	3.00	807910
11	16	3.0	19.08	450	3.20	879210
12	18	3.0	19.08	450	3.39	1112750
13	20	3.0	19.08	450	3.58	1373760
14	24	4.0	14.30	450		1482620
15	28	4.0	14.30	450		2018020
16	32	4.0	14.30	450		2635780
17	36	5.0	11.43	450		2666390
18	40	5.0	11.43	450		3291840
19	45	5.0	11.43	450		4166240
20	50	5.5	10.39	450		4675500

剪切能力换算如图 15-1 所示。

例如，钢板 σ_b 为 450MPa 时可切 12mm 厚，而 σ_b 为 750MPa 时只能切 8mm 厚。

剪刃变钝后，剪切力会增大，以半径 r 值衡量，以剪切力增加百分比计算，r 值愈大，

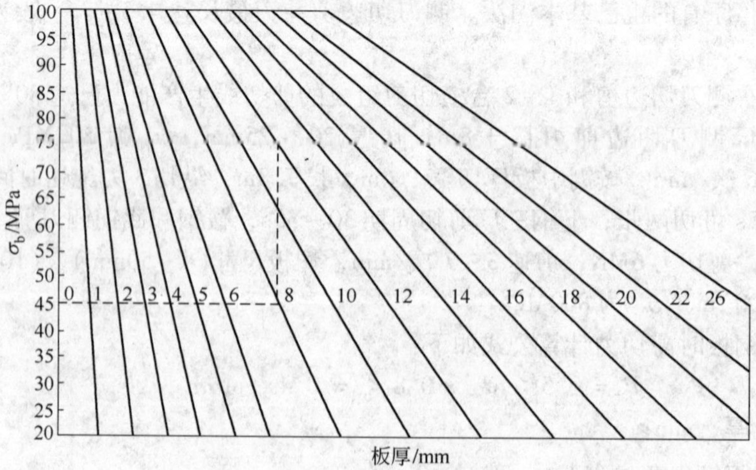

图 15-1　σ_b 与板厚换算

增加值也愈大。r 值与增加值关系见图 15-2。因此，剪刃磨损后应及时更换，否则不但会使剪切力增大很多，而且会使剪切质量大大下降。

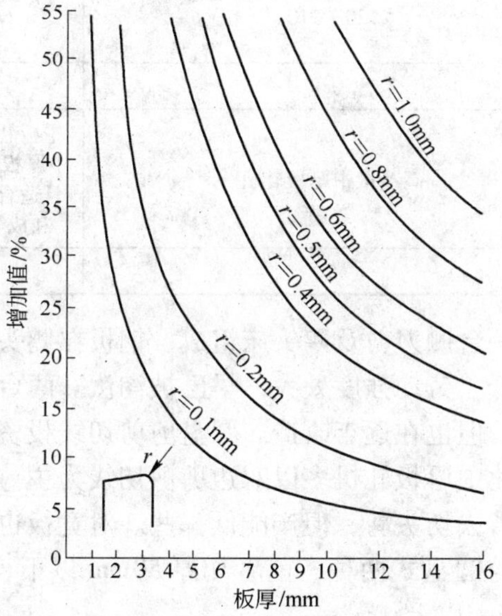

图 15-2 r 值与增加值的关系

15. 3 剪切线配置

中厚板剪切线配置关系到钢板剪切质量、剪切线产能、厂房长短、占地面积、精整流程、投资大小、定员分配及劳动条件等一系列问题。目前，各厂根据自身的具体情况，采用五花八门的配置方式，已形成具有一定代表性、各具特色的剪切线。

按切边剪形式的不同，剪切线有双边剪、圆盘剪及铡刀剪等 3 种基本形式，其优缺点比较见表 15-8。

表 15-8 剪切线基本形式的比较

序号	比较项目	双边剪剪切线	圆盘剪剪切线	铡刀剪剪切线
1	制造年代	1964 年	1942 年	1932 年以前
2	剪切板厚/mm	约 50	约 25	约 40
3	剪速/$m \cdot min^{-1}$	厚小于 12mm、27 次/min 时为 36. 5 厚 12 ~ 19mm、24 次/min 时为 32. 4 厚 19 ~ 25mm、20 次/min 时为 27. 0	120 60 45	3 次/min 时为 11. 4
4	碎 边	好	好	不好
5	剪切线长	短	短	长
6	切边质量	最好	好	差
7	宽度偏差/mm	±1	±3	±5
8	镰刀弯全长/mm	<1. 5	<2	<3
9	废边收集	可以	理想	差

续表 15-8

序号	比较项目	双边剪剪切线	圆盘剪剪切线	铡刀剪剪切线
10	生产能力 /万吨·条$^{-1}$	120 ~ 210	60 ~ 200	30 ~ 90
11	投　资	大	中	小
12	使用情况	高产量中厚板轧机	中板轧机或高产量中厚板轧机第 2 线，且适合于较长钢板和成卷带板切边	中板轧机，现代化轧机已很少采用
13	我国拥有台数/台	5	6	15

最古老的剪切线只由一台铡刀剪及鹅头床组成，钢板在鹅头床上靠人工旋转，既切头尾，又切两边，因产能太低，劳动强度太大，早已被淘汰。两台铡刀剪左右错开配置的剪切线在我国尚保留有多条，但也在逐年改造。圆盘剪剪切线投资较少，产能较大，但剪切板厚比较薄，故新建现代化中厚板轧机多以双边剪剪切线为主。基本剪切线由切头剪、切边剪及定尺剪组成，也可省去切头剪，但产能低一些。对宽板也可加一台与切边剪组合的剖分剪。剖分剪有滚切式与圆盘式两种，前者切厚 50mm 以下，宽达 3. 2m 以上，而后者切厚 19mm 以下，宽达 2. 6m 以上。

一条现代化剪切线除剪切机以外，还配备有板形仪（PSG）、标记机、划线机、超声波探伤仪、对位装置、激光对线仪、夹送辊、夹送机、摆动辊道、输送辊道、提升装置、定尺装置、废钢运输带、碎边剪及废钢收集箱等。另外，还需有喷字机、打印机、贴标记、预堆垛机及自动化控制计算机等装备。只有剪切线设备配备齐全，剪切钢板的质量才能有所保证，剪切线产能才能充分得到发挥。

表 15-9 为中厚板剪切线配置实例。其中福山、浦项及塔兰托的产能均达 200 万吨以上，只设置一条剪切线，配置很有特色，很有参考价值。另外，圆盘剪和双边剪组合成一条线的有八幡、名古屋和浦项 3 个厂，由于双边剪剪切速度的加快，这种组合已失去其优势了。

表 15-9　中厚板剪切线配置实例

序号	厂名	建设年代	轧机尺寸 /mm	产能 /万吨·年$^{-1}$	配置图	线数	组成与特点
1	日本八幡	R1957 年 8 月 F1972 年 4 月	2h · 4055/ 4h · 4800	162	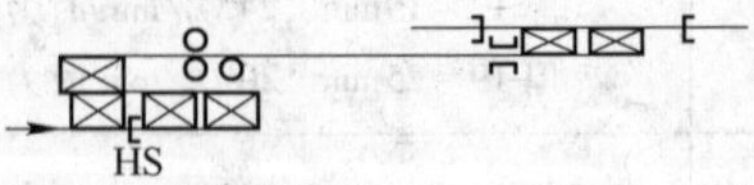	1	HS + RS · SL + DSS + 2 × ES，设有 2 台 ES，将 RS 与 DSS 组合，相当于 2 条线的产能
2	日本千叶	R1973 年 2 月 F1961 年 4 月	4h · 3500 4h · 4216	132	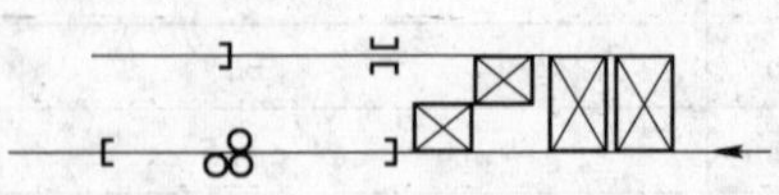	2	一条 DSS + ES，一条 DS + RS · SL + ES，在 RS 前设 DS

续表 15-9

序号	厂名	建设年代	轧机尺寸 /mm	产能 /万吨·年$^{-1}$	配 置 图	线数	组成与特点
3	日本水岛	1976 年 3 月	4hV · 5490	180	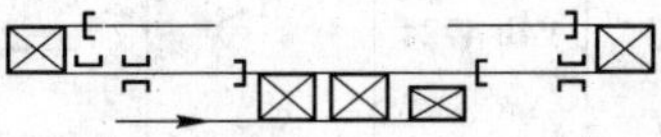	2	一条 DS + DSS · SL + ES, 一条 DS + DSS + ES, 只一条有 SL, 且一条板尾先进剪切线
4	日本京滨	1976 年 12 月	4h · 5500	180	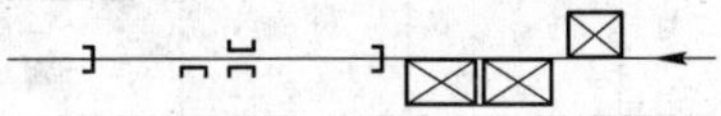	1	DS + DSS · SL + ES 直线布置，组合简练
5	日本名古屋	R1975 年 2 月 F1968 年 3 月	V · 4h · 4800 4h · 4700	168	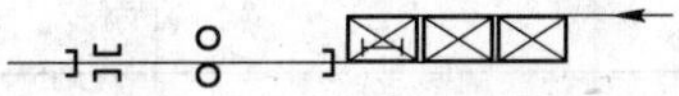	1	DS + RS + DSS · SL · ES 直线布置，RS 与 DSS 组合，且 DSS 与 ES 近接
6	日本君津	R1968 年 2 月 F1968 年 2 月	4h · 4724 4h · 4724	193	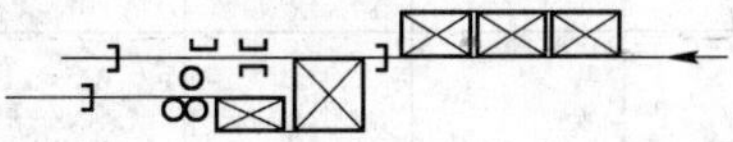	2	一条 DSS · SL + ES, 一条 RS · SL + ES, 直线布置，共用一台 DS
7	日本大分	1977 年 1 月	V · 4h 5500	180	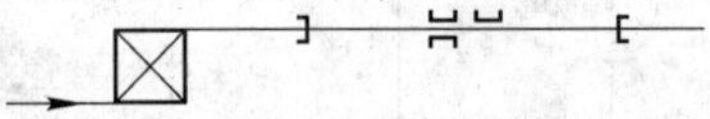	1	DS + DSS · SL + ES, 直线布置，组合简练
8	日本福山	R1970 年 12 月 F1968 年 2 月	4h · 4700 4h · 4700	200	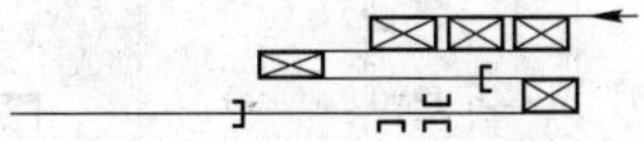	1	DS + DSS · SL + ES, 折返布置，且在 DS 后有缓冲台架
9	日本鹿岛	R1974 年 4 月 F1970 年 11 月	V · 4h 5450 4h · 4830	192	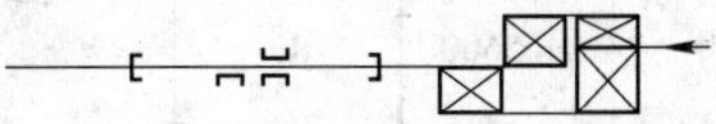	1	DS + DSS · SL + ES, 直线布置，组合简练
10	日本加古川	R1968 年 4 月 F1972 年 11 月	V · 4h 4724 4h · 4724	180	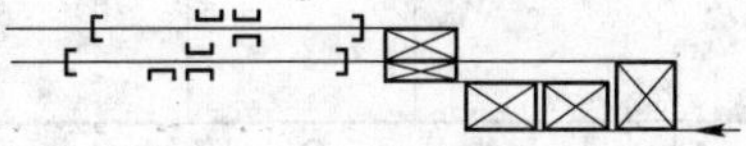	2	两条均为 DS + DSS · SL + ES, 直线布置，且互不干扰，比较灵活

续表 15-9

序号	厂名	建设年代	轧机尺寸 /mm	产能 /万吨·年$^{-1}$	配 置 图	线数	组成与特点
11	韩国浦项	R1984 年 F1977 年	V4h 4724 V4h 4724	217	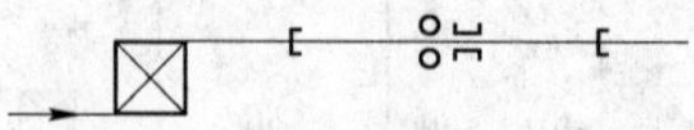	1	DS + RS + DSS + ES，直线布置，将 RS 与 DSS 组合
12	德国 迪林根	R1985 年 F1970 年	4h 5500 4h 4800	150	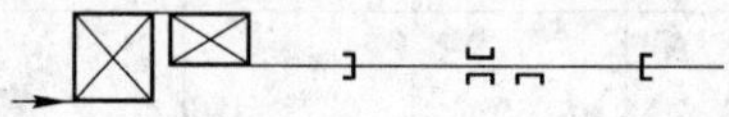	1	DS + DSS · SL + ES，直线布置，组合简练
13	美国巴敦	1969 年	2h 4064 4h 4064	120	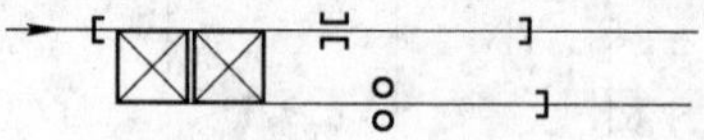	2	一条 DSS + ES，一条 RS + ES，共用一台 HS，直线布置
14	罗马尼亚 加拉茨	1965 年	V · 4h 3353 4h 3353	120	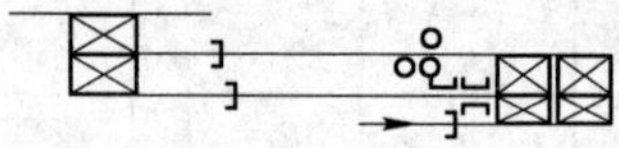	2	一条 DSS · SL + ES，一条 RS + SL + ES，共用一台 HS，板尾先进剪切线
15	意大利 塔兰托	1971 年	4h 4826 4h 4826	200	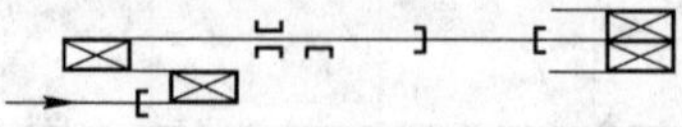	1	HS + DSS · SL + ES + ES，折返布置，两台 ES
16	芬兰拉堤	1967 年 8 月	4h 3600	50	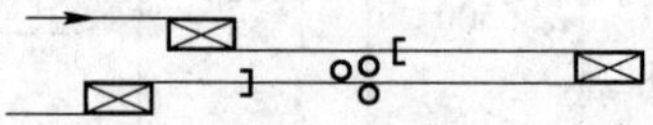	1	DS + RS · SL + ES，板尾先进剪切线
17	中国舞阳	1989 年 8 月	V · 4h 4200	100	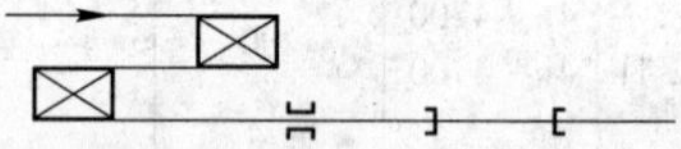	1	DSS + ES + ES，折返布置，两台 ES
18	西班牙 希抗	1972 年	4h 3600	80	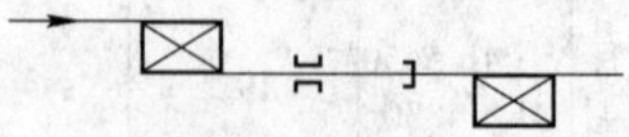	1	DSS + ES，直线布置，组合简练
19	伊朗 阿瓦士	1998 年	4h 4800	100	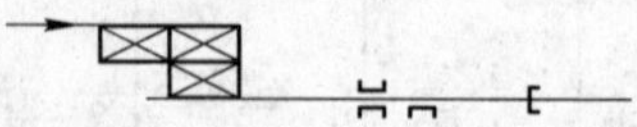	1	DSS · SL + ES，直线布置，组合简练

注：DSS 为双边剪（⊐⊏）；RS 为圆盘剪（8）；SL 为剖分剪（⊓、o）；ES 为定尺剪（[）；DS 为切头分段剪（[）；HS 为热剪（[）。

一条剪切线的能力取决于剪切线组成、前后附属设备、剪切线长短、各项设备操作辅助时间及其作业率与自动化程度等，其中尤以辅助时间的影响特别大。

一条剪切线的薄弱环节为定尺剪，因其功能比较多，现代化中厚板轧机轧制成的钢板越来越长，除了定尺切断次数增加以外，还需要完成切头尾与取试样等作业。因此，一般都设置一台切头分段剪来分担定尺剪的一部分工作，以减轻定尺剪的负担。

新的剪切线上设置切头分段剪已比较盛行，该剪主要负责切去头尾，也可分切几段，特别是镰刀弯大的钢板，分段后可减少切边量。为了切头尾与分段准确，一般在切头分段剪前设置板形仪和划线机，切头分段前在钢板上划好线，这样可节省辅助时间。

切头分段剪与双边剪、双边剪与定尺剪之间距离对剪切线能力发挥有很大的影响。若距离太小，则互相影响操作，即前面剪机未切完，后面剪机只好等着，相反地，后面剪机未切完，前面剪机也只有等着，形成互相耽误生产的情况。正常情况下前一块未切完，下一块应已对正就位，剪机之间距离至少应有两块轧制最长钢板的尺寸，留有一块板缓冲做准备的地方，不致造成相互等钢的情况。

15.4 剪切线生产能力的确定

剪切线的生产能力主要取决于设备性能、操作间歇时间及设备作业率。

设备性能指剪机的剪切速度、次数、每次剪切的长度、每刀剪切时间、辊道输送速度以及自动化程度等。

操作间歇时间指每块板纯剪切时间以外所花费的时间，如两块板间隔时间，剪切前钢板对正、对线、夹紧送进、定尺定位、辊道输送等调整时间。往往一块板的剪切时间中间歇时间占一半以上，而纯剪切时间不到一半。因此，如何节约间歇时间是提高一条剪切线生产能力的关键。

设备作业率指剪机生产操作时间内工作的百分率，其中设备机械与电气故障、刀刃更换及剪刃间隙调整等对作业率影响很大，因此，新型剪机的刀刃更换与剪刃间隙调整工作均实现了机械化与自动化，并提高了设备的可靠性，将事故减少到最低的程度。通常情况下，设备作业率只达到 80% 左右，国外一些先进剪切线已达到 85% ~90%。

剪切线长度与剪机间距离与生产能力也有很大的关系。一般应使剪切前准备工作不干扰剪切操作，即剪切开始前一切准备都已顺利做好，如对正工作时，前一块板还未剪完，后一块板已就位，跟着前一块板往剪机送进，使辅助时间尽量减少。

现代化剪切线均设有板形仪测量出钢板平面板形尺寸、镰刀弯大小、头尾与两侧边余量，以数码传输到划线机，并打上标记，首先确定镰刀弯是否超标，当超标时，划线机划出分段线，然后划出切头尾、试样及定尺线。把划好线的钢板送至剪机时，可以大大节约对正、激光对线、定尺定位等辅助时间，并把这些辅助操作在前一块板未剪切完前就完成。

表 15-10 为双边剪、圆盘剪、铡刀切边剪、切头剪及定尺剪生产能力的计算结果。铡刀剪剪切线最高生产能力只能达到 90 万吨左右，而双边剪与圆盘剪两种剪切线均可达到 200 万吨左右，但需设有切头剪以减轻定尺剪的负荷。

表 15-10 双边剪、圆盘剪、铡刀切边剪、切头剪及定尺剪生产能力的计算

序号	钢板尺寸/mm			单重/t	双边剪										圆盘剪							
	厚	宽	长		剪切次数/次·min⁻¹	每次步长/m	剪切速度/m·min⁻¹	每块板剪切时间/s	每块板对正与间歇时间/s	每块板耗时/s	每小时剪切量		综合产量		剪切速度/m·min⁻¹	剪切时间/min	两块板间歇时间/min	夹钢时间/min	每块板耗时/min	每小时剪切量		综合产量/t·h⁻¹
											块	t	%	t/h						块	t	
1	4.5	2200	24000	1.86	32	1.35	43.2	33.3	25	58.3	62	115	5	5.8	100	0.24	0.17	0.33	0.74	81	150	7.5
2	6	2200	24000	2.5	32	1.35	43.2	33.3	25	58.3	62	154	5	7.7	100	0.24	0.17	0.33	0.74	81	203	10.2
3	10	2200	24000	4.1	3.0	1.35	40.5	35.6	25	60.6	59	244	15	36.6	100	0.24	0.17	0.37	0.74	81	332	49.8
4	16	2200	24000	6.6	28	1.35	37.8	38.1	25	63.1	57	377	20	75.4	100	0.24	0.17	0.33	0.74	81	535	107.0
5	20	2200	24000	8.3	26	1.35	35.1	41.0	25	66.0	55	453	20	90.6	80	0.30	0.17	0.33	0.80	75	623	124.6
6	25	2200	24000	10.4	24	1.35	32.4	44.4	25	69.4	52	539	15	81.0	80	0.30	0.17	0.33	0.80	75	780	117.0
7	30	2200	24000	12.4	22	1.35	29.7	48.5	25	73.5	49	607	10	60.7								
8	40	2200	24000	16.5	20	1.35	27.0	53.3	25	78.3	46	759	5	38.0								
9	50	2200	24000	20.7	18	1.35	24.3	59.3	25	84.3	43	884	5	44.2								
合计														440.0								416.1
					年工作小时为6000h、作业率为80%时，年产为211万吨										年产为200万吨							

序号	铡刀切边剪										切头剪							定尺剪						
	实剪次数/次·min⁻¹	每次步长/m	剪切速度/m·min⁻¹	每块板切时/min	两块间歇时间/min	每块耗时/min	每小时剪切量		综合产量		剪切次数/次	剪切时间/s	送板时间/s	定位时间/s	总剪切时间/s	小时处理量/t·h⁻¹	综合处理量/t·h⁻¹	剪切次数/次	剪切时间/s	送板时间/s	定位时间/s	总剪切时间/s	小时剪切量/t·h⁻¹	综合剪切量/t·h⁻¹
							块	t	%	t/h														
1	3	3.8	11.4	2.1	0.5	2.6	23	43	5	2.2	3	12	24	6	42	159	8.0	6	24	24	12	60	112	5.6
2	3	3.8	11.4	2.1	0.5	2.6	23	58	5	2.9	3	12	24	6	42	214	10.7	6	24	24	12	60	150	7.5
3	3	3.8	11.4	2.1	0.5	2.6	23	94	11	14.1	3	12	24	6	42	351	52.7	6	24	24	12	60	246	36.9
4	3	3.8	11.4	2.1	0.5	2.6	23	152	20	30.4	3	12	24	6	42	566	113.2	6	24	24	12	60	396	79.2
5	3	3.8	11.4	2.1	0.5	2.6	23	191	20	38.2	3	12	24	6	42	711	142.2	6	24	24	12	60	498	99.6
6	3	3.8	11.4	2.1	0.5	2.6	23	239	15	35.9	3	12	24	6	42	891	133.7	6	24	24	12	60	624	93.6
7	3	3.8	11.4	2.1	0.5	2.6	23	285	10	28.5	3	12	24	6	42	1063	106.3	6	24	24	12	60	744	74.4
8	3	3.8	11.4	2.1	0.5	2.6	23	380	5	19.0	3	12	24	6	42	1414	70.7	6	24	24	12	60	990	49.5
9	3	3.8	11.4	2.1	0.5	2.6	23	478	5	23.9	3	12	24	6	42	1774	88.7	6	24	24	12	60	1242	62.1
合计										195.1							726.2							508.4
	年产为94万吨										年产为349万吨							年产为244万吨						

一般定尺剪是剪切线的薄弱环节，除了定尺剪切以外，还需做切头尾与切取试样等工作。

切头剪除分担切头尾工作以外，当镰刀弯过大时也承担分段工作，以提高成材率。

剪切后成品板经打印、喷字、贴标后，应及时收集堆垛入库，不得耽搁剪切线的流通。

切除头尾及两边的废钢应及时处理，并送至剪切线外收集，采集试样工作也要尽量减轻定尺剪的负担，以发挥剪切线应有的潜能。

实际生产证明，一条现代化剪切线的产能是很大的。如福山厂4700mm双机架轧机，月产达24万吨，原来有两条由切头、双边、剖分及定尺所组成低性能剪切线，1984年6月将两条线改成为一条，剪切板厚由40mm增至50mm。新线利用原有切头剪和定尺剪，新制造了一台高性能双边剪和一台剖分剪，改造后满足了生产的要求，空出了一大片厂房，减少了大批定员，且使成品板管理更方便。

目前高产量的轧机生产线还有浦项厂4724mm+4724mm轧机，年产217万吨；鹿岛厂5450mm+4830mm轧机，年产192万吨；京滨厂5500mm轧机，年产180万吨；迪林根厂5500mm+4800mm轧机，年产150万吨；塔兰托厂4826mm+4826mm轧机，年产140万吨；名古屋厂4800mm+4700mm轧机，年产132万吨等等。

另外，如水岛、君津、加古川、加拉茨及巴敦等拥有两条剪切线的厂，也很少见到两条同时工作，经常是一用一备，有的厂干脆只配备一条线的定员。因此，多大产量、多大轧机需要配备两条剪切线是值得研究的问题。

作者认为设置备用剪切线已没有必要了，应该把一条剪切线做强、做完善，剪机之间距离留足够了，剪切线潜力是非常可观的。

15.5 结语

综上所述，中厚板剪切线的设计差异很大，投资相差很远，我国设计时一般年产钢板达120万吨以上均需配置两条剪切线，多建一条线除了设备及其基础以外，还相应要建筑一大片厂房，至少需多投资6000万元以上，豪华一些的有可能达1亿元左右，这不是一个小数目。另外，设置一条剪切线作为备用，也未必合理。

目前，我国设计新建3500mm以上双机架轧机均配备有两条剪切线，应该说是非常保险的，但是太浪费了。

附文 15-1 热剪机问题

1 引言

热剪机的作用是切去钢锭轧成板头尾以及对长板进行分段（受冷床长度限制时），有时也用于紧急切碎处理。

由于连铸板坯的发展，热剪机已很少采用。

考虑到成材率的提高，及对剪切线能力的影响，现代化剪切线多数都增设一台切头分段剪，可以大大提高剪切线能力，也有利于双边剪前夹送辊的咬入与镰刀弯长板的分段。

热剪机剪切后留下毛刺，不符合成品板边要求，尚需由冷剪机来切除毛刺。如切成两段时，定尺剪需增加一次剪切次数，剪切线能力薄弱环节是定尺剪，这样更削弱了定尺剪的能力，且增加两个切头，使成材率下降。另外，热剪机只能做到粗略的分段，满足不了镰刀弯准确分段的要求。

热剪机安装在两冷床之间，剪机采用上切式，但切头收集较难布置，好处是冷床长度可缩短，柱距也缩小了。

2 国内外热剪机使用情况

我国舞钢热矫前有一台热剪机，主要用于切钢锭轧成板头尾及热装常化炉的分段。形式为下切式，无摆动辊道，设有碎头剪和废钢收集，现在已很少使用。

日本 11 台厚板轧机只有八幡厂一台安于冷床之间，切板厚 40mm，切次为 16 次/min，刃斜为 1°47′，形式为铡刀下切式，因 1972 年改造时冷床长为 27m 与 21m，太短，故增设分段热剪机。

国内也有几家采纳，尚须使用一段时间才能体会到其优缺点。国外新建厂就设计热剪机的实例已很少见到，国外厚板轧机设计单位也不推荐这项设备，有的单位甚至明确提出反对使用这项设备。

3 热剪机利弊分析

现代化中厚板轧机均采纳长冷床方案，如日本水岛厂冷床长 76.4m，鹿岛厂 75m 及加古川厂 55m。即使其他几个厂冷床长为 40m 时也不采用热剪分段办法。

热剪分段与切头尾后，剪切板端产生毛刺，不能作为成品板切边，到剪切线定尺剪上仍需切去。另外，也难保证钢板直角四边形。热剪分段时，反而增加一次剪切和一块切头，降低了剪切线的能力和成材率。

热剪板头尾需设置碎边剪和废边收集装置，增加废边集中处理的困难。

若安设在两冷床之间时，为了摆动辊道位置，需将两冷床距离拉开，增加了厂房和辊道。

4 结语

热剪机热切分段与切头尾是一种落后的工艺，尽可能不要采用这项设备，宁可将冷床长度取合理。对改建厂因受厂房和原有冷床的限制时，不得已增加热剪机也是一项损失。

国内外有经验的设计制造单位都不会推荐热剪机，也不会采用热剪这种落后工艺。

附文 15-2　数码信息中厚板剪切线

1　引言

我国中厚板轧机建设已进入一个提高生产技术和发挥新建装备能力的关键时期。目前，老的和新的轧机已达 80 多台，其中 2/3 已达到国际上先进水平。

新建 3500mm 以上轧机最终规模都配置有两条剪切线，个别的 2800mm 轧机也设置有两条剪切线。

目前，轧机能力提高很快，许多轧机都在超负荷生产，剪切线能力如何应对，分期建设厂增加粗轧机后第 2 条剪切线是否该上，一条剪切线一年能剪切多少钢板，这是摆在大家面前需要解决的实际问题。

这里提出数码信息中厚板剪切线方案可以解决这个实际问题，下面一一介绍方案内容，供大家参考。

2　数码信息中厚板剪切线的组成

现代数码信息中厚板剪切线是由平面板形识别仪、标记机、自动划线机、精确快速对正装置、切头剪（DS）、激光对线机、双边剪（DSS）或圆盘剪（RS）［附设有剖分剪(SL)］、抬升装置、定尺辊、定尺剪（ES）、输送辊道及碎边收集装置等设备组成。

数码信息剪切线与常规剪切线的不同点是增加有板形识别仪和自动划线机两台设备，另外是对正装置要求精确、快速，可以提高剪切精确度和缩短间隙时间。

除以上基本设备以外，每台剪机的剪刃间隙调整和更换也是缩短间隙时间，提高剪机作业率及钢板切边质量的关键。

现将主要设备的特点与要求分述于下。

2.1　平面板形识别仪

平面板形识别仪由光幕式检出器、测宽仪、测长仪、钢板温度计及钢板检出器组成。钢板在辊道上走一定距离，计算机上即可读出钢板宽度方向位置，用钢板平面板形的宽度坐标在计算机上即能识别钢板长度。

根据测出的钢板外形尺寸，首先确定镰刀弯是否超出剪切边线范围，运算出镰刀弯分隔线位置，然后经计算机推算出切边纵线位置。按订货要求的定尺板长度假想出最适合的预定横剪切线。同时留出试样尺寸，且标明剪切线位置。需剖分时也可标出剖分示意线。

如果头尾裕量太长，则会确认碎头尾线位置，且给出试样尺寸。

最后将以上测得结果由计算机以数码图像信息形式，按板编码输往剪切线自动划线机及剪机操作台，同时还将此数据输往前工序，即炼钢和轧钢部门，以便按此修正连铸板坯及轧制成品的尺寸。

2.2 自动划线机

自动划线机是中厚板剪切线上一台提高剪切线生产能力与剪切精确度很有价值的小设备，但往往被大家所忽视。

自动划线机设置在冷床或修磨检查台架与切头剪之间的生产线上，一般不需要增设位置和专用辊道，接收由平面板形识别仪发送轧制成钢板尺寸形状的成品板、头尾、试样及余料等信息。当钢板镰刀弯过大需分段等剪切位置的数码图像信息时，划线机根据计算机指令，自动划上要求的剪切示意线，并由喷字装置喷上钢号标志。

日本采用划线机的生产厂情况如表1所示。其中有两个厂设有两台，一用一备，提高其可靠性。但也有八幡、大分、千叶及室兰4个厂不设划线机。八幡剪切线由HS+RS·SL+DSS+ES+ES组成，将RS与DSS组合，且串联两台ES，实际上相当于两条剪切线；大分剪切线由DS+DSS·SL+ES组成，剪机性能高，产能很大；千叶由DSS+ES和DS+RS·SL+ES两条剪切组成，产能也大，而室兰是特厚板厂，以火焰切割为主，剪切线负荷很低。因此，以上4个厂都不设划线机。

表1 日本划线机

序号	厂名	投产年月	台数	制造厂	设置地点	划线方式	钢板走动或停止	周期/s	划线精度/mm	用途
1	名古屋	1976年1月	1	本厂	冷床出口侧	测量辊测出长度喷上剪切线	走动	板速达2m/s	±10	板长分段、定尺试样划线
2	君津	1980年11月	1	神户船渠	冷床出口侧	由计算机信息将板号和试样号打在指定位置	停止	10	±10	将划线数码送至切头剪与定尺剪，并修正定尺长度
3	福山	1984年5月	1	尼来可	划线辊道	按指令划上各项剪切线	停止	60	±5	按划好线进行剪切
4	京滨	1976年12月	1	昭特制造厂	冷床之间	由计算机数码信息指令喷划上各项剪切线（含有剖分线）	停止	60	±5	需剖分时，向剖分剪送出信息
5	水岛	1976年3月	1	川崎重工	切头剪前	测量辊测出长度，喷划上剪切示意线	停止	60	±15	确定剪切位置与次数，减少辅助时间
6	和歌山	1976年10月	2	三菱电机	切头剪前	喷划切头、分段、切边、定尺试样等需剪切部位	停止	10	±30	确定试样等采集开始的位置
7	鹿岛	1970年10月	2	古野电气	No.1、No.2冷床出口侧	划线机按计算机指令在轨道上走动，划出试样、分段线	停止	2.5	±20	提示切头、分段剪切位置

续表1

序号	厂名	投产年月	台数	制造厂	设置地点	划线方式	钢板走动或停止	周期/s	划线精度/mm	用途
8	加古川	1981 年 6 月	1	本厂	No. 1 冷床出口侧	根据计算机信息确认轧制有效长度后，用白粉划出头尾切断线	停止	10	宽 ±3 长 ±30	反馈到板形轧制过程
9	中山	1958 年 8 月	1	本厂	切头剪前	将板送至划线机下放板位置，调整好划线位置，将划线尺寸规盘下降，密压在板上，喷油漆刷上线	停止	2.5	±5	反馈到板形前过程
10	中部钢板	1978 年 8 月	1	明德产	翻板机后	板送至规定位置，将划线规压在板上，用石笔划线	停止	15	±5	反馈到板形前过程

划线机形式只有名古屋一个厂是钢板走动式，其他厂均为钢板停止式。

2.3 剪切机

一般中厚板剪切线有切头剪、切边剪（双边剪或圆盘剪）、剖分剪（可有可无）、定尺剪及碎边剪五种形式的剪机。

切头剪为滚切式，剪切次数达 24 次/min，使每次剪切时间减至最少；剪刃更换采用更换装置后，使更换一次剪刃时间由 30min 减至 20min，当钢板规格改变，需调整剪刃间隙时，采用自动调整方式，每次调整只花费 5s 以下，不会耽误正常生产。

定尺剪形式、剪刃更换、间隙调整与切头剪相同，只因定尺的要求，增设有定尺辊装置，采用自动定位控制方式，不增加间歇时间。

双边剪为三轴自由滚切式，因步长短，剪切次数达 32 次/min，可减少剪切时间，剪刃更换与间隙调整也必须做到不耽误生产。

碎边剪对宽板来说是必不可少的，碎边次数也要求达 24 次/min，运送与收集要及时，不得妨碍剪切线正常生产。

2.4 其他设备

快速准确对正装置多数为磁盘式，按板长设置 3～7 个，采用液压升降和横移，升降速度达 0.1～0.2m/s，横移速度达 0.15～0.3m/s，每个磁盘可单独操作，使钢板剪切线与激光对线重合。对正钢板要求在前一块钢板未剪切完之前对正好，使前后两块钢板间歇时间缩至最短。

激光对线装置设在切边剪前辊道上，钢板两边各设一组，固定剪机架一侧激光装置固定不动，激光线与剪刃成一直线；而另一侧激光装置为移动式，横移距离随移动剪机架同步，横移速度达 0.15～0.3m/s，不得耽搁切边剪生产。

输送辊道是剪切线联络的主要部分，对剪切线生产能力的影响很大，由于总图的限制，剪切线长度都太短，使剪机之间互相干扰，妨碍剪机能力的充分发挥。一般切头剪前应留出一块最长钢板的距离，使切头尾前有充分的准备时间；切头剪与双边剪之间因有对线工序，耽搁时间比较长，不然会妨碍切头尾的操作，因此需要2~2.5倍最长钢板的距离，日本的最大距离有取125m，德国迪林根厂取110m。而双边剪与定尺剪之间距离取1.5~2倍最大钢板长，德国迪林根厂取190m。如果增加剖分剪，需要不同定尺或双剖分时，其距离也应取2.5倍最大钢板长，不然分别定尺时会妨碍双边剪操作。虽然剪切线增长很多，辊道增加许多，但总的经济效益还是划算的。

碎边处理收集装置是剪切线的排泄部位，如果不把切头尾与两边切下废料及时处理掉，剪切机也不可能正常生产。因此，一个现代化中厚板厂剪切线必须完善碎边处理收集工作，而且还要求做到按钢种分类收集，对试样打标记并及时送发给试验室。

3 数码信息中厚板剪切线的生产能力

表2为切头剪、双边剪、圆盘剪及定尺剪实现数码信息化后生产能力的计算结果。

由表2计算结果可以看出，薄弱环节是定尺剪，而最富裕的是切头剪，只要两台剪机互相分工配合好，一条剪切线就能剪切300万吨/年。

4 结语

以前一条剪切线切100万吨板已了不起，现在已切到200万吨以上，甚至可剪到300万吨。将来年产量最大的中厚板轧机只要配置一条剪切线就够了，即使两条，也是一用一备，为了保险起见。

日本福山4700mm双机架轧机最大月产达24万吨，原来有两条由切头、双边、剖分及定尺等剪机所组成的低性能剪切线，1984年6月将两条线改为一条，剪切板厚由40mm增至50mm，新线利用原有切头和两台定尺剪机，新制造了一台高性能双边剪和一台剖分剪。改造后满足了生产的要求，空出了一大片厂房，减少了大批定员，且使成品板管理更方便。

目前一条剪切线、高产量的轧机还有浦项厂4724mm+4724mm轧机，年产217万吨；鹿岛厂5450mm+4830mm轧机，年产192万吨；京滨厂5500mm轧机，年产180万吨；塔兰托厂4826mm+4826mm轧机，年产140万吨及名古屋厂4800mm+4700mm轧机，年产132万吨等，其实这些轧机的潜力是很大的。

另外，如水岛、君津、加古川、加拉茨及巴敦等厂都拥有两条剪切线，但很少见到两条同时工作，经常是一用一备，有的厂干脆只配备一条线的定员。

我国新建3500mm以上轧机均配置有两条剪切线，多建一条现代化剪切线将增加投资达1亿元左右。因此，是否需建两条剪切线，很值得大家来研讨一番。

目前我国新建3500mm以上轧机约有40台，如果都采用数码信息剪切线的话，只要配备一条剪切线就可满足轧机生产能力的要求，全国就可少建40条剪切线，可节约投资约40亿元，相当于新建两个3500~3800mm厚板厂的钱，这是一笔可观的财富。

另外，还可使钢板尺寸精度有所提高，板宽偏差由+(3~8)mm提高到+(1~4)mm，长度偏差由+(5~10)mm提高到+(3~6)mm。

这项创新的技术应当引起中厚板生产者的重视，仅增设一台划线机就可提高剪切线1/3的生产能力，何乐而不为呢。

表 2 剪切线生产能力的计算结果

序号	钢板				双边剪									
	厚 /mm	宽 /mm	长 /mm	单重 /t	剪切次数 /次·min^{-1}	每次步长 /m	剪次速度 /m·min^{-1}	每块板剪切时间 /s	每块板对正与间歇时间 /s	每块板耗时/s	每小时剪切量 块	每小时剪切量 t	综合产量 %	综合产量 t/h
1	4.5	2200	24000	1.86	32	1.35	43.2	33.3	10	43.3	83	154	5	7.7
2	6	2200	24000	2.5	32	1.35	43.2	33.3	10	43.3	83	208	5	10.4
3	10	2200	24000	4.1	30	1.35	40.5	35.6	10	45.6	79	324	15	48.6
4	16	2200	24000	6.6	28	1.35	37.8	38.1	10	48.1	75	495	20	99.0
5	20	2200	24000	8.3	26	1.35	35.1	41.0	10	51.0	71	589	20	117.8
6	25	2200	24000	10.4	24	1.35	32.4	44.4	10	54.4	66	686	15	102.9
7	30	2200	24000	12.4	22	1.35	29.7	48.5	10	58.5	62	759	10	75.9
8	40	2200	24000	16.5	20	1.35	27.0	53.3	10	63.3	57	941	5	47.1
9	50	2200	24000	20.7	18	1.35	24.3	59.3	10	69.3	52	1076	5	53.8
合计														563.2

序号	圆盘剪								
	剪切速度 /m·min^{-1}	剪切时间 /min	两块板间歇时间 /min	夹钢时间 /min	每块板耗时 /min	每小时剪切量 块	每小时剪切量 t	综合产量 %	综合产量 t/h
1	100	0.24	0.08	0.17	0.49	122	228	5	11.4
2	100	0.24	0.08	0.17	0.49	122	305	5	15.3
3	100	0.24	0.08	0.17	0.49	122	500	35	175.0
4	100	0.24	0.08	0.17	0.49	122	805	25	201.3
5	80	0.30	0.08	0.17	0.55	109	905	25	226.3
6	80	0.30	0.08	0.17	0.55	109	1071	5	53.6
7									
8									
9									
合计									682.9

双边剪：由于切头剪与双边剪之间距离加大和对正装置加快使间歇时间由 25s 减至 10s，作业率由 80% 提高至 90%。
年产量：563.2 ×6000 ×0.9 =304 万吨

圆盘剪：两块板间歇时间由 0.17min 降至 0.08min，夹钢时间由 0.33min 降至 0.17min，作业率由 80% 提高至 90%。
年产量：682.9 ×6000 ×0.9 =369 万吨

序号	切头剪								定尺剪							
	剪切次数 /次·min^{-1}	剪切时间 /s	送板时间 /s	定位时间 /s	总剪切时间/s	小时处理量 /t	综合处理量 %	综合处理量 t/h	剪切次数 /次	剪切时间 /s	送板时间 /s	定位时间 /s	总剪切时间/s	小时剪切量 /t	综合剪切量 %	综合剪切量 t/h
1	3	12	24	4.5	40.5	165	5	8.3	6	24	24	9	57	117	5	5.9
2	3	12	24	4.5	40.5	213	5	11.2	6	24	24	9	57	158	5	7.9
3	3	12	24	4.5	40.5	364	15	54.6	6	24	24	9	57	259	15	38.9
4	3	12	24	4.5	40.5	587	20	117.4	6	24	24	9	57	417	20	83.4
5	3	12	24	4.5	40.5	738	20	147.6	6	24	24	9	57	524	20	104.8
6	3	12	24	4.5	40.5	925	15	138.8	6	24	24	9	57	657	15	98.6
7	3	12	24	4.5	40.5	1102	10	110.2	6	24	24	9	57	783	10	78.3
8	3	12	24	4.5	40.5	1467	5	73.4	6	24	24	9	57	1042	5	52.1
9	3	12	24	4.5	40.5	1840	5	92.0	6	24	24	9	57	1307	5	65.4
合计								753.5								535.3

切头剪：每块定位时间由 2s 降至 1.5s，作业率由 80% 提高至 90%。
年处理量：753.5 ×6000 ×0.9 =407 万吨

定尺剪：每块定位时间由 2s 降至 1.5s，作业率由 80% 提高至 90%。
年剪切量：535.3 ×6000 ×0.9 =289 万吨

附文 15-3 剪刃消耗与修磨

剪刃的磨损和变钝会使剪板断面不平直，尺寸精度变差，因此剪刃须及时更换与修磨。剪刃要求硬度高，达 HS68 ~75 左右，且高温时强度不会急剧下降，且韧性好。剪切高强度厚板时，剪刃硬度下降，而韧性要求增大，以防止剪刃变钝与塌落。

滚切剪刃为圆弧形，半径达 66m 之多，而剖分剪刃由前 33m、后 12.5m 两个半径组成。

剪刃钢用 6CrW2Si 时硬度可达 HS65 ~70。

剪机不同，其使用面也不一样，切头与定尺剪上刃是两面用，下刃是四面用；双边剪及其剖分剪上刃是两面用，下刃是四面用；圆盘剪及其剖分剪上下刃均为两面用；碎边剪上下刃均为四面用。

表 1 为剪刃消耗计算实例，一副剪刃切板量按一般情况，因剪刃质量不同，差别比较大。另外没有将碎边剪刃计入。

表 1 剪刃消耗与磨床负荷计算

序号	剪机名称	剪刃					年需剪切量/万吨	一副剪刃切板量/万吨	年需剪刃副数/副	年需剪刃片数/片
		名称	尺寸/mm × mm × mm	单重/kg	数量/片	磨削面				
1	切头剪	上刃	5200 × 190 × 100	776	1	2	200	50	4	4
		下刃	5200 × 150 × 100	612	1	4	200	100	2	2
2	双边剪	上刃	2080 × 170 × 100	270	2	2	200	15	14	28
		下刃	2075 × 160 × 100	261	2	4	200	30	7	14
3	剖分剪	上刃	2500 × 170 × 100	334	1	2	30	15	2	2
		下刃	2500 × 150 × 100	294	1	4	30	30	1	1
4	定尺剪	上刃	5200 × 190 × 100	776	1	2	200	40	5	5
		下刃	5200 × 150 × 100	612	1	4	200	80	3	3
5	圆盘剪	上刃	ϕ1015 × 70	57	1	2	200	50	4	4
		下刃	ϕ1015 × 70	57	1	2	200	50	4	4
	合计									

序号	年需剪刃重量/kg	剪刃总重/kg	吨板消耗/$kg \cdot t^{-1}$	磨削面数	每面磨削次数	磨削总数	磨削每面时间/h	磨削总耗时/h	年计划工作时间（一班制）/h	磨床台数	磨床负荷/%
1	3104			8	5	40	2.5	100			
	1224			8	5	40	2.5	100			
2	7560			56	5	280	1.5	420			
	3654			56	5	280	1.2	336			
3	668			4	5	20	1.5	30			
	294			4	5	20	1.2	24			

续表 1

序号	年需剪刃重量/kg	剪刃总重/kg	吨板消耗/$kg \cdot t^{-1}$	磨削面数	每面磨削次数	磨削总数	磨削每面时间/h	磨削总耗时/h	年计划工作时间（一班制）/h	磨床台数	磨床负荷/%
4	3880			10	5	50	2.5	125			
	1836			12	5	60	2.5	150			
5	228			4	100	400	1	（400）			
	228			4	100	400	1	（400）			
合　计		22220	0.01					1285（800）	2000（2000）	1（圆盘床 1）	64（40）

关于剪刃磨床修磨，各厂情况不一，多数选用的磨床形式为磨削砂轮架不动，机床运动，工作台为磁性，可电动旋转 360°，液压加紧机构定位，可磨平面与倾斜面，用 CNC 控制系统磨曲面，在 5200mm 长度内可磨多块，以电磁吸附铁屑，配有两套润滑系统。磨长为 5200mm，宽为 180mm，厚为 100mm，磨削偏差为 ±0.005mm。

宝钢换剪刃无电葫芦，采用车间检修吊车，以副钩操作，且副钩靠柱列一边，便于吊到。定尺剪和切头剪剪刃最重达 776kg，应该考虑运送问题。

应该有磨削曲线的磨床和圆盘剪用圆盘磨床，计算结果的负荷率见表 1，一台曲线磨床为 64%，一台圆盘磨床为 40%。

16 中厚板的抛丸涂漆技术综述

16.1 引言

桥梁和船等板热轧后板面有一层完整、紧密的氧化铁皮，短时间内有着防锈的作用。但存放过程中受到风化作用，铁皮松弛，稍微碰撞就会剥落。因此，钢板就会继续氧化锈蚀。如将钢板事先进行除锈，并涂以防锈层，这样可增加存放时间，并能增强今后涂漆的质量，也可作为用户的底漆。另外，清除钢板表面氧化铁皮后，可控制麻点，便于对暴露出表面的缺陷进行检查清理，同时还能准确地检测板厚偏差。

从钢板生产到用户加工使用，一般均在3个月以上，这期间钢板表面生锈也会影响钢板表面质量，而用户都要经过几道涂漆，为缩短工期和确保钢板表面质量，中厚板厂除锈并进行初步涂漆得到用户的欢迎，但一定要得到用户的认可与配合。

在保护气体热处理工序前进行抛丸，以清除板面铁皮，乃是生产光洁热处理钢板的必要工序。

抛丸涂漆的目的是使钢板短期达到防锈储存的要求。

目前这种生产线处理钢板厚度为4.5～250mm，宽度为1500～5500mm，长度达30m，单重达30t。

涂漆钢板的运输应多加注意，特别是外运交通工具更应保护好涂层，不要被擦伤。

涂漆机操作工人要注意防护，防止吸入有机溶剂和锌等有害物质。

16.2 抛丸机室

中厚板除锈以抛丸方式较为普遍，酸洗方式不再采用。抛丸除锈生产率高、费用低，可改善周围的环境卫生条件，减轻劳动强度，抛后板面呈现均匀的粗糙度，增加表面面积，增大油漆的黏附性，延长了油漆的使用时间，也增强了涂膜的保护作用。

抛丸机有卧式和立式之分。卧式是钢板平放，立式是钢板竖立放，通常都是双面同时抛丸。卧式对钢板输送比较方便，生产能力大，采用比较普遍，但占地较大，设备较重。立式需有翻立板机，不适用于薄而宽的钢板，立起容易倒下，但占地小，丸落下不用清除，设备轻，处理能力低，抛丸室狭窄，维护困难，现在已很少采用。

卧式抛丸机室在钢板上下装有2～8个叶轮式抛头，每个抛头由电动机带动，使叶轮高速旋转，利用离心力将钢丸或铁丸以旋转离心力80m/s左右速度抛射到除锈钢板上，依靠丸的冲击以及同钢板之间的摩擦而使板面氧化铁皮与铁锈清除干净。

附照2-24为钢板送入抛丸机时的情景。抛丸机室通常由输送辊道、抛丸机、抛丸室、抛丸处理回收循环系统、抛丸吹除装置及集尘装置等组成。抛头下面辊道辊子需考虑耐磨的要求；抛丸室出入口用帘密封，以免尘灰散出影响工作环境；抛后板面用风刷吹去铁皮残渣；经过滤后将丸收集提升至分配器内以备再用，而尘灰由除尘器排出收集。应定时补充消耗掉的抛丸。

抛丸清除度应达100%，未达到时可返回清第2次或用手工局部清除。

抛后板面粗糙度以打入深度计，一般应小于50μm，清除度好坏与粗糙度大小取决于抛丸速度，速度高，打击动能大，清除效果好，粗糙度也大；其次是抛丸颗粒大小，颗粒愈细，单位时间内抛出的丸子数量愈多，冲击次数也多，麻点密度大，所以清除度也高，但颗粒愈大，粗糙度也愈大，抛丸的数量多、流量大，清除度也好；还有抛射延续时间愈长，清除度也高，但对粗糙度影响不大。

日本以直径为0.8mm的钢丸、抛丸量为130kg/m^2，抛丸速度为73m/s来清除CR2-50耐候钢板铁皮时，抛丸前后的力学性能变化见表16-1。

表16-1 CR2-50板抛丸前后力学性能变化

处理条件	板厚/mm	试样采取方向	σ_s/MPa	σ_b/MPa	伸长率/%	弯曲性能（弯曲角度180°，$R=1.5t$）
抛丸加工	38	轧制方向	407	545	31	好
		垂直轧制方向	404	540	29	好
未抛丸加工	38	轧制方向	411	541	32	好
		垂直轧制方向	395	539	29	好

抛丸后力学性能几乎没有变化，弯曲性能也差不多。由于抛丸后钢板表面有一层0.5~1.0mm的硬化层，布氏硬度由150提高到190左右。

抛丸有钢丸（钢丝段）和铁丸（激光白口生铁丸）两种。钢丸贵，比铁丸成本高6倍左右，但寿命高3倍左右，钢丸单位消耗为0.5~1.0kg/t，且环境条件好，故国外普遍采用。欧洲用钢丸直径为0.6~0.9mm，σ_b为1600~1800MPa，含碳量大于0.65%，也采用直径0.5~1.1mm，σ_b为1200~1500MPa型钢丸。日本铁丸使用较多，常用的STB-2B型铁丸，其化学成分：C为0.88%、Si为0.59%、Mn为0.7%、Cu为0.21%、P为0.011%、S为0.039%、Cr为0.08%、Ni为0.11%，其余为Fe，洛氏硬度达45，金相组织为回火索氏体、点状碳化物及少量铁素体，使用寿命可达5000次以上。还有的化学成分：C为2.91%、Si为0.8%、Mn为0.36%、P为0.28%、S为0.25%，其余为Fe的铁丸，金相组织为马氏体，洛氏硬度达50~60，清除效果好，但脆性大，容易击碎，寿命低。目前，一般用的铁丸直径为0.5~0.8mm以下、0.8~1.5mm及1.5~1.8mm 3种。俄罗斯采用0.5~0.8mm小直径铁丸较多。

最近一台叶轮机抛丸宽度约为5200mm，抛丸能力为17kg/(kW·min)，如用75kW抛丸机时，则抛丸能力达1275kg/min，抛丸速度达80m/s，丸的循环能力为抛丸机的1.1~1.2倍。抛丸室内辊道辊距为700~800mm，吹扫铁皮装置用3.92~11.77kPa（400~1200mmH_2O）压缩空气，集尘以干式居多，湿式已很少用。

16.3 涂漆机

抛丸后清除铁皮的钢板应及时涂上防锈层，不然很快会生锈。

涂漆机有单面式和双面式两种。单面式是涂钢板上面，烘干涂层后，用翻板机翻至下面再涂，涂层不易损伤，但需两台涂漆机。双面式是钢板上下两面同时涂漆，只需一台涂漆机，但下面涂层容易损伤，需人工补涂措施。

目前日本两种形式都在生产，八幡、名古屋、君津、大分、水岛、千叶及加古川等7家厂采用单面式，设有两台涂漆机，而福山、京滨、加古川、鹿岛及和歌山等5家厂采用双面式，只设有一台涂漆机。新日铁和川崎两公司是推荐单面式，认为涂层质量有保证，而日本钢管和住友金属两公司是推荐双面式，认为设备布置比较简单，下面的损伤用人工涂漆来补救。还有神户加古川厂拥有单面式和双面式两种形式，既可双面涂也可单面涂，视钢板质量而定，设备多一些。

涂漆机组由涂漆机、涂料调配装置、涂料压送装置、排气装置及钢板运送装置等组成。

涂漆机设有若干喷枪，少则只1个，多则有12个，一般设4个。喷枪垂直在钢板运送方向来回运动进行涂漆，通过无级变速器往复移送，并用板宽检测仪信号来开闭喷枪，以防止涂料浪费和漏涂等质量问题。

涂料调配与压送装置是将涂料在调配搅拌箱内调配好，用充气泵将涂料压送入涂漆机内，一般压缩比为30：1，吐出量为8L/min。

排气装置是为了防止超过喷射，涂装中涂料和稀料飞溅装置设有涂装排气机。另外，为将排气中涂料去除，设有洗净装置，洗净装置有干式和湿式两种，洗净后不用水处理，大多数都采用干式。

钢板运送设备大多数采用辊道方式，为防止辊粘漆，在涂漆机室内，用盘辊或链条方式，并设有去漆装置。

涂漆一般采用底漆，应根据用户要求来选用。船厂以锌基为主，少数也用铅基，要求是防锈能力强，快干（少于3min），耐磨性好（加工与搬运中不易损坏），耐温性高（焊接与切割不致烧毁大量漆面），无毒，不会影响焊接质量，抗蚀性高（特别是船用板），能作为良好的底漆，且通用性大，稳定性好，紧密性强，最后还要求成本低，必须由涂料厂、钢铁厂与用户三家共同努力合作下才能办到。目前常用的底漆有：

（1）锌基环氧底漆。成分是锌粉加环氧树脂，即92%锌粉+8%环氧树脂。一般有2min即干，在户外可保存6~9个月。涂层太薄时防锈能力差，一般涂上10~50μm厚时便有很好的防锈能力。只要用汽油或混合二甲苯即可将漆清除。

（2）前苏联ПС-1底漆。由3.32%乳化聚苯乙烯、33.53%二甲苯及63.15%锌粉组合而成，在大气中可保存8个月以上。

（3）长期暴露型淡涂底漆：将聚乙烯醇缩乙醛系树脂溶解在乙醇类内，并加以锌铬和其他防锈颜料炼成作为主剂，以磷酸—水乙醇液为添加剂混合使用。配合的重量比为80：20，一般可保存3个月以上。

涂漆机已实现自动化，涂枪速度一般为60~120m/min，为提高涂漆机能力，可设置两组以上涂枪。涂料单位消耗为120~200g/m^2。

为防止涂料和稀涂料的飞溅，涂漆机装置在室内，并设有排气装置，为将排气中涂料去除，均设有干式或湿式洗净机，目前大多数采用干式，洗净后可不用水处理。

16.4 预热炉

预热目前有两种方式：一种是抛丸前后均预热，设有两座预热炉，抛丸前预热，燃气温度达600℃左右，一次铁皮易剥落，抛丸效果好，但增加一座预热炉，燃耗增大。另一种只是抛丸后预热，对涂装有好处。因抛丸后板面易氧化，因此多用间接预热方式，热风温度达400～600℃，效果比较好，使钢板预热到50℃左右。

预热炉有直火式、蒸汽吹刷式、热风循环式和辐射式4种，第1种必须燃料清洁，不能污染板面，不然，对涂漆有影响。第2种炉子比较短，需要配备锅炉，投资和热耗比较大。第3种炉子预热后钢板表面质量比较高，但炉子长度长。第4种炉子为辐射管加热，钢板表面质量非常好，但投资和热耗高。

炉内运输钢板均采用辊道式，直火式和蒸汽吹刷式炉长均在8m以下，辐射式炉长不大于9m，而热风循环式炉子达20m。

16.5 干燥炉

涂装后需用热风吹干，以免破坏涂层。因此在涂装机处设置干燥炉，用燃气加热空气吹刷。一般热风温度达450℃，涂层加热温度根据涂料不同有所变化，一般淡漆达40℃，富锌漆达60℃，通常以80℃为佳。

干燥炉多为热风循环式，燃料采用混合煤气，也可用其他能源。炉内运输采用链条方式，而单面涂漆线干燥炉采用辊道方式。

单面涂漆需设两座干燥炉，而双面涂漆只要1座干燥炉，炉长视涂漆厚薄及产量要求而定，一般达8～20m。炉高尽量矮，以减少热风循环量，一般在1～2m之间。炉宽根据板宽来定，一般比板宽大500mm左右。

16.6 抛丸涂漆生产线

中厚板抛丸涂漆生产线有单面和双面两种布置。前者由预热炉、抛丸机、涂漆机、干燥机、翻板机及干燥炉组成；后者由预热炉、抛丸机、清理台架、涂漆机及干燥炉组成。后者只用一台涂漆机两面同时喷涂，布置紧凑，设备费用低，但下表面涂层容易被辊道和移板机损坏，需要修补，增加了人员，降低生产线能力。前者需有两台涂漆机，解决了后者存在的问题，但建设费较高。目前，日本两种均在使用，前者使用比较多。两种生产线均有移送台架和翻板机，均采用辊道运送钢板，前者翻板机是为下面涂漆用的，而后者是为检查下面涂漆质量用的。

两种生产线生产流程如图16-1所示。

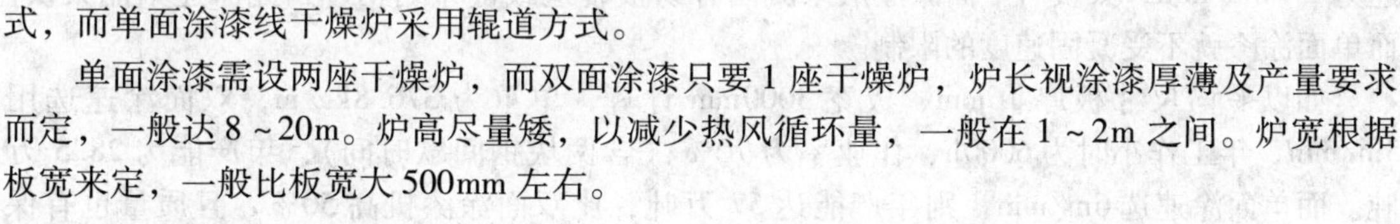

图16-1　涂漆生产流程

a—单面涂漆生产流程；*b*—双面涂漆生产流程

两种生产线的设备布置如图 16-2 所示。

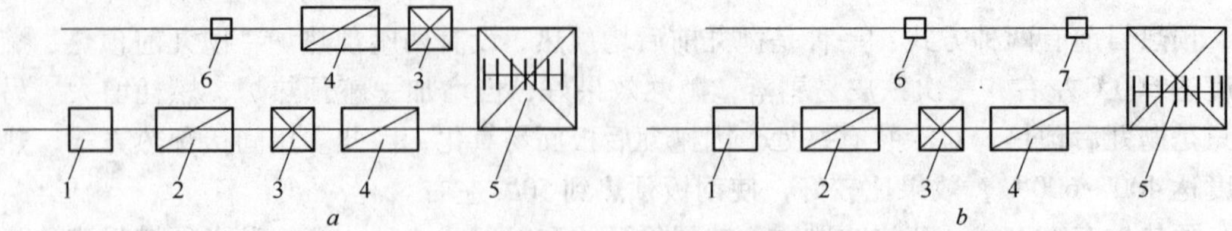

图 16-2　涂漆生产线设备布置

a—单面涂漆生产线设备布置；*b*—双面涂漆生产线设备布置

1—抛丸机；2—预热炉；3—涂漆机；4—干燥炉；

5—翻板台架；6—标记机；7—补修机

以前的生产线在抛丸机前设置预热炉，将钢板预热后清除一次铁皮比较容易，现在热轧后钢板一次铁皮已基本清除，故不再设置预热炉。另外，有的厂在抛丸机后设置修磨台架以清除抛丸后暴露出来的缺陷，现在板坯质量大大提高，钢板上下表面质量已非常好，故新建生产线都不设此台架，使生产线大大缩短。

抛丸涂漆线生产能力主要取决于处理钢板的厚度与宽度，即单位长度的重量，另外，也取决于涂漆机的速度和形式。目前，单面涂漆机涂速达 3 ~ 12m/min，而双面涂漆机涂速为 2 ~ 8m/min，太快时下面涂漆层未凝固容易被辊道或链条划伤，因此涂速不能太快，而单面涂漆就不受凝固速度的限制。

如以平均尺寸板厚 16mm、板宽 3000mm 计算，单重为 376. 8kg/m，双面涂速选用 3m/min，年工作小时为 6000h，作业率为 70%（含两块钢间歇时间），年产能为 28. 5 万吨。而单面涂速选 6m/min，则年产能达 57 万吨，比双面涂漆机高 50%，且质量也有保证，但多一台涂漆机和一座干燥炉，投资要大一些。

16. 7　结语

我国至今尚未生产抛丸涂漆钢板，鞍钢厚板厂有一条双面涂漆生产线，但一直没有投产。现在宝钢 5m 宽厚板厂新建成一条双面涂漆生产线，为给船厂和桥梁厂提供优质中厚板创造了条件。

17 中厚板热处理技术综述

17.1 引言

热处理是温度与时间相互配合的一项工艺，如图 17-1 以坐标来表示。

横坐标为时间 t，纵坐标为温度 T，t_1 为加热时间，t_2 为保温时间，t_3 为冷却时间。因此，热处理是通过不同的加热温度、保温时间及冷却速度，使钢的成分与组织发生扩散，产生再结晶的变化，也可促进或阻止其组织与成分的转变、析出，以期达到所要求的各种性能。

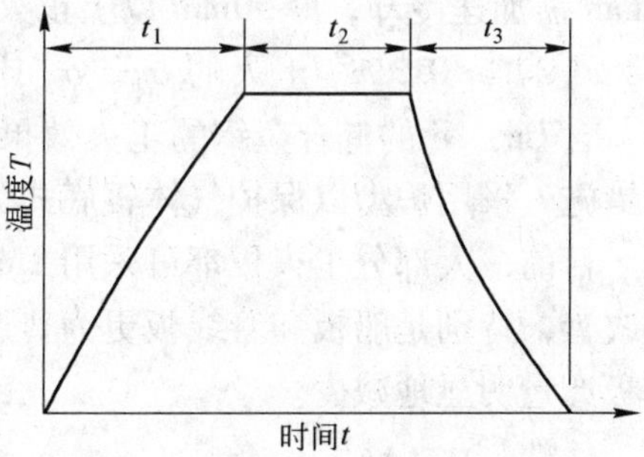

图 17-1　热处理时间与温度的关系

中厚板热处理是应用户交货的要求，许多中厚板在常规热轧状态是满足不了用户要求的性能的。

中厚板热处理的目的是提高钢板强度、改善韧性与焊接性、清除内应力、防止白点、降低脆性与表面硬度。当热轧性能偏高时，热处理还可调整其性能，挽救不合格性能所造成的损失。但热处理不当也会造成钢板下表面被划伤，冷却不匀会引起钢板的变形，淬火钢板的不平直等。另外，还会增加燃耗，提高成本等。

17.2 中厚板热处理的特点

现今中厚板热处理具有以下特点：

（1）热处理种类齐全。随着用户对中厚板品种和质量的要求越来越严格，与其他钢材相比，热处理种类更加齐全，有正火（常化）、调质（淬火 + 回火、常化 + 回火）、高温回火、退火、淬火（水淬、油淬）及缓冷等，通常以正火处理最为普遍。

（2）热处理量大。曾有前人说，中厚板厂叫它为轧钢车间，还不如叫热处理车间。由此可知中厚板生产中热处理份额之大，一个现代化中厚板厂热处理量约占 20% 以上。

（3）处理板尺寸与面积大。处理钢板宽达 5400mm、长达 27m，一般为 18m，板面积达一百多平方米。因此，炉子尺寸很大，有的长达 102m。

（4）钢板单重大。一块钢板最重达 250t，通常达 20 ~ 30t，因此，装出炉机械与吊车都很繁重。

（5）淬火与快冷水量大。淬火与快冷瞬间用水量高达 10000 ~ 14000m^3，供水系统很庞大，多数都需设有储水池或水塔。

（6）钢板容易瓢曲变形和划伤。钢板高温急冷、喷水不均匀容易引起不均匀变形，造成钢板瓢曲，需有强力矫平设备。另外，钢板高温运转，下表面容易划伤、粘铁皮。

（7）便于在线热处理。趁轧后高温进行在线直接淬火与快速冷却处理，可以节省热处理设备和燃耗，现国内外厂都普遍在机后安设快冷装置，这已成为一项时髦的新技术。

17.3　热处理方式

中厚板的热处理方式通常有正火（常化）、回火、淬火、调质、退火及缓冷等6种。现代中厚板生产以正火、调质较为普遍。

17.3.1　正火

将板加热至Ac_3以上30～50℃，以一定冷速冷至常温。厚20mm以下空冷，而厚20～50mm需加速冷却，厚50mm以上正火效果差。$w(C) < 0.3\%$，正火类似于退火，只晶粒更小；$w(C) \geqslant 0.3\%$，正火的σ_b、σ_s比退火高，C愈高，σ_b、σ_s提高更多，而δ、ψ则降低。含Cr、Ni的低合金钢的正火效果更明显。因此，正火是改善中厚板性能的经济有效的措施。采用炉型以保护气体辊底式为主，外部机械化室式炉在欧洲尚有使用。

目前，大部分正火板都可采用TMCP控轧控冷工艺来取代，而且晶粒更细密，韧性大有改善，特别是船板和管线板更为普遍，其焊接性能更能满足用户的要求。因此，正火中厚板产量明显地减少。

17.3.2　调质

将板加热至Ac_3及Ac_1以上30～50℃，急冷淬火或自冷正火，紧接着加热至略低于Ac_1，急冷或空冷回火后钢板可获得较高的综合性能，而且内应力小。

目前，锅炉容器、舰艇、海上平台、工程机械及重要建筑等用高合金高强度钢板采用调质处理比较多，一般均采用保护气体辊底式淬火炉与直火回火炉和辊式淬火机处理。

对于有回火脆性的合金钢板应进行高温回火后快冷，淬火后内应力比较大，钢板应及时回火，以消除回火脆性。

轧后直接淬火可代替调质处理淬火，另外，TMCP控轧也可达到调质的要求，但性能稳定性与均匀性比较差，一些重要钢号按用户要求仍需执行调质热处理。

17.3.3　回火

一般以高温回火为主，将板加热至600℃～Ac_1后缓慢冷却。目的是消除内应力，降低硬度，防止白点形成。主要用于含铬、镍等的合金钢。

炉形有罩式、外部机械化室式、车底式及辊底式等。

17.3.4　淬火

将板加热至Ac_3及Ac_1以上，随后急冷。目的是取得一定的力学性能。如不锈钢进行固溶处理，加热至1050～1150℃，水冷淬火，获得均一的奥氏体组织，保证有高的抗蚀性能。

炉形以辊底式为主，厚板有时用室式和车底式。为了避免划伤，一般不用压力淬火方式。

17.3.5 缓冷

将轧后板进行缓慢冷却至150℃以下，目的是消除白点和避免表面裂缝。

一般采用缓冷坑或保温罩，有时也用罩式炉代替缓冷。

为了热装热送工艺，也有采用保温坑或保温罩保护板坯以减缓温降的办法。

17.4 中厚板热处理炉形式

中厚板热处理用炉子有辊底式、装出料机室式、罩式、车底式及双步进梁式等5种形式。现代化厂都设辊底式，只有处理特殊品种时才增设其他相应炉形。中厚板热处理炉比较见表17-1。

表17-1 中厚板热处理炉比较

序号	内　容	辊底式炉	车底式炉	装出料机室式炉	罩式炉	双步进梁式炉
1	英文名称	roller hearth furnace	car bottom furnace	batch furnace with charging machine	cover type furnace	double walking beam furnace
2	用　途	正火、淬火、回火	退火、回火	退火、回火（淬火）	回火、退火	正火、淬火、回火
3	处理板尺寸 /mm×mm×mm	(4.5～120)×(1000～5350)×(3000～27000)	(20～350)×(1000～5350)×(3000～15000)	(10～150)×(1000～5350)×(3000～15000)	(10～350)×(1000～5350)×(3000～12000)	(4.5～120)×(1000～5350)×(3000×18000)
	最大单重/t	30	80～150	20	50	30
4	处理产能 /t·(h·座)$^{-1}$	正火40～60 淬火回火8～15	退火5～10	退火8～15 回火4～8	退火5 回火3	正火25 淬火回火5～10
5	生产方式	连续性	间歇性	间歇性	间歇性	连续性
6	保护气体	可以	不行	不行	可以	可以
7	处理板质量	好且均匀	一般	一般	一般，不均匀	好且均匀，不划伤
8	设　备	复杂	简单	一般	简单	复杂
9	安全性	断电有应急措施	安全	怕设备故障	安全	安全
10	投　资	贵	便宜	中等	中等	贵
11	使用惯例	全球普遍用	用于大单重特厚板，如日本室兰厂，我国舞钢	西方国家用得多，日本不用	俄罗斯用得多，我国武钢用	德国用，我国浦钢有1座

17.4.1 辊底式炉

钢板用辊道送入炉内炉底辊上，连续或摆动往复输送中加热处理，炉底辊经齿轮或链条由电动机传动，适用于大量正火、淬火及回火热处理，必要时也可少量退火。高温处理可采用氮气保护，但处理前应经抛丸清除铁皮。

目前，炉子最长达102m，处理板宽达5350mm，温度达1200℃。附照2-25为保护气氛辊底式热处理炉。

炉底辊结构多用平辊，材质为Cr-Ni系耐热钢，处理温度950℃以下用25Cr20Ni，700℃以下用20Cr10~12Ni，而1150℃时用28Cr20Ni。

传动方式有集体、分组及单独之分。单独传动时个别辊子坏了，处理比较方便，不致影响生产，但电动机容量比较大。目前，采用单独和分组比较多。由于管理上和自动化都很完善，很少考虑到打滑力矩，故电动机容量减小很多。为了辊子的安全，一般都有手摇转动和安全电源等设施。

17.4.2 车底式炉

钢板装在台车上送入炉内加热处理，一般不用保护气体，为使温度分布均匀，以循环风机将炉内气氛再循环。适用于小批量、大单重、特厚特殊品种的退火、正火、回火等热处理。单重也可不限制。

与罩式炉相比，吊车吨位小，厂房轨面标高低，但燃料单耗大，设备重一些。

因这类钢板较少，故车底式炉座数不会多，一般设2~3座。

17.4.3 罩式炉

钢板装于炉座上，用吊车将罩子盖上加热处理，对于厚板也不用保护气体，适用于大量生产中厚板的退火和高温回火等热处理，也可作为缓冷用。投资少，产能大，但为了吊运炉罩，要求吊车吨位大，厂房轨面标高高一些，同一跨间内设置多座时比较经济。装料量过大时，加热时间长，容易产生脱碳与板形瓢曲，且氧化也比较严重。

鞍钢和武钢采用了罩式炉，国外比较少用。

17.4.4 双步进梁式（同步式）热处理炉

20世纪70年代由德国制成双步进梁式炉，与步进梁式加热炉不同，它没有固定梁，而是由两组可动梁组成。第一组可动梁将钢板抬起前进中，第二组可动梁升起从第一组可动梁上接过钢板并送进。如此循环工作，钢板如同在炉底辊运输一般，可保持不变的作业中心线，以一定速度连续平滑地运送。在运送中不会划伤钢板下表面，并可与装出料辊道完全同步，其运送速度可自由调整，不但可逆送，且能停下，可处理厚而大的钢板。同时不需要防备电源事故的紧急措施。当处理板宽1300mm以下、厚200mm以下时可不受限制。

浦钢有一座从德国哈廷根引进的二手炉子，长32m，处理板宽达4500mm，速度为0.01~1m/s，但至今未发挥作用。

17.5 辊底式热处理炉的配置

中厚板辊底式热处理炉的配置常见的有5种形式，如图17-2所示。

图17-2*a*为一座辊底式正火炉，除了正火处理以外，也可进行正火加回火的调质处理，另外也可进行单独的回火处理，但不能做正火后立即回火的处理，故不适用于有回火脆性的钢板。重钢五厂采用此形式，国外有许多厂只将其用于正火处理，不设淬火机，产

品受到一定限制。但这种配置比较经济，产量比较小。必要时，也可设在轧机作业线上或旁侧，冷却比较充分，且可省去一台矫直机。

图 17-2*b* 为一座淬火正火（回火）炉，情况与图 17-2*a* 相似，只是多了一台淬火机，可以做淬火处理，生产淬火加回火的调质钢板。

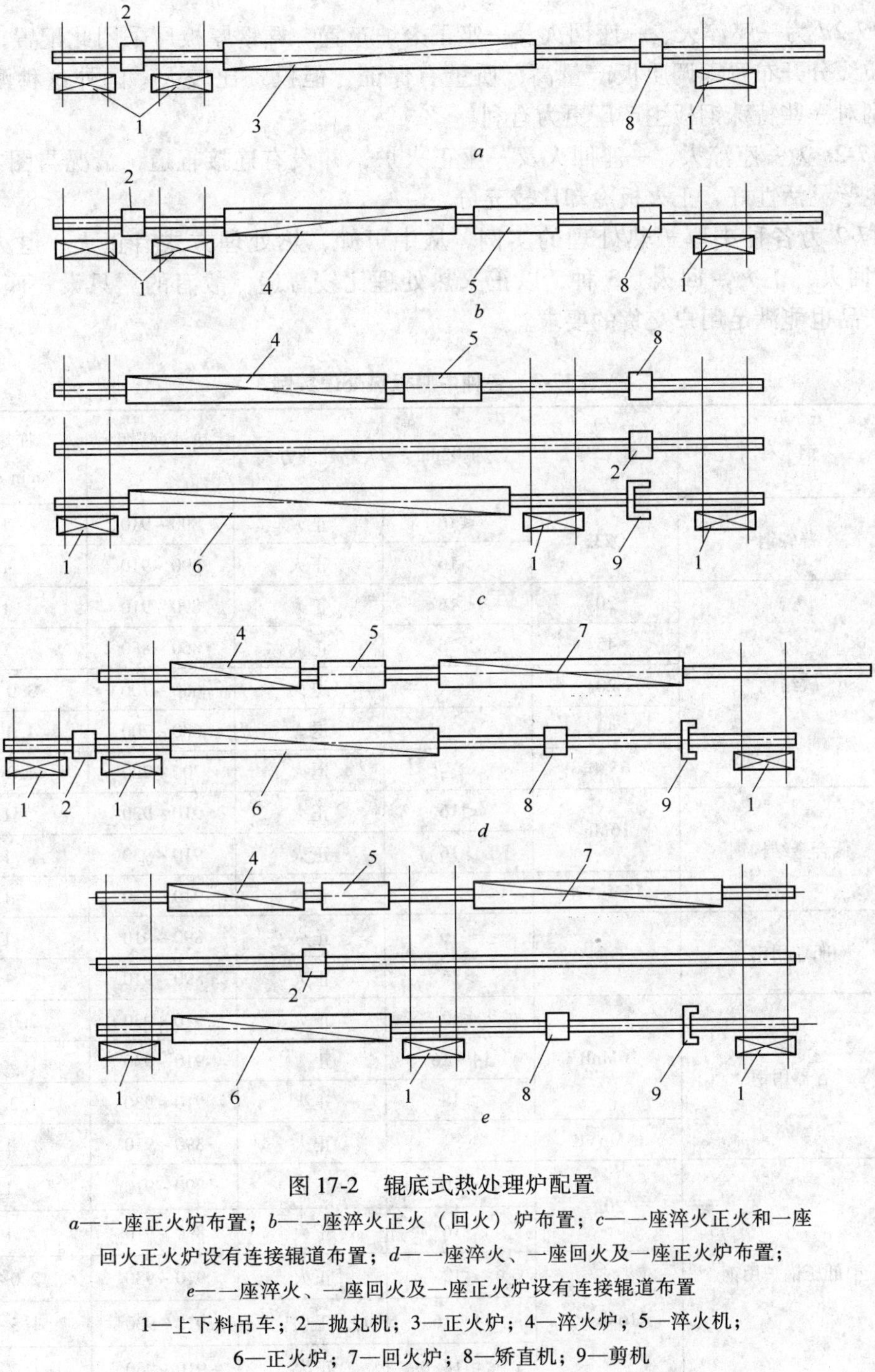

图 17-2 辊底式热处理炉配置

a—一座正火炉布置；*b*—一座淬火正火（回火）炉布置；*c*—一座淬火正火和一座回火正火炉设有连接辊道布置；*d*—一座淬火、一座回火及一座正火炉布置；*e*—一座淬火、一座回火及一座正火炉设有连接辊道布置

1—上下料吊车；2—抛丸机；3—正火炉；4—淬火炉；5—淬火机；6—正火炉；7—回火炉；8—矫直机；9—剪机

图 17-2c 为淬火正火和一座回火正火炉，并设有连接辊道，可生产淬火加回火有回火脆性的调质钢板。当正火处理时产能也比较大，而且有充分冷却的条件。如德国迪林根厂采用此配置与轧机作业线相连，省去许多设备，一炉多用，经济且灵活。在实现控轧控冷条件下这种配置形式被认为最理想，无论产能还是品种都可达到圆满的要求。

图 17-2d 为一座淬火、一座回火及一座正火炉布置。舞钢厚板厂采用此配置，但正火炉和调质线分开布置，调质板产量高，质量有保证，但投资比较大。国外这种配置也不少，特别对一些特殊钢板生产厂更为有利。

图 17-2e 为一座淬火、一座回火及一座正火炉，并设有连接辊道，情况与图 17-2d 相似，但生产灵活性好，正火板冷却比较充分。

表 17-2 为各种中厚板热处理的实例。从中可知，热处理方式有正火、退火、调质（淬火 + 回火、正火 + 回火）3 种，以正火热处理比较普遍，故有的厂只设一座正火炉，大部分产品也能满足用户交货的要求。

表 17-2 各种中厚板热处理实例

序号	钢 种	钢 号	板厚/mm	热处理方式	热处理温度/℃	加热速度/min · mm^{-1}
1	普碳钢	Q235	≤16	正火	890 ~ 910	1.2
			>16	正火	890 ~ 910	1.0
2	碳结钢	20	≤16	正火	890 ~ 910	1.2
		45	>16	正火	860 ~ 880	1.0
		20		退火	680 ~ 700	3.0 ~ 4.0
		40		退火	680 ~ 700	4.0 ~ 5.0
		65Mn		退火	700 ~ 720	4.0 ~ 5.0
3	低合金结构钢	16Mn	≤16	正火	910 ~ 930	1.2
			>16	正火	910 ~ 930	1.0
		15MnVN		正火	910 ~ 930	1.5
4	船舶用钢	3C	≤16	正火	890 ~ 910	1.5
			>16	正火	890 ~ 910	1.2
5	容器用钢	16MnR	≤12	正火	910 ~ 930	2.0 ~ 2.4
			14 ~ 16	正火	910 ~ 930	1.5 ~ 1.9
			≥18	正火	910 ~ 930	1.2 ~ 1.4
		15MnVR		正火	890 ~ 910	1.5
6	中低压锅炉用钢	20g	≤16	正火	890 ~ 910	1.5
			>16	正火	890 ~ 910	1.2
		16Mng	≤12	正火	910 ~ 930	2.0 ~ 2.4
			14 ~ 16	正火	910 ~ 930	1.5 ~ 1.9
			≥18	正火	910 ~ 930	1.2 ~ 1.4

续表 17-2

序号	钢种	钢号	板厚/mm	热处理方式		热处理温度/℃	加热速度 $/\mathrm{min \cdot mm^{-1}}$
7	高压锅炉用钢	13HW35		正火		910~930	1.0~1.3
8	桥梁用钢	15MnVNq		正火		910~930	1.5
9	海上平台用钢			正火		910~930	1.2
10	耐候钢			正火		910~930	1.5
11	合金结构钢	20Cr		正火		790~810	2.5
		40Cr		正火		790~810	3.0
		12CrMoV		正火		970~990	9.0
				回火		760~780	4.0
12	潜艇用钢	945（CX545）	4~32	正火		~920	2.5~3.0
		904	10~35	调质	淬火	930±10	4.0~5.0
					回火	730±10	10.0~11.0
		903	4~32	正火		930±10	2.5~3.0
		922A（AK27）	36~70	调质	淬火	890±10	4.5~5.0
					回火	690±10	7.5~8.0
		921A（AK25）	10~35	调质	淬火	920±10	3.5~4.0
					回火	720±10	8.0~9.0
		25Mn		调质	正火	900±10	2.5~3.0
					回火	650±10	4.0~5.0
13	剪刃用钢	6CrW2Si		退火		600	300~600℃升温速度 80~100℃/h 600~150℃降温速度 20~40℃/h
14	模具钢	P20		回火		650	4.5~5.0

表 17-3 为辊底式热处理炉生产能力的计算实例。表中列举了 1 座 60m 常化炉和 1 条 30m 淬火炉与 50m 回火炉组成的调质线的情况。年处理正火板 29 万吨和调质板 6 万吨，炉子作业率已经满负荷。

17.6 结语

虽然控轧控冷发展很快，应用也非常广泛，但作为一个生产多种高品位优质中厚板的工厂，如果缺少一定的线外热处理措施，应该说是不够完善的，生产钢板品种会受到限制。

表 17-3 辊底式热处理炉生产能力计算实例

序号	钢板品种及尺寸 /mm × mm × mm		单重/t	年处理量/t			加热速度 /min · mm^{-1}	在炉时间 /min	炉内块数 /块	出炉间隔 /min	处理能力 /t · h^{-1}	年工作小时 /h	年计划小时 /h	年负荷 /%
				成品板	原料板	附加重复处理后								
1	低合金钢板	10×3200×9000	2.26	20000	22000	22200	2	20	6	3.3	41	541		
		30×3200×14500	10.93	40000	44000	44400	2	60	3	20	33	1345		
		50×3600×9000	12.72	20000	22000	22200	2	100	6	16.6	46	483		
2	锅炉板	10×3200×9000	2.26	30000	33000	33300	1.5	15	6	2.5	54	617		
		30×3200×14500	10.93	50000	55000	55500	1.5	45	3	15	44	1261		
		50×3600×9000	12.72	30000	33000	33300	1.5	75	6	12.5	61	546		
3	容器板	10×3200×9000	2.26	20000	22000	22200	1.5	15	6	2.5	54	411		
		30×3200×14500	10.93	30000	33000	33300	1.5	45	3	15	44	759		
		50×3600×9000	12.72	30000	33000	33300	1.5	75	6	12.5	61	546		
4	桥梁板	50×3600×18000	25.4	20000	22000	22200	2	100	3	33.3	46	483		
小计	常化炉长 60m			290000	×1.1	×1.01						6992	7000	100
5	高强板	10×2100×7800	1.3	20000	22600	22826	3.0	30	3	10	7.8	2926		
		30×3600×10000	8.5	30000	33900	34239	3.0	90	2	45	11.3	3030		
		60×3100×7800	11.4	10000	11300	11413	3.0	180	3	60	11.4	1001		
小计	淬火炉长 30m			60000	×1.13	×1.01						6957	7000	99.4
6	高强板	10×2100×7800	1.3	20000	22600	22826	5.5	55	6	9.2	8.5	2685		
		30×3600×10000	8.5	30000	33900	34239	5.5	165	4	41.3	12.3	2784		
		60×3100×7800	11.4	10000	11300	11413	5.5	330	6	55	12.4	920		
小计	回火炉长 50m			60000	×1.13	×1.01						6389	7000	91.3

18 中厚板压平机浅识

18.1 引言

板厚大于30mm时冷矫比较困难，还有钢板头尾的弯曲，辊式矫直机也无能为力，局部的浪形只能局部矫直，可以通过压平机来压平。

目前，中厚板热矫直机矫直最厚钢板达100mm，一般只有50mm左右，而冷矫最厚只有40mm以下。因此，厚板发生不平直时，只有采用压平机来压平。

还有一些屈服强度很高的厚板，用辊式矫直机矫直时能力也受一定的限制，需要依靠压平机来补充矫直。

在车式、室式及罩式炉内热处理厚板时，由于垫块限制，厚板加热后也会变形，使热处理后厚板不平直，也需要由压平机来补充矫平。

18.2 压平机压力计算

中厚板压平机压力计算公式如下：

$$P = \frac{b}{t}h^2\sigma_s$$

式中 b——压头宽度（指圆弧形压头），mm；

t——板下面支点距离，mm；

h——板厚，mm；

σ_s——屈服强度，N/mm²。

b根据设备而定，一般为1000mm左右；t随板厚与允许压力而调整，一般是板厚时取大的，板薄时取小的，以人工调节垫块，其范围比较广，达500～1300mm；h可以达30～350mm；σ_s可以达400～1200N/mm²。

例如：板厚为300mm，σ_s为660N/mm²，b为1000mm，t取1300mm时，则：

$$P = \frac{1000}{1300} \times 300^2 \times 650 = 45000\text{kN}$$

又如：板厚为30mm，σ_s为800N/mm²，b为1000mm，t取700mm时，则：

$$P = \frac{1000}{700} \times 30^2 \times 800 \approx 10000\text{kN}$$

18.3 中厚板压平机的选择

压平机形式多数都采用上压杆升降移动旋转式，压平操作灵活，节省辅助时间，但结构比较复杂，投资大一些。

压源有油压和水压两种，后者设备多，现已不采用。

钢板长度方向移动采用升降辊道和升降平台小车或链条式，目前采用升降辊道比较普遍，升降机构用液压缸操作，老式也用推板式，但易划伤钢板下表面。

压平机压力自3000kN至50000kN范围内选择，压力计算见18.2节。

一般来说，板厚达300mm以上，选用压力为30000kN以上比较合理；板厚250mm以下，选用压力为20000kN以下即够，采用10000kN也可以压平，但支点要拉开，σ_s不能超过550N/mm^2。

18.4 国内外压平机的情况

国外主要国家在工业化与国防现代化阶段时，锅炉、容器、海上平台、坦克、桥梁、大型结构、船舰等厚板用户迅速发展，厚板需求量急剧增加，对厚板质量也非常严格。20世纪50年代开始许多厂纷纷安设中厚板压平机，日本13个宽厚板厂中有12个新建压平机见表18-1，其中福山厂有两台，另外，中部钢板厂中板轧机上也设置一台10000kN压平机。美国、德国、英国、法国、前苏联等厚板厂也效仿建成多台压平机，二十世纪七八十年代可以说是压平机全盛的时期。美国留肯斯厂有一台50000kN压平机，是世界上最大的，主要为军工特厚板服务。

表18-1 日本压平机

序号	厂名	形 式	投产年月	压力/kN	压速/mm·min^{-1}	处理板最大尺寸/mm×mm	液压缸行程×直径/mm×mm	台全长宽×长/m×m	压源	运输方式	安设位置
1	八幡	上压杆升降移动不旋转式	1968年4月	7500	240～480	150×4200	500×680	2×4.9	油	吊车	成品跨
2	名古屋	上压杆升降移动旋转式	1973年4月	45000	330	300×4700	600×1350	4.7×39.2	油	吊车	成品跨
3	君津	上压杆升降移动旋转式	1982年9月	15000	150～288	150×4500	500×950	4.7×25	油	辊道	成品跨
4	大分	杆移动门型系杆框架式	1984年4月	15000	360	90×5300	600×1000	5.5×20	油	辊道	成品跨
5	福山	杆移动门形式	1972年4月	20000	250	200×4550	200×1050	5.0×50	油	辊道	成品跨
6	福山	杆移动门形式	1969年2月	10000	250	200×4550	500×800	5.0×45	油	辊道	成品跨
7	京滨	杆移动门形式	1977年12月	20000	220	220×5300	300×1050	5.5×26	油	辊道	成品跨
8	水岛	上压杆升降移动不旋转式	1962年2月	30000	258	300×5150	600×1200	5.0×26	油	辊道	成品跨

续表 18-1

序号	厂名	形 式	投产年月	压力/kN	压速/mm·min^{-1}	处理板最大尺寸/mm×mm	液压缸行程×直径/mm×mm	台全长宽×长/m×m	压源	运输方式	安设位置
9	鹿岛	上压杆升降移动旋转式	1970 年 10 月	10000	360	200×5100	200×900	4.2×32	油	辊道	成品跨
10	加古川	上压杆升降移动旋转式	1971 年 10 月	15000	216	200×4400	500×960	4.5×22	油	吊车	成品跨
11	室兰	上压杆框架升降杆升降固定式	1942 年	40000	210	350×5200	755×1050	5.3×27.5	水	吊车	成品跨
12	中部钢板	上压杆升降移转式	1980 年 2 月	10000	240	150×3200	600×778	3.5×15	油	吊车	成品跨

我国有 5 台压平机，除舞钢自行设计制造一台新的以外，有 3 台均为国外二手设备，分别在鞍钢、浦钢及济钢。另外，宝钢新建一台 40000kN 压平机。目前，正在筹建的厂也将新建 1～2 台压平机，主要用于厚板生产。

附照 2-26 为压平机在矫平钢板的情景。

18.5 结语

国内有的厂板厚只达 100mm，且热矫直机可以矫直板厚达 100mm，新建压平机的项目需慎重研究后再上。

自 20 世纪 80 年代开始，世界上新建宽厚板轧机刚度都达 8000kN/mm 以上，有的已达 10000kN/mm 以上，轧制成的钢板已很规整，浪形很小，且非常平直，特别是厚度达 60mm 以上时，平直度差的比例很低，所以，一个现代化厚板轧机是否需要设置压平机这项设备已引起众多的关注。

目前，如舞钢等少数特厚板厂，生产特殊品种比较多，板厚达 200mm 以上可以设置一台压力达 20000kN 的压平机，其他一般厂就不需要了，设置后设备作业率很低，且占据了一大片厂房，会造成一定的浪费。国外压平机的作业率都非常低，有的常年闲置着，因为生产钢板的平直度越来越好了。

19 中厚板去磁装置

容易磁化的HT70·80K钢、9% Ni钢等高级钢，当磁化达几十高斯至几百高斯时，一般需在中厚板厂经去磁处理后使用。这种磁化钢板焊接时，乃是发生电弧冲击（arec flow）的原因。在中厚板厂增设去磁装置是钢板交货前的防止电弧冲击的措施。

磁化和去磁的原理见图19-1与图19-2。

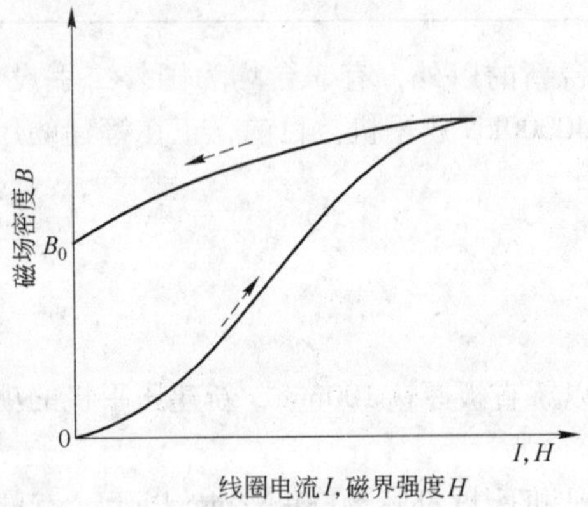

图19-1　磁化过程

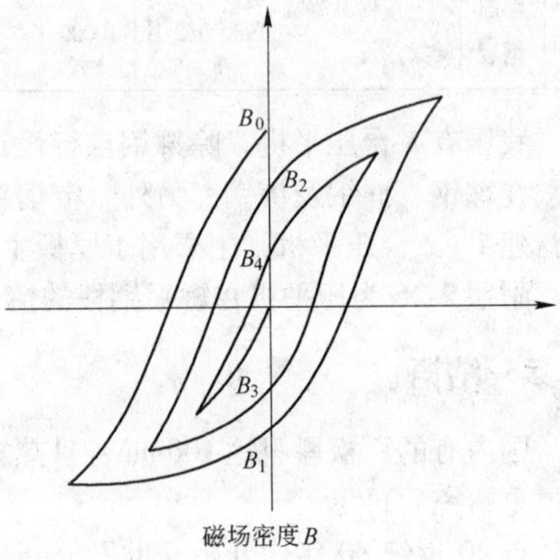

图19-2　去磁原理

由于强磁场的作用，磁区方向一致，其合成矢量不是零，产生残余磁力B_0。将有磁场密度B_0的钢板放在线圈内，使流过线圈的极性交变电流递减，逐渐减少残余磁力，从$B_0 \to B_1 \to B_2 \to B_3 \to B_4$及至零。应用这种特性的去磁装置，其简图见图19-3。

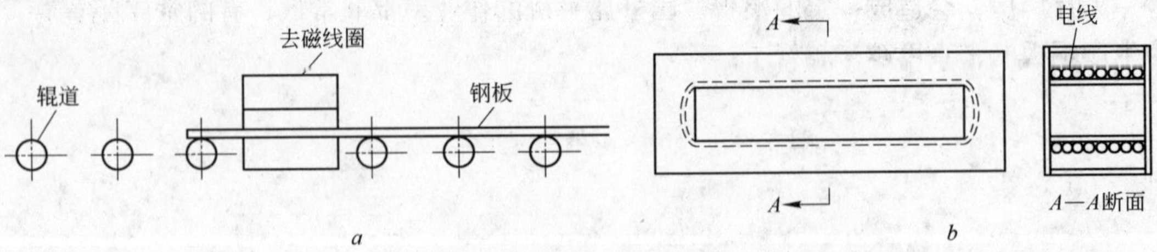

图19-3　钢板去磁装置简图

a—去磁装置布置简图；*b*—去磁线圈

去磁装置在日本五大钢铁公司9个厚板厂都有一台。形式除八幡厂采用贯通线圈式以外，其余8台均为直流励磁式，处理钢板尺寸为厚4.5~100mm、宽4500mm、长25mm，设备制造厂为日本电子磁气工业公司。去磁电流一般用 0～2500A，起磁力为 2500MPa，最早是 1974 年 9 月和歌山厂采用，最晚一台是 1983 年 1 月鹿岛厂安设的。

布置一般都在热处理后成品库内，为了处理方便，多半为独立处理线。

我国宝钢厚板厂在成品库设置有一台。

液化天然气的运输和储藏用超低温钢板生产已引起越来越多人的关注。

20 中厚板用吊车选择

中厚板厂吊车用于原料、钢板、半成品、切边、铁皮及备品备件等的运输，还有机械及电气设备等的检修维护，轧辊、矫直辊、炉底辊及剪刃等工具部件的更换工作。

20.1 中厚板厂用吊车的特点

中厚板厂用吊车的起重吨位是轧钢厂中最大的，达400t左右。

吊运钢板最大长度达30m以上，最宽达5300mm，最大单重达350t。钢板只能顺流程一个方向，不能旋转90°横着吊运。当钢板单重超过30t，只能用夹钳或钢绳吊运，不能用磁盘吊运。

大钢锭加热采用均热炉时，因受钳式吊车起重吨位的限制，限制锭重在30t以下，30t以上重大钢锭一般采用车底式加热炉加热，装出炉操作选用大吨位普通吊车，因温度比较高，以夹钳送至受料辊道上。

中厚板生产流程自加热炉装料台架开始至成品钢板收集为止，均采用辊道运送方式。但钢板热处理、抛丸涂漆、线外超声波探伤、去磁以及特殊钢板的检查修磨、冷矫直等工序均需依靠吊车运送。

20.2 中厚板厂吊车的选用

吊车一般按用途划分为操作与检修两大类，吊运原料和钢板划归为操作类，工作制度选用重型，吊车大车、小车及吊钩升降速度快一些，工作效率高一些，适用于频繁操作的工序，因此电动机功率也大一些。炉子、精整区、铁皮坑、主轧跨、轧辊间、主电室、高压水泵房、废边处理间等区域用吊车均可纳入检修类，工作制度选用轻型，个别也可选用中型，吊车速度慢一些，运用于工作不频繁的地方。

（1）原料用吊车。

原料库用吊车有单钩、双钩及小车旋转与不旋转4种，吊运工具有带磁盘的夹钳方式。目前，新建宽厚板厂采用夹钳带磁盘双钩小车旋转吊车比较普遍，优点是不用地面工人指挥协助，而且比较安全，节约操作时间，作业率较高。但吊车费用大，总体来说是经济的。单钩吊车适用于长度在4m以下的板坯，吊运用坯料方向定位时间长，即使采用小车旋转单钩吊车时操作也是不稳定的。如采用小车不旋转双钩吊车的话，一旦板坯方向与辊道方向不一致时要纠正也是非常费时的。

（2）主轧跨与轧辊间用吊车。

主轧跨吊车主要用于换轧辊和检修。如将大钢锭加热用车底式加热炉布置在主轧跨内时，应当负责大钢锭装出炉工作，起重吨位应满足最大钢锭重量的要求，并考虑采用夹钳的重量。

车间布置采纳支撑辊直接拉入轧辊间内的方案时，则主轧跨吊车起重吨位可大大减轻，使主轧跨厂房建筑费用节省很多。

主轧跨长度达150m以上时，最好再加一台带副钩的20~50t起重能力检修用吊车，可协助主吊车工作，缩短检修周期。

主轧跨设置双钩吊车换辊时，若车底式加热炉布置在主轧跨内，应注意吊大钢锭方向是否与双钩方向一致，以免造成装出炉的困难。

(3) 主电室用吊车。

主电室用吊车起重量应能吊起主电动机最大转子，并注意吊车轨面标高。现代化主电室除主电动机以外，全部是控制设备，重量很轻，用副钩均能吊起。因此，有的主电室不设检修用吊车，临时调用汽车吊来检修，预计这种做法耽误时间过长，不利于生产。

(4) 铁皮坑用吊车。

铁皮坑用吊车主要用于清除坑内沉淀的铁皮，在吊车上挂有抓斗，可用副钩开闭或自动关闭，一般起重量达15t即够，附带有副钩来开闭抓斗比较方便。另外，铁皮坑露天布置时需考虑防雨设施。

(5) 热处理精整区用吊车。

这地区的吊车主要用于热处理炉的装卸料工序、钢板地上全面超声波探伤、表面质量检查及修磨、补充矫直等操作。

如果采用大单重原料生产特厚板时，应设置大起重量吊车吊运大单重原料（加上吊具的重量）。

(6) 成品库用吊车。

成品库用吊车主要用于成品板收集入库堆存，定时吊上车厢或汽车发货，因堆存不合理时，偶尔要担负倒运工作。

成品库布置有平行形与丁字形两种，双钩配置有两种：平行形双吊钩方向与大车垂直，而丁字形则与大车平行。前者大车比较宽，两吊钩距离视钢板长度而定。

热处理上下料、加热炉受料辊道装料及其他设备用操作等地面吊车，原料库、精整区、成品库及轧辊间等过跨电动小车均归属于机械设备成套范围，工厂设计方直接向成套设备制造者提出任务要求，且有地面土建基础设施，不归属于起重机订货范围。

原料与成品板用吊车除夹钳和钢绳等吊具以外，还要求附带磁盘，形状为矩形，磁盘吸力与数量依起重量来确定。吊运板坯和钢板温度受磁盘性能的限制，一般限定在300℃以下。

20.3 吊车台数的确定

中厚板厂用吊车台数主要是操作吊车数，而检修维护用吊车一般只设置一台。如主轧跨内换辊大吊车一台已够，若厂房长度达150m以上时可再增设一台带副钩普通吊车，起重量大小可按轧机大小选用20~30t。

轧辊间用吊车一台已足够，如轴承清洗操作也只设小起重量单梁吊车，必要时应有防爆的要求，现代化轧辊间均采用密封清洗箱的办法，因此可不设置小吊车。

主电室一般只建一台吊车，如能进汽车吊的话，也可不用吊车，厂房结构就简化，也省投资。

加热炉跨如设置吊车的话，一台足够了，也可不设置，检修炉子时采取临时吊运的措施，也可使厂房简化。

精整区根据设备布置情况，一般来说，每个跨间设置一台小吊车，起重量根据设备单件吨位来定。

目前，中厚板厂用吊车比较多的有板坯库，成品板库及精整热处理 3 个区域。现将一个年产 150 ~ 180 万吨中厚板厂的设置实例列于表 20-1。

表 20-1 操作吊车台数计算

序号	工序	运量 /t·h^{-1}	每吊吨位 /t·次$^{-1}$	吊运次数 /次	吊钩升降			大车走行			小车走行			吊卸辅助时间 /min	每次耗时 /min	总耗时 /min	吊车台数 /台	负荷率 /%
					升降 /m	速度 /m·min^{-1}	时间 /min	距离 /m	速度 /m·min^{-1}	时间 /min	距离 /m	速度 /m·min^{-1}	时间 /min					
一	板坯库																	
1	卸 料	500	20	25	6	8	0.75	50	70	0.71	15	35	0.43	0.6	2.49	62.25		
2	过跨倒运	500	20	25	6	8	0.75	50	70	0.71	15	35	0.43	0.6	2.49	62.25		
3	上 料	500	20	25	6	8	0.75	50	70	0.71	15	35	0.43	0.6	2.49	62.25		
	小 计														7.47	186.75	4	78
二	成品库																	
1	入 库	470	15	32	6	10	0.6	100	80	1.25	20	40	0.5	0.8	3.15	100.80		
2	发 货	470	15	32	6	10	0.6	100	80	1.25	20	40	0.5	0.8	3.15	100.80		
	小 计															201.60	4 (6)	84 (56)
三	热处理精整区																	
1	上 料	50	5	10	6	10	0.6	80	80	1.00	20	40	0.5	0.8	2.90	29.00		
2	下 料	50	5	10	6	10	0.6	80	80	1.00	20	40	0.5	0.8	2.90	29.00		
3	超探检查	100	5	20	6	10	0.6	80	80	1.00	20	40	0.5	0.8	2.90	58.00		
	小 计															116.00	3	64

板坯库设两个跨间，每跨长达 200m，每跨设置两台 20 + 20t 双钩旋转吊车。按经验估算每 100m 安设一台，200m 长厂房内有两台吊车是比较合理的，太多时会造成互相干扰，吊车效率反而降低，经计算每跨有两台，负荷率达 78%，还可以。

成品库设两个跨间，每跨长达 200m 以上，每跨设置两台 20 + 20t 双钩吊车，与主轧跨成丁字形布置，负荷率达 84%，比较高。因此，第 2 方案设 3 个跨间，共 6 台吊车，负荷率降至 56% 比较合理。

热处理精整区设 1 ~ 2 个跨间，按热处理设备布置来安设 3 台吊车，负荷率达 64%。双吊钩方向与主轧跨平行配置。

21 中厚板车间平面布置设计的浅识

21.1 引言

自我国掀起全球第 3 次中厚板轧机建设高潮以来，已建成一大批现代化高性能中厚板轧机。但这批新轧机和原有 20 多台老轧机在平面布置上都存在一些问题，其中比较突出的是大多数厂的厂房总长度都偏短，造成工艺流程不顺，设备间距偏短，冷床长度与面积不够，板坯、中间轧件及成品仓库偏小，轧机区布置车底式炉使环境恶化，换轧辊不能直接拉入轧辊间内，废边不能集中处理收集，造成车间杂乱，与炼钢连铸衔接不好，执行热装热送工艺很困难。特别是双机架之间和切头、切边及定尺 3 台剪机之间间距取小了，使控制轧制和剪切线的能力受到很大限制。另外，对车间环境与交通运输的关系也很大。

故而有感写此浅识，以引起同行对中厚板车间平面布置的重视。

21.2 车间平面布置的重要性

中厚板车间平面布置设计是生产产品工艺流程的具体体现，具有较高的艺术水平。

车间平面布置的好坏、流程是否顺畅，将直接影响到车间设备的生产能力、产品品种与质量、劳动条件、建设投资、生产效益以及将来的发展。

一旦布置上犯有错误，要挽回时往往需付出沉重的代价，而有些缺陷既经改造可以弥补一部分，但后遗症是永远难以消除的。

一个好的车间平面布置，设备与设备之间、工序与工序之间的生产能力比较均衡，而且潜力比较大。同时，预留出将来发展的余地比较大，描绘出一幅宏伟的车间远景规划，并可协调好与前工序和后续部门的密切关系。

21.3 车间平面布置需明确的条件

设计阶段的不同，车间平面布置的内容与深度也不同。现以高阶段设计为例，需明确以下条件：

(1) 产品大纲。产品大纲是车间平面布置设计的基础资料，明确生产中厚板的品种、规格及生产量，其中特别要求注明轧件的最大长度与单重以及产品的交货状态。

(2) 原料种类。原料以连铸板坯为主，但也不排除其他原料，特别是扁锭，应明确扁锭尺寸与最大单重。如果需要二次自行开坯时，流程上应加以注意。

(3) 工艺流程。根据产品大纲中产品品种草议出每项产品的生产工艺流程，有扁锭时另设一条扁锭加热路线。产品以板厚 50mm 以下和大于 50mm 两条路线分开，也可将热处理钢板另设一路线。

（4）设备选型。首先选好加热炉形式与座数、上料与出钢方式；确定轧机规格与架数、换辊方式、控轧与快冷布置，以及辅助设备性能、台数与配置方案。

（5）厂房参数。明确原料跨、加热炉跨、主轧跨、主电室、轧辊间、辅助设备、精整跨、热处理跨、成品跨、高压泵房、铁皮坑及烟筒等位置及大小尺寸，并初步确定跨间大小、柱距。最后，草算一下需要原料、成品及中间仓库的面积。

（6）总图位置。明确车间厂房的总长与宽度，与炼钢连铸的衔接关系，如果有扁锭时应规划好送锭线路，成品跨钢板外运的铁路公路线，轧辊等备品大件运输，附属设施的位置及相邻建筑的距离。

（7）预留发展。为满足将来发展的最终生产规划的需要，应该考虑预留的项目和厂房位置。

21.4 中厚板车间平面布置的特点

中厚板轧机是一台很有特色的轧机，其生产工艺也是一项别具一格的工艺。

从产品上说，板宽达 5350mm，板厚达 350mm，是轧制生产钢材中最宽和最厚的。

从原料方面说，可采用钢锭作为原料，单重达 250t，也是轧机中使用最重的原料。

从设备上说，中厚板轧机是轧机中最大的，因轧辊、机架牌坊、主电动机及吊车等都是各种轧机中最大的，故素有“轧机之王”的称呼。

再从工艺上看，中厚板生产需将坯料旋转 90°进行展宽横轧，除已淘汰的叠轧薄板轧机以外，其他轧机都不具备这种独特的操作。

另外，从厂房负荷、跨间大小及长度来比较；最大吊车吨位达 400t 以上，最大跨间达 36m，最大长度达 1800m，也是轧机中最大的。

钢板在生产过程中只允许一个方向流通，不可旋转 90°横向输送和吊运，即使采用倒丁字形布置，钢板也只有垂直于成品跨堆存。

热处理在中厚板生产中占有很重要的地位，即使控轧控冷发展很快，一大部分产品仍然无法取代。一些重要钢板生产的热处理厂房占全厂面积达一半以上。所以说，有人称其为轧钢车间，还不如叫它为热处理车间。

钢板外运时无论是铁路还是公路都有一个超限问题。板宽 2700 ~ 4000mm 由铁路斜放运输，而大于 4000mm 板宽就无法运输，板宽 2500 ~ 5200mm 可由公路斜放运输。4800mm 级以上特宽厚板轧机最好沿海和大江建设，以解决运输困难问题。因此，钢板交货外运采用公路汽车、铁路车皮及轮船方式，成品跨应与外运方式相配合。

中厚板钢种和规格繁多，钢板形状除矩形以外，还有方形、圆形、锥形、梯形及其他等。交货状态除热轧以外，还有控轧、控冷、正火、高温回火、退火、淬火、调质（淬火 + 回火、正火 + 回火）、缓冷、抛丸涂漆、去磁及超声波探伤等。订货批量差别也很大，有时一个品种 100 万吨，少则一个合同只一张钢板，重只几百公斤。

中厚板生产切下废钢比较多。一般热轧钢材切下废钢只有 2% ~4% 左右，而中厚板则达到 3% ~6% 以上。另外，取试样工作量很多，有的品种需要每张板取样。这些辅助作业给车间平面布置也带来一定的影响。

21.5　车间平面布置的基本要求

中厚板车间设备平面布置往往受总图位置的制约，要求考虑车间长宽占地面积、物流方向、原料来源，产品的铁路、公路、水运码头运输以及与前工序炼钢连铸和后续生产车间（如大口径焊管等）的衔接关系。

通常原料与成品仓库和主轧跨的布置关系有工字形、丁字形、倒丁字形及一线形四种配置方式。

(1) 工字形配置：工字形为原料与成品仓库和主轧跨均成垂直配置，要求总图比较长，宽度稍短，占有总图面积稍大，原料和成品区配备设备多，因而投资会大一些。目前，采纳这种形式较少。

(2) 丁字形配置：丁字形为原料仓库和主轧跨成垂直配置，而成品仓库与主轧跨成一直线平行配置。这种形式使总图可以缩短，成品收集线短，设备少一些，前面与连铸衔接也灵活一些。

(3) 倒丁字形配置：倒丁字形为成品仓库和主轧跨成垂直配置，而原料仓库与主轧跨成一直线平行配置，可将成品跨延伸到码头，便于钢板直接装船作业。这种形式在日本采用较多。

(4) 一线形配置：一线形为原料与成品仓库和主轧跨均成一直线平行配置，总图比较短，宽度稍宽，总图占有面积小，投资也省一些。目前，采纳厂已日益增多。特别是在一些受总图限制厂更受欢迎。

以上四种形式各有优缺点，需视具体情况而确定。

连续式加热炉、主电室和轧辊间布置也有四种布置形式，即炉子与主电室同一侧和两侧、轧辊间与主电室同一侧和两侧。

凡有二次开坯工艺的，为便于开成坯返回加热，采用炉子与主电室两侧布置方式较多。

如双机架要求粗轧机出成品时，将轧辊间与主电室布置于同一侧，以便于粗轧成品线的打通。

轧辊间和主电室两侧布置形式在日本采用较普遍，便于换辊时将粗精轧机轧辊直接拉入轧辊间内，减少吊车操作中转时间。

炉子在主电室一侧还是在轧辊间一侧均可以，需视总图位置来判定。

冷床与剪切线布置有两种形式，即一直线式和折返式。如总图长度不受限制的话，采用一直线式无疑是比较理想的，流程顺利，设备也少；但总图长度受限制时，也可用折返式布置，需增设一个台架，可作为检查修磨之用，且有缓冲之功能。

现将中厚板车间各项主要设备布置应遵循的基本要求叙述于后。

(1) 加热炉的基本要求。

加热炉有连续式、室式及车底式三种炉型，以连续式为主。由于步进梁式炉得到了积极的推广、室式炉已很少采用，而车底式炉主要用于扁锭的加热。

连续式炉与轧制线成90°布置，便于上料和出钢，且尽量接近轧机，以缩短送钢时间。并考虑有事故与清炉时返回料的路线。同时要安排好烟筒的位置，使烟道距离缩至最小。

室式炉一般布置在连续式炉旁，起辅助加热之功能。采用装出料机装出料，将加热好原料直接送至受料辊道上。薄坯料降温过快，切忌耽搁时间过长。

车底式炉加热原料吨位大，需用大吨位吊车协助操作装出炉。将炉子布置在主轧跨内，可利用已有大吊车，节省设备。但对主轧跨环境有不利的影响。若布置在原料仓库内，需新添一台大吊车，但对原料堆存与环境大有利处。加热好大锭吊至作业线上经一次除鳞后送轧机轧制。

(2) 除鳞箱的基本要求。

为了使加热好板坯和钢锭出炉后尽快地送入除鳞箱内除鳞，除鳞箱应尽可能靠近炉子布置。板坯温度越高，除鳞效果越好。要求出炉后不得停留，立即进行除鳞，停留时间长，氧化铁皮增厚，除鳞效果差。

除鳞箱靠近加热炉，不会有高压水喷射入炉内的危险，这种担心是多余的。但使轧机和炉子间距离缩短，好处很大。国内有多家除鳞箱布置离开炉子很远，除鳞效果不十分理想，嫁祸于水压不高，实为冤枉。

除鳞泵房位置应靠近除鳞箱，缩短管线长度，减少水压损失，且应减少管线弯道，因拐弯处水压损失更大。

(3) 轧机的基本要求。

轧制线由加热炉、除鳞箱、轧机、控轧装置、快冷装置、热矫直机及冷床等所组成，其中轧机是轧制线的主体。

轧机组成有单机架和双机架两种，有时还附设有立辊轧机。双机并附设立辊时轧制线会增长很多。

轧机尽可能接近加热炉。第一座加热炉中心线距粗轧机中心线距离（L）为：

$$L = l_{成品前道次(max)} + l_{坯(max)} + l_{1号炉至除鳞箱} + \Delta l_{富裕}$$

式中，$\Delta l_{富裕}$取值为5~10m。

另外，机前附设有立辊轧机时，应增加立辊轧机至粗轧机之间距离；采用控轧工艺时，应增加控制待钢辊道的位置，一般机前应留有2~3块待轧轧件长度的距离；若采用两阶段控轧，第一阶段在粗轧机上完成时，粗轧机前也应留出适当的待轧距离，这样势必拉大轧机与炉子之间的距离，这是需慎重考虑的难题。

双机架轧机粗轧机和精轧机之间距离（L'）为：

$$L' = l_{粗轧件(max)} + l_{精轧成品前道次轧件(max)} + l_{控轧装置位置} + \Delta l_{富裕}$$

式中，$\Delta l_{富裕}$取值为5~10m。

另外，当粗轧机出成品板时，应留出成品板收集输送装置的位置。

例如德国迪林根厂5500/4800mm双机架轧机生产最大板长为50m，控轧和粗轧出成品板时，L'定为120m，为全球双机架间定的最大距离；而意大利塔兰托厂4826/4826mm双机架轧机生产最长板为60m，未执行控轧工艺情况下，将L'定为110m。

L'应确保两架轧机能力均匀分配，以达到最佳的状态。但L'太小时两架轧机互相干扰，限制了控轧的有效执行。

(4) 快冷装置的基本要求。

安置快冷装置不会影响轧机到热矫直机的距离，因此也不会增加轧制线的长度。快冷装置至轧机的距离一般都在20m左右，最近的只有14.5m，最远的达60m左右，多数在轧制中和控轧待钢时都可穿越快冷装置。但设有预矫直机时要穿越的话比较困难。

(5) 矫直机的基本要求。

按用途与布置分有热矫直机、热处理矫直机、冷矫直机及压平机四种。

热矫直机是一台必备的设备，直接布置在轧机后作业线上。至轧机的最小距离（L_{min}）为：

$$L_{min} = 2.5l_{板(max)}$$

式中，$l_{板(max)}$为轧制成钢板最大长度。

例如德国迪林根厂5500/4800mm轧机热矫直机距4800mm精轧机距离为120m，轧制成板最长达50m；原冀东大厂5500/5500mm轧机L_{min}为180m，而$l_{板(max)}$为60m。

热处理矫直机设在常化炉后面，矫直机前后有一块板长的辊道长度，采用磁盘吊车收集成垛。当有两座以上热处理炉时共用一台矫直机即够。

冷矫直机可布置在剪切线后面，也可单独布置一条作业线。当冷矫直机的作业率很低时，也可将冷矫直机布置在热处理炉后面，代替热处理矫直机，做成一台冷热两用矫直机。

压平机只用于厚板冷压平，多半都单独布置在成品仓库附近。50mm以上厚板不多时，也可以不设压平机。

(6) 冷床的基本要求。

冷床必需有足够面积将800℃左右热钢板迅速均匀冷至150℃以下，而且使钢板很平直，下表面不得有划伤缺陷。冷床长度应满足最长钢板需要，尽量不采用热切工艺。冷床还有轧机和剪切线能力不平衡时的缓冲功能。

由于剪切线配置的不同，冷床布置方式也千差万别，至今尚无一个典型的布置形式。布置中钢板应得到充分冷却，冷床面积尽量小，以减少设备重量和厂房面积，并使冷床面积得到充分利用。另外，钢板冷却路线应尽量短，以免造成划伤。特别是厚的与薄的钢板应有不同的路线，薄的钢板冷却路线短，而厚的钢板冷却路线长。

冷床配置方式有平行式和串连式两种。前者两个以上冷床一个方向各自冷却，行走路线比较短，薄的钢板可用一个冷床。而后者两个以上冷床不是一个方向，第一个冷床冷却后钢板送至第二个冷床反方向移送，如有第三个冷床时又反方向移送，将几个冷床串连起来冷却，无论钢板厚薄都必须经过所有冷床，行走路线比较长，且需辊道耽搁停留，影响钢板的均匀冷却与平直度。

冷床数量尽量少，多一个冷床就多一套冷床输出入及移送装置，使设备与厂房增加。但冷床数量少，利用率低，灵活性差。目前，少至一个大冷床，多则达四个冷床。

(7) 检查修磨台架的基本要求。

由于原料质量好和工艺流程中划伤环节的减少，钢板表面缺陷已很少，因此，检查修磨工作量大大减轻。国外已出现取消检查修磨台架的做法，只在剪切线后设置一台翻板机，做个别钢板的抽查。但我国新建厂仍采用检查修磨台架，而台架面积已缩小很多。

(8) 剪切线的基本要求。

板厚50mm以下钢板进剪切线，大于50mm板另设火焰切割机。早期日本曾用过连续火焰切割作业线，现在都用单独的切割机，既经济又实用。

中厚板轧机应向一条数码信息剪切线方向发展，留有备用线是极大的浪费。国内一条不先进的剪切线已可剪出200万吨钢板，一条落后的剪切线也可切到150万吨以上，国外一条剪切线已切到200万吨以上。只要建一条剪切线，精整线布置就非常顺畅。

目前，现代化剪切线包括有轮廓仪、划线机、切头剪、切边剪、剖分剪、定尺剪、采试样及废边集中收集装置、标记机及成品板收集等。另外，线中还配备有对正装置、激光对线机及定尺装置等。这些设备对剪切线生产能力和钢板剪切质量有很大的影响。

剪切线长度主要取决于剪机之间距离，而剪机之间距离又取决于待剪切钢板的最大长度。距离太小，剪机互相等钢与干扰，增长剪机的剪切周期。

切头剪与双边剪之间距离要求切头剪切头或分段、双边剪前对正对线及双边剪步长切边三项操作互不干扰，互不妨碍，因此距离比较大，一般取1.5~2倍钢板最大长度。双边剪与定尺剪之间，因定尺剪是剪切线的咽喉，为了第二张板及时跟上前一块板，减少两块板之间的间歇时间，势必要求上一块板应等在定尺剪前准备位置，而且也不能耽误双边剪工作，因此，其距离需取2倍钢板最大长度。如果取1.5倍，则大部分产品均能满足，少数最大长度钢板受一些干扰，使剪切线长度可适当缩短一些。

为了缩短剪切线长度，全球曾有三家切边剪与定尺剪近接布置方式，但要求自动化程度很高，往往得不偿失，故已不推荐。

为了缩短轧制线全长，剪切线采用逆流程反向布置，使钢板尾部先进剪切线。此种方案全球有3家采用，但因管理上不方便，故也不被推荐。

切下废边集中收集在废钢跨间内，以改善剪切跨间内环境。

试验室尽可能布置在剪切跨附近，缩短输送距离，且可加强管理，以便提高试验室的自动化水平。

目前，打印、喷字及贴标记均由计算机控制操作。关于布置位置需视生产厂要求而确定，但应在剪切线后流水作业，留出一段辊道长度，以避免漏号或混号。

(9) 超声波探伤装置的基本要求。

超声波探伤装置布置有剪切线前面、中间、后面及旁通道、离线和地上小车等6种。除了地上小车探伤用人工操作以外，其他布置方式均用辊道输送钢板，辊道长度视板长而定。上下料用厂房大吊车，也可设专用磁吊。

地上小车探伤一般以100%全面检查为主，需视探伤钢板数量来确定场地面积。

(10) 钢板收集装置的基本要求。

钢板收集是生产的最后一道工序，有收集台架、垛板机及磁吊3种收集方式，各有优缺点。

为了减轻收集工作量，也有设置预堆垛装置的，可减少收集装置数量。

这项工作占用厂房面积很大，应做好合理堆放，协调内外运输，加强科学管理，尽可能减小成品板的堆存面积及天数。

(11) 热处理炉的基本要求。

中厚板热处理种类和炉型较多，种类有正火、淬火、回火、退火、调质及缓冷等；而炉型有辊底式、外部机械化室式、车底式、罩式、双步进梁式及坑式等。

一般中厚板厂只设有一座辊底式正火炉，为了保证表面质量，采用辐射管加热保护气体炉，处理前将钢板表面氧化铁皮用抛丸清除。

早期曾有将正火炉布置在轧机后旁通线上，利用轧后余热装炉，可节省燃耗和提高炉子生产能力，但因炉子与轧机能力很难配合，故这种布置方式已不采用。

调质钢板生产一般都布置两座炉子，一座为带保护气体淬火炉，另一座为非保护气体回火炉。布置有两座炉平行式和串列式两种。前者多用于多功能生产，而后者多用于调质板专业生产。因回火处理周期长，两座炉长度不一样，一般淬火炉长与回火炉长之比取2/3~1/2之间。

热处理前抛丸和热处理后矫直、冷却、切断、取样及检查修磨等工序，为了节省设备、利用已有冷矫直机、剪切线、抛丸涂漆机组及移送台架等设备，但在布置上需费一番思考。

我国热处理炉建设都晚一步，但从发展上看应将位置预留好，以便将来生产更多的高附加值产品。

(12) 抛丸涂漆机组的基本要求。

该机组主要用于船板，形式有单面和双面两种。机组布置差异很小，一般都以专门设置独立线为主。

机组的设立必须与造船厂商定，不能自作主张。

(13) 去磁机的基本需求。

去磁机主要用于超低温板，去磁交货满足用户焊接工艺的要求。

因去磁操作的要求，一般都离线单独布置或在作业线旁通道上。这样，不致妨碍作业线的正常生产。

21.6 结语

中厚板车间平面布置随着车间内外条件的变化，布置形式是多种多样的，很少有类同，设计工艺可谓八仙过海、各显其能。因此，要做出十全十美的平面布置是很难的。

目前，中厚板车间平面布置设计中遇到疑难的课题很多。这里，作者只是抛砖引玉，愿大家群策群力，为把我国建设成一个中厚板生产强国而作出自己的贡献。

附文 21-1 中厚板车间各区散热量

加热设备散热量、主电室及电机通风要求，机修间采暖通风条件，分别由工业炉、电力及机修专业提交。采暖用蒸汽耗量与参数、通风对厂房的要求，由通风专业分别提交给热力与土建专业，采暖标准由通风专业根据规定来确定。

车间各区散热量（Q）按下式计算：

$$Q = p(\eta_1 - \eta_2)$$

式中，p 为金属流动量，t/h；η_1 与 η_2 为起始与终了温度之热含量，GJ/t，不同情况下取值可查表 1。

表1 热含量（GJ/t）

温度范围/℃ 钢种	0~20	0~100	0~200	0~300	0~400	0~500	0~600
碳钢	0.009	0.047	0.096	0.151	0.207	0.268	0.341
合金钢	0.010	0.049	0.100	0.155	0.213	0.274	0.373
温度范围/℃ 钢种	0~700	0~800	0~900	0~1000	0~1100	0~1200	0~1250
碳钢	0.422	0.551	0.627	0.698	0.768	0.840	0.874
合金钢	0.457	0.548	0.603	0.661	0.728	0.796	0.843

舞钢4200mm厚板厂各区散热量见表2，散热区如图1所示。

表2 舞钢4200mm厚板厂各区散热量

序号	散热区名称	年金属流动量/万吨·年$^{-1}$	平均小时金属流动量/t·h^{-1}	降温范围/℃		热含量/GJ·t^{-1}		散热量/GJ·h^{-1}	散热区面积占该区厂房面积/%
				起始	终了	起始	终了		
1	均热炉	60	100			（炉子散热）		92	60
2	主轧跨	95	160	1250	900	0.874	0.627	40	40
3	板坯跨	72	120	1000	20	0.698	0.009	83	50
4	冷床区	35	90	900	100	0.627	0.047	52	80
5	外部机械化炉区	15	40			（炉子散热）		17	50
6	调质线区	15	40			（炉子散热）		10	30
7	剪切线区	35	90	100	20	0.047	0.009	4	50
8	主电室	—	—	—	—	（电气散热）		6	100
9	冷却辊道区	35	90	1000	650	0.698	0.381	29	50
10	厚板成品区	20	50	900	20	0.627	0.009	31	50
11	轧辊区	—	—	—	—	—	—	—	100

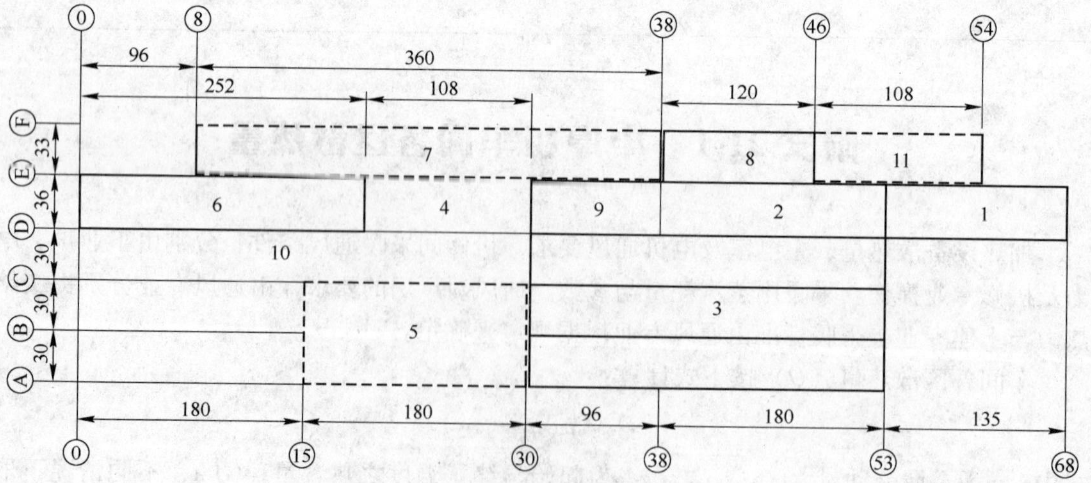

图1 散热区

附文 21-2　中厚板厂板坯与成品仓库计算

1　引言

中厚板厂板坯与成品仓库是中厚板生产过程的出入口，原料进入与成品输出的要道。为保证原料供应顺畅、钢板发货及时，避免产生一些质量问题，需务必做好与炼钢连铸工序的衔接，与往外运送方式的配合，尽量使板坯与成品仓库得到充分的利用。

但是，为了满足生产的要求，必须有足够的板坯与成品仓库面积储存。车间平面布置时应留出一定的仓库面积，然后对要求仓库面积进行验算，达到所需储存天数。如果低于需求的储存天数，应将面积加以调整。相反，计算储存天数超出需求的储存天数时，也应削减面积，以免造成浪费。

附照 2-27 为板坯仓库内堆放和吊运板坯的情景。附照 2-28 为成品仓库内成品板火焰切割机组在生产的情景。

2　板坯仓库

板坯由炼钢厂连铸车间送来，为便于热装热送以及直接轧制，一般都紧接其后。为保证热装温度的要求，多数都设有保温设施。

板坯仓库布置既可垂直于主轧跨，也可平行于主轧跨，主要视厂区总体布局和连铸车间送坯情况而定。板坯送入板坯仓库内长宽方向可随意改变，但必须设置小车旋转吊车。堆放方式最好使板坯长度方向平行于装炉辊道运送方向。目前，板坯仓库管理已走向科学化与电脑化，为了安全与吊运操作的要求，板坯垛与垛之间保持有一定通道，宽度不得小于 1. 2m，而排与排之间也在 1. 2m 以上。

堆垛板坯地坪负荷一般可达到 $20t/m^2$ 以下。垛高不得大于 2. 5m 左右。

堆放天数一般应保证在 15 天左右。在实现 30% 热装热送的条件下，板坯仓库堆存量可按 70% 堆存量考虑。

5000mm 双机架宽厚板轧机年需板坯 260 万吨和 30% 热装热送后情况下板坯仓库计算结果见表 1。

3　成品仓库

中厚板经剪切、热处理以及标记等精整工序后将成品板送入成品仓库内储存，以待铁路、公路、码头以及其他运输工具发货给用户或下道工序。

成品仓库布置有与精整线成垂直和平行两种形式，主要视厂区总体布局来确定，但钢板方向必须与精整线钢板方向相一致，不得转向。因此，平行布置时钢板长度是与跨间长度相一致的，而垂直布置时钢板长度是与跨间宽度相一致的，即将钢板横着跨间内堆存。同时内外运输工具方向也必须与钢板方向相配合。附照 2-29 为平行于车间堆放钢板仓库。

表1 板坯仓库面积计算

序号	板坯							15天存放量/块		板坯单位面积重量/t·m⁻²	允许20t/m²下堆放块数/块	垛高/m	垛数/垛		36m跨放垛数/垛		排数/排		采用排数/排		占有厂房长度/m	
	厚/mm	宽/mm	长/mm	单重/t	总量/t	块数/块	比例/%	块数	30%热装后				垛数	30%热装后	计算	采用	排数	30%热装后	排数	30%热装后	长度	30%热装后
1	170	1800	1600	3.84	26000	6771	1	278	195	1.3	15	2.6	18.5	13	10.2	10	1.9	1.3	2	2	6	6
2	170	1800	1800	4.32	54000	12540	2	514	360	1.3	15	2.6	34.3	24	9.6	9	3.8	2.7	4	3	12	9
3	170	1800	2600	6.24	130000	20833	5	856	599	1.3	15	2.6	57.1	40.0	7.8	7	8.2	5.7	9	6	27	18
4	170	2100	4600	12.9	54000	4186	2	172	120	1.3	15	2.6	11.5	8.0	5.4	5	2.3	1.6	3	2	9.9	6.6
5	170	2100	4600	12.9	130000	10078	5	414	290	1.3	15	2.6	27.6	19.3	5.4	5	5.5	3.9	6	4	19.8	13.2
6	170	2100	4600	12.9	390000	30233	15	1242	870	1.3	15	2.6	82.8	58.0	5.4	5	16.6	11.6	17	12	56.1	38.3
7	250	2400	4000	18.8	390000	20740	15	853	597	2.0	10	2.5	85.3	59.7	6.0	6	14.2	10.0	15	10	54	36
8	250	2400	4000	18.8	520000	27660	20	1137	796	2.0	10	2.5	113.7	79.6	6.0	6	19.0	13.3	19	14	68.4	50.4
9	250	2400	4000	18.8	54000	2872	2	118	83	2.0	10	2.5	11.8	8.3	6.0	6	2.0	1.4	2	2	7.2	7.2
10	250	2400	4400	20.7	130000	6280	5	258	181	2.0	10	2.5	25.8	18.1	5.6	5	5.2	3.6	6	4	21.6	14.4
11	250	2400	4400	20.7	26000	1256	1	52	36	2.0	10	2.5	5.2	3.6	5.6	5	1.0	0.7	1	1	3.6	3.6
12	250	2400	4400	20.7	130000	6280	5	258	181	2.0	10	2.5	25.8	18.1	5.6	5	5.2	3.6	6	4	21.4	14.4
13	250	2400	4400	20.7	26000	1256	1	52	36	2.0	10	2.5	5.2	3.6	5.6	5	1.0	0.7	1	1	3.6	3.6
14	250	2100	4800	19.8	260000	13131	10	540	378	2.0	10	2.5	54.0	37.8	5.3	5	10.8	7.6	11	8	36.3	26.4
15	250	2100	4800	19.8	54000	2727	2	120	78	2.0	10	2.5	12.0	7.8	5.3	5	2.4	1.6	3	2	9.9	6.6
16	250	2100	4800	19.8	54000	2727	2	120	78	2.0	10	2.5	12.0	7.8	5.3	5	2.4	1.6	3	2	9.9	6.6
17	320	2400	4800	29.4	53000	1837	2	75	53	2.5	8	2.6	9.4	6.6	5.3	5	1.9	1.3	2	2	7.2	7.2
18	320	2400	4800	29.4	25000	884	1	36	25	2.5	8	2.6	4.5	3.2	5.3	5	0.9	0.6	1	1	3.6	3.6
19	320	2100	4800	25.3	54000	2134	2	88	61	2.5	8	2.6	11.0	7.7	5.3	5	2.2	1.5	3	2	9.9	6.6
20	320	2400	4800	29.4	26000	884	1	36	25	2.5	8	2.6	4.5	3.2	5.3	5	0.9	0.6	1	1	3.6	3.6
21	320	2100	4800	25.3	26000	1028	1	42	30	2.5	8	2.6	5.3	3.7	5.3	5	1.1	0.7	2	1	6.6	3.3
合计							100														402.8	284.6

表2　成品仓库面积计算

序号	成品板							堆存块数/块		吊30t时块数/块		吊次数/次		单位面积板重	允许7.5 t/m^2下堆放板数	垛高	垛数/垛		36m跨放垛数/垛		计算排数/排		采用排数/排		占有厂房长度/m	
	厚/mm	宽/mm	长/mm	单重/t	总量/t	块数/块	比例/%	15天时	10天时	计算	采用	15天时	10天时	$/t\cdot m^{-2}$	/块	/m	15天时	10天时	计算	采用	15天时	10天时	15天时	10天时	15天时	10天时
1	4.5	3000	6000	0.64	24550	38359	1	1576	1051	46.9	46	35	23	0.036	208	0.94	7.6	5.1	4.4	4	1.9	1.3	2	2	7	7
2	5	3000	6000	0.71	49100	69155	2	2842	1895	43.3	43	67	45	0.039	192	0.96	14.8	9.9	4.4	4	3.7	2.5	4	3	14	10.5
3	6	3500	6000	0.99	122750	123990	5	5095	3397	30.3	30	170	114	0.047	160	0.96	31.8	21.2			8.0	5.3	8	6	32	24
4	8	3500	6000	1.32	49100	37197	2	1529	1019	22.7	22	70	47	0.063	119	0.95	12.8	8.6			3.2	2.1	4	3	16	12
5	10	3500	6000	1.65	122750	74394	5	3057	2038	18.2	18	170	114	0.079	95	0.45	32.2	21.5			8.0	5.4	8	6	32	24
6	12	3500	6000	1.99	368250	185050	15	7605	5070	15.1	15	507	338	0.095	79	0.95	96.3	64.2			24.1	16.0	25	16	100	64
7	16	4000	6000	3.03	368250	121535	15	4995	3370	9.1	9	555	375	0.126	60	0.96	83.3	56.2			20.8	14.0	21	14	94.5	63
8	20	4000	6000	3.78	491000	129894	20	5338	3559	7.9	7	763	509	0.158	48	0.96	111.2	74.1			27.8	18.5	28	19	126	85.5
9	23	4800	6000	5.22	49100	9405	2	387	258	5.9	5	78	52	0.181	42	0.97	9.2	6.1			2.3	1.5	3	2	16.0	10.5
10	26	4800	6000	5.90	122750	20805	5	855	570	5.1	5	171	114	0.205	37	0.96	23.1	15.4			5.8	3.9	6	4	32.0	21
11	28	4000	6000	5.30	24550	4632	1	190	130	5.7	5	38	26	0.221	34	0.95	5.6	3.8			1.4	1.0	2	1	9	4.5
12	30	4000	6000	5.67	122750	21649	5	890	593	5.3	5	178	119	0.236	32	0.96	27.8	18.5			7.0	4.6	7	5	31.5	28.5
13	35	4000	6000	6.62	24550	3708	1	152	102	4.5	4	38	26	0.276	28	0.98	5.4	3.6			1.4	1.0	2	1	9	4.5
14	40	3500	6000	6.62	245500	37085	10	1524	1020	4.5	4	381	255	0.315	24	0.96	63.5	42.5			15.9	10.6	16	11	64	44
15	45	3500	6000	7.45	49100	6591	2	271	181	4.1	4	68	46	0.355	22	0.99	12.3	8.2			3.1	2.1	4	3	16	12
16	50	3500	6000	8.27	49100	5937	2	244	163	3.6	3	82	55	0.394	20	1.00	12.2	8.2			3.1	2.0	4	2	16	8
17	60	4000	6000	11.35	49100	4326	2	178	119	2.6	2	89	60	0.473	16	0.96	11.1	7.4			2.8	1.9	3	2	13.5	9
18	70	4000	6000	13.24	24550	1854	1	76	51	2.3	2	38	26	0.552	14	0.98	5.4	3.6			1.4	1.0	2	1	9	4.5
19	80	4000	6000	15.13	49100	3245	2	133	89	2.0	2	67	45	0.630	12	0.96	11.1	7.4			2.8	1.9	3	2	13.5	9
20	90	3500	4500	11.17	24550	2198	1	90	60	2.7	2	45	30	0.709	10	0.90	9	6	5.5	5	1.8	1.2	2	2	8	8
21	100	3500	4500	12.41	24550	1978	1	81	54	2.4	2	41	27	0.778	8	0.80	10.1	6.8	5.5	5	2.0	1.4	2	2	8	4
合计							100																		662	446

目前，成品仓库管理已走向科学化与电脑化，为了安全与吊运操作的方便，板垛与板垛之间保持一定的距离，留出一条通道，垛与垛之间距离不得小于1.2m。跨间内若干垛钢板排成一排或一列，而排与排之间距离也应在0.5m以上。

堆放钢板地坪负荷一般在7.5t/m^{2}以下，堆垛高度不得大于1m。

堆放天数应视外部运输与用户条件而定，一般应有15天堆存量，最少不应低于10天。

年产量为250万吨、5000mm双机架宽厚板轧机成品仓库计算结果见表2。

4　结语

按堆放天数计算结果如下。

板坯仓库跨间宽度为36m，长度为200m，设置两个跨，合计厂房面积为14400m^2，堆放负荷为20t/m^2，利用系数为0.5，可堆存板坯为144万吨，年需板坯为260万吨，年工作小时为6000h，平均小时用坯为2600000/6000 = 433t/h，每天工作小时为22.5h，每天需坯为433 ×22.5 = 9743t。

堆放天数为144000/9743 = 14.8天。

成品仓库跨间跨度为36m，长度为250m，共设置3跨，合计厂房面积为27000m^2，堆放负荷为7.5t/m^2，利用系数为0.5，可堆放成品板为27000 ×7.5 ×0.5 = 101250t。

车间产量为250万吨，年工作小时为6000h，平均小时产量为2500000/6000 = 417t/h，每天工作小时为22.5h，每天产量为417 ×22.5 = 9383t。

可堆存天数为101250/9383 = 10.8天。

勉强达到10～15天的下限。

从计算结果看，储存天数是合适的。

22 中厚板生产自动化浅识

22.1 引言

全球中厚板生产技术的奋进目标是“一高一低”，一高是高质量，一低是低成本。两者是互相关联的，如若有高质量钢板，但成本很高，用户也不敢光顾；相反地，若成本低而钢板质量很差，用户也难以问津。

现代化中厚板生产要求连续化生产，批量生产的科学化管理，质量指标达到严密控制，生产数据信息及时反馈，废次品得到迅速有效的制止，工序与工序、设备与设备、各自动化之间紧密连接，因此一些操作除自动化之外，人工已胜任不了。

目前，中厚板生产实现自动化，也不仅仅是省几个人，而是实现优质、高产、低耗、安全生产的有力保证。近20多年来，中厚板生产自动化的技术发展尤为迅速，它与半导体电子技术和自动控制技术以及热带自动化的迅速发展分不开，也是采用先进的中厚板装备与工艺的必然结果。

中厚板生产自动化是现代化中厚板轧机的一个重要标志，还是中厚板控制技术高级化、生产力与交货期强化的基础，也是实现控轧控冷与板形控制的必备条件。

中厚板轧机自动化始于1964年，由于中厚板轧制工艺的特殊性、订货产品规格的繁杂、质量指标的千差万别，中厚板轧机的自动化进程要比热带轧机晚10年之多，至今与后者相比仍然存在一定的差距。所以，中厚板生产要实现全面的自动化尚需有一段艰苦的里程。

目前，全球中厚板生产自动化系统控制比较完善的应推日本川崎水岛厂5490mm单机架轧机，国内以宝钢5000mm双机架轧机自动化水平最高。全球大部分现代化厚板轧机都实现了四级自动化，轧机只设一人操纵或监视，操作台已取消一半，已实现自动化控制或遥控方式；一些吊车已改为地面操作，视线好又无须人员指挥。因此，车间定员大为缩减。

22.2 中厚板生产自动化的特点

中厚板生产自动化的特点主要有以下几点：

（1）横轧是中厚板轧机生产技术的特点之一。横轧的目的，一是展宽，当原料宽度不足于板宽时，采用展宽方式以达到板宽的要求；二是减少钢板纵横向性能差。这种特殊的轧制方式，促使轧机迟迟未能走向自动化，即使今日中厚板轧机自动化过程中横轧仍然是一个关键的环节。

（2）在一个机架或两个机架上实行多道次往复轧制，原料除板坯以外，有时尚用大小钢锭、锻制坯与二次坯，规格非常繁杂。成品板规格和钢号也很多，即使原料尺寸与成品尺寸相近，但因钢种的不同，轧制规程仍有很大的差异，给轧机自动化带来一定的难度。

(3) 板形控制除横向与纵向以外，尚有平面板形的控制，再加上立辊轧边，更增加轧机自动化的难度。

(4) 控轧控冷是中厚板轧机的一项特长。中厚板轧机具有随意变换道次和轧制温度的灵活性，并采取一些待温等轧的有效措施，有目的地控制道次压下率与等轧终轧温度，使轧机自动化增加了许多不稳定因素。

(5) 虽然采用控轧控冷技术，使线外热处理量有了明显的减少，但中厚板线外热处理仍然是一项必不可少的繁重工序。热处理种类有正火、回火、淬火、退火、调质（淬火+回火，正火+回火）及缓冷等方式，而炉型有连续式和间歇式之分，非常繁多。由于中厚板热处理量很大，占用车间面积较广，所以，有人常说把中厚板生产称之为轧钢车间，还不如称之为热处理车间。这些工序周期长，连续性差，要实现自动化也自然会受到一定的影响。

(6) 流程路线多，而且有交叉、逆流及重复处理的线路。从板厚分，厚50mm以下经剪切线，厚50mm以上送往火焰切割线；从热处理分，需经热处理的送往热处理跨，而非热处理板经剪切后可直接送往成品库。平直度不合格的板应送往冷矫直线补矫。管线板要求超声波探伤后交货时需经管线板超声波探伤线检查，一些特殊性能板需移至地上进行全面探伤，这些钢板探伤目前都靠人工进行。一些低温用板要求去磁时需送往去磁线逐块进行去磁。这些流程要实现自动化比较困难，在国外至今也都未走向自动化。

(7) 中厚板外表与内在质量都在逐年提高，仅靠人工操作已感困难且很不稳定，因此，必须依赖于电脑的控制。

(8) 中厚板是小批量多品种生产，大量产品信息跟踪与反馈只靠人工，往往有所疏漏，也需要有电脑协助管理。

(9) 中厚板检测与检验工作量很大，有些钢板需逐块取样。而且要求把检测信息及时采集与反馈，检验取样与试验结果也要求及时传递到发货部门，以便迅速发货给用户。这些工作只有通过电脑入网，并通报给相关部门网站。

(10) 中厚板厚度有的达500mm，宽度有的达5350mm，重达250t。产品特殊且很重要，除矩形板以外，还有圆形、锥形、梯形、异厚、异宽、带肋及防挠等钢板。品种除船、管线、桥梁、锅炉、容器、储罐、海上平台、建筑及机器结构等用板以外，还有舰艇、战车、坦克装甲、导弹及卫星等重要用板，不但性能要求特殊，而且检验项目很严格，取样量大，要求每块板取样，也必须依靠电脑来管理才能胜任。

22.3 中厚板生产自动化应具备的条件

中厚板生产自动化应具备的条件主要是：

(1) 首先应有先进的中厚板生产工艺，自加热炉装料至成品板收集堆垛，各工序之间用辊道与移送机衔接，组合成一条连续化生产线。

(2) 轧机应具有较大的刚度，轧制参数稳定且变动小，并具有多道次和展宽转钢对正等电气化、机械化传动设备。

(3) 整条轧制线应配备有性能高而稳定的计量、检测、分析及控制等仪器仪表装置或元件。计量有计数、称量及流量等装置；检测有测温、测压、测速、测厚、测宽、测长、测位、测时、测板形、测平直度、测镰刀弯、测内在与表面缺陷等仪器；分析有炉气、酸液、水质等成分的确定；控制有各类逻辑、程序、计算机实时或分时等，并配有电控、热工仪表控制及液压控制等系统。

（4）编有可靠的软件技术，掌握一整套实用的数模。

（5）拥有一大批自动化高层人才来掌握与管理这些先进的自动化装备。

（6）配备先进的三电系统。三电指配电、传动与自动化，包括有仪表与电讯。三电是保证自动化系统与控制、高产、优质、低耗、多品种、省时、节省劳力及安全稳定生产的必要条件。三电系统关系紧密，互相渗透，且有其独特性，缺一不可。而三电必须包括有主机、辅助及附属等设备与设施的电力传动、供配电、仪表、电讯及四级自动化控制系统。

22.4 中厚板生产自动化的控制功能

中厚板生产自动化系统按控制功能分为基础自动化（Base Atomatic，BA），称为零级（Zero Level，L_0），也有称一级（L_1）；过程控制计算机（Sequence Controlled Computer，SCC），称为一级（One Level，L_1），也有称二级（L_2）；生产控制计算机（Production Controlled Computer，PCC），称为二级（Two Level，L_2），也有称三级（L_3）；管理系统（Manage System，MS），称为三级（Three Level，L_3），也有称四级（L_4）。

不管级别怎么称呼，功能都一致。每级自成为一个有机的整体，但四级间关系密切，互相联络、信息共赢。

自动化级别越多，自动化程度越高，调试也越复杂，要求技术水平也越高。

（1）基础自动化是指单机设备及其辅助设备的自动化连锁控制，但必要时也可切换到手动操作，乃是各级自动化的基础，直接监视每台设备的运行状态，并单独配置1台或多台计算机。

目前，中厚板轧机多数设备均已实现了自动化。如轧机基础自动化是接受过程自动化计算机下达的轧制程序指令，按轧制道次与道次压下量来实现APC与AGC。按轧件尺寸，控制主电动机转速；按宽展与延伸轧制的要求来控制推床开口度，旋转辊道转钢或非转钢轧制；依据轧制状况来调整板形控制装置的各种手段，以取得最佳的板形。

基础自动化一般包括有运转控制子系统、传送子系统、硬件设备及测量等。

该项计算机一般应由设备制造方提供硬件和软件。生产厂只能在设备规定性能范围内发挥，不可能超出其范围。

（2）过程控制计算机用于从原料上料至打印喷字为止各个生产过程的监视与控制，并进行实时处理。

该控制是结合具体生产任务，将基础自动化单项设备及其前后辅助设备、一部分生产过程或全厂生产过程进行连锁、跟踪，并进行实时处理。同时为某项设备根据生产任务的要求，及时编制出一套过程机的程序软件。

过程控制一般包括有工艺闭环系统，钢板厚度、凸度、平面板形及温度控制环，预设程序，低级跟踪，记忆操作数据存储，人机信息，警报事件逻辑与指示打印系统，测量数据收集，短期质量保证，供任选的中期质量保证与发展系统等。

（3）生产控制计算机负责全厂生产计划安排、指令发放、中间库与成品堆存、所有操作台生产协调工作，并进行生产分析，编制生产报表，轧辊、工具及备品备件管理，满足钢板检验的要求。

生产控制一般包括有轧机调整系统和设备匹配支撑系统。前者有自动自适应过程模型、高级跟踪、生产机器逻辑、过程分析、长期质量保证及离线模拟等。而后者有生产计划与程序、产品跟踪、订单控制及数据选择分析等。

（4）管理系统用于实现全厂生产计算机管理。这是现代化中厚板厂自动化不可或缺的重要组成部分。

管理系统一般包括有接受订单、合同分解组合与执行，原料、产品、质量及生产计划等设计；产量、质量、检验、成本、财务、设备状况、合同、发货计划及生产技术标准等管理；生产实际采集、物流跟踪、质量判定、全厂生产协调、通讯交流及周边厂联络等。

中厚板生产四级自动化控制功能范围见表22-1。

轧机自动化已非常普遍，其功能有跟踪、同步、编程、位置的调整与控制、采集与存储数据等，主要硬件均采用IBM（国际商用机器）与ASC（自动编程计算机）。特别是计算机自动厚度控制，具有计算速度快、精度高、逻辑功能强、控制灵活、参数存储不受限制等优点，得到了生产单位的青睐，国内外已得到大力推广应用，已取得明显的业绩。

另外，电力传动采用交流已成趋势，具有单机容量大、转动惯量小、效率高、结构简单坚固及维护工作量少等特点。特别是在大电机方面取得应有的实惠。

22.5　中厚板生产自动化系统的分区

中厚板生产自动化系统为了便于管理控制，一般按工序区域分为以下各区：

（1）板坯仓库自动化，热装热送系统。

（2）加热热工控制自动化，装出料系统。

（3）除鳞控制系统，自动开启关闭自动化。

（4）CR、ACC、DQ及TMCP系统，控轧控冷自动化。

（5）轧机自动化，APC、AGC、换辊、与立辊连轧系统。

（6）板形控制系统，纵向（HAGC）、横向（凸度）、平面板形（MAS、AWC）控制自动化。

（7）板坯与钢板检查系统。板面缺陷有去毛刺、除鳞、上下板面缺陷及板形等；内部缺陷有超声波探伤和去磁等；尺寸方面有定尺、偏差等。

（8）剪切自动化系统，剪切过程、划线对线、对正、剪刃调整更换、试样切边集中收集。

（9）标记系统，喷字、打印、贴标自动化。

（10）热处理系统，抛丸控制、热工控制、热处理过程自动化、保护气体控制。

（11）成品堆垛收集、仓库管理自动化系统。

（12）钢板检验自动化系统。

（13）全面质量管理系统，钢质纯净化、板形准确化、消减缺陷、减小残余应力、标记清晰化。

表 22-1 中厚板生产四级自动化控制功能范围

序号	内 容	基础自动化	过程控制计算机	生产控制计算机	管理系统
1	英文名	Base Atomatic (BA)	Sequence Controlled Computer (SCC)	Production Controlled Computer(PCC)	Manage System(MS)
2	级 别	Zero Level(L_0,0 级或 L_1,1 级)	One Level(L_1,1 级或 L_2,2 级)	Two Level(L_2,2 级或 L_3,3 级)	Three Level(L_3,3 级或 L_4,4 级)
3	控制主题	单项设备	工序监视	生产协调与安排	计划管理
4	控制目标	单项设备自动化,直接监视运行状态	结合具体生产任务,对 BA 单项设备或其前后辅助设备、一段生产流程或全厂生产过程进行控制与跟踪,并实时处理	生产计划编制下达、协调、分析、报表、原料与成品库管理、轧辊工具及备品备件管理、检验的要求	接收订单、合同分解组合与执行;原料、产品、质量及生产计划等设计;检验、产量、质量、成本、财务及生产技术标准等管理;生产实绩、收集、报表编制、质量判定、物流跟踪、全厂生产协调、通讯交流、与周边厂际联络
5	控制项目	加热炉、除鳞箱、立辊轧机、粗轧机、精轧机、快冷装置、热矫直机、冷床、超声波探伤装置、切头剪、双边剪、定尺剪、废边收集装置、标记装置、冷矫直机、常化炉、淬火炉、辊式淬火机、抛丸涂漆线等各台设备,又可细分若干项目,同时设有各自计算机,另有设备故障诊断	坯料跟踪、加热炉装出炉控制、轧机轧制程序、AGC、APC、板形控制、CR、TMCP、ACC、AWC、同步轧制、自动换辊、热矫辊型控制、剪刃间隙调整、换剪刃、划线机控制	根据具体任务分区,按区设 1 台或多台计算机,另外,原料、成品库、轧辊、工具、备品备件、检验等地段单独设置	订货合同、生产计划、成本财务、生产技术标准、生产实绩、报表编制、物流跟踪、中央管理
6	控制范围	每台设备 PLC/DCS 控制,并设监视系统	原料上料至打印、喷字、收集等全过程监视与控制,实时处理	原料入库至成品发货的全生产范围	全厂生产、质量、财务、合同管理,并协调各区生产与周边厂关系
7	系统分析内容	程序位置、速度、温度、热工、尺寸等控制与采集	跟踪、加工参数、质量等	原料、轧制计划、质量、磨辊、生产指令、库存、统计、履历、报告、实绩等	订货合同、生产安排、调度、发货等控制,并与公司联网
8	系统功能	信号采集、材料性能、板坯称重、测长、定位、顺序、位置、高压水除鳞、轧制速度主令、宽度、厚度、板形、快冷、矫直、冷却、剪切、标记、热处理、设备监视、MMI、介质系统等	材料跟踪、板坯核对、加热控制、轧制节奏、设定计算、平面板形、凸度、平直度、宽度、调温、冷却、质量分类、热矫、剪切、划线、喷字、打印、模拟轧制、板子流向、热处理、冷矫、数据采集、操作指导、画面报表、数据通讯、数学模型、自适应控制	初始数据处理、数据库、生产合同跟踪、材料分配、生产能力平衡、轧制计划编制、调整与执行、确定装出料方式、全厂物料跟踪、库存管理与控制、质量管理、发货计划、标签打印、实绩采集、分析统计、画面显示与报表数据通讯	轧制计划编制
9	硬件系统	网络拓扑结构为分段总线式,用现场总线或直接连接远程 I/O 进行分布式数据采集,字式传动装置通过专用的传动总线与 BA 主系统相连,设置设备监视系统	用多处理器,按 cluster 方式连接磁盘用镜像盘或阵列盘,网络拓扑结构为星形网	客户机/服务器结构 ORACLE 数据库采用多处理器,按 cluster 方式连接磁盘用镜像或阵列盘,网络拓扑结构为星形网,与炼钢用以太网连接,通讯用 TCP/IP 协议	与 PCC 接口

（14）新产品开发研制控制。

（15）生产调度经营系统，市场预测信息、国内外竞争对象、用户反馈。

（16）全厂管理中心系统，生产指挥、生产成本核算、劳动力分配安排、技术力量培养与提高。

22.6　结语

我国一大批自动化水平高的现代化中厚板轧机投产后，钢板质量稳定，产量迅速增长，车间面貌呈现出一片欣欣向荣的大好局面。但是，自动化要求操作人员技术水平高，调整复杂费时，且投资多。因此，自动化程度的高低，各自应量力而行，切勿攀比。

23 中厚板检测技术综述

自炼钢连铸送来板坯开始，一直至成品仓库发货为止，各个工序要求检测出板坯与成品重量、轧件尺寸（如厚、宽、长）、温度、平面板形、平直度、浪形、镰刀弯、头尾形状、内部质量（如分层、夹杂物聚集情况）及表面质量（如结疤、划伤）等。另外，尚需检测出轧制力、速度、位置、计数以及炉子上用检测仪表等。

对中厚板生产的各种参数进行严格的检测、数据的收集与反馈，是保证钢板尺寸精度和产品高质量，满足高速、连续、自动化生产线所必不可缺的装置，已成为当今现代化中中厚板生产技术的一项标志。

目前，这些检测技术由于检测元件、传感器、通讯及计算机等技术的迅速发展，已走向专业化、智能化及自动化阶段，检测功能、精度及管理水平都有了大大的提高。

中厚板生产环境比较恶劣，如灰尘、烟雾、水蒸气、钢板表面的氧化铁皮、积水、粗糙度、不平直度以及钢板跳动等外界因素都会不同程度地影响检测的效果。因此，除了检测装置提高适应能力以外，尚需采取一些排除这些干扰的措施。如近接 γ 射线测厚仪距轧机中心线只有 2m，将分离的线源与检测装置安置于机架牌坊上，放在机械阻尼缓冲器的恒温槽内，解决了轧机高温潮湿与咬钢时轧机冲击振动的恶劣环境问题，并与监控 AGC 组合，以跟踪方法来补偿无效时间，监视轧机常数和测厚仪误差，保证了 AGC 的高精度。轧机上采用多台 γ 射线测厚仪，使检测误差可减小 1/3 左右。

中厚板检测仪表，由于受检测机理，控制要求、环境、传感器元件等因素影响，每种检测仪的布置地点各有所不同，应根据生产线前后设备关系和各厂生产操作惯例来选择，一种检测仪也可以多处设置，比较方便灵活，但投资会增大。

目前，检测装置测量精度高、误差小、速度快、效率高，且能在线校正，减少操作与维护人员，绝大多数均已实现自动化，计算机跟踪与实时监控反馈，大大超出了操作人员的耳目的作用。

中厚板检测技术一般分为板形、工艺、标记及检验 4 部分。

板形检测有平面板形、平面轮廓、测宽、测长、测厚、凸度、镰刀弯、平直度、头尾形状及浪形等仪器。

工艺检测有温度、测压、测速、称重、计数、位置、板面缺陷及超声波探伤等装置。其中还包括有冷金属检测器或光电开关、热金属检测器、激光检测器、增量型编码器、速度检测器、位置检测器及接近开关等元件。

标记有喷字、打印及贴标等仪器，也可将 3 种仪器组合在一台仪器上，具有 3 种标记的功能。

检验有机械力学性能、内部质量、化学成分、焊接性能及磁性等项目。机械力学性能包括有抗拉、弯曲、冲击、硬度及蠕变等；内部质量除工艺检测中超声波探伤以外，还需做晶粒度与硫印等；化学成分需做 C、Mn、Si、S、P、Nb、Cr 及 Ni 等主要成分分析；焊接方面除做交流与直流试验以外，尚需各种温度下大输热量试验；磁性试验要测定高斯值，以满足低温用板的焊接要求。

应该说外来环境条件对检测有很大的影响，特别是中厚板厂为热态生产，钢板表面有氧化铁皮、积水、水蒸气、粉尘等，板面粗糙不平，且给光线与空气造成不良的影响。轧制过程中设备与钢板的振动，也给仪表造成很大的误差。

除了在轧机上防止外界各种干扰以外，还采取以下一些措施：

（1）空气吹刷，减少板面氧化铁皮、积水、保护测头，防止结垢凝雾，清洁光路干扰。

（2）水冷却，保护测头及系统不受高温的影响。

（3）设备与系统上增设有效的措施，如防振阻尼、防高温遮蔽。测量方法上如测宽与平直度用双三角法，测温用热辐射，平面板形用双成像扫描，测长用多普勒反射，测厚用衰减法 C 形架，UST 用穿透与双反射等。

（4）在线校正与故障诊断，以补救外界的不足。

（5）加强元件自身的保护，如采用 CCD、IT-3R、Na-Se、Si-Ge、Laser、高频闪烁晶体等。

（6）增加补偿系统，耐高温，防振。

下面择其常用且比较重要的检测仪分述于后。

23.1　称重装置

为了知道和校验原料和成品板重量，一种方法是称量，另一种方法是按理论计重。一般设称重装置居多。

称重装置有机械式和电子式两种。前者最小分辨率为 10kg，精度达 ±10kg，最重可达 30t，多设于板坯库和成品库内。

电子秤有两种：一种是用电阻丝应变计原理，其测量头（负荷变换器）精度达 ±0.05%。因变换器采用特殊的弹性材料、应变计和黏着剂制成，稳定性非常高，可长期使用，缺点是变换器输出信号较小；另一种是用压磁原理，精度低，一般大于 1%，但不用放大器，可直接用毫安表来指示。

电子秤安置在辊道上，升起静态称重，也可装在吊车上，附有重量记录器，可指示单块板重，也可指示出钢板的累重。

目前板坯称量多为机械式，安置在装炉辊道上，静态称量，液压升降。

23.2　温度计

温度计主要用于中厚板生产过程中各项关键设备前后原料和钢板温度的检测，以便控制原料的装炉、加热及出炉，除鳞后轧机的开轧、等轧及终轧；快冷装置的开冷、均匀及冷后；热矫的开始及终了；冷床的进入及出口、超声波探前、剪切前、热处理加热、出炉及淬火后、冷矫前及涂漆后等原料和钢板的实际温度。

表 23-1 为通常以生产区划分的计测温度范围。

表 23-1 生产区计测温度范围与温度计形式

序号	生产区	温度范围/℃	温度计形式
1	原料区	450～1100	红外单点固定式
2	加热炉内	900～1600	热电偶单点固定式
3	除鳞区	600～1300	红外单点固定式
4	轧机区	600～1300	
5	快冷区	600～1100	
6	热矫区	450～900	
7	冷床区	300～700	
8	剪切区	50～450	
9	热处理区	600～1100	
10	涂漆区	0～450	

表 23-2 为云南仪表厂出品、与英国兰德公司合作的温度计性能参数。

表 23-2 云南仪表厂生产的温度计性能参数

内容	红外温度计型号			
	OQ07/13C 22P 1200	OQ08/15C 18P 1200	OQ08/15C 18P 1200	OQ06/11C 35P 1200
测温部位	出炉	机前	机后	矫前
测温/℃	700～1300	800～1500	800～1500	600～1100
最小目标尺寸/mm	22	18	18	35
视场角/rad	1/50	1/65	1/65	1/32
响应时间/ms	5	5	5	5
精度/%	0.6	0.6	0.6	0.6
电子信号处理机型号	2M-Q07/13C-OLOPXHD	2M-Q 08/15C-OLOPXHD	2M-Q08/15C-OLOPXHD	2M-Q06/11C-OLOPXOO

温度计形式分为固定式和扫描式，后者主要用于 ACC 前后。

除炉内测温采用热电偶以外，其他均采用红外，具有拾峰功能，可检测人眼很难判断的最高温度，且能适应氧化铁皮、水滴、蒸汽等恶劣环境的要求；另外，响应时间和精度也满足现有的条件。

表 23-3 为国外中厚板厂设置温度计的实例。

表 23-4 为国内中厚板厂设置温度计的实例。

23.3 测压装置

测压装置可测出每个道次的轧制力，确保轧辊与机架牌坊安全工作及轧制钢板的质量，并能充分发挥轧机的能力，同时可配合计算机程序控制实现轧机自动化操作。

从原理上区分有压磁式和电阻应变式两种。压磁式适合于 AGC 系统，因此，目前采用较普遍。

表 23-3 国外中厚板厂设置温度计的实例

序号	设置位置	测温范围/℃	用 途	温度计型式	台数/台
1	板坯切断机	300～900	切断长度温度修正	红外固定式	1
2	板坯磅秤前	0～800	加热炉温度控制初期值		1
3	立辊轧机前	600～1100	板坯加热检查		1
4	粗轧机前	500～1100	控制轧制		2
5	粗轧机后	500～1100			2
6	粗轧机γ射线测厚仪	600～1200	测厚仪温度修正		1
7	精轧机前	500～1100	控制轧制		2
8	精轧机后	500～1100			2
9	精轧机γ射线测厚仪板中	600～1200	测厚仪温度修正		1
10	精轧机γ射线测厚仪板边	600～1200			1
11	DAC 装置前	600～1100	DAC 温度控制		1
12	DAC 装置后板面	300～700			1
13	DAC 装置后板下面	300～700			1
14	DAC 装置后	300～800	监视（宽向扫描）	扫描式	1
15	DQ 装置前	500～1100	DQ 温度监视	红外固定式	1
16	热矫前	450～900	热矫开口度设定		1
17	热矫后	100～500	DQ DAC 温度控制		1
18	1 号冷床前一排	300～700	成品缓冷温度管理		2
19	1 号冷床前二排	300～700			2
20	1 号冷床后	100～500			1
21	2 号冷床后	50～450	剪切位置喷水温度修正		1
22	切头剪前	50～450	中切长度温度修正		1
23	切边剪前	50～450	切断宽度温度修正		1
24	定尺剪前	50～450			1
25	UST 前	50～450	预冷水开关控制		1

表 23-4 国内中厚板厂设置温度计的实例

序号	设置位置	测温范围/℃	用 途	温度计型式	台 数
1	切割机前	300～1100	修正切割长度	红外单点固定式	1
2	入炉口	0～900	控制加热温度		1
3	除鳞箱后	600～1600	入轧温度		1
4	粗轧机后	600～1600	控 轧		1
5	粗精轧间	600～1600	控 轧		1
6	精轧前	600～1600	控 轧		2
7	精轧后	600～1600	控 轧		2
8	ACC 前	300～1100	ACC 控温		2
9	ACC 后	100～700	ACC 控温		1
10	ACC	300～900	ACC 监视	扫描式	1

续表 23-4

序号	设置位置	测温范围/℃	用 途	温度计型式	台 数
11	热矫前	300~1100	制订矫直操作	红外单点固定式	1
12	热 矫	300~1100	制订矫直操作		1
13	厚板冷床	100~700	缓冷温度管理		2
14	冷床后	100~300	控制冷却温度		1
15	UST 前	0~300	预冷水控制		1
16	冷矫入口	100~700	探明冷矫温度		1
17	涂漆线出口	0~300	涂漆板温度		1

从安置上分有上、下两种。前一种不易被铁皮和水弄脏，维护容易，但换辊时要经常拆卸，并需随上辊一道升降，导线部分需用柔性胶管连接，轧制中受冲击大。后一种压头结构简单，换辊中不用经常拆卸，温度比较低，但易被铁皮和水弄脏。目前采用下面的居多，保护密封措施已很完善。

压磁式是用软磁材料受力后使材料导磁系数改变，其线圈的电感发生变化，从变化大小即可换算出轧制力大小。其优点是灵敏度高，不要放大器即可满足毫安表指示或控制用讯号功率。线圈的初级和次级绕组分布是互相垂直的，感应电势与外加负荷之间有较好的线性关系，输出讯号功率大，阻抗低，压头高度矮，对负荷分布不均匀性并不敏感，测量精度可达±1%以下，而且对环境温度也不敏感。当温度在-40℃到+80℃间变化时，输出讯号电位变化小于1%，很适合于安置在下支撑辊轴承座下面位置工作。

23.4 测厚仪

钢板测厚是一个必须的工序。以前采用接触式，劳动强度大，效率低，误差大。现在均采用非接触式，以γ射线为主，少数厂也用X射线和激光方式。

新的测厚仪布置在距轧机中心线2m左右地方，把分离的线源与检测装置安在机架牌坊上，并放在机械阻尼缓冲器的恒温槽内，解决了轧机高温潮湿与咬钢时冲击振动的问题，保证了AGC的高精度。

20世纪80年代后γ射线全用光度室，已不再用离子室。一般粗轧机不设，多数设在精轧机后面。测量有3点（1中2边）、2点（1中1边）及1点三种。以3点式居多，既可测出钢板凸度与横向偏差，也可测出长度方向偏差与同板差。

表23-5为γ射线与X射线测厚仪比较。

X射线管球电源关闭时，X射线也关闭。

γ射线测厚仪宜用于中厚板，而X射线测厚仪用于冷热薄板。

γ射线测厚仪距轧机12~13m，检查安全距离2m，经过该装置上空吊车司机室底需镶铅板防护，防止板头撞上，板面以空气吹除。板温不同，测厚也有误差，需补偿。一般测中间与板边，两者之差为凸度。

漂移为±5μm/24h（粗轧），±10μm/2h（精轧）；

杂音为20mm厚±50μm（粗），±20μm（精）；

表23-6为日本中厚板轧机测厚仪概况。

表 23-5 γ射线与X射线测厚仪比较

<table>
<tr><th>序号</th><th colspan="2">内 容</th><th colspan="3">γ射线测厚仪</th><th colspan="3">X射线测厚仪</th><th>备 注</th></tr>
<tr><td>1</td><td colspan="2">射 源</td><td colspan="3">137Cs30Ci</td><td colspan="3">X射线管,电压140kV</td><td></td></tr>
<tr><td>2</td><td colspan="2">一般测厚范围/mm</td><td colspan="3">4~100(更厚)</td><td colspan="3">1~30</td><td></td></tr>
<tr><td rowspan="7">3</td><td colspan="2">性能比较</td><td colspan="3">厚4~20mm,射源137Cs10Ci</td><td colspan="3">厚4~20mm,X射线管,电压140kV</td><td></td></tr>
<tr><td colspan="2">(1)响应性</td><td colspan="3">抽样0.1s(100%),移动平均0.2s</td><td colspan="3">时间定数(TC)0.03s(63%),5TC 0.15s(99%)</td><td>X射线好</td></tr>
<tr><td rowspan="2">(2)综合精度</td><td>厚/mm</td><td>4</td><td>15</td><td>20</td><td>4</td><td>15</td><td>20</td><td rowspan="2"></td></tr>
<tr><td>精度/μm</td><td>22</td><td>27</td><td>31</td><td>5</td><td>26</td><td>46</td></tr>
<tr><td colspan="2">(3)维护</td><td colspan="3">射源稳定,半年检查一次</td><td colspan="3">X射线管球,自动校正装置相关联,电气设备维护工作量大</td><td></td></tr>
<tr><td colspan="2">(4)主要更换件</td><td colspan="3">闪烁检波器5年左右换一次</td><td colspan="3">X射线管球平均2年换一次</td><td></td></tr>
<tr><td colspan="2">(5)投资</td><td colspan="3">比较贵</td><td colspan="3">比较贵</td><td>γ射线的稍便宜些</td></tr>
</table>

表 23-6 日本中厚板轧机测厚仪

<table>
<tr><th rowspan="2">序号</th><th rowspan="2">厂 名</th><th rowspan="2">制造厂</th><th rowspan="2">投产年月</th><th rowspan="2">安设位置</th><th rowspan="2">形 式</th><th rowspan="2">测厚/mm</th><th colspan="2">精度/μm</th><th rowspan="2">射源容量</th><th rowspan="2">台数</th></tr>
<tr><th>板厚 12mm</th><th>板厚 25mm</th></tr>
<tr><td>1</td><td>八 幡</td><td>东 芝</td><td>1978年3月</td><td>F后</td><td rowspan="5">γ射线(光度室)</td><td>3~100</td><td>±100</td><td>±0.5%</td><td>137Cs 30Ci</td><td>2 1中1边</td></tr>
<tr><td>2</td><td>名古屋</td><td>东 芝</td><td>1982年10月</td><td>F后</td><td>4.5~100</td><td>±10</td><td>±10</td><td>137Cs 30Ci</td><td>3 1中2边</td></tr>
<tr><td>3</td><td>君 津</td><td>日 立</td><td>1978年3月</td><td>F后</td><td>4.5~100</td><td>±22</td><td>±28</td><td>137Cs 20Ci</td><td>2 1中1边</td></tr>
<tr><td rowspan="2">4</td><td rowspan="2">大 分</td><td>EXATEST</td><td>1977年1月</td><td>F前后</td><td>4.5~70</td><td>±45</td><td>±47</td><td>137Cs 20Ci</td><td>2 1中1边</td></tr>
<tr><td>东 芝</td><td>1983年2月</td><td>F后</td><td>4.5~100</td><td>±31</td><td>±43</td><td>137Cs 30Ci</td><td>2 2边</td></tr>
<tr><td rowspan="2">5</td><td rowspan="2">福 山</td><td>富士电机</td><td>1973年1月</td><td>F前</td><td rowspan="3">γ射线(离子室)</td><td>4~50</td><td>±39</td><td>±65</td><td>137Cs 20Ci</td><td>1 1中</td></tr>
<tr><td>东 芝</td><td>1968年2月</td><td>F后</td><td>4.5~90</td><td>±39</td><td>±65</td><td>137Cs 10Ci</td><td>2 1中1边</td></tr>
<tr><td>6</td><td>京 滨</td><td>富士电机</td><td>1976年12月</td><td>F后</td><td>4.5~100</td><td>±0.25%</td><td>±0.25%</td><td>137Cs 40Ci</td><td>2(4) 1中1边 (1中1边)</td></tr>
<tr><td rowspan="2">7</td><td rowspan="2">水 岛</td><td>东 芝</td><td>1976年3月</td><td>F前</td><td>γ射线(离子室)</td><td>4.5~100</td><td>±48</td><td>±65</td><td>137Cs 20Ci</td><td>1 1中</td></tr>
<tr><td>富士电机</td><td>1982年8月</td><td>F后</td><td>γ射线(光度室)</td><td>4.5~100</td><td>±10</td><td>±16</td><td>137Cs 30Ci</td><td>3 1中2边</td></tr>
</table>

续表 23-6

序号	厂　名	制造厂	投产年月	安设位置	形　式	测厚/mm	精度/μm		射源容量	台数
							板厚 12mm	板厚 25mm		
8	千　叶	日　立	1981 年 12 月	F 后	γ射线（光度室）	4.5 ~ 100	±15	±22	137Cs 20Ci	3 1 中 2 边
9	和歌山	日　立	1981 年 4 月	F 后		4.5 ~ 100	±30	±40	137Cs 20Ci	2 1 中 1 边
10	鹿　岛	东　芝	1974 年 4 月	R 后	γ射线（离心室）	4.5 ~ 70	±34	±60	137Cs 20Ci	2 1 中 1 边
		日　立	1981 年 1 月	F 后	γ射线（光度室）	4.5 ~ 100	±15	±22	137Cs 30Ci	2 1 中 1 边
11	加古川	日　立	1979 年 1 月 1981 年 4 月	F 后	γ射线（光度室）	4.5 ~ 90	±10	±0.1%	137Cs 30Ci	2 1 中 1 边
12	中部钢板	东　芝	1979 年 8 月	F 后	X 射线	1 ~ 35	±10	±25	150kV 1.5mA	1 1 边

注：Ci 为活性单位，F 为精轧机，R 为粗轧机。

23.5 测长仪

测长仪用于定尺剪剪切钢板前测量钢板长度。测长仪有两种形式：

（1）剪机定尺机。剪机定尺机可测出剪切钢板长度并可停住钢板。最近以在线计算机联网，以 APC 较多。一定长度钢板大量定尺剪切时，具有精度高与能力大的优点。但蜗轮蜗杆移动要一定时间，剪切线需停止，比较耽误时间。

（2）测长辊。ϕ159 ~ 150mm 测长辊以 0.4MPa 左右压力压住钢板，测长辊转动，得到其转数的脉冲信号，测出钢板长度。为了保持测量精度，需充分注意加减速时滑动和测长辊摩擦的修正。

23.6 测宽仪

测宽仪采用激光平行光扫描方式，用半导体激光 20 ~ 40mW（级别Ⅲa），多边棱镜转速为 1800r/min，测距板面上 3 ~ 5m，板温为常温至 1100℃，板上下移动约 1000mm，板速最大 5m/s，测头到控制盘距离最大 50m。控制盘设置条件为：周围温度 10 ~ 40℃且不结露，测定精度 ±2mm，板宽方向响应性约 20mm。测宽仪价格便宜，可放在门型台架上，一般设于粗轧机前。

另外靠推床测宽也很灵活，精度也不低。一般若由推床来确定板宽，就不用测宽仪了。新建厂单独设置测宽仪的只有少数几家。

23.7 平面板形仪

平面板形仪（PSG）由光幕式检出器、宽度计、测长计、钢板温度计、钢板检出器等部件组成。在辊道上输送钢板时，钢板移动一定距离，计算机上读出钢板宽度方向位置，以长与宽的坐标在计算机上知道钢板平面板形，根据订货规格，对该钢板设定最适合的剪切预定线。

该仪器除了划线、标记、自动剪切、出现镰刀弯需分段、定尺、取样、检查板宽以外，还可提供板坯的准确尺寸和平面板形动态控制的基础。由计算机给划线机发出划线准确位置的数码信息，为剪切线高速准确剪切创造有利条件。

这台设备一般安于划线机前面作业线上，即切头剪前或者热矫直机前。

23.8 平面轮廓仪

平面轮廓仪（POG）是以红外线转鼓透镜折射系统或电荷耦合器件（CCD）与激光系统对钢板的红外线辐射进行机械扫描，测量出钢板轮廓外形，特别是展宽与成形阶段的板形，避免非矩形钢板的出现，特别是钢板头尾部鱼尾与舌头的过大。

通过 POG 给平面板形控制、HAGC、AWC、头尾形状及镰刀弯等提供操作信息，可大大减少切损。如日本采用 POG 后能提高成材率达 0.5% 左右。

这台仪器一般都安装在粗轧机前后，以便及时纠正不规的板形出现。

23.9 平直度仪

平直度是中厚板板形的一项质量指标，现代化中厚板生产均采用平直度仪测出钢板中波边等不良板形，以便采取补救措施。

平直度仪一般以激光非接触方式，将轮廓检测摄像机摄取照于板面激光点，按板凹凸不平激光位置变化算出变位量。板输送中上下振动干扰，测出输送板两点差，以板伸长率方法求出，并以双梁三角式消除振动干扰。一般沿板宽设置多台双梁三角式激光变位仪，即可测得整块板的平直度。

平直度仪多半设置在轧机后、热冷矫直机后及成品收集前，以监视钢板平直度情况。

23.10 激光对线装置

该装置设在切边剪前，以对正装置移动钢板对准两条激光投射红线，一条为固定，与固定剪切线相一致；而另一条为移动，与移动剪切线随动并保持一致。移动架由 AC 电动机经滚轴丝杆传动，并与移动剪机相连锁。每个架子有两个激光发生器，当钢板长度在 40m 以下时，可设一对移动与固定架即够；钢板更长时，可设两对架子，投射红线更长一些，对线可全面一些。

23.11 超声波探伤装置

超声波探伤装置分在线和线外两种，参见第 14 章。

（1）对于管线板，全面局部 + 四边，一般探伤面积率小于 20%。另外，少数要求全面探伤达 100%，有必要离线或人工专门探伤，按用户要求。

（2）对于锅炉、海洋结构板，几乎 100%。

（3）对于容器、低温用板，格子状及四边探，一般均人工探，按 JIS 标准。

（4）对于重要罐板，间距 75mm，四边探。

（5）一般板只局部探，间距 75mm，达 25%。

目前探出缺陷板占 0.2% ~0.4%。

反射法板温不大于 100℃，故日本较多。

24 中厚板标记机

中厚板标记是标准中所规定的，便于生产和用户识别。

目前，中厚板生产中常用的标记机有喷字机、打印机及贴标机等几种。喷字是中厚板标记中最全面的一种，但用户加工制作与涂漆后会消失，无法辨认，因此需增设打印来补充，使钢板标记得到永久保留。如船、舰艇、锅容器、桥梁、管线、重要结构等钢板都要求打印标记，在多年使用中出现事故时，以便于查证钢板质量的情况。对于热处理钢板也要求打印标记，因为热处理前钢板经抛丸清除铁皮时将喷字抛去，无法辨认。贴标是新兴起的标记，当成垛堆放钢板时，只有钢板侧面贴标才识别。也有在侧边喷字的办法，但没有贴标清楚。日本用贴标居多，而西方用喷字机多，应根据生产厂和用户的喜好来选定。但后者比较贵一点。

随着中厚板生产的现代化进程，繁琐而劳动强度大的标记操作也已逐步实现了自动化、机械化。

24.1 喷字机

喷字机有点喷式、鼓轮印刷式及纸穿孔喷字式3种。

点喷式也叫点阵式，用于钢板时为32点，大字为90mm×50mm、5行×20桁，小字为40mm×30mm、10行×30桁。喷字时钢板停下，周期为10~20s。当喷字机停止工作达20min以上时，均需清洗喷头一次。用于板坯时为7点，坯温达800℃左右，字为80mm×60mm、10~20桁，板坯可走动时喷字，周期为10~20s。

鼓轮印刷式，大字为50mm×30mm，小字为40mm×30mm，5行×16桁，周期短，只有7~8s。钢板运行中鼓轮转动中印字，东西方国家均采用。

纸穿孔喷字式，大字为90mm×50mm、5行×15桁，小字为50mm×30mm、10行×30桁，周期为10~20s。钢板停止喷字，变更穿孔模板很方便，但消耗纸带与油墨较浪费。

以上设备均由计算机指令，完全自动化操作。目前全是钢板走动喷字，而钢板停下喷字已不用。

24.2 打印机

自动打印机有锤头落下式和转刻式两种。印字夹持环轮由计算机指令送配好印字冲头及位置，环轮落下在钢板上印好字。

锤头落下式冲力有重锤式和液压缸式。冲印时钢板停下，冲一次周期为8s左右，字数为7×5个，字大小为35mm×25mm。冲印有字模与点阵式，后者不用换字头，改标记比较方便。

转刻式是液压缸将环轮冲压在钢板上，钢板走动后环轮转动中冲压字模。每工作一次环轮转动360°恢复原位，等待下一块钢板打印。换字头比较麻烦，目前采用比较少。

打印机多数设在定尺剪后面，一般放在喷字工序前面。

打印应满足船级社标准的要求，打印行数在20行左右。

印头材质多半用硬质合金，以提高其寿命，减少换字头工序。

24.3 贴标机

为了识别堆放钢板管理上方便，一般都在钢板头部侧边上贴标。也有在钢板尾部侧边喷字。多半都是停止时作业，但也有钢板运行中操作。

上位计算机将数码传至微机，控制打字机在贴标开卷机标纸上打好字，贴标机将贴纸贴到钢板侧边一定位置上即行。

日本君津、大分、福山、水岛及加古川均用贴标方式，识别比较容易，钢板温度应小于300℃，贴标周期为15s左右。而京滨厂则采用喷字方式，只此一家。我国宝钢将喷字机、打印机及侧边喷字机设在一台机器上，可同时完成三道标记工序。

24.4 组合标记机

组合标记机由喷字、冲印及侧喷3部分所组成。整台机器由两个门形框架构成，一个框架设置喷字机，另一框架设置冲印机和侧喷机，也可分别使用。一般安置在定尺剪后面，其他地方可按需来配置。

表24-1为中厚板标记机综合情况。

表24-1 中厚板标记仪（marking machine）

序号	内 容	喷 字 机	打 印 机	贴 标 机	组合标记机
1	英文名	stenciling machine	stamping machine	labeller	combined marking machine
2	机 型	点阵式、鼓轮式、纸穿孔喷字式	锤头落下式、转刻式	贴标式、点阵式	与喷字机、打印机及贴标机相同
3	用 途	板坯、中间与成品板、试样	中间与成品板	成品板	成品板
4	标记部位	上表面、侧边	上表面	侧 边	上表面、侧边
5	安置地点	板坯库、热矫入口、切头剪前、定尺剪后、涂漆线、试样剪前	定尺剪后	定尺剪后	定尺剪后
6	钢板状态	热、冷、停止、运行	停止，冷	停止，冷	运 行
7	使用情况	鼓轮式比较多、点阵式近年来有所增多	国外以锤头落下式居多	日本用贴标式多，认为辨认容易，德国用点阵式多	宝钢有一台

另外，国外把划线机也列入标记机范围内，其内容已在有关剪机的章节中介绍，这里就不赘述了。

25 中厚板质量控制与检查内容

25.1 引言

经过一系列工序生产出质量优良合格的产品，以满足用户的要求，因此，中厚板质量控制与检查工作是非常重要的，一旦在用户那里出现了质量问题，将会造成不可设想的后果与惨重的损失。因为中厚板的绝大多数用途都是在非常重要的地方，而且质量要求与标准逐年都在提高，因此中厚板的质量指标高于其他钢材，要把质量控制与检查工作始终贯彻到生产全过程中。

虽然炼钢在原料控制与检查方面已做了大量工作，不合格的不往下道工序传送，但轧钢工序检查工作仍然不可或缺。只有每道工序把好质量关，才能做到万无一失。

25.2 中厚板质量控制

中厚板质量控制一般从原料开始直至成品钢板出厂交货为止，每一道工序都应把好质量关。原料方面要控制炼钢及连铸生产，没有好的原料是生产不出好的钢板的。对原料的质量在原料一章中已详细论述，这里不再赘述。

为了严格控制中厚板质量，应从生产流程每道工序着手，并将产生缺陷的种类、形态、形成原因、危害性以及挽救措施等逐项进行研究，从中制定出控制方案。

生产工序中常见缺点有：

(1) 炼钢方面钢锭有缩孔、偏析、气泡、气孔、分层、裂纹及结疤等；连铸板坯有表面裂纹、内部裂纹、夹杂、皮下气泡、偏析、疏松、毛刺及尺寸偏差不合等；二次开坯有裂纹、折叠、耳子及结疤等。

(2) 加热工序容易出现过热、过烧、脱碳、划伤及氧化铁皮过厚等。

(3) 除鳞主要是一次铁皮未除尽，压入后产生凹坑，大片面积形成麻点。

(4) 轧制工序形成缺陷有尺寸偏差不合、镰刀弯、瓢曲、浪形、不平直、麻点、残余应力、组织缺陷及表面缺陷等。

(5) 快冷过程中出现瓢曲、浪形、不平直、组织与力学性能不均匀或不合、残余应力等。

(6) 热矫缺陷有压痕及不平直等。

(7) 冷却中有时会出现划伤及不平直等。

(8) 剪切有剪弯、塌边、毛边、剪裂、凸肩、尺寸不合与偏差过大、错牙及板形不正等缺陷。

(9) 火焰切割一般只出现切不齐与尺寸偏差超差等缺陷。

(10) 抛丸涂漆工序有时会产生漆层划伤、铁皮不除尽等。

(11) 热处理容易出现板面划伤、斑马纹、性能不合及不平直等。

(12) 超声波探伤可探出内部缺陷，板面有严重缺陷也可查出。

(13) 冷矫直会出现不平直、划伤及压痕等缺陷。

(14) 标记中会出现不规范、数字不清及贴标脱落等。

(15) 吊运有板边损伤、吊后板弯等。

(16) 堆存发货时不要引起垛板擦伤、垫块距离过大压弯钢板等。

虽然各道工序都很容易造成许多不同程度的质量问题，但已积累有一系列有效的控制办法。如检查项目中板厚、板宽、板长等测定值是否在基准值内，而且用定量判定多数已实现自动化操作。可用 γ 射线测厚仪来测定板厚。用剪切机确定板宽位置并测出板宽，板宽分组每次变更只测定最初钢板即可，也可用光学方式自动测出板宽。板长用测量辊方式测长机测量，并早已实现自动化。板面缺陷采用光学检测仪可找到上下板面的各种毛病，还有用反光镜不用翻板就能看到下表面的缺陷。大多数情况仍然设置翻板机检查下表面质量，发现缺陷时立即清除掉，但需用人工来协助。还有分层与夹杂物密集等内部缺陷都采用在线或离线的自动超声波探伤仪检查出来，这项工作的自动化程度已很高。另外，力学性能质量方面，关于机械试验的试样粗加工以至实际试验操作、试验结果等一系列生产过程均已实现自动化，检查操作极为方便合理。

25.3 质量检查的内容

中厚板质量检查内容可大致归纳为力学性能与化学成分、原料与成品尺寸、表面与内部缺陷等三大类。相互间有些关联，但联系很少，因此各类分别加以叙述。

25.3.1 化学成分与力学性能

各种钢种中厚板交货都要求保证规定的化学成分和性能，有的产品除力学性能之外，还要求有一定的物理性能和工艺性能。

化学成分及其含量随钢种变化而改变，对钢质有很大的影响。其查验工作主要由炼钢工序来做，必要时轧钢工序也做一些抽查工作。

力学性能检验通过取试样在检验室进行。检验项目有落锤、焊接、蠕变、拉伸等，以确定钢板强度、韧性、冲击性、延伸性、焊接性及加工性能等。对中厚板来说，焊接性能的试验是很重要的一环。为了更接近实物，有时需做原板的拉伸试验，这样就必须有大吨位拉力机。

25.3.2 原料与成品尺寸

原料尺寸检查主要由炼钢工序来完成，必要时轧钢工序只做一些抽查工作。

成品尺寸检查贯穿于生产全过程中，不能有半点疏忽。通常中厚板尺寸方面产生的问题有厚度超差、宽度超差、长度超差、不平度、浪形、瓢曲、镰刀弯、鱼尾、舌头、侧边凸凹度及折叠、头尾超差、非矩形与楔形等。

侧边应成矩形且无阶梯，成一直线，无毛刺。以前采用冲切式双边剪时，两刀之间会出现阶梯，不成一直线。铡刀剪切边时，两刀之间送进不连贯也会出现阶梯。当上下剪刃间隙与板厚不配合时切边会出现非矩形。圆盘剪剪切板厚达20mm以上很容易出现毛刺。

图 25-1 为直角度（矩形）、平行四边形、梯形及浪形示意图。

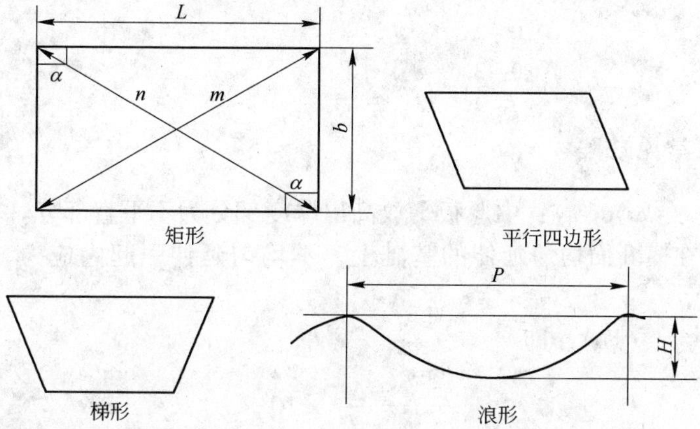

图 25-1 直角度（矩形）、平行四边形、梯形、浪形示意图

直角度（矩形）各尺寸如下：

板厚/mm	板宽 b/m	板长 L/m	直角 α/(°)	对角线长差($n-m$)/mm
5 ±0.5	2 ±0.5	4 ~6	90	2.8 ~4.6
		6 ~10	90	3.0 ~5.0
		>10	90	3.5 ~5.5
4 ±0.5	3 ±0.5	4 ~6	90	4.3 ~6.0
		6 ~10	90	4.5 ~6.6
		>10	90	5.0 ~7.0

浪形（shap wave）各尺寸如下：

板厚 10mm	$P=2000$mm $H=17$mm	$P/H\geqslant120$
13mm 以上	$H=125$mm	$P/H\geqslant160$

中厚板板厚偏差有同板差、同条差及异板差三种。

同板差是指一块（张）板的厚度偏差。

同条差是指一块原料轧制成一条钢板的厚度偏差，如切成若干块板，则为每块板之间的最大厚度偏差。

异板差是指一个钢号一种规格全部钢板最大厚度偏差，即指一批板的厚度偏差。

三种偏差板，其偏差是同板差 < 同条差 < 异板差。一般同板差在 +0.10 ~ -0.30mm 以下；同条差在 +0.15 ~ -0.50mm 以下；异板差在 +0.20 ~ -0.80mm 以下。

一块板测量点数有 1 点、3 点及 9 点三种，9 点要求最严，3 点居中，1 点最低。

在一个偏差水平上，异板差最难保证，同条差居中，同板差最容易。

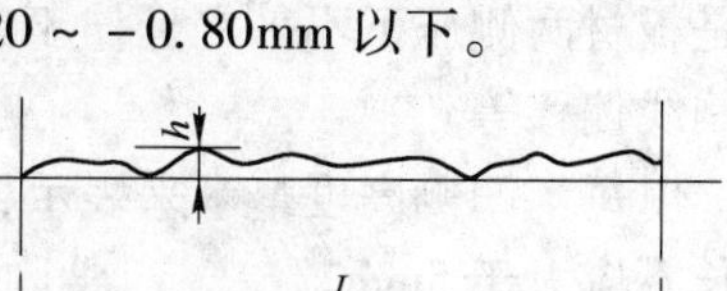

图 25-2 不平度、浪形、瓢曲的凸度
（精整前头尾凸度为 0 ~1mm/m）

板长方向不平度、浪形、瓢曲的凸度如图 25-2 所示。凸度高（h）与长度（L）的关系如下：

L/m	h/mm
6	0~1
12	0~2
20	0~3

25.3.3 中厚板常见缺陷

(1) 不平度 (waviness)：中厚板平放高出厚度部分为不平直部分。

平直度建立在横断面均匀延伸的基础上，不均匀延伸引起内应力，当超出屈服极限时，便形成板浪。

不平度单位为I (埃)，即

$$I = \frac{\Delta L}{L} \times 10^5$$

式中，ΔL为伸长量；L为原板长。

伸长值 (ΔL) 与厚板长 (L) 之比，即每米伸长10mm，乘上10^5称为一个"I"。

翘曲$\frac{10}{1000}$为100I。

中厚板不平度应小于20~40I。

减小不平度应减小最后一道压下量，或者增加最后一道次平整，加强热矫直机能力，最后还需注意钢板吊运和堆存安放位置。

(2) 瓢曲 (buckles)：中厚板纵横向出现瓢状弯曲的缺陷。通常与不平度标定单位来判定。

形成原因是辊型不合适，板子上下温差与变形不一致。

补救办法是事前加强板形自动控制与事后加以矫直处理。

(3) 麻点 (pockmark)：板材呈现凹凸不平的粗糙面，也叫麻面，主要是铁皮压入和轧辊磨蚀所造成。

一般麻点不影响使用，但有失美观，严重麻点有时报废处理。

主要措施是加强铁皮的冲除和轧辊保养工作。局部麻点必要时也可加以修磨清理。

(4) 结疤 (laps)：板面出现舌、块及鳞状的薄片。

形成原因是原料表面不洁、轧材刮伤轧入及外部带入金属。

防止措施是把好原料关。

补救办法是小结疤可修磨清埋，而严重结疤只好报废。

(5) 镰刀弯 (camber)：又称侧面弯，板材沿其平面向一侧弯成镰刀形。形成原因主要是板材两侧压下不一，延伸不等，两侧温度不同，厚度及硬度有差异，操作推床不均，轧制线偏移等。

以每米凹侧高度毫米来表示，即mm/m。与弯曲度表示方法相同。中厚板镰刀弯一般全长不应大于5mm。

纠正的方法是调整两侧压下和推床操作。

镰刀弯是中厚板生产中常见的缺陷，不但会增加切损率和剪切操作上麻烦，严重时还会影响钢板尺寸，因此操作上应严加注意。

(6) 折叠 (overlap)：钢板表面的折合分层，形似裂纹。

形成原因是原料不合格，轧辊不合理，操作不当及轧制中出现耳子与棱子等。

防止措施是把好原料关，严格执行操作管理工作。

小折叠尽量清理掉，而严重折叠只好报废。

(7) 划伤 (scuffing)：轧制与输送中轧件被设备和其他东西刮出的凹痕。

主要在轧机、辊道、推钢机、移送机及吊具等设备处被刮伤。

工序中尽量减少轧件相对滑动及碰撞地方。

(8) 氧化铁皮压入 (rolled-inscale)：板面黏附有一层块状或条状灰黑色或红棕色氧化铁皮。

产生主因是轧制时一次铁皮或再生铁皮没有冲除而被轧入钢板肉体内，其深度较麻点浅。

避免办法是加强除鳞工作。

补救措施是局部修磨清理，面积大的可改尺或报废。

(9) 缩孔 (piping)：缩孔是钢锭缺陷之一，是钢水凝固收缩时残留下的空洞。浇铸时应尽可能减小缩孔，一旦形成过后极难补救，一般均需割除。

厚板以锭作为原料时，缩孔有轧制前后两种处理方式，都会给生产工序带来额外的负担，也会大大降低其成材率。

(10) 偏析 (segregation)：偏析也是钢锭缺陷之一，是钢水凝固过程中所形成的一种化学成分分布不均的缺陷。钢水成分和凝固条件不一，偏析程度差别也很大，其中硫、碳、磷等元素所产生偏析较严重，会不同程度地降低板材的物理力学性能，其中硫偏析造成危害极大。

特别是海上平台用厚板要求有 Z 向性能，最怕的是硫化物偏析出现层状撕裂，因此必须做好原料的脱硫工作。

(11) 气泡 (blister)：气泡也是钢锭缺陷之一。钢水中含有大量气体，凝固中排出而形成气泡。内部气泡经加工有焊合的可能，而皮下气泡一经氧化，容易形成表面裂纹缺陷。

(12) 气孔 (blow hole)：锭坯内呈圆、椭圆、蜂窝状的空洞。气孔不同于气泡，加工后为平行于延伸方向黑线条的细管状，似针头小孔。

形成原因是去气不净及浇铸不善。

补救办法是真空处理、保护浇铸及充分脱气。

经加工后多数气孔有焊合的可能，表面气孔形成缺陷也容易被清除。

(13) 分层 (lamination)：板材边缘出现两层以上有明显夹杂物的金属结构分离。

形成原因是原料中含有气泡、夹杂物、偏析等。

分层会破坏基体的完整性，严重的判废，轻微的用修磨加以清除。

(14) 过热 (over heat)：原料加热时温度过高，超过 Ac_3 较多，加热时间太长时使奥氏体晶粒显著长大，晶间结合力减弱，因此使钢的力学性能下降，加工时易生成裂纹。

轻微过热尚可使用，严重的只有判废。

(15) 过烧 (over burn)：原料加热时加热温度比最高加热温度高出 100°C 以上，而且在高温段停留时间又过长时极容易使晶粒边界熔化，且出现晶粒急剧粗大和氧化熔化。结果是破坏钢的整体性，有可能在加工中就破碎。

过烧钢无法补救，只能判废回炉。

(16) 压痕（rolled pit）：板面被异物压出的局部凹坑。

轧辊及矫直辊上粘有异物被压入后脱落成坑。堆垛板材在垫块上也会压成坑。

生产中应勤检查，防止异物掉入；堆存中加大垫块，防止单位压力过大。

(17) 裂纹（crack）：原料与板面呈直线开裂。横向称横裂，纵向称纵裂，网状称龟裂（chap），短而浅的发状称发裂（hair crack）。多数是炼钢中造成的，加工中变形与冷却不当也会出现。

应从炼钢着手，轧制中也应控制好压下量、温度及冷却速度等。

多数可以清理补救。

(18) 残余应力（residual stress）：板内因变形与温度冷却不均所引起的内部应力。对使用时的强度会产生影响，一旦应力释放平直度也会发生变化。

一般多发生在轧制、冷却、矫直及热处理等工序，特别是结构、船舶、桥梁等高强厚板应多加关注。

严重的可施以消除应力热处理。

(19) 晶粒粗大（coarse grain）：板材生产不顺时奥氏体或室温组织均能出现粗大晶粒，使板材强度、塑性及韧性降低。

一般可以通过控轧与热处理进行细化。

晶粒大小是用晶粒的平均体积、平均直径或单位体积内晶粒数来评定的。一般晶粒级别标准由大至小划分为 -3 ~ +12 共 16 级，晶粒平均直径由 -3 级的 1.000mm 到 12 级的 0.0055mm。1 ~4 级为粗晶，5 ~8 级为细晶；粗于 1 级为晶粒粗大，细于 8 级的为超细晶。

轧制中通过加大道次压下、降低终轧温度及控制冷却速度也能改善晶粒大小。

中厚板大部分产品均希望取得细晶粒组织，以满足用户对钢板强韧性更高的要求。

(20) 白点（Flake，white-spot）：钢中有微量氢气时，氢气析出产生压力及钢中内应力作用形成内裂纹呈白色，称之为白点，不同于银白色的其他内裂。一般多出现在马氏体和贝氏体高碳高合金钢中。白点会破坏板材的完整性与致密性，大大降低其力学性能，只要白点处承受轻微载荷便能突然使板材断裂。因此，白点是在中厚板中绝不允许存在的严重缺陷。

要避免出现白点，除炼钢中脱氢至 $3\times10^{-4}\%$ 以下之外，最好将易出现白点原料在热加工之前进行氢的扩散热处理，加工后根据板材尺寸、氢含量及钢种的不同进行必要的缓冷与退火等热处理，以确保不出现白点。

厚板容易出现白点缺陷，一旦出现白点别无挽救余地，只能按报废来处理。

25.4 结语

我国中厚板质量控制与检查内容已走上规范化，检查内容也很齐全。虽然与日本和德国相比还有一定的差距，但经过近 10 年的努力，差距已越来越小。特别是钢板外形质量和标记水平已超过日本。在国际市场上，中国生产的中厚板已享有较高的信誉。

我国中厚板生产用硬件已经很多，也是世界上最先进的国家，产能过剩，开工率很低。但软件水平并不很高，其中生产操作技术还未达到非常熟练的程度，产品质量提高的空间还很广泛。现在，应当把主要精力用于中厚板生产软件开发上，不应该再投入资金用于扩大产能方面，不然会造成更大的浪费。

质量是一个企业的生命，不重视质量迟早会给企业带来破产和倒闭的危险。

中厚板生产除了关注品种以外，已到了产品质量的时代。

26 中厚板机械试验工作的自动化

26.1 中厚板机械试验自动化的重要性

中厚板机械试验工作是中厚板生产中不可缺少的一部分，往往都将该部门布置在厚板厂附近。因为中厚板试样单重很大，人工无法搬运，目前都靠小车及运输带来运送。另外，试验工作量很大，有的重要钢板要求每块取试样，而每块钢板的试验项目又很多，因此机械试验工作是相当繁忙的。鹿岛厂采用4班3倒的值勤服务，雇用大量工作人员。为了减少定员、取消夜班值勤、提高试验质量、减少试验差异、缩短交货周期、及时提交试验结果，同时因轧机产能的提高，也要求试验能力迅速成倍得到发挥，因此改变试验工作落后面貌已提到日程上来。与厚板厂已实现较高的自动化系统相比较，试验工作更显现出落后的一环，更加促进机械试验工作实现全自动化的要求，为全球中厚板试验工作创立一个典范。

26.2 中厚板机械试验自动化设备组成

为了机械试验实现全自动化，将试样管理、试验过程之间搬运工作、试验编号及试验情报处理等工作纳入计算机控制范畴内。为此把自动化设备划归为以下3个区域：

(1) 接受从厚板厂送来试样并存入自动仓库内，设有若干台火焰切割机进行切断，将试样冷却和分类，并存入自动仓库保管试样与切下残样废弃区域内。

(2) 符合各国规格分类的切断试样加工区域。

(3) 进行拉力试验区域。

3个区域各项设备采用运输带、自动机及无人小车连接成全自动化。

日本住友金属公司鹿岛厂厚板机械试验于20世纪90年代按上述方案施行全自动化，其自动仓库库存能力为2000块试料，2台火焰切割机每天切割达600块试样，4台平面型试样磨床每天磨750块，1台圆型试样车床每天车削120块，4台冲击试样磨床每天磨250块，3台拉力试验机每大做1100块试样。另外，搬运设备有12台自动机和4台自动导向小车，并设有1个技术工作站及3台工厂用计算机。

每天从厚板厂送来3次试样，操作者将送入板厚60mm以下试料编上试验编号，投入后便进入自动操作程序，根据需要通过摄取后画像处理，将合适正确形状试料收藏到自动仓库内，尺寸不够等不合适形状的试料返回到线外进行手工切断。

长时间存放在自动仓库内的试样按各种试验顺序提取，并在试样规定部位磨出标记。

生产管理系统将全部试验结果汇齐后按时间进行综合判定，其结果输入机械试验控制程序。

还有线外的硬度、弯曲及其他试样，经手工试验后，将其结果追加输入到生产管理系统中。

26.3 中厚板机械试验计算机

该系统由生产管理、机械试验、统一及区域4台计算机所组成。整个系统将统一管理计算机设置在生产管理计算机和机械试验计算机下面，并与其下位区域计算机及单元控制各计算机之间用网络相连接。

（1）生产管理计算机的功能是设计产品试验程序，并给机械试验机传输试验操作指令，接收机械试验机试验实际数据信息及判定产品合格与否。将结果返回机械试验计算机，最后发放检查证明书。

（2）机械试验计算机的功能是由生产管理计算机传来试验操作指令和判定合格与否结果交给统一管理计算机。另外，行使所有材料试验机控制，将其试验结果传至生产管理计算机。这些自动化指令从统一管理计算机传来，根据试样跟踪数据来控制若干台拉力试验机。

（3）统一管理计算机的功能是根据试验操作指令和合格与否的判定结果来控制3台区域计算机，执行自动仓库内试料管理以及余料废弃管理。另外，试样投入时还需判断试样尺寸形状适合情况以及执行日报与月报的能力。

（4）区域计算机的功能是将接受试料至试验完成为止分成为3个区域，即自动仓库与切断区域、切断试料冷却与分类区域及加工与试验区域。各区域计算机通过各项设备设置程序进行自动运行并跟踪。

26.4 中厚板机械试验自动化的好处

中厚板机械试验实现自动化后大大提高了机械试验操作效率，实现了无夜班值勤工作。将以前部分自动化与批量操作、试料搬运、各项设备试料装卸工作等都连接起来，实现了全自动化，达到每班8h无人操作的要求，使原来100人定员规模减至50人，劳动生产率提高达一倍以上。

自动化后使试验研制周期缩短，吸收了操作中尖峰期，将设备能力提高至平均值的1.5倍。由于连续自动化，试验研制周期缩短到一天之内，因而削减了尖峰期外加加工费；由于车间内产品物流的改善，削减了小车运输量；由于租用试验装置压缩了，钢铁厂内半成品量也压缩了。

自动化后还加强了产品品种与质量的保证体制。由于操作指令、识别管理及试验结果等工作都已全自动化，排除了人为的单纯失误。另外，试样加工实现了自动化，排除了人工操作的差异，提高了试样的准确性。

最后使工厂产品发货效率大大提高，得到了用户的一致赞誉。同时也培养了一大批自动化技术力量，为全厂其他部门实现自动化，提供了有益的经验。

27 我国中厚板厂技术改造方向的探讨

27.1 引言

我国已有几十套新旧中厚板轧机，无论性能高低，都有技术改造的任务。

改造周期不一，短则两三年改一次，长则10年以上改一次。

改造任务大小不同，大则换轧机，尺寸增加一个级别以上，单机架变成双机架，具有全局性变化；小则换炉子，由推钢式改为步进梁式；冷床由拉钢式改为步进格板式或盘辊式，将面积加大，剪切线由铡刀式改为双边剪或圆盘剪，增加快冷装置和热处理炉等，具有局部性变化，对全车间影响比较小。

我国对中厚板厂技术改造积累了丰富经验，根据自己厂的实际情况，采取不同的改造方案，都收到了很大的经济效益。

凡经改造过的厂，品种扩大了，产品质量明显提高，增强了国内外市场的竞争力，使自己立于不败之地。

本章汇集中厚板厂技术改造的实际经验，供读者参阅。

27.2 我国中厚板轧机的现状及存在问题

我国中厚板生产已有70年历史，最早在1936年鞍钢一中板厂建成第一台2300mm三辊劳特式中板轧机，1951年重钢大轧厂恢复由蒸汽机驱动2440mm二辊式中板轧机，1958年鞍钢建成2800mm半连轧机生产中厚板以后，相继建成一大批2300mm三辊劳特式中板轧机，这期间武钢2800mm中厚板轧机和太钢2300mm炉卷轧机也相继投产，1978年舞钢4200mm厚板轧机投产，使我国中厚板产量迅速增加，品种不断扩大。

至1994年以前，我国已拥有中厚板轧机达26套之多，其中4300mm级轧机有3套，3300mm级也有3套，2800mm级5套，2300mm级占多数，达15套之多，没有一套先进的现代化中厚板轧机，而2h和3h轧机还占一半之多。当年中厚板轧机产量为724万吨，自给率达85%左右。

随着国民经济建设的迅猛发展，为满足基础设施大量中厚板的需求，20世纪90年代开始在我国掀起了全球第3次中厚板轧机的建设高潮，其规模超过美国和日本的第1次和第2次，轧机装备水平比日本高一个等级，比美国高两个等级。

表27-1为目前我国生产与在建中厚板轧机基本情况。

按轧机形式分，4h轧机有13套，4h+4h有28套，3h+4h有2套，2h+4h有6套，另外还有4h单炉卷轧机3套。

按轧机尺寸分，2300mm级轧机有11套，2800mm级有13套，3300mm级有15套，3800mm级有4套，4300mm级有6套，4800mm级以上有3套。

表 27-1　我国生产与在建中厚板轧机基本情况

序号	厂　名	轧　机		投产年月	年产能/万吨		装备水平
		形式	尺寸/mm		设计	2005 年	
1	鞍钢厚板	4h	4300	1993 年 5 月 2002 年改	100	115	70 年代
2	浦钢厚板	4h + 4h	4200 + 3500	1991 年 8 月	120	143	70 年代
3	舞钢厚板	v · 4h	4200	1978 年 8 月	70	121	70 年代
4	秦皇岛中板	v4h	3354	1993 年 3 月	45	74	50 年代
5	首钢中板	4h	3500	1987 年 10 月 2003 年改	60	103	90 年代
6	邯钢中板	4h	3000	1971 年 12 月 1989 年改	40	105	70 年代
7	武钢轧板	2h + 4h	2800 + 2800	1966 年 8 月 2001 年改	80	73	50 年代
8	安钢中板	4h + 4h	2800 + 2800	1974 年 11 月 1996 年 5 月改	60	129	70 年代
9	柳钢中板	4h + 4h	2800 + 2800	1974 年 9 月 1993 年改	60	136	70 年代
10	济钢中板	4h + 4h	2500 + 2500	1960 年 7 月 1989 年改 2005 年 2 月改 R	50	151	50 年代
11	韶钢中板	4h	2500	1971 年 12 月 1994 年改	40	96	50 年代
12	新钢中板	3h + 4h	2300 + 2500	1978 年 5 月 1994 年改	40	119	50 年代
13	重钢五厂	4h + 4h	2750 + 2450	1965 年 12 月 1984 年改 2003 年改 R	60	102	50 年代
14	营口中板	4h + 4h	2850 + 2800	1972 年 6 月 1987 年改 2003 年 3 月加 R	70	120	70 年代
15	天津中板	4h + 4h	2500 + 2500	1958 年 10 月 1986 年改	50	93	50 年代
16	鞍钢中板	2h + 4h	2500 + 2550	1936 年 1995 年加 F	50	98	50 年代
17	太钢五轧	2h + 4h + 1700 炉卷	2300 + 2300 + 1700 炉卷	1966 年 10 月	20	32	50 年代
18	南钢中板	4h + 4h	2800 + 2500	1986 年 7 月 1994 年 9 月改 2006 年改 R	60	112	50 年代

续表 27-1

序号	厂名	轧机		投产年月	年产能/万吨		装备水平
		形式	尺寸/mm		设计	2005年	
19	浦钢中板	3h+4h	2350+2350	1959年8月 1990年改	50	90	50年代
20	马钢中板	2h+4h	2350+2350	1975年4月 1985年改	40	95	50年代
21	临钢中板	4h+4h	3300+3000	1974年11月 2006年改	120	37	70年代
22	酒钢中板	4h	2800	1998年11月	50	93	70年代
23	济钢中厚板	4h+4h	3200+3500	1998年2月 2001年12月改	120	207	90年代
24	宝钢厚板	4h+4hv	5000+5000	2005年3月	180		90年代
25	武安文丰	2h+4h	2800+3000	2004年12月	80	77	50年代
26	西峡龙成	4h+4h	3200+3500	2005年10月	100		50年代
27	湘钢中厚板	4h+4h	3800+3800	2005年10月	180		90年代
28	新钢中厚板	4hv+4hv	3800+3800	2005年4月	150		90年代
29	首钢抚宁	v4h+4h	4300+4300	2006年11月	180		90年代
30	天津中厚板	4h+4h	3500+3500	2006年	150		90年代
31	淄博	2h+4h	3500+3400	2002年	60		50年代
32	江阴西城	4h	2800	2005年	60		50年代
33	唐山建城	4h	2350	2005年	50		50年代
34	无锡	4h	3300	2005年	80		50年代
35	河北敬业	4h+4h	3000+3000	2006年4月	100		70年代
36	河北普阳	4h+4h	3500+3500	2005年10月	150		90年代
37	江苏飞达	4h	2500	2004年	30		50年代
38	河北西柏坡	4h	3000	2006年	50		50年代
39	河北霸州新利	4h+4h	2500+2500	2006年	65		50年代
40	沙钢	4h	5000	2006年	180		90年代
41	邯钢中厚板	4h+4h	3500+3500	2006年	150		90年代
42	安阳永兴	4h+4h	3500+3500		150		90年代
43	莱钢	4h+4h	4300+4300		180		90年代
44	浦钢罗泾	4h+4h	4300+4300	2007年	180		90年代
45	包钢	4h+4h	3800+3800	2007年	140		90年代
46	三明	4h+4h	3000+3000	2007年	120		70年代
47	舞钢中厚板	4h+4h	3800+3800	2007年	150		90年代
48	唐钢	4h+4h	3500+3500	2006年	120		90年代
49	鞍钢鲅鱼圈	4h+4h	5500+5000		250		90年代
50	南钢单炉卷	v4h	3500	2004年12月	80		90年代
51	韶钢单炉卷	v4h	3500	2005年	110		90年代
52	安钢单炉卷	v4h	3500	2005年	80		90年代

按轧机装备水平分，20世纪50年代水平的有21套，70年代水平的有11套，90年代水平的有20套。

按先进程度分，落后轧机有20套，一般的有12套，先进的有20套。

以上这52套轧机有一半以上是新建的新轧机，将成为全球最具竞争力的新一代中厚板轧机，为我国中厚板生产实现TMCP工艺、轧制高性能优质中厚板品种创造了非常有利的条件。

另外，1993年以前建成20多套性能比较低的中厚板轧机，这十几年来也经过第1轮、有的已经过第2轮不同程度的技术改造，落后的三辊劳特式中板轧机已被淘汰掉。轧机尺寸也加大很多，出现了多套4800mm级以上特宽厚板轧机，精整线也走向现代化，使我国中厚板轧机面目一新，这是令人非常可喜的现象。

1993年我国中厚板产量达1019万吨，已位居全球第一，2005年我国中厚板消费量和产量均达6000万吨以上，占全球一半以上，比日、美、德、俄四国之和还多。

自1995年开始，我国中厚板出口量超过进口量，一直保持到2000年，达6年之久。自2001年开始，进口量超过出口量，达4年之久。自2005年开始，出口量又超过进口量，我国已成为全球中厚板出口的国家之一。

2005年我国许多中厚板厂的技术经济指标都达到全球先进水平。成材率方面，文丰厂达到95.21%，酒钢为95.11%，天津中板为93.92%。另外，在92%以上的还有新余、济钢中厚板、太钢、临钢、济钢中板、南钢、安钢、柳钢、马钢及邯钢等10个厂。工序能耗方面有重钢、浦钢中板、太钢、文丰、济钢中厚板、济钢中板、酒钢及鞍钢中板等8个厂都能达到2GJ/t以下的高水平。轧机平均小时产量方面有济钢中厚板、济钢中板、柳钢、浦钢厚板、营口中板、安钢、鞍钢厚板、舞钢及新余等9个厂都达到150t/h以上的好成绩。合格率方面绝大部分厂都达到99.9%以上的国际指标。

2005年中厚板轧机生产专用板产量达688万吨，比2004年增产167万吨，增幅达24%，同时品种有明显的提高。

另外，在关键品种方面也有所突破。如三峡二期工程高落差压力水管用板，从日本进口板因质量差加工后不合格，改用舞钢国产钢板，经加工后达到质量要求，而且性能超过日本钢板。现在三峡用中厚板已大量采用舞钢生产的国产板，每年订货好几万吨，为国家节约了大量外汇。

船板一向是中厚板的主要品种，目前已能大批量多规格供应400kN以上高强度，用于各种类型大吨位船舶用板。

管线板是中厚板中批量最大品种之一，有时候一个规格年订货量就达100万吨以上。X80是日本和德国大口径直缝焊管实际选用的最高级别管用板，目前我国已有3个厂试制成功。因此，管线板方面与国外差距已大大缩小。

还有德国名牌产品BHW35高压锅炉板，美国王牌产品P20塑料用模具板，日本看家产品CoR-TEN耐候桥梁板，Ni9低温板、HT80高强板等，目前舞钢和鞍钢都已批量生产出合格产品，而且质量并不逊色。

只要做好由产量和消耗型发展模式转变为质量、品种、效率、可持续的发展模式，预计用不了几年，我国中厚板生产将很快由大国迈进强国的行列。

我国中厚板轧机建设和生产技术虽然进步非常快，但与国外中厚板生产强国相比，仍然存在有以下一些问题：

（1）轧机套数多，尺寸小。至今52套中3300mm级以下有39套，占75%；

（2）装备水平低，落后的多。20世纪50年代水平的尚有21套，占40%；落后的有20套，占38%；一般的有12套，占23%；落后加一般的共占61%，而先进的有20套，占不到39%。所以，无论从装备水平，还是从落后程度方面看，还是欠缺一些，改造任务尚未完成，仍需努力。但在20套先进轧机带领下，很快会迈进强国之列。

（3）国外一条数码信息剪切线已生产200多万吨板，目前我国不先进的剪切线也生产出200多万吨。但我国30多套3300mm级以上轧机都做成两条剪切线，甚至有的2800mm级轧机也配置双剪切线，造成极大的浪费，不改造不行，需要做一番研究工作。

（4）目前我国新建轧机中从3800mm开始，全部都是引进的，由国外总包设计，关键主要设备由外商制造，国内制造厂配套部分设备。以前国外一个国家最多引进不过3套，第4套开始都是自行设计、自主制造，而我国一口气引进13套全新的设备，现在还在筹划引进，这对发展自己的制造业不利。特别是改造项目更应该依托于国内自己的力量。

（5）目前还有许多不够先进的设备，如出钢滑下推钢式加热炉、矫直力比较小的热矫直机、拉钢式冷床及铡刀式剪切线等。另外，切下废边为人工收集方式也是比较落后的。

（6）新建多套现代化中厚板轧机都具备控轧控冷和实现TMCP工艺的要求，但因缺少该项工艺的软件与模型，至今生产这种中厚板很少，因此，轧机也未发挥应有的作用。

（7）拥有热处理的中厚板厂很少，只有5个厂，大部分厂都不具备生产热处理板的条件，这是一项很大的损失。5个厂中还有两个非保护气氛的，因此表面质量也难以保证。

（8）各厂对轧机上板形控制都很重视，新轧机上都有HAGC，CVC轧机也有3套，WRB也都上了，有的已预留好，PC和HCW轧机尚无记录。至今还未见有哪套轧机收到实效的报道。当然，中厚板轧机的板形控制，包括附设立辊轧机轧边技术在内，在全球都还是一项众人举目的科研项目，目前仍在探索中，我国也不例外。

（9）虽然我国各种中厚板都能生产，但从生产技术、钢板质量、消耗指标及产品创新等方面看，与日本、美国、德国及俄罗斯相比，尚有一定差距。对低焊接裂纹敏感性、大线能量焊接、耐腐蚀、耐超低温、抗层状撕裂、耐磨的高强度中厚板生产尚有一定困难，要求严格的仍需从国外进口。船厂反映国产船板不如日本和韩国好，钢板表面缺陷多，不平度差，残留应力大，尺寸不齐全，偏差大。另外，大单重、板厚150mm以上、板宽4800mm、4.5mm×3300mm又薄又宽的钢板生产也比较困难，但日本均能生产。

（10）热带轧机生产中板太多。2000年生产467万吨，占中厚板产量30.2%，比上一年增产80万吨；2001年为684万吨，占33.7%，比2000年多217万吨；2002年为929万吨，占36.2%，比2001年增加245万吨；2003年为1509万吨，占44.2%，比2005年增产580万吨；2004年为2454万吨，占52.5%，比2003年多产945万吨；2005年为3479万吨，占57.9%，比2004年增加1025万吨。由此可以看出，热带轧机生产中板逐年增加，在中厚板中比例逐年增大，每年增加产量也逐年扩大。目前，我国中厚板有一半以上是热带轧机生产的。原因是中厚板市场空间大，也很火爆，而且价格比热带好，一般高出300~400元/t；另外，冷带轧机建设过缓，冷带深加工能力之不足，促使热带富裕能力往中厚板市场找出路。热带轧机能力本应轧薄带供冷带轧机作原料，现在用于大量生产中厚板，势必造成浪费。日本由热带轧机生产中板只占中厚板产量的20%左右，美国热带轧机生产90%左右冷带用料。我国热带轧机生产中板比日本和美国多40个百分点以上，应该说是属于非正常状况。

27.3 我国现有中厚板轧机改造的模式

我国现有中厚板轧机有的性能较差，尺寸小，虽经第一轮，有的轧机已经第二轮改造，但与先进轧机相比，相距仍然甚远，用户对中厚板也提出了更高的要求。所以，中厚板轧机的技术改造已势在必行。

20世纪70年代开始，步线材轧机改造高潮之后，中厚板轧机也掀起一轮改造小高潮。1970年浦钢在2350mm三辊劳特式中板轧机后增加一架四辊式精轧机，组成3h + 4h双机架轧机来生产中板，无论是质量还是产量都取得了明显的效果，相继有12台三辊劳特式中板轧机进行了改造。因此，找到了一个立足于国内技术、投资省可行的改造方案。我国中厚板轧机改造的基本模式有4种，分述如下：

（1）第1种是三辊劳特式轧机后增加四辊式精轧机，组成双机架的形式。如浦钢中板、天津中板（第一轮）、济钢中板、鞍钢中板（第一轮）、南钢（第一轮）及新钢等。这种模式的最大缺点是仍然受三辊劳特式轧机的限制，薄弱环节未得到克服，精轧机尺寸不可能放大很多，一般只到2500mm以下，坯料重量也不可能加大。优点是产量可以增加达一倍，板厚偏差可以减小一半，板形明显好转，表面质量得到改善。这种改造的投资非常省，改造期间为了不影响或少影响生产，可以采用如济钢中板在原有轧机后设置临时作业线的补救措施。今后为消除薄弱环节，进一步完善轧机能力，生产更长钢板，也可以将三辊劳特式粗轧机换成四辊式或二辊式轧机。

（2）第2种是将三辊劳特式换成四辊式，组成单机架的模式，如营口中板（第一轮）、邯钢、安钢、柳钢、临钢及韶钢等。这种模式的优点是克服了三辊劳特式的薄弱环节，板厚偏差可以减小一半，板形明显好转，表面质量提高，产量可增加50%～80%，板宽可由1800mm增至2100mm。为了不影响或少影响生产，如营口中板和邯钢都在三辊劳特式前新建四辊式轧机投产后，再拆除三辊劳特式轧机，并将作业线全线打通。如邯钢改建施工当中，不但未减产，反而增产，而且改造投资不到一年时间全部收回，创造了国内改造工程最佳的典范。另外，如安钢、柳钢及临钢采取在原主轧跨旁边新建主轧跨办法，待四辊式轧机投产后再停产三辊劳特式，也达到了不停产的效果，而且都把轧机尺寸放大到2800mm和3300mm，这样，现有剪切线也相应地加以改造，投资会增大一些。

（3）第3种是提高轧机性能的模式，如鞍钢厚板、武钢轧板、济钢中厚板及首钢等。这种模式主要是把旧轧机换成新的轧机，把轧机刚度和主电动机功率加大。这种模式的优点是改造基本上到位了，可以实现TMCP工艺，并为生产性能更优质中厚板奠定了基础。同时，也可大幅度地提高轧机生产能力。但是具体实施中，限于客观条件的不完善和步子太小一些，改造工作仍感不甚彻底，免不了会出现第2轮改造工作。

（4）第4种是移地改建的模式，如浦钢4200/3500mm轧机搬至罗泾后新建成一套全新现代化高性能4300/4300mm轧机，将原有4200/3500mm轧机报废；首钢搬家后，在抚宁新建成一套4300/4300mm现代化轧机；重钢搬家也计划建一套3800mm轧机。其他一些厂也准备通过这种方式将轧机提高2～3个级别，使轧机现代化程度大大提高一步。这是一种好办法，第1～3种改造模式都是在现有厂房内改建，限制条件比较多，有时还会影响生产，而第4种改造模式是一张白纸，随你做文章；但投资比较大，建设期比较长。实际当中，如鞍钢鲅鱼圈、韶钢、新钢、安钢、舞钢、邯钢、武钢防城港、南钢等厂新建现代化轧机均属类似性质。

以上改造模式归纳起来有以下几个特点：

（1）增加4h精轧机，或者3h换成4h或2h，2h只作粗轧机。改造后组成有4h单机架、2h+4h双机架、3h+4h双机架及4h+4h双机架4种型式。其中以4h+4h双机架为最佳，如浦钢、天津、安钢、柳钢、济钢、重钢、营口及南钢等。

（2）增大轧机尺寸。当加大100~200mm时，改动比较小，投资省，大多数中板轧机改造都采纳此方案。若加大一个级别（约500mm）时，精整线需做大的变动，如邯钢由2300mm改成3000mm时，原有精整线报废，需建新的剪切线，投资大大增加，但板宽由1800mm一下子增至2800mm，市场马上扩大了。浦钢由2350mm增至4200/3500mm，加大了2~4个级别，显然在现有厂房内改造已有困难，只能采纳移地改建方式，故需更大的投资。

（3）改造期间不影响或少影响生产。一个企业产量中当中厚板比重很大时，影响生产便是突出的问题，如济钢、邯钢、安钢、柳钢及营口等中板轧机都有这个问题。因此，改造方案必须有措施。如济钢的简易临时措施；邯钢和营口的机前先建，投产后再拆除3h轧机；安钢和柳钢的新建主轧跨等，都是从不影响或少影响生产的角度来考虑的。

（4）增加产量。当前的情况下，只有改造后增产，才能取得较好的经济效益。无论是增加4h精轧机，还是3h改成4h，都可以大幅度增产。如浦钢3h后加4h，年产由20多万吨至2005年已达90万吨；邯钢将3h换成4h，年产由十几万吨至2005年已达105万吨；济钢采用浦钢改造方式，年产由20多万吨至2005年已达150万吨。几乎都增产达4~5倍，收益是非常可观的。

（5）提高连铸板坯的质量。取消小钢锭，100%采用连铸板坯为原料。同时对炼钢进行改造，加大炉容，增加LF炉和VD或RH处理，使有害元素大大减少，钢板质量得到明显提高，许多高附加值产品顺利投产，成材率大大提高。

除了轧机改造以外，精整线改造也是一个重点。许多厂都将薄弱的热矫机换成强力高刚度热矫机，使钢板平直度大为改善，残余应力减小。冷床由拉钢式改为盘辊式或小辊式，使钢板下表面划伤明显减少。

精整线的重点是剪切线的改造。原来多数是铡刀剪切边方式，这是中厚板生产最早的剪切线，缺点是尺寸偏差大，劳动强度高，产能小。但经我国操作实践的经验，产能也可大大提高。目前，我国有的厂已年剪切达100万吨钢板以上。

剪切线改造有两种模式。第一种是双边剪的模式，拆除两台铡刀切边剪改成双边剪即可，改动不算大。如要求产能大一些，可在双边剪加一台切头剪，如重钢、韶钢及柳钢等。剪切板厚可达50mm，但投资比较大。

第2种是圆盘剪的模式，也是拆除铡刀剪改成圆盘剪即可，如首钢、秦皇岛、邯钢及安钢等。剪切板厚可达30mm，一般到25mm板厚，但投资省。

27.4 中厚板轧机技术改造的方向

在改造工作立项之前，首先应评价其改造的必要性和可行性。有的轧机太小，性能很落后，且厂房建筑受限制，可以判定为无价值改造的轧机。

当确定改造轧机时，应考虑好以下几个方面的问题：

（1）根据我国的国情、改造工程的投资，为了尽快回收，取得较高的经济效益，唯有扩大产能才能得到决策者的肯定。如邯钢、济钢中板与中厚板、重钢五厂、南钢、柳钢、韶钢、新钢、马钢、营口中板、首钢、鞍钢中板及天津中板等厂都在改造后，大大提高了轧机的生产能力，少则提高50%到100%，多则提高达2～3倍。

（2）改造步子尽可能迈得大一些，考虑尽可能长远一些，改造周期尽可能长一些，不要刚改造完了又要着手改造。国外有的两三年改造一次，也有的八九年改造一次。当然一次改造到位不可能，但应尽量周到一些。

（3）改造工作应以市场为导向，最大限度地满足用户对品种与质量的要求。经过改造后不但产能大大提高，而且质量也大大改善，品种也扩大，生产条件也得到明显改进，使车间环境焕然一新。

（4）好原料是中厚板生产达到优质、低成本、高产的首要条件，没有好的原料是生产不出好的中厚板的。在进行中厚板轧机改造的同时，也要关切炼钢的水平。只顾自己的改造，不管前工序，结果很可能是前功尽弃。首先要控制钢的成分，偏差尽量小，把有害元素含量减至最低限度，且分布要均匀，同一批板偏差要一致；特别是硫对中厚板的危害甚大，要从铁水开始就脱硫，使硫含量脱至$5 \times 10^{-4}\%$以下。原料单重应选大一些，对产能和成材率均有好处。炼钢炉容量选大一些，可配合精炼的要求。原料以连铸板坯为主，对表面缺陷与毛刺瘤渣一定要清理干净后才装炉，以确保板面清洁。

（5）高压水除鳞是清除板面氧化铁皮和减少麻点以及其他表面缺陷的关键工序。设除鳞箱以冲击力达20～25kN/cm清除一次氧化铁皮；轧机上设喷嘴以冲击力达5～8kN/cm清除二次氧化铁皮。

（6）轧机是确保钢板尺寸偏差、性能及不平度的重要装备，轧机尺寸尽可能选大一些，单机架或双机架应视产能要求而定，但轧制力选20kN/mm以上，轧机刚度达2kN/mm，主电动机功率达2kW/mm以上，轧制速度尽量高一些。控轧控冷、板形控制及各种检测系统一定要考虑实用效果，切勿盲目采用。

（7）原有20多台热矫直机矫直力都比较小，改造中应将单位辊身长度矫直力提高到8kN/mm以上。刚度也应尽量做大一些，以确保钢板有好的平直度。

（8）冷床形式以步进格板式比较理想，其他形式冷床均容易造成下表面划伤缺陷。冷床面积最好做到$320m^2$/(万吨·月)以上。而且冷床长度应适合最大轧制板长。

（9）剪切线由板形仪、自动划线机、切头剪、高精度快速对正机、双边剪或附设剖分剪、定尺剪及标记机等设备组成一条数码信息高产能生产线，并设置有切废集中处理收集装置，一条线可以剪切200万吨以上钢板。

（10）为生产高性能中厚板热处理设备是不可缺少的。采用炉型以保护气氛辐射管加热辊底式连续炉为主，装炉前将钢板上下表面氧化铁皮用抛丸清除掉，以获得光洁的钢板。

27.5 结语

中厚板轧机的改造工作是一项经常性的任务，以使生产跟上市场变化的需要，落后的被改掉，先进的添补上。以上提出的一些看法难免有错误之处，恳请指正。

28 降低中厚板生产成本的有效措施

28.1 引言

营销和降低成本是企业成败之本，而低成本是企业长期追求的目标。一般来说，钢材生产中原料占成本的60%左右，而加工费占35%左右，其他费用较少，约占5%。

中厚板生产降低成本首先应做好热装热送工艺，减少热耗，其次是提高成材率。

28.2 中厚板生产成本核算

中厚板生产成本中主要是原料和加工费，两者约占95%，其他消耗只占5%左右。降低成本主要是降低原料与管理费。

核算成本中消耗材料价格会正常波动，有时变动还会比较大。因此，核算时一定要采用当地当时的单价指标。

表28-1为中厚板生产成本计算的例子，单价为3500mm双机架轧机于2004年下半年华北地区的行情。因当时市场价格波动很大，时间与地区的差价变动也很快，所以一些单价仅供参考。

表 28-1 中厚板生产成本计算举例

序号	名称	单耗	单价	吨板成本/元	说明
一	原料			1908.25	占83.6%
1	板坯	1.064t/t	1850.00元/t	1968.40	成材率按94%计
2	回收废钢	0.059t/t	1000.00元/t	-59.00	切损率按5.5%计
3	氧化铁皮	0.005t/t	150.00元/t	-0.75	烧损率按0.5%计
二	加工管理费			234.90	占10.3%
1	设备折旧费			88.90	
2	工资福利费			56.00	
3	维修费			40.00	
4	销售、利息等其他费用			50.00	
三	动力费			62.05	占2.7%
1	电	100.00kW/t	0.40元/kW	40.00	
2	环水	$80m^3/t$	0.20元/m^3	16.00	
3	新水	$3m^3/t$	0.75元/m^3	2.25	
4	蒸汽	20kg/t	0.08元/kg	1.60	
5	压缩空气	$30m^3/t$	0.05元/m^3	1.50	

续表 28-1

序号	名称	单耗	单价	吨板成本/元	说明
6	氧气	$1m^3/t$	0.70 元/m^3	0.70	
四	辅助材料			29.60	占 1.3%
1	轧辊	1kg/t	20.00 元/kg	20.00	
2	耐火材料	1.2kg/t	3.00 元/kg	3.60	
3	润滑材料	1.5kg/t	4.00 元/kg	6.00	
五	燃料			48.60	
1	混合煤气	1.8GJ/t	27.00 元/GJ	48.60	占 2.1%
	合计			2283.40	

折旧费是折旧年限为 15 ~ 20 年，设备费为 20 亿元，年产能以 150 万吨计算。

工资福利按车间定员为 700 人、每人每年费用为 12 万元计算。

维修费按 2 万吨设备的 6% 备品备件、每吨价格为 5 万元计算。

销售与利息等其他费用需视贷款多少、市场行情的变化而定，一般占成本费的 2.5% 左右。

生产成本按原料、加工管理费、动力费、辅助材料费及燃料费 5 部分来计算。原料费占大头，占 83.6%，所以节约原料费用是降低成本的关键。有的厂板坯成本只有 1450 元/t，大部分厂都到 1850 元/t，差价达 400 元/t，有的厂外购板坯达 2700 元/t。

28.3 降低中厚板生产成本的措施

首先中厚板成本中约占 84% 为原料部分，成材率每提高一个百分点，每吨成本就可下降约 10 元。而提高成材率的潜力很大，高的达 96% 以上，低的只有 90% 上下，即成本可降低达 60 元/t 之多。

其次是车间定员差异也很大，如相同例子中定员为 700 人，而国外只需 400 人左右，约减少 300 人，自动化程度很高，主操作台只定员一人，热矫直机和冷床已不设操作台，绝大多数吊车已改由地面遥控，不需要地面指挥，一台吊车就可以减少一人。废钢采用集中收集方式，仅此一项就可省去 4 ~ 5 人。

降低成本与提高成材率和降低能耗是密不可分的，后面两项工作做好了，便可使成本大大降低。如轧辊质量好，不但单耗降低，而且可使换辊周期延长，换辊次数减少，即轧机机时产量增加，使生产能力增加，也能大大降低生产成本。

29 提高中厚板成材率的措施

29.1 引言

全球中厚板轧机生产能力已超过市场需求量，相互竞争非常激烈，压价销售已成为常见的手段，但成本是压价的最低界限。

提高成材率是降低成本的重要手段，当连铸坯替代传统的钢锭开坯后，钢材成本下降达10个百分点以上。而成材率提高1%，钢板生产成本也相应降低约1%。这样，中厚板市场竞争能力便大大增强。

29.2 提高成材率的现状

中厚板轧机成材率的差距比较大，日本新日铁大分厂厚板车间在1983年9月份已创造了世界上最高的订货成材率为96.2%，比该公司君津厂厚板车间1983年8月份创造的订货成材率96.1%高出0.1个百分点，其原因主要是热装率由60%提高到80%，有效地利用加热炉燃烧控制模型，以信息联络全过程达到操作的最佳化，并采用直接轧制提高板坯尺寸的精度。

提高厚板成材率的措施很多，其中效果最明显的是采用连铸板坯、提高连铸比、增加板坯单重。但是，近几年来板形控制已成为提高中厚板成材率一项最经济最活跃的新技术。它不但提高了成材率，而且也提高了板形质量。

中厚板轧制的特点是在多数情况下都需要宽展轧制，因此具有成形（粗轧）、宽展和伸长（精轧）三个阶段，而且每个品种的钢板尺寸也基本不同。严格地说，轧制成每块钢板的尺寸都是不一样的。

通常有一直纵轧、一直横轧、宽展纵轧及宽展横轧等四种轧制方式。无论采用哪种方式轧制，都有较大的宽展。宽展与延伸是不均匀的，而且表面变形较大。由于板坯端部的剪压和表面清理的厚差，粗轧阶段宽展之前均需进行调整板形轧制，往往给以微小的压下量，或者以立辊加工侧边或头尾端部，以取得比较规整的板形。精轧最后几道对钢板凸度和平直度的影响很大，压下量需减少，特别是最后一道都用于平整轧制。

中厚板轧制时断面面积减小，在轧制方向伸长的同时，宽度方向产生宽展，而头尾两端比中间宽展大。因此，轧成钢板的平面形状是非矩形的。

水岛厂5490mm厚板轧机采用MAS法轧制，使成材率提高4.4%（以前切头尾和切边为5.5%，现在减至1.1%），而采用异宽MAS法后，可提高成材率约0.4%。

千叶厂厚板轧机采用差厚宽展轧制法，并与立辊轧制联合控制板形，使成材率提高达1.51%。

日本钢管福山厂厚板轧机采用ATLAS法，使成材率提高0.15%，进一步完善后可提高0.35%。另外，还采用DBR（狗骨轧制）法，成材率可提高2%。

29.3 成材率的组成部分

中厚板成材率严格地说应该从炼钢送入原料开始，一直到交付给用户的成品钢板为止，其成品与原料之重量百分比，称之为成材率。原料在轧钢厂的修磨与再切割的损耗，虽小，但也应归属中厚板成材率内。另外，交付给用户后多余的改制品、短尺及其他板如何划归应由厂方自定。

中厚板成材率（η）一般由烧损（η_1）、边损（η_2）、头尾损（η_3）、材质不良废品（η_4）及尺寸表面不良废品（η_5）5部分损失所组成，即

$$\eta = 1 - (\eta_1 + \eta_2 + \eta_3 + \eta_4 + \eta_5)$$

$1-(\eta_1+\eta_2+\eta_3)$为收得率，$\eta_4+\eta_5$为废品率。$1-(\eta_2+\eta_3)$为剪切头尾与边部后收得率（η_s），如图29-1所示。

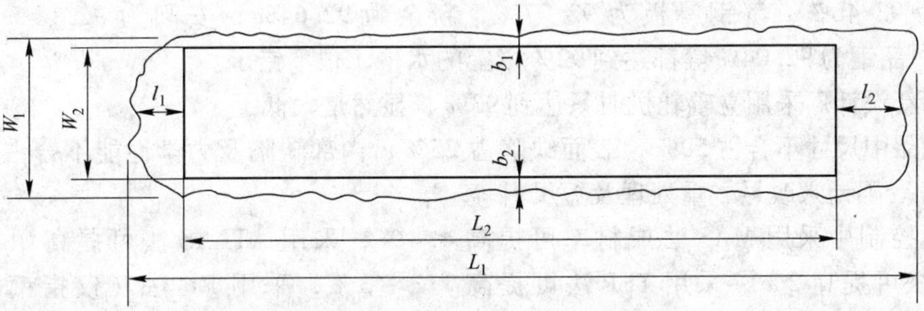

图29-1 剪切头尾与边部后收得率示意图

剪切头尾及边部后收得率可按下式计算：

$$\eta_s = \frac{W_2L_2}{W_1L_1} = \frac{W_2L_2}{W_2L_2 + W_1(l_1 + l_2) + L_2(b_1 + b_2)}$$

29.4 中厚板成材率的分析

中厚板成材率以日本较为先进，全国水平已达到94%，详见表29-1。

表29-1 中厚板成材率分析

序号	项 目	1950年以前	早期附设有立辊	占百分比	日本平均值	日本大分厂1992年指标	我国2004年最佳业绩	2000年附设立辊轧边	2003年后占百分比
1	烧损/%	1.0~1.5	1.0~1.5	12.5~10.0 1/10	1.0~1.1	0.8	1.0~1.5	0.8~1.0	0.8/10
2	切边/%	3.0~6.0	1.5~4.0	37.5~40.0 75~73.3 7.5/10	1.5~2.0	1.2	3.5~4.0	1.0~2.5	4/10
3	切头尾试样/%	3.0~5.0	1.5~4.0	37.5~33.3 7.5/10	1.5~2.0	1.2	3.0~3.5	1.0~3.0	4/10

续表 29-1

序号	项　目	1950 年以前	早期附设有立辊	占百分比	日本平均值	日本大分厂1992 年指标	我国 2004 年最佳业绩	2000 年附设立辊轧边	2003 年后占百分比
4	废次品/%	1.0～2.5	1.0～2.5	12.5～16.7 1.5/10	0.5～1.0	0.3	0.5～1.0	0.5～1.0	0.8/10
小计/%		8.0～15.0	5.0～12.0	100.0 10/10	4.5～6.1	3.5	8.0～10.0	3.3～7.5	10/10
成材率/%		85～92	88～95		93.9～95.5	96.5	90～92	92.5～96.7	

2004 年我国成材率水平有很大的提高，如酒钢为 94.75%，天津中板为 93.93%，济钢中板为 93.46%，济钢厚板为 92.77%，新余为 92.64%，安阳为 92.18%，南钢为 92.06%，韶钢为 92.04% 等都达到 92% 以上的水平，很不错了。

我国新设计厂采用立辊轧机时只达到 93%，显然是太低了。

废次品中尺寸不合占 50%，表面缺陷占 25%，内部缺陷及力学性能不合占 10%，其他占 15%。不计入改号、重处理及短尺料等。

板形控制中采用 MAS 法成材率可提高 4.4%，采用 ATLAS 法可提高 0.35%，采用 DBR 法可提高 2%，采用 TFP 法可提高 1%～3%，采用 BB 法（仅指钢锭）可提高 3%。

按照切头尾及切边不同情况，近似矩形板、切头尾及切边余量很少，成材率可达 96% 以上；不切边或齐边板，只切头尾、不切边或铣边，成材率可达 97% 以上；矩形板，既不切头尾也不切边，只有烧损和试样消耗，成材率可达 98% 以上。

29.5　影响中厚板成材率的主要因素

（1）使用原料的影响很大，钢锭与连铸板坯的成材率相差达 8 个百分点之多。如要求二次开坯，则成材率又要减少 5 个百分点左右。另外，原料尺寸与单重不对口，多余料的损失也很可观。原料内部质量、化学成分不合，有害元素含量过高等造成钢板力学性能超标，往往是钢板报废的主要起因。

（2）轧机形式与性能对成材率也有直接影响。三辊劳特式轧机有斜轧工艺，成材率比二辊式轧机还低，而二辊式轧机刚度低，比四辊式又低。高刚度轧机比低刚度轧机成材率高。附设有立辊轧机的比没有立辊轧机的成材率可提高 1%～3%。轧机尺寸大的比尺寸小的成材率高一些。

（3）薄的钢板比厚的成材率高，特厚板的成材率更低。

（4）品种不同，成材率差别很大。强度低、变形抗力小、比较好轧的比强度高、变形抗力大、比较难轧的成材率高。

（5）中厚板采用板形控制后成材率会有较大的提高。表 29-2 为各种板形控制的成材率与金属损耗情况。

表 29-2 各种板形控制的成材率及其金属损耗

序号	控制方式	成材率/%	损耗部分/%						
			烧损	切头尾	切边	废品	余量	计划富裕量	合计
一	板形控制	96.45	0.55	1.1	0.9	0	1.0	0	3.55
1	近似矩形，切头尾及切边余量很少	96.45	0.55	1.1	0.9	0	1.0	0	3.55
2	齐边，不切边或铣边，只切头尾	97.35	0.55	1.1	0	0	1.0	0	2.65
3	矩形，不切头尾及边	98.45	0.55	0	0	0	1.0	0	1.55
二	板形不控制	90.00	0.55	2.6	2.3	0.55	3.6	0.4	10.00

（6）轧制方式对成材率的影响也非常大。

一直纵轧到底方式如图 29-2 所示。板坯宽等于板宽，不转钢，不展宽，长向伸长，成材率高。

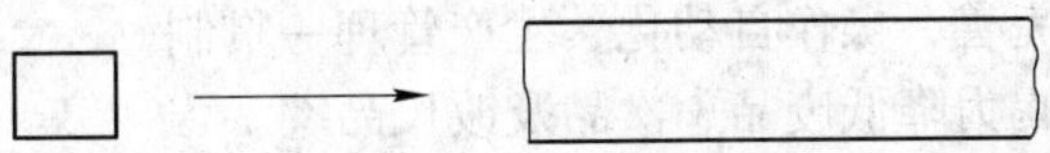

图 29-2 一直纵轧到底

一直横轧到底方式如图 29-3 所示。板坯长等于板宽，转钢，不展宽，宽向伸长，成材率高。

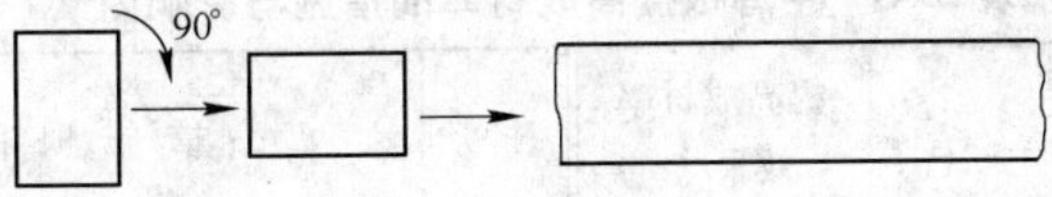

图 29-3 一直横轧到底

宽展纵轧方式如图 29-4 所示。板坯宽向展宽至板宽后伸长轧制，需转两次钢，坯长宽均不限制，坯长为板长，成材率低。

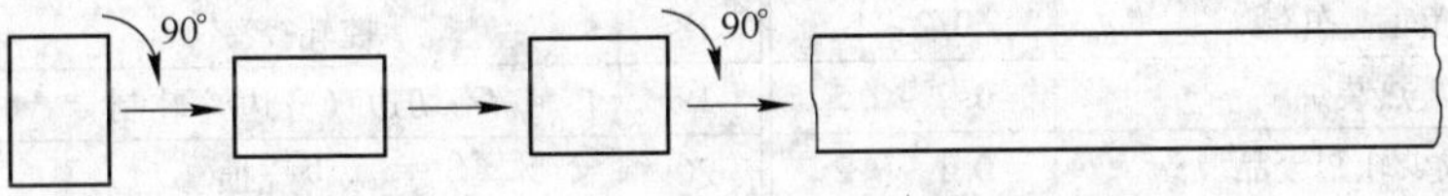

图 29-4 宽展纵轧

宽展横轧方式如图 29-5 所示。板坯长度轧至板宽，转钢横轧伸长轧制成板，转一次钢，板坯长度为板宽，成材率低。

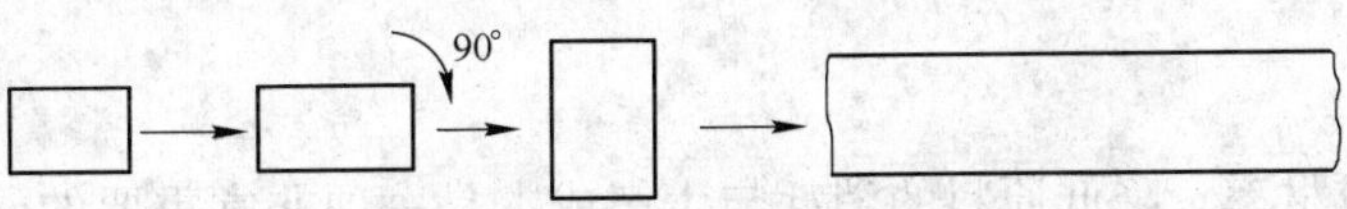

图 29-5 宽展横轧

（7）工厂管理水平、人员操作素质对成材率高低有直接影响，往往会产生很大的差别。

29.6　提高成材率的措施

（1）减少烧损方面有：热装热送，炉子燃烧控制，低温出钢，加大坯厚。

（2）减少切边方面有：附设立辊轧机，采用轧边工艺，板宽双倍尺轧制，剖分剪剖分，减少切边裕量，减少镰刀弯，有镰刀弯时采用分段后切边。

（3）减少切头尾方面有：加大坯料，多倍尺长度轧制，矩形板轧制，减少鱼尾与舌头。

（4）试样方面有：根据标准要求采集试样板，特殊军工板取样较多，有每板取样且要求取样部位的，切损会大大增加。

（5）轧机大型化、刚度大：轧机大时原料长且宽，单重大，可宽度双倍尺、长度多倍尺轧制，减少了切边与切头尾量。

（6）加大原料方面：坯厚尽量大，已达400mm 厚，尽量长，已达辊身长减去150mm。

（7）加大冷床长度，不设热剪机。

（8）尺寸检测装置完善，操作自动化，生产管理一贯制。

（9）从源头抓起，竭力降低废品、次品及改尺品率。

（10）严格控制按最小偏差轧制。

（11）树立质量第一观念，执行质量管理监督制度。

（12）建立提高成材率的奖励措施。

表29-3 为中厚板生产中提高成材率的一些常见措施与影响因素。

表 29-3　中厚板提高成材率的措施与影响因素

序号	措 施 项 目	提高成材率效果/%	序号	措 施 项 目	提高成材率效果/%
1	连铸板坯	1	13	提高设备性能	0.2～0.3
2	板坯尺寸与单重	0.5～3	14	提高管理水平	0.1～0.2
3	加　热	0.7	15	液压AGC	0.5～0.7
4	倍尺轧制（长度与宽度）	1～2	16	立辊轧制（无切边，矩形）	1～3
5	板形控制	0.3～5	17	减少加热次数	每次达0.5～0.8
6	负偏差轧制	0.2～1	18	控轧控冷	0.2～0.4
7	热装炉	0.2～0.5	19	不切边（齐边）轧制	1～3
8	减少轧制废品	0.1～0.2	20	减少烧损	0.1～0.3
9	减少切废	0.2～0.5	21	减少轧废	0.2～0.4
10	回收板头	1～1.5	22	圆板、异宽、梯形、锥形板轧制	1～2
11	优化锭型	0.3～0.5	23	按理论重量交货	0.5～0.8
12	提高轧机刚度	0.1～0.2	24	低温加热出钢，达1050℃	0.1～0.2

29.7　结语

提高中厚板成材率、降低原料的消耗与生产成本是一项非常重要的研究课题，也是评价一个厂生产业绩的基本指标。

我国中厚板生产技术提高很快，成材率也迅速提高，有的厂已接近日本的全国平均水平。

参考文献

[1] 孙本荣，王有铭，陈瑛．中厚钢板生产[M]．北京：冶金工业出版社，1993.

[2] 鞍钢中板厂编写组．中板生产[M]．北京：冶金工业出版社，1975.

[3] 鋼板部会厚板分科会报告．わが国における最近の厚板製造技術の進步[M]．日本鉄鋼協会，1973.

[4] 日本鉄鋼協会共同研究会鋼板部会厚板分科会．わが国における最近の厚板製造技術の進步[M]．2版．日本鉄鋼協会，1984.

[5] United States Steel. The Making，Shaping and Treating of Steel Chapter 27 Rolling of Carbon-steel Plates [M]. Seventh Edition. United States Steel Corporation，1957.

[6] 中国金属学会轧钢分会中厚板学术委员会，轧钢信息网中厚板网．中国中厚板轧制技术与装备[M]．北京：冶金工业出版社，2009.

[7] 中国金属学会低合金钢学术委员会．2003 年全国中厚钢板技术交流会论文集[M]．邯钢集团舞阳钢铁有限责任公司，2003.

[8] 全国板带材技术研讨会 第一集．中厚板技术论文集[M]．冶金信息情报网等，2003.

[9] 采利柯夫 A N. 轧钢机[M]．吕桂彤，刘叔仪译．北京：龙门联合书局，1953.

[10] 王占学．控制轧制与控制冷却[M]．北京：冶金工业出版社，1988.

[11] 王有铭，李曼云，韦光．钢材的控制轧制和控制冷却[M]．北京：冶金工业出版社，1995.

[12] 康元秉，柳克勋．提高钢的成材率[M]．冶金部冶金经济研究所，钢铁生产技术司，1984.

[13] 谢仕柜．轧钢论丛[M]．北京：冶金工业出版社，1998.

[14] 黄德琛，陈瑛．中厚板轧制，中国大百科全书[M]．矿冶卷，金属塑性加工部分．北京：中国大百科全书出版社，1984.

[15] 2007 年中国金属学会中厚板生产技术交流会专利[J]．轧钢,2007,24(增刊1).

[16] 王定武．世界 5 米级特宽厚板轧机态势浅析[J]．冶金管理，2007，(11).

[17] 孙玮，刘福义．国外厚板生产线工艺及设备特点[J]．宽厚板，2008，14(1).

[18] 于世果，李宏图．国外厚板轧机及轧制技术的发展（一）及（二）[J]．轧钢，1999(5)及(6).

[19] 肖英龙．神户制钢在中厚板领域的核心技术及产品[N]．世界金属导报，2010-01-26.

[20] 孙梅，李友佳．首钢竞争情报战略分析系统的应用——首钢中厚板产品竞争力分析探索[J]．首钢科技，2005，(4).

[21] 陈瑛．宝钢建设现代化宽厚板轧机优势[J]．宝钢冶金信息工作，1998，(1).

冶金工业出版社部分图书推荐

附 照

第1部分 用 途

附照 1–1 美国“华盛顿”号航母

附照1–2 施工中的全钢结构高层建筑

附照 1–3 连接加工好的锅炉圆罐

附照 1–4 国产导弹驱逐舰

附照 1–5 美国攻击型核潜艇

附照 1–6 国产 85– Ⅲ型主战坦克

附照 1-7 满载油轮

附照 1-8 建成的四条大口径管线

附照 1-9 南京长江大桥

附照 1-10 多用途海上平台

附照 2−1 砂轮修磨板坯表面缺陷

附照2−2 从连续式加热炉内单排将加热好板坯出钢至受料辊道上

附照 2−3 装出料机正在双室加热炉进行装出料操作

附照 2−4 车底式加热炉出钢锭操作

附照 2−5 均热炉钳吊出钢锭操作

附照 2-6 除鳞箱正在除鳞

附照 2-7 5500mm 轧机机前轧钢情景

附照 2-8 厚板轧机前电机在下布置

附照 2-9 厚板轧机前电机在上布置

附照 2-10 四块钢待温控轧情景

附照 2–11 机后快冷装置喷水

附照 2–12 钢板热矫直

附照 2–13 钢板冷矫直

附照 2–14 步进格板式冷床冷却钢板

附照 2-15 盘辊式冷床

附照 2-16 修磨台架翻板检查

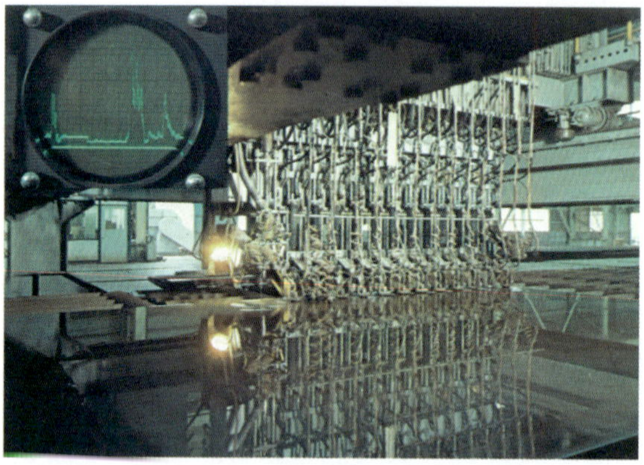

附照 2-17 多通道超声波探伤装置在工作

附照 2-18 单通道超声波探伤装置在局部探伤

附照 2-19 切头剪在切头尾

附照 2−20 定尺剪在切定尺

附照 2−21 双边剪在剪切宽板两边

附照 2−23 带有剖分剪的圆盘剪在切边

附照 2−22 双边剪前激光对线

附照 2−24 钢板送入抛丸机

附照 2–25 保护气氛辊底式热处理炉

附照 2–26 压平机在矫平钢板

附照2–27 板坯仓库内堆放和吊运板坯

附照 2–28 火焰切割机组在生产

附照 2–29 平行于车间堆放钢板仓库